[기본 일반화학]

화학의 기초부터 시작하다

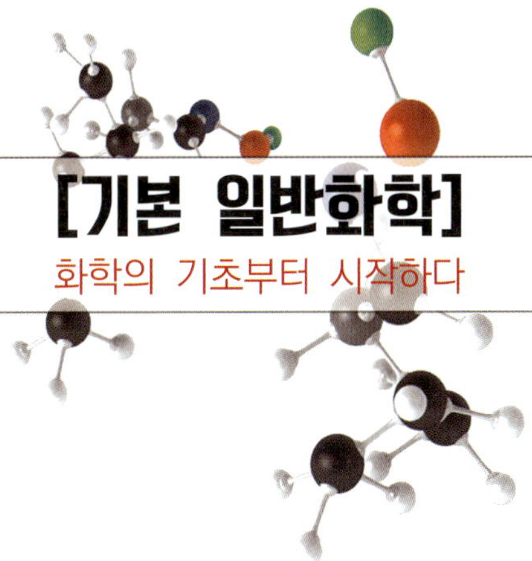

[기본 일반화학]

화학의 기초부터 시작하다

김철주

전북대학교출판문화원

[원소의 주기율표 (The Perodic Table of Atoms)]

6 **C** Carbon 12.01	Atomic number (원자번호) / Atomic mass (원자량)

1 1A	2 2A	3 3B	4 4B	5 5B	6 6B	7 7B	8 ←	9 8B	10 →	11 1B	12 2B	13 3A	14 4A	15 5A	16 6A	17 7A	18 8A
1 **H** Hydrogen 1.008																	2 **He** Helium 4.003
3 **Li** Lithium 6.941	4 **Be** Beryllium 9.012											5 **B** Boron 10.81	6 **C** Carbon 12.01	7 **N** Nitrogen 14.01	8 **O** Oxygen 16.00	9 **F** Fluorine 19.00	10 **Ne** Neon 20.18
11 **Na** Sodium 22.99	12 **Mg** Magnesium 24.31											13 **Al** Aluminum 26.98	14 **Si** Silicon 28.09	15 **P** Phosphorus 30.97	16 **S** Sulfur 32.07	17 **Cl** Chlorine 35.45	18 **Ar** Argon 39.95
19 **K** Potassium 39.10	20 **Ca** Calcium 40.08	21 **Sc** Scandium 44.96	22 **Ti** Titanium 47.88	23 **V** Vanadium 50.94	24 **Cr** Chromium 52.00	25 **Mn** Manganese 54.94	26 **Fe** Iron 55.85	27 **Co** Cobalt 58.93	28 **Ni** Nickel 58.69	29 **Cu** Copper 63.55	30 **Zn** Zinc 65.39	31 **Ga** Gallium 69.72	32 **Ge** Germanium 72.59	33 **As** Arsenic 74.92	34 **Se** Selenium 78.96	35 **Br** Bromine 79.90	36 **Kr** Krypton 83.80
37 **Rb** Rubidium 85.47	38 **Sr** Strontium 87.62	39 **Y** Yttrium 88.91	40 **Zr** Zirconium 91.22	41 **Nb** Niobium 92.91	42 **Mo** Molybdenum 95.94	43 **Tc** Technetium (98)	44 **Ru** Ruthenium 101.1	45 **Rh** Rhodium 102.9	46 **Pd** Palladium 106.4	47 **Ag** Silver 107.9	48 **Cd** Cadmium 112.4	49 **In** Indium 114.8	50 **Sn** Tin 118.7	51 **Sb** Antimony 121.8	52 **Te** Tellurium 127.6	53 **I** Iodine 126.9	54 **Xe** Xenon 131.3
55 **Cs** Cesium 132.9	56 **Ba** Barium 137.3	57 **La** Lanthanim 138.9	72 **Hf** Hafnium 178.5	73 **Ta** Tantalum 180.9	74 **W** Tungsten 183.9	75 **Re** Rhenium 186.2	76 **Os** Osmium 190.2	77 **Ir** Iridium 192.2	78 **Pt** Platinum 195.1	79 **Au** Gold 197.0	80 **Hg** Mercury 200.6	81 **Tl** Thallium 204.4	82 **Pb** Lead 207.2	83 **Bi** Bismuth 209.0	84 **Po** Polonium (210.0)	85 **At** Astatine (210.0)	86 **Rn** Radon (222.0)
87 **Fr** Francium (223)	88 **Ra** Radium (226)	89 **Ac** Actinium (227)	104 **Rf** Rutherfordium (257)	105 **Db** Dubnium (260)	106 **Sg** Seaborgium (263)	107 **Bh** Bohrium (262)	108 **Hs** Hassium (265)	109 **Mt** Meitnerium (266)	110 **Ds** Darmstadtium (269)	111 **Rg** Roentgenium (272)	112 **Cn** Copernicium (285)	113	114	115	116	117	118

Lanthanides (란탄족)	58 **Ce** Cerium 140.1	59 **Pr** Praseodymium 140.9	60 **Nd** Neodymium 144.2	61 **Pm** Promethium (147)	62 **Sm** Samarium 150.4	63 **Eu** Europium 152.0	64 **Gd** Gadolinium 157.3	65 **Tb** Terbium 158.9	66 **Dy** Dysprosium 162.5	67 **Ho** Holmium 164.9	68 **Er** Erbium 167.3	69 **Tm** Thulium 168.9	70 **Yb** Ytterbium 173.0	71 **Lu** Lutetium 175.0
Actinides (악티족)	90 **Th** Thorium 232.0	91 **Pa** Protactinium (231)	92 **U** Uranium 238.0	93 **Np** Neptunium (237)	94 **Pu** Plutonium (242)	95 **Am** Americium (243)	96 **Cm** Curium (247)	97 **Bk** Berkelium (247)	98 **Cf** Californium (249)	99 **Es** Einsteinium (254)	100 **Fm** Fermium (253)	101 **Md** Mendelevium (256)	102 **No** Nobelium (254)	103 **Lr** Lawrencium (257)

Legend	
Metals (금속)	Transition Metal (전이금속)
Nonmetals (비금속)	
Metalloids (준금속)	

[원소의 이름과 원소기호 그리고 원자량]

원소기호	원소의 이름	원자번호	원자량	원소기호	원소의 이름	원자번호	원자량
Ac	Actinium	89	(227)	Mn	Manganese	25	54.94
Ag	Silver	47	107.9	Mo	Molybdenum	42	95.94
Al	Aluminum	13	26.98	Mt	Meitnerium	109	(266)
Am	Americium	95	(243)	N	Nitrogen	7	14.01
Ar	Argon	18	39.95	Na	Sodium	11	22.99
As	Arsenic	33	74.92	Nb	Niobium	41	91.92
At	Astatine	85	(210)	Nd	Neodymium	60	144.2
Au	Gold	79	197.0	Ne	Neon	10	20.18
B	Boron	5	10.81	Ni	Nickel	28	58.69
Ba	Barium	56	137.3	No	Nobelium	102	(253)
Bk	Berkelium	97	(247)	Np	Neptunium	93	(237)
Be	Beryllium	4	9.012	O	Oxygen	8	16.00
Bi	Bismuth	83	209.0	Os	Osmium	76	190.2
Bh	Bohrium	107	(262)	P	Phosphorus	15	30.97
Br	Bromine	35	79.90	Pa	Protactinium	91	(231)
C	Carbon	6	12.01	Pd	Palladium	46	106.4
Ca	Calcium	20	40.08	Pm	Promethium	61	(147)
Cd	Cadmium	48	112.4	Po	Polonium	84	(210)
Ce	Cerium	58	140.1	Pr	Praseodymium	59	140.9
Cf	Californium	98	(249)	Pt	Platinum	78	195.1
Cl	Chlorine	17	35.45	Pu	Plutonium	94	(242)
Cm	Curium	96	(247)	Ra	Radium	88	(226)
Cn	Copernicium	112	(285)	Rb	Rubidium	37	(85.47)
Co	Cobalt	27	58.93	Re	Rhenium	75	(186.2)
Cr	Chromium	24	52.00	Rf	Rutherfordium	104	(257)
Cs	Cesium	55	132.9	Rg	Roentgenium	111	(272)
Cu	Copper	29	63.55	Rh	Rhodium	45	102.9
Er	Erbium	68	167.3	Rn	Radon	86	(222)
Es	Einsteinium	99	(254)	Ru	Ruthenium	44	101.1
Eu	Europium	63	152.0	S	Sulfur	16	32.07
F	Fluorine	9	19.00	Sc	Scandium	21	44.96
Fe	Iron	26	55.85	Se	Selenium	34	78.96
Fm	Fermium	100	(253)	Sg	Seaborgium	106	(263)
Fr	Francium	87	(223)	Si	Silicon	14	28.09
Ga	Gallium	31	69.72	Sm	Samarium	62	150.4
Gd	Gadolinium	64	157.3	Sn	Tin	50	118.7
Ge	Germanium	32	72.59	Sr	Strontium	38	67.62
H	Hydrogen	1	1.008	Ta	Tantallum	73	180.9
He	Helium	2	4.003	Tb	Terbium	65	158.9
Hf	Hafnium	72	178.5	Tc	Technetium	43	(99)
Hg	Mercury	80	200.6	Te	Tellurium	52	127.6
Ho	Holmium	67	164.9	Th	Thorium	90	232.0
Hs	Hassium	108	(265)	Ti	Titanium	22	47.88
I	Iodine	53	126.9	Tl	Thallium	81	204.4
In	Indium	49	114.8	Tm	Thulium	69	168.9
Ir	Iridium	77	192.2	U	Uranium	92	238.0
K	Potassium	19	39.10	V	Vanadium	23	50.93
Kr	Krypton	36	83.80	W	Tungsten	74	183.9
La	Lanthanium	57	138.9	Xe	Xenon	54	131.3
Li	Lithium	3	6.941	Y	Yttrium	39	88.91
Lr	Lawrencium	103	(257)	Yb	Ytterbium	70	173.0
Lu	Lutetium	71	175.0	Zn	Zinc	30	65.39
Md	Mendelevium	104	(256)	Zr	Zirconium	40	91.22
Mg	Magnesium	25	54.94				

서 문

["기본 일반화학" 교재의 특징]

"화학(化學; Chemistry)"은 물질의 변화에 대한 다루는 분야로써 실험을 통해서 발견한 지식을 공부하는 과학의 한 분야이다. 실험적으로 얻은 화학적 지식들은 일상생활에 유용하게 활용되는 경우가 많다. 최근 『화학으로 이루어진 세상』이라는 책에서 이러한 화학적 지식들이 우리 일상생활에서 얼마나 유용하게 활용되는지 확인할 수 있다. 우리가 일상생활에서 사용하는 모든 생활용품, 식생활, 의약품들이 모두 화학과 관련이 있다. 화학의 깊은 지식이 없는 사람이라 할지라도, 여러 가지 화학적 발견에 의해 만들어진 생활 용품들을 가까이 접하고 있다. 화학에서 새로운 발견은 다양한 방법으로 이루어져 왔다. 자연 현상을 관찰하여 얻은 발견, 협동 연구를 통한 발견, 그리고 우연한 발견 등 다양하게 이루어져 왔다.

화학은 자연과학, 공학, 농·생명과학, 의·약학 등 여러 학문 분야의 기초가 되는 분야이다. 과학기술의 발전과 함께 화학의 범위가 넓어지고 주제가 다양해지고 있으며, 다른 분야의 학문들과 학제 간 융합이 활발하게 이루어지고 있다. 지금까지 대학에서 사용하는 일반화학 교재는 분량이 많아지고, 종류도 다양하게 출간되어 있다. 본 기본 일반화학 교재는 화학의 기본 개념과 법칙들을 중심으로 내용을 최소화하여 한 학기에 일반화학의 내용을 공부할 수 있도록 만들었다.

화학을 처음 접하는 학생들은 이 교재를 공부할 때 화학에서 사용하는 용어들이 생소한 것들이 많을 것이다. 화학에서 사용하는 용어들은 정리하고 용어들의 표현 형식을 이해하는 것이 화학 공부의 시작이다. 따라서 본 기본 일반화학 교재는 용어에 대한 설명들을 [그림]으로 도식화하여 설명하였고, 그 내용을 이해할 수 있도록 [예제]를 제시하였다. 각 단원에 포함되어 있는 [그림]

을 숙지하는 것은 화학 공부에 많은 도움이 될 것으로 기대된다.

[기본 일반화학 교재의 구성]

본 기초화학 교재는 한 학기에 화학의 기초를 이해하고 응용할 수 있도록 구성하였다. 전체 단원은 14장으로 구성되어 있다.

1장부터 7장까지 중간시험 범위에 속하고, 중간 시험일까지 수강을 마쳐야 한다. 화학에서 연구 대상인 물질의 이해와 정량적인 관계, 원자의 전자 구조와 화학결합, 열화학과 기체 액체 고체 상태의 성질이 포함되어 있다. 8장(유기화학)은 강의에서 배제하였다. 따라서 8장 유기화학은 강의를 진행하지 않는다.

9장부터 14장까지 기말시험의 범위에 속하고, 기말 시험일까지 9장부터 14장까지 수강을 마쳐야 한다. 주로 용액의 성질, 화학평형과 반응의 자발성, 그리고, 침전-용해반응, 산-염기 반응, 산화-환원 반응등 화학 반응에 대한 기본 개념과 원리를 이해하고 응용할 수 있을 것이다.

각 단원의 내용은 다음과 같은 내용을 포함하고 있다.

"학습목표" : 각 장에서 다루는 중요한 핵심을 제시하였다.

"OX 퀴즈" : 학습에 들어가기 전에 간단한 테스트를 실시한다.

"예　　제" : 학습내용을 이해하는데 꼭 필요한 예제와 풀이를 수록하였다.

"학습퀴즈" : 각 장의 전반적인 내용을 이해하고 정리하기 위한 문제들이다.

"요약정리" : 각 장의 전반적인 내용을 정리하고 요약하였다.

"연습문제" : 학습한 내용을 점검하는데 필요한 문제를 제시하였다.

주어진 순서에 따라 학습을 진행하면 기초화학의 내용을 습득하는데 도움이 될 것이다. [학습퀴즈]와 [연습문제]에 "일반화학 1, 2" 수준의 심도 있는 문제들은 [심화] 문제라고 표시하였다.

화학을 공부하기 위해서 먼저 물질에 대한 이해가 필요하다. 물질은 원소들로 이루어져 있고, 원소들은 주기율표에 원소기호와 원자번호, 원자량, 그리고 족과 주기가 나타나 있기 때문에 **주기율표에 나오는 원소들의 이름과 원소기호를 미리 외우거나 숙지하는 것**은 **화학 공부의 시작**이다. 아울러 [예제]와 [학습퀴즈]를 통하여 기본적인 내용을 이해하고, [연습문제]를 풀어봄으로써 강의내용을 확실하게 이해할 수 있을 것이다.

[난이도 구분]

본 교재는 사이버 강의로 진행되는 **"기초화학"** 과목의 교재로 사용하기 위하여 제작하였다. 대부분의 이공계 학생들은 교양과목으로 "일반화학"을 이수한다. 최근 학문 간의 융합이 이공계뿐만 아니라 인문 사회계열을 포함한 전체 대학생들이 수강하는 교양과목으로 "기초화학" 과목이 개설되어 있다. "기초화학"은 "일반화학 1, 2"보다 낮은 수준의 화학 내용을 강의하고 있다. 그런데 교양과목으로 설강된 "기초화학" 과목을 수강하는 학생들은 이공계 학생뿐만 아니라, 인문 사회 계열과 경상 계열, 예체능 계열 학생들도 수강하고 있다. "기초화학" 과목을 수강하는 학생들은 일반화학 수준의 화학을 공부한 학생들은 물론이고, 고등학교 수준의 화학을 공부한 학생들과 더불어 화학을 전혀 공부하지 않은 학생들이 상당수 포함되어 있다. 즉, "기초화학"을 수강하는 학생들 중에서 화학을 전공하는 학생들이나 이미 "일반화학 1, 2" 과목을 통해서 화학을 상세 하게 공부한 학생들이 많다. 따라서 사이버강의 로 진행되는 "기초화학" 과목은 난이도 수준을 맞추기가 매우 어렵다.

본 교재 **"기본 일반화학"**은 화학의 전반적인 내용을 한 학기에 화학의 전반적인 내용을 이해할 수 있도록 구성되어 있다. 그리고, 이 책은 일반화학 수준의 난이도에 맞추었다. 본 교재 "기본 일반화학"은 화학을 공부하지 않은 학생들은 기본 일반화학 과목이 상당히 어려운 수준일 것이다. 특히 **[연습문제]**에서 **[심화]**로 표시된 문제들은 "일반화학" 수준의 문제들이므로 일반화학 교재를 참고하여 문제를 풀어야 할 것이다.

화학을 공부하기 위해서 먼저 물질에 대한 이해가 필요하다. 물질은 원소들로 이루어져 있고, 원소들은 주기율표에 원소기호와 원자번호, 원자량, 그리고 족과 주기가 나타나 있기 때문에 **주기율표에 나오는 원소들의 이름과 원소기호를 미리 외우거나 숙지하는 것은 화학 공부의 시작이다.** 아울러 [예제]와 [학습퀴즈]를 통하여 기본적인 내용을 이해하고, **[연습문제]**를 풀어봄으로써 강의내용을 확실하게 이해할 수 있을 것이다.

목 차

CONTENTS

목 차

CONTENTS

[사이버 강의 **"기초화학"** 과목의 특징]

"기초화학"은 일반 공통 교양과목으로 설강되었다. 자연계와 인문사회계, 경상계, 예체능계, 그리고 모든 대학의 재학생들이 수강하는 교양과목이다. 화학은 실험을 통해서 발견한 지식을 공부하는 자연과학이다. 화학은 물질의 물리적 성질과 화학적 성질을 연구하는 학문분야이며, 실험을 통해서 밝혀진 화학의 지식들이 일상생활에 유용하게 활용되는 경우가 많다. 우리가 일상생활에서 사용하는 모든 생활용품, 식생활, 의약품들이 모두 화학과 관련이 있다. 화학의 깊은 지식이 아니더라도 우리는 이미 화학이나 화합물을 가까이 접하면서 살고 있다.

"기초화학" 사이버 강의는 "기본 일반화학" 교재의 내용에 맞추어 강의를 진행한다. "기초화학"을 수강하는 학생들은 대부분 화학을 공부할 때 사용하는 용어들이 생소할 것이다. 화학에서 사용하는 용어들을 정리하고 용어들의 표현 형식을 이해하는 것이 화학 공부의 시작이다. "기초화학"의 교재로 사용되는 "기본 일반화학"은 화학의 전반적인 내용을 한 학기용으로 만들었다. 기초화학을 수강하는 학생들은 화학을 한 학기 정도 약간 공부한 학생들이 대다수이고, 전혀 공부하지 않은 학생들도 상당수 포함되어 있다. 그리고 화학을 전공하는 학생들이나 이미 "일반화학 1, 2" 과목을 통해서 화학을 상세하게 공부한 학생들도 있다. 따라서 강의로 진행되는 "기초화학" 과목은 난이도 수준을 맞추기가 매우 어렵다.

본 교재는 "기초화학 사이버 강의" 맞게 구성하였으며, 화학의 기초분야를 무두 포함하고 있다. 고등학교에서 "화학"을 공부하지 않은 학생들은 기초화학 과목이 상당히 어려운 수준일 것이다. 화학을 공부하기 위해서 먼저 물질에 대한 이해가 필요하다. 물질은 원소들로 이루어져 있고, 원소들은 주기율표에 원소기호와 원자번호, 원자량, 그리고 족과 주기가 나타나 있기 때문에 주기율표에 나오는 원소들을 외우거나 숙지하는 것은 화학 공부의 시작이다. 아울러 예제와 학습퀴즈를 통하여 기본적인 내용을 이해하고, 연습문제를 풀어봄으로써 강의내용을 확실하게 이해할 수 있을 것이다.

01 CHAPTER

물질의 이해와 측정 방법

CONTENTS

[학습목표]

① 과학적인 연구방법을 이해하고 실례를 들어 설명할 수 있다.
② 유효숫자를 이해하고, 계산값에 대한 유효숫자를 정확하게 계산한다.
③ 물질을 화합물과 원소, 균일한 혼합물과 불균일한 혼합물로 구분한다.
④ 물질의 물리적 성질과 화학적 성질을 정확하게 구분한다.
⑤ 물리적 성질을 토대로 혼합물을 분리하는 방법을 이해한다.

[OX퀴즈 1-1] 설탕물은 균일한 혼합물이다.

정답 ○

해설 설탕물은 설탕이 물에 균일하게 녹아있다.

[OX퀴즈 1-2] 소금물을 소금과 물을 분리하려면, 직접 여과하면 된다.

정답 ×

해설 소금물은 물을 증발시켜서 소금을 분리할 수 있다.

1-1.

화학 공부하기

[화학은 어떤 분야인가?]

화학(化學, Chemistry)은 물질의 물리적 성질이나 화학적 성질을 찾아내기 위하여 실험실에서 시약과 실험도구나 실험기기를 사용하여 실험하는 과학의 한 분야이다. 근본적으로 실험을 통해서 발견한 지식을 공부하는 실험과학이다. 오늘날 화학은 물질의 성질을 연구하는 학문이라는 정의보다 훨씬 더 넓고 광범위하게 발전되었다. 예를 들면, 화학은 분자의 화학 결합과 미시적인 구조를 연구하기 위하여 컴퓨터를 사용하는 컴퓨터 화학, 계산화학 분야가 실험적인 결과를 잘 설명하기도 한다. 또한 첨단 과학분야인 분자생물학이나 약학은 원자나 분자들에 대한 화학적 기본지식을 토대로 발전되고 있다. 오늘날 화학은 농업, 식품, 환경, 신소재, 약학 등 많은 응용과학 분야에서 기본 지식을 바탕으로 발전하고 있다.

[화학을 공부하는 방법]

화학은 실험을 통해서 발견한 지식을 공부하는 과학이다. 실험적으로 얻은 지식을 체계적으로 정리한 학문이기 때문에 수학이나 물리학보다 논리적인 체계성이 부족하다. 화학을 공부하기 위해서 수학과 물리학적 기본 지식은 필수적이다. 그러나 수학적 결과를 유도하듯이 논리적으로 설명되지 않는 경우가 많다. 화학은 실험적으로 얻어진 결과를 설명하기 위하여 수학적인 문제풀이 결과를 사용하기도 하고, 물리적인 지식을 동원하기도 한다. 가설이나 모델을 설정하여 실험결과를 설명할 수 있는 근거를 찾아내기도 한다.

① 화학에서 기본적인 내용은 외워야 한다. 주기율표에 나오는 원소 기호와 원소의 이름은 외워서 숙지해야 한다. 화학에서는 실험적으로 밝혀져 있

지만, 이론적으로나 논리적으로 설명이 되지 않는 것들도 많이 있다. 예를 들면, 용해도 규칙이라든가 금속의 활동도 서열 등은 문제풀이할 때 자료를 준다해도 미리 외워두는 것이 자료를 활용하는 것보다 훨씬 시간 절약이 된다.

② 표와 그림을 이해하고 활용해야 한다. 대부분의 화학 교재에는 표가 많이 수록되어 있다. 표에는 문제풀이에 기본이 되는 양들이 수록되어 있다. 수록된 표가 어떤 의미를 내포하고 있는지 무엇을 계산할 때 사용하는 것인지를 이해하면 화학을 공부하는 데 큰 도움이 된다. 아울러, 글로 설명한 내용들을 그림으로 나타낸 경우가 많다. 그림을 통해서 교재에 표현된 내용을 훨씬 쉽게 이해할 수 있을 것이다.

③ 문제풀이 노트가 반드시 필요하다. 우리는 화학을 공부할 때 화학자가 실험하는 것처럼 접근할 필요가 있다. 실험하는 과정은 문제풀이 하는 과정과 같다. 화학자들이 실험하여 얻은 결과들을 우리는 문제풀이를 통해서 그 결과를 얻어내는 것이나 다름없는 일이다. 따라서 실험과정과 결과를 노트에 써넣는 것처럼 문제 풀이 과정을 노트에 기록해야 한다.

④ 문제해결 능력을 향상시키기 위해서 반복 학습이 필요하다. 온라인으로 진행되는 강의는 여러 번 반복 학습을 할 수 있다는 장점이 있다. 이해가 되지 않는 부분은 질문을 통해서 해결해 나가는 것이 필요하다.

화학을 공부해야 하는 필요성을 인식하고 화학의 원리와 개념을 이해해 나간다면, 화학은 더욱 쉽게 공부할 수 있고, 일상생활에서 활용할 수 있는 지식들이 쌓여 자신의 가치를 향상시킬 수 있을 것이다.

1-2.

과학적 방법

자연과학뿐만 아니라, 사회과학을 포함한 모든 과학은 연구에 의한 체계적인 접근법인 과학적 방법(scientific method)을 사용한다. 과학적 방법의 첫 번째 단계는 ① 관찰(observation)에서 시작된다. 자연현상이나 물질의 성질이 관측되면 왜(why) 그런 현상이 일어나는지 궁금증이 생기고, 이 궁금증을 알아내기 위해서 나름대로 ② 가설(hypothesis)을 세운다. 다음 단계는 가설을 입증하기위해서 ③ 실험(experiment)을 수행하게 된다. 실험은 적절한 방법과 실험 도구, 실험기기를 사용하여 여러 번 수행하고 결과를 해석한다. 실험을 통해서 얻어진 많은 자료들이 모아지면, 일관성 있는 결과들을 함축적으로 표현하는 ④ 법칙(law)이 된다. 과학에서 법칙은 동일한 조건에서 항상 일정하게 일어나는 현상들의 관계를 함축적인 말이나 수식으로 표현하는 것이다. 이를테면, 이상기체의 법칙이나 질량보존의 법칙, 일정 성분비의 법칙 등은 이런 과정에 따라서 만들어진 법칙의 예이다.

실험에 의해서 검증된 가설은 이론(說, theory)으로 정립되기도 한다. 이론은 실험에 의해서 입증되는 경우도 있지만 실험결과를 설명하기 위한 하나의 수단으로 사용되는 경우가 많다. 혼성 궤도함수이론이나 전이상태 이론 등은 실험적으로 얻어진 결과를 설명하기 위한 수단으로 사용되지만, 입증되지 않았기 때문에 이론으로 남아 있다.

과학의 발전은 불규칙하고, 비논리적으로 이루어지기도 한다. 어떤 이론이나 법칙이 어느 한 사람의 연구결과이기보다 많은 연구들이 축적되어 만들어지는 경우가 많다. 또는 과학의 발전이 우연한 행운에 의해서 이루어지는 경우도 있다. 그러나 열심히 연구하는 과정에서 행운이 따른다는 것은 그동안 여러 발견에서 잘 알려진 사실이다. 우리는 위대한 과학적 발견이나 중요한 법칙들을 공부한다. 그러나 이런 결과들은 수많은 실패를 거듭하면서 연구한 결과들이고 연구실에서 성공한 결과들보다 실패하는 경우가 훨씬 많이 있다는 것을 알아야 한다.

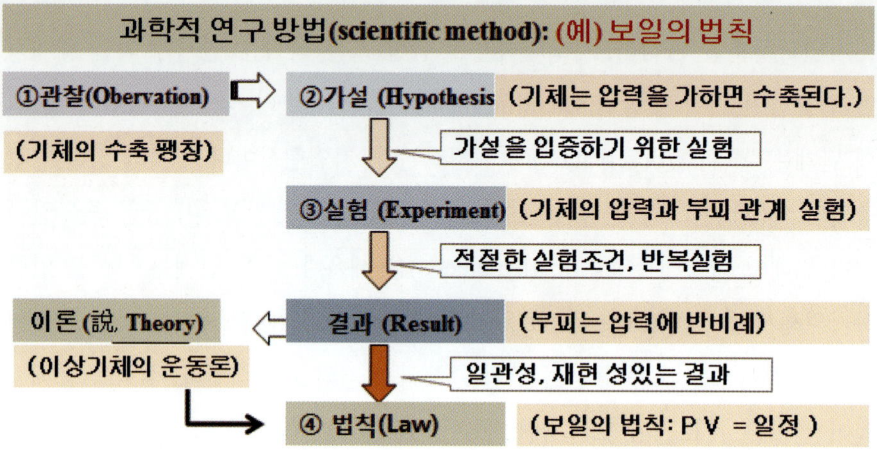

[그림 1-1] 과학적 연구방법의 과정과 보일의 법칙의 예

1-3.

물질의 분류

물질은 거시적인 관점에서 볼 때 형태나 색깔 등 나타나는 외관을 보는 것이지만, 미시적인 관점에서 보면 원자나 분자의 결합이나 집합체로 이루어져 있다고 할 수 있다. 왜 눈에 보이지 않는 미시적 관점까지 알아야 하는가? 물질의 성질은 원자나 분자 단위의 구조에서 기인되기 때문에 미시적 관점에서 물질을 이해하는 것이 무엇보다 필요한 것이다. 최근 미시적인 수준에서 물질을 합성하고, 조립 또는 제어하는 나노과학이 물질의 새로운 특성을 만들어 내는 기술로 발전하고 있다.

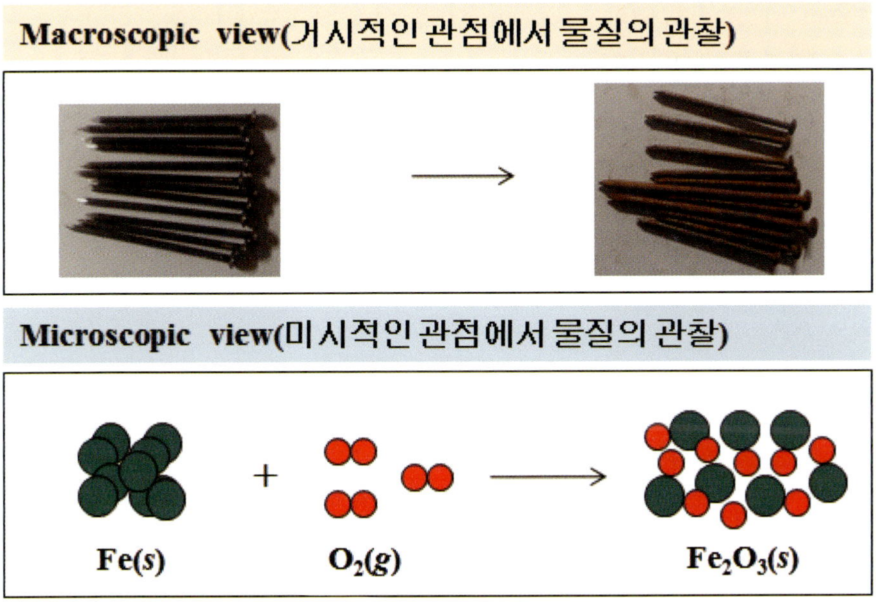

[그림 1-2] 물질을 관찰하는 관점. 눈으로 보이는 거시적인 관점과 분자수준의 미시적인 관점

나노과학(Nano Science)은 원자나 분자를 이용하여 미시적인 관점에서 새로운 기능성의 물질을 합성하거나 조립하여 새로운 성질을 구현하는 과학이다. 나노

물질들을 만들고 이 물질의 구조를 제어하여 새로운 성질들을 구현하는 것이 나노과학이라고 할 수 있다. 따라서 나노과학은 화학을 기본으로 발전되고 있다.

화학에서 탐구대상인 물질은 혼합물과 순물질로 구분할 수 있다. 순물질은 원소나 화합물을 가리키는 말로, 화학적으로 고유한 성질을 나타내는 기본 단위이다.

(1) 순물질

① 원소

원소는 주기율표에 나타나있는 약 115개가 존재하고 이 중에서 92개는 자연에 존재하는 원소들이고 나머지는 인공적으로 합성된 원소들이다. 멘델레프가 주기율표를 만들 때 자연에서 발견된 원소는 88개 였다. 원자번호 1번부터 92번 우라늄까지 92개 중에서 테크네튬(Tc, technetium, 43번), 프로메튬(Pm, promethium, 61번), 프랑슘(Fr, francium, 87번), 아스타틴(At, astatine, 85번) 4개 원소는 멘델레프가 주기율표를 만들 때까지 발견되지 않았기 때문이다. 1939년에 87번 프랑슘(Fr)이 발견되었고, 그 후에 1937년과 1940년에 각각 43번 Tc(테크네튬)과 85번 At(아스타틴)이 우라늄광에서 미량이지만 발견되었다. 그리고 61번 프로메튬(Pm)은 1947년에 우라늄 핵분열 생성물에서 처음 분리・발견되었는데, 란타넘족 원소 중에서 맨 나중에 발견된 원소이다. '제2의 불'이라 일컬어지는 우라늄의 핵분열 생성물에서 발견되었기 때문에, 그리스 신화에서 인간에게 불을 가져다 준 '불의 신' 프로메테우스(Prometheus)를 따서 원소 이름이 지어졌다.

② 화합물

화합물(compound))은 2개 이상의 원소들이 일정한 질량비로 구성되어 있으며, 원소들 간의 화학 결합으로 이루어져 있다. 그러나 화합물의 물리적 성질과 화학적 성질은 구성 원소들의 성질과 전혀 다르다. 예를 들면, 물(H_2O)은 화합물인데, 물은 수소(H) 11.19 %와 산소(O) 88.81 %로 이루어져 있다. 물은 수소와 산소로 이루어져 있지만, 수소나 산소와는 전혀 다른 성질을 가지고

[표 1-1] 원소들의 질량 존재 백분율

원소이름	기호	존재 백분율(%)	원소이름	기호	존재 백분율(%)
산소	O	49.4	탄소	C	0.08
실리콘	Si	25.8	황	S	0.06
알루미늄	Al	7.5	질소	N	0.03
철	Fe	4.7	크로뮴	Cr	0.018
칼슘	Ca	3.4	니켈	Ni	0.010
소듐	Na	2.6	아연	Zn	0.008
포타슘	K	2.4	구리	Cu	0.007
마그네슘	Mg	1.9	납	Pb	0.0016
수소	H	0.9	브로민	Br	0.00025
타이타늄	Ti	0.56	수은	Hg	0.00005
염소	Cl	0.2	아이오딘	I	0.00003
인	P	0.12	은	Ag	0.00001
망가니즈	Mn	0.09	금	Au	0.0000005

있는 것이다. 글루코스(glucose, $C_6H_{12}O_6$)는 탄소원자, 수소원자, 산소원자로 구성되어 있다. 이온성 화합물인 소금(NaCl)은 소듐과 염소 원자로 이루어져 있지만, 소듐 원자나 염소원자와는 전혀 다른 성질을 가지고 있다. 지금까지 보고된 화합물의 종류는 약 2억 종이 넘는 것으로 알려져 있으며 지금도 새로운 물질이 발견되고 있고, 합성되고 있다.

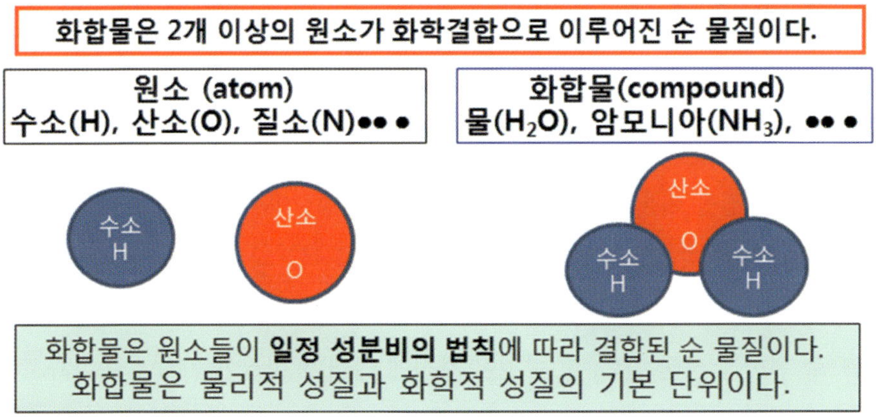

[그림 1-3] 화합물은 둘 이상의 원소가 화학결합으로 이루어진 순물질이다.
일정성분비의 법칙에 따라 원소의 질량비가 일정하다.

(2) 혼합물

혼합물(mixture)은 두 가지 이상의 순물질이 섞여 있는 것이고 조성 비율이 어느 부분이나 균일한 것을 ① 균일 혼합물((homogeneous mixture)라고 한다. 그리고 조성 비율이 부분에 따라 다른 것을 ② 불균일 혼합물(nonhomogeneous mixture)라고 부른다. 설탕물, 식초, 합금같은 것은 균일 혼합물에 속하고, 흙탕물, 우유, 암석 등은 불균일 혼합물에 속한다. 우유는 입자 크기가 큰 콜로이드 입자들이 물에 분산되어 있어 불균일 혼합물에 속한다.

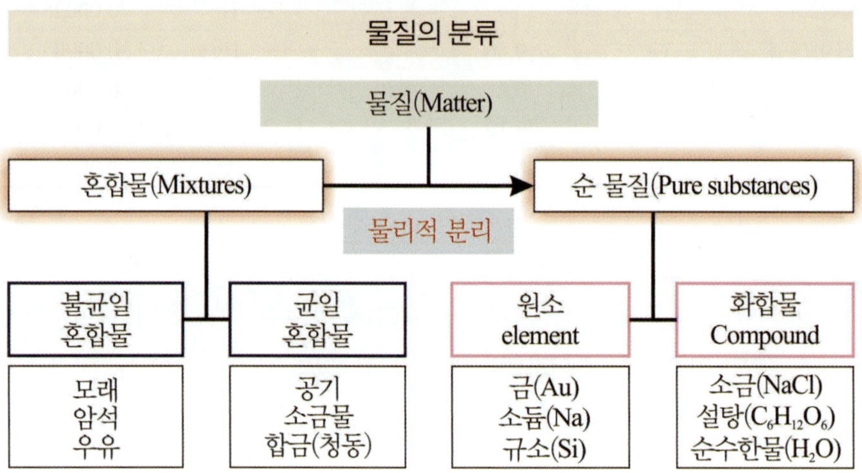

[그림 1-4] 물질의 분류

(3) 혼합물의 분리

물질은 물리적 성질과 화학적 성질을 가지고 있다. 물리적 성질과 화학적 상질을 나타내는 기본 단위는 순물질, 즉 원소와 화합물이다. 혼합물의 성질은 순물질의 성질을 기본으로 그 조성비에 따라서 성질이 달라진다. 따라서 화학에서 원소와 화합물들의 성질을 연구하는 것이 목표라고 할 수 있다.

① 물리적 성질은 물질의 조성이 변하지 않는 성질이다. 예를 들면, 물이 얼음으로 변하는 상태 변화, 또는 철이 자석에 끌리는 성질이 여기에 속한다. ② 화학적 성질은 물질의 조성이 다른 조성으로 변화되는 화학반응을 의미한다. 예를 들어, 물이 수소와 산소로 전기 분해되는 것 또는 메탄이 타서 물과 이산

화탄소로 변화되는 성질 등이 화학적 변화를 보여주는 성질인 것이다.

순물질이 혼합되어 있는 혼합물은 순물질로 다시 분리할 수 있다. 혼합물은 다양한 물리적 방법으로 순물질들로 분리할 수 있다. 혼합물을 분리하는 방법은 혼합물을 구성하는 순물질들의 물리적 성질을 이용하여 물리적 방법으로 분리할 수 있다.

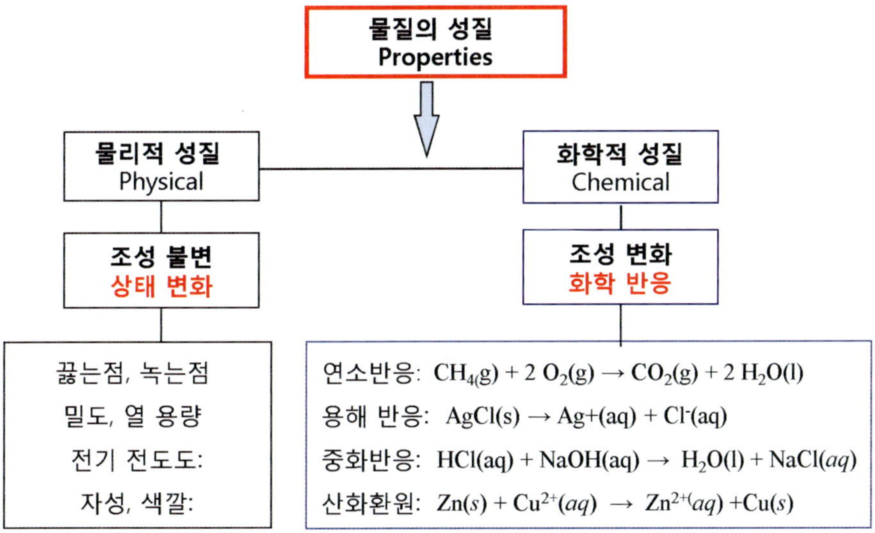

[그림 1-5] 물질의 성질. 물리적 성질과 화학적 성질

① 자성 - 자기적 성질

철과 황이 섞여있는 혼합물의 경우에는 철이 자석에 끌리는 성질을 이용하면 간단하게 분리할 수 있다.

② 여과 - 입자크기

고체와 액체 혼합물은 고체가 빠져나가지 못하는 미세한 구멍을 가지고 있는 여과지를 사용하여 거르는 여과 방법을 사용한다.

③ 원심 분리 - 밀도차에 의한 분리

액체에 녹지 않는 고체 성분 물질은 액체 속에 넣으면 밀도가 큰 물질은 액체 밑으로 가라앉고, 밀도가 작은 물질은 액체 위에 뜨게 되므로 분리할 수가 있다.

④ 분별증류 – 끓는점 차이

액체 혼합물들은 끓는점 차이를 이용하여 분별 증류로 분리할 수 있다. 분별증류 장치에서 볼 수 있듯이 플라스크에 액체 혼합물을 넣고 온도를 가하면 끓는점이 낮은 성분이 먼저 휘발되어 냉각기를 통해 삼각 플라스크에 모인다. 그리고 끓는점이 높은 성분은 플라스크에 남아 있게 된다. 원유를 휘발유, 등유, 경유 등으로 분리하는 정제과정이 분별증류의 좋은 예이다. 끓는점이 다른 화합물(순물질)들이 혼합된 대부분의 액체 혼합물들은 분별 증류법으로 분리한다.

⑤ 재결정: 고체의 용해도 차이

온도에 따른 고체의 용해도 차이를 이용하여 분리, 정제하는 방법이다. 혼합물을 포화용액으로 만든 후에 냉각시켜 순수한 고체를 얻는 방법이다. 염전에서 소금을 만들 때 소금물을 증발시켜서 소금을 얻어내는 것도 재결정의 일종이다.

⑥ 크로마토그라피(chromatography) – 머뭄 시간(인력)차이

액체 크로마토그라피는 염료성분들이 매질에 흡착되는 차이를 이용하여 분리하는 방법이다. 그리고 [그림 1-6]에서 보는 것처럼 휘발성 기체 혼합물을 분리하는데 사용되는 기체 크로마토그라피는 메테인, 에테인, 프로페인 등 기체들의 ppm 단위의 적은 양까지도 분리할 수 있다. 1 ppm은 백만분의 1을 나타내는 농도단위이다.

천연가스에 포함된 기체 성분의 분리 : 기체 크로마토 그래피 결과

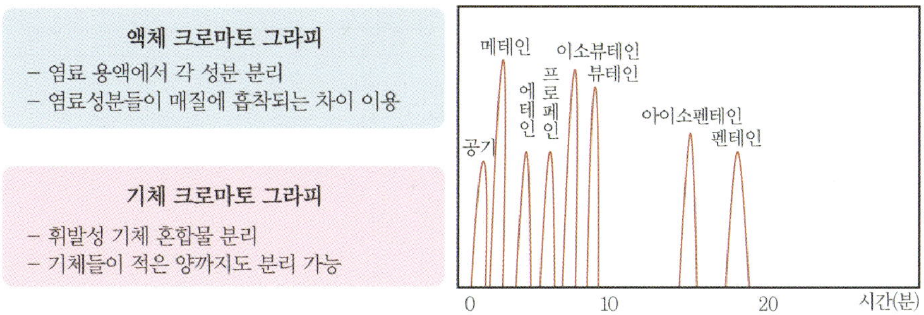

[그림 1-6] 크로마토그라피를 이용한 물질의 분리

[예제 1-1] 다음 물질들을 원소, 화합물, 혼합물로 분류하여라.

① 설탕물 ② 모래 ③ 우유 ④ 순수한 물 ⑤ 금 ⑥ 설탕

풀이 설탕물은 균일혼합물, 철과 모래가 섞인 경우는 불균일 혼합물이다. 우유는 물에 콜로이드인자가 분산되어 있기 때문에 불균일 혼합물이다. 물은 화합물이고, 금은 원소입니다. 마지막으로 설탕은 탄소, 수소 그리고 산소로 구성된 화합물이다.

[표 1-2] 혼합물(mixtures)의 분리 – 물리적 방법

분리방법	물리적 성질	예
자기적 성질	자석	모래와 철
여과(filteration)	고체와 액체	모래와 소금물
원심분리	고체의 밀도 차이	혈액
증류(distillation)	끓는점 차이	원유(석유) 정제
재결정(recrystallyzation)	용해도 차이	염화칼륨과 소금
용매 추출	극성과 비극성	벤조산과 나프탈렌
액체 크로마토그라피	머문 시간 차이	수성 사인펜 잉크
전기영동(electrophoresis)	전하크기	단백질, DNA

1-4.

측정 방법과 측정값

(1) 국제 표준 단위(SI unit)

화학은 실험 과학으로써 정량적인 측정을 통해서 결과를 얻게 된다. 따라서 측정 양과 단위에 대한 기본 지식이 있어야 한다. 측정의 기본 단위는 국제표준 단위, 즉 SI단위를 사용한다. SI단위는 측정값들을 과학적으로 다루기 위하여 정한 단위들이고, 일상생활에서 사용하는 단위들이 대부분이다.

[표 1-3] 국제 표준 단위(SI unit)와 환산 단위

기본적인 양	단위	기호	환산 단위
길이	미터	m	1 m = 100 cm
질량	킬로그램	kg	1 kg = 1,000 g
시간	초	s	1 h = 60 min = 3,600 s
전류	암페어	A	
온도	켈빈	K	T = t(℃) + 273.15
물질의 양	몰	mol	1 mol = 6.022×20^{23}개

따라서 [표 1-3]에 주어진 표준 단위들을 사용하여 부피, 밀도, 힘, 압력 등의 단위들을 유도할 수 있다. 여러 가지 유도 단위들도 기본 SI 단위를 활용하여 나타낼 수 있다.

[표 1-4] 유도 단위와 환산 단위들

양	상용단위	SI 유도단위	환산단위
면적	1 평	3.305 m^2	3.305×10^{-4} *ha*
부피	1 L	10^{-3} cm^3	10^3 mL
밀도	1 g/cm^3	10^3 kg/m^3	1 g/mL
힘	1 g cm/s^2	10^{-5} kg m/s^2 (뉴턴: N)	-
압력	1 atm	1.01325×10^5 Pa(=kg m/s^2)	760 mmHg
에너지	1 cal	4.182 J (=kg^2 m/s^2)	-

압력은 단위 면적당 작용하는 힘으로 정의되며, 단위는 기압(atm)이나 mmHg를 사용한다. 1기압은 수은 기둥의 높이를 76 cm 만큼 높이는 압력이므로, 국제표준 단위로 환산하면, 1기압 = 101,325 N/m^2(또는 Pa) 이 된다.

$$1\,atm = (\text{수은의 밀도}) \times (\text{중력 가속도}) \times (\text{높이})$$

$$= (13.595\,kg/m^3) \times (9.80665\,m/s^2) \times (0.76\,m)$$

$$= 1.01325 \times 10^5\,N/m^2\,(\text{또는 } Pa)$$

(2) 온도와 압력

온도를 좀 더 자세히 살펴보면, 우리가 일상적으로 사용하는 섭씨온도는 상대적인 온도로써 1기압에서 물의 녹는점을 0도 그리고 물의 끓는점을 100도로 정의하여 100등분한 눈금이다. 그리고 미국에서 사용하는 화씨(°F) 온도는 물, 얼음, 그리고 염화암모늄이 공존하는 온도를 0도, 수은이 끓는 온도를 600도로 정하여 600 등분한 온도계이다. 따라서 섭씨(Celsius) 온도계의 0 ℃는 화씨(Fahrenheit) 온도계의 32 °F와 일치하고, 섭씨 온도계의 100 ℃는 화씨온도계의 212 °F와 일치한다. 화씨온도를 섭씨온도로 바꾸려면, 다음 비례식을 사용하면 된다.

$$t\,(℃) : (F - 32)(°F) \equiv 100\text{등분} : 180\text{등분}$$

$$t\,(℃) = \frac{5}{9}\,(F\,(°F) - 32)$$

즉, 섭씨 온도는 화씨 온도 F(°F)에서 32를 뺀 다음, 5/9를 곱하면 된다.

그런데 섭씨 온도와 화씨 온도는 상대적인 온도이기 때문에 절대적 기준의 온도가 필요하다. 즉, 물질이 도달할 수 있는 최저의 온도를 0으로 나타낸 온도계를 **절대 온도**(absolute temperature)라고 부른다. 1848년 켈빈이 도입하였으며, 단위는 켈빈(기호: K)이다. 열역학 제2법칙에 따라 정해진 온도로, 이론상 생각할 수 있는 최저 온도를 기준으로 하여 온도 단위를 갖는 온도를 말한다. 절대 온도(T)는 물질이 도달할 수 있는 최저의 온도를 0 K로 나타낸 온도로써 섭씨 온도 눈금에 273.15를 더한다.

$$T(K) = t(℃) + 273.15$$

따라서 물질이 도달할 수 있는 최저의 온도는 절대 온도로 0 K이고, 섭씨 온도는 -273.15 ℃이다.

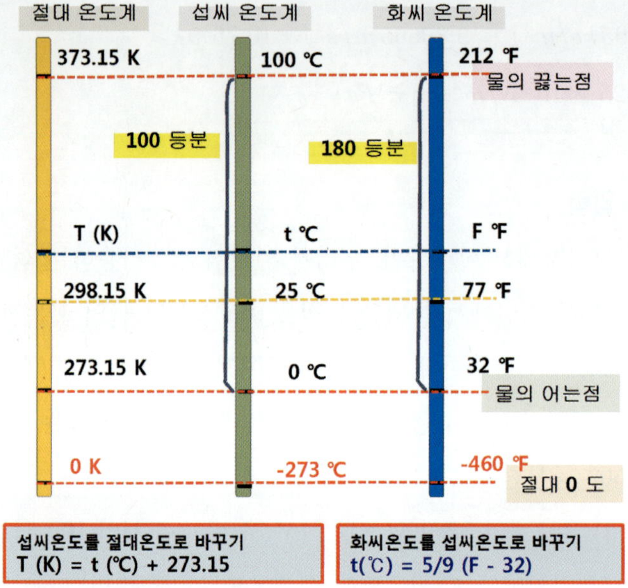

[그림 1-7] 온도계 눈금의 비교. 섭씨온도와 화씨온도

[예제 1-2] 수은온도계는 독성 때문에 사용이 줄고 있으며, 수은의 대체 물질로 쓰이는 액체인 아이소아밀벤조 에니트는 끓는점이 262 ℃이다. 이 온도를 화씨 온도와 절대 온도로 나타내어라.

풀이 섭씨 온도 262도를 화씨 온도로 바꾸려면,

$$F(°F) = (9/5) \times t(℃) + 32$$

환산식에 대입하면, 화씨 온도는 503.6°F가 된다.

$$F(°F) = (9/5) \times 262(℃) + 32 = 503.6\,°F$$

그리고 절대 온도는 섭씨 온도에 273.15를 더하면, T(K) = t(℃) + 273.15

$$T(K) = 262(°C) + 273.15 = 535.15K$$

따라서 절대 온도는 535.15K가 된다.

(3) 유효숫자(significant figure)

실험에서 측정값은 여러 번 실험한 평균값을 사용하기 때문에 불확실성, 또는 오차가 따르게 된다. 그래서 측정값의 유효숫자는 중요하다. 유효숫자는 측정값의 수치 중에서 신뢰할 수 있는 자릿수를 말한다. 유효숫자의 마지막 자리는 불확실성을 포함하고 있기 때문에 그 불확실성을 괄호 안에 ±로 표시한다. 즉, 어떤 물체의 질량을 이와 같이 표시해야 유효숫자를 정확하게 알 수 있는 것이다.

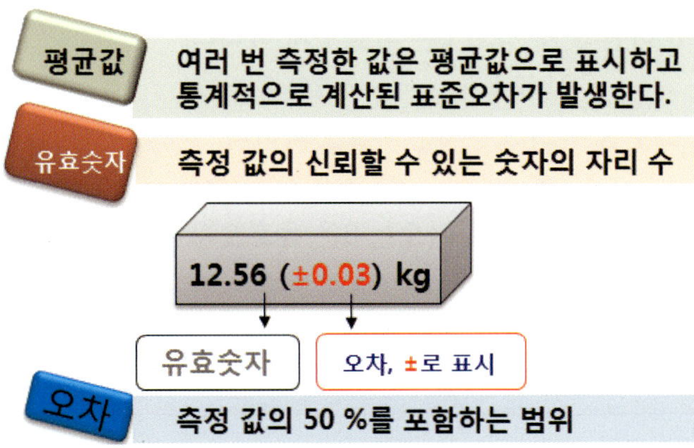

[그림 1-8] 유효숫자와 오차의 표기

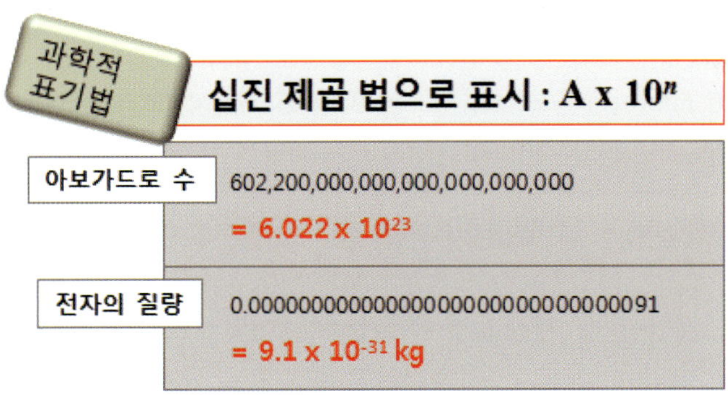

[그림 1-9] 십진 제곱법의 숫자 표기법

측정값의 유효숫자를 정확하게 십진 제곱법으로 표시할 때에는 앞에 나오는 숫자는 0에서 1사이의 실수로 표시하고, 10의 거듭제곱으로 표시하면 되는

데, 예로, 아보가드로 수는 6.022×10^{23}으로 표시하고, 전자의 질량은 9.1×10^{-31} kg으로 표시한다.

유효 숫자(significant figures) 세는 규칙

① 0 이 아닌 숫자는 모두 유효숫자이다.
1.234 kg ⇒ 4개의 유효숫자

② 0 아닌 숫자들 사이의 0은 유효숫자이다.
606 m ⇒ 3 개의 유효숫자

③ 0 아닌 숫자 앞의 0은 유효숫자 아니다.
0.082 L ⇒ 2 개의 유효숫자

④ 소수점 뒤의 모든 0은 유효숫자이다.
2.00 mg ⇒ 3 개의 유효숫자

⑤ 0 아닌 숫자 뒤에 나오는 0은 유효숫자이다.
0.00420 g ⇒ 3 개의 유효숫자

⑥ 자연수의 0 아닌 숫자 뒤에 오는 0은 유효숫자 아니다.
4500 ⇒ 2 개의 유효숫자

[그림 1-10] 유효숫자 세는 규칙

[예제 1-3] 다음 측정 값들의 유효숫자의 수를 써라.

① 24 mL ( ) ② 3001 g ( )
③ 0.0320 m^3 ( ) ④ 6.4×10^4분자 ( )
⑤ 560 kg ( )

풀이 ① (2자리) ② (4자리) ③ (3자리) ④ (2자리) ⑤ (2자리)

측정값을 계산할 때 계산값의 유효숫자는 어떻게 결정해야하는가? 일반적으로 덧셈과 뺄셈의 경우와 곱셈과 나눗셈의 경우 유효숫자를 결정하는 방법이 달라진다.

① **완전수(exact number)는 유효숫자가 무한대인** 것으로 간주한다. 정확한 개수, 평균값을 낼 때 나누는 수, 환산 인자에 포함된 숫자(예: 1 in = 2.54 cm),

그리고, 공식에 들어있는 정수(예: 2πr) 등은 완전수라고 한다.

완전수(Exact Numbers)의 유효숫자

정의에 의해 주어지는 수나 물질의 개수는
무한대의 유효숫자를 갖는 것으로 간주한다.
3개의 측정 값의 평균의 계산 : 6.64, 6.68, 6.70

$$\text{평균} = \frac{6.64 + 6.68 + 6.70}{3} = 6.67\underline{333} = 6.67$$

(유효숫자 3 자리)

※ 3은 완전수이므로 유효숫자는 무한대로 생각한다.

[그림 1-11] 완전수는 유효숫자를 무한대로 간주한다.

② **덧셈과 뺄셈 계산에서 유효숫자**: 측정값을 덧셈과 뺄셈의 경우 각 측정값에서 **소수점 아래 유효숫자가 적은 값**의 유효숫자와 같도록 반올림하면 된다. 오차의 계산은 각 값의 오차를 제곱하여 더한 다음 제곱근을 구하면 된다.

덧셈(Addition) 또는 뺄셈(Subtraction)의 경우 유효숫자

원래 숫자의 소수점 뒤의 가장 작은 유효숫자를 따른다.

```
  89.332  (± 0.002)
+  1.1    (± 0.1)    : 소수점 뒤 유효숫자 1 자리
---------------------------------------------
  90.432       ← 반올림하여 90.4 (± 0.1)
```

덧셈(Addition), 뺄셈(Subtraction)의 경우 오차 계산

오차의 계산 : $\text{오차} = \sqrt{(e_1)^2 + (e_2)^2}$

```
   2.3  (± 0.2)
+  5.3  (± 0.2)    : 소수점 뒤 유효숫자 1 자리
---------------------------------------------
 7.6 (±0.3)  ←  오차 = √((0.2)² + (0.2)²) = 0.28
```

$$\text{오차} = \sqrt{(0.2)^2 + (0.2)^2} = 0.2\underline{8}$$

[그림 1-12] 덧셈과 뺄셈에서 유효숫자와 오차 계산법

③ **곱셈과 나눗셈에서 유효숫자** : 덧셈과 뺄셈의 경우 유효숫자는 계산되는 값들의 유효숫자들 중 **가장 적은 유효숫자**를 갖는 측정값의 유효숫자와 같도록 반올림한다. 이 경우 오차는 "% 상대오차"로 구해진다. 먼저 각 값의 오차를 그 값으로 나눈 다음, 100으로 나누면 "% 상대오차"가 얻어진다. 구해진 각 "% 상대오차"들을 제곱하여 더한 다음, 제곱근을 구하면 곱셈이나 나눗셈의 "% 상대오차"로 구해진다.

즉, 곱셈과 나눗셈의 결과값에 대한 "% 상대오차"는 각 값의 "% 상대오차"들을 제곱하여 더한 다음 제곱근을 구하면 됩니다. 그리고 절대 오차 값은 "% 상대오차"에 계산된 값을 곱한 후 100으로 나누면 됩니다. 또한 정의에 의해 주어지는 수나 환산인자들은 유효숫자를 무한대로 잡아야 한다.

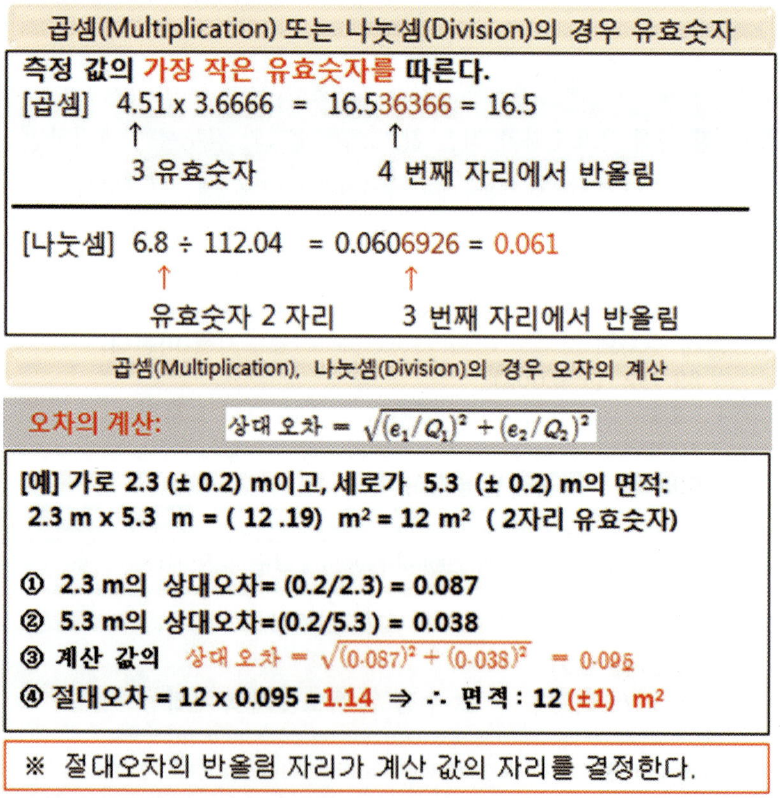

[그림 1-13] 곱셈과 나눗셈에서 유효숫자와 오차 계산법

④ **측정값의 계산에서 유효숫자는 마지막까지 계산한 뒤에 반올림해야 한다.** 계산 중간에 반올림을 한다면 계산값이 달라질 수 있다. 항상 마지막까지 계산한 뒤에 유효숫자를 맞추어 반올림해야한다.

[계산 중간에 반올림하는 경우]

$$\frac{1.175}{0.22} + \frac{5.784}{0.554}$$

$= 5.3_{41} + 10.4_{40}$

$= 5.3 + 10.4$

$= 15.7$ [잘못된 답]

[모두 계산한 뒤에 반올림하는 경우]

$$\frac{1.175}{0.22} + \frac{5.784}{0.554}$$

$= 5.3_{41} + 10.4_{40}$

$= 15.7_{81}$

$= 15.8$ [정확한 답]

(3) 측정값의 정확도(accuracy)와 정밀도(precision)

측정값들은 여러 번 실험한 결과를 평균값으로 나타내기 때문에 불확정성, 또는 오차가 따르게 된다. 이러한 오차를 표시할 때 측정치는 정확도와 정밀도의 2가지 표현으로 나눌 수 있다. 정확도는 참값이 분명하게 존재하는 경우 그 참값에 얼마만큼 접근된 값을 얻었는지 하는 표현이다. 그와 달리 정밀도는 측정값들이 얼마나 평균값에 가까운 값들로 분포되어 있는지를 표시하는 표현이다. 그렇다면 정확도와 정밀도 중 신뢰도가 높은 자료는 어떤 것인가? 보통 참값이 주어지지 않은 경우에는 정밀도가 높은 실험 자료가 신뢰도를 갖게 되는데, 정확도와 정밀도는 그림으로 표시하면 이와 같이 표시할 수 있다.

[예제 1-4] 필라델피아에서 프랑크푸르트까지 거리는 6.6×10^3 km이다. 필라델피아를 출발한 비행기가 8.05 시간 뒤에 프랑크푸르트에 도착하였다면 이 비행기의 속도는 얼마인가?

① 8.2×10^1 km/h ② 8.2×10^2 km/h ③ 8.2×12^3 km/h ④ 8.2 km/h$\times10^4$

풀이 속도 = $(6.6\times10^3$ km$)$ / $(8.05$ h$)$ = 819.8757764 km/h

올바른 유효숫자는 2자리

속도 = 8.2×10^2 km/h

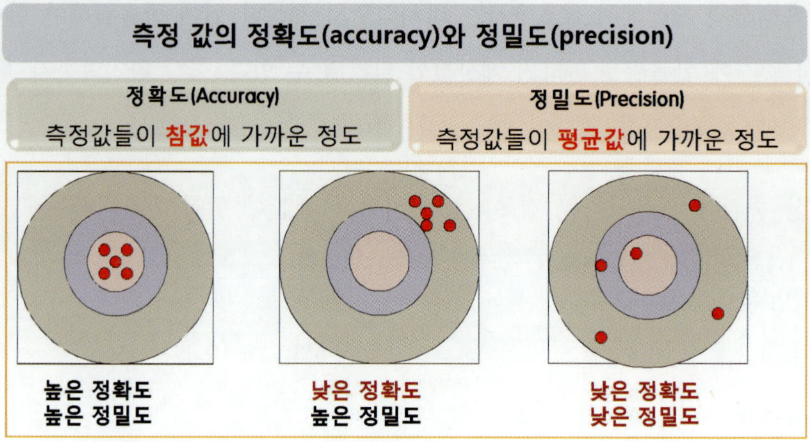

[그림 1-14] 측정 값의 정확도와 정밀도

1-5.

물질의 성질

화학의 연구 대상인 물질들은 그 들만의 고유한 성질을 지니고 있다. 물질은 2가지 형태의 변화를 일으키는데, 바로 물리적 변화와 화학적 변화이다.

(1) 물리적 성질

물질은 주어진 조건에 따라서 상태가 변화된다. 물질의 물리적 성질은 상태변화처럼, 물질의 조성이 변하지 않고 나타나는 성질이다. 이를테면 물은 화학적 조성이 H_2O인데 압력과 온도에 따라 고체인 얼음이나, 액체인 물, 그리고 기체인 수증기 세 가지 형태로 변화될 수 있다. 이렇게 물리적인 변화를 나타내는 성질들을 물리적 성질이라고 하며, 물질마다 고유한 물리적인 특성을 가지고 있다. 물질의 물리적 성질은 혼합물들을 분리하거나 확인하는 데 활용되며, 끓는점, 녹는점, 삼중점 같은 상변화를 일으키는 온도, 밀도, 고유한 색깔, 결정구조, 전기전도도, 열용량 또는 비열 등이 물리적 성질에 속한다.

물리적 성질에 대하여 자세히 알아보도록 하자. 먼저 ① 물질의 상태변화를 일으키는 온도, 즉, 정상 끓는점과 녹는점은 1기압에서 액체 물질의 끓는 온도와 고체 물질의 녹는 온도를 나타낸다. 몇 가지 물질들의 끓는점과 녹는점은 [표 1-5]에 주어져 있다. ② 밀도는 물리적 성질 중에서 매우 중요한 성질이며, [표 1-6]과 같이 금속 뿐 아니라 액체, 고체 물질들도 고유한 밀도를 갖고 있다는 것을 확인할 수 있다. ③ 고체가 용매(주로, 물)에 대한 용해도인데, 용해도는 용매 100 g에 최대로 녹을 수 있는 용질의 g수를 나타낸 것이다. 여기서 잠깐 설탕의 용해도가 20 ℃에서 204이라고 한다면, 물 100 g에 대하여 204 g이 녹는다는 의미이다. 또한, 10.0 g의 물에 20.4 g의 설탕이 녹는다는 뜻이다. 그리고 100 ℃에서 용해도가 487이라면, 물 100 g에 설탕은 487 g 녹는다. 또한 10.0 g의 물에 48.7 g의 설탕이 녹는다. 따라서 100 ℃ 물 10.0 g에 설탕을 25.0 g 녹여서 온도를 20 ℃로 낮추면, 설탕이 4.6 g (25.0 g - 20.4 g = 4.6 g)의 설탕이 석출된다. ④ 물질의 성질인 색에 대하여 알아보자. 물질이 가시광선을 흡수하면, 흡수한 색깔의 보색이 나타나게 된다. 사진은 과망간산칼륨 수용액으로, 550nm의 가시광선을 흡수하기 때문에 보라색으로 보이게 되는 것이다. 참고로 가시광선의 색깔은 흡수하는 빛의 파장과 관계된다. ⑤ 비열(s)은 물질 1 g을 1 ℃ 올리는데 필요한 열에너지이고 단위는 J/g ℃이다. 그리고 몰열용량(molar heat capacity, C_m)은 물질 1 몰을 1 ℃ 올리는데 필요한 열 에너지이고, 단위는 J/몰 K로 정의된다. 따라서 몰열용량은 비열에 몰질량(M_w)을 곱하면 된다.

$$C_m = s \times M_w$$

이 외의 물질의 물리적 성질은 자성(magnetism), 모양, 광택 등 정량화하기 어려운 성질들도 있다.

[표 1-5] 물질의 물리적 성질: ① 끓는점과 녹는점

고체	끓는점(℃)/녹는점	액체	끓는점(℃)	기체	끓는점(℃)
금	bp 2807(mp 1063)	물	100	산소	-183(87 K)
은	bp 2193(mp 961)	에탄올	79	질소	-196(77 K)
철	bp 2750(mp 1535)	메탄올	64	부탄	0
구리	bp 2595(mp 1086)	수은	357	메탄	-162(111 K)

[표 1-6] 물질의 물리적 성질: ② 밀도 - 부피당 질량비

고체	밀도(g/cm^3)	액체	밀도(g/cm^3)	기체	밀도(g/cm^3)
금	19.3	물	1.0	공기	0.0013
은	10.5	에탄올	0.79	이산화탄소	0.0019
철	7.9	메탄올	1.6	부탄	0.0025
알루미늄	2.7	수은	13.6	메탄	0.00069

[표 1-7] 가시광선의 파장과 보색관계

파장(nm)	흡수된 색	투관된 색
400 nm이하	자외선	무색
400~450 nm	보라색	빨간색, 오렌지색, 노란색
450~500 nm	파란색	빨간색, 오렌지색, 노란색
500~550 nm	녹색	자주색
550~580 nm	노란색	자주색
580~650 nm	오렌지색	파란색, 녹색
650~700 nm	빨간색	파란색, 녹색
700 nm이상	적외선	무색

(2) 화학적 성질

물질의 성질 중에서 두 번째는 물질의 조성이 변화되는 화학적 변화이다. 예를 들면, 메탄이 연소되어 이산화탄소와 물로 변화되는 연소 반응을 비롯하여 광합성 반응, 산-염기 반응, 침전 반응과 용해 반응, 산화환원 반응 같은 다양한 종류의 화학 반응들이 모두 화학적인 변화이다. 이러한 물리적 변화와 화학적 변화에는 에너지의 출입이 반드시 수반되는데 이것은 나중에 열역학 단원에서 더 자세히 알아보도록 할 것이다.

[표 1-8] 화학적인 변화: 화학적 변화는 모든 화학 반응을 의미한다.

(1) 금속과 물의 반응

$$Na(s) + H_2O(l) \rightarrow Na(OH)(aq) + H_2(g)$$

(2) 연소 반응

$$CH_4(g) + 2O_2(g) \rightarrow CO_2(g) + 2H_2O(l)$$

(3) 침전-용해 반응

$$Ag^+(aq) + Cl^-(aq) \rightarrow AgCl(s)$$

(4) 산-염기 반응

$$HCl(aq) + NaOH(aq) \rightarrow NaCl(aq) + H_2O(aq)$$

(5) 산화-환원 반응

$$Zn(s) + Cu^{2+}(aq) \rightarrow Zn^{2+}(aq) + Cu(s)$$

화학적인 변화는 모든 화학 반응을 포함한다. 금속과 물의 반응, 연소 반응, 침전-용해 반응, 산-염기 반응, 산화-환원 반응 등과 같은 다양한 종류의 화학 반응들이 모두 화학적인 변화이다. 물질의 물리적 성질과 화학적 성질을 규명하는 것이 화학의 주된 연구 분야라고 할 수 있다.

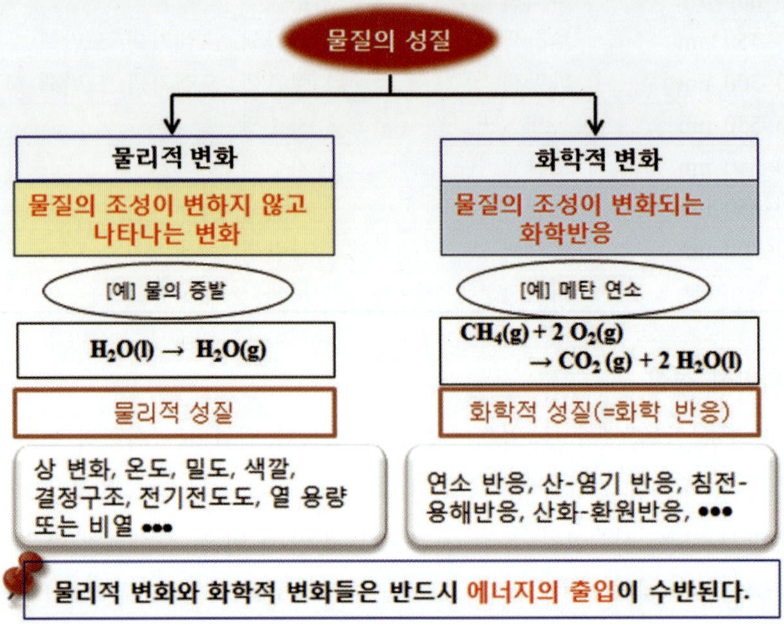

[그림 1-15] 물질의 물리적 변화와 화학적 변화

[예제 1-5] 다음 물리적 성질인지 화학적 성질인지 구분하여라.

(1) 구리가 전기를 통한다. (　　　　　　　)
(2) 포도주가 식초로 변한다. (　　　　　　　)
(3) 밤에 내린 눈이 낮에 녹는다. (　　　　　　　)
(4) 마그네슘이 염산에 녹는다. (　　　　　　　)

[예제 1-6] 빈 플라스크의 무게가 22.138 g인 5.00 mL 플라스크에 옥탄을 넣었더니 총 무게가 25.598 g가 되었다.

(1) 옥탄의 밀도는 몇 g/mL인가?
(2) 옥탄 10.0 g의 부피는 몇 mL인가?

해설 (1) 옥탄의 무게 = 25.598 g - 22.138 g = 3.460 g
옥탄의 부피 = 5.00 mL
옥탄의 밀도 = (3.460 g) / (5.00 mL) = 0.692g/ mL:
(주의: 유효숫자 3자리)

(2) 옥탄의 부피 = (10.0 g) / (0.692 g/mL) = 14.5 mL
(주의: 유효숫자 3자리)

[학습퀴즈 1-1] 다음 성분을 분리하는데 적당한 방법을 쓰시오.

(1) 프로페인, 뷰테인, 아이소프로페인 가스의 혼합물

(2) 아이소프로판올과 물로 만든 소독용 알코올

[학습퀴즈 1-2] 갈륨(Ga)은 상온에서 녹을 수 있는 얼마 되지 않는 금속이다. 갈륨의 녹는점은 29.76 ℃이다. 만약에 당신이 초여름에 이 고체를 온도가 75 ℉인 차 안에 놓아 둔 후 나중에 돌아왔을 때 차 안의 온도가 85.0 ℉였다면 갈륨의 물리적 상태는 어떻겠는가?

[학습퀴즈 1-3] 다음을 유효 숫자의 정확한 개수로 계산하시오.

(a) 128.5 + 2116.44 - 2244.47

(b) 0.004010 × 2.0000 × 50054

(c) $\dfrac{12.6 + 0.3 + 256.5}{1003.7}$

(d) $\dfrac{12.20 - (1.06 + 4 \times 0.36)}{1.3409}$
(4는 완전수)

[학습퀴즈 1-4] 형태가 일정치 않은 11.33 g의 무게를 가진 고체를 35.0 mL로 수위가 표시된 물(밀도, d = 1.00 g/mL)로 채워져 있는 눈금 실린더에 넣는다. 고체가 바닥으로 가라앉은 다음 물의 수위는 40.5 mL이다. 고체의 밀도는 몇 g/mL인가?

[학습퀴즈 1-5] 20℃에서 브로민화 암모늄의 용해도는 물 100 g당 75.5 g이고, 50 ℃에서 용해도는 물 100 g당 99.2 g이다. 다음을 계산하여라.

(1) 20 ℃에서 물 82.5 g에 녹을 수 있는 브로민화 암모늄의 질량

(2) 50 ℃에서 브로민화 암모늄 4.37 g을 녹이는데 필요한 물의 질량

(3) 만약 50 ℃에서 물 35.0 g에 브로민화 암모늄 29.0 g이 녹아서 이루어진 용액이 20 ℃로 냉각된다면 용액으로부터 석출되는 브로민화 암모늄의 질량

[학습퀴즈 1-1 풀이] (1) 크로마토그래피, (2) 크로마토그래피(증류)

[학습퀴즈 1-2 풀이] 고체

[학습퀴즈 1-3 풀이] (a) 0.5 (b) 401.4 (c) 0.2684 (d) 7.23

[학습퀴즈 1-4 풀이] 2.1 g/mL

$$\text{부피} = 40.5\,mL - 35.0\,mL = 5.5\,mL \text{ :2자리}$$
$$\text{질량} = 11.3\,mL$$

$$\text{밀도} = \frac{\text{질량}}{\text{부피}} = \frac{11.33\,g}{5.5\,mL} = 2.0_6\ g/mL = 2.1\,g/mL$$

[학습퀴즈 1-5 풀이] (1) 62.3 g (2) 4.14 g (3) 2.6 g

[주요개념]

☑ 온도의 표현과 환산 : ℉, ℃와 K사이의 환산
☑ 물질의 분류: 순물질(원소와 화합물)과 혼합물
☑ 측정된 양에 있어서 유효 숫자의 개수의 결정
☑ [덧셈과 뺄셈]에서 유효 숫자는 소수점 뒤의 가장 작은 유효숫자 따름
☑ [곱셈과 나눗셈]에서 유효 숫자는 가장 작은 유효숫자 따름
☑ 측정된 양의 단위를 변화시키기 위한 환산 계수의 사용
☑ 물리적 성질과 화학적 성질
☑ 질량과 부피에 대한 밀도의 관계
☑ 밀도의 계산(d = m/V)

[주요 식]

☑ 화씨 온도와 섭씨 온도 $t(℃) = \frac{5}{9}(F(°F) - 32)$
☑ 절대 온도 : $T(K) = t(℃) + 273.15$
☑ 밀도 : $d = \frac{m}{V}$

제1장 (물질의 이해와 측정 방법)의 개요

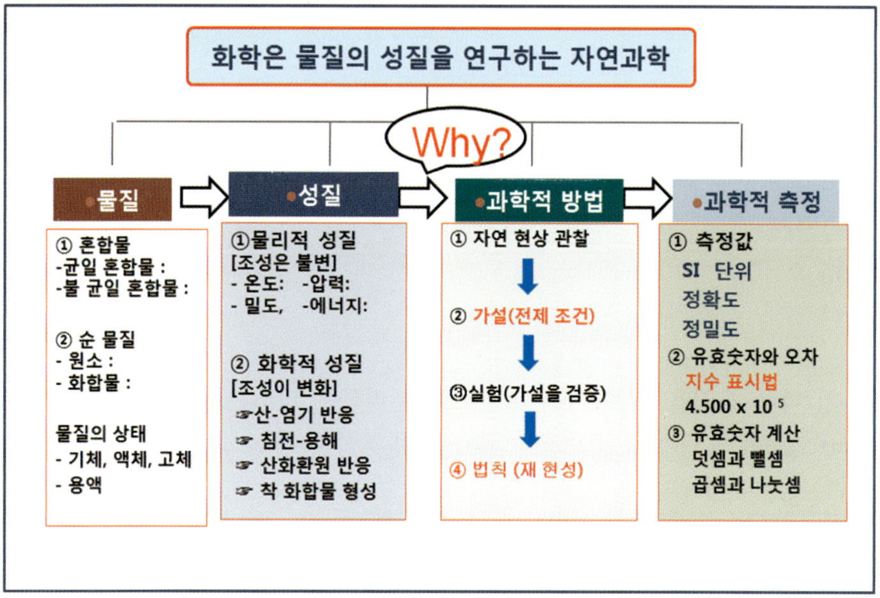

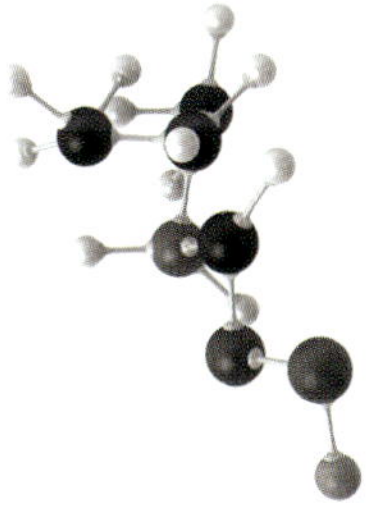

연 습 문 제

[1-1] 다음을 원소, 화합물 또는 혼합물로 분류하시오.

(a) 구리(Cu)
(b) 우유
(c) 설탕($C_{12}H_{22}O_{11}$)
(d) 소금물
(e) 혈액

[1-2] 다음 물질을 서로 다른 성분으로 분리하는 방법은 무엇인가?

(a) 프로페인(b.p. -42 ℃), 뷰테인(b.p. -0.5 ℃), 아이소뷰테인(b.p. -11.7 ℃)의 기체 혼합물
(b) 에탄올과 물로 만든 소독용 알코올
(c) 혈액 속에 있는 백혈구와 적혈구
(d) 소금과 모래

[1-3] 다음 원소들의 기호를 쓰시오.

(a) 철(iron)
(b) 납(lead)
(c) 셀레늄(selenium)
(d) 은(silver)
(e) 아르곤(argon)

[1-4] 갈륨(Ga)은 녹는점이 29.76 ℃이다. 만일 온도가 90 ℉인 방 안에 있는 갈륨의 물리적 상태는 어떤 상태일까? ($t(℃) = \frac{5}{9}(F(°F) - 32)$)

[1-5] 다음 양들을 괄호 안에 표시된 유효 숫자의 개수에 따라 과학적 표기법으로 표시하시오.

(a) 28.3495 g (= 1 oz) (유효숫자4)
(b) 0.45359 kg (= 1 lb) (유효숫자5)
(c) 1.609344 km (= 1 mile) (유효숫자3)

(d) 91.438 cm (= 1 yd)　　　(유효숫자4)

(e) 101325 Pa (= 1 atm)　　　(유효숫자4)

[1-6] 다음을 유효 숫자의 정확한 개수로 계산하시오.

(a) x = 122.5 + 216.44 - 124.47

(b) x = 0.004010 × 2.02 × 5054

(c) $x = \dfrac{10.63 + 0.3 + 206.51}{101.52}$

(d) $x = \dfrac{12.20 - 2.5 + 4 \times 3.14}{1.3409}$ (여기서 4는 완전수이다.)

[1-7] 어떤 금속 덩어리의 질량이 32.25 g 이었다. 이 금속 고체를 50.00 mL로 수위가 표시된 물(밀도는 1.000 g/mL)로 채워져 있는 눈금 실린더에 넣는다. 고체가 바닥에 가라앉은 다음 물의 수위는 53.60 mL 를 나타내고 있다. 이금속의 밀도는 얼마인가? 그리고 이 금속은 어떤 금속 일까?

금속	Al	Zn	Sn	Mn	Fe	Ni	Cu	Ag	Au
밀도(g/mL)	2.598	7.113	7.31	7.44	7.874	8.902	8.960	10.5	19.32

[1-8] 설탕($C_{12}H_{22}O_{11}$)을 물에 녹일 때, 용해도는 20 ℃에서 물 100 g당 289 g이고, 80 ℃에서 물 100 g당 369 g이다. 다음에 답하시오.(물의 밀도는 온도에 상관없이 1.000 g/mL라고 간주한다.)

(a) 20 ℃에서 물 80.00 g에 녹을 수 있는 설탕의 그램 수는?

(b) 80 ℃에서 설탕 500.0 g을 녹이는데 필요한 물의 질량은 몇 그램 인가?

(c) 80 ℃에서 물 80.00 g에 설탕 290.0 g이 녹아서 이루어진 용액이 20 ℃로 냉각된다면, 석출되는 설탕의 질량은 몇 그램인가?

[1-9] **[심화]** 어떤 금속 덩어리의 질량이 44.8(±0.5) g이었다. 이 금속 고체를 50.0(±0.3) mL로 수위가 표시된 물(d = 1.00 g/mL)로 채워져 있는 눈금 실린더에 넣는다. 고체가 바닥을 가라앉은 다음 물의 수위는 65.0(±0.5) mL로 올라갔다. 이 금속의 밀도는 얼마인가? 그리고 밀도의 오차를 계산하여라.

[1장 연습문제 정답]

[1-1] (a) 원소 (b) 혼합물 (c) 화합물 (d) 혼합물 (e) 혼합물

[1-2] (a) 크로마토그래피 (b) 증류 또는 크로마토그래피 (c) 원심분리 (d) 물에 녹인 다음 여과 증발

[1-3] (a) Fe (b) Pb (c) Se (d) Ag (e) Ar

[1-4] 32.2℃, 액체

[1-5] (a) 2.835×10^{1} g (유효숫자4)
(b) 4.5359×10^{-1} kg (유효숫자5)
(c) 1.61 km (유효숫자3)
(d) 9.144×10^{1} cm (유효숫자4)
(e) 1.013×10^{5} Pa (유효숫자4)

[1-6] (a) 214.5 (b) 40.9 (c) 2.142 (d) 16.6

[1-7] 8.96 g/mL 구리(Cu)

[1-8] (a) 231 g (b) 136 g (c) 58.8 g

[1-9] 2.99(±0.04) g/mL

02

CHAPTER

원자와 화합물

CONTENTS

[학습목표]

① 원자를 구성하는 양성자와 중성자 그리고 전자의 존재를 알고 원자의 모형에 대하여 이해한다.
② 돌턴의 원자설의 내용을 파악하고, 화학의 기본 법칙인 질량 보존의 법칙, 일정 성분비의 법칙, 그리고, 배수 비례의 법칙을 이해한다.
③ 원자의 질량과 분자의 몰질량을 이해하고, 몰수를 계산해야 한다.
④ 화합물의 원소 백분율을 계산하고, 실험식과 분자식을 표현한다.
⑤ 이온성 화합물과 분자성 화합물의 이름을 부른다.

[OX퀴즈 1-1] 한 원소의 원자는 크기, 질량, 화학적 성질이 동일하다.

정답 ×

해설 한 원소의 원자는 질량이 다른 동위원소가 존재한다.

[OX퀴즈 1-2] 원소는 화학 반응 중에 생성되거나 소멸되기도 한다.

정답 ×

해설 질량보존의 법칙에 의하면 원소는 화학 반응 중 생성되거나 소멸되지 않는다.

이 단원에서 원자에 대해 알아보고, 화학식과 질량, 그리고 분자와 이온에 대해 알아볼 것이다. 원자와 화합물은 물질에 대한 기본적 이해를 하는데 꼭 알아야 될 용어이다. 먼저 원자와 원자설에 대해 알아보고 원자의 구성요소와 질량을 구하는 법을 알아본다. 아울러 화합물의 화학식과 질량에 대해 이해할 수 있으며 분자와 이온, 이온 화합물에 대해서 알아볼 것이다. 그리고 화합물의 이름을 부르는 규칙에 대하여 알아보도록 하자.

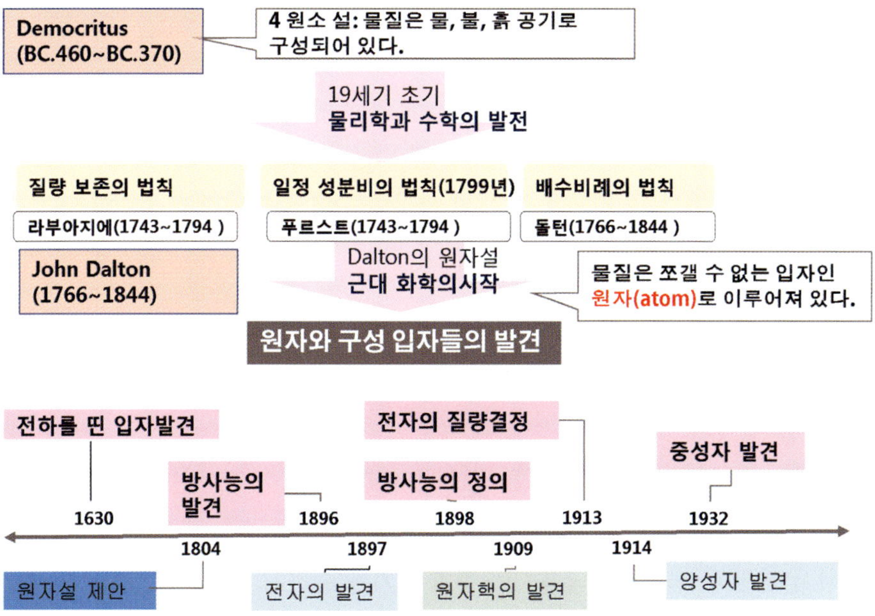

[그림 2-1] 원자의 구성 입자들의 발견

2-1.

주기율표

원소들은 현재까지 알려진 원소의 거의 절반이 1800~1900년대에 발견되었다. 많은 원소들이 비슷한 성질을 갖고 있는 것이 알려지면서 발견된 원소들을 체계적으로 나열할 필요성을 느끼게 되었다. 밀도나 색깔 같은 물리적 성질이나 화학적 반응성이 유사한 원소들을 모아서 원자량 순서로 체계적으로 배열하게 되었다. 이렇게 물리적 성질과 화학적 성질이 비슷한 원소들을 배열한 것이 주기율표(perodic table)이다. 현대적 주기율표는 멘델레프(Mendelev)가 만든 것을 사용한다. 원자번호 증가 순서대로 수평으로 배열한 원소들은 같은 주기(period)라고 부르고, 유사한 성질을 가진 수직으로 배열된 원소들을 같은 족(family)라고 부른다. 주기율표에는 원소기호와 원자번호 그리고 원자량이 수록되어 있다.

원소는 금속과 비금속, 그리고 준금속으로 나눌 수 있다. 금속(metal)은 열과 전기를 잘 전도하는 도체이다. 비금속(nonmetal)은 열이나 전기를 전도하지 못 하는 부도체이다. 그리고 준금속(metalloid)은 금속과 비금속의 중간적 성질을 가지고 있어 약간의 전압을 걸어주면 전기가 통하게 된다. 대부분의 원소는 금속이고, 비금속은 17개 원소이고, 준금속은 8개 원소가 있다. 원소들은 주기율표에 있는 족에 따라서 화학적 성질이 동일하기 때문에 특별한 이름을 붙여 부르기도 한다. 1A족 원소들(H, Li, Na, K, Rb, Cs)은 알칼리 금속(alkali metal)이라고 부르고, 2A족 원소들(Be, Mg, Ca, Sr, Ba, Ra)은 알칼리 토금속(alkali earth metal)이라고 부른다. 그리고 7A족 원소들(F, Cl, Br, I, At)은 할로겐(halogen)원소라고 부르며, 8A족 원소들(He, Ne, Ar, Kr, Xe, Rn)은 불활성 기체(noble gas)라고 부른다. 그리고 주족 2A족과 3A족 원소들 사이에 있는 원소들을 전이금속(transition matal)이라고 부른다. 전이금속 중에는 란탄족(lantanide) 14개 원소와 악틴족(actinide) 14개 원소가 포함되어 있다.

[주기율표: 주족 금속, 전이금속, 비금속, 준금속]

금속: 12 Mg
전이금속: 24 Cr
준금속: 14 Si
비금속: 7 N

주기	1	2	3	4	5	6	7	8	9	10	11	12	13	14	15	16	17	18
	1A	2A	3B	4B	5B	6B	7B	←8B→			1B	1B	3A	4A	5A	6A	7A	8A
1	1 H																	2 He
2	3 Li	4 Be											5 B	6 C	7 N	8 O	9 F	10 Ne
3	11 Na	12 Mg											13 Al	14 Si	15 P	16 S	17 Cl	18 Ar
4	19 K	20 Ca	21 Sc	22 Ti	23 V	24 Cr	25 Mn	26 Fe	27 Co	28 Ni	29 Cu	30 Zn	31 Ga	32 Ge	33 As	34 Se	35 Br	36 Kr
5	37 Rb	38 Sr	39 Y	40 Zr	41 Nb	42 Mo	43 Tc	44 Ru	45 Rh	46 Pd	47 Ag	48 Cd	49 In	50 Sn	51 Sb	52 Te	53 I	54 Xe
6	55 Cs	56 Ba	71 Lu	72 Hf	73 Ta	74 W	75 Re	76 Os	77 Ir	78 Pt	79 Au	80 Hg	81 Tl	82 Pb	83 Bi	84 Po	85 At	86 Rn
7	87 Fr	88 Ra																

2-2.

원자와 원자설

기원전 데모크리투스(Democritus)는 물질을 구성하는 기본 단위가 있다고 생각하였다. 그 이후 2000년 이상이 지난 뒤에야 영국의 교사였던 돌턴(John Dalton, 1766~1844)은 원자의 개념을 재정립하고, 사실과 실험적 증거에 바탕을 둔 원자설(Atomic Theory)을 제안하였다. 이 이론은 1803년에서 1810년까지 발표한 일련의 논문에 기술되었는데, 각각의 원소는 다른 종류의 원자를 가졌다는 관념에 바탕을 두고 있다. 돌턴의 원자설은 근대 화학의 출발점이라고 할 수 있다. Dalton의 원자설(Dalton's atomic theory)에 포함된 내용들을 요약하면 다음과 같다.

(1) 원자설

① 원소는 더 이상 쪼갤 수 없는 가장 작은 입자인 원자로 이루어져 있다는 것이다. 그러나 원자는 더 작은 입자들을 포함하고 있다. 원자의 구성 입자들은 핵 속에 있는 양성자와 중성자, 그리고 미립자들과 전자로 구성되어 있다.

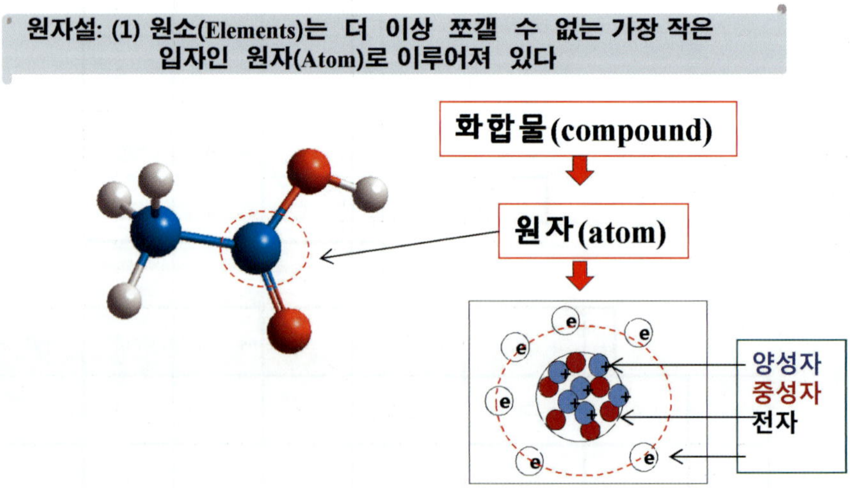

[그림 2-2] 원자는 더 이상 쪼갤 수 없는 입자이다.

② 한 원소의 원자는 크기, 질량, 화학적 성질이 동일하다는 것이다. 예를 들면 아래의 포도당 화학식에서 탄소(C)와 수소(H), 산소(O) 사이의 크기와 질량, 성질은 다르지만 탄소들은 탄소끼리 동일하며, 수소는 수소끼리, 산소는 산소끼리 동일한 성질을 가지고 있는 것이다. 하지만 원자번호는 동일하지만, 중성자수가 달라서 질량이 다른 원소가 존재하기도 한다. 이처럼, 양성자수는 같지만 질량수가 다른 원소들을 동위원소라고 부른다. 예를 들면, 탄소 원자는 ^{12}C와 ^{13}C, 2가지 동위원소가 존재한다. 포도당에 있는 탄소 원자는 질량이 다른 2가지 탄소인 ^{12}C와 ^{13}C가 있는데 이들은 항상 자연에 일정한 비율로 존재하며, 이를 동위원소의 자연 존재비라고 한다. 자연에 존재하는 탄소 원자는 ^{12}C의 가 98.89 %이고, ^{13}C는 1.11 %이다. 동위원소의 자연 존재비는 어떤 화합물이든지 항상 일정 비율로 포함되어 있다는 뜻이다. 예를 들면, 일산화탄소(CO) 분자가 10,000개 있다면, ^{12}C를 포함하는 분자(^{12}CO)는 9,889개이고, ^{13}C를 포함하는 분자(^{13}CO)는 111개가 있다는 의미이다.

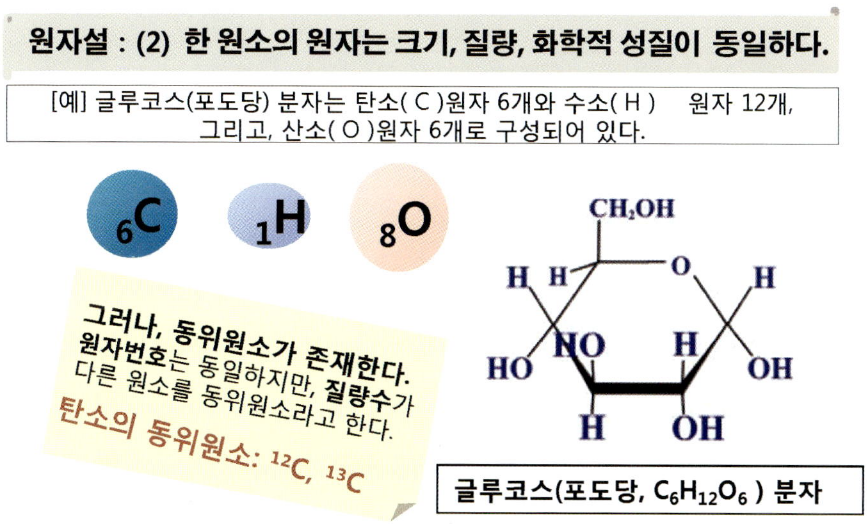

[그림 2-3] 한 원소의 원자는 크기, 질량, 화학적 성질이 동일하다. 그러나 동위원소들은 화학적 성질은 동일하지만, 질량이 다르다.

③ 화합물은 2개 이상의 원소로 이루어져 있다. 어떤 화합물이든 원소들의

구성 비율은 간단한 정수비로 이루어진다. 이는 일정 성분비의 법칙과 배수비례의 법칙에 부합하는 내용이기도 하다. 예를 들자면 일산화 탄소(CO)와 이산화 탄소(CO_2), 일산화 납(PbO)과 삼산화 이납(PbO_3), 이산화 납(PbO_2)을 보면 간단한 정수비로 이루어져 있는 것을 확인할 수 있다.

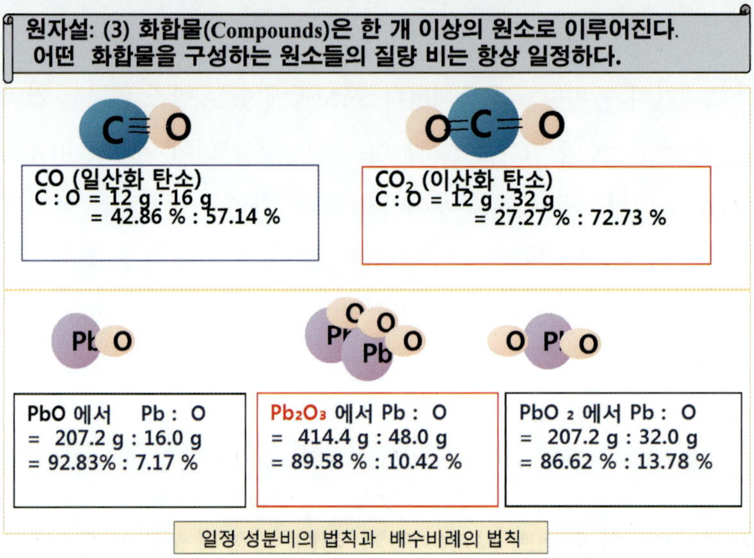

[그림 2-4] 화합물은 둘이상의 원소로 이루어지며, 원소들의 질량비는 항상 일정하다.

④ 화학반응 중에 원소들은 파괴되거나 생성되지 않는다. 이는 질량 보존의 법칙에 내용과 부합한다. 예를 들어 다음의 산화수은(HgO)을 열분해 반응을 하게 되면 수은(Hg)과 산소(O_2)로 분리되는데 이때 원자는 변하였지만 원소들은 이동하였을 뿐 그 질량은 변하지 않은 것을 볼 수 있다.

질량보존의 법칙은 원소는 화학반응 중에 생성되거나 소멸되지 않는다는 법칙이다. 다음의 산화수은(HgO)은 액체 상태의 수은(Hg)과 산소(O_2)로 분리되지만 원자의 개수는 분리 이전의 개수와 동일하다. 즉, 원자는 화학반응 중에 새로 생기거나 없어지지 않는다.

이러한 돌턴의 원자설은 화학에서 기본이 되는 세 가지 법칙의 내용이 포함되어 있다.

원자설: (4) 화학반응(chemical reaction) 중에 원소들은 파괴되거나 생성되지 않는다.

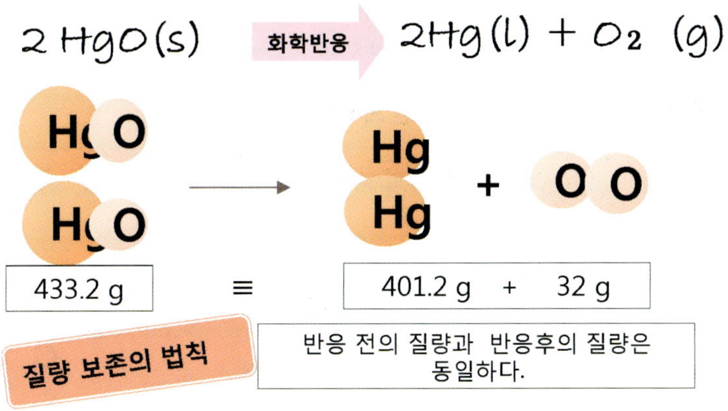

[그림 2-5] 화학 반응 중에 원소는 파괴되거나 생성되지 않는다.

(2) 화학의 기본법칙들

① 질량보존의 법칙: 원소는 화학반응 중에 생성되거나 소멸되지 않는다는 법칙이다. 다음의 산화수은(HgO)은 액체 상태의 수은(Hg)과 산소(O_2)로 분해되는데, 원자의 개수는 반응 전의 원자수와 반응한 후의 원자수가 동일하다.

② 일정성분비의 법칙: 화합물은 2개 이상의 원소들이 일정한 질량비로 이루어져 있다는 것으로 물(H_2O)은 수소원자(H) 11.19 %와 산소원자(O) 88.81 %로 이루어져 있으며, 일산화탄소(CO)는 탄소원자(C) 42.9 %와 산소원자(O) 57.1 %의 비율로 이루어져 있다. 그리고 이산화탄소(CO_2)는 탄소 27.3 %, 산소 72.7 %의 비율로 이루어져 있다는 것이다. 모든 화합물들은 구성 원소들 사이의 질량 비율이 항상 정해져 있다.

③ 배수비례의 법칙: 같은 원소들로 이루어진 화합물에서 한 원소의 일정 질량과 결합하는 다른 원소의 질량비는 간단한 정수로 나타난다는 것이다. 예를 들어, 일산화탄소(CO)는 탄소원자 1.0 g에 산소원자 1.33 g이 결합하여 화합물이 이루어져 있다. 하지만 이산화탄소(CO_2)는 탄소원자

1.0 g에 대하여 산소원자 2.66 g이 결합되어 만들어진다. 따라서 일산화탄소(CO)와 이산화탄소(CO_2)에서 탄소 1.0 g에 결합된 산소 원자의 질량비는 1.33 g : 2.66 g으로, 1대 2인 정수비로 나타낼 수 있다.

화학의 기본 법칙-1. 질량보존의 법칙

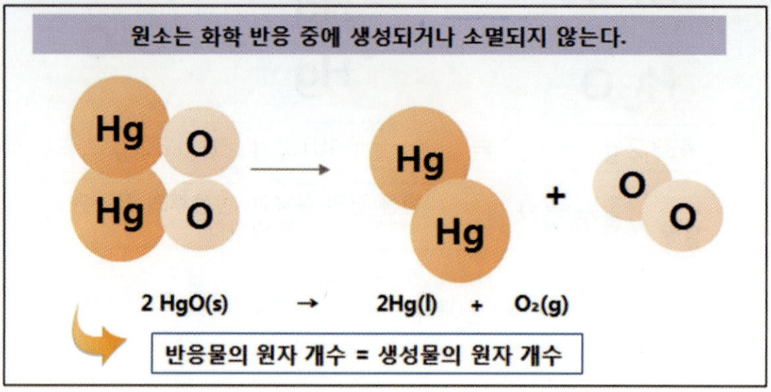

[그림 2-6] 질량보존의 법칙

화학의 기본 법칙-2. 일정성분비의 법칙

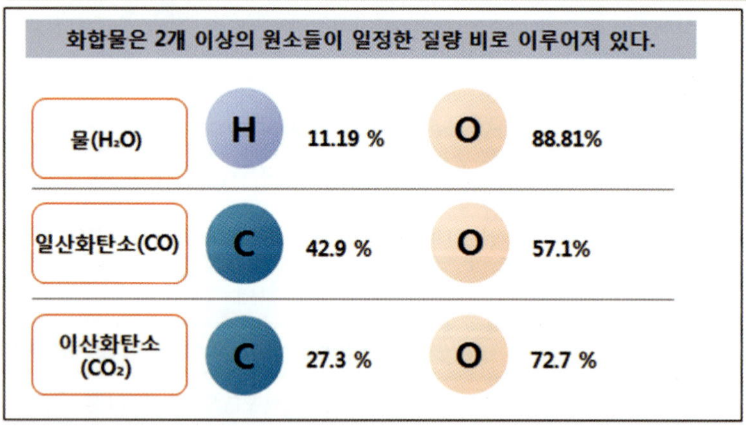

[그림 2-7] 일정 성분비의 법칙

돌턴의 원자설에 따르면, 원자는 더 이상 쪼갤 수 없는 물질의 가장 기본 단위라고 정의하였지만, 실제로 원자는 원자핵과 전자로 구성되어 있다. 원자핵

속에는 양성자와 중성자 그리고 미립자들이 포함되어 있는 것으로 밝혀졌다.

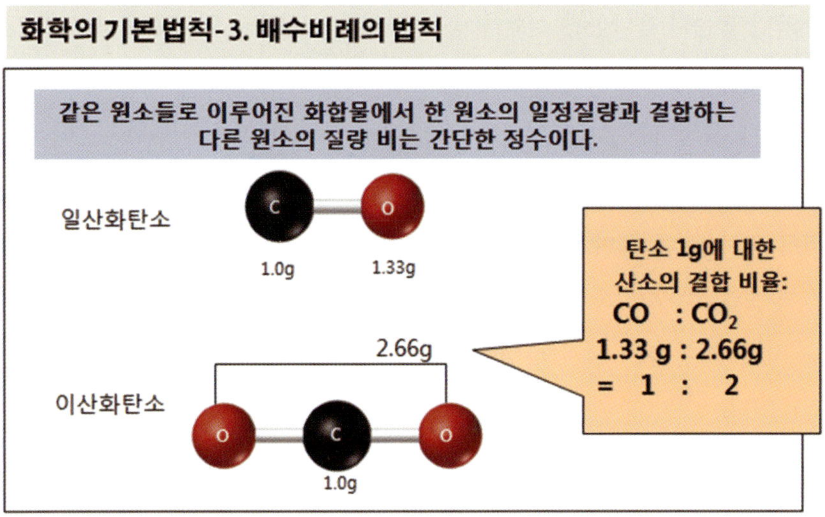

[그림 2-8] 배수비례의 법칙

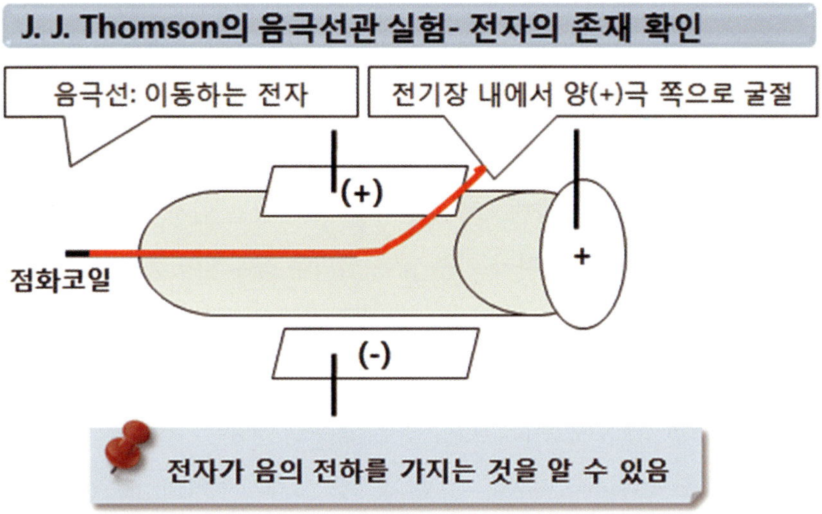

[그림 2-9] 전자의 발견

(3) 원자의 구성 입자들

① 전자(electron)

1897년 톰슨의 음극선관 실험을 통하여 전자의 실체를 알아냈다. 19세기 당시 다양한 과학자들이 음극선 실험을 위해 음극선관을 만들었다. 톰슨의 음극선관은 전자가 음전하를 띠고 있다는 것을 밝혀내는 계기가 되었다. 음극선관은 점화코일을 통해서 약한 진공관으로 빠르게 이동하는 전자를 전기장 내를 통과하면서 플러스극으로 굴절하는 것을 확인할 수 있다. 이는 전자가 음의 전하(-)를 가지는 것을 알 수 있었다. 음극선관의 원리를 이용하여 TV브라운관이 발명되기도 하였다. 톰슨은 전자의 질량대 전하비를 $e/m = -1.76 \times 10^8\ C/g$ 라고 측정하였다.

1909년 밀리컨이 기름 방울 실험을 통하여 전자의 전하량을 -1.602×10^{-19} C 이라고 측정하였다. 따라서 전자 1개의 질량은 9.109×10^{-28} g이다.

② 양성자(proton)

원자핵은 라더퍼드의 알파선 산란 실험을 통하여 강한 양전하를 띤 양성자가 존재하는 것이 밝혀졌다.

러더퍼드의 산란실험은 다음과 같이 황아연막으로 둘러싼 상태에서 알파입자(알파 입자는 헬륨의 원자핵으로 양전하를 띠고 있는 입자이다. 즉, He^{2+})의 광원을 발생시키고, 알파 입자가 아주 얇은 금박을 통과하여 통과된 알파 입자를 황화아연(ZnS) 막에서 검출 되도록 장치를 고안하였다. 그리고 라더퍼드는 금박이 금 원자들로 빽빽하게 채워져 있기 때문에 대부분의 알파입자가 투과되지 못할 것으로 예상하였다. 그러나 실험 결과는 예상과 전혀 다르게 나타났다. 대부분의 알파 입자는 극히 조금만 굴절된 상태로 대부분 통과되었고, 일부 입자는 큰 각도로 산란되거나 되돌아온 것이다. 이 실험 결과를 토대로 라더퍼드는 원자 내에는 중심에 양전하(양성자)가 집중되어 존재하며, 원자의 대부분은 빈 공간으로 되어 있다고 제안하였다.

양성자의 전하는 양전하를 띠고 있으며, 전하량은 전자와 같지만, 질량은 전자의 약 1,800배이다.

③ 중성자(neutron)

중성자(neutron)는 전기적으로 중성이기 때문에 나중에 발견되었다. 1932년 차드윅은 베릴륨 금속에 알파선을 충돌시켰을 때 강한 에너지를 갖는 입자가 나오는 것을 발견하였다. 중성자는 전기적으로 중성이고, 질량은 양성자보다 조금 무거운 입자이다. 라더퍼드는 수소(H)는 양성자가 1개 있고, 헬륨(He)은 양성자가 2개인데, 질량은 수소의 4배가 되는 이유를 설명할 수 없었다. 중성자의 발견으로 헬륨 원자핵에 2개의 양성자와 2개의 중성자가 존재하기 때문에 질량은 4배가 된다는 것을 설명 할 수 있게 되었다.

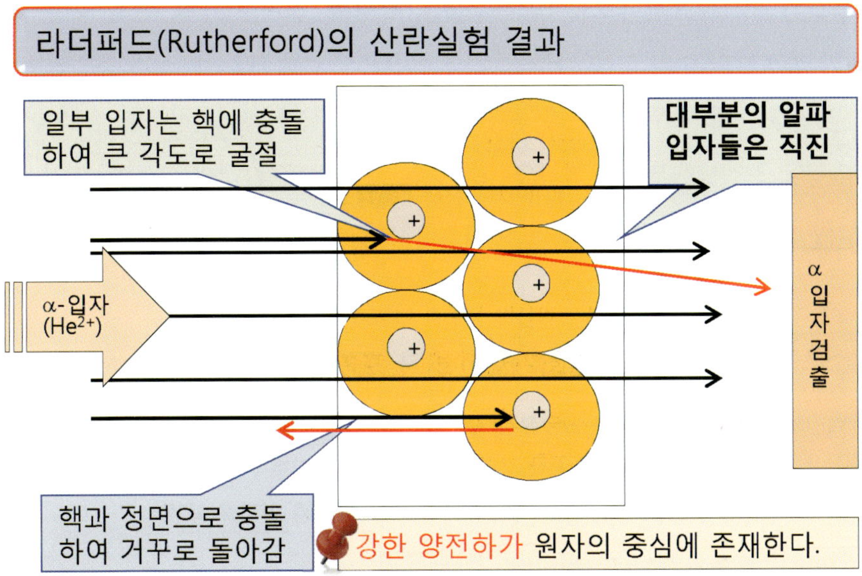

[그림 2-10] 라더퍼드의 알파선 산란 실험

[표 2-1] 원자 내 입자의 질량과 전하 량

입자	질량(kg)	질량(amu)	전하 량(C)	전하 량(e)
전 자	9.109×10^{-31}	0.000548	-1.602×10^{-19}	-1
양성자	1.673×10^{-27}	1.00073	$+1.602\times10^{-19}$	+1
중성자	1.675×10^{-27}	1.00087	0	0

(4) 원소의 표기법

원자는 원소기호로 표시하고, 원자의 표시법에 따라 원소기호의 왼쪽 아래에 원자번호(양성자 수)를 아래첨자로 쓰고, 왼쪽 위에 질량수(양성자수와 중성자수의 합)를 위첨자로 표시하여 나타낸다. 소듐(Na)을 예로 들어 보면, ${}^{23}_{11}Na$으로 표기한다. 여기서 Na는 원소기호로 고유한 원소 이름을 약자로 표기한 것이고, 아래에 작은 11은 원자번호로 양성자의 수를 의미한다. 그리고 앞의 위첨자로 표시된 23은 질량수를 나타내며, 질량수는 핵 속의 양성자의 수와 중성자의 수의 합을 나타내는 숫자이다. 그런데 모든 원소는 동위원소를 가지고 있는데, 동위원소는 양성자 수는 같지만 질량수가 다른 원소를 의미한다. 앞에서 설명했듯이 우라늄(U)의 경우, ${}^{235}_{92}U$와 ${}^{238}_{92}U$같은 동위원소가 있고, 붕소(B)는 ${}^{10}_{5}B$과 ${}^{11}_{5}B$같은 동위원소가 존재한다.

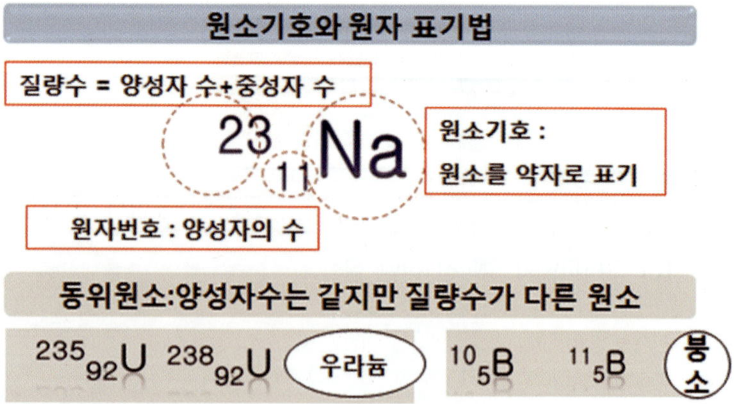

[그림 2-11] 원소기호와 원자의 표시법

2-3.

아보가드로 수와 원자량

(1) 원자량(atomic mass)

원자량은 원자들의 상대적인 질량을 나타낸 것이다. 원자의 질량은 원자 내에 존재하는 양성자와 중성자 그리고 전자의 질량의 합이지만, 항상 핵자의 결합 에너지만큼 질량 결손이 되기 때문에 어느 정도 그것보다 작은 값이 된다.

원자 질량 = 양성자 질량 +중성자 질량 + 전자의 질량
– 핵자의 결합 에너지

즉, 원자 1개의 질량은 정확하게 계산할 수가 없다. 따라서 정확한 원자의 질량은 질량 분석기를 이용하여 측정된 값을 사용한다. 1961년 제정된 원자 질량 체계는 ^{12}C의 질량을 기준으로 정하였다. "**^{12}C의 1개의 질량을** 12 u(atomic mass unit ; 원자 질량 단위)로 정하고, 다른 원자의 질량은 ^{12}C원자에 대한 상대적인 질량으로 정하였다."

원자 질량	^{12}C의 질량	^{13}C의 질량	^{1}H의 질량
양성자	$6 \times (1.673 \times 10^{-27}$ kg)	$6 \times (1.673 \times 10^{-27}$ kg)	1.673×10^{-27} kg
중성자	$6 \times (1.675 \times 10^{-27}$ kg)	$6 \times (1.675 \times 10^{-27}$ kg)	0
전　자	$6 \times (9.109 \times 10^{-31}$ kg)	$6 \times (9.109 \times 10^{-31}$ kg)	9.109×10^{-31} kg
입자 질량 합	2.001×10^{-26} kg	2.177×10^{-26} kg	1.674×10^{-27} kg
계산된 질량비	1	1.088	0.08366
실제 질량비	1	1.084	0.08398
상대적 질량	12 u	13.0034 u	1.0078 u

원자의 질량은 자연에 존재하는 동위원소들의 평균 원자 질량(average ayomic mas)으로 나타내며 간단하게 **원자량**(atomic mass)이라고 부른다.

$$\text{평균 원자량} = \sum_{i=1}^{n} (^{i}X\ \text{동위원소 질량}) \times (^{i}X\ \text{동위원소 자연 존재비})$$

자연에 존재하는 탄소는 ^{12}C가 98.89 %이고, ^{13}C이 1.11 % 이다. 따라서 탄소 원자의 원자량은 다음과 같이 12.01 u가 된다.

C의 원자량 = (0.9889) × (12 u) + (0.0111) × (13.0034 u) = 12.01 u

예를 들면, 염소(Cl)의 동위원소는 $^{35}_{17}Cl$와 $^{37}_{17}Cl$ 2가지가 있고, $^{35}_{17}Cl$의 질량은 34.97 amu이고, 자연존재 백분율은 75.53 %이다. $^{37}_{17}Cl$의 질량은 36.97 amu이고, 자연존재 백분율은 24.47 %이다. 염소 원자의 평균 원자량을 계산하면 35.46 amu가 된다. 염소원자의 동위원소 질량과 자연 존재비는 질량 분석기를 이용하여 측정할 수 있다.

[그림 2-12] 아보가드로 수와 원자의 질량

예를 들면, 염소(Cl)의 동위원소는 $^{35}_{17}Cl$와 $^{37}_{17}Cl$ 2가지가 있고. $^{35}_{17}Cl$의 질량은 34.97 amu이고, 자연존재 백분율은 75.53 %이다. $^{37}_{17}Cl$의 질량은 36.97 amu이고, 자연존재 백분율은 24.47 %이다. 염소 원자의 평균 원자량을 계산하면 35.46 amu가 된다. 염소원자의 동위원소질량과 자연 존재비는 질량 분석기를 이용하여 측정할 수 있다.

원자량: 동위원소들의 평균 원자 질량

Y 원자의 평균 원자질량
= Σ_i [(Y_i 원자의 질량) x (Y_i 자연 존재 %/ 100)]

염소(Cl)의 동위원소 원자량과 자연 존재비

동위원소	동위원소 질량(amu)	자연 존재비(%)
Cl-35	34.97	75.53
Cl-37	36.97	24.47

Cl 의 원자량 = (34.79 amu) x (0.7553) + (36.97 amu) x (0.2447)
= 35.46 amu

[그림 2-13] 동위원소의 평균 원자량 계산하는 방법

[질량 분석기(Mass spectrometer)]

질량 분석기는 원자나 분자를 기체상태로 이온화 장치에 주입하여 전자를 충돌시키면, 원자나 분자가 이온상태로 깨진다. 이 깨진 이온들은 전기장 속에서 가속시켜 자기장을 통과시키면, 자기장 속에서 원운동하게 되는데, 원운동의 반지름이 질량에 따라 다르게 된다. 각각 질량이 다른 조각들의 양은 피크의 면적으로 나타나게 된다. 이런 원리를 이용하여 원자의 원자량이나 분자량을 측정할 수 있다.

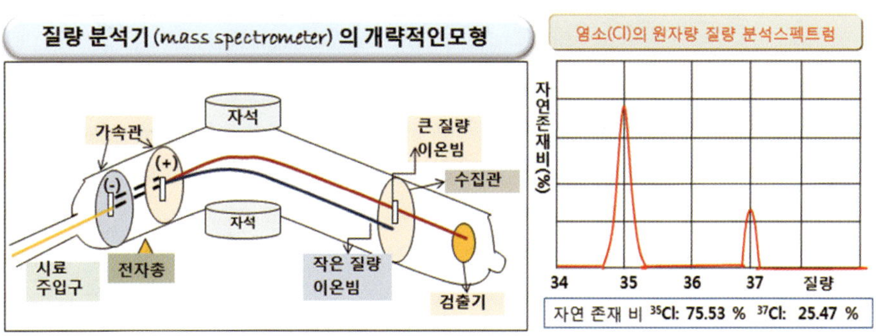

[그림 2-14] 질량 분석기의 원리

[예제 2-1] 다음 구리(Cu) 원자의 안정한 동위원소는 ${}^{63}_{29}Cu$와 ${}^{63}_{29}Cu$가 있다. 질량과 자연 존재 백분율을 활용하여 구리의 평균 원자량을 구하여라.

동위원소	질량(amu)	자연 존재 백분율(%)
${}^{63}_{29}Cu$	62.93	69.09
${}^{63}_{29}Cu$	64.92	30.91

풀이 평균 원자량 = $\sum_{\text{동위원소}}$ (동위원소 질량) × (자연존재비)

(62.93 amu) × (0.6909) + (64.92 amu) × (0.3091) = 63.56 amu

2-4.

화학식과 몰질량

(1) 몰(mole)과 몰질량(molar mass)

앞에서 원자질량에 대하여 설명하였다. 원자량은 ^{12}C 원자 1개의 질량을 정확히 12 u라고 정의하여 상대적인 질량비로 나타내었다. 그런데 실제로 원자의 질량은 너무 작아서 측정할 수 가 없다. 그래서 많은 수의 원자의 질량을 측정하면 우리가 측정할 수 있는 양이 된다. 그러면 얼마나 많은 수의 원자를 모아야 우리가 측정할 수 있는 질량이 될까? 우리는 원자의 수를 세기 위하여 **1몰(mole)**이라는 단위를 사용한다. 1 몰(mole)은 **"정확히 ^{12}C 원자 12 g 속에 들어 있는 원자 수"**라고 정의 한다. 원자를 정확히 셀 수 있는 질량 분석법을 사용하여 이 숫자를 헤아리면, 6.022×10^{23}개가 된다. 이 수를 **아보가드로 수**(Avogadro number)라고 부르고, N_A라고 표현한다. 어떤 물질이든 1 몰은 그 물질이 아보가드로 수(N_A, 6.022×10^{23}개) 만큼 들어있는 양을 의미한다.

몰(mole)과 몰 질량(molar mass)

♣ 1 몰(mole) ≡ 아보가드로 수만큼의 물질의 질량

♧ 아보가드로 수: N_A = 6.022 X 10^{23} 개 /mol

몰 질량(M_w) = 분자를 구성하는 모든 원자들의 원자량의 합

$CaCl_2$의 몰 질량 ≡ (40.08 + 35.45 X 2) amu = 110.98 g/mol

$C_6H_{12}O_6$의 몰 질량 ≡(12.01 X 6 + 1.008 X 12 + 16.00 X 6) amu = 180.18 g/mol

몰수(n)를 질량(g)으로 환산 = 몰수(n) X 몰 질량(M_w)

[예] **$CaCl_2$** 13.2 몰의 질량 ≡ (13.2 몰) X (110.98 g/몰) = 1.47 X 10^3 g

[그림 2-15] 화합물의 몰과 몰질량

그러면 ^{12}C 원자 1 몰(6.033 x 10^{23}개)의 질량이 정확히 12 g이고, ^{12}C원자 1개의 질량은 12 u이므로, 1 u라는 원자질량 단위는 1 u ≡ 1.66054 × 10^{-24} g이 된다.

$$12\,u \times (6.022 \times 10^{23}\,개) \equiv 12\,g\ (정확히)$$

$$1\,u = \frac{1\,g}{6.022 \times 10^{23}} = 1.66054 \times 10^{-24}\,g$$

모든 원자의 원자량은 원자 1개의 질량은 u단위의 질량이고, 1몰의 질량은 g이 된다. 원자량에 u단위를 붙이면 1개의 질량이고, g단위를 붙이면 1몰의 질량이 된다. 예를 들면, 탄소원자 1개의 질량은 12.011 u이고 1몰의 질량은 12.011 g/mol이며, Ni원자 1개의 질량은 58.69 u이고, 1몰의 질량은 58.69 g/mole 이다.

원자	1개의 질량	아보가드로 수	1몰의 질량
탄소 (C)	12.01 u = 19.93 × 10^{-24} g	6.022 × 10^{23} 개	12.01 g
산소 (O)	16.00 u = 26.57 × 10^{-24} g	6.022 × 10^{23} 개	16.00 g
철 (Fe)	55.85 u = 92.74 × 10^{-24} g	6.022 × 10^{23} 개	55.85 g
구리 (Cu)	63.55 u = 105.53 × 10^{-24} g	6.022 × 10^{23} 개	63.55 g

화합물은 원자들이 일정성분비의 법칙으로 결합되어 있으므로, 화합물의 몰질량(molecular mass; M_w)은 화합물을 구성하는 원자들의 원자량의 합이 된다.

$$몰질량\ (M_w) = \sum(화합물\ 구성\ 원자의\ 원자량)$$

예를 들면, 염화칼슘($CaCl_2$)의 몰 질량은 칼슘(Ca)의 원자량 40.08과 염소(Cl)의 원자량 35.45에 2를 곱하여 합한 110.98가 되고, 이것이 염화칼슘의 몰질량이 된다. 그리고 포도당의 화학식은 $C_6H_{12}O_6$이므로, 포도당을 구성하는 각 원자의 원자량의 합은 6 × 12.01 + 12 × 1.008 + 6 × 16.00 = 180.16이 된다. 이렇게 화합물은 고유한 몰질량을 가지고 있으므로, 화합물의 질량을 몰 수를 환산하는데 사용된다.

$$몰수(n) = \frac{질량(m)}{몰질량(M_w)}$$

즉, 포도당 18.016 g은 몰수로 환산하면 0.10 몰이 된다.

$$몰수(n) = \frac{18.016\,g}{180.16\,g/mol} = 0.10\,mol$$

그리고 몰수를 g으로 환산하려면 몰수에 몰 질량을 곱하면 된다.

$$질량(m) = 몰수(n) \times 몰질량(M_w)$$

13.2 몰의 염화칼슘($CaCl_2$)은 (13.2 몰) × (110.98 g/몰) = 1.47×10^3 g이 된다.

(2) 분자식(molecular formular)와 실험식(emprical formula)

① **분자식**(molecular formular)은 화합물을 구성하는 원자들의 개수 또는 몰수를 표시한 화학식이다. 분자식을 사용하여 화합물에 포함된 각 원소의 백분율을 구할 수 있다. 예를 들어 산화철(III)의 분자식은 Fe_2O_3이다. 그리고 산화철(III)의 몰 질량이 159.7 u이다. 산화철(III)에 들어 있는 철과 산소의 질량 백분율(%)로 나타내 보자. 분자식에서 알 수 있듯이 한 분자에 철은 2개, 산소는 3개가 들어 있기 때문에 철의 백분율은 69.94 %이고, 산소원자는 30.06 %이다.

$$Fe\% = \frac{2 \times 55.85\,u}{159.7\,u} \times 100\,(\%) = 69.94\%$$

$$O\% = \frac{3 \times 16.00\,u}{159.7\,u} \times 100\,(\%) = 30.06\,\%$$

그리고 1 kg의 산화철(III)로부터 몇 그램의 철을 얻을 수 있는지 계산할 수 있다. 다음과 같이 1,000 g에 철의 백분율, 69.94 %을 곱하면 699.6 g의 철이 포함되어 있다는 것을 알 수 있다.

[예제 2-2] 산화철(III)의 화학식은 $Fe_2O_3(s)$ 이다. Fe_2O_3의 몰질량 = 159.7 g/몰, Fe 원자량 = 55.85 g/몰, O 원자량 = 16.0 g/몰 이다.

(a) 산화철(III)에서 철과 산소 원자의 질량 백분율은 몇 %인가?

(b) 1.0000 kg의 산화철(III) 속에 들어있는 철의 질량은 몇 g인가?

풀이 (a) $Fe\% = \dfrac{2 \times 55.85\,u}{159.7\,u} \times 100\,(\%) = 69.94\,\%$

$$O\% = \frac{3 \times 16.00\,u}{159.7\,u} \times 100\,(\%) = 30.06\,\%$$

(b) $Fe\text{ 질량} = (1000.0\,g\,Fe_2O_3) \times (0.6994) = 699.4\,g\,Fe$

그런데 보통 철광석에는 이산화규소와 같은 불순물이 포함되어 있다. 만일 60.0 %의 산화철(Ⅲ)이 포함된 철광석이 1.0 kg을 정제하면 철(Fe)을 몇 그램 얻을 수 있는 지 알아보자. 우선 1.0000 kg의 철광석에 들어 있는 산화철(Ⅲ)은 (1,000 g) × (0.600) = 600.0 g Fe_2O_3 이다. 이 산화철(Ⅲ)에 69.96 %의 철이 포함되어 있기 때문에 철의 질량은 (600.0 g) × (0.6994) = 419.6 g Fe 이다.

② **실험식**(empirical formular)은 화합물을 구성하는 원소들의 몰수(또는 개수)를 가장 간단한 정수비로 나타낸 화학식이다. 화합물에 들어 있는 원소들의 질량 백분율로부터 화합물의 **실험식**을 알아낼 수 있다. 우선 원소들을 가장 간단한 정수비로 나타내기 위해 화합물 중에 각 원소의 질량을 알아낸 후, 각 원소의 몰수를 구한다. 그리고 몰수비를 간단한 정수비로 나타내면 실험식이 된다.

예를 들면 글루코스(glucose)를 원소 분석하여 보면, 글루코스는 탄소(C)가 40.00 %, 수소(H)가 6.67 %, 그리고 산소가 53.33 % 포함되어 있다. 이 조성 백분율로부터 글루코스의 실험식을 알아낼 수 있다. 글루코스 100 g을 기준량으로 잡으면, 이 속에 들어 있는 탄소(C)가 40.00 g, 수소(H)가 6.67 g, 그리고 산소가 53.33 g 이 된다. 이것을 각 원자의 원자량으로 나누면 몰수비가 된다.

$$C\text{ 몰수} : H\text{ 몰수} : O\text{ 몰수} = \frac{40.00\,g}{12.011\,g/\text{몰}} : \frac{6.67\,g}{1.008\,g/\text{몰}} : \frac{53.33\,g}{16.00\,g/\text{몰}}$$

$$C\text{ 몰수} : H\text{ 몰수} : O\text{ 몰수} = 3.33\text{ 몰} : 6.62\text{ 몰} : 3.33\text{ 몰}$$

즉, C 몰수 : H 몰 수 : O 몰수 = 1 : 2 : 1 이 된다. 따라서 글루코스의 실험식은 $C_1H_2O_1$이다. 그리고 실험식 량은 30.0 g/mol 이다.

여기서 만일 글루코스의 몰질량이 주어진다면 분자식을 구할 수 있다.

몰질량 = $n \times$(실험식량)

글루코스의 몰질량이 180.016 g/mol이므로, n × (30.0 g/mol) = 180.016 g/mol 이고, 여기서 $n \cong 6$이 된다. 따라서 글루코스의 분자식은 $C_6H_{12}O_6$이 된다.

분자식으로부터 화합물의 원소 조성 백분율(%) 계산

$$\text{원소의 백분율(\%)} = \frac{\text{(분자식에 포함된 몰수)} \times \text{(원자량(g/mol))}}{\text{몰 질량(g/mol)}} \times 100$$

$C_6H_{12}O_6$ (몰 질량 = 180.0 g/몰) 에서 원자의 질량 퍼센트(%) :

$$\text{탄소 원자} \equiv \frac{(12.00\ \text{g/몰}) \times (6\ \text{몰})}{180.0\ \text{g/몰}} \times 100 = 40.00\ \%\ \text{C}$$

$$\text{수소 원자} \equiv \frac{(1.00\ \text{g/몰}) \times (12\ \text{몰})}{180.0\ \text{g/몰}} \times 100 = 6.67\ \%\ \text{H}$$

$$\text{산소 원자} \equiv \frac{(16.00\ \text{g/몰}) \times (6\ \text{몰})}{180.0\ \text{g/mol}} \times 100 = 53.33\ \%\ \text{O}$$

[그림 2-16] 화합물의 원소 조성 백분율

(3) 원소 분석으로부터 실험식

다음은 원소분석 데이터로부터 실험식을 구하는 방법을 알아보자. 탄소와 수소, 산소로만 이루어진 유기화합물의 경우, 원소분석법은 ① 우선 정확한 질량의 시료를 완전 연소시켜 물(H_2O)과 이산화탄소(CO_2)의 양을 정확하게 측정한다. ② 물속에 들어있는 수소의 몰수를 계산하고, 이산화탄소에 포함된 탄소의 몰수를 계산한다. ③ 전체 시료의 질량에서 계산된 탄소와 수소의 질량을 빼면, 산소의 질량이 되고, 산소의 질량을 몰수로 환산한다. ④ 마지막으로 탄소의 몰수와 수소의 몰수 그리고 산소의 몰수를 가장 간단한 정수비로 나타내면 실험식이 된다.

실험식 구하기 - ① 원소 조성 백분율(%)로부터 실험식 계산

화합물을 구성하는 원소들의 질량 → 각 원소의 몰수: = 질량 / 원자량 → 원소의 몰수 비 ⇒간단한 정수 비

$$원소의\ 몰수 = \frac{조성\ 백분율\ (g)}{원자량(g/mol)}$$

글루코스 시료의 질량백분율은 40.0 % C, 6.67 % H, 53.33 % O :

$$탄소\ 몰수 \equiv \frac{(40.0\ g\ C)}{12.01\ g/몰\ C} = 3.33\ 몰\ C$$

$$수소\ 몰수 \equiv \frac{(6.67\ g\ H)}{1.008\ g/몰\ H} = 6.62\ 몰\ H$$

$$산소\ 원자 \equiv \frac{(53.33\ g\ O)}{16.00\ g/mol\ O} = 3.33\ 몰\ O$$

C 몰수 : H 몰수: O 몰수
= 3.33 몰 : 6.62 몰 : 3.33몰
≅ 1 몰 : 2 몰 : 1 몰
∴ 실험식: $C_1H_2O_1$

[그림 2-17] 원소의 질량 백분율로부터 실험식 구하기

예를 들면, 아세트산 시료 5.00 g을 태워서 7.33 g의 이산화탄소와 3.00 g의 물을 얻었다. 이 실험 결과로부터 시료의 실험식을 구할 수 있다. ① 우선 7.33 g의 CO_2는 7.33 g/(44.0 g/몰) = 0.167 몰이고, 탄소의 질량은 0.167 몰×(12.01 g/몰) = 2.00 g이 된다. ② 그리고 3.00 g의 물은 3.00 g/(18.0 g/몰) = 0.167 몰이고, 물(H_2O) 속에 수소원자는 2몰이 들어있기 때문에 수소원자는 0.333 몰이고, 질량은 0.333 g이다. ③ 전체 시료 5.00 g에서 탄소와 수소의 질량을 빼면, 산소는 5.00 g−(2.0 g+0.333 g) = 2.67 g이 된다. 산소의 몰수는 (2.67 g)/(16.0 g/몰) = 0.167 몰이 된다. 따라서, 시료 속에 들어 있는 탄소는 0.167 몰, 수소는 0.50 몰, 산소는 0.166 몰이 된다. 이 몰수비를 간단한 정수비로 나타내면, C 몰수 : H 몰수 : O 몰수 비율은 1 : 2 : 1이 되고, 아세트산의 실험식은 CH_2O가 된다. 분자식은 다른 실험을 통해서 몰 질량이 구해지면, 몰 질량을 실험식 량으로 나누어 분자 속에 들어 있는 원자들의 실제 몰 수를 계산할 수 있다. 아세트산의 실험식량은 30.0이고, 몰 질량이 60.0 g/mol이라면, n = (60.0 g/mol) / (30.0 g/mol) = 2가 된다. 따라서 분자식은 $(CH_2O)_2 \equiv C_2H_4O_2$가 된다.

[예제 2-3] 오렌지색 화합물 25.0 g을 분석하였더니 K가 6.64 g, Cr이 8.84 g, O가 9.52 g 포함되어 있다. 이 화합물의 실험식을 구하여라. 칼륨(K)의 원자량은 39.10 g/몰, 크로뮴(Cr)의 원자량은 52.00 g/몰, 그리고 산소(O)의 원자량은 16.00 g/몰 이다.

풀이

$$K\text{의 몰 수} = \frac{6.64\,g}{39.10\,g/\text{몰}} = 0.170\,\text{몰}$$

$$Cr\text{의 몰 수} = \frac{8.84\,g}{52.00\,g/\text{몰}} = 0.170\,\text{몰}$$

$$O\text{의 몰 수} = \frac{9.52\,g}{16.00\,g/\text{몰}} = 0.595\,\text{몰}$$

칼륨(K)의 몰수는 0.170 몰이고, 크로뮴(Cr)은 0.170 몰, 그리고 산소(O)는 0.595 몰로 계산된다. 이를 간단한 정수비로 나타내면 2몰 : 2몰 : 7몰이므로 실험식은 $K_2Cr_2O_7$이 된다. 이 화합물의 몰질량이 194.2 g/mol로 주어진다면, n × (194.2 g/mol) = 194.2 g/mol이고 , 여기서 $n \cong 1$이 된다. 따라서 분자식은 실험식과 같다.

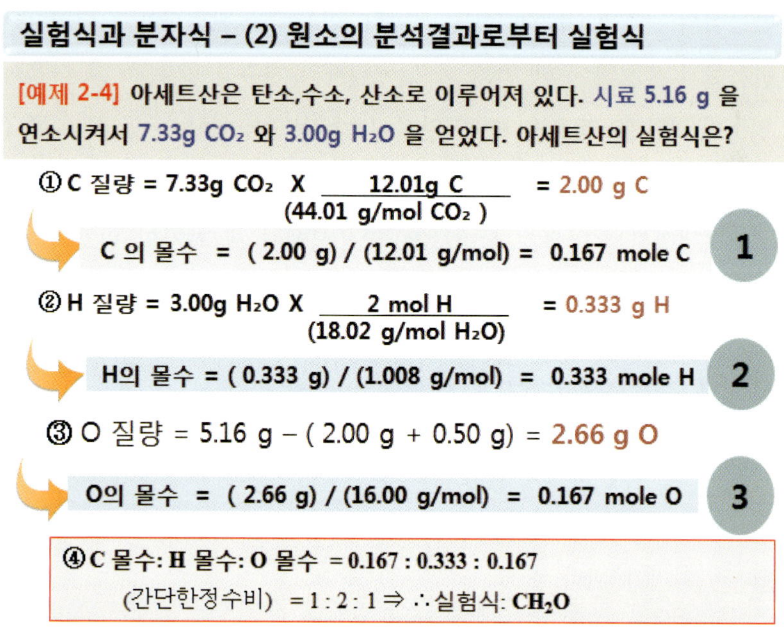

[그림 2-18] 원소분석 결과 생성된 H_2O와 CO_2로부터 실험식 구하기

③ 실험식으로부터 분자식구하기

몰 질량 = n x (실험식 량) ⇒ 분자식 = (실험식)$_n$

[예제 2-5] 아세트산의 실험식은 CH_2O이다. 아세트산의 몰질량이 60.0 g/mol 으로 측정되었다. 아세트산의 분자식은?

풀이 아세트산의 실험식 량을 계산한다.

CH_2O = 12.0 amu + 2 × (1.0 amu) + 16.0 amu = 30.0 amu

n = (몰질량) / (실험식량) = (60.0 amu/mol) / (30.0 amu/mol) = 2

따라서, 분자식은 $(CH_2O)_2 = C_2H_4O_2$

(4) 반응식의 계수 맞추기

화학반응식은 질량보존의 법칙에 따라 반응물과 생성물에 포함된 원소들의 개수가 같도록 맞추어 주어야 한다. 이렇게 화학반응식에서 반응물과 생성물에 있는 각 화합물의 분자식의 계수를 조정하여 원자 수를 같게 만드는 것을 화학 반응식의 완결(balancing)한다고 한다. 반응식을 완결하는 간단한 과정은 먼저 반응물과 생성물에 한 번씩 나오는 원자의 개수를 맞추고, 그 다음에 나머지 원소의 개수를 맞추면, 쉽게 완결된 반응식을 만들 수 있다. 예를 들어 공기 중의 프로페인(C_3H_8) 기체가 산소(O_2)와 반응하여 이산화탄소(CO_2)와 물(H_2O)이 생성하는 반응을 살펴보자. 반응식에서 세 가지의 원소의 개수를 맞추어 주어야 한다. 우선 탄소의 원자 수를 맞추기 위하여 이산화탄소(CO_2)의 계수는 3이 되어야 한다. 그리고 수소의 수를 맞추기 위해 물(H_2O)의 계수는 4가 되어야 한다. 마지막으로 산소의 계수는 5가 되어야 한다. 이렇게 반응 계수를 맞추어 주면, 각 원자의 수가 반응 전과 후가 동일하게 된다. 반응식은 1 몰의 프로페인에 5 몰의 산소가 반응하여 3 몰의 이산화탄소와 4 몰의 물을 생성한다는 의미가 된다.

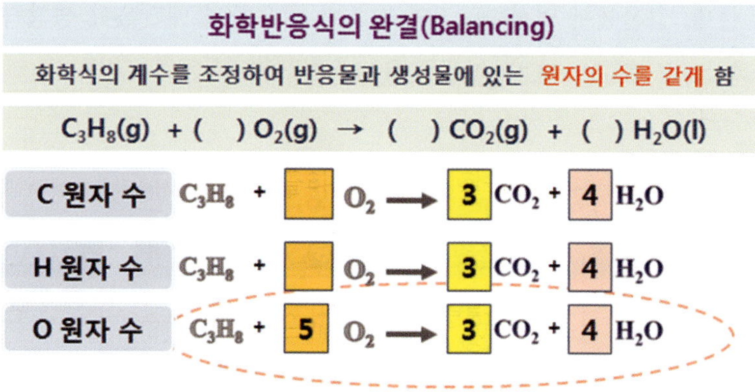

[그림 2-19] 화학 반응식 맞추기

[예제 2-6] 1.65 mol 프로페인 기체 $C_3H_8(g)$가 완전히 타면, 몇 몰의 CO_2가 생성되겠는가?

풀이 반응식의 완결: $C_3H_8(g) + 5O_2(g) \rightarrow 3CO_2(g) + 4H_2O(l)$

1몰의 $C_3H_8(g)$으로부터 3 몰의 $CO_2(g)$를 생성한다.

생성되는 $CO_2(g)$의 몰수:

$$1.65\ mol\ C_3H_8 \equiv 1.65\ mol\ C_3H_8 \times \frac{3\ mol\ CO_2}{1\ mol\ C_3H_8} = 4.95\ mol\ CO_2$$

(5) 화학 반응에서 반응물과 생성물의 질량 관계

화학반응에서 가장 중요한 문제는 “반응물의 양을 얼마나 많은 양의 생성물을 얻을 수 있는가?”라는 것이다. 반응물과 생성물의 양적인 관계를 다루는 분야를 화학양론(stoichiometry)라고 한다. 완결된 화학 반응식은 화학반응의 양적인 관계를 알려주고 있다. 완결된 화학반응식에서 반응계수(또는 화학양론 계수)는 각 화합물의 분자 수 또는 몰수를 의미한다. 그러나 우리가 실험실에서 분자 수나 몰수를 셀 수 없다. 우리는 반응물과 생성물의 질량을 측정하여 분자 수나 몰수로 환산하여야 한다.

몰수 = 질량(g) / 몰 질량(g/mol) ⇒ **질량 = 몰 질량 x 몰수**

예를 들면, 고온에서 일산화탄소와 수소가 반응하여 메탄올이 생성되는 반응을 살펴보자. $2H_2(g) + CO(g) \rightarrow CH_3OH(g)$

화학양론: 반응물과 생성물의 양적인 관계

	2 $H_2(g)$	+ $CO(g)$		$CH_3OH(g)$
몰 질량(g/mol)	2.0 g/mol	28.0 g/mol		32.0 g/mol
반응물 질량(g)	4.0 g	28.0 g	▶	
반응 몰수(mol)	2.0 mol	1.0 mol		1.0 mol
반응한 몰수(mol)	2 몰	1 몰		
남은 양(mol)	0	0		1.0몰 생성

이론적 수득 량: [1.0몰 x 32.0 g/몰 = 32.0 g]

[그림 2-20] 화학 양론적 계산. 반응물과 생성물의 질량 계산

완결된 반응식을 보면, 반응식에 나타난 H_2 2 몰과 CO 1 몰이 반응하여 메틸알콜 1몰이 생성된다. 질량으로 환산하면, 각 화합물의 몰질량을 곱하여 계산하면, H_2 4.0 g이 CO 28.0 g과 반응하여 메틸알콜 32.0 g이 생성된다는 것을 알 수 있다.

(6) 한계 반응물(limiting reagent)

화학반응은 항상 화학양론적인 비율로 반응시키지 않는다. 비싼 시약이나 구하기 힘든 시약은 적은 양을 쓰고 다른 반응물은 상대적으로 많은 양을 사용하면, 최대의 생성물을 얻어낼 수 있다. 반응물 중에서 먼저 소모되는 물질을 한계 반응물(limiting reagent)라고 부른다. 이 경우 생성물의 양은 한계반응물의 양에 의해서 결정된다. 반응물에 들어 있는 한계 반응물의 몰수에 따라서 다른 반응물의 반응몰수와 생성물의 몰수가 결정된다.

한계 반응물: 반응물 중에서 완전히 없어지는 물질

	$2\ H_2(g)$	$+ 1\ CO(g)$		$CH_3OH(g)$
몰 질량(g/mol)	2.0 g/mol	28.0 g/mol		32.0 g/mol
반응물 질량(g)	20.0 g	280.0 g		
반응 몰수(mol)	10.0 mol	10.0 mol		
반응 몰수 비	2	1	▶	1
$CO(g)$ 기준 (mol)	10 mol 이면 →	5 mol 이 필요		
$H_2(g)$ 기준(mol)	20 mol 이 필요	← 10 mol 이면		
반응한 몰수(mol)	10.0 몰	5.0 몰		
남은 양(mol)	0	5.0 몰		5.0몰 생성

[한계반응물] ⇨ 이론적 수득 량: [5.0몰 = 320.0 g]

[그림 2-21] 화학 양론적 계산. 한계 반응물과 생성물의 질량 계산

[화학반응에서 수율]

퍼센트 수율(% yield)은 이론적 수득량에 대한 실제 수득량을 백분율로 나타낸 값이다. 예제 들어 보면, 아이오딘화 안티모니(SbI_3)의 이론적 수득량은 3.37 g이다. 실험에서 2.70 g을 얻었다면 퍼센트 수율은 다음과 같이 계산할 수 있다.

화학 반응에서 퍼센트 수율(% yield)

$$\text{퍼센트수율(\%)} = \frac{\text{실질적 수득량}}{\text{이론적 수득량}} \times 100$$

[예제 2-7] SbI_3의 이론적 수득 량은 3.37 g이었다. 만일 실험에서 SbI_3를 2.70 g 얻었다면, 퍼센트 수율은 얼마인가?

풀이 % 수율 = [(2.7 g) / (3.37 g/mol)] × 100 = 80.1 %

2-5.

분자와 이온 그리고 명명법

(1) 공유성 화합물

화합물(compound)는 원자들이 일정 성분비의 법칙에 따라 결합된 물리적 성질과 화학적 성질의 기본 단위체이며, 분자(molecule)이라고 한다. 분자식은 구성 원자의 개수로 표시하고 원소기호를 쓰고 분자에 포함된 원자의 개수를 아래첨자로 표시한다. 예를 들면, 포도당(glucose) 한 분자는 탄소원자가 6개, 수소원자가 12개, 산소원자가 6개 포함된 분자이다. 따라서 포도당의 분자식은 $C_6H_{12}O_6$로 나타낸다. 구조식은 분자 내에서 구성 원자들이 어떻게 결합하는지를 보여 주며, 축소 구조식(constructed structural formular)은 작용기의 결합을 나타낸다. 구조식을 표현하기가 번거롭기 때문에 축소하여 간단하게 구조식을 편리하게 나타내는 것이다.

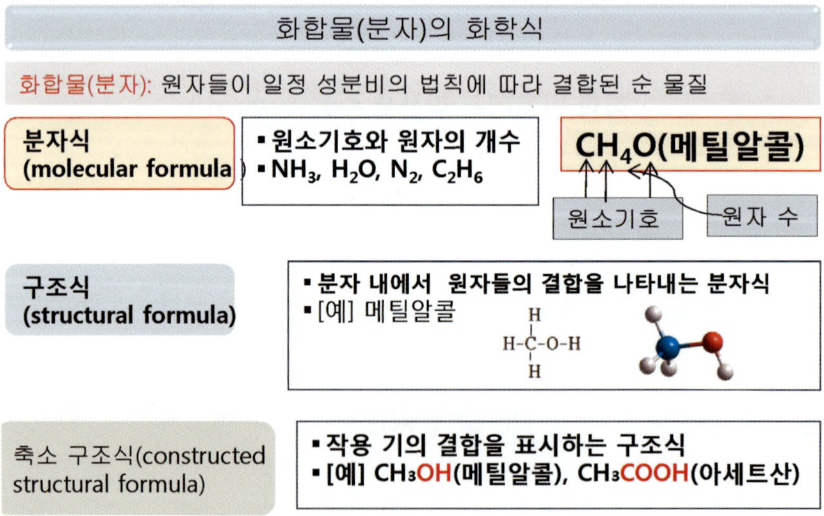

[그림 2-22] 화합물의 화학식: 분자식과 구조식

화합물의 분자식과 구조식

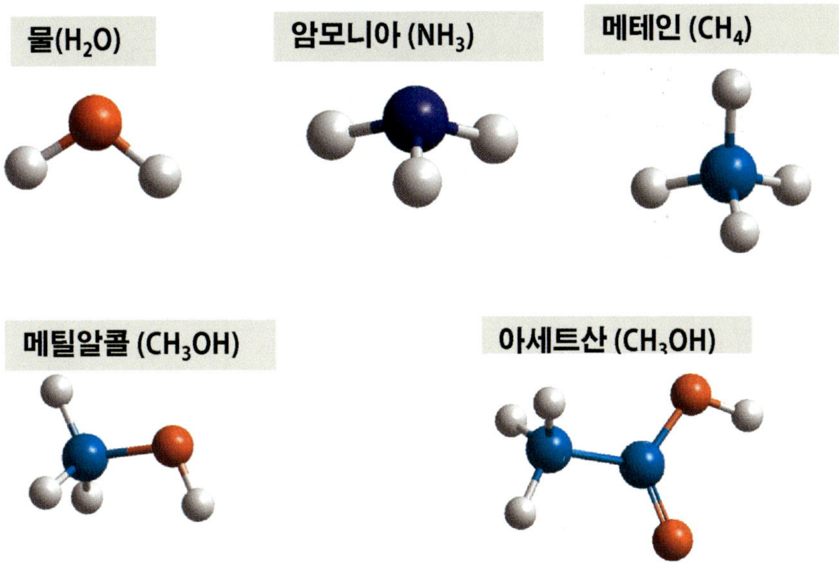

[그림 2-23] 화합물의 화학식: 분자식과 구조식의 예

(2) 이온성 화합물

이온(ion)은 원자가 전자를 잃고 양(+)전하기 되거나 전자를 얻어서 음(-)전하를 띤 입자를 의미한다. 1A족 원소는 +1, 2A족 원소는 +2, 3A족 원소들은 +3의 양전하를 띤다. 그리고 이온성 화합물은 양이온과 음이온으로 결합하여 전기적 중성을 띠는 물질이다. 전기적으로 중성을 띠기 위해서 양전하의 전하와 음전하의 전하는 두 전하의 최소 공배수가 되도록 맞추어야 한다. 예를 들면, 염화나트륨은 Na^+ 이온과 Cl^- 이온이 1:1로 결합하므로, 염화나트륨의 화학식은 $NaCl$이고, 산화알루미늄의 화학식은 알루미늄의 전하가 +3인 Al^{3+}이고, 산소이온 -2인 O^{2-}이므로, 각 전하가 두 이온의 최소 공배수가 되도록 양전하가 +6 음전하가 -6이 되도록 해야 한다. 즉, Al^{3+} 이온은 2개, O^{2-}은 3개가 한 단위가 되도록 하여, 화학식은 Al_2O_3가 된다. 질산알루미늄의 화학식은 $Al(NO_3)_3$이다.

이온 성 화합물의 화학식

이온: 원자가 전자를 얻거나 잃어서 전하를 띤 입자

+전하 양이온(cation)

1A 족 (Li^+, Na^+, K^+...)
2A 족 (Mg^{2+}, Ca^{2+}...)
3A 족 (Al^{3+}, In^{3+}, ...)

-전하 음이온(anion)

7A 족 (F^-, Cl^-, Br....)
6A 족 (O^{2-}, S^{2-}...)
5A 족 (N^{3-}, P^{3-}....)

전기적 중성의 법칙:
이온 성 화합물은 양이온과 음이온의 전하가 동일하게 존재하는 상태

염화소듐	Na^+, Cl^-	$NaCl$
산화 알루미늄	Al^{3+}, O^{2-}	Al_2O_3
플루오르화 칼슘	Ca^{2+}, F^-	CaF_2
질산 알루미늄	Al^{3+}, NO_3^-	$Al(NO_3)_3$
인산 이수소소듐	Na^+, $H_2PO_4^-$	NaH_2PO_4

[그림 2-24] 이온성 화합물의 화학식: 분자식 표현하기

[표 2-2] 단 원자 음이온과 다 원자 이온의 이름

단원자 이온	다원자 이온(-1)	다원자 이온(-1)	다원자 이온(-2)
F^- (플루오르 화)	NO_3^-(질산)	OH^-(히드록시)	
Cl^- (염화)	CH_3COO^-(아세트산)	MnO_2^-(망간산)	CrO_4^{2-}(크롬산)
Br (브롬화)	CN^-(시안산)	MnO_4^-(과망간산)	$Cr_2O_7^{2-}$(중크롬산)
I^- (요오드 화)	ClO_4^-(과염소산)	HCO_3^-(탄산수소)	CO_3^{2-}(탄산)
O^{2-}(산화)	ClO_3^-(염소산)	HSO_4^-(황산수소)	SO_4^{2-}(황산)
S^{2-}(황화)	ClO_2^-(아염소산)	HSO_3^-(아황산수소)	SO_3^{2-}(아황산)
N^{3-}(질화)	ClO^-(하이포아염소산)	$H_2PO_4^-$(인산이수소)	HPO_4^{2-}(인산수소)

(3) 이온성 화합물의 이름

① 이온성 화합물의 명명법: 화합물의 이름 부르는 방법을 명명법이라고 한다. 화합물의 이름을 부르는 방법은 IUPAC명명법이라고 한다. 국제 순수 및 응용 화학기구(IUPAC; International Union of Pure and Applied Chemistry)가 정한 화합물의 명명법에 대한 규칙에 따라 화합물의 이름을 부르기로 한다. 먼저, 이온성 화합물의 명명법은 다음과 같다. 영어로 표기할 경우, 양이온을

먼저 쓰고 음이온을 뒤에 쓰며, 양이온의 전하가 여러 가지가 있는 경우 금속 이름 뒤에 괄호 안에 양전하를 로마자로 표시하고, 음이온 이름에서 어미를 "-ide"로 바꾸어 쓴다. 한글로 표기할 경우 음이온을 먼저 쓰고, 양이온을 나중에 쓰며, 음이온의 이름에 있는 어미를 "_화"로 바꾸어 쓰고, 양이온의 이름은 금속의 이름을 그대로 쓴다. 영어표기와 마찬가지로 양이온이 여러 가지 양전하를 갖는 금속일 경우 양전하를 로마자로 표시하도록 한다. 예를 보면 $NaCl$은 소듐(Na^{+})이온과 염소(Cl^{-})이온으로 이루어져 있으므로, "염화 소듐"이라고 부른다. 영어로 이름을 부를 때는 "sodium chloride"라고 부른다.

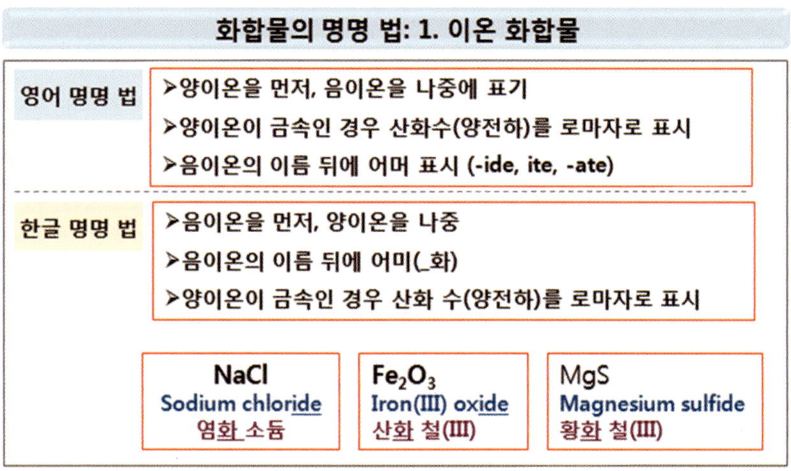

[그림 2-25] 이온성 화합물의 명명법

② 다원자 음이온: 그런데 음이온은 보통 하나의 원자로 된 음이온도 있지만, 여러 개의 원자들이 하나의 음이온을 가지는 다 원자 음이온들이 많이 있다. 이들 다 원자 음이온의 이름은 표에 나와 있다. 다 원자 음 이온의 이름은 미리 숙지해 두는 것이 편리하다. 이 다 원자 음이온들의 이름 붙이는 방법도 알아두는 것이 좋을 것이다.

다 원자 이온들 중에는 우선 산소를 포함하는 산소산 이온들이 있다. 산소산 중에 인산이온(PO_4^{3-}), 탄산이온(CO_3^{2-}), 옥살산이온($C_2O_4^{2-}$)처럼 비금속 원소에 결합된 산소원자의 수가 1가지인 경우도 있지만, 황산이온(SO_4^{2-})과 아황산(SO_3^{2-}) 이온처럼 산소 원자의 수가 다른 2가지인 경우도 있다. 2가지로 존재하는 산소산의 이름은 산소수가 많은 이온은 어미에 _산(영어는 어미로 _ate)를 붙여서 부르고, 산소수가 작은 이온은 접두사로 아_ (영어는 어미로 -ite)를 붙여서 읽는다.

산소 원자의 수가 다른 4가지로 존재하는 이온은 염소산(ClO^-, ClO_2^-, ClO_3^-, ClO_4^-), 브롬산(BrO^-, BrO_2^-, BrO_3^-, BrO_4^-), 요오드산(IO^-, IO_2^-, IO_3^-, IO_4^-)이 있다. 이 경우 가장 작은 산소를 포함한 이온과 가장 많은 산소를 갖는 이온을 제외한 가운데 2개의 이온들은 산소 원자의 수가 다른 2가지인 경우와 마찬가지로 산소수가 3개인 이온은 어미에 _산(영어는 어미로 _ate)를 붙여서 읽고, 산소수가 3개인 이온은 접두사로 아_ (영어는 어미로 -ite)를 붙여서 읽는다. 그리고 산소수가 가장 많은 이온은 접두사로 과_(영어는 접두사로 per_)를 붙여서 과_ 산(per_ _ate)이라고 부른다. 그리고 가장 작은 산소를 포함한 이온은 접두사로 하이포아_ _산이온(영어는 접두사로 hypo_ _ite)라고 부른다. 예를 들면, 염소산들은 ClO_3^-는 염소산(chlorate), ClO_2^-는 아염소산(chlorite)이라 부르고, ClO_4^-는 과염소산(perchlorate), ClO^-는 하이포아염소산(hypochlorite)이라 부른다.

[표 2-2]에 주어진 다 원자 음이온들의 이름을 토대로 이온성 화합물 이름을 부른다. Na_2SO_4는 영어로 표기 할 때, 소듐(Na^+)을 먼저 읽고, 황산 이온(SO_4^{2-})을 뒤에 읽는다. 따라서 “sodium sulfate”라고 부른다. 한글 이름은 음이온 이름을 먼저 부르고, 다음에 음이온 이름을 부른다. 따라서 “황산 소듐”이라고 부른다. $Fe(NO_3)_3$는 영어로 표기할 때, 철을 먼저 읽고 다음에 질산이온을 부른다. 그런데 철(Fe)은 전이금속으로 +2가와 +3가 이온 2가지가 있으므로, 괄호 안에 로마수자로 III를 써서 Iron(III)라고 부른다. 따라서 “Iron(III) nitrate”라고 부른다. 한글이름은 음이온인 질산 이온을 먼저 부르고, 다음에 철(III)의 이름을 부르면, “질산 철(III)”이 된다.

화합물의 명명 법: 2. 산소를 포함 하는 음 이온의 이름

2 가지 산소 산이 있는 경우:	4 가지 산소 산이 있는 경우:
산소수가 많은 것은 _ate(_산)	산소수가 많은 것은 per_ate(과_산)
산소수가 작은 것은 _ite(아_ 산)	산소수가 가장 작은 것은 hypo _ite(하이포 아_ 산)

SO_3^{2-}	아황산 이온	sulfite
SO_4^{2-}	황산 이온	sulfate
NO_2^-	아 질산 이온	nitrite
NO_3^-	질산 이온	nitrate

ClO_4^-	과 염소산 이온	perchorate
ClO_3^-	염소 산 이온	chlorate
ClO_2^-	아 염소 산 이온	Chlorite
ClO^-	하이포 아 염소산 이온	hypochlorite

Na_2SO_4	$Fe(NO_3)_3$	$Na(ClO_4)$	$Ca(ClO)_2$
Sodium sulfate	Iron(III) nitrate	Sodium perchlorate	Calcium hypochlorite
황산 나트륨	질산 철(III)	과염소산 소듐	하이포아 염소산 칼슘

[그림 2-26] 이온성 화합물의 명명법. 산소산을 포함하는 음이온의 이름

화합물의 명명 법: 2. 산소를 포함 하는 음 이온의 이름

수소를 포함 하는 산소산 이온의 이름

영어: 산소산 이름 앞에 수소의 수를 접두사로 mono_, dihydrogen

한글: 산소산 이름 뒤에 수소의 수를 접두사로 일수소, 이수소

HSO_3^{2-}	아황산 수소이온	hydrogen sulfite
HSO_4^{2-}	황산 수소 이온	hydrogen sulfate
CO_3^{2-}	탄산 이온	carbonate
HCO_3^{2-}	탄산 수소 이온	hydrogen carbonate
PO_4^{-3}	인산 이온	phophate
HPO_4^{2-}	인산 일수소 이온	monohydrogen phophate
HPO_4^{2-}	인산 일수소 이온	dihydrogen phophate

[그림 2-27] 이온성 화합물의 명명법. 수소를 포함하는 산소산 음이온의 이름

(4) 공유성 화합물의 이름

공유성 화합물은 영어로 표시할 경우에는 앞에 있는 원소 다음에 뒤 원소를 쓰고, 어미를 "-ide"로 바꾸어 쓴다. 원자 수는 그리스 문자 접두사를 사용한다. 즉, mono, di, tri, tetra, penta, hexa, pepta, octa, nona, deca로 쓴다.

한글로 표시할 경우 뒤에 있는 원소를 먼저 쓰고, "_화"어리를 붙인다. 그 다음에 앞 원소 이름을 쓴다. 예를 들어 CO_2는 이산화탄소, SF_6는 육플루오르화 황, N_2O_5는 오산화 이질소라고 부른다.

화합물의 명명 법: 3. 공유결합 화합물의 이름

영어 명명법

- ➤주기율표 기준으로 앞 원소를 먼저 읽고 뒤 원소 + ide
- ➤원자 수는 그리스 접두사 사용한다.

mono, di, tri, tetra, penta, hexa, pepta, octa, nona, deca

한글 명명법

- ➤주기율표 기준으로 뒤 원소(화), 다음 앞 원소이름
- ➤원자 수는 접두사로 표시(일, 이, 삼, 사...)

CO_2	SF_6	N_2O_5
carbon dioxide	sulfur hexafluoride	Dinitrogen tetraoxide
이산화 탄소	육 플루오르 화 황	오 산화 이질소

[그림 2-28] 공유 결합 화합물의 명명법

화합물의 명명 법: 4. 무기 산의 이름

2 성분 산:
영어: hydrogen 음이온에 어미(_ide)
한글: 음이온 이름 어미 _화 수소

HF	플르오린화수소	Hydrogen fluoride
HCl	염화수소	Hydrogen chloride
HBr	브로민화수소	Hydrogen bromide
HI	요오드화수소	hydrogen iodide
H_2S	황화수소	hydrogen sulfide

산소 산:
영어: 적은 산소: _ous , 많은 산소 -ic
한글: 산소산 이온의 이름 그대로

HNO_3	질산	Nitric acid
HNO_2	아 질산	Nitrous acid
H_2SO_4	황산	Sulfuric acid
H_2SO_3	아 황산	Sulfurous acid
H_2CO_3	탄산	Carbonic acid

[그림 2-29] 무기산의 이름

IUPAC명명법을 사용하지 않고, 관용명을 사용하는 화합물도 있다. 우리가 흔히 알고 있는 물(H_2O), 과산화수소(H_2O_2), 암모니아(NH_3), 히드라진(N_2H_4), 그리고 포스핀(PH_3)이 있다. 그리고 유기화합물 중에서 기본인 되는

탄소수소의 이름은 관용명으로 부른다. 메테인($CH_4, methane$), 에테인($C_2H_6, ethane$), 프로페인($C_3H_8, propane$), 뷰테인($C_4H_{10}, butane$), 펜테인($C_5H_{12}, pentane$), 헥세인($C_6H_{14}, hexane$), 헵테인($C_7H_{16}, heptane$), 옥테인($C_8H_{18}, octane$), 노네인($C_9H_{20}, nonane$), 데케인($C_{10}H_{22}, decane$)이 있다.

화합물의 명명 법: 5. 관용 명으로 부르는 이름

H_2O	물	water	CH_4	메테인	Methane
H_2O_2	과산화수소	Hydrogen peroxide	C_2H_6	에테인	Ethane
NH_3	암모니아	Ammonia	C_3H_8	프로페인	propane
N_2H_4	히드라진	hydrazine	C_4H_{10}	뷰테인	butane
PH_3	포스핀	phosphine	C_5H_{12}	헵테인	heptane

[그림 2-30] 관용명으로 부르는 화합물의 이름

(5) 유기화합물의 이름

유기화합물은 탄소와 수소를 주성분으로 하고, 산소, 질소, 황같은 원소를 포함하는 화합물이다. 가장 간단한 유기화합물은 탄소와 수소만으로 이루어진 탄화수소(hydrocarbon)이다. 탄화수소는 알케인(alkane)과 알켄(alkene), 그리고 알킨(alkyne)으로 구분한다. 탄화수소를 기본으로 여러 가지 작용기(functional group)에 따라서 유기 화합물들이 분류된다. 작용기들은 히드록실기(-OH), 아민기(-NH_2), 카르복실기(-COOH), 케톤(-CO-), 이더(-O-), 에스터(-COO-), 알데히드(-COH) 등이 있다. 유기화합물들의 이름은 탄화수소의 이름을 기본으로 하고, 작용기에 따라서 화합물의 이름을 부르는 명명법이 달라진다. 기본 골격에 작용기가 치환된 화합물은 골격 탄화수소의 이름에서 어미 -(-ane)를 -일(-yl)로 바꾸어 주고 작용기 이름을 붙인다. 아래 주어진 표는 10개의 기본 탄화수소의 이름과 히드록시 작용기가 치환된 알콜의 이름을 보여 주고 있다.

탄화수소들은 탄소와 수소의 전기음성도 차이가 작기 때문에 비극성

(nonpolar) 화합물이지만,작용기에 따라서 극성 화합물이 되기도 한다. 유기화합물의 이름과 성질은 8장에서 자세히 다룰 것이다.

[표 2-3] 탄화수소의 이름

탄화수소	분자식	구조식	히드록실기 (-OH)	알콜
메테인	CH_4	CH_4	CH_3OH	메틸 알콜
에테인	C_2H_6	CH_3CH_3	CH_3CH_2OH	에틸 알콜
프로페인	C_3H_8	$CH_3CH_2CH_3$	$CH_3CH_2CH_2OH$	프로필 알콜
뷰테인	C_4H_{10}	$CH_3(CH_2)_2CH_3$	$CH_3(CH_2)_2CH_2OH$	뷰틸 알콜
펜테인	C_5H_{12}	$CH_3(CH_2)_3CH_3$	$CH_3(CH_2)_3CH_2OH$	펜틸 알콜
헥세인	C_6H_{14}	$CH_3(CH_2)_4CH_3$	$CH_3(CH_2)_4CH_2OH$	헥실 알콜
헵테인	C_7H_{16}	$CH_3(CH_2)_5CH_3$	$CH_3(CH_2)_5CH_2OH$	헵틸 알콜
옥테인	C_8H_{18}	$CH_3(CH_2)_6CH_3$	$CH_3(CH_2)_6CH_2OH$	옥틸 알콜
노네인	C_9H_{20}	$CH_3(CH_2)_7CH_3$	$CH_3(CH_2)_7CH_2OH$	노네일 알콜
데케인	$C_{10}H_{22}$	$CH_3(CH_2)_8CH_3$	$CH_3(CH_2)_8CH_2OH$	데게일 알콜

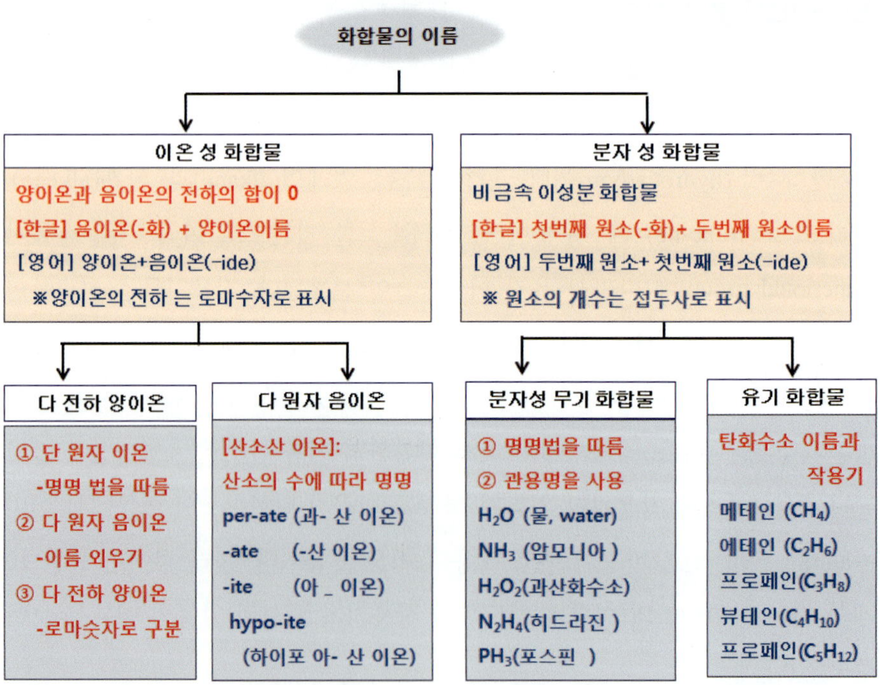

[그림 2-31] 화합물 이름 부르는 방법

[예제 2-8] 다음의 화합물 이름을 영어와 한글로 표기해라.

CaS	(영어:)	(한글:)
SO_3	(영어:)	(한글:)
H_2SO_3	(영어:)	(한글:)

해설

CaS	(영어: Calcium sulfide)	(한글: 황화 칼슘)
SO_3	(영어: sulfur trioxide)	(한글: 삼산화 황)
H_2SO_3	(영어: sulfurous acid)	(한글: 아 황산)

[예제 2-9] 다음의 화합물 이름을 영어와 한글로 표기해라.

$CaCO_3$	(영어:)	(한글:)
$NaHCO_3$	(영어:)	(한글:)
KH_2PO_4	(영어:)	(한글:)

해설

$CaCO_3$	(영어: calcium carbonate)	(한글: 탄산 칼슘)
$NaHCO_3$	(영어: sodium hydrogen carbonate)	(한글: 탄산수소 나트륨)
KH_2PO_4	(영어: potasium dihydrogen phosphate)	(한글: 인산이수소 포타슘)

이온성 화합물은 양이온과 음이온으로 이루어져 있기 때문에 물에 녹이면 전기 전도성이 나타난다. 전기 전도도는 물질이나 용액이 전류를 운반할 수 있는 정도를 의미하는 것으로 용액 중 이온세기를 신속히 평가할 수 있는 지표로 사용되기도 한다. 그림에서 보는 바와 같이 용액에 전극을 담그고 전극에 전구를 설치하였을 때 전하를 운반하는 이온이 있는 경우 전류가 흐르고 전구에 불이 들어오게 된다. 세 가지 용액 중에서 순수한 물은 이온이 들어 있지 않아 불이 켜지지 않고, 설탕과 순수한 물로 이루어진 비커 또한 이온이 적어 불을 켤 수 없다. 하지만 염화소듐 수용액은 이온이 들어 있기 때문에 전구에 불이 들어온다. 이렇게 전기 전도가 일어나는 용액을 전해질(electrolyte) 용액이라고 부른다. 전기를 통하지 않는 용액은 비전해질(nonelectrolyte) 용액이라고 한다.

[학습퀴즈 2-1] $C_6H_{12}O_6$이 180.18 g/mol이라고 할 때, 16.4 g $C_6H_{12}O_6$은 몇 몰인가?

[학습퀴즈 2-2] 12.0 g의 프로페인(C_3H_8)이 반응하는데 필요한 O_2의 질량을 계산하여라(몰 질량은 C_3H_8이 44.0 g/mol이고, 산소는 32.0 g/mol이다.).

[학습퀴즈 2-3] 암모니아를 만드는 질소와 수소의 반응을 정리한 표이다. 암모니아의 반응 몰수와 생성된 암모니아의 질량은 몇 g인가?

반응식	$N_2(g)$	$+3\ H_2(g)$	→	$2\ NH_3(g)$
몰 질량(g/mol)	28.0 g/mol	2.0 g/mol		17.0 g/mol
반응한 질량	14.8 g	과량		-
반응한 몰수	( )	-		-
생성물의 몰수	-	-		( )
생성물의 질량	-	-		( )

[학습퀴즈 2-4] 1.22 g의 Sb와 2.54 g의 I_2로 부터 SbI_3가 생성될 때 반응을 정리한 표이다. 다음 중 한계 반응물은 어느 것인가? (안티모니와 아이오딘 중 어느 것인가?)

반응식	$2\ Sb(s)$	$+3\ I_2(s)$	→	$2\ SbI_3(g)$
몰 질량(g/mol)	121.8 g/mol	253.8 g/mol		502.5 g/mol
반응물 질량	1.218 g	2.54 g		
반응물 몰수	(0.01 몰)	(0.01 몰)		
반응한 몰수	( )	( )		( )
남은 질량	( )	( )		( )

[학습퀴즈 2-5] 다음 화합물의 이름을 영어와 한글로 써라.

CaS (영어:) (한글:)

PCl_3 (영어:) (한글:)

HIO (영어:) (한글:)

[학습퀴즈 2-1 풀이] $몰수(mole) = \frac{질량(g)}{몰질량(g/mol)}$

$$몰수(mole) = \frac{16.4\ g}{180.18\ g/mol} = 0.0919\ 몰$$

[학습퀴즈 2-2 풀이] 반응식: ($C_3H_8+5O_2 \rightarrow 3CO_2+4H_2O$)

$$프로페인\ 몰수(mole) = \frac{12.0\ g}{44.0\ g/mol} = 0.272\ 몰$$

$$산소의\ 몰수(mole) = 5 \times 프로페인\ 몰수 = 5 \times (0.272\ 몰) = 1.36\ 몰$$

$$산소의\ 질량(g) = 산소의\ 몰수 \times 몰질량 = 1.36\ 몰 \times 32.0\ g/mol = 43.6\ g$$

[학습퀴즈 2-3 풀이]

반응식	$N_2(g)$	$+3\ H_2(g)$	→	$2\ NH_3(g)$
몰 질량	28.0 g/몰	2.0 g/몰		17.0 g/몰
반응한 질량	14.8 g	과량		
반응한 몰수	14.8 g / (28.0 g/몰) = 0.529 몰)	= 1.59 몰		-
생성물의 몰수	-	-		2 × (0.529 몰) = (1.06 몰)
생성물의 질량	-	-		1.56 몰 × 17.0 g/몰 = 18.01 g

[학습퀴즈 2-4 풀이] (한계 반응물: 아이오딘화 안티모니)

반응식	$2\ Sb(s)$	$+3\ I_2(s)$	→	$2\ SbI_3(g)$
몰 질량	121.8 g/mol	253.8 g/mol		502.5 g/mol
반응물 질량	1.218 g	2.54 g		-
반응물 몰수	(0.01 몰)	(0.01 몰)		-
반응한 몰수	0.01 몰 × (2/3) = 0.0067 몰	0		
남은 몰수	0.0033 몰	0		0.0067 몰
남은 질량	(0.0033 몰) × (121.8) = 0.4 g			(0.0067 몰) × (502.5) = 3.34 g (유효숫자 2자리)

[학습퀴즈 2-5 풀이]

CaS (영어: caldium sulfide) (한글: 황화 칼슘)
PCl_3 (영어: phosporous trichloride) (한글: 삼염화 인산)
HIO (영어: hypoiodous acid) (한글: 하이포아 요오드산)

[주요개념]

- ☑ Dalton 원자설 : 질량보존의 법칙, 일정성분비의 법칙, 배수비례의 법칙
- ☑ 동위원소(isotope) : 양성자수는 같지만, 질량수가 다른 원소
- ☑ 아보가드로 수 : 물질 1 몰 속에 들어 있는 입자의 수
- ☑ 원소 백분율 : 분자량에 대한 포함된 원소의 질량 백분율
- ☑ 한계 반응물(limiting reagent) : 반응에서 완전히 소모되는 반응물
- ☑ 퍼센트 수율(yield) : 이론적 수득량에 대한 실제 수득량의 백분율
- ☑ 분자 : 비금속 원자들의 공유결합에 의해 형성된 물질
- ☑ 이온 : 원자가 전자를 얻거나 잃어서 전하를 띤 입자
- ☑ 분자식 : 분자에 포함된 원자들의 개수로 표시한 화합물의 화학식
- ☑ 실험식 : 분자에 포함된 원자들의 가장 간단한 정수비로 표시한 화학식
- ☑ 구조식 : 분자에 포함된 원자들의 결합을 표시한 화학식
- ☑ 이온성 화합물의 명명법 : 음이온(_화) + 양이온이름

[주요 식]

- ☑ 원자량 = Σ (동위원소의 질량) × (동위원소의 자연 존재비)
- ☑ 1몰 ≡ 아보가드로 수 만큼의 물질의 양
- ☑ 아보가드로 수 ≡ 6.022×10^{23} 개/몰
- ☑ 몰질량 ≡ 원자량의 합
- ☑ 몰수 = 질량/몰질량($n = m/M_w$)
- ☑ 질량 = (몰수) × (몰질량) : $m = n \times M_w$
- ☑ 퍼센트 수율(yield) ≡ [(실제 수득량) / (이론적 수득량)] × 100(%)

제2장 (원자와 화합물)의 개요

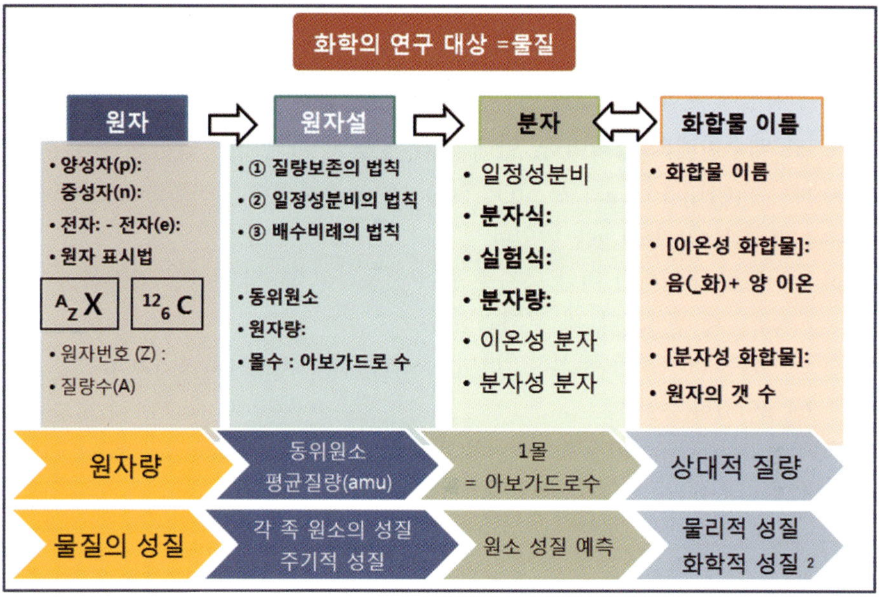

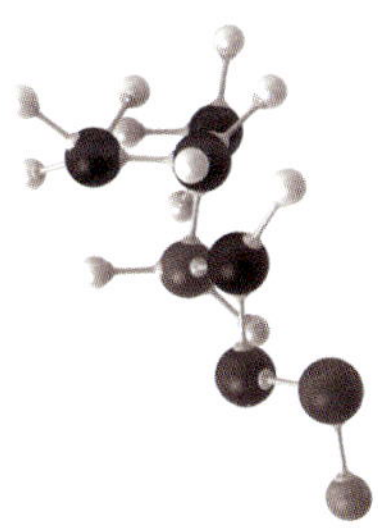

연 습 문 제

[2-1] 원자설에 포함된 화학의 법칙은 질량 보존 법칙과 일정 성분비 법칙, 그리고 배수비례의 법칙이다. 아래의 각 문장이 나타내는 법칙은 무엇인가?

(a) 메테인(CH_4) 16.0 g과 산소(O_2) 64.0 g을 반응시켜서 이산화탄소(CO_2) 44.0 g과 물(H_2O) 36.0 g을 얻었다.

(b) 손난로를 구입하여 비닐 봉지를 뜯어 사용하고 난 뒤 무게를 측정하였더니, 구입할 때 무게보다 더 무거워졌다.

(c) 이산화탄소(CO_2)를 분석하였더니, 탄소(C)가 12.0 g이고 산소(O)의 질량이 64 g이었다.

(d) 이산화황(SO_2) 96.0 g 속에 산소(O)가 64 g 포함되어 있고, 삼산화황(SO_3)는 128 g 속에 산소(O)가 96.0 g 포함되어 있다.

[2-2] 아이오딘-131($^{131}_{53}I$)는 갑상선에서 발생하는 질병의 진단에 사용된다. 아이오딘-131에 대하여 답하시오.

(a) 핵에 있는 양성자수

(b) 핵에 있는 중성자수

(c) 아이오딘 이온(I^-)에 있는 전자수

(d) 아이오딘-131의 질량수

[2-3] 구리(Cu) 원자는 2가지 동위원소가 존재한다. Cu-63 동위원소의 질량이 62.93 amu이고, 자연 존재비는 69.17 %이다. Cu-65의 질량이 64.94 amu이다. 구리의 원자 질량은 얼마인가?

[2-4] 요소($(NH_2)_2CO$: 몰 질량 = 60.00 g/mol)에 대해 다음의 표를 완성하여라.

	그램수	몰수	분자수	원자수
(a)	0.120			
(b)		1.20		
(c)			4.32×10^{22}	
(d)				1.60×10^{20}

[2-5] 감귤류 과일에 든 시트르산(citric acid)의 분자식은 $C_6H_8O_7$(몰 질량 = 192.0 g/mol) 이다. 시트르산 25.00 g에 들어 있는 산소(O)은 몇 그람인가?

[2-6] 마늘의 독특한 냄새와 향은 알리신(allicin)은 탄소(C), 수소(H), 산소(O), 그리고 황(S)으로 이루어져 있다. 원소의 질량 백분율이 C가 44.44 %, H가 6.21 %, S이 39.5 %로 이루어져 있다.

(a) 알리신의 실험식을 구하여라.

(b) 알리신의 분자량을 측정하였더니, 162.0 g/mol이었다. 분자식을 구하여라.

[2-7] **[심화]** 살리실산메틸은 Ben-Gay처럼 도포제(파스)로 사용되는 물질이다. 이 물질은 탄소, 수소, 산소로 구성되어 있다. 이 살리실산메틸 10.55 g을 과량의 산소 하에서 연소시키면 24.42 g의 CO_2와 4.995 g의 H_2O가 생성된다.

(a) 살리실산메틸의 실험식을 구하여라.

(b) 살리실산메틸의 몰질량을 측정하였더니, 152.0 g/mol이었다. 분자식을 구하여라.

[2-8] 우주선 연료로 사용되는 화합물의 분자량이 60.10 g/mol이다. 이 연료는 탄소, 수소, 질소 원자로 이루어져 있다. 3.00 g의 연료를 완전 연소시켜서 이산화탄소 4.40 g과 물 3.60 g이 얻어졌다. 이 연료의 분자식을 구하여라.[원자량 ; C : 12.00, H : 1.00, N : 14.00, O : 16.00 amu ; 몰질량 ; CO_2 : 44.0, H_2O : 18.0 g/mol]

[2-9] 포스핀(PH_3) 기체는 산소와 반응하여 십산화사인(P_4O_{10})을 생성한다.[원자량 ; P : 30.97, O : 16.00, H : 1.00 amu ; 몰질량 ; PH_3 : 33.97, P_4O_{10} : 227.88, H_2O : 18.0 g/mol]

$$4PH_3(g) + 8O_2(g) \rightarrow P_4O_{10}(s) + 6H_2O(g)$$

(a) 1.0 몰의 포스핀이 완전히 반응하여 생성되는 $P_4O_{10}(s)$의 질량은 몇 g인가?

(b) 수증기 18.0 g을 얻으려면 포스핀 몇 g을 반응시켜야 하는가?

[2-10] 빵을 부풀릴 때 사용되는 베이킹소다(sodium hydrogen carbonate, 또는 sodium bicarbonate, $NaHCO_3$; 몰질량 : 84.0 g/mol)를 가열하면, 이산화탄소를 방출한다.

(a) $NaHCO_3$가 열분해되어 $Na_2CO_3(s)$로 변화되는 균형 반응식을 써라.
(b) 이산화탄소(CO_2 : 몰질량 = 44.0 g/mol) 기체 22.0 g을 생성하려면 몇 g의 $NaHCO_3$를 분해시켜야 하는가?

[2-11] [심화] 산소 마스크는 긴급 상황에서 O_2공급을 위해 사용한다. 산소마스크는 초과산화포타슘($KO_2(s)$, 몰질량 : 55.10 g/mol)을 포함하고 있다. 이것은 호흡에 포함된 CO_2 및 H_2O와 반응하여 산소를 발생시킨다.

$$4KO_2(s) + 2H_2O(g) + 4CO_2(g) \rightarrow 4KHCO_3(s) + 3O_2(g)$$

산소 마스크를 착용한 사람이 1.00 g CO_2/min의 숨을 내쉬며, 22.0분 동안 산소 마스크를 쓰고 있었다.

(a) 소비되는 KO_2는 몇 g인가?
(b) 발생되는 산소는 몇 g인가?

[2-12] [심화] 우주 왕복선은 재사용 종속 로켓에 알루미늄(Al(s), 몰질량 : 26.98 g/mol) 금속과 과염소산암모늄($NH_4ClO4(s)$, 몰질량: 117.50 g/mol)을 사용한다. 이 반응의 생성물은 산화알루미늄($Al_2O_3(s)$, 몰질량 : 89.96 g/mol)과 염화 알루미늄($AlCl_3(s)$), 산화질소(NO(g) 기체 및 수증기($H_2O(g)$)이다. 134.9 g의 Al과 352.5 g의 NH_4ClO_4를 반응시켰다.

(a) 이 반응의 완결된 반응식을 써라.
(b) 산화 알루미늄의 이론적 수득량은 몇 g인가?
(c) 44.98 g의 산화 알루미늄이 생성된다면 퍼센트 수율은 얼마인가?
(d) 반응하지 않은 과량의 반응물은 몇 g인가?

[2-13] 필요하다면 주기율표를 사용하여 다음의 표를 완성하시오.

핵기호	전하	양성자수	중성자수	전자수
${}^{35}_{17}Cl$	0	(　　)	(　　)	(　　)
(　　)	-3	7	7	(　　)
(　　)	+5	25	55	(　　)
${}^{45}_{22}Ti^{4+}$	(　　)	(　　)	(　　)	(　　)

[2-14] 다음 화합물의 이름을 쓰시오.

(a) $CuSO_4$

(b) $Fe(OH)_3$

(c) $NaHCO_3$

(d) $KClO_2$

(f) $Ca(ClO)_2$

(g) N_2O_5

[2-15] **[심화]** 다음 이온 화합물의 화학식을 쓰시오.

(a) 아세트산코발트(Ⅱ)(cobalt(Ⅱ) acetate)

(b) 산화바륨(barium oxide)

(c) 황화알루미늄(aluminum sulfide)

(d) 과망간산포타슘(potassium permananate)

(d) 탄산소듐(sodium carbonate)

[2장 연습문제 정답]

[2-1] (a) 질량보존의 법칙 (b) 질량보존의 법칙 (c) 일정성분비의 법칙 (d) 배수비례의 법칙

[2-2] (a) 53 (b) 78 (c) 54 (d) 131

[2-3] 63.55 amu

[2-4]

	그람수(g)	몰수(mole)	분자수	원자수
(a)	0.120	(2.00×10^{-3})	(1.20×10^{21})	(9.64×10^{21})
(b)	(72.0)	1.20	(7.23×10^{23})	(5.78×10^{23})
(c)	(4.30)	(7.17×10^{-2})	4.32×10^{-5}	(3.46×10^{23})
(d)	(1.9×10^{-3})	(3.32×10^{-5})	(2.00×10^{19})	1.60×10^{22}

[2-5] 14.58 g

[2-6] (a) $C_6H_{10}S_2O$ (b) $C_6H_{10}S_2O$

[2-7] $C_8H_8O_3$

[2-8] $C_2H_8N_2$

[2-9] (a) 56.97g $P_4O_{10}(s)$ (b) 22.65g $PH_3(g)$

[2-10] (a) $2NaHCO_3(s) \rightarrow Na_2CO_3(s) + CO_2(g) + H_2O(l)$ (b) 84.0 g

[2-11] (a) 27.55 g $KO_2(s)$ (b) 12.0 g $O_2(s)$

[2-12] (a) $3Al(s) + 3NH_4ClO_4(s) \rightarrow Al_2O_3(s) + AlCl_3(s) + 3NO(g) + 6H_2O(g)$
(b) 89.96 g Al_2O_3 (c) 50.0 % (d) 53.96 g Al(s)

[2-13]

핵기호	전하	양성자수	중성자수	전자수
$^{35}_{17}Cl$	0	(17)	(18)	(17)
$^{14}_{7}N^{3-}$	-3	7	7	(10)
$^{55}_{25}Mn^{5+}$	+5	25	(30)	(20)
$^{45}_{22}Ti^{4+}$	(+4)	(22)	(23)	(18)

[2-14] (a) 황산구리(II) (copper(II) sulfate)
(b) 수산화 철(III) (Iron(III) hydroxide)
(c) 탄산수소소듐(sodium hydrogen carbonate)
(d) 아염소산포타슘(potassium chlorite)
(f) 하이포아염소산 칼슘(calcium hypdchlorite)
(g) 오산화이질소(dinitrogen tetraoxide)

[2-15] (a) $Co(C_2H_3O_2)_2$ (b) BaO (c) Al_2S_3 (d) $KMnO_4$ (e) Na_2CO_3

CHAPTER 03

원자의 전자배치와 주기적 성질

CONTENTS

[학습목표]

① Bohr는 전자가 원자핵을 중심으로 일정한 반지름의 궤도를 파동운동하고 있다고 가정하여 수소 원자의 선 스펙트럼을 잘 설명하였다.
② 양자역학적 모델에서 빛은 파동이지만, 입자처럼 에너지 단위를 갖는 광자(photon)이고, 전자는 입자이지만, 파동운동을 한다고 가정한다.
③ 전자의 파동함수(궤도함수)는 3개의 양자수, 즉 주양자수(n), 각 운동량 양자자수(l), 자기양자수(m_l) 값에 따라 정의된다.
④ 한 궤도에 전자는 2개까지 채워질 수 있지만, 전자의 스핀이 달라야 한다. 전자의 스핀을 표시하는 양자수를 스핀양자수(m_s)라고 한다.
⑤ 원자 내에 있는 전자들은 3가지 규칙, 즉 축조원리, Pauli의 배타원리, Hund의 법칙에 따라 배치된다.
⑥ 원자의 성질, 즉 원자의 반지름, 이온화 에너지, 전자 친화도 등은 전자배치에 따라 주기적인 경향으로 나타난다.

[OX퀴즈 2-1] 전자는 원자핵 주위를 일정한 반지름의 궤도를 돌고 있다.

정답 ×

풀이 Bohr의 원자모형에서 전자는 원자핵을 중심으로 일정한 반지름의 궤도를 파동운동하고 있다고 가정하였지만, 양자역학적 모델에서 전자는 입자이지만, 파동운동을 하고 있어서 전자의 위치는 정확하게 알 수 없다.

[OX퀴즈 2-2] 산소 원자는 모두 질량이 같다.

정답 ×

풀이 한 원소의 원자는 크기, 질량, 화학적 성질이 동일하다(동위원소는 화학적 성질은 같지만, 물리적 성질인 질량, 밀도가 다르다.).

[OX퀴즈 2-3] 금속원자에서 양이온의 크기는 금속원자의 크기보다 크다.

정답 ×

해설 양(+)이온의 반지름은 원자보다 작고, 음(-)이온의 반지름은 원자보다 크다.

3-1.

입자와 파동의 이중성

(1) 입자와 파동

돌턴은 1808년 원자설에서 "물질은 더 이상 쪼갤 수 없는 원자로 구성되어 있다."고 제안하였다. 그런데 1897년 톰슨은 전자를 발견하였다. 그 뒤 원자핵 속에 양성자와 중성자도 발견되었다. 이로써 원자를 구성하는 더 작은 입자들이 존재한다는 것이 밝혀졌다.

① **전자의 운동**: 전자의 발견으로 1900년대 초에 미립자인 전자에 대한 많은 실험들이 이루어졌고, 새로운 현상들이 알려지게 되었다. 전자는 원자 내에서 어떻게 움직이고 있을까? 전자는 우리가 상상할 수 없을 만큼 아주 작은 입자로써 질량이 9.1×10^{-31} kg이다. 그래서 전자의 운동은 우리가 알고 있는 야구공, 축구공, 그리고 지구의 공전과 자전운동 같은 입자들의 움직임과 어떻게 다를까?

입자의 성질은 **Newton의 운동법칙**($f = ma$; 힘= 질량 × 가속도)에 따른다는 것이다. 그리고 위치에너지와 운동에너지를 갖는다.

② **빛의 파동운동**: 빛은 파도와 같이 연속적인 파의 형태로 공간을 통해 전파된다. 파동의 전파는 위로 올라가는 봉우리와 함께 아래로 꺼지는 골이 연속해서 이루어져 있다. 빛과 같은 파동운동은 파장(wavelength), 진동수(frequency) 또는 파수(wave number)의 세 가지 단위로 나타낸다. 파장은 로 표시하며, 두 개의 연속적인 봉우리 간의 거리를 의미하며, 미터(m)나 나노미터(1nm = 10^{-9} m) 단위로 나타낸다. 진동수는 ν로 표시하며, 주어진 시간에 일정한 점을 지나는 파동 주기의 수이며, 헤르츠(1Hz = 1회/s) 단위로 나타낼 수 있다. 파수는 $\bar{\nu}$로 나타내며, 단위 길이 당 진행하는 파의 수를 회/m로 표시한다. 파동운동을 하는 빛의 진동수(ν; Hz)는 전파 속도(c)를 파장(λ)으로 나눈 값으로 정의된다.

빛의 성질은 **간섭**(interference)**과 회절**(diffraction) 현상이다. 간섭은 위상이 같은 파동은 보상(constructive) 간섭이 일어나고, 위상이 다른 파동은 상쇄(destructive) 간섭이 일어난다. 그리고 회절은 빛이 파장보다 좁은 틈새를 통과할 때 주위로 퍼져나가는 성질 즉, 파의 진행 방향이 꺾이는 현상이다. 또한 X-선을 금속에 쪼이면 산란된 빛이 간섭되어 회절 무늬가 나타난다.

$\nu = \dfrac{c}{\lambda}$, 또는 $c = \lambda\nu$ 여기서 $c = 2.999 \times 10^8\ m$이다.

파동은 시간에 따라 변화되는 위치를 나타내는 파동함수로 표시된다.

$$y(x,t) = A\sin\left(\frac{2\pi}{\lambda}(x - v\,t)\right)$$

여기서 A는 진폭, λ는 파장이고, v는 파동의 전파 속도를 나타낸다. 이 파동함수는 다음과 같은 Maxwell의 파동 방정식을 풀어서 얻어낸 식이다.

$$\frac{\partial^2 y}{\partial x^2} = \frac{1}{v^2}\frac{\partial^2 y}{\partial t^2}$$

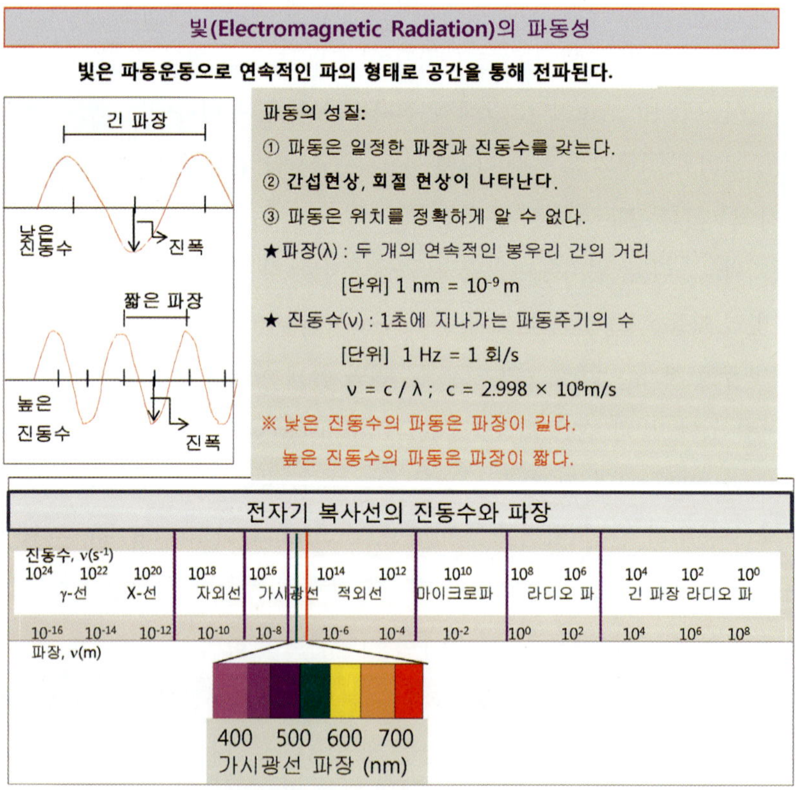

[그림 3-1] 빛은 파동운동을 한다. 빛은 진동수(ν, Hz = s^{-1}), 파장(λ, m), 파수($\tilde{\nu}$, m^{-1})로 나타낸다.

③ **입자와 파동의 에너지**: 19세기 말까지 물질과 에너지는 별개라고 생각해 왔다. 물질은 질량을 갖는 입자로 구성되며, 운동을 할 때 운동 에너지를 갖는다. 그리고 빛(파동)은 질량이 없고 에너지를 전달하는 하는 것으로 인식하고 있었다.

빛의 파동이 갖는 에너지는 진폭의 제곱에 비례하는 $E \propto A^{2}$로 정의되었다. 1900년 이전까지는 빛의 모든 특성은 파동성으로 설명될 수 있다고 생각했다. 하지만 1900년에서 10년 사이 막스 플랑크와 아인슈타인에 의해 이와 같은 가정이 잘못되었다는 사실이 밝혀졌다.

(2) 빛과 입자의 이중성

① **흑체 복사 현상**: 높은 온도의 금속이나 태양에서 빛이 방출되는 현상을 흑체 복사(blackbody radiation) 현상이라고 한다. 흑체는 완전 흡수체이고, 반사광이 나오지 않으므로 흑체에서 나오는 빛은 입자들의 진동에 의해서 방출되는 것이다. 그런데 레일리히-진스는 흑체에서 방출되는 빛은 파장이 짧은 빛일수록 많이 포함되어 있다고 제안하였다. 그러나 19세기 과학자들은 "흑체가 내는 빛의 파장과 세기가 물체의 온도에 따라 다르게 방출된다"는 Wiens 법칙을 발견하였다. 즉, 온도가 높을수록 짧은 파장의 빛이 많이 나온다는 것이다. 우리는 일상경험을 통해 온도가 낮은 물체는 붉은색 빛을 내고 온도가 높아지면 푸른색 계통의 빛을 낸다는 것을 잘 알고 있다.

Wiens 법칙 : $\lambda_{max} \propto \dfrac{1}{T}$

흑체 복사 현상을 설명하기 위하여 Max Planck는 흑체는 작은 입자들로 구성되어 있어서 온도를 높이면 입자들의 진동운동이 활발해지고 진동운동 에너지가 빛 에너지로 방출된다고 생각하였다. 흑체에서 방출되는 빛(광자, photon)의 에너지는 진동수에 비례한다고 가정하였다.

$$E = h\nu$$

여기서 h는 플랑크 상수라고 불리면서 $h = 6.62 \times 10^{-34} Js$이다.

Planck의 가설은 빛이 파동운동을 하지만, 입자처럼 에너지의 기본 단위(광자, photon)를 갖는다는 것을 의미한다. 이것은 빛이 입자와 파동의 이중성을 가지고 있다는 가정인 것이다. 플랑크가 제안한 새로운 이론의 핵심은 전자기파의 에너지가 양자화되어 있다는 것이다. 빛은 에너지의 작은 양으로 주고받는 것이 아니라 일정한 양의 에너지 덩어리 형태(광자)로만 주고받을 수 있다는 것이다. 플랑크는 이 이론으로 1918년 노벨 물리학상을 받았다.

② **광전 효과**: 금속이 빛을 받으면 전자를 내놓는 현상을 광전 효과(photoelectric effect)라고 한다. 금속이 고유의 특정 파장보다 짧은 파장을 가진(따라서 높은 에너지를 가진) 전자기파를 흡수했을 때 전자를 방출하는 현상이다. 금속에 있는 전자는 핵과 정전기적 인력으로 결합되어 있기 때문에 이 결합에너지보다 큰 에너지를 가하는 경우 전자가 방출 되는 것이다. 이때 방출되는 전자의 운동에너지는 가해준 빛의 진동수(ν)와 문턱진동수(ν_0)의 차이이다.

$E_k = h(\nu - \nu_0)$

알베르트 아인슈타인은 광전 효과를 플랑크가 제안한 빛의 입자성을 사용하여 설명하였으며, 그 공로로 1921년에 노벨 물리학상을 수상했다.

아울러 고전역학이라고 부르는 뉴튼 역학은 관성의 법칙, 가속도의 법칙, 작용 반작용의 법칙으로 설명된다. 뉴튼 역학에서 운동하는 물체는 시간과 위치를 정확하게 표현할 수 있고, 운동에너지는 $E_k = mv^2/2$으로 계산된다. 그러나 고전 역학은 원자보다 크고 빛의 속력보다 매우 느린 물체의 운동에 대해서는 정확히 예측할 수 있으나, 빛이 속력과 가까운 물체의 운동에 대해서는 통용되지 않는다.

이제 전자는 입자의 성질로만 설명할 수 없는 현상들이 실험을 통하여 밝혀지게 되었다. 전자도 빛의 성질처럼 광전 효과와 회절 현상이 나타나는 것이 관측되었다. 최근 물질의 분석에 사용되는 전자현미경(TEM)은 전자의 회절을 이용한 분석기기이다.

③ **물질파**: 이제 전자의 운동을 설명하기 위하여 파동 방정식을 도입할 필요가 있었다. 드브로이(L. de Broglie)는 1924년 박사학위 논문에서 물질파의

개념을 발표하였다. 빛이 파동성과 입자성의 두 성질을 가지고 있는 것에 착안하여 전자와 같은 소립자들이 파동운동을 한다면 특정 파장을 가져야한다고 생각하였다. 이것이 물질파의 개념이다.

드브로이는 1911년 보어가 수소 원자의 선 스펙트럼을 설명하기 위하여 제안하였던 전자가 원자핵을 중심으로 원 운동할 때, "원주길이는 파장의 정수배가 되어야 한다($2\pi r = n\lambda$)."라는 가정과 "각 운동량이 양자화되어 있다.($mvr = n\hbar$)"는 가정을 토대로 운동하는 물질파의 파장을 다음과 같이 제안하였다.

물질파의 파장: $\lambda = \dfrac{h}{mv} \equiv \dfrac{(Planck\ 상수)}{(운동량)}$

즉, 운동하는 전자의 파장은 planck 상수($h = 6.626 \times 10^{-34}$ J s)를 전자의 운동량으로 나눈 것이다. 이를 **물질파**(matter wave)라고 한다. 이식은 1927년에 데이비슨 -거머의 전자회절 실험에 의해 증명되었다. 니켈 결정체로 발사된 전자들이 이론값과 일치하는 회절무늬를 만들어낸 것이다. 전자의 회절실험으로 물질파가 실증된 후 드브로이는 1929년 노벨 물리학상을 받았다.

일상적인 물체의 경우에는 플랑크상수에 비해 운동량이 매우 커서 물체의 파장은 매우 작게 나타난다. 매우 작은 플랑크상수를 매우 큰 운동량으로 나누기 때문에 일상적인 물체의 파장은 현재의 관측 장비로 측정할 수 없을 만큼 굉장히 작아진다(10^{-35} m 단위. 혹은 그보다 더 작다.). 반면에 전자는 질량(9.1×10^{-31} kg)이 작기 때문에 질량이 큰 물체에 비해 매우 작은 운동량을 갖는다. 이 경우에 드브로이 파장은 입자들이 파동처럼 작용하는 것을 관측할 수 있을 만큼 충분히 커지게 된다.

이제 전자가 입자인가? 파동인가? 그리고 빛이 파동인가? 입자인가?라는 원초적인 논쟁을 떠나서 빛과 전자(입자)의 운동은 **입자-파동 이중성**(particle-wave duality)으로 이해하고, 입자의 운동을 파동 방정식으로 표현하게 되었다. 이러한 파동방정식은 현대 물리학에서 물질의 운동을 파동운동으로 이해하는 양자 역학적인 기초로 발전하게 되었다.

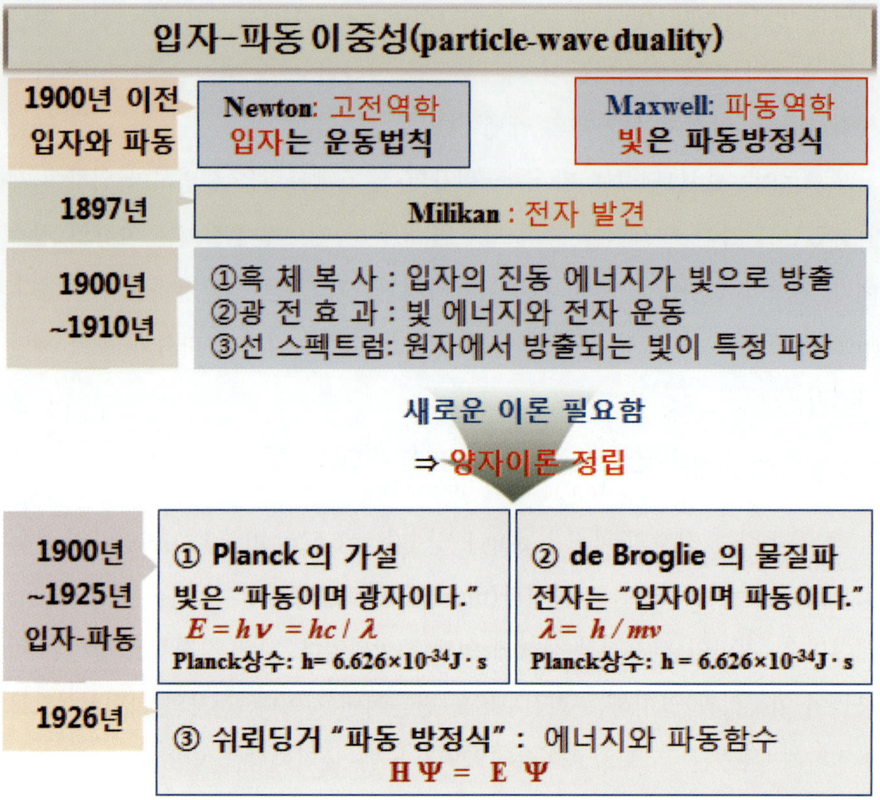

[그림 3-2] 입자-파동의 이중성. 빛은 파동이지만 입자처럼 에너지의 기본단위인 광자(photon)로 설명할 수 있다. 전자는 입자이지만, 특정한 파장(de Broglie의 물질파)을 갖는 파동운동을 한다고 설명할 수 있다.

[예제 3-2] 소듐(Na) 기체 램프는 589 nm의 주황색 빛을 방출한다.

(1) 이 빛이 내는 광자 하나의 에너지는 몇 J인가?

(2) 이 광자 1 몰의 에너지는 몇 kJ인가?

(3) 가시광선을 느끼려면, 2.0×10^{-17} J 이상의 에너지가 시신경에 들어와서 뇌에 전달되어야 한다. 소듐 램프로부터 나오는 노란 빛을 인식하려면 몇 개의 광자가 방출되어야 하는가?

풀이 $E = hc/\lambda$식을 이용하고, 아보가드로 수($N_A = 6.022\times10^{23}$개/몰)을 사용!

풀이 (1)

$$E = hc/\lambda = \frac{(6.626 \times 10^{-34}\,J \cdot s)\,(2.998 \times 10^{8}\,m/s)}{5.89 \times 10^{-7}\,m}$$

$= 3.37 \times 10^{-19}\,J$

풀이 (2)

$$E = \frac{3.37 \times 10^{-19}\,J}{1\ \text{광자}} \times \frac{1\,kJ}{1000\,J} \times \frac{6.022 \times 10^{23}\,\text{광자}}{1\,mole}$$

$= 203\,kJ$

➤대략적으로 화학반응에서 에너지 변화값과 비슷함

➤수소 1mol이 연소할 때 240kJ의 열이 발생

풀이 (3)

➤(1)으로부터 변환 인자를 얻음

$$\frac{3.37 \times 10^{-19}\,J}{1\ \text{광자}} \Rightarrow 2.0 \times 10^{-17}\,J \times \frac{1\ \text{광자}}{3.37 \times 10^{-19}\,J}$$

$= 59$광자

(3) 수소원자의 선 스펙트럼: 파동운동의 증거

기체상태 원자를 전기 방전시킨 다음 방출되는 스펙트럼을 관찰하면, 모든 파장의 빛이 나오는 것이 아니라, 다음과 같이 특정 파장들로 구성된 불연속적인 스펙트럼을 방출한다. 이러한 수소 원자의 선 스펙트럼은 다음과 같이 여러 가지 계열의 불연속적인 파장의 계열로 관측되었다.

① 라이만(Lyman) 계열은 파장이 122, 103, 97.2, 94.9, 93.7, …, 91.1 nm

② 발머(Balmer) 계열은 파장이 656, 486, 434, 410, 397, …, 365 nm

③ 파센(Paschen) 계열은 파장이 1870, 1280, 1090, 1000, 954, …, 820 nm

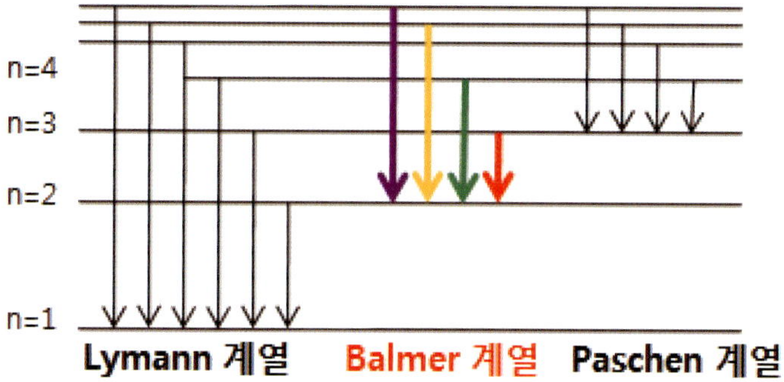

[그림 3-3] 수소원자의 선 스펙트럼들

발머(Balmer)는 1885년에 수소원자로부터 방출되는 선 스펙트럼을 발견하고 기발한 공식을 발견하였다. $\frac{1}{\lambda} = -(\text{상수})\left\{\frac{1}{n_i^2} - \frac{1}{2^2}\right\},\ n_i = 3, 4, 5, \cdots$

1888년 리드버그(Rydberg)는 이 공식이 다른 선스펙트럼에서도 적용된다는 것을 알아냈다. $\frac{1}{\lambda} = -(\text{상수})\left\{\frac{1}{n_i^2} - \frac{1}{n_f^2}\right\},$

다음과 같은 관계에 의해 일정하고 불연속적 에너지만을 갖고 있다는 것을 의미한다. $\Delta E = E_{n_i} - E_{n_f} = \frac{hc}{\lambda}$

원자에서 전자가 한 에너지 준위에서 다른 에너지 준위로 이동할 때, 두 에너지 준위의 차이만큼의 에너지를 빛(광자)로 방출하게 된다. 따라서 원자에 있는 전자의 에너지 준위가 불연속적으로 되어 있기 때문에 원자의 스펙트럼도 연속스펙트럼이 아닌 선 스펙트럼으로 나타나는 것이다.

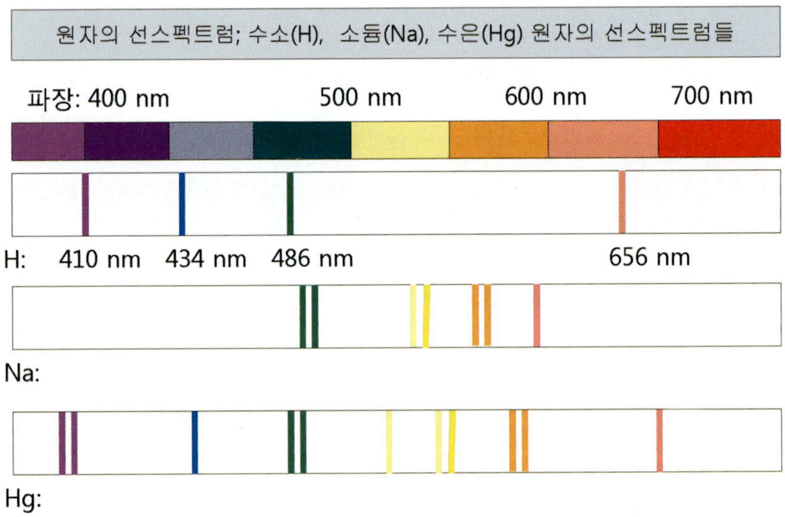

[그림 3-4] 원자의 선 스펙트럼. 관측된 원자의 선 스펙트럼은 원자 내에 있는 전자가 높은 에너지 상태에서 낮은 에너지 상태로 천이되면서 여분의 에너지를 빛 에너지로 방출되는 것이다.

(4) 보어(Bohr)의 수소원자 모형: 파동운동의 적용

닐스 보어(N. Bohr)는 수소 원자의 선 스펙트럼을 잘 설명하여 양자역학의 성립에 기여한 업적으로 1922년에 노벨 물리학상을 받았으며, 맨해튼 프로젝트에 참여하기도 하였다. 보어의 아들인 오게 닐스 보어도 그의 아버지처럼 세계에서 중요한 물리학자가 되었고, 1975년에 노벨 물리학상을 받아서 부자

간에 노벨상을 받는 영광을 누렸다.

보어(Niels Bohr)는 수소 원자의 선 스펙트럼을 설명하기 위하여 다음과 같은 가정을 하였다.

① 전자는 핵 주위의 일정 반경을 가진 원 운동을 한다.

② 전자의 에너지는 운동 에너지와 위치 에너지의 합이다.

$$E = \frac{1}{2}mv^2 - \frac{e^2}{4\pi\epsilon_0 r} \quad \cdots (3-1)$$

③ 전자가 원 운동할 때 원심력과 구심력이 같아야 한다.

$$\frac{mv^2}{r} = \frac{e^2}{4\pi\epsilon_0 r^2} \quad \cdots (3-2)$$

④ 전자의 원운동 원주의 길이는 파장의 정수 배이어야 한다(2 πr = nλ).

여기서 전자의 파장은 de Broglie의 물질파 (파장, $\lambda = \frac{h}{mv}$)이므로,

$$2\pi r = n\left(\frac{h}{mv}\right) \quad \cdots (3-3)$$

이라고 가정한다.

위 가정을 사용하여 전자의 에너지를 계산하면, Rydberg 식이 된다.

$$E_n = \frac{-b}{n^2} \quad \cdots (3-4)$$

여기서 $b = \frac{e^4 m_e}{8\epsilon_0^2 h^2} = 2.18 \times 10^{-18}\,J$이며, n 은 양자수로써 1,2,3, ⋯의 양의 정수만을 가질 수 있다. 이렇게 전자의 에너지는 양자수에 따라 정해진 에너지를 갖게 된다고 설명하였다.

전자는 에너지를 흡수하면 전자가 큰 에너지를 가진 궤도로 천이하고, 다시 되돌아오면서 에너지를 방출한다고 가정하여 수소 원자의 선 스펙트럼을 잘 설명하였습니다. 이러한 수소 원자의 방출 스펙트럼은 양자수가 큰 궤도에 양자수가 낮은 궤도로 전이할 때 에너지 차이가 방출된 빛의 에너지와 같다.

$$\Delta E = E_{n_i} - E_{n_f} = \frac{hc}{\lambda} \quad \cdots (3-5)$$

따라서 방출되는 스펙트럼의 파장은 $\frac{1}{\lambda} = -R_H\left\{\frac{1}{n_i^2} - \frac{1}{n_f^2}\right\} \quad \cdots (3-6)$ 로 표현할 수 있다. 여기서 R_H는 Rydberg 상수이고, n_1과 n_2은 양자수로써 1,2,3, ⋯이며, $n_f < n_i$ 이다.

$$R_H = \frac{e^4 m_e}{8\pi\epsilon_0^2 h^3 c} = 1.097373 \times 10^7\, m^{-1}\,(\text{또는, } 109{,}737.3\, cm^{-1})$$

식(3-6)에서 알 수 있는 것처럼 수소 원자의 방출 스텍트럼은 선 스펙트럼으로 나타난다. 보어가 제안한 수소 원자 모델을 사용하여 관측된 라이만 계열, 발머 계열, 파센 계열의 선 스펙트럼의 파장을 정확하게 설명하였다. 식(3-6)을 사용하여 계산하면,

① 라이만 계열: $n_f = 1,\quad \frac{1}{\lambda} = -R_H\left\{\frac{1}{n_i^2} - \frac{1}{1^2}\right\}$, 자외선

② 발머 계열: $n_f = 2,\quad \frac{1}{\lambda} = -R_H\left\{\frac{1}{n_i^2} - \frac{1}{2^2}\right\}$, 가시광선

③ 파센 계열: $n_f = 32,\quad \frac{1}{\lambda} = -R_H\left\{\frac{1}{n_i^2} - \frac{1}{3^2}\right\}$, 적외선

로부터 계산된 파장과 정확하게 일치된다. 이 모델을 토대로 수소 원자의 전자는 높은 양자수에 의해 정해진 에너지 준위의 궤도에서 낮은 양자수의 궤도로 전이하면서 빛이 방출한다고 설명할 수 있었다. 이 결과는 전자가 정해진 궤도함수에서만 존재하며, 그 궤도함수들의 에너지는 (3-4)식에서 보여준 것처럼 불연속적으로 정해져 있다는 것을 의미한다.

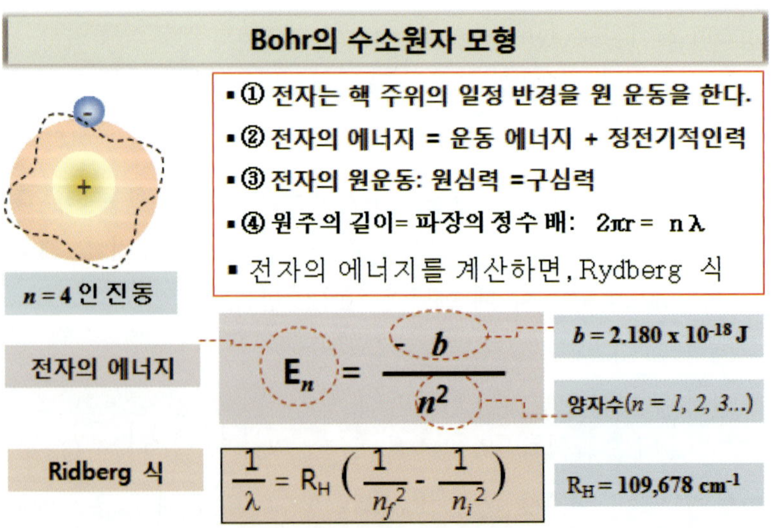

[그림 3-5] Bohr의 수소 원자모델. 전자의 에너지는 양자수의 제곱에 반비례

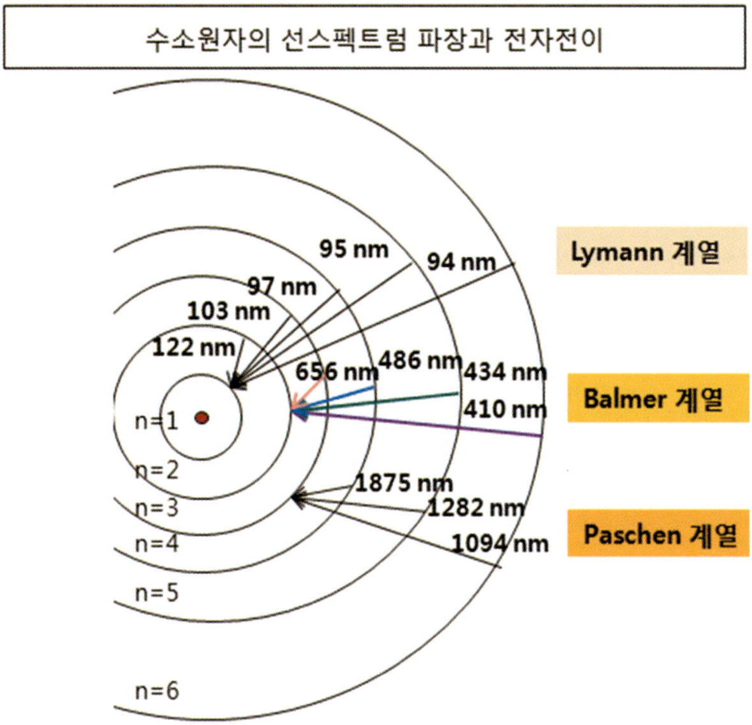

[그림 3-6] Bohr의 수소 원자모델을 근거로 하여 수소 원자의 선 스펙트럼 해석. 수소 원자의 궤도 에너지는 양자수(n)의 제곱에 반비례한다. 궤도의 에너지 차이를 파장으로 나타내면, 수소 원자의 선 스펙트럼과 일치한다.

[예제 3-3] $n = 4$ 에서 $n = 2$ 로 전이되는 과정에서 방출되는 Balmer 계열 때의 파장은 몇 nm인가?

풀이 Rydberg 식을 사용한다.

$$\frac{1}{\lambda} = 109{,}737.3\,cm^{-1}\left(\frac{1}{n_2^2} - \frac{1}{n_1^2}\right)$$

$n_1 = 2$, $n_2 = 4$를 대입하여 파장을 구한다.

$$\frac{1}{\lambda} = 109{,}737.3\,cm^{-1}\left(\frac{1}{4^2} - \frac{1}{2^2}\right) = 20575.74\,cm$$

$$\lambda = 4.860 \times 10^{-5}\,cm = 486\,nm$$

3-2.

원자 궤도함수와 양자수

(1) 양자역학과 원자 궤도함수

보어(Bohr) 모델은 수소 원자의 선 스펙트럼을 설명하는 데 매우 성공적이었다. 하지만 원자 내에서 움직이는 전자의 운동 반지름은 사실과 전혀 다른 결과를 보여 주었다. 이런 보어 모델의 문제점은 전자가 핵으로부터 고정된 거리에서 일정한 궤도를 따라 원운동을 한다는 가정 때문이다. 이러한 문제를 해결하기 위해 1924년에 드브로이(de Broglie)는 "전자(입자)가 빛과 같이 파동운동을 한다."고 가정한다면, 빛의 파동운동에서 파장에 해당되는 전자(입자)의 운동에 대한 파동운동을 물질파(matter wave)라고 정의하고 물질파의 파장을 추론하게 되었다. 물질파의 파장은 플랑크 상수($h = 6.62 \times 10^{-34}\ J \cdot s$)를 운동량($mv$)으로 나눈 값으로 정의하였다. 물질파의 파장: $\lambda = \dfrac{h}{mv}$

1865년 영국의 물리학자 맥스웰(James Clerk Maxwell; 1831~1879)은 전기, 자기, 그리고 빛을 하나로 통합하여 전자기파(electromagnetic wave)라고 설명하였고, 전자기 이론을 완성하였다. 따라서 모든 파동의 운동에 적용되는 맥스웰의 파동 방정식(wave equation)이 제안되었다. 이제 입자의 운동에 대한 **뉴턴의 운동법칙**과 전자기파의 파동운동에 대한 **맥스웰의 파동방정식**이 물질의 운동에 대한 2가지 중요한 입자와 파동의 운동법칙으로 자리 잡게 되었다.

맥스웰의 파동 방정식은 미분방정식으로 표현되며 미분 방정식을 풀면, 진동하는 sine 함수로 나타낼 수 있고, 파동의 파장과 진동수를 포함하게 된다.

오스트리아의 물리학자 슈뢰딩거(Schrödinger)는 1926년 전자(입자)의 파동운동에 대한 파동 방정식(wave equation)을 제안하였다. 슈뢰딩거의 파동방정식은 맥스웰이 제안한 **전자기파의 파동 방정식**을 기초로 드브로이의 물질파의 파장을 도입하여 전자(입자)의 파동 운동을 표현하는 미분 방정식으로 표현된다.

$$\left[-\frac{\hbar^2}{2m}\nabla^2 + V(x,y,z) \right] \Psi(x,y,z) = E \ \Psi(x,y,z)$$

여기서, ∇^2은 x, y, z 각 방향에 대하여 2차 미분하는 연산자(operator)이고, $-\frac{\hbar^2}{2m}\nabla^2$은 운동에너지 연산자, $V(x, y, z)$는 위치에너지 연산자라고 부른다. 슈뢰딩거의 파동방정식을 풀면 전자(입자)의 운동을 표현하는 파동함수(wave function; $\Psi(x,y,z)$)와 에너지(E)를 구할 수 있다. 이 파동 방정식을 푸는 과정은 매우 어렵기 때문에 여기서는 생략하기로 한다.

슈뢰딩거의 파동방정식은 원자나 분자에 존재하는 전자(입자)에 대한 현대적 해석의 기반인 양자역학의 토대가 되었다. 원자의 궤도함수와 분자의 화학결합에서 분자 궤도함수들이 모두 슈뢰딩거의 파동방정식을 풀어서 얻어낸 결과를 근거로 이러한 공로로 1933년 슈뢰딩거는 디락(Dirac)과 함께 노벨 물리학상을 수상하였다.

수소 원자에서 전자가 원자핵 주위를 파동운동을 한다고 가정하고 파동 방정식을 풀면 수소원자에서 전자의 파동함수와 에너지가 얻어진다. 파동함수는 $\Psi_{n,l,m_l}(r,\theta,\phi)$와 같이 3가지 양자수를 포함하고 있다. 이 3가지 양자수는 주양자수(n), 부 양자수(l), 자기 양자수(m_l)라고 부르며, 양자수의 조합에 따라서 원자의 궤도함수가 정해진다. 3가지 양자수는 다음에 자세하게 설명할 것이다.

파동함수는 전자의 위치를 나타내는 수학적 함수이지만, 파동을 나타내는 함수이기 때문에 어떤 시간에 전자의 위치를 정확하게 알 수가 없다. 따라서 전자의 위치는 본-오펜하임머(Born-Oppenheimer) 해석에 따라서, 전자가 존재할 확률로 나타낼 수밖에 없다. 전자가 존재하는 확률은 파동함수의 제곱($|\Psi|^2 = \Psi^*\Psi$)으로 표현되며, 특정한 위치에서 전자를 발견할 수 있는 확률을 나타낸다. 파동함수는 복소수를 포함할 수 있고, Ψ^*는 Ψ의 공액 복소수함수를 표시한다. 따라서 전자를 발견할 확률은 전자구름(electron claude)으로 표현한다.

(2) 궤도함수와 3가지 양자수

이 파동함수는 원자의 궤도함수(orbital)라고 부르며, 궤도함수는 파동함수에 포함되어 있는 3가지 양자수(quantum number)를 근거로 나타낸다.

① **주 양자수**: 첫 번째 양자수는 주 양자수(n; principal quantum number)이며, n은 양의 정수 값만을 가질 수 있다. 주 양자수는 전자의 에너지를 결정하는 데 가장 중요하며, 주 양자수 값이 작을수록 낮은 에너지 준위에 해당된다. 여기서 n이 1인 전자는 K 껍질(K shell) 에너지 준위에 있다고 표현한다. 그리고 n=2인 궤도를 L 껍질(L shell), n=3인 M 껍질, n=4인 N 껍질로 표시한다. 각 주 껍질에는 부껍질(subshell)이 존재하는데, 이 부 껍질은 부 양자수에 의해 표시된다.

② **부 양자수**: 두 번째 양자수는 부양자수(l; azimutal quantum) 또는 각 운동량 양자수(angular momentum quantum number)라고 부르기도 한다. 주 양자수의 에너지 준위는 하나 또는 그 이상의 부 껍질로 구성된다. 이 부 양자수는 전자와 연관된 전자구름의 일반적인 모양을 결정한다. 그리고 부 양자수(l)은 주 양자수(n)에 의해서 결정되는데, 0에서 부터 최대 n-1 사이에 정수 값을 가지게 된다. 다음과 같이 양자수에 따라 부준위의 형태를 나타낼 수 있다. $l=0$ 인 부껍질을 s-궤도, $l=1$ 인 부껍질을 p-궤도, $l=2$ 인 부껍질을 d-궤도, $l=3$ 인 부껍질을 f-궤도로 나타낸다.

③ **자기 양자수**: 세 번째 양자수는 자기 양자수(m_l ; magnetic quantum number)이다. 자기 양자수는 부 양자수(l)에 의해 결정되는데, -l에서 +l까지의 정수 값을 가질 수 있으며, 정해진 부 양자수 l값에 대하여 $2l+1$ 개의 자기 양자수가 존재한다. 따라서 부 양자수 $l=0$ 인 s-궤도는 $m_l=0$ 이기 때문에 1개가 존재하고, $l=1$ 인 p-궤도는 $m_l = -1, 0, +1$ 이기 때문에 3개가 있으며, $l=2$ 인 d-궤도는 $m_l = -2, -1, 0, +1, +2$ 이기 때문에 5개가 존재한다. 3가지 양자수와 궤도함수는 [표 3-1]에 정리하였다.

④ **스핀 양자수**: 이 세 가지 양자수(n, l, m_l)는 파동함수에 포함되어 있으

며, 전자가 존재하는 공간을 나타낸다. 이와 더불어, 전자는 한 궤도에 2개씩 들어갈 수 있는데, 한 궤도에 들어가는 2개의 전자는 반드시 스핀이 달라야 한다. 이것은 파울리의 배타원리(Pauli's exclusive principle)라고 한다. 전자의 스핀을 표시하기 위하여 스핀 양자수를 정의할 필요가 있다. 따라서 네 번째 양자수는 스핀 양자수(m_s)이다. 즉, 1개의 전자가 $m_s = +1/2$ 이면, 다른 하나는 반드시 $m_s = -1/2$ 스핀을 가져야 한다.

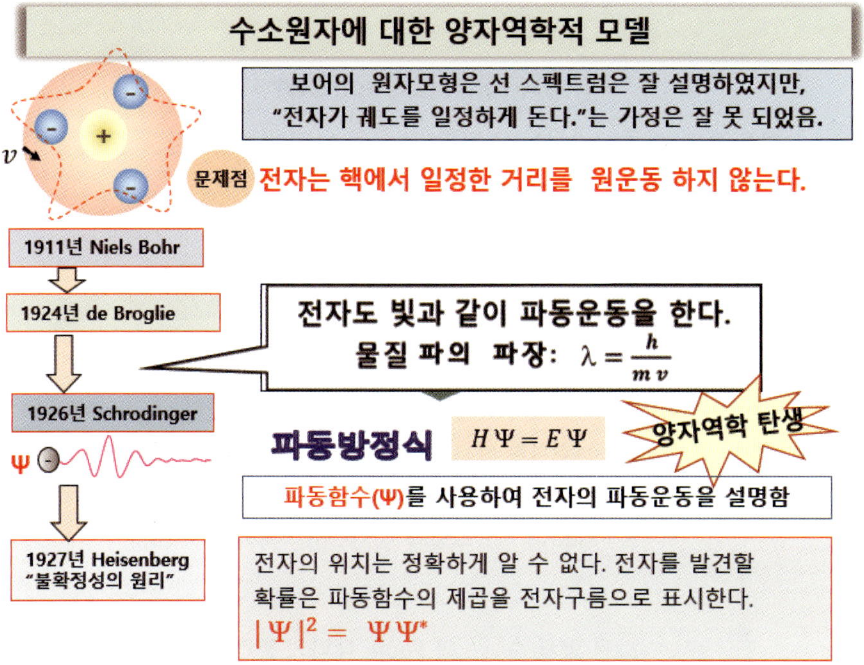

[그림 3-7] 수소 원자에 대한 양자역학적 모델. 전자는 원자핵 주위를 파동운동 한다. 파동운동의 파장은 드브로이의 물질파장이며, 슈뢰딩거의 파동 방정식에 따른다. 파동함수의 제곱은 전자를 발견할 확률밀도의 의미를 갖는다.

[표 3-1] 양자 수와 궤도 함수(orbital)

주 양자 수(n)	각운동량 양자 수(l)	자기 양자 수(m_l)	궤도함수 이름	궤도함수 수	최대 전자 수
$n = 1$	$l = 0$	m_l = 0	***1s***	1 개	2 개
$n = 2$	$l = 0$	m_l = 0	***2s***	1 개	2 개
	$l = 1$	m_l = -1, 0, +1	***2p***	3 개	6 개
$n = 3$	$l = 0$	m_l = 0	***3s***	1 개	2 개
	$l = 1$	m_l = -1, 0, +1	***3p***	3 개	6 개
	$l = 2$	m_l = -2,-1, 0, +1, +2	***3d***	5 개	10 개
…	…	…	…	…	…

양자 수(quantum number)

궤도함수(파동함수)는 3가지 양자수로 나타낼 수 있다.

양자 수	표시	가질 수 있는 정수 값들
① 주 양자 수	n	1, 2, 3, …
② 각운동량 양자 수	l	0. 1, 2, 3, …, n-1
③ 자기 양자 수	m_l	-l , -l+ 1, …, -1,0,-1, …, l -1, -l

파동함수($\Psi_{n,l,ml}$): 전자가 존재하는 좌표, 공간을 표현한다.
전자구름($|\Psi|^2$): 전자를 발견할 확률을 전자구름으로 표시한다.

[그림 3-8] 원자의 궤도함수에 포함되어 있는 3가지 양자수들. 주양자수(n), 각 운동량 양자수(n), 자기 양자수(m_l)

스핀 양자 수(m_s) 와 Pauli 배타의 원리

- **한 개의 궤도함수에 2개의 전자가 배치될 수 있다.**
- **2개의 전자는 반드시 스핀이 서로 달라야 한다.**
- **전자의 스핀을 나타내는 양자 수를 스핀 양자수(m_s)라고 한다.**
- **스핀 양자수(m_s)는 m_s =+1/2 또는 m_s = - 1/2 로 나타낸다.**

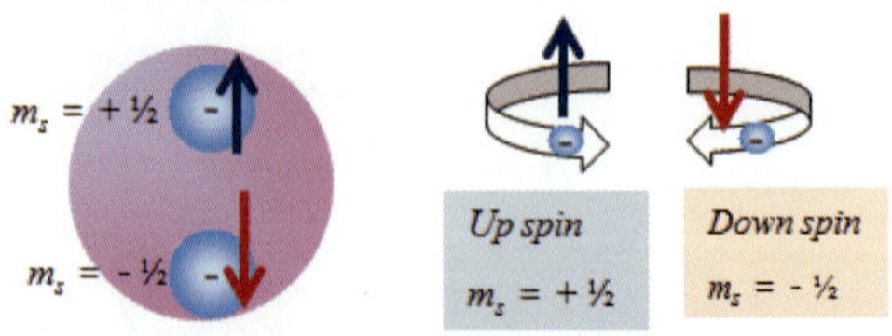

[그림 3-9] Pauli 배타원리와 전자의 스핀 양자수(m_s)

n | l | m_l | m_s

(1) 주양자수 | 각 운동량 양자수 | 자기 양자수 | 스핀 양자수

- ➤ 전자의 에너지를 결정하는 데 가장 중요함
- ➤ n 값의 증가 → 전자 에너지 증가
- ➤ n 양의 정수 값만을 가질 수 있음 (n = 1,2,3, ⋯)

n	1	2	3	⋯
주껍질	K 껍질	L 껍질	M 껍질	⋯

[그림 3-10] 주 양자수와 주 껍질의 이름

n | l | m_l | m_s

주 양자수 | **(2) 각 운동량 양자수** | 자기 양자수 | 스핀 양자수

- ➤ 각 운동량 양자수(l)은 주 양자수 n 값에 따라서 결정됨
- ➤ l 은 0 에서부터 최대 (n -1) 까지 사이의 정수 값을 갖는다.
- ➤ 전자구름의 일반적인 모양 결정 (크면 클 수록 복잡한 모양을 가짐)

각운동량 양자 수(l)	0	1	2	3	⋯
부 준위 궤도 이름	S 궤도	P 궤도	d 궤도	f 궤도	⋯

[그림 3-11] 각운동량 양자수와 부준위 궤도의 이름

[예제 3-4] s 부준위, p 부준위, d 부준위, f 부준위에 들어갈 수 있는 전자 수는 몇 개인가?

① s-부준위: (　　　)개　　② p-부준위: (　　　)개

③ d-부준위: (　　　)개　　④ f-부준위: (　　　)개

풀이 ① (2개) ② (6개) ③ (10개) ④ (14개)

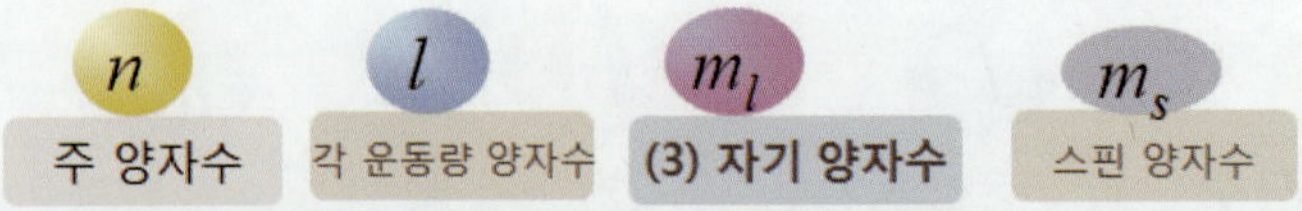

- 자기 양자수(m_l)는 부 양자수 값(l)에 따라서 결정된다.
- 부 양자수 값(l)에 따라서 $-l$ 과 $+l$ 사이의 정수 값 ($2l+1$) 개를 가진다.
- 자기 양자수(m_l)는 전자 분포의 공간을 나타낸다.
- 부 준위 값(l)이 같은 궤도 함수는 같은 에너지를 가진다.

각운동량 양자 수(l)	0	1	2	…
궤도함수 이름	s- 궤도	p- 궤도	d- 궤도	…
자기 양자수(m_l)	0	-1, 0, +1	-2, -1, 0, +1, +2	…
궤도함수의 수	1 개	3개	5개	…

[그림 3-12] 자기 양자수와 궤도함수의 수

Pauli 배타의 원리와 스핀 양자수

•한 원자 내에서 4개의 양자수가 모두 같은 전자는 있을 수 없다.

•한 궤도함수에 들어갈 수 있는 전자는 2개이다.
•이 2개의 전자는 반드시 스핀이 서로 달라야 한다.
•전자의 스핀을 나타내는 양자 수를 스핀 양자수(m_s)라고 한다.

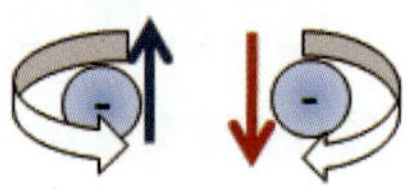

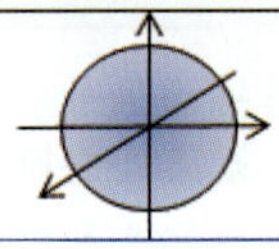

3개의 양자수 (n , l , m_l)
궤도함수 (orbital)

스핀 양자수(m_s)
전자의 스핀(spin)

[그림 3-13] Pauli 배타의 원리. 한 궤도함수에 전자는 2개가 배치된다. 이 2개의 전자는 반드시 전자의 스핀이 달라야한다. 이 스핀을 나타내는 양자수를 스핀양자수(m_s)라고 한다. 2개의 스핀 양자수는 각각 $m_s = +1/2$, $m_s = -1/2$로 표시한다.

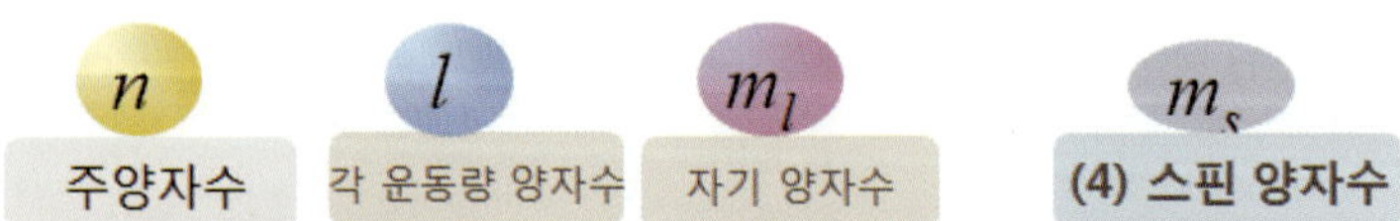

- ◆ **전자의 스핀을 나타내는 양자 수를 스핀 양자수(m_s)라고 한다.**
- ◆ **전자의 스핀 양자수(m_s)는 m_s =+1/2 또는 m_s = - 1/2 로 나타낸다.**

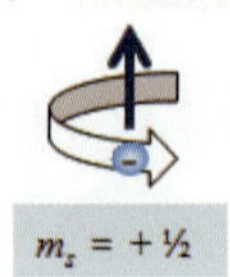

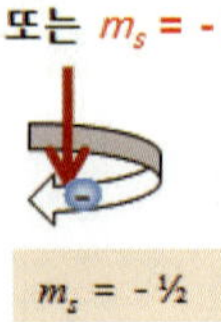

[그림 3-14] 전자의 스핀 양자 수. 한 궤도에 채워지는 2개의 전자는 스핀 양자수가 달라야 한다.

(3) 원자 궤도함수의 공간적 모양

궤도함수(orbital)은 전자가 존재하는 공간을 표현하는 수학적으로 나타낸 함수이고, 이 궤도함수는 3개의 양자수, 즉 주 양자수(n), 각 운동량 양자자수(l), 자기 양자수(m_l) 값으로 나타낸다. 주 양자수가 $n=1$인 K-껍질에 부 양자수가 $l=0$인 $1s$-궤도 하나만 존재한다. 주 양자수 $n=2$인 M-껍질에 $2s$-궤도 1개와 $2p$-궤도 3개가 있어 모두 4개의 궤도가 있다. 주 양자수 $n=3$인 M-껍질에 $3s$-궤도 1개와 $3p$-궤도 3개, $3d$-궤도가 5개 존재한다. 이처럼 주양자수가 커질수록 궤도함수의 수는 각 운동량 양자수의 증가에 따라 많아진다.

궤도함수는 전자의 운동을 나타내는 수학적인 함수이지만, 전자가 어느 시간에 어느 위치에 있는지는 정확하게 표현할 수가 없다. 전자가 파동운동을 한다고 가정하면, 파동의 위치를 정확하게 나타낼 수 없는 것처럼 전자의 위치는 존재하는 시간과 그 위치를 정학하게 알아낼 수 없게 된다. 이것을 하이젠버그(Heisenberg)의 불확정성의 원리(uncertainty principle)라고 한다. 따라서 전자가 존재하는 위치와 시간은 파동함수로 나타낼 수 없기 때문에 전자가 존재할 수 있는 공간을 확률적으로 표시할 수밖에 없게 된다. 그래서 주어진 공간에서 전자를 발견할 확률은 궤도함수를 제곱($|\Psi|^2$)하여 이것을 전자구름으로 표시한다. 전자구름이 촘촘하게 표시된 영역은 전자를 발견할 확률이 높은 부분이고, 희박한 부분은 발견 확률이 낮은 부분을 의미한다. 아울러 전자구름이 없는 영역은 전자를 발견할 확률이 0인 방사마디(radial node)나 방사면(nodal plane)들을 나타낸다.

[그림 3-15]에서 보는 것처럼 전자를 발견하는 확률을 나타내는 전자구름으로 표시하였다. 모든 s궤도 함수는 구형으로 각각 크기가 다르다. 주 양자수 n이 증가함에 따라 궤도함수의 반지름은 커지며 따라서 2s궤도 함수에 있는 전자는 1s전자보다 핵으로부터 더 멀리 발견되기 쉽다. 그리고 주 양자수가 2인 2s-궤도는 1개의 방사마디를 기지고 있으며, 3s-궤도는 2개의 방사마디를 가지고 있다. s-궤도들은 n-1개의방사마디를 가지고 있다. p-궤도함수들은 3개가 존재하며, 각각의 p 궤도함수는 x-축, y-축, z-축을 따라 두 개의 로브를 가

지고 있다. 주어진 부준위에서 세 개의 p궤도 함수들은 축을 따라 서로 90도 각도로 배향되어 있다. 세 개의 궤도 함수들은 각각 p_x, p_y, p_z-궤도로 나타낸다. 2p-궤도함수들은 각각 1개의 마디면을 가지고 있는데, p_x-궤도는 yz-평면, p_y-궤도는 zx-평면, p_x-궤도는 xy-평면이 마디면이다.

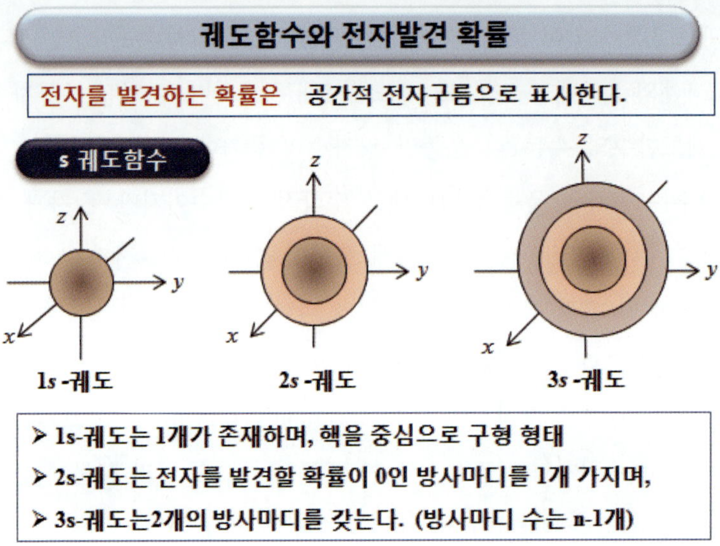

[그림 3-15] 수소 원자의 s-궤도와 전자구름으로 나타낸 전자 발견 확률

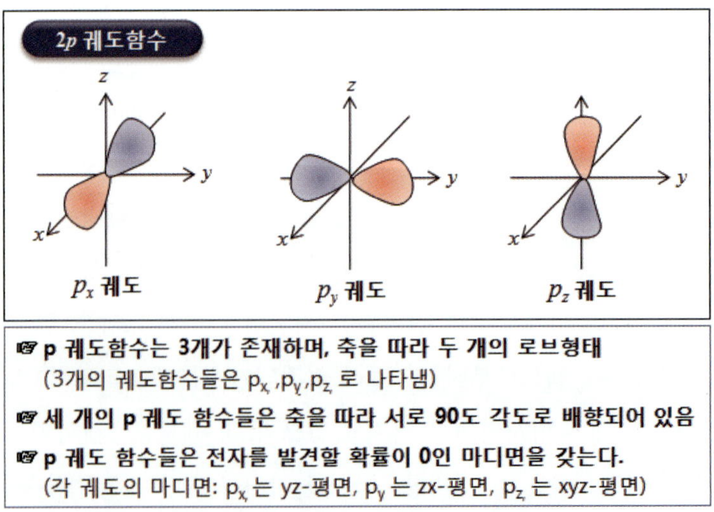

[그림 3-16] 수소 원자의 p-궤도와 전자구름으로 나타낸 전자 발견 확률

3-3.

궤도함수와 전자배치

원자 내의 전자들은 낮은 에너지 준위의 궤도함수부터 채워진다. 배열을 표현할 수 있는 가장 간단한 방법은 원자의 전자 배치이다. 이 방법은 각 부준위에 위 첨자로 전자의 숫자를 나타내는 것이다. 예를 들면, F의 전자배치를 $1s^2$ $2s^2$ $2p^5$라고 표시하는 것은 여기서 1s 부준위에 2개의 전자, 2s 부준위에 2개의 전자, 2p 부준위에 5개의 전자가 있다는 것을 표시한다.

이렇게 전자배치를 결정하는 것은 다음 세 가지 규칙에 따라 이루어진다.

① 축조원리(또는 쌓음 원리, aufbau principle): 전자는 에너지가 낮은 궤도로부터 채워진다. 궤도함수의 에너지는 주 양자수(n)가 낮을수록 안정하고 높을수록 불안정하기 때문에 주 양자수(n)가 낮은 껍질부터 전자는 채워진다. 그리고 부 양자수(l)가 낮을수록 안정한 궤도이다. 따라서 주 양자수(n)와 부 양자수(l)가 에너지 준위를 결정한다. 일반적으로 ($n+l$)값이

부 준위 궤도함수들의 에너지 증가순서

- **궤도함수의 에너지는 양자수 $n+l$이 작을 수록 낮은에너지**
- **부 준위 용량만큼 전자가 채워진 후 다음 부 준위 전자가 채워짐**

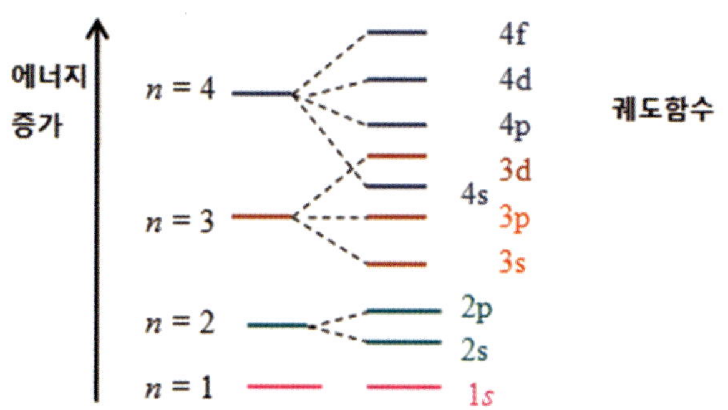

[그림 3-17] 수소 원자의 각 궤도함수의 에너지 증가 순서

낮은 궤도가 더 안정하다.

② Pauli의 배타원리(Pauli's exclusion principle): 한 궤도에 전자가 2개 채워질 때 전자의 스핀 상태가 달라야 한다는 것이다. 같은 궤도에 채워지는 전자는 전자 스핀이 +1/2과 −1/2로 서로 반대의 스핀 상태를 가져야 한다.

③ Hund의 법칙: 같은 에너지 준위의 궤도가 여러 개 존재하는 경우, 전자가 채워질 때 먼저 짝을 이루지 않은 상태로 채워진다는 것이다. 예를 들면, 2p-궤도는 3개가 존재하고, 같은 에너지 준위를 갖는다. 2p-궤도에 전자가 채워질 때, 먼저 짝을 이루지 않은 상태로 채워진다.

원자의 전자배치 규칙들

(1) 축조원리	전자는 에너지가 낮은 궤도부터 채워진다. ($n+l$) 1s < 2s < 2p < 3s < 3p < 4s < 3d < 4p < 5s
(2) Pauli 배타원리	한 궤도에 전자가 2개씩 채워질 수 있고, 2개의 전자는 스핀 상태가 서로 달라야 한다.
(3) Hund 법칙	같은 에너지 준위의 궤도에 전자가 채워질 때 먼저 짝을 이루지 않은 상태로 채워진다.

[그림 3-18] 원자궤도함수에 전자를 배치하는 3가지 규칙

(1) 축조원리 (Aufbau principle)

($n+l$) 값이 낮을수록 안정한 궤도:

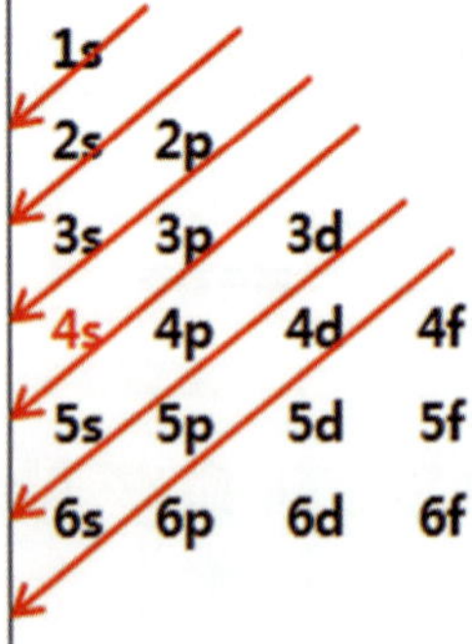

1s < 2s < 2p < 3s < 3p < 4s < 3d < 4p < ⋯

[그림 3-19] 원자궤도함수에 전자를 배치하는 3가지 규칙. (1) 축조원리

(2) Pauli 배타원리

한 원자 내에서 4개의 양자수가 모두 같은 두 전자는 있을 수 없다.

한 궤도에 있는 2개의 전자는 서로 반대 스핀을 가져야 함

	1s	2s	2p		
$_5B$ (붕소)	↑↓	↑↓	↑		

[그림 3-20] 원자궤도함수에 전자를 배치하는 규칙. (2) Pauli 배타원리

(3) Hund의 법칙

같은 에너지 준위의 궤도함수가 여러 개일 때,
전자는 짝을 이루지 않고, 먼저 한 궤도함수에 하나씩 채워짐

	1s	2s	2p		
$_7N$ (질소)	↑↓	↑↓	↑	↑	↑

[그림 3-21] 원자궤도함수에 전자를 배치하는 규칙. (3) Hund의 법칙

[예제 3-5] 다음 전자가 갖는 양자수의 조합(n, l, m_l, m_s)이 가능한지 불가능한지 설명하여라.

① (3, 1, 0, +1/2)
② (1, 1, 0, -1/2)
③ (2, 0, 0, +1/2)
④ (4, 3, 2, +1/2)
⑤ (2, 1, 0, 0)

풀이 ① (3, 1, 0, +1/2): 가능
② (1, 1, 0, -1/2): 불가능 (l은 n보다 작아야 한다.)
③ (2, 0, 0, +1/2): 가능

④ (4, 3, 2, +1/2): 가능

⑤ (2, 1, 0, 0): 불가능(스핀양자수, m_s는 +1/2 또는 -1/2 임)

[표 3-2] 몇 가지 원소들의 전자배치

원자	전자배치	원자	전자배치
$_{1}H$	$1s^1$	$_{11}Na$	$1s^2 2s^2 2p^6 3s^1$
$_{2}He$	$1s^2$	$_{12}Mg$	$1s^2 2s^2 2p^6 3s^2$
$_{3}Li$	$1s^2\ 2p^1$	$_{13}Al$	$1s^2 2s^2 2p^6 3s^2\ 4p^1$
$_{4}Be$	$1s^2 2s^2$	$_{14}Si$	$1s^2 2s^2 2p^6 3s^2 3p^2$
$_{5}B$	$1s^2 2s^2 2p^1$	$_{15}P$	$1s^2 2s^2 2p^6 3s^2 3p^3$
$_{6}C$	$1s^2 2s^2 2p^2$	$_{16}S$	$1s^2 2s^2 2p^6 3s^2 3p^4$
$_{7}N$	$1s^2 2s^2 2p^3$	$_{17}Cl$	$1s^2 2s^2 2p^6 3s^2 3p^5$
$_{8}O$	$1s^2 2s^2 2p^4$	$_{18}Ar$	$1s^2 2s^2 2p^6 3s^2 3p^6$
$_{9}F$	$1s^2 2s^2 2p^5$	$_{19}K$	$1s^2 2s^2 2p^6 3s^2 3p^6 4s^1$
$_{10}Ne$	$1s^2 2s^2 2p^6$	$_{20}Ca$	$1s^2 2s^2 2p^6 3p^6 4s^2$

[표 3-3] 원자들의 전자배치의 단축형 표현

1A 족	2A 족	3A 족	7A 족	0 족
$_{3}Li$ [He] $2s^1$	$_{4}Be$ [He] $2s^2$	$_{5}B$ [He] $2s^2 2p^1$	$_{7}F$ [He] $2s^2 2p^5$	Ne
$_{11}Na$ [Ne] $3s^1$	$_{12}Mg$ [Ne] $3s^2$	$_{13}Al$ [Ne] $3s^2 3p^1$	$_{17}Cl$ [Ne] $3s^2 3p^5$	Ar
$_{19}K$ [Ar] $4s^1$	$_{20}Ca$ [Ar] $4s^2$	$_{31}Ga$ [Ar] $4s^2 4p^1$	$_{35}Br$ [Ar] $4s^2 4p^5$	Kr

[예제 3-6] 다음 전자배치 규칙에 따라서 황($_{16}S$)과 철($_{26}Fe$)의 바닥상태 전자배치를 써라.

풀이 황($_{16}S$): $1s^2\ 2s^2\ 2p^6\ 3s^2\ 3p^4$

철($_{26}Fe$): $1s^2\ 2s^2\ 2p^6\ 3s^2\ 3p^6\ 4s^2\ 3d^4$

[표 3-4] 전이금속들의 전자배치와 전자배치의 예외

주기율표는 전자배치를 결정하는데 유용하게 활용된다. 하지만 몇 가지 원소의 전자배치는 예측된 것에 비해 약간 다른 예외도 있다.
$_{24}Cr$ (크롬) 과 $_{29}Cu$ (구리)는 예외적인 전자배치를한다.

$_{21}Sc$ (스칸디늄): [Ar] $4s^2\ 3d^1$

$_{22}Ti$ (티타늄): [Ar] $4s^2\ 3d^2$

$_{23}V$ (바나듐): [Ar] $4s^2\ 3d^3$

$_{24}Cr$ (크롬) : [Ar] $4s^2\ 3d^4$ ⇒ [Ar] $4s^1\ 3d^5$

$_{25}Mn$(망간) : [Ar] $4s^2\ 3d^5$

$_{26}Fe$ (철): [Ar] $4s^2\ 3d^6$

$_{27}Co$ (코발트): [Ar] $4s^2\ 3d^7$

$_{28}Ni$ (니켈): [Ar] $4s^2\ 3d^8$

$_{29}Cu$ (구리): [Ar] $4s^2\ 3d^9$ ⇒ [Ar] $4s^1\ 3d^{10}$

$_{30}Zn$ (아연): [Ar] $4s^2\ 3d^1$

[예제 3-7] 황(S)과 철(Fe)의 궤도함수 도표를 작성하시오

[Hint] 전자배치도를 작성하고, 궤도함수 도표를 작성! 부준위 내 궤도함수의 수를 명심하면서 반대되는 스핀을 지닌 전자 두 개씩을 채우고, 부분적으로 채워진 곳은 Hund 법칙을 적용!

황 ($_{16}S$)	$1s^2$	$2s^2$	$2p^6$			$3s^2$	$3p^4$		
	↑↓	↑↓	↑↓	↑↓	↑↓	↑↓	↑↓	↑	↑

철 ($_{26}Fe$)	$3s^2$	$3p^6$			$4s^2$	$3d^6$				
	↑↓	↑↓	↑↓	↑↓	↑↓	↑↓	↑↓	↑↓	↑↓	↑↓

3-4.

원자들의 주기적 성질

원소들은 원자번호 순서대로 전자배치에 따라 배열하면, 주기적인 성질이 나타난다. 원자들의 주기적인 성질이 나타날 수 있도록 배열한 표가 원소의 주기율표이다. 이는 원소들의 화학적, 물리적 성질이 족과 주기에 따라 원자번호의 주기적 함수로 나타낼 수 있다는 것을 의미한다.

주기율표의 가로 행을 주기(period)라고 하며, 세로 열을 족(group)이라고 부른다. 첫 번째 주기는 수소와 헬륨으로 구성되어 있고, 두 번째 주기는 리튬에서 시작해 네온까지 8개의 원자가 있다. 족은 왼쪽에서 시작하여 총 18까지 숫자로 매긴다. 18개의 족 중 1족과 2족, 13족에서 18족까지를 주족(main group) 원소라고 부른다. 또 4주기에 있는 3~12족 원소는 전이금속(transition metal)이라고 하고, 전이금속 오른쪽의 13, 14, 15족의 원소들을 때때로 후전이 금속이라고 부르기도 한다.

몇 가지 주족 원소는 특별한 이름으로 부르기도 한다. 주기율표 맨 왼쪽의 1족 원소들은 알칼리 금속(alkali metal)이라고 하고, 2족 원소들은 알칼리 토금속(alkali earth metal)이라고 불리기도 한다. 그리고 19족 원소는 할로겐(halogen)족, 18족 원소는 불활성 기체(inert gas 또는 noble gas)라고 부른다.

같은 주족 원소들은 매우 비슷한 화학적 성질을 보여 준다. 1족에 있는 리튬과 소듐, 포타슘은 모두 물과 격렬하게 반응하여 수소가스를 발생한다. 18족의 헬륨과 네온, 아르곤은 다른 물질과 반응하지 않는 특징이 있다. 이렇듯 주기율표는 원자번호가 증가하는 순서로 원소를 배치한 것으로서, 같은 족에 속하는 원소들은 화학적 성질이 비슷한 원소들이다.

주기율표의 붕소와 알루미늄 사이로 계단식으로 대각선으로 나누어 금속과 비금속을 구분할 수 있다. 이 기준선 아래의 원소들은 금속이고, 위쪽에 놓은 원소들은 비금속이다. 하지만 완전히 구분하기 어려운 성질의 붕소, 규소, 저마늄, 비소, 안티모니, 텔루륨은 준금속(metalloid)이라고 한다.

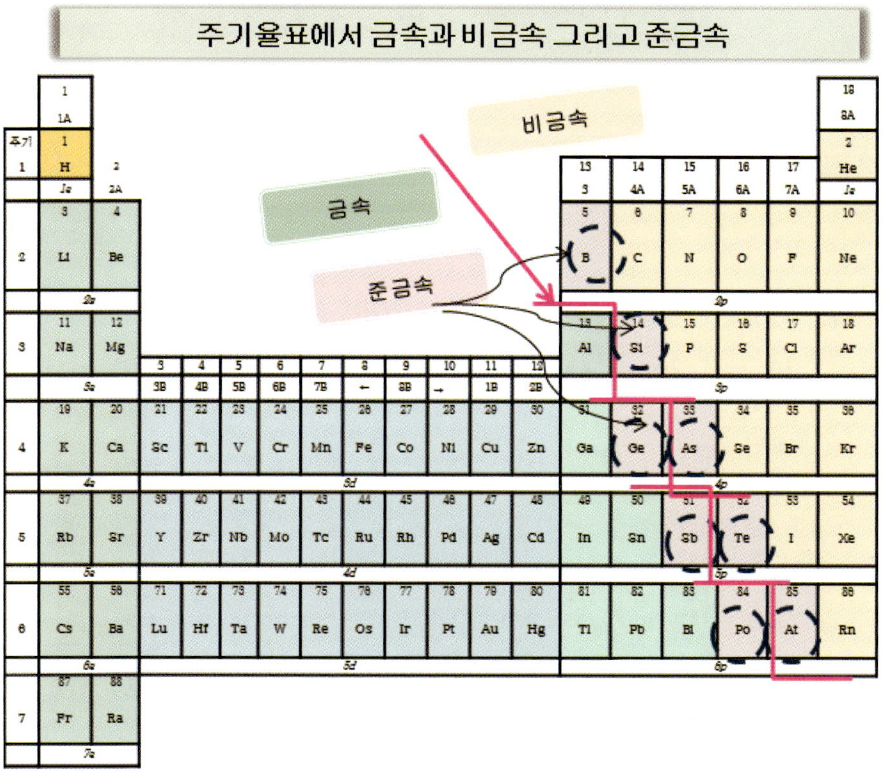

[그림 3-22] 주기율표. 금속, 비금속, 준금속의 구분

[원자의 주기적 성질: ① 원자 반지름]

원자는 핵 주변의 전자구름의 형태로 나타내기 때문에 그 반지름을 측정하기 어렵다. 원자 반지름은 원자를 구형으로 가정하여 한 가지 원소로 이루어진 2원자 분자의 원자간의 거리를 측정하여 반으로 나눈 값을 원자 반지름으로 사용한다. 실제로 분자에서 원자간 거리를 측정할 때 분광학적 방법으로 측정할 수 있다. 일반적으로 반지름은 주기율표에서 같은 주기에서 왼쪽에서 오른쪽으로 갈수록 반지름이 작아지고, 같은 족에서 아래쪽으로 갈수록 반지름은 커진다.

원자의 주기적 성질: ① 원자 반지름

(1) 원자 반지름

- 원자를 구형으로 가정했을 경우 측정 가능함
- 2원자 분자의 핵간 거리를 2로 나눈 거리

같은 족에서 아래쪽으로 갈수록 반지름이 커짐

같은 주기에서 왼쪽에서 오른쪽으로 갈 수록 반지름이 작아짐

이온 반지름은 다음의 경우를 제외하고 원자 반지름의 경향과 같다. 양이온은 대응하는 원자보다 작으며, 음이온은 대응하는 원자보다 크다. 일반적으로 같은 원자의 음이온이 양이온보다 훨씬 크다.

[표 3-5] 원자들의 반지름과 이온의 반지름(pm)

1A	2A	3A	4A	5A	6A	7A	8A
H 37							He 31
Li 152	Be 85	B 85	C 77	N 75	O O^{2-} 73 140	F F^{-} 72 136	Ne 70
Na Na^{+} 185 95	Mg Mg^{2+} 160 65	Al 141	Si 118	P 110	S S^{2-} 104 184	Cl Cl^{-} 99 181	Ar 98
K K^{+} 227 133	Ca Ca^{2+} 197 99	Ga 135	Ge 123	As 120	Se Se^{2-} 117 198	Br Br^{-} 114 195	Kr 112
Rb Rb^{+} 248 148	Sr Sr^{2+} 215 133	In 166	Sn 140	Sb 141	Te Te^{2-} 137 221	I I^{-} 133 216	Xe 131
Cs Cs^{+} 226 169	Ba Ba^{2+} 217 135	Tl 171	Pb 175	Bi 151	Po 164	At 142	Rn 140

원자 반지름 증가 (위→아래)

원자 반지름 감소 (왼쪽→오른쪽)

2주기 원소들의 원자 반지름

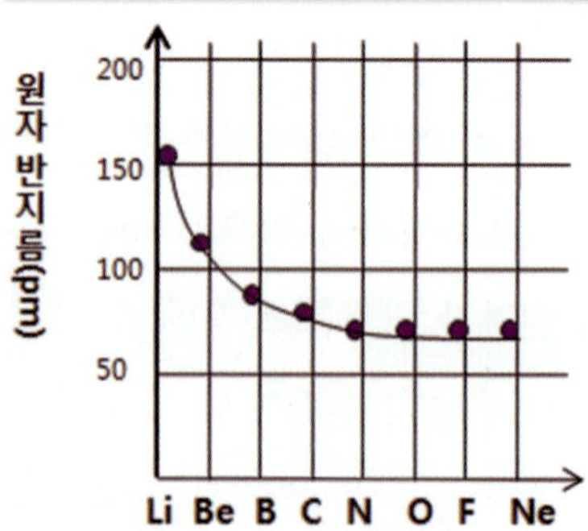

[그림 3-23] 2주기 원소들의 원자 반지름

[원자의 주기적 성질: ② 이온화 에너지]

이온화 에너지는 기체 상태의 원자에서 한 개의 전자를 제거하는데 필요한 에너지로 정의된다. 원자에서 전자를 제거하여 양이온이 될 때 에너지를 흡수해야 하므로 **이온화 에너지**(ionization energy)는 항상 양의 값을 가지고 있다. 나트륨(Na)의 경우에 양이온이 될 때, 496 kJ의 에너지가 필요한 것을 알 수 있다. 바닥상태에 있는 원자에서 첫 번째 전자를 제거하는데 필요한 에너지를 1차 이온화 에너지(IE_1)라고 한다. 주족 원소들의 1차 이온화 에너지가 [표 3-6]에 주어져 있다.

주기율표에서 같은 주기의 원소들은 오른쪽으로 갈수록 이온화 에너지가 크고, 같은 족의 원소들은 아래로 갈수록 이온화 에너지가 감소하는 특징이 있다.

원자의 주기적 성질: ② 이온화 에너지

- 원자에서 한 개의 전자를 제거할 때 필요한 에너지
- 이온화는 에너지를 흡수해야 하므로 항상 양의 값을 가짐

Na(g) → Na+(g) + e- I.E. = +496 kJ/mol

같은 주기에서 오른쪽으로 갈 수록 이온화 에너지는 커짐

같은 족에서 아래쪽으로 갈 수록 이온화 에너지는 감소

[표 3-6] 원자들의 이온화 에너지(kJ/mol)

1A	2A		3A	4A	5A	6A	7A	8A
H 1312								He 2372
Li 520	Be 900		B 801	C 1086	N 1402	O 1314	F 1681	Ne 2081
Na 496	Mg 738		Al 578	Si 786	P 1012	S 1000	Cl 1251	Ar 1520
K 419	Ca 590		Ga 579	Ge 762	As 944	Se 941	Br 1140	Kr 1351
Rb 403	Sr 550		In 558	Sn 709	Sb 832	Te 869	I 1009	Xe 1170
Cs 376	Ba 503		Tl 589	Pb 716	Bi 703	Po 812	At	Rn 1037

이온화 에너지 감소

이온화 에너지 증가

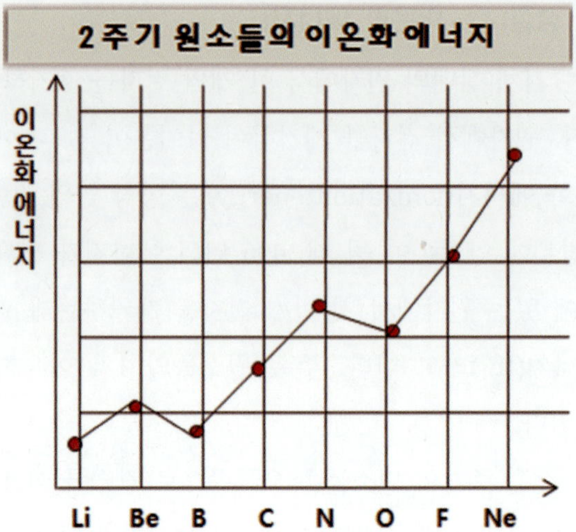

[그림 3-24] 2주기 원소들의 이온화 에너지

바닥상태 원자에서 전자를 1개 제거한 뒤 만들어진 이온에서 전자를 다시 제거하는 것을 2차 이온화 에너지(IE_2)라고 한다. 2차 이온화 에너지는 1차 이온화 에너지보다 더 큰 에너지가 필요하다. [표 3-7]에 주어진 것처럼 일반적으로 어떤 원자의 이온화 에너지는 다음과 같은 순서로 증가한다.

$IE_1 < IE_2 < IE_3 < IE_4 \cdots$

[표 3-7] 2주기 원소들의 이온화 에너지(kJ/mol)

	1A	2A	3A	4A	5A	6A	7A	8A
2주기	Li	Be	B	C	N	O	F	Ne
1차 IE	520	900	801	1,086	1,402	1,314	1,681	2,081
2차 IE	7,300	1,757	2,430	2,350	2,860	3,390	3,370	3,950
3차 IE	11,828	14,850	3,660	4,620	4,580	5,300	6,050	6,120
4차 IE	-	21,005	25,000	6,220	7,500	7,470	8,400	9,370
5차 IE	-	-	32,820	38,000	9,400	11,000	11,000	12,200
6차 IE	-	-		47,261	53,000	13,000	15,200	15,000

[원자의 주기적 성질: ③ 전자친화도]

전자친화도(electron affinity; EA)는 원자가 전자를 끌어당기는 정도를 나타내는 에너지 단위이다.

$X(g) + e^- \rightarrow X^-(g) \quad \Delta H = -EA$

전자친화도는 원자가 전자를 받아서 음이온으로 될 때 안정화되는 에너지로 정의되기 때문에 엔탈피의 반대부호로 나타낸다. 예를 들면, 염소 원자가 염소이온으로 되는 반응 엔탈피는 ΔH = -329 kJ/mol이기 때문에 염소 원자의 전자친화도는 EA = -329 kJ/mol으로 나타낸다.

$Cl(g) + e^- \rightarrow Cl^-(g) \quad \Delta H = -329\ kJ/mol$

일반적으로 같은 주기 원소들은 왼쪽에서 오른쪽으로 갈수록 전기 음성도 값이 증가하고, 같은 족의 원소들은 아래로 갈수록 감소한다. 따라서 플루오르(F)와 산소(O), 그리고 질소(N)이 큰 전자친화도를 보인다. 2족과 18족 원소들처럼 전자가 모두 채워진 궤도를 갖는 경우 전자친화도는 음의 값을 갖는다. 전자친화도는 공유결합에서 원자가 전자를 끌어당기는 힘에 대한 척도인 전기음성도와 비슷한 의미를 가지고 있다. 전기음성도가 큰 원자가 결합전자를 끌어당기는 힘이 세게 작용한다. 이를 최초로 제시한 사람은 라이너스 폴링(Linus C. Pauling)이며, 그는 1954년 화학 결합의 본질에 대한 연구로 노벨 화학상을 받았으며, 그후 핵실험 금지 노력으로 1962년 노벨 평화상을 수상하였다. 일반적으로 같은 주기 원소들은 왼쪽에서 오른쪽으로 갈수록 전기음성도 값이 증가하고, 같은 족의 원소들은 아래로 갈수록 감소한다. 따라서 플루오르(F)와 산소(O), 그리고 질소(N)이 큰 전기음성도를 갖는다.

원자의 주기적 성질: ③ 전자 친화도

- 공유결합에서 원자가 전자를 끌어당기는 정도
- 전기음성도가 클수록 전자를 끌어당기는 힘이 큼

$X(g) + e- \rightarrow X^-(g) \quad \Delta H = -EA$

[예]

$F(g) + e- \rightarrow F^-(g) \quad \Delta H = -328\ kJ/mol$; $EA = 328\ kJ/mol$

$Cl(g) + e- \rightarrow Cl^-(g) \quad \Delta H = -349\ kJ/mol$; $EA = 349\ kJ/mol$

[표 3-8] 원자들의 전자 친화도(kJ/mol)

전자 친화도 증가 →

↓ 전자 친화도 감소

1A	2A		3A	4A	5A	6A	7A	8A
H 73								He < 0
Li 60	Be < 0		B 27	C 122	N 0	O 141	F 328	Ne < 0
Na 53	Mg < 0		Al 44	Si 134	P 72	S 200	Cl 349	Ar < 0
K 48	Ca 2.4		Ga 29	Ge 118	As 77	Se 195	Br 325	Kr < 0
Rb 47	Sr 4.7		In 29	Sn 121	Sb 101	Te 190	I 295	Xe < 0
Cs 45	Ba 14		Tl 30	Pb 110	Bi 110	Po	At	Rn < 0

[학습퀴즈 3-1] 에너지 준위 n = 1에서 n = 3으로 전이할 때, 일으킬 수 있는 파장은?

[학습퀴즈 3-2] p-부준위의 가능한 자기 양자수(m_l) 값은 무엇인가?

[학습퀴즈 3-3] 바닥상태의 전자배치가 다음과 같다. 이 원소들 중에서 원자 번호가 가장 작은 원소는?

① 4f-부준위를 완전히 채운 원자

② 2개의 6p 전자

③ 2개의 4d 전자

④ 5개의 5p 전자

[학습퀴즈 3-4] 다음 원소의 원자에서 쌍을 이루지 않는 전자가 5개인 원소는?

① $_{80}Hg$

② $_{25}Mn$

③ $_{12}Mg$

[학습퀴즈 3-5] 다음 물음에 답하여라.

(1) 원소 $_{11}Na$, $_{14}Si$, $_{16}S$를 원자 반지름이 증가하는 순서대로 작성하시오.

(2) 다음은 모두 10개의 전자를 갖는 원자와 이온들이다. 반지름이 작은 것부터 순서대로 나열하여라. $_8O^{2-}$, $_9F^-$, $_{10}Ne$, $_{11}Na^+$, $_{12}Mg^{2+}$

(3) 다음 원소들의 이온화 에너지가 작은 원소부터 나열하여라. $_5B$, $_6C$, $_7N$, $_8O$

[학습퀴즈 3-1 풀이] $\frac{1}{\lambda} = (109678\ cm^{-1})\left[\frac{1}{1^2} - \frac{1}{3^2}\right]$ (정답: 102.5 nm)

[학습퀴즈 3-2 풀이] (정답: -1, 0, +1)

[학습퀴즈 3-3 풀이] (정답 ④)

[학습퀴즈 3-4 풀이] ② $_{25}Mn$ [Ar] $4S^2$ $3d^5$

④ 원자번호 증가 순서: ③ < ④ < ① < ②

[학습퀴즈 3-5 풀이] (1) (S < Si < Na)

(2) (Mg^{2+} < Na^+ < Ne < F^- < O^{2-})

(3) $_5B$ < $_6C$ < $_8O$ < $_7N$

[주요개념]

☑ 빛은 파동이지만, 입자처럼 광자(photon)이며, 에너지는 $E = h\nu$
☑ Bohr의 원자모형은 수소 원자의 선 스펙트럼을 설명할 수 있다.
☑ 양자역학적 모델에서 수소 원자의 궤도함수는 3가지 양자수로 표시
☑ 양자수는 주 양자수, 각 운동량 양자수, 자기 양자수 이다.
☑ Paui 배타원리 : 한 궤도에 스핀 양자수가 다른 2개의 전자가 배치된다.
☑ 원자의 전자배치는 축조원리, Pauli 배타원리, Hund의 법칙에 따른다.
☑ 원자의 주기적 성질은 주기율표 전자배치를 통해서 이해할 수 있다.
☑ 원자 반지름, 이온화 에너지, 전자 친화도를 확인할 수 있다.

[주요 식]

☑ 빛의 진동수와 파장 : $\nu = c/\lambda$
☑ 빛 에너지 : $E = h\nu = hc/\lambda$
☑ Planck 상수 : $h = 6.22\times10^{-34}$ Js, 빛의 속도 : $c = 2.998\times10^{8}$ m/s
☑ Rydberg 식 : $\frac{1}{\lambda} = R_H\left\{\frac{1}{n_f^{\,2}} - \frac{1}{n_i^{\,2}}\right\}$; Rydberg 상수, $R_H = 109678\ cm^{-1}$
☑ 수소 원자에서 전자의 에너지 : $E_n = -(2.16\times10^{-21}\ J) / n^2$
☑ $\varDelta E = E_f - E_i = h\nu$;
☑ 수소 원자에서 양자수 : $(n,\ l,\ m_l,\ m_s)$
☑ 축조원리 : $1s \Rightarrow 2s \Rightarrow 2p \Rightarrow 3s \Rightarrow 3p \Rightarrow 4s \Rightarrow 3d \Rightarrow 4p \Rightarrow 5s \Rightarrow 4d \Rightarrow 5p \Rightarrow 6s$

제3장 (원자의 전자구조)의 개요

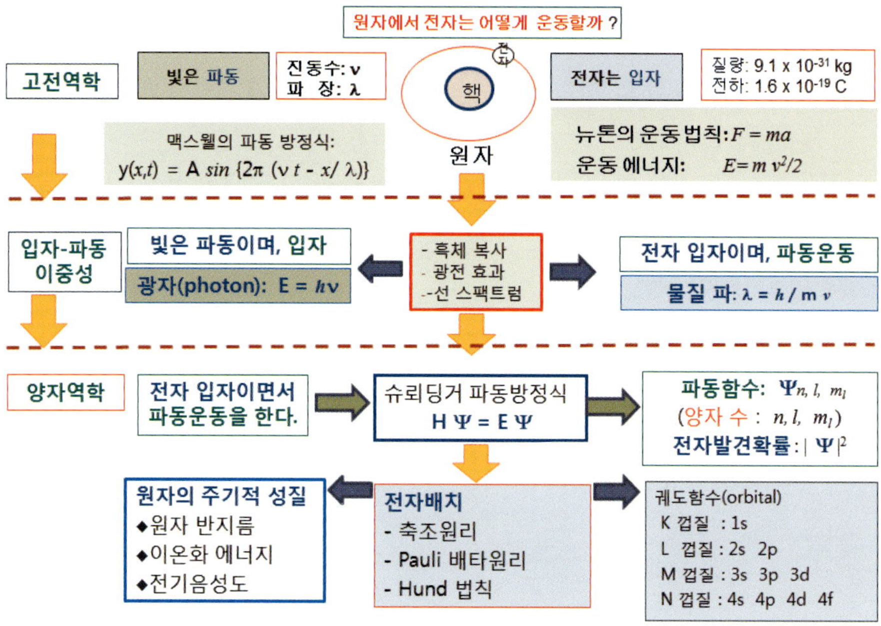

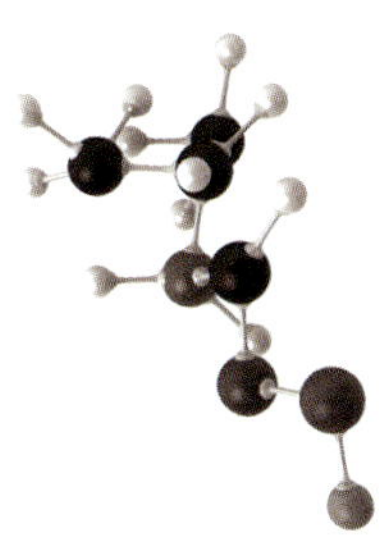

연 습 문 제

[3-1] 수소 원자에 있는 전자가 에너지 준위 n = 3에서 n = 1로 전이할 때, 다음에 답하시오.

(a) 이 전이를 일으킬 수 있는 파장은 얼마인가?

(b) 이 전이가 일어날 수 있는 스펙트럼은 어느 영역인가?

(c) 에너지가 흡수되는가, 방출되는가?

[3-2] 다음 양자수들로 표시되는 전자의 궤도함수는 어떤 궤도함수인가?

(a) $n=3,\ \ell=1,\ m_\ell=-1$

(b) $n=2,\ \ell=0,\ m_\ell=0$

(c) $n=5,\ \ell=2,\ m_\ell=-1$

[3-3] 전자에 대한 일련의 양자수가 다음과 같이 주어졌을 때 어떤 궤도함수에 있는 전자를 표시하는가? 만일 나타날 수 없는 양자수가 있다면, 이에 대하여 이유를 설명하시오.

(a) 2, 0, 0, $-\frac{1}{2}$

(b) 1, 1, 0, $+\frac{1}{2}$

(c) 3, 2, -2, $+\frac{1}{2}$

(d) 3, 1, 2, $+\frac{1}{2}$

(e) 4, 0, 2, $+\frac{1}{2}$

[3-4] 다음 원자 궤도함수들의 에너지가 낮은 궤도부터 순서대로 써라.

① 3p ② 3d ③ 4s ④ 4p

[3-5] 다음 각 원소에 대하여 바닥상태의 단축형 전자 배치를 쓰시오.

(a) $_{12}Mg$ (b) $_{14}Ge$ (c) $_{23}V$ (d) $_{24}Cr$ (e) $_{35}Br$

[3-6] 다음과 같은 전자배치를 갖는 원자들 중 바닥상태에 있는 것, 들뜬 상태에 있는 것, 또한 불가능한 것은 각각 어떤 것인가?

(a) $1s^2\ 2p^1$ (b) $1s^2\ 2s^2\ 2p^4$ (c) $1s^2\ 2s^2\ 2p^5\ 3d^1$

(d) $1s^2\ 2s^2\ 2p^7\ 3s^2$ (e) $1s^2\ 2s^2\ 2p^6\ 4s^1\ 3d^{11}$

[3-7] 다음 각 원자에 대한 궤도함수에 전자배치 도표를 써라.

(a) $_{11}Na$ (b) $_{8}O$ (c) $_{27}Co$ (d) $_{17}Cl$

[3-8] 다음 원소들 중에서 알맞은 원소를 골라서 답하여라.

$_{11}Na$, $_{12}Mg$, $_{15}P$, $_{17}Cl$, $_{18}Ar$, $_{19}K$

(a) 가장 큰 원자의 반지름을 갖는 것
(b) 가장 높은 이온화 에너지를 갖는 것
(c) 가장 큰 전기음성도를 갖는 것

[3-9] 다음 원자와 이온들은 모두 10개의 전자를 가지고 있다. 원자 또는 이온의 반지름 증가 순서를 쓰고, 그 이유를 말하여라.

O^{2-}, F^-, Ne, Na^+, Mg^{2+}

[3-10] **[심화]** 2주기 원소들에 대하여 답하여라.

$_{3}Li$, $_{4}Be$, $_{5}B$, $_{6}C$, $_{7}N$, $_{8}O$, $_{9}F$, $_{10}Ne$

(a) 원자 반지름의 증가 순서를 쓰고, 그 이유를 말하여라.
(b) 이온화 에너지 증가 순서를 쓰고, 그 이유를 말하여라.

[3장 연습문제 정답]

[3-1] (a) 102.5 nm (b) 자외선(ultraviolet) (c) 방출

[3-2] (a) 3p (b) 2s (c) 5d

[3-3] (a) 2s 궤도 (b) 불가: $\ell = 0$만 가능함 (c) 3d 궤도
(d) 불가: m_l은 1보다 작아야 한다. (e) 불가: $m_l = 0$만 가능하다.

[3-4] ① 3p < ③ 4s < ② 3d < ④ 4p

[3-5] (a) $[_{10}Ne]\,3s^2$ (b) $[_{10}Ne]\,3s^2\,3p^2$ (c) $[_{18}Ar]\,4s^2 3d^3$
(d) $[_{18}Ar]\,4s^1\,3d^5$ (e) $[_{18}Ar]\,4s^2\,3d^{10}\,4p^5$

[3-6] (a) 들뜬상태(excited) (b) 바닥상태(ground) (c) 들뜬상태(excited)
(d) 불가능: p궤도는 최대 6개 (e) 불가능: d궤도는 최대 10개

[3-7]

	1s	2s	2p	3s	3p	4s	3d
(a)	(↑↓)	(↑↓)	(↑↓)(↑↓)(↑↓)	(↑)			
(b)	(↑↓)	(↑↓)	(↑↓)(↑)(↑)				
(c)	(↑↓)	(↑↓)	(↑↓)(↑↓)(↑↓)	(↑↓)	(↑↓)(↑↓)(↑↓)	(↑↓)	(↑↓)(↑↓)(↑)(↑)(↑)
(d)	(↑↓)	(↑↓)	(↑↓)(↑↓)(↑↓)	(↑↓)	(↑↓)(↑↓)(↑)		

[3-8] (a) K (b) Ar (c) Cl

[3-9] $Mg^{2+} < Na^{+} < Ne < F^{-} < O^{2-}$

[3-10] (a) $_3Li > {}_4Be > {}_5B > {}_6C > {}_7N > {}_8O > {}_9F > {}_{10}Ne$
(b) $_3Li < {}_5B < {}_4Be < {}_6C < {}_8O < {}_7N < {}_9F < {}_{10}Ne$

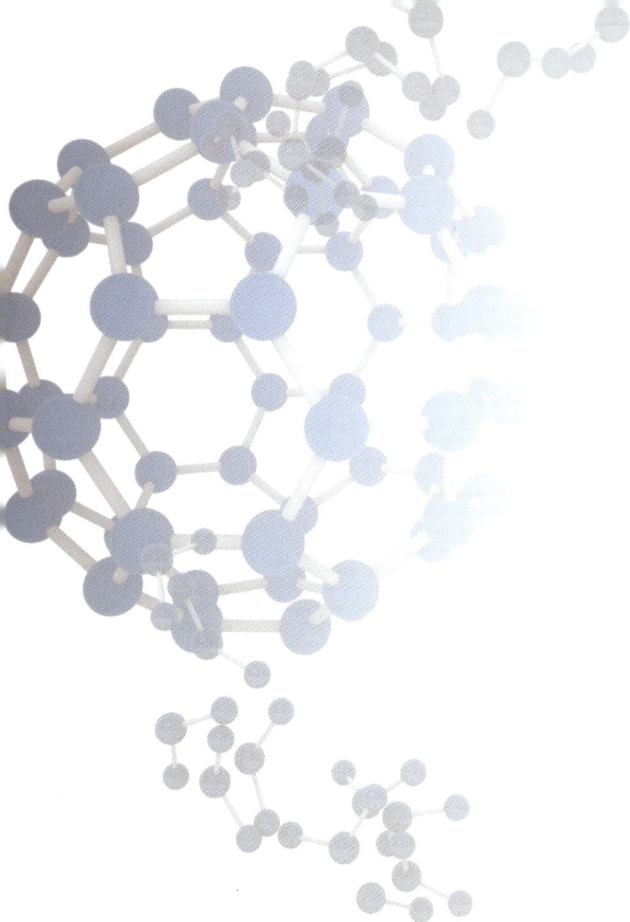

04 CHAPTER

화학결합

CONTENTS

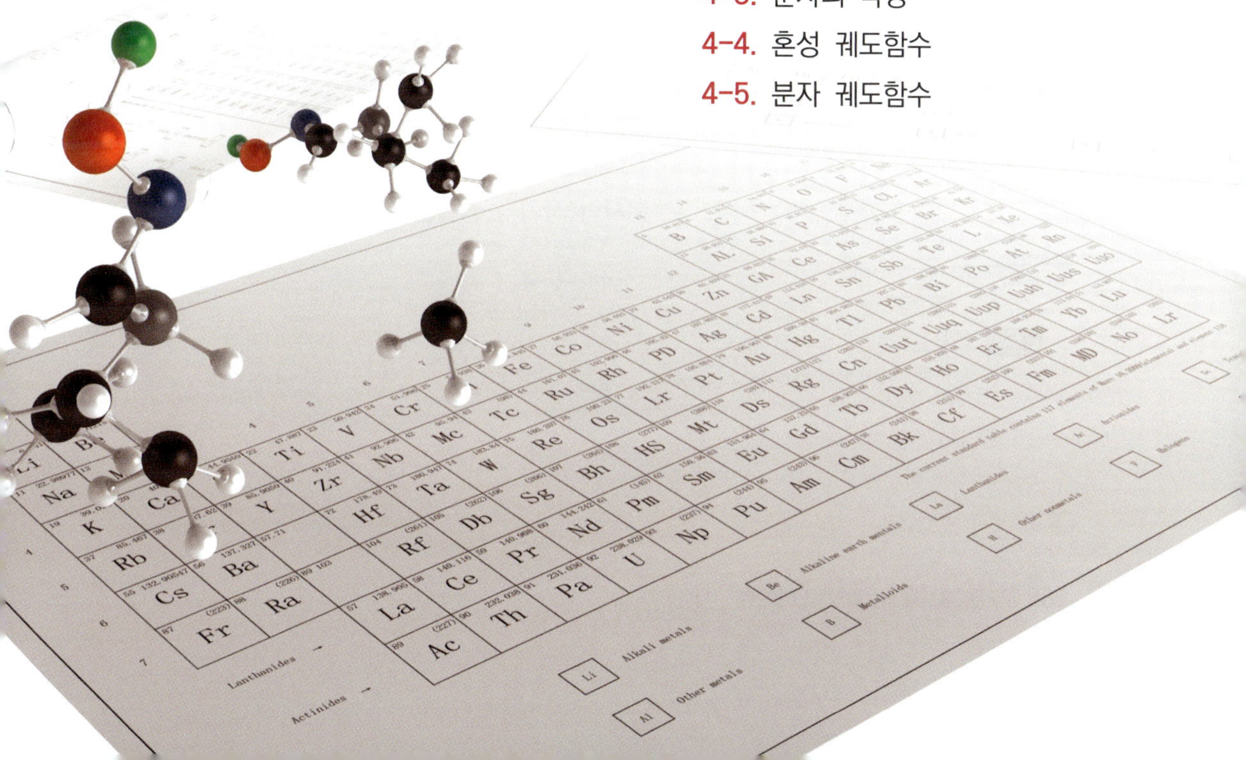

[학습목표]

① 8전자 규칙(octet rule)은 8A족 기체의 전자배치(ns^2 np^6)와 같이 8개의 원자가 전자를 가지려는 성질 때문에 화학결합이 형성된다는 규칙이다.
② 화학결합은 원자들이 이온화된 다음 이온들이 결합되는 이온결합과 전자를 공유하여 결합이 이루어지는 공유결합으로 구분할 수 있다.
③ 혼성궤도함수 이론은 중심 원자가 다른 원자와 결합하기 위해서 혼성궤도를 형성한다는 것이다. 혼성궤도함수 이론은 분자의 기하구조를 설명하는 데 사용된다.
④ 분자궤도함수 이론은 원자궤도 함수들이 선형 조합되어 분자궤도함수를 만든다는 것이다. 분자궤도함수에 전자를 배치하여 결합차수와 자기적인 성질, 그리고 분광학적 성질을 설명할 수 있다.
⑤ 화학결합 이론을 사용하여 분자의 성질, 즉, 기하구조, 분자의 극성(쌍극자 힘), 분광학적 성질을 설명할 수 있다.

[OX퀴즈 4-1] 원자들이 전자를 공유하여 결합된 화합물은 극성과 비극성 분자로 구분할 수 있다.

정답 ×

해설 공유결합 화합물들은 극성과 비극성 분자로 구분된다.

[OX퀴즈 4-2] 파이결합이 분자의 기하구조를 결정한다.

정답 ×

해설 다중 결합은 하나의 전자쌍으로 작용하기 때문에 기하구조에 영향을 미치지 않는다. 단일결합인 시그마 결합이 분자의 기하구조를 결정하는 요소이다.

[OX퀴즈 4-3] 혼성궤도함수 이론으로 분자의 자기적 성질을 예측할 수 있다.

정답 ×

해설 혼성궤도함수 이론은 분자의 기하구조를 설명하는 데 사용된다. 분자의 자기적 성질은 분자궤도함수를 이용하여 설명할 수 있다.

4-1.

이온결합과 공유결합

① **루이스 8전자 규칙**: 화학자들은 많은 안정한 화합물들을 관찰하여 안정한 화합물을 형성하는데 중요한 점은 “모든 원자들이 불활성 기체(0족)와 같은 전자배치를 갖는다.”는 것을 알았다.

1916년에 루이스는 원자들은 다른 원자와 전자를 공유하여 불활성 기체(0족)와 같은 완전한 8개의 최외각전자를 맞추어야 안정해진다는 “8전자 규칙(Octet Rule)”을 제안하였다. 이 이론은 백 년이 지난 지금 화학결합을 설명하는데 있어서 초보적이지만, 누구나 언급하는 귀중한 이론이 되었다.

그러나 루이스 8전자 규칙은 분자의 화학결합을 설명하는 중요한 규칙이지만 예외적인 경우가 많고 전자쌍 공유만으로 결합을 설명하기 때문에 분자의 성질을 성명하는데 한계가 있다. 따라서 원자의 궤도함수를 사용하여 화학결합을 설명하는 것이 필요하다. 원자 궤도함수(atomic orbital)를 사용하여 화학결합이 이루어지는 것을 설명하는 것은 화합물의 성질을 이해하는데 매우 중요하다. 화학결합에 대한에 대한 양자 역학적 이론은 크게 두 가지가 있다. 그것은 원자가 결합 이론과 분자 궤도함수 이론이다.

② **원자가 결합이론**(valence–bond theory; **VB 이론**): 원자가 결합이론은 중심 원자가 다른 원자와 결합하기 위하여 자신의 궤도함수를 재편하여 **혼성궤도함수**(hybrid orbital)를 만든다는 것이다. 이 혼성궤도함수에 전자가 배치되고 다른 원자의 원자 궤도함수가 겹침으로써 전자를 공유하여 결합이 이루어진다. 따라서, 만들어진 혼성궤도함수가 분자의 기하구조를 결정하고, 이 이론에 근거하면 분자들의 기하구조를 잘 설명할 수 있다. 화학에서 널리 쓰이는 단어인 시그마 결합(σ-결합, sigma bond), 파이 결합(π-결합, pi bond), 혼성(hybridization) 등은 바로 원자가 결합이론에서 나온 것이다. 따라서 **혼성궤도**

함수 이론 이라고 부르기도 한다.

③ **분자궤도함수 이론**(molecular orbital theory; MO **이론**): 분자궤도함수 이론은 원자들이 결합하기 위하여 서로 가까워지면, 원자 궤도함수들이 더해지거나 빼짐으로써 결합궤도함수와 반결합궤도함수가 만들어진다는 가정에서 출발한다. **결합궤도함수**(bonding orbital)은 원자의 궤도함수보다 에너지가 낮아지고, **반-결합궤도함수**(Anti-bonding orbital)은 에너지가 높아진다. 궤도함수 이론은 원자궤도함수를 사용하여 결합을 설명하는 이론으로 분자의 전자배치 상태를 잘 설명하는 이론이다.

먼저 양이온과 음이온이 정전기적 인력에 의해 결합된 이온결합(ionic bond) 화합물과 원자가 전자쌍을 공유함으로써 공유결합(covalent bond)이 형성된 공유 결합화합물의 성질을 알아보기로 한다.

(1) 이온결합 화합물

이온결합 화합물은 한 원자가 전자를 잃고 양이온을 형성하고 다른 원자는 전자를 얻어 음이온이 된 상태에서 전기적으로 중성(neutralization)이 되도록 결합이 이루어진다. 주로 1A족과 2A족 원자들은 전자를 잃고 + 전하를 갖는 양이온(cation)이 된다. 그리고 주로 7A족과 6A족 원소인 비금속 원자들은 전자를 얻어 - 전하를 갖는 음이온(anion)이 된다. 양이온은 주로 한 원자가 양이온을 형성하지만, 음이온들은 한 원소가 되는 경우도 있지만 여러 개의 원소들이 결합된 다원자 음이온들이 많이 있다. 황산이온(SO_4^{2-}), 탄산이온(CO_3^{2-}), 질산이온(NO_3^-), 하이드록사이드이온(OH^-) 등이 다원자 음이온이다.

이온결합 화합물은 이들 양이온과 음이온이 정전기적 쿨롱인력으로 결합된다.

이온결합에너지 : $E = \left(2.31 \times 10^{-19} J \cdot nm\right) \frac{q_1 q_2}{r}$

여기서, r은 이온 중심 간의 거리(nm)이고, q_1, q_2는 두 이온의 전하량(C: 쿨롱)이다.

이온성 화합물 NaCl은 이온 간의 거리가 0.276 nm이다. 이온 결합에너지는 -8.37×10^{-19} J이다. 이것은 약 504 kJ/mol에 해당되는 강한 결합에너지이다.

$$E = (2.31 \times 10^{-19} J \cdot nm)\frac{(+1)(-1)}{0.267\,nm} = -8.37\,J$$

이온결합 화합물들은 양전하와 음전하가 전기적으로 중성이 되도록 결합한다. 예를 들면, NaCl, Na_2SO_4, Al_2O_3 같은 이온성 화합물이 형성된다.

이온결합 화합물들은 여러 가지 성질을 가지고 있다.

① 고체 상태에서 전기를 잘 통하지 않는다.

② 수용액 상태에서는 전기를 잘 통한다.

③ 상온에서 결정상태로 존재하며 단단하고 휘발성이 없다.

④ 물과 같은 극성 용매에 잘 녹으며 수화된 이온을 만든다.

⑤ 녹는점과 끓는점이 높고 단단하지만 부스러지기 쉽다.

(2) 공유결합 화합물

공유결합 화합물은 두 전자가 한 쌍의 전자를 공유함으로 결합이 이루어진다. 8전자 규칙에 따라서 4A족 원소인 탄소는 최외각 전자가 4개가 있으므로 전자를 잃거나 전자를 받아서 이온이 되기가 어렵다. 따라서 다른 원자들과 전자를 공유하여 0족 기체들처럼 8개의 원자가 전자를 가지려고 한다. 5A족인 질소 원자도 최외각 전자가 3개이므로, 이온화되는 것보다 전자를 공유하여 공유결합을 형성하는 경우가 많다. 6A족 원소인 산소나 7A족인 플르오르나 염소도 주로 이온성 화합물을 형성하지만, 공유결합을 형성하는 경우도 많다.

중성인 원자가 서로 멀리 떨어져 있으면, 힘이 작용하지 않지만, 어느 정도 가까워지면 서로 끌어당기는 인력이 작용한다. 그렇지만 너무 가까우면 원자핵들이 서로 반발하기 때문에 반발력이 작용한다. 따라서 공유결합 화합물들은 적정한 공유결합 길이를 유지하고 있으며, 결합 에너지를 가지고 있다. 공유결합을 끊을 때 필요한 에너지를 결합해리에너지(bond dissociation energy; DE)라고 부른다. 이 에너지는 공유결합의 세기를 알 수 있는 자료가 된다.

공유결합 화합물들은 결합하는 원자의 전기 음성도 차이에 따라서 공유결합 화합물에서 결합 전자쌍을 끌어당기는 능력을 전기음성도(electro negativity)라고 부른다. 이것은 원자의 전자 친화도에서 기인된 성질이다. 공유결합은 결합하는 원자의 전기음성도 차이에 따라서 성질이 결정된다고 할 수 있다. H_2나 Cl_2처럼 같은 원자끼리 결합하는 경우 전기음성도 차이가 없기 때문에 **비극성**(nonpolar) **분자**가 된다. 그러나 전기음성도 차이가 있는 원자들이 결합하면, 결합 전자쌍은 전기음성도가 큰 원자 쪽으로 치우치게 된다. 이렇게 되는 분자는 약간의 양전하와 음전하를 갖게 된다. 이것을 쌍극자라고 부르고, 이런 분자들을 **극성**(polar) **분자**라고 부른다.

비극성 분자 : $H - H$ 또는 $Cl - Cl$

극성 분자(쌍극자) : $H^{\delta+} - F^{\delta-}$ 또는 $H^{\delta+} - Cl^{\delta-}$

극성 분자들은 쌍극자라고 부르고 쌍극자 힘(dipole moment)을 갖는다. 쌍극자 힘은 극성 분자들의 성질을 결정하는 중요한 인력으로 작용한다.

(3) 루이스 8전자 규칙(Lewis octet rule)

화학자들은 많은 안정한 화합물들을 관찰하여 안정한 화합물을 형성하는데 중요한 점은 “모든 원자들이 불활성 기체(0족)와 같은 전자배치를 갖는다.”는 것이다. 1916년에 루이스는 원자들은 다른 원자와 전자를 공유하여 불활성 기체(0족)와 같은 완전한 8개의 최외각 전자를 맞추어야 안정해진다는 “8전자 규칙(Octet Rule)”을 제안하였다. 이 이론은 백 년이 지난 지금 화학결합을 설명하는데 있어서 초보적이지만, 누구나 언급하는 귀중한 이론이 되었다.

루이스(Gilbert N. Lewis; 1875~1946)는 많은 업적과 제자들 중에서 5명이나 노벨상을 수상하였다. 그러나 자신은 노벨상에 30차례 후보자로 올랐으나, 원만하지 못한 인간관계 때문에 노벨상을 받지 못하고 UC 버클리 실험실에서 숨을 거두었다.

루이스의 8전자 규칙에 따르면, 원자들이 하나의 전자쌍 결합을 이루기 위해 전자를 서로 공유함으로써 안정한 18족 원자의 전자배치와 같은 원자가 궤도에 전자가 모두 채워진 전자배치를 가질 수 있다.

예를 들어 각각 하나의 전자를 가진 두 수소 원자를 생각해 보면 수소 분자(H2)는 두 수소 원자가 갖고 있는 각각 한 개의 전자를 공유하면, 두 수소원자가 비활성 기체인 헬륨(He)의 전자배치($1s^2$)를 가지게 된다. 플루오르화수소(HF)분자의 경우, 플루오린(F)은 7개의 원자가 전자를 가지고 있어서 1개의 전자가 부족한 상태이다. 따라서 수소(H)가 F원자의 1개 전자와 짝을 이루면, 수소 원자는 2개의 전자를 가지게 되고, 결과적으로 플루오린 원자도 8개의 전자가 가지게 되어 비활성 기체인 네온(Ne)의 전자배치($1s^2 2s^2 2p^6$)를 가지게 된다. 이처럼 분자 내의 모든 원자들이 전자를 공유함으로써 각 원자의 전자배치가 18족 원소들의 전자 배치와 같은 8개의 원자가 전자를 이루게 된다.

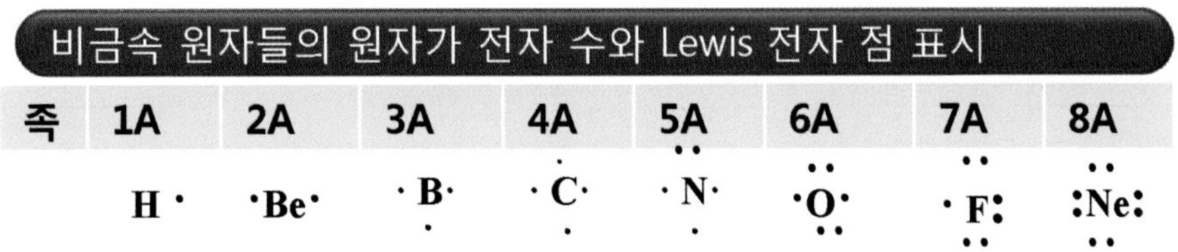

[그림 4-1] 원자의 원자가 전자의 수

루이스 전자 점 구조로 나타내면, 결합 전자쌍과 비 공유 전자쌍(lone pair electron)이 있다. 결합 전자쌍 결합은 두 원자 사이에 공유된 전자쌍으로, 직선으로 표시하고, 비 공유 전자쌍은 한 원자에 완전히 속하는 전자로 한 쌍의 점으로 표시한다. 이러한 루이스 전자점 구조식은 [그림 4-3]과 같이 나타낼 수 있다. 두 개의 전자쌍을 공유할 때는 이중결합이라 하고, 세 개의 전자쌍을 공유하는 것을 삼중결합이라고 한다. 이렇게 8전자규칙에 따라 결합된 화학종들이 모두 18족 원소와 같은 구조를 가지게 된다.

(4) 루이스 구조(Lewis structure) 그리기

루이스 구조를 그리는 방법은 다음과 같이 단계별로 진행할 수 있다.

① 중심에 전기음성도가 낮은 원자를 배치하고, 주위에 나머지 원자들을 배치한다. 전기음성도가 큰 원자가 여러 개 있는 경우는 반대로 말단에 여러 개 있는 원자를 주위에 배치한다.

② 원자가 전자수를 세어야 한다. 한 분자에 존재하는 원자의 전자 합으로 다원자 음이온의 경우 전자 하나가 각 음전하에 더해지고, 양이온의 경우 양전하에 해당하는 전자수를 빼면 된다.

③ 원자들이 모두 8전자 규칙에 맞게 8개의 원자가 전자를 가질 때 필요한 전자수를 계산한다.

④ 8전자 규칙에 필요한 전자 수에서 원자들이 가진 전체 전자수를 뺀다. 이 전자 수가 공유 전자쌍으로 표시한다. 필요한 경우 2중 결합이나 3중 결합을 사용한다.

⑤ 나머지 전자는 원자들이 모두 8개씩 갖도록 비공유 전자쌍으로 배치한다.

Lewis 전자 점 구조식 그리기

1. 원자의 배치 **[예] CO_2 분자: O C O**

➤중심원자 : 전기음성도가 낮은 원자를 중심에 배치

➤또는 한 원자가 여러 개인 경우 대칭적으로 주위에 배치

2. 원자가 전자의 수 계산 **[예] (16개) O C O**

3. 8 전자 규칙에 필요한 전자의 수 **[예] (24개) O C O**

4. 모자라는 전자 수는 공유 전자로 표시 [예] (6개) O = C = O

(필요하면 2중 결합, 3중 결합을 활용)

5. 나머지 전자를 각 원자에 배치 **[예] (24개) :O = C = O:**

[그림 4-2] Lewis의 전자점 구조 그리기

[예제 4-1] 하이포아염소산이온(OCl^-)과 에테인(C_2H_4) 분자의 루이스 구조를 그려라.

풀이

하이포아염소산 이온

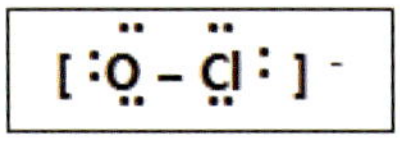

- ➢전자 수 : 산소 (6) + 염소(7) + 음이온(-1) = 14
- ➢골격구조 분배 [O – Cl]$^-$
- ➢결합전자 수: 16 – 14 = 2개
- ➢ 비공유 전자수 : 14- 2 = **12**
- ➢팔전자 규칙에 각 원자에 6개씩 전자배치

에테인

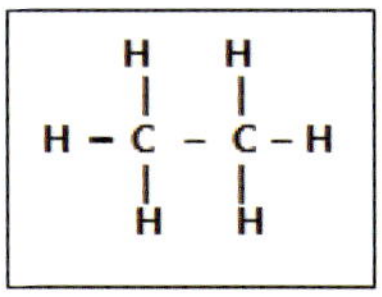

- ➢전자수 : 탄소(8) + 수소(6) = 14
- ➢골격구조를 그린다.
- ➢7개의 골격에 단일 결합을 사용하고 있으므로 14개의 전자가 모두 결합 전자임.

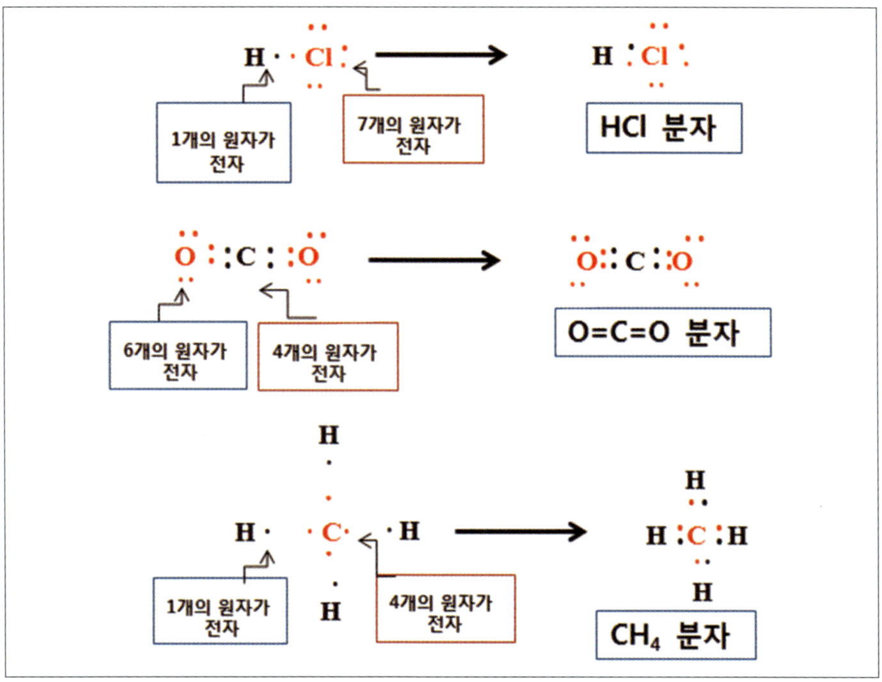

[그림 4-3] 몇 가지 분자들의 Lewis의 전자점 구조

(5) 8전자 규칙(octet rule)의 한계

Lewis 8전자 규칙은 원자가 전자 수만을 가지고 설명하기 때문에 아주 단순한 규칙이기 때문에 모든 화합물의 결합을 설명하기에 부족한 점이 있다.

① 자유 라디칼이라고도 불리는 홀수 전자 화학종들은 홀수의 원자가 전자를 가지고 있으므로, 8전자 규칙을 적용할 수 없다. 그 예로 산화질소(NO, 11개의 원자가 전자)와 이산화질소(NO_2, 17개 원자가 전자)가 있다.

② 2족 원소인 베릴륨(Be)과 3족인 붕소(B)는 8개의 전자보다 적은 전자를 갖지만, 안정한 화합물로 존재한다. 예로써, $BeCl_2$에서 붕소는 4개의 전자, BF_3에서 붕소는 6개의 전자를 갖지만 안정한 화합물이다.

③ 3주기보다 큰 원소들은 d-궤도가 비어 있기 때문에 8개보다 많은 전자를 가져도 안정한 화합물로 존재한다. 예를 들면, PCl_5에서 인(P)은 10개, SF_6에서 황(S)은 12개, ClF_5에서 Cl은 12개, XeF_4에서 Xe은 12개의 원자가 전자를 갖는다. 이것을 8전자 규칙의 원자가 확장(valence extension)이라고 한다. 이것을 확장된 8전자 규칙이라고 부르고, 8개보다 더 많은 원자가 전자(10개 또는 12개)를 갖는 것을 허용한다.

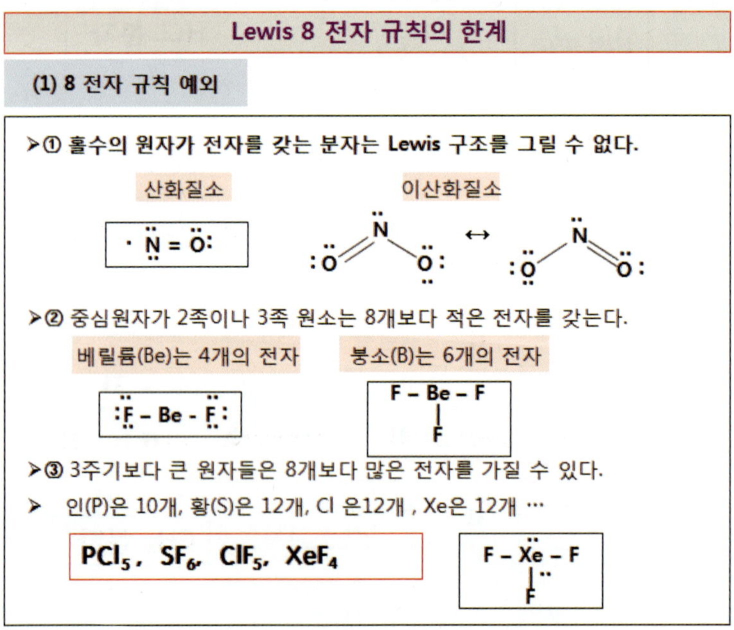

[그림 4-4] Lewis의 8전자 규칙의 예외

(6) 형식전하(formal charge)

8전자 규칙에 따라 루이스 구조를 그릴 경우 한 가지 이상의 구조가 가능한 경우가 있다. 이런 겨우 원자의 형식전하(formal charge)를 따져야 한다. 형식전하는 루이스 구조를 그린 뒤 원자의 원자가 전자 수와 루이스 구조에서 그 원자에 소속된 원자의 수의 차이를 말한다.

형식전하 = (원자가 전자 수) - (비결합 전자 수) - ½(결합 전자 수)

예를 들면, 일산화탄소(:C≡O:) 분자에서 탄소의 원자가 전자는 4개인데, 비공유 전자는 없고, 결합 전자쌍은 3쌍이므로, 탄소 원자의 형식전하는 4-0-6/2 = +1이고, 산소는 원자가 전자수가 6개이고, 비공유 전자는 2개, 결합 전자쌍은 3쌍이므로, 산소 원자의 형식전하는 6-2-6/3 = -1이다. 염화포스포릴(phosphoryl chloride, $POCl_3$)에서 $Cl_3P = O$ 결합인 경우 인(P)의 형식전하가 0이지만, $Cl_3P\text{-}O$ 결합인 경우 인(P)의 형식전하가 +1이고 산소의 형식전하는 -1이다. 이 경우 두 가지 루이스 구조 중에서 $Cl_3P = O$가 형식전하가 낮기 때문에 더 적합한 구조라고 할 수 있다. 여러 개의 루이스 구조가 가능한 경우 형식전하가 낮은 구조가 더 적합한 구조라고 결론을 내릴 수 있다.

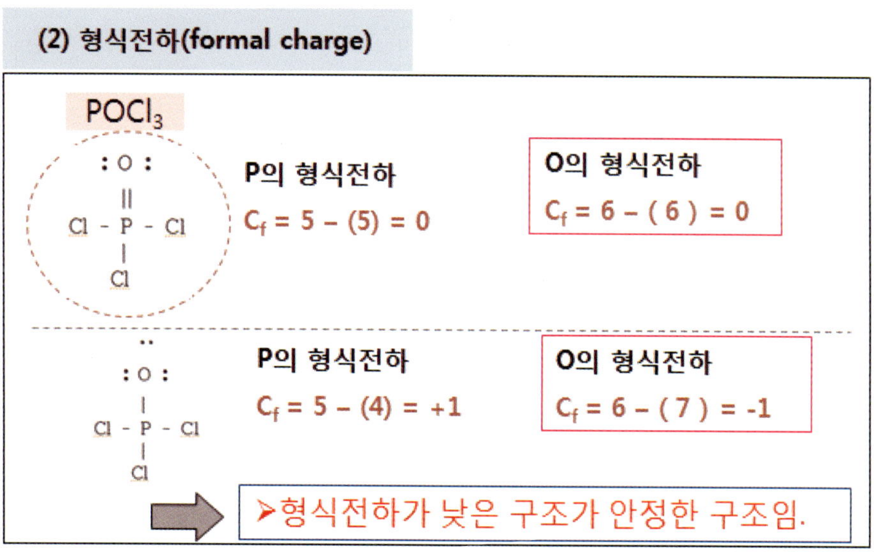

[그림 4-5] Lewis 구조와 원자의 형식전하

[예제 4-2] 메테인(CH_4) 분자의 Lewis 구조는 그림과 같이 2가지로 그릴 수 있다. 어떤 구조가 더 타당한 구조인가? 형식전하를 사용하여 설명하여라.

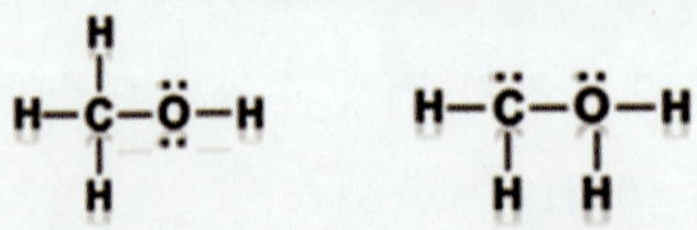

I II

풀이 I 구조에서 산소의 형식전하는 0이고, II 구조에서 산소의 형식전하는 +1 이다. 따라서 형식전하가 낮은 I 구조가 II 구조보다 더 타당하다.

[예제 4-3] 황산(H_2SO_4)의 루이스구조는 다음 2가지 구조가 가능하다. 어떤 구조가 더 타당한지 설명하여라.

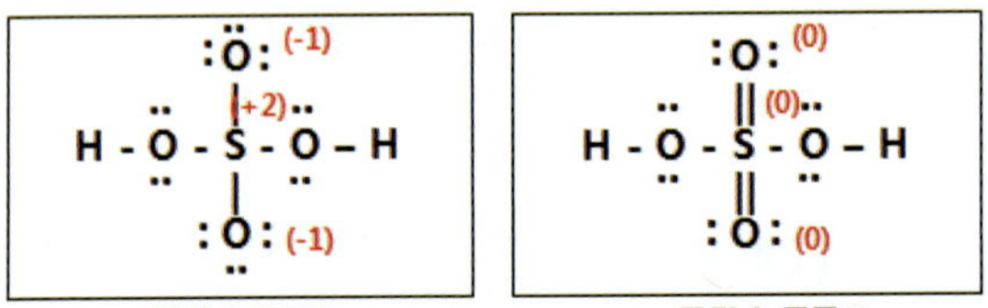

루이스 구조 I 루이스 구조 II

풀이 I 구조에서 황의 형식전하는 0 이고, II 구조에서 황의 형식전하는 +2 이다. 따라서 형식전하가 낮은 II 구조가 I 구조보다 더 타당하다.

(7) 공명구조(resonance structure)

공명구조(resonance structure)는 분자를 하나의 루이스 구조만으로는 완전히 묘사할 수 없을 때 2개 이상의 가능한 루이스 구조를 구성하는 각 구조를 의미한다. 예를 들면, 오존(O_3)분자는 O=O-O로 그리면, 이중결합(O=O)의 길이가 112 pm, 단일결합(O-O)의 길이가 131 pm이지만, 실제 오존 분자의 결합 길이를 측정하면, 단일결합 길이와 이중결합의 길이 중간인 128 pm이다. 따라서 오존의 결합을 정확하게 표현하기 위하여 O=O-O와 O-O=O 두 구조의 공명구조를 사용한다. 이것은 하나의 합당한 구조로 표현하면, 두 결합 모두 1.5 결합으로 표시하는 것이다. 공명구조의 대표적인 예는 벤젠(C_6H_6)분자의 구조에서 볼 수 있다. 벤젠의 구조는 결합길이가 154 pm인 C-C 단일결합과 결합길이가 133 pm의 C=C 이중결합이 번갈아 가며 결합된 구조로 표현할 수 있다. 그런데 실제 벤젠의 C-C 결합길이를 측정하면, 인접 탄소원자들 사이의 결합길이는 모두 단일 결합길이와 이중결합의 중간인 140 pm이다. 따라서 벤젠의 구조는 두 구조의 공명구조로 나타내는 것이 타당하다.

(3) 공명구조

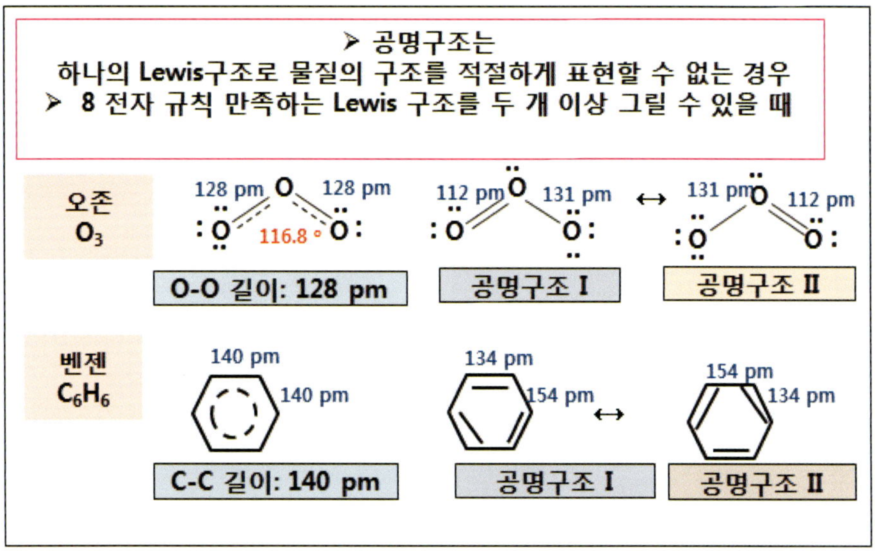

[그림 4-6] 공명구조

[예제 4-4] 다음은 질소분자(N_2)의 루이스 구조를 그리는 순서를 기술한 것이다. 괄호 안에 알맞은 숫자를 넣어라. $:N \equiv N:$

(1) 전체 원자가 전자 수 : ( ) 개

(2) 8전자 규칙에 필요한 전자 수 : ( ) 개

(3) 공유 전자 수 : ( ) 개

(4) 비 공유 전자 수 : ( ) 개

풀이 10, 16, 6, 4

[예제 4-5] 다음 분자들의 루이스 구조를 그리고, 가능한 공명구조를 그려라.

(1) SO_2 (2) NO_3^-

풀이 (1)

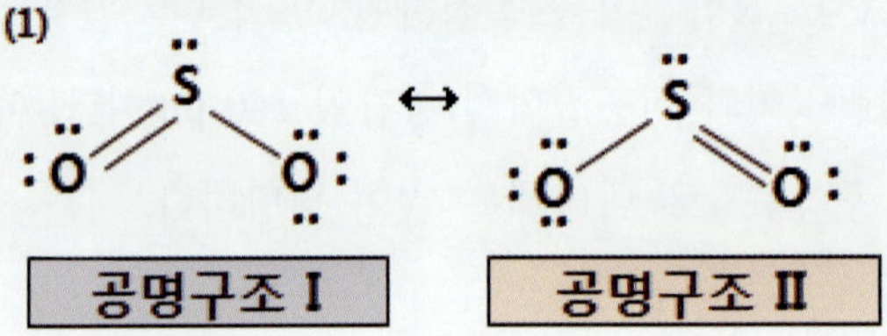

(2)

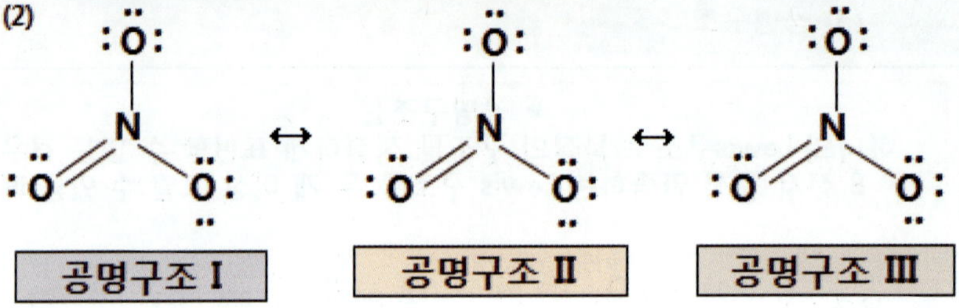

4-2.

분자의 기하구조

분자의 성질은 분자의 기하학적 구조가 중요한 단서가 된다. 이를 테면, 물(H_2O) 분자가 선형구조의 경우와 굽은 구조인가에 따라 물리적 성질과 화학적 성질이 전혀 다를 것이다. 루이스 구조를 보면 2차원에서 그리기 때문에 3차원 공간에서 어떤 기하 구조, 즉 결합길이와 결합각을 갖는지 알 수가 없다. 따라서 루이스 구조를 나타낼 경우 다른 방법으로 공간적인 배향이 어떻게 이루어져 있는 지 그 기하구조를 알아야 한다. 다행히 우리는 원자가 전자쌍 반발이론(VSEPR, Valence Shell Electron Pair Repulsion)을 사용하여 분자의 기하구조를 예측할 수 있다. 원자가 전자쌍 반발이론은 "중심원자에 있는 결합 전자쌍과 비공유 전자쌍들은 근본적으로 가능한 서로 멀리 떨어지려는 경향을 가지고 있다"는 가정에서 출발된다. 다음과 같이 기본적인 기하구조는 5개의 가능한 기하구조를 생각할 수 있다.

① 중심원자에 서로 반발하는 전자쌍이 2개 있는 경우 반발력이 최소가 되기 위해서 2개의 전자쌍은 서로 반대 방향에 존재하야 한다. 따라서 2개의 전자쌍은 180°선형(linear)으로 배치된다.

② 중심원자에 서로 반발하는 전자쌍이 3개 있는 경우 반발력이 최소가 되기 위해서 3개의 전자쌍은 서로 삼각형의 꼭지점 방향에 존재해야 한다. 따라서 3개의 전자쌍은 120°인 삼각형(trigonal)으로 배치된다.

③ 중심원자에 서로 반발하는 전자쌍이 4개 있는 경우 반발력이 최소가 되기 위해서 4개의 전자쌍은 서로 정사면체의 꼭지점 방향에 존재해야 한다. 따라서 4개의 전자쌍은 109.5°인 정사면체(tetrahedral) 방향으로 배치된다.

④ 중심원자에 서로 반발하는 전자쌍이 5개 있는 경우 반발력이 최소가 되

기 위해서 5개의 전자쌍 중 3개는 삼각형의 꼭지점 방향이고, 나머지 2개는 삼각형에 수직으로 배치되어야 한다. 따라서 3개의 전자쌍은 120°이고, 나머지 2개는 삼각형에 대하여 90°에 배치되어 삼각쌍뿔(trigonal bi-pyramid) 모양으로 배치된다.

⑤ 중심원자에 서로 반발하는 전자쌍이 6개 있는 경우 반발력이 최소가 되기 위해서 6개의 전자쌍 중 4개는 사각형의 꼭지점 방향이고, 나머지 2개는 사각형에 수직으로 배치되어야 한다. 따라서 6개의 전자쌍은 90°에 배치되어 팔면체(octahedral) 모양으로 배치된다.

[표 4-1] 원자가 전자쌍 반발이론(VSEPR)과 기하구조

종류	전자쌍배열	결합각	보기	공-막대 모델
AX_2	선형	180°	BeF_2	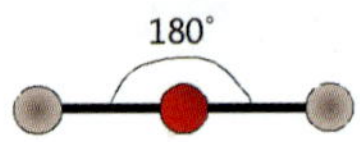
AX_3	평면삼각형	120°	BeF_3	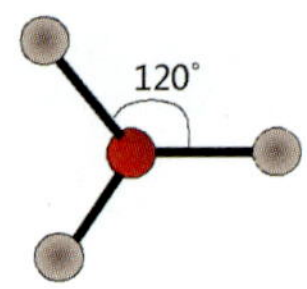
AX_4	정사면체	109.5°	CH_4	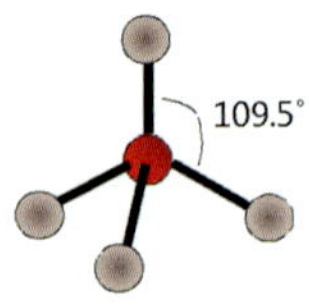
AX_5	삼각쌍뿔형	90° 120° 180°	PF_5	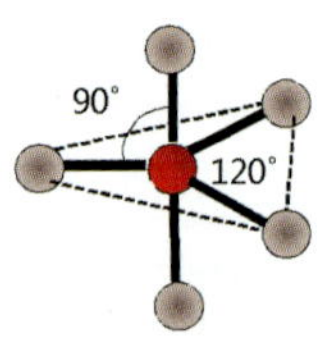
AX_6	정팔면체	109.5°	SF_6	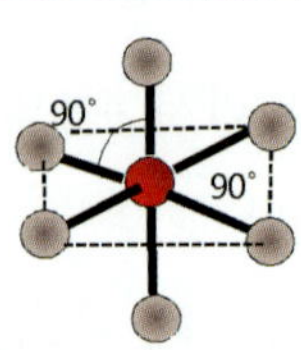

이렇게 구분되는 기본적인 기하구조는 중심원자에 결합된 원자의 수와 비공유 전자쌍의 수에 따라 구체적인 기하구조를 결정하게 된다. 중심원자에 결합된 원자의 수와 비공유 전자쌍의 수의 합을 **입체 수**(steric number)라고 정의한다.

입체 수 = 중심원자에 결합된 원자 수 + 중심원자의 비공유 전자쌍 수

입체 수는 서로 반발하는 전자쌍의 수를 표시한 것이다. 이 입체 수와 비공유 전자쌍의 수가 분자의 기하구조를 결정하는 요소가 된다. 입체 수와 비공유 전자쌍 수에 따라 구분되는 분자의 기하구조는 표에 요약되어 있다.

비공유 전자쌍(Lone Pair Electron)의 영향

입체 수 (staric number)	▪중심원자에 결합된 원자 수 + 비 공유 전자쌍수
비 공유 전자쌍의 수	▪중심원자에 남아 있는 비 공유 전자쌍수

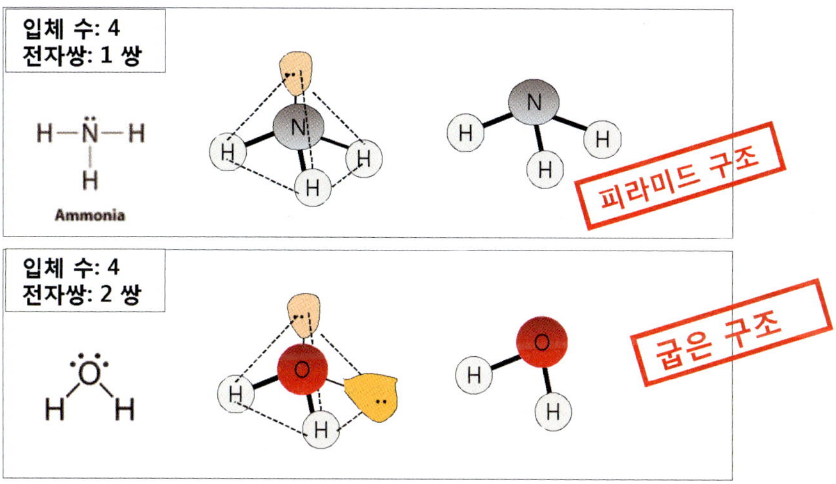

[그림 4-7] 입체 수와 비공유 전자쌍의 영향

예를 들어 보면, 암모니아(NH_3)의 분자구조에서 중심원자인 질소는 수소 원자 3개와 결합하고, 비공유 전자쌍이 1쌍 있기 때문에 입체수는 4개인 사면체에서 1개의 비공유 전자쌍이 사면체의 한 자리를 차지하기 때문에 H-N-H 결

합각은 107°이며 이는 정사면체에서 결합각(109.5°)보다 약간 작은 각도이다. 즉 암모니아는 피라미드 구조 모양의 분자이다. 물 분자는 중심원자인 산소 원자는 수소 원자 2개와 결합하고 비공유 전자쌍이 2쌍 있기 때문에 입체 수는 4개인 사면체에서 2개의 비공유 전자쌍이 사면체의 2자리를 차지하기 때문에 H-O-H 결합각은 105°이며 이는 정사면체에서 결합각(109.5°)보다 약간 작은 각도이다.

[표 4-2] 입체 수 S.N. = 4에서 비 공유 전자쌍과 기하구조

종류	입체 수(S.N.) 전자쌍(LP)	기하구조	결합 각	보기	공-막대 모델
AX_4	S.N.= 4 LP = 0	사면체	109.5°	CH_4	
AX_3E	S.N.= 4 LP = 1	피라미드	107°	NH_3	
AX_2E_2	S.N.= 4 LP = 2	굽은 구조	104.5°	H_2O	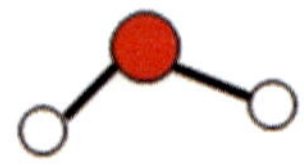

입체수가 5인 경우 비공유 전자쌍의 수에 따라서 표에 보는 바와 같이 기하구조를 갖는다. 예를 들어 보면, 비공유 전자쌍이 1쌍 있는 경우 사플루오르화황(SF_4)의 분자구조는 시소 모양을 가지고, 비공유 전자쌍이 2쌍인 경우 비공유 전자쌍이 3쌍 있는 분자는 삼요오드화이온(I_3^-) 선형분자가 된다.

입체 수가 6인 경우 1개의 비공유 전자쌍이 있으면, 사각 피라미드이고, 2개의 비공유 전자쌍이 있으면, 평면사각형이 된다. 그리고 비공유 전자쌍이 3쌍 존재하면, T자 모양이 된다.

[표 4-3] 입체 수 S.N. = 5에서 비공유 전자쌍과 기하구조

종류	입체 수 (S.N.) 전자쌍(LP)	기하구조	결합 각	보기	공-막대 모델
AX_5	S.N.= 5 LP = 0	삼각쌍뿔	90˚ 120˚ 180˚	**PF_5**	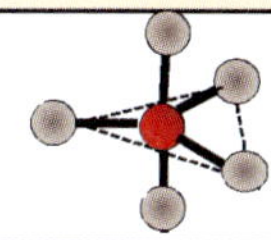
AX_4E	S.N.= 5 LP = 1	시소형	90˚ 120˚ 180˚	**SF_4**	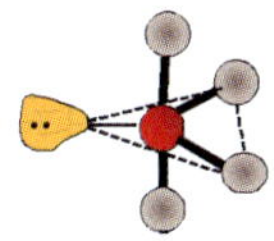
AX_3E_2	S.N.= 5 LP = 2	T형	90˚ 180˚	**ClF_3**	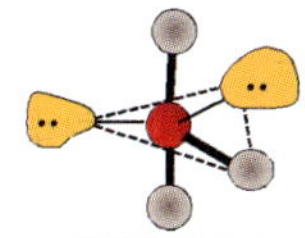
AX_2E_3	S.N.= 5 LP = 3	선형	180˚	**XeF_2**	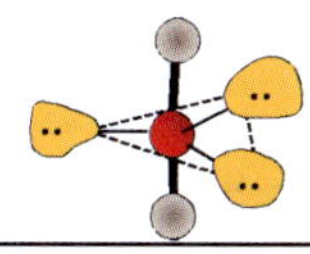

[표 4-4] 입체 수 S.N. = 6에서 비공유 전자쌍과 기하구조

종류	입체 수(S.N.) 전자쌍(LP)	기하구조	결합 각	보기	공-막대 모델
AX_6	S.N.= 6 LP = 0	**팔면체**	90˚ 180˚	**SF_6**	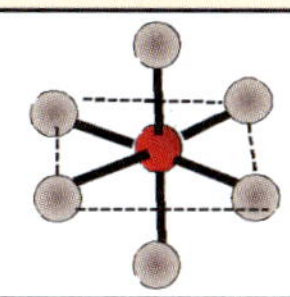
AX_5E	S.N.= 6 LP = 1	**사각뿔형**	90˚ 180˚	**ClF_5**	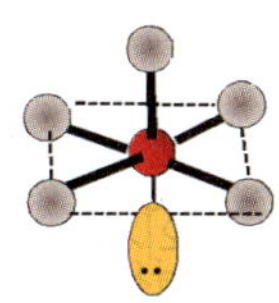
AX_4E_2	S.N.= 6 LP = 2	**평면사각형**	90˚ 120˚ 180˚	**XeF_4**	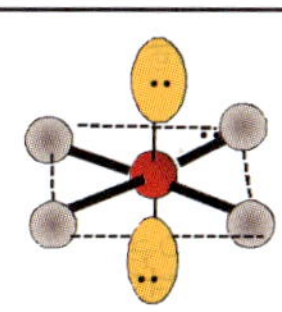

4-3.

결합의 극성

두 원자 사이에 결합이 이루어지면, 결합 전자들이 어떻게 분포되는지에 따라서 극성과 비극성 결합으로 구분된다. 비극성 결합은 결합된 두 개의 원자가 동일한 전기음성도가 동일하여, 두 개의 핵 사이에 전자가 동일한 결합으로 분포되어 있는 것이다. 극성결합은 결합된 원자가 다른 전기음성도를 경우, 전자 밀도가 비대칭적인 분포를 갖게 된다. 이렇게 극성결합은 전기음성도의 차이가 크면 극성의 세기가 더 크게 된다.

원소	F	O	N	Cl	Br	C	S	H
전기음성도	4.0	3.5	3.0	2.8	2.5	2.5	2.5	2.1

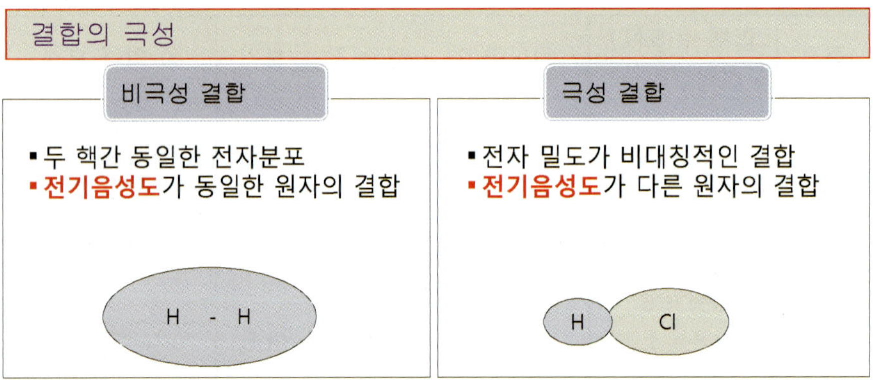

[그림 4-8] 원자의 전기음성도와 결합의 극성. 비극성 공유 결합과 극성공유 결합

결합의 극성의 세기를 나타내는 것을 쌍극자 힘(dipole moment)이라고 한다. 쌍극자의 힘은 전하량(Q)에 +전하와 -전하 사이의 거리(r)를 곱한 값으로 계산할 수 있다. 예를 들어 염화수소(HCl)는 결합전자들이 염소 쪽으로 더 많

이 모이기 때문에 염소 원자 쪽이 (-)전하를 가지고, 수소 쪽은 (+)전하를 갖게 된다. 화살표의 방향은 음극을 가리키고, 반대편의 +(플러스) 기호는 양극을 표시한다.

쌍극자 힘은 데바이(D, Debye)라는 단위를 사용하는데, 1 D(1 데바이)는 (+1) -양전하와 (-1)-음 전하가 1 Å ($10^{-10}\ m = 0.1\ nm$) 거리에 떨어져 있을 때 작용하는 힘이다. HCl은 1.08 D, HF는 1.82 D, H_2O는 1.86 D의 쌍극자 힘을 갖는 극성분자들이다.

쌍극자 힘은 힘이 작용하는 방향성이 있는 벡터량이므로, 한 분자에 여러 결합이 있는 경우, 분자의 극성은 모든 쌍극자 힘의 합력에 의해 결정된다. 이 플르오르화 베릴륨(BeF_2)는 두 개의 극성 결합을 가지고 있으나, 똑같은 두 개의 쌍극자가 반대 방향으로 놓여있기 때문에 서로 상쇄되어 이 분자는 쌍극자가 없는 비극성 분자가 된다.

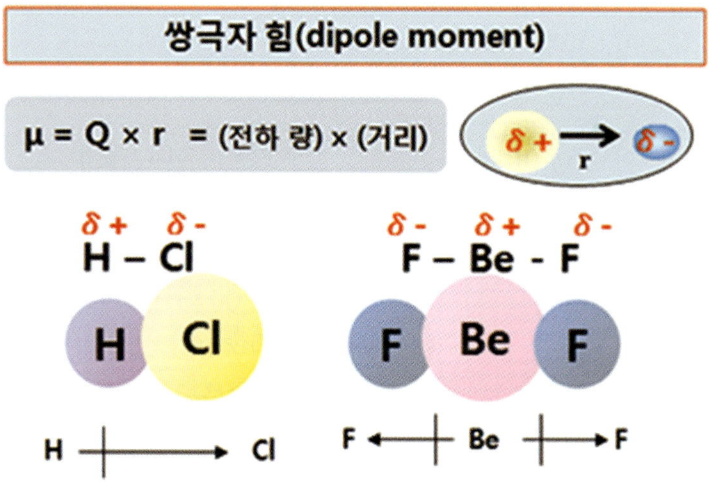

[그림 4-9] 극성 공유 결합 화합물의 쌍극자 힘

[예제 4-6] 다음 분자의 구조를 그리고, 극성인지 비극성인지 결정하여라.

(1) SO_2 (2) BF_3 (3) CO_2

정답 (1) 극성 (2) 비극성 (3) 비극성

[예제 4-7] 다음 주어진 화합물들 중 극성이 가장 큰 것을 골라라.

(1) F_2, HCl, HF, F_2 (2) BeF_2, BF_3, CH_4, H_2O

정답 (1) HF (2) H_2O

4-4.

혼성 궤도함수

혼성 궤도함수 이론은 화학자 라이너스 폴링(Pauling; 1901~1994)이 메탄(CH_4)과 같은 분자의 구조를 설명하기 위하여 도입되었다. 역사적으로, 이 개념은 처음에 간단한 분자들에 대한 구조를 설명하는데 사용되었고, 널리 응용되어 유기 화합물의 구조를 효과적으로 설명하는 사용된다. 8전자 규칙은 원자의 궤도함수를 사용하지 않고 단순히 원자가 전자의 수만으로 결합을 설명한다. 따라서 예외적인 예들이 많이 나타난다. 혼성 궤도함수 이론은 원자의 궤도함수를 근거로 결합을 설명한다. 특히, 분자의 기하구조를 설명하는데 많이 활용되고 있다.

혼성 궤도함수 이론은 화학결합이 형성되기 위해서 중심원자가 바닥상태의 전자배치로 부터 먼저 들뜬상태로 된 다음 궤도함수들의 혼성화가 이루어진다. 그 다음 혼성화된 궤도함수에 전자가 필요한 원자가 전자를 공유하여 결합이 형성된다. 원자 궤도함수의 혼성화는 궤도함수들의 반발을 최소화하는 배향으로 형성된다. 원자가 전자쌍 반발(VSEPR)이론에서 배운 바와 같이 혼성화된 궤도함수의 수가 기하구조를 결정하게 된다.

분자에 따라 여러 가지 혼성 궤도함수들이 형성된다. 형성된 혼성 궤도함수는 사용된 원자 궤도함수의 수와 같은 수로 만들어지고, 이 혼성 궤도함수들은 반발이 최소화되는 방향으로 배향된다.

① sp-혼성 궤도함수: 선형

플루오르화 베릴륨(BeF_2)은 베릴륨이 $2s^2$의 전자배치를 갖기 때문에 전자 하나를 비어있는 2p-궤도에 나누어 주고, 2s-궤도 1개와 2p-궤도 1개가 혼성화되어 2개의 sp-혼성 궤도함수를 만든다. 이 궤도들은 서로 반대 방향으로 배향하여 선형이 된다. 이 sp-혼성 궤도와 플루오르의 2p-궤도에 있는 짝을 이루지 않은 전자와 공유결합을 형성하게 된다. 따라서 BeF_2는 선형 분자가 된다.

② sp^2-혼성 궤도함수: 삼각형

플루오르화 붕소(BF_3)는 B원자가 120°를 이루는 3개의 sp^2-혼성 궤도를 형성하여 F원자와 결합하면, B원자를 중심으로 삼각형 분자구조가 된다.

③ sp^3-혼성 궤도함수: 사면체

메탄(CH_4)은 C원자가 $2s^2 2p^2$ 전자배치를 갖기 때문에 2s궤도에 있는 전자 1개가 비어있는 2p궤도에 나누어 갖고, 4개의 sp^3-혼성 궤도를 형성한다. 이 sp^3-혼성 궤도들이 각각 H원자와 결합하면, 탄소 원자를 중심으로 사면체 분자구조가 된다.

④ sp^3d-혼성 궤도함수: 삼각쌍뿔

육플루오르화 인(PF_5)은 인이 $3s^2 3p^3 3d^0$ 전자배치를 갖기 때문에 3s궤도에 있는 전자 1개가 비어있는 3d궤도에 나누어 갖고, 5개의 sp^3d-혼성 궤도를 형성한다. 이 sp^3d-혼성 궤도들이 각각 F원자와 결합하면, 삼각쌍뿔 모양의 분자구조가 된다.

⑤ sp^3d^2-혼성 궤도함수: 8면체

육플루오르화 황(SF_6)은 황이 $3s^2 3p^4 3d^0$ 전자배치를 갖기 때문에 3s궤도에 있는 전자 1개와 3p-궤도 전자 1개를 비어있는 3d궤도에 나누어 갖고, 6개의 sp^3d^2-혼성 궤도를 형성한다. 이 sp^3d^2-혼성 궤도들이 각각 F원자와 결합하면, 정팔면체 모양의 분자구조가 된다.

혼성 궤도함수 이론(원자가 결합 이론)

중심원자 ⇒ 들뜬 상태 ⇒ 혼성궤도를 형성 ⇒ 다른 원자와 결합

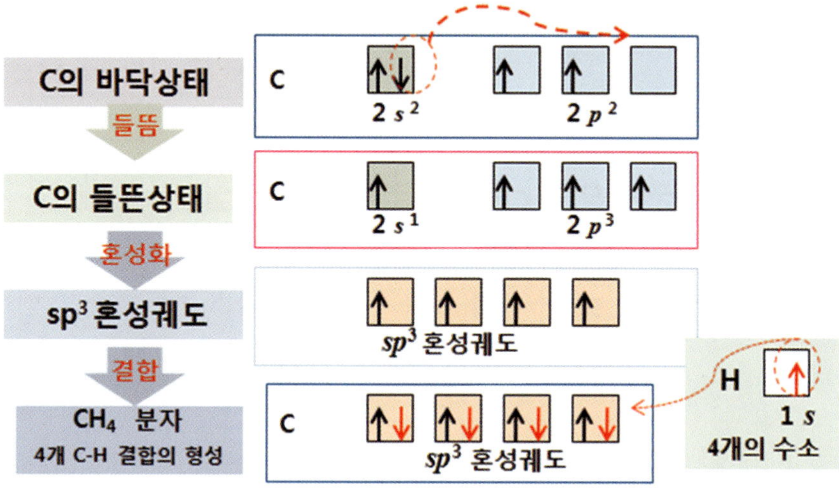

C 원자의 짝짓지 않은 전자가 H 원자와 공유 결합을 형성

BF_3 분자의 혼성 궤도함수 이론(원자가 결합 이론)

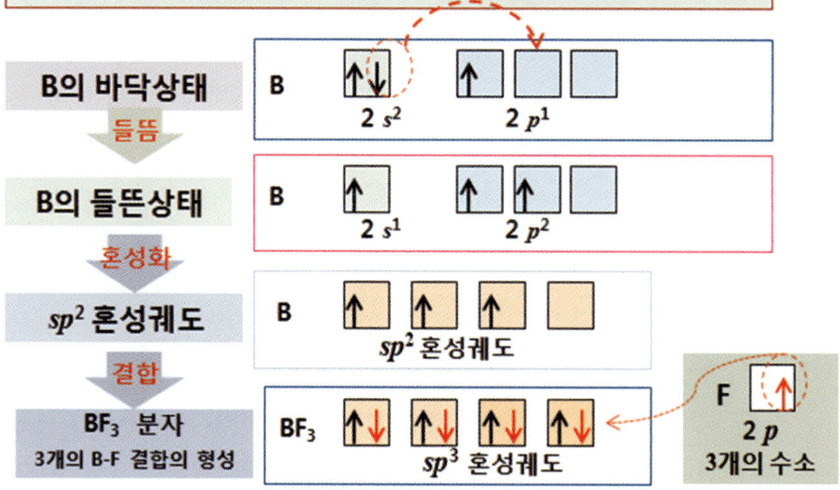

C 원자의 짝짓지 않은 전자가 H 원자와 공유 결합을 형성

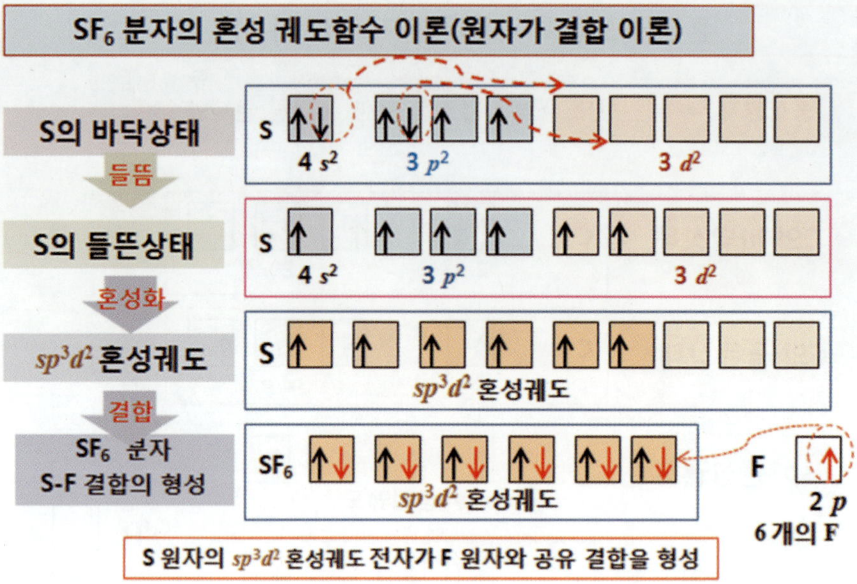

[그림 4-10] 혼성 궤도함수 이론. 탄소(C) 원자의 sp^3 혼성 궤도와 메테인(CH_4) 분자의 형성과 붕소(B) 원자의 sp^2 혼성 궤도와 메테인(BF_3) 분자의 형성

2중 결합과 3중 결합은 기하구조에 영향을 주지 않는다. 혼성 궤도함수는 시그마결합(σ-bond)을 형성하고 시그마결합에 의해 기하구조가 결정된다. 다중결합은 기하구조와 무관한 파이결합(π-bond)을 형성한다.

(1) 메테인(CH_4): 탄소 원자(C)는 sp^3-혼성궤도를 형성하여 4개의 수소 원자와 시그마 결합을 형성하여 사면체 기하구조가 된다.

(2) 에테인(C_2H_4): 탄소 원자(C)는 sp^2-혼성궤도를 형성하여 2개의 수소 원자, 인접탄소의 혼성궤도와 시그마 결합을 형성하여 기하구조는 삼각형이 되고, 탄소와 탄소사이에 1개의 파이결합을 형성한다.

(3) 아세틸렌(C_2H_2): 탄소 원자(C)는 sp-혼성궤도를 형성하여 1개의 수소 원자, 인접탄소의 혼성궤도와 시그마 결합을 형성하여 기하구조는 선형이 되고, 탄소와 탄소사이에 2개의 파이결합을 형성한다.

[표 4-5] 혼성 궤도함수: 기하구조를 잘 설명

혼성궤도 함수들은 서로 반발을 최소화하는 배향

혼성궤도	원자궤도함수	궤도함수 수	기하구조	예
sp	*s*-궤도 1개와 *p*-궤도 1개	2 개	선형	BeF_2, CO_2
sp^2	*s*-궤도 1개 와 p-궤도 2개	3 개	삼각형	BF_3, SO_2
sp^3	*s*-궤도 1개와 p-궤도 3개	4개	사면체	CH_4, NH_3
sp^3d	*s* , p-궤도 3개, d	5 개	삼각쌍 뿔	PF_5, SF_4
sp^3d^2	s-궤도, p- 3개, d - 2개	6개	팔면체	SF_6, XeF_2

[예제 4-8] 다음 분자들은 어떤 혼성 궤도함수를 가지고 결합하는가?

(1) CH_2Cl (2) PH_3 (3) SF_4

풀이 (1) C $2s^2 2p^2 \rightarrow 2s^1 2p^3$, sp^3-혼성 궤도

(2) P $3s^2 3p^3 \rightarrow 3s^2 3p^3$, sp^3-혼성 궤도

(3) S $3s^2 3p^4 \rightarrow 3s^2 3p^3 3d^1$, sp^3d-혼성 궤도

혼성궤도함수: 2중 결합과 3중 결합

다중 결합은 기하구조에 영향을 주지 않는다.
혼성 궤도함수는 시그마결합(σ-bond) 형성으로 기하구조 결정됨
다중결합은 파이결합(π-bond)으로 기하구조와 무관함

에틸렌(C_2H_4)
sp^2 혼성궤도와
1개의 파이결합

아세틸렌(C_2H_2)
sp 혼성궤도와
2개의 파이결합

[그림 4-11] 혼성 궤도함수에서 2중 결합과 3중 결합

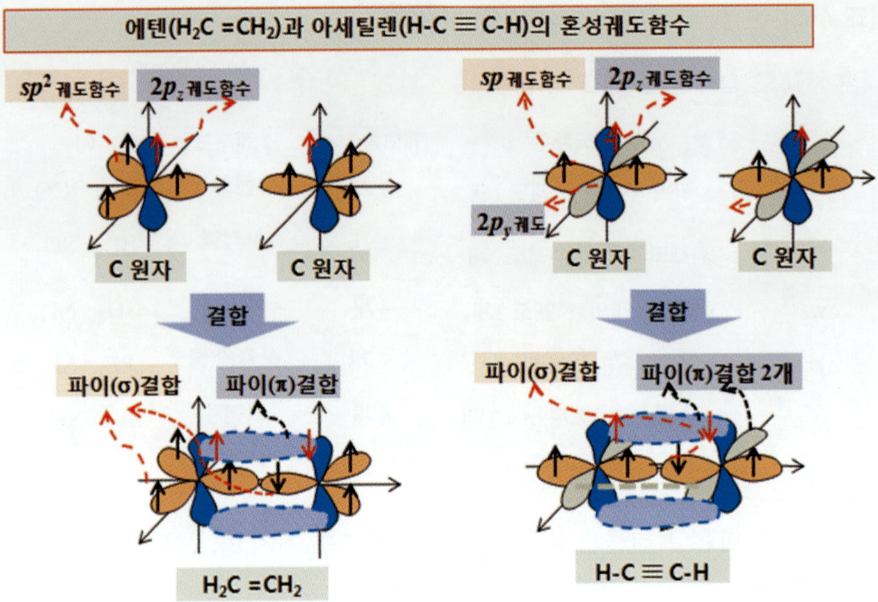

[그림 4-12] 혼성 궤도함수 이론

4-5.

분자 궤도함수

(1) 결합 궤도함수와 반 결합 궤도함수

혼성궤도함수 이론은 원자의 궤도함수가 혼성궤도함수를 형성한다고 가정하여 분자의 기하구조를 잘 설명하였지만, 분자의 전자상태를 정확하게 설명하지 못한다. 예를 들면, NO 분자 같은 홀수 전자를 갖는 분자의 결합을 설명할 수가 없다. 이울러 산소(O_2) 분자는 온도가 낮은 액체 상태에서 자석에 끌리는 자성을 띠게 된다. 이것은 산소 분자에 비공유 전자가 존재한다는 것을 나타낸다. 그러나 루이스 8전자 규칙이나 혼성 궤도함수는 모두 전자가 짝을 이루어서 결합이 형성된다고 설명하기 때문에 이런 자기적인 성질을 설명할 수가 없다. 그리고 어떤 분자가 가시광선을 흡수하여 전자가 다른 궤도로 전이되면서 색을 띠게 된다. 분자 내에서 전자들이 어떻게 배치되고 어떤 전자 천이가 가능한지는 루이스 8전자 규칙이나 혼성 궤도함수로 설명할 수가 없다.

분자 궤도함수 이론은 원자가 서로 결합하기 위하여 가까워질 때, 원자 궤도함수들이 서로 겹치게 된다. 이때 위상이 같을 경우 보상 간섭이 일어나고, 위상이 다를 경우 상쇄 간섭이 일어날 것이다. 이것은 양자역학에서 전자는 파동운동을 한다고 가정했기 때문에 생각할 수 있는 가정이다. 분자 궤도함수는 결합한 원자 궤도함수들이 서로 더해지거나, 빼지거나(선형 조합)하여 분자 궤도함수가 만들어지게 된다.

원자궤도보다 전자를 발견할 확률이 증진된 궤도함수를 **결합성 궤도함수**(bonding orbital), 전자를 발견할 확률이 감소된 궤도함수를 **반-결합성 궤도함수**(anti-bonding orbital)라고 부른다. 원자 궤도함수들이 선형 조합되어 만들어진 분자 궤도함수들(molecular orbital; MO)은 참여한 원자 궤도함수의 수와 같아야 한다. 그리고 결합성 궤도함수는 안정화되어 원자궤도의 에너지 준위보다 낮아지고, 반-결합 궤도함수는 에너지 준위가 높아진다.

분자 궤도에 전자가 채워지는 규칙은 원자 궤도함수에 전자가 채워지는 것과 같은 방법으로 배치된다. 각 분자 궤도함수는 최대 2개의 전자가 들어갈 수 있으며, 전자들은 가능한 가장 낮은 분자 궤도함수에서부터 채워진다. 그리고 같은 에너지를 갖는 궤도가 여러 개 있을 때 Hund의 규칙을 따라서 짝을 이루지 않은 상태로 채워진다.

분자 궤도함수 이론

혼성궤도 함수이론
- **분자의 기하구조는 잘 설명**
- **분자의 자기적 성질을 설명 할 수 없음**

분자궤도 함수이론

"분자궤도함수는 원자 궤도함수들의 선형 조합"

1. **분자 궤도함수의 개수는 결합한 원자 궤도함수와 동일**
2. **결합궤도함수와 반 결합궤도함수가 만들어진다.**
3. **에너지가 증가하는 순서로 분자 궤도함수를 배열함**
4. **모든 원자의 전자들이 분자 궤도함수에 채워짐**

먼저 가장 간단한 분자인 수소 분자(H_2)의 결합을 분자 궤도함수로 설명해 보자. 수소 원자는 1s-궤도에 전자 1개를 가지고 있다. 2개의 수소원자 1s-궤도에 있는 전자는 파동운동을 하기 때문에 위상이 같은 경우 두 수소 원자의 1s-궤도함수가 파가 보상 간섭이 일어나 전자를 발견할 확률이 증가된다. 1s-궤도함수가 충첩되면 원자핵을 잇는 축 상에서 전자를 발견할 확률이 존재하기 때문에 시그마결합(σ-bonding)이라고 한다. 반면에 원자핵을 잇는 축 상에서 전자를 발견할 확률이 없는 마디면을 갖는 결합은 파이결합(π-bonding)이라고 한다. 이 분자 궤도함수를 결합성 궤도함수(bonding orbital, σ_{1s})이라고 부른다. 1s-궤도에 있는 전자의 파동운동의 위상이 다른 경우 두 수소 원자의 1s-궤도함수가 파가 상쇄 간섭이 일어나 전자를 발견할 확률이 감소된다. 이 분자 궤도함수를 반 결합성 궤도함수(anti-bonding orbital, σ_{1s}^{*})이라고 부른다. 결합 궤도함수는 원자의 1-궤도 에너지보다 낮아지고, 반-결합 궤도함수는 원자의 1-궤도 에너지보다 높아진다.

(2) 결합 차수(bond order)

이렇게 형성된 분자 궤도함수에 2개의 전자가 채워지는 데, 결합 궤도함수에 2개가 짝을 이루게 된다. 이때 결합 차수(bond order)는 다음과 같이 정의된다.

$$\text{결합 차수} = \frac{1}{2}[\text{결합 궤도에 채워진 전자수} - \text{반결합 궤도에 채워진 전자수}]$$

따라서 수소 분자는 결합 차수가 1이므로, 단일 결합을 이루고 있다.

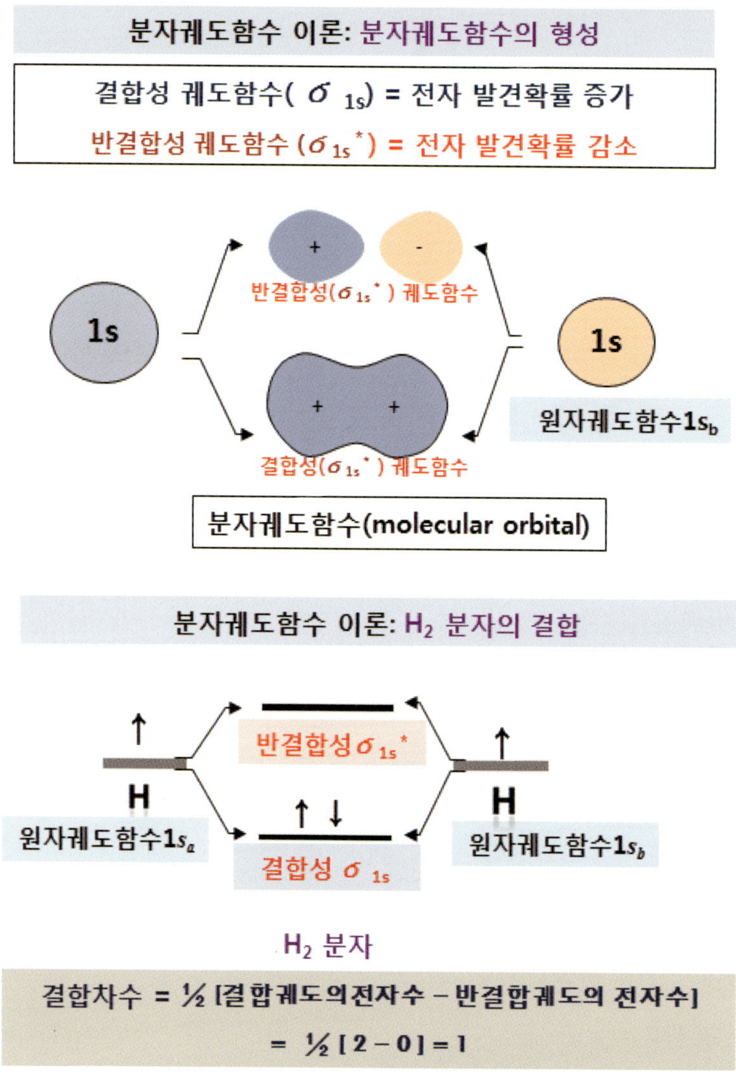

[그림 4-13] H_2 분자의 분자 궤도함수 형성과 결합의 차수

또한 분자 궤도함수이론을사용하면, He은 He_2 분자를 형성할 수 없다는 것을 설명할 수 있다. He_2 분자는 결합성 σ_{1s} 궤도에 2개의 전자가 채워지고, 반결합성 σ_{1s}^* 궤도에 2개의 전자가 채워져서 이때 결합의 차수는 1/2 (2-2) = 0이 된다. 즉 He_2 분자를 형성될 수가 없는 것이다.

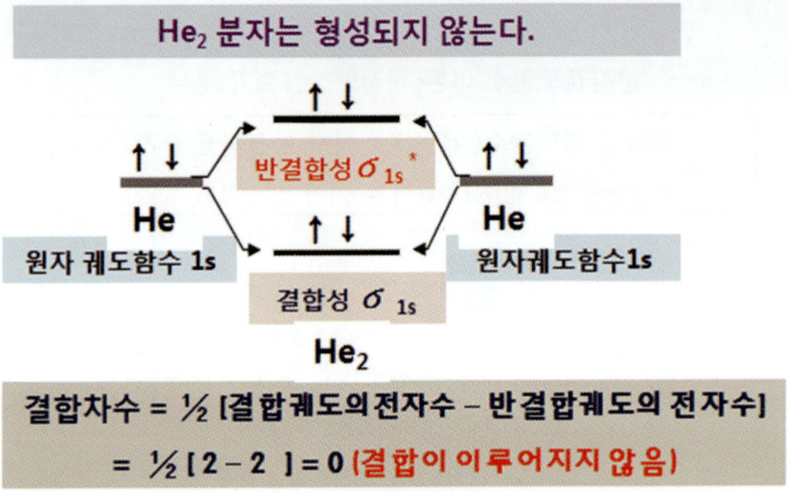

[그림 4-14] 분자궤도함수. He_2 분자는 결합이 형성되지 않는다.

(3) 2주기 원소들의 2원자 분자

2주기 원소들의 결합은 2s-궤도와 2p-궤도함수의 중첩이 일어난다. 2s-궤도함수의 중첩은 원자핵을 잇는 축 상에서 전자를 발견할 확률이 증대된 시그마 결합 궤도함수(σ_{2s})와 시그마 반결합 궤도함수(σ_{2s}^*)이라고 한다. 그리고 2p-궤도함수의 중첩은 두 원자가 접근하는 축 상에 있는 2p-궤도는 시그마결합 궤도함수(σ_{2p})와 시그마 반결합 궤도함수(σ_{2p}^*)를 형성한다. 반면에 두 원자가 접근하는 축에 수직인 2개의 2p-궤도는 파이결합 궤도함수(π_{2p}) 2개와 파이 반결합 궤도함수(π_{2p}^*) 2개를 형성한다.

2p-궤도로 부터 만들어진 분자 궤도함수(σ-결합과 π-결합)

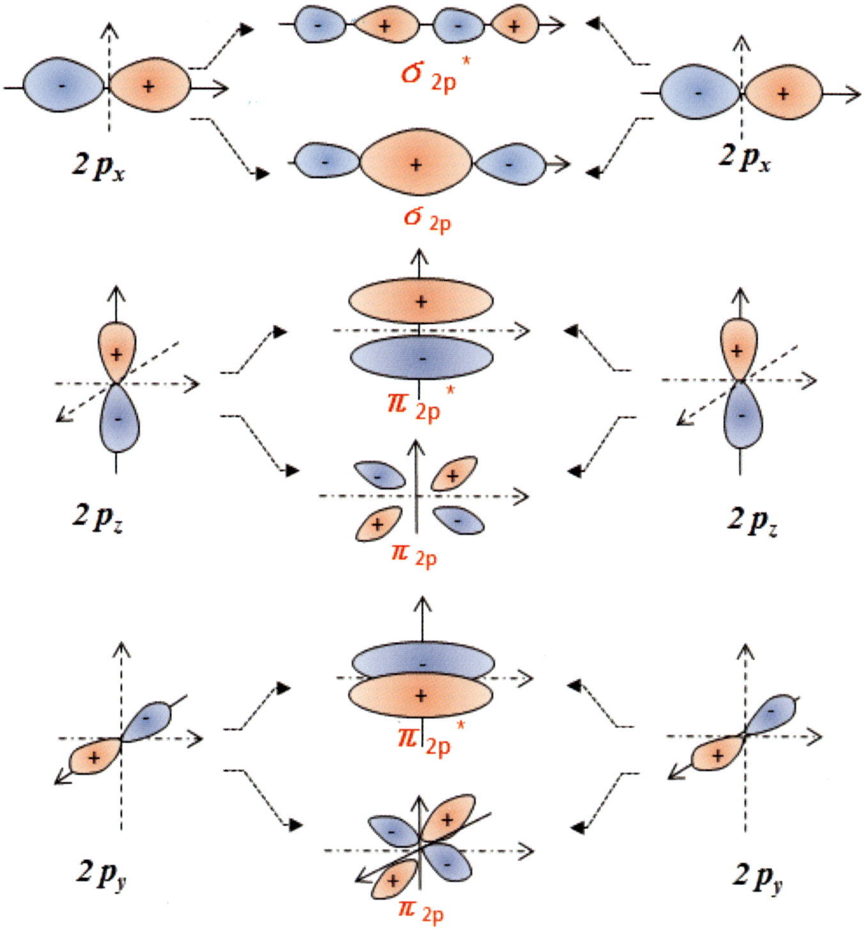

[그림 4-15] 2-p 궤도가 만드는 분자 궤도함수들: 2p-궤도의 중첩은 1개의 σ 결합과 σ^* 반 결합 궤도, 2개의 π 결합과 π^* 반 결합궤도가 형성된다.

2s-궤도함수의 중첩으로 만들어진 시그마 결합 궤도함수(σ_{2s})은 에너지가 낮아지고, 시그마 반결합 궤도함수(σ_{2s}^*)은 에너지 준위가 높아진다. 그리고 2p-궤도함수의 중첩으로 만들어진 시그마 결합 궤도함수(σ_{2p})는 에너지가 가장 낮은 상태이고, 시그마 반결합 궤도함수(σ_{2p}^*)는 가장 높은 에너지 상태를 갖는다. 반면에 2개의 2p-궤도는 파이 결합 궤도함수(π_{2p})는 약간 낮아지고, 2

개의 파이 반결합 궤도함수(π_{2p}^*)의 에너지 준위는 약간 높아진다. 그런데 2주기 2원자 분자의 결합에서 Li_2에서 N_2분자는 σ_{2p}, 결합성 시그마 궤도함수가 σ_{2s}^* 반결합성 시그마 결합과 반발하기 때문에 에너지 준위가 π_{2p}보다 높은 상태로 바뀌게 된다. O_2와 F_2분자는 σ_{2p} 결합성 시그마 궤도함수의 에너지 준위가 π_{2p}보다 낮아지게 된다.

분자 궤도에 전자가 채워지는 규칙은 원자 궤도함수에 전자가 채워지는 것과 같은 방법으로 배치된다. 각 분자 궤도함수는 최대 2개의 전자가 들어갈 수 있으며, 전자들은 가능한 가장 낮은 분자 궤도함수에서 부터 채워진다. 그리고 같은 에너지를 갖는 궤도인 파이 결합궤도함수(π_{2p})는 약간 낮아지고, 2개의 파이 반 결합 궤도함수(π_{2p}^*)궤도에는 훈트 규칙을 따라서 짝을 이루지 않은 상태 하나씩 채워진다. 따라서 산소분자(O_2)는 상자기성을 띄게 된다.

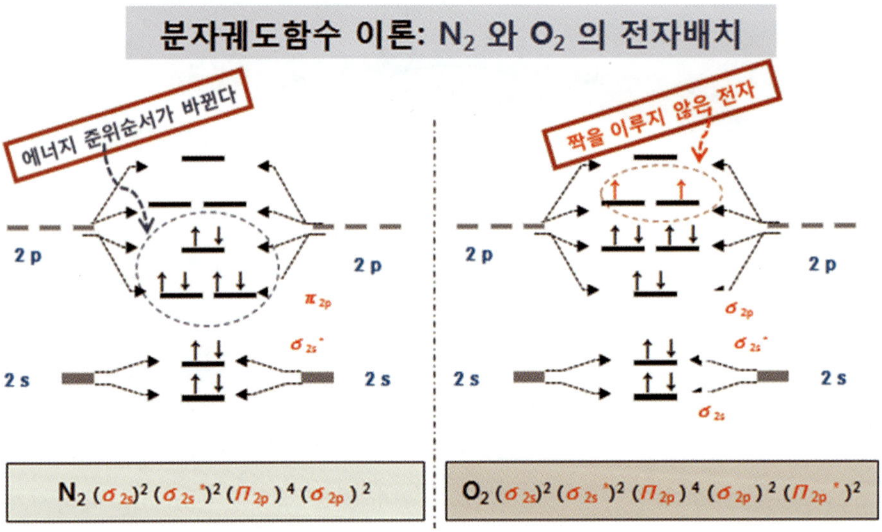

[그림 4-16] 2주기 원소의 동핵 2원자 분자의 분자 궤도함수(N_2와 O_2분자)

[예제 4-9] 분자 궤도함수 이론을 이용하여, 산소 분자(O_2)와 과산화 이온 (O_2^{2-})의 전자구조, 결합 차수, 쌍을 이루지 않는 전자수를 예측하여라.

풀이

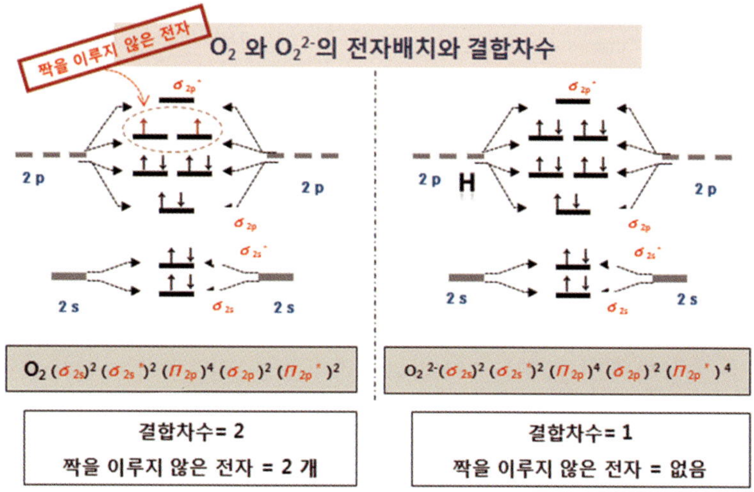

(4) 서로 다른 2원자 분자

서로 다른 원자들이 결합할 때 분자궤도 함수는 전기음성도가 큰 원자궤도 함수가 낮은 에너지 상태이므로 서로 중첩되는 원자 궤도함수들이 달라지게 된다. 예를 들면, HF는 수소의 1s-궤도와 F의 2p-궤도가 중첩되어 시그마 결합 궤도와 반결합 궤도가 만들어진다. 그리고 결합궤도에 1쌍의 전자가 배치되어 단일결합을 형성한다. NO 분자는 8전자 규칙으로 결합을 설명할 수 없지만,

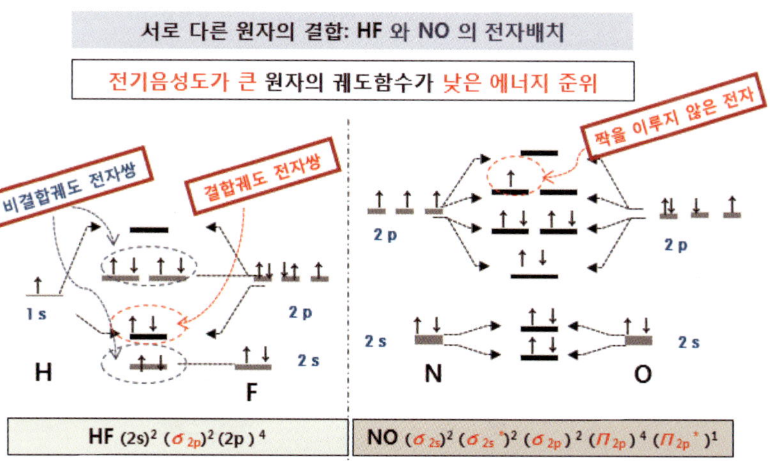

[그림 4-17] 2주기 원소의 이핵 2원자 분자의 분자 궤도함수(HF와 NO 분자)

분자 궤도함수 이론을 사용하면, 결합을 잘 설명할 수 있다. NO 분자에서 두 원자의 전기음성도가 비슷하기 때문에 같은 2원자 분자의 궤도함수와 에너지 준위가 비슷하게 배치된다. 따라서 짝을 이루지 않은 전자가 파이 반결합궤도(π_{2p}^*)에 1개 존재한다. 결합 차수는 2.5결합이라고 할 수 있다.

(5) 비 편재화된 분자 궤도함수

분자 궤도함수는 간단한 2원자 분자들은 결합을 이해할 수 있지만, 원자수가 많은 다원자 분자들은 분자 궤도함수를 만드는 것이 복잡하고 어려운 일이다. 그래서 이런 분자들은 시그마결합은 원자가 결합이론(혼성 궤도함수)으로 설명하여 분자의 골격 기하구조를 설명하고, 파이결합을 이루는 궤도함수만 분자 궤도함수 이론을 적용하여 비 편재화된 파이결합으로 설명한다. 다시 말하자면, 파이 결합 전자들이 어느 한쪽 결합에 편중되지 않고 전체 원자에 골고루 분포되어 있다는 것을 의미한다. 앞에서 8전자 규칙으로 결합을 설명할 때 루이스 구조의 한계를 보완하기 위하여 공명구조를 도입하여 설명하는 것과 같이 비 편재화된 파이결합을 사용하면 분자의 성질을 잘 설명할 수 있다.

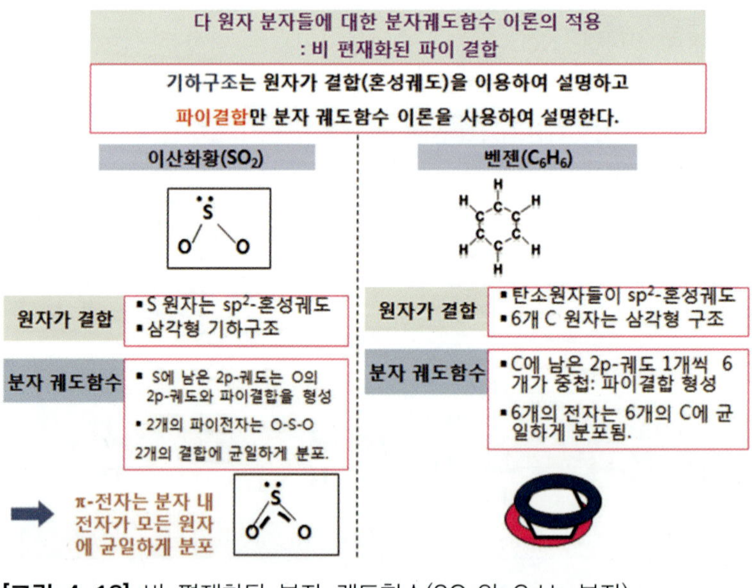

[그림 4-18] 비 편재화된 분자 궤도함수(SO_2와 C_6H_6 분자)

질산 이온의 원자가 결합은 질소 원자(N)가 sp^2-혼성 궤도를 형성하여 O원자와 시그마 결합을 형성하여 삼각형 구조가 되고, 질소 원자의 남은 2p-궤도 1개와 산소 원자의 2p-궤도 3개와 중첩되어 비 편재화된 파이결합 궤도를 형성한다. 따라서 질소 원자에 남은 2개의 전자는 비 편재화된 파이결합 궤도에 골고루 분포되는 것이다. 파이전자 2개는 어느 N-O결합에 편중된 것이 아니고, 3개의 N-O결합에 균일하게 분포되어 있다는 것을 의미한다. 벤젠분자의 경우도 비 편재화된 파이결합 궤도함수로 설명할 수 있다. 6개의 탄소원자는 sp^2-혼성 궤도를 형성하고 삼각형 구조가 된다. C에 남은 2p-궤도 1개씩 6개가 서로 중첩되어 파이결합 궤도를 형성하고 6개의 남은 전자는 6개의 C에 균일하게 분포된다. 따라서 벤젠분자에서 파이전자는 어느 3개의 결합에 편중되어 있지 않고, 6개의 탄소 원자에 균일하게 분포되어 있다고 할 수 있다.

금속과 비금속 그리고, 준금속은 띠이론(band theory)로 설명할 수 있다. 띠이론은 원자 궤도함수의 중첩이 일어나, 결합 궤도함수는 전자가 채워진 결합 궤도함수들이 뭉쳐진 원자가 띠(valence band)를 형성하고, 반결합 궤도함수들은 전도띠(conduction band)가 형성된다. 도체는 원자가 띠와 전도띠가 겹쳐져 있어서 준위가 차이가 없으므로, 전자가 자유롭게 이동될 수 있고, 부도체는

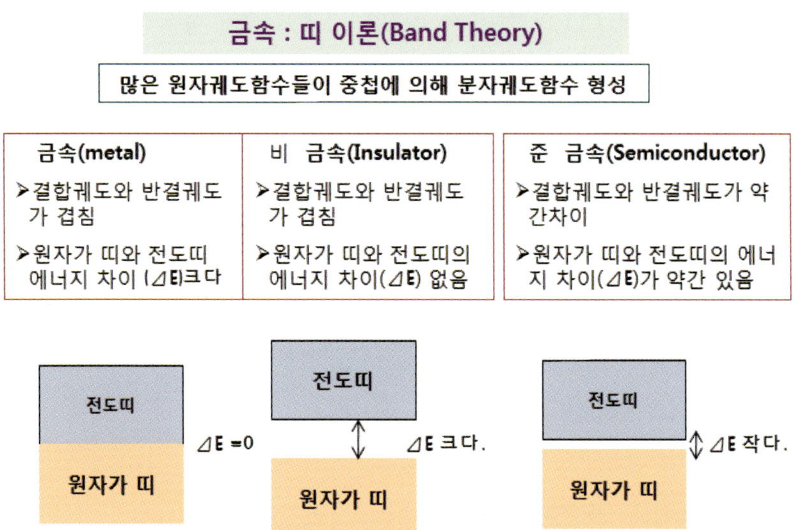

[그림 4-19] 금속의 결합을 설명하는 띠이론. 금속, 비금속, 그리고 준금속

원자가 띠와 전도띠의 에너지 차이가 크기 때문에 전자가 이동될 수가 없으므로 전기를 통할 수 없다. 그런데 준금속들은 원자가 띠와 전도띠의 에너지 차이가 약간 크기 때문에 전자가 이동되기 위해서 약간의 전압을 걸어 주어야 한다. Si이나 Ge은 원자가 띠와 전도띠의 에너지 차이가 적은 준금속 들이다. 준금속인 Si이나 Ge에 5족인 Sb같은 원소를 미량 혼입하여 n-형 반도체가 만들어지고, 3족인 Ga이나 In같은 원소를 미량 혼입하면, p-형 반도체가 만들어진다. 이렇게 만들어진 반도체 물질들은 현대사회에서 필수적인 컴퓨터나 휴대폰 등 다양한 IT기기들의 기반이 되었다.

[학습퀴즈 4-1] CH_4의 Lewis 구조를 나타낼 때, 다음의 빈 칸에 알맞은 숫자를 써라.

(1) 8전자 규칙에 필요한 전자 수 = (　　) 개

(2) 전체 원자가 전자 수 = (　　) 개

(3) 공유 전자쌍의 수 = (　　) 개

(4) 비공유 전자쌍의 수 = (　　) 개

[학습퀴즈 4-2] 다음 CO_2의 루이스 구조를 그리고 C의 형식전하를 계산하라.

[학습퀴즈 4-3] 다음의 분자의 이상적인 결합각을 결정하여라.

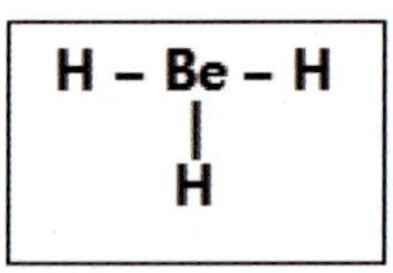

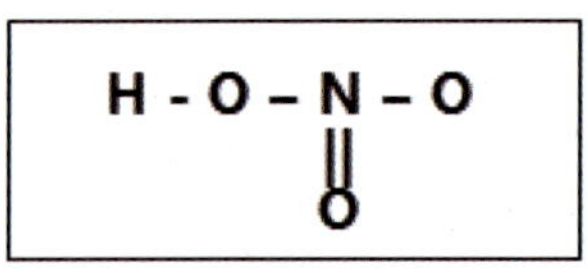

[학습퀴즈 4-4] 다음 분자들 중 쌍극자 힘을 갖는 극성 분자를 모두 찾아라.

(1) SO_2　(2) $BeCl_2$　(3) SF_4　(4) PCl_5

[학습퀴즈 4-5] 분자 궤도함수 이론을 사용하여 O_2, O_2^+이온, O_2^{2-}이온, 세 가지의 산소와 산소 사이의 결합길이가 작은 것부터 순서대로 나열하여라.

[학습퀴즈 4-1 풀이] (1) 8 (2) 16 (3) 8 (4) 0

[학습퀴즈 4-2 풀이] O=C=O, C의 형식전하 = 4 - 4 = 0

[학습퀴즈 4-3 풀이] BH_3는 B의 결합원자는 3개이고 비공유 전자쌍은 없으므로, 삼각형 구조로 각각 H-B-H 120°이다. HNO_3는 질소 원자에 결합된 원자는 3개이고 비공유 전자쌍이 없으므로, 삼각형 구조로 각각 O-N-O 각도는 120°이고, 산소원자는 H와 N 두 원자와 결합되어 있고, 비공유 전자쌍 2쌍이 있으므로, 굽은 구조가 되어 109°로 예측된다.

[학습퀴즈 4-4 풀이] VSEPR 이론을 사용하면, (1) 입체수 = 3, (비공유 전자쌍 수 = 1개) 굽은구조 (2) 입체수 = 2, (비공유 전자쌍수 = 없음) 선형 (3) 입체수 = 5, (비공유 전자쌍 수 = 1개) 시소 모양 (4) 입체수 = 5, (비공유 전자쌍 수 = 없음) 삼각쌍 뿔 구조

[학습퀴즈 4-5 풀이] 분자궤도함수에 전자를 채우면, O_2 결합 차수는 2, O_2^+이온의 결합차수는 3, O_2^{2-}이온의 결합차수는 1이다. 결합 차수가 클수록 결합길이가 짧다.

O_2^+ 이온 < O_2 분자 < O_2^{2-}

[주요개념]

☑ Lewis의 8전자 규칙 :

- 원자들은 0족 기체처럼 8개의 원자가 전자를 가져야 안정하다.

☑ Lewis 구조 그리기 :

- 원자들이 8개의 원자가 전자 갖도록 공유전자와 비공유 전자쌍 배치

☑ Lewis 8전자 규칙의 예외

☑ 분자의 기하구조: 원자가 전자쌍 반발(VSEPR)이론

☑ 분자의 극성 :

- 극성 공유 결합 : 전자 밀도가 비대칭적으로 배치됨.
- 비극성 공유 결합 : 결합원자에 동일한 전자밀도 분포

☑ 혼성 궤도함수 이론 : sp, sp^2, sp^3, sp^3d, sp^3d^2 혼성 궤도형성

☑ 분자 궤도함수 이론 :

- 원자의 궤도함수가 선형 조합하여 분자 궤도함수가 만들어진다.
- 결합 궤도함수, 반결합 궤도함수, 비결합 궤도함수

[주요 식]

☑ 형식전하 = 분자 내에서 원자가 가지고 있는 전자의 갯수를 나타낸다.

원자의 원자가 전자 수 - (공유결합 전자 수 / 2 + 비공유 전자 수)

☑ VSEPR 이론에서 기하 구조 :

입체수(SN) : 2(선형), 3(삼각형), 4(사면체), 5(삼각쌍뿔), 6(8면체)

☑ 혼성 궤도함수에서 기하구조 :

sp(선형), sp^2(삼각형), sp^3(사면체), sp^3d(쌈각쌍뿔), sp^3d^2(팔면체)

☑ 분자 궤도함수이론:

☑ 결합 차수 = (1/2) × [결합 궤도함수의 전자 수 - 반결합 궤도함수의 전자 수]

화학결합의 개요

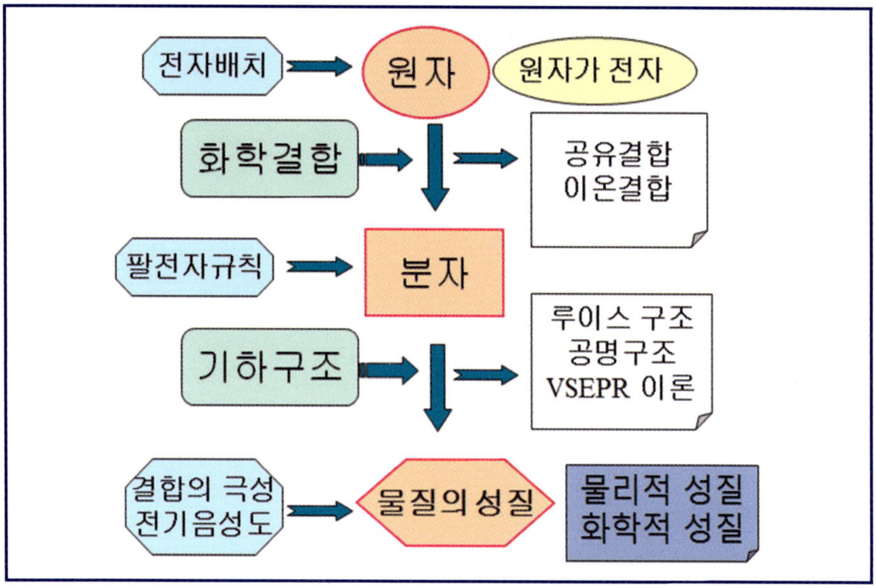

제4장 (화학 결합)의 개요

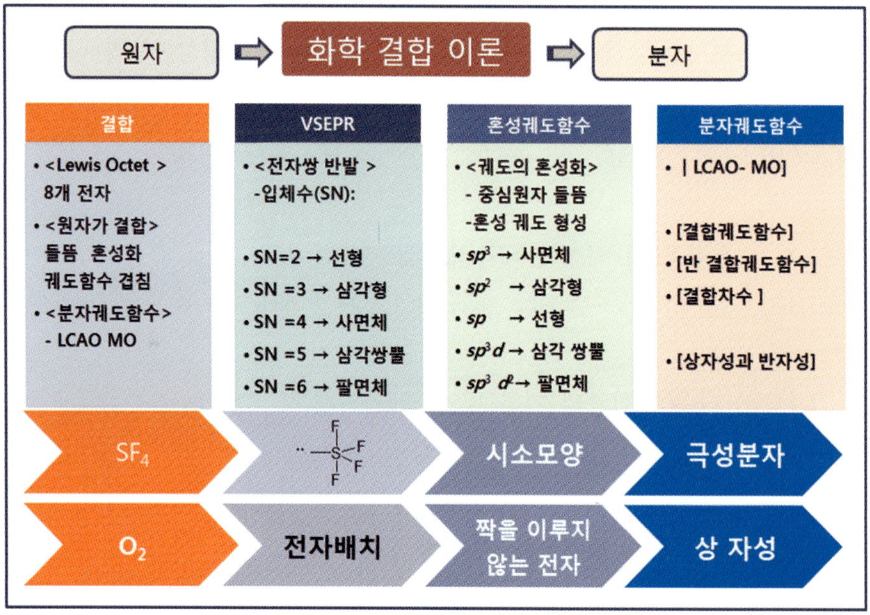

연습문제

[4-1] 다음 화합물 중에서 루이스 8전자 규칙으로 설명이 불가능한 분자를 모두 골라라.

① N_2H_4 ② NO ③ NO_2 ④ N_2O ⑤ NH_4

[4-2] 루이스 구조를 그리고, VSEPR 이론에 의거하여 기하구조를 예측하시오.

(a) CH_4 (b) CO_2 (c) SF6 (d) PCl_5

[4-3] 다음의 분자에 대하여 Lewis 구조를 그리고, 어떤 구조인지 쓰시오. 밑줄친 원소가 중심원자이다.

(a) $\underline{N}H_3$ (b) $\underline{S}O_3$ (c) $\underline{C}O_2$ (d) $H\underline{C}O_2$ (e) $\underline{P}Cl_5$

[4-4] 다음 화합물에서 파이결합과 시그마결합의 수를 쓰시오.

(a) NH_3 (b) SO_2 (c) N_2 (d) $H_2C{=}CH_2$

[4-5] 다음 분자들은 중심원자가 어떤 혼성궤도 함수를 형성하는가? 그리고 기하구조는 어떤 구조인가?

(a) $CHCl_3$ (b) SF_6 (c) PCl_5 (d) $H_2C{=}CH_2$

[4-6] 다음 화합물 중 극성과 비극성으로 분류하여라.

① HF ② CCl_4 ③ SF_4 ④ PCl_5 ⑤ NH_3

[4-7] **[심화]** 다음 화학종의 기하구조를 예측하시오.

(a) SO_2 (b) I_3^- (c) SF_4 (d) O_3 (e) XeF_4

[4-8] **[심화]** 다음의 공명구조를 그리시오.

(a) O_3 (b) NO_3^- (c) NNO

[4-9] **[심화]** 다음 화합물의 결합각도가 증가하는 순서로 나열하여라.

① H_2O (∠H-O-H) ② NH_3 (∠H-N-H)

③ CH3Cl (∠H-C-H) ④ CH_4 (∠H-C-H)

[4-10] **[심화]** 아미노산 중에서 글라신(glycine, H2N-CH_2COOH)의 구조를 보고, C원자와 N원자의 혼성 오비탈을 결정하시오.

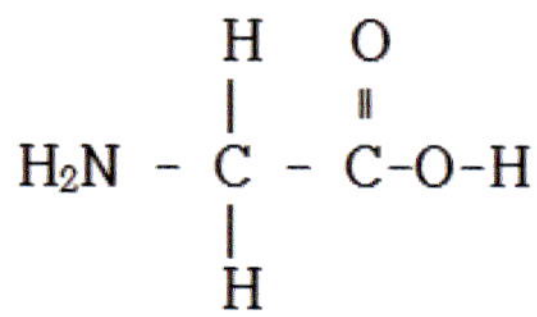

[4-11] **[심화]** ($POCl_3$)의 가능한 두 가지 Lewis 구조를 그려라. 형식전하에만 근거한다면 어느 것이 더 적합한가?

[4-12] **[심화]** 분자 궤도함수 이론을 근거로 다음 산소 분자와 이온들(O_2^+, O_2, O_2^-)의 결합에 대하여 답하여라.

(a) 분자 궤도함수(MO)의 상대적인 에너지 준위를 그리고, 전자를 배치하여라.

(b) 각각에 대한 결합 차수를 계산하시오.

(c) 이 세 가지 산소 화학 종의 짝을 이루지 않은 전자의 수는 몇 개인가?

(d) 이 세 가지 산소 종들에서 산소-산소 거리가 작은 것부터 큰 것 순서로 배열시켜라.

[4-13] **[심화]** 분자 궤도함수 이론을 근거로 일산화질소(NO) 분자의 결합에 대하여 답하여라.

(a) 분자 궤도함수(MO)의 상대적인 에너지 준위를 그리고, 전자를 배치하여라.

(b) 각각에 대한 결합 차수를 계산하시오.

(c) 짝을 이루지 않은 전자의 수는 몇 개인가?

(d) 일산화 질소(NO)의 결합길이는 질소 분자(N_2)의 결합길이와 비교하면, 어느 것이 더 길 것인가 예측하고, 타당한 이유를 설명하여라.

[4장 연습문제 정답]

[4-1] ② ③ ⑤

[4-2] (a) 정사면체 (b) 선형 (c) 정팔면체 (d) 삼각쌍뿔

[4-3] (a) 피라미드 (b) 평면 삼각형 (c) 선형 (d) 평면 삼각형 (e) 삼각쌍불

[4-4] (a) 시그마결합 3개 (b) 시그마결합 2개, 파이결합 1개
(c) 시그마결합 1개, 파이결합 2개 (d) 시그마결합 5개, 파이결합 1개

[4-5] (a) sp^3 혼성 궤도, 사면체 (b) sp^3d^2 혼성 궤도, 팔면체 (c) sp^3d 혼성 궤도, 삼각쌍뿔
(e) sp^2 혼성 궤도, 삼각형

[4-6] 극성: ① ③ ⑤ 비극성: ② ④

[4-7] **[심화]** (a) 굽은 구조(bent) (b) 선형(linear) (c) 시소(see-saw) (d) 굽은 구조

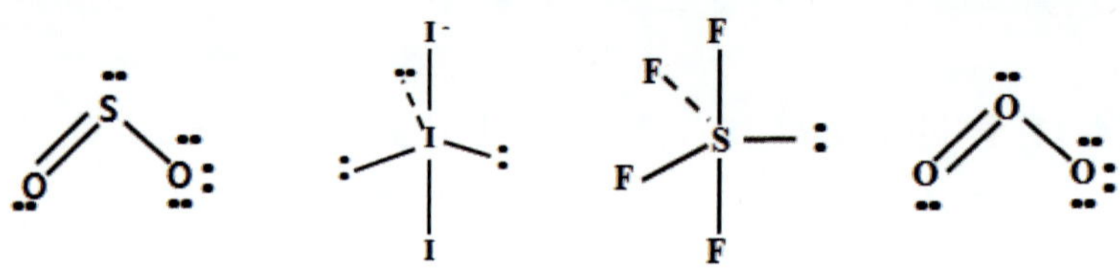

(e) 시소 또는 평면 사각형

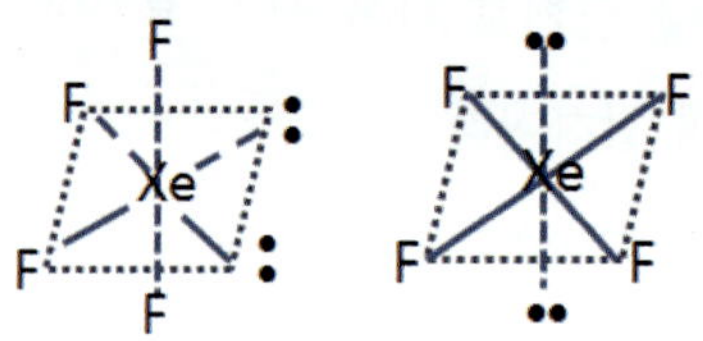

[4-8] **[심화]** (a)

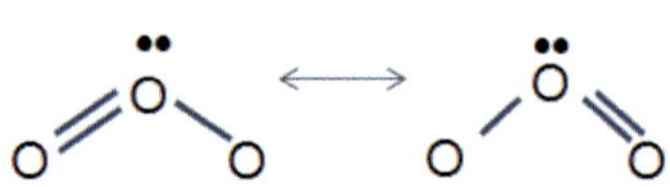

(b)

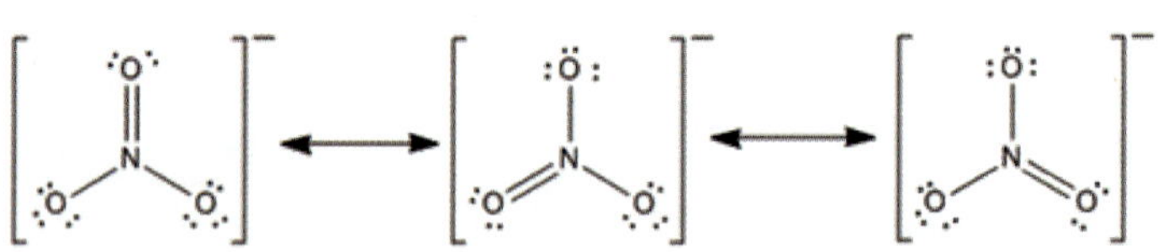

(c)

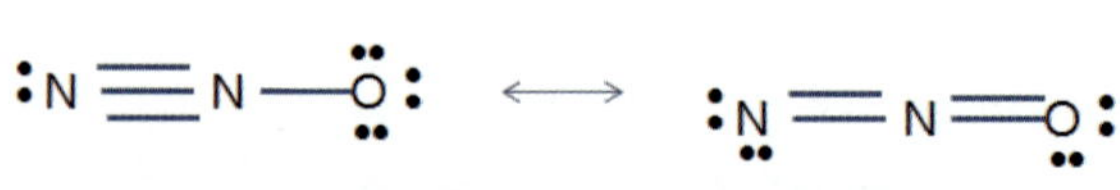

[4-9] **[심화]** ① (104.5) < ② (107) ④ (109.5) < ③ (110.5)

[4-10] **[심화]** N: sp^3 혼성 궤도, C:sp^3 혼성 궤도, C: sp^2 혼성 궤도

[4-11] [심화] (a)

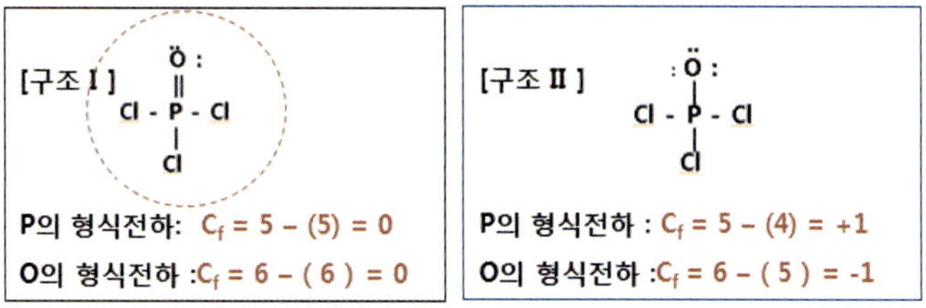

형식전하가 낮은 구조(I) 가 안정한 구조임.

(b) 구조 I이 구조 II보다 더 타당한 루이스 구조이다.

[4-12] [심화] (a)

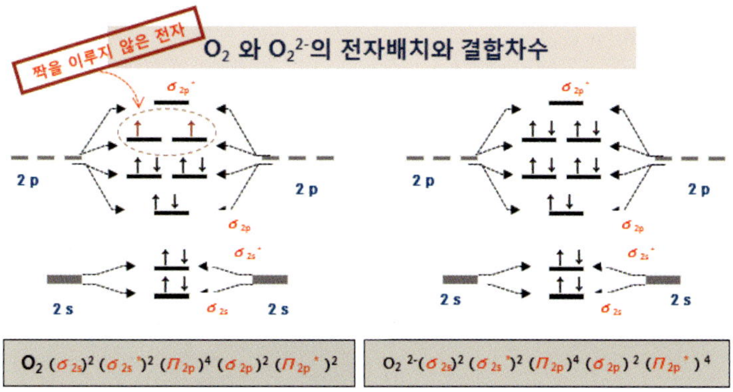

(b) O_2^+: 2,5, O_2: 2, O_2^-: 1.5

(c) O_2^+: 1개, O_2: 2개, O_2^-: 1개 (d) $O_2^+ < O_2 < O_2^-$

[4-13] [심화] (a)

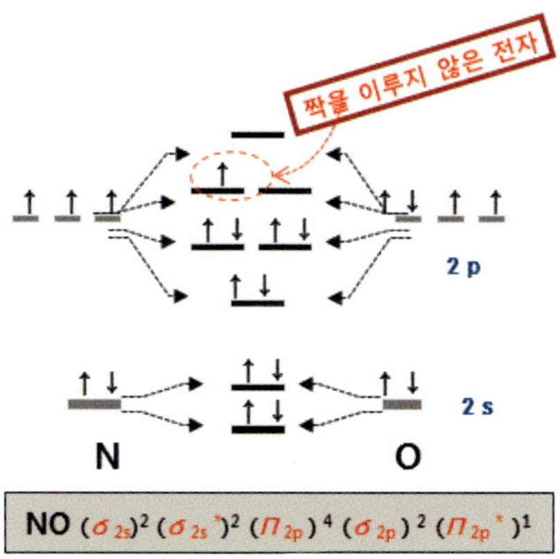

(b) 2.5 (c) 1개

(d) NO 분자는 결합차수가 2.5이고, N_2 분자는 결합차수가 3차이므로, NO분자의 결합 길이가 N_2 분자보다 길다.

05 CHAPTER

기체의 성질

CONTENTS

[학습목표]

① 기체 법칙 : 보일의 법칙, 샤를의 법칙, 아보가드로 법칙을 알아본다.
② 기체의 상태변수 P, V, T, n 사이의 이상기체 상태방정식을 활용한다.
③ 돌턴의 분압의 법칙을 사용하여 부분 압력을 계산한다.
④ 이상기체의 운동에너지와 속도를 구할 수 있다.
⑤ 그레이엄의 확산 속도의 법칙을 활용한다.
⑥ 실제기체는 낮은 온도에서 압력을 가하면 액화된다. 실제기체의 압축인자가 이상기체와 다르다.

[OX퀴즈 5-1] 압력이 증가되면 기체의 부피는 증가된다.

정답 ×

해설 보일의 법칙에서 기체의 부피는 압력에 비례한다.

[OX퀴즈 5-2] 기체의 압력이 높으면 이상기체 법칙에서 벗어난다.

정답 ○

해설 이상기체 법칙은 기체 분자 간의 인력이 없는 기체를 말한다. 높은 압력에서 기체 분자 간 거리가 가까워져서 분자 간 인력이 크게 작용한다.

[기체 상태의 특징]

기체 상태는 다음과 같은 특징을 가지고 있다.

① 기체 상태는 분자 간의 거리가 멀고, 분자 간에 작용하는 인력이 약하다.

② 기체는 일정한 모양과 형태가 없다.

③ 기체의 부피는 온도 및 압력의 변화에 따라 크게 변화된다.

④ 기체의 압력은 기체 분자가 용기의 벽에 충돌해서 생기는 힘에 의해서 생긴다.

⑤ 기체 분자들은 주어진 용기 안에서 빠른 속도로 자유롭게 운동하기 때문에 빠른 병진운동을 하며, 운동에너지는 절대 온도에 비례한다.

⑥ 기체는 스스로 주위로 퍼져나가는 확산하는 성질이 있다.

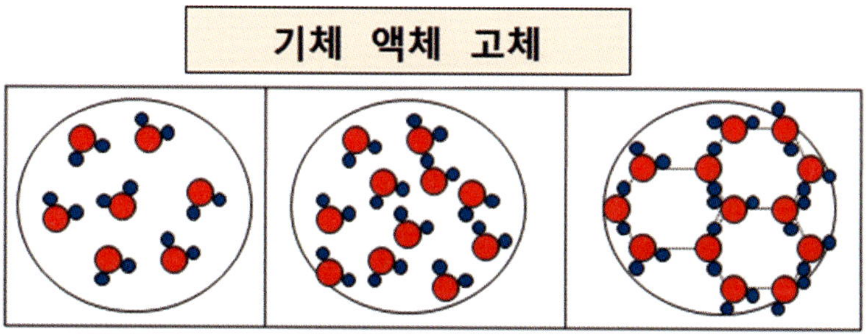

상태	기체	액체	고체
분자간 거리	멀다	가깝다	가깝다
분자간 인력	약하다	인력이 중요	인력이 강하다
공간 구조	부 작위 배열	무 작위 배열	결정구조

[그림 5-1] 물질의 상태. 고체, 액체, 그리고 기체

5-1.

이상기체 법칙

(1) 상태 변수들 - 온도(T), 압력(P), 부피(V), 몰 수(n)

기체는 담겨 있는 용기 균일하게 팽창하여 용기에 채워진다. 기체의 성질을 알아보기 위해서 필요한 물리적인 변수들은 4가지가 있다. 기체의 부피(V), 몰 수(n), 온도(T)와 압력(P)이다. ① 기체의 부피는 그것을 담는 용기의 부피임을 뜻한다. 이러한 기체의 부피는 리터(L), 세제곱 센티미터(cm^3), 또는 세제곱 미터(m^3)로 나타낼 수 있다. 또 이 시료에 든 ② 기체의 양은 몰(mole) 수로 나타낸다. ③ 기체의 온도는 열 에너지의 양을 나타내는 물리적 성질로써, 섭씨온도(℃)와 화씨온도(°F)가 주로 쓰이지만, 국제표준단위로 온도는 켈빈 척도(K)로 나타낸다. 우리가 흔하게 쓰는 섭씨온도와 켈빈온도 사이를 변환하려면 섭씨온도에 273.15을 더하여 구하면 된다. T(K) = t(℃) + 273.15. 그리고 화씨온도는 섭씨온도로 환산할 때 t(℃) = 5/9(F(°F) - 32) 식을 사용한다. ④ 기체의 압력은 단위면적에 작용하는 힘을 의미하고, 기압(atm) 또는 mmHg 단위를 사용한다. 그러나 국제표준단위는 파스칼(Pa, N/m^2)이며, 1 atm = 760 mmHg = $1.01325 \times 10^5\ N/m^2 = 1.01325 \times 10^5$ Pa와 같은 압력이다. 또한 1 atm = 14.7 psi이다.

[예제 5-1] 실온에서 드라이아이스(고체 CO_2, 몰 질량 = 44.0 g/mol)는 기체로 된다. 25 ℃에서 드라이아이스 100.0 g을 부피 10.0 L 철탱크에 넣었다. 이 탱크의 압력계가 10.5 atm를 나타낸다. 이 탱크의 부피를 m^3으로, CO_2의 양을 몰(n)로, 온도를 K로, 그리고 압력을 파스칼(Pa)로 바꾸어라.

풀이

기체	단위 환산
몰수	$100.0\,g \Rightarrow \dfrac{100.0\,g}{44.0\,/mol} = 2.27\,mol$
부피	$100.0\,L \Rightarrow 100.0\,L \times (10^{-3}\,m^3/L) = 0.1000\,m^3$
온도	$\mathrm{T} = 25.00 + 273.15 = 298.15\ \mathrm{K}$
압력	$11.0\,atm \Rightarrow 10.0\,atm \times (1.01325 \times 10^5\,pa) = 1.01325 \times 10^6\,pa$

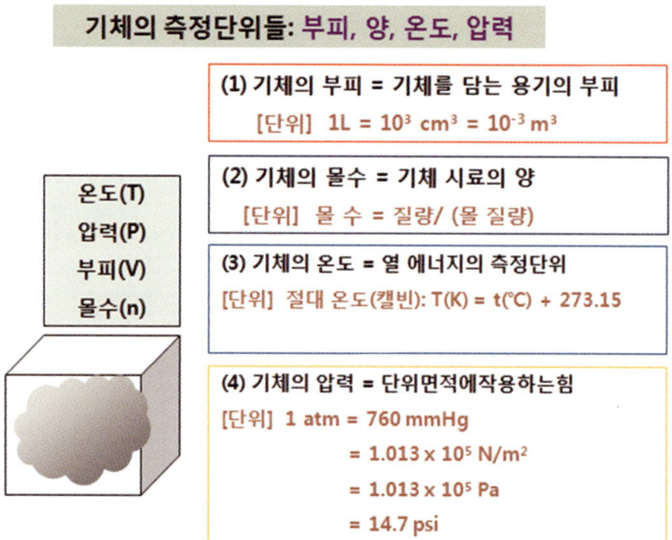

[그림 5-2] 상태변수들. 온도, 압력, 부피, 그리고 물질의 몰수

(2) 기체 법칙들 – 보일의 법칙, 사를의 법칙, 아보가드로 법칙

모든 기체는 양, 온도, 압력과 부피가 상관관계가 있다. 오래전부터 기체의 법칙은 실험을 통해서 잘 알려져 왔다. ① 보일(Boyle)은 기체의 부피는 압력이 증가되면 줄어들고, 압력이 감소되면 늘어나는 현상을 관측하여 "일정한 온도에서 기체의 부피는 압력에 반비례한다. ($P \propto 1/V$)"는 보일의 법칙을 제안하였다. 그리고 ② 샤를(Charles)은 "기체의 부피는 절대온도에 비례한다. ($V \propto T$)"는 샤를의 법칙을 발견하였다. 또한 ③ 아보가드로 법칙(Avogaro's law)은 동일한 온도와 압력에서 같은 부피 속에 들어있는 기체의 몰수는 동일하다는 것이다. 즉, "기체의 부피는 몰수에 정비례한다. ($V \propto n$)"는 것을 밝혀냈다.

이 기체에 관한 3가지 법칙은 종합하면, 압력(P), 부피(V), 절대 온도(T), 그리고, 기체의 몰 수(n) 사이의 관계식인 이상기체 법칙을 나타낼 수 있다. PV/T$\propto n$. 여기서, 비례상수의 상수는 아보가드로 법칙을 적용하면 구할 있다. 0 ℃, 1 atm에서 모든 기체의 1 몰의 부피는 22.4 L가 된다. 따라서, 기체상수(gas constant) R = 0.082 atm L/mol K가 되고, 국제표준단위로 환산하면, R = 8.314 J/mol K가 된다. 이 값은 기체의 종류에 무관하게 모든 기체에 동일하게 적용되는 기체상수이다. 이와 같이 ④ 이상기체 법칙은 이상기체 방정식으로 나타낼 수 있다.

$PV = nRT$ (이상기체 상태방정식)

여기서 기체상수 다음과 같이 주어지는 상수이다.

$R = 0.082\, atm\ L/\ mol K = 8.314\, J/mol K$

이상기체 방정식을 사용하면, 기체의 압력, 부피, 온도, 그리고 몰 수를 구할 수 있다.

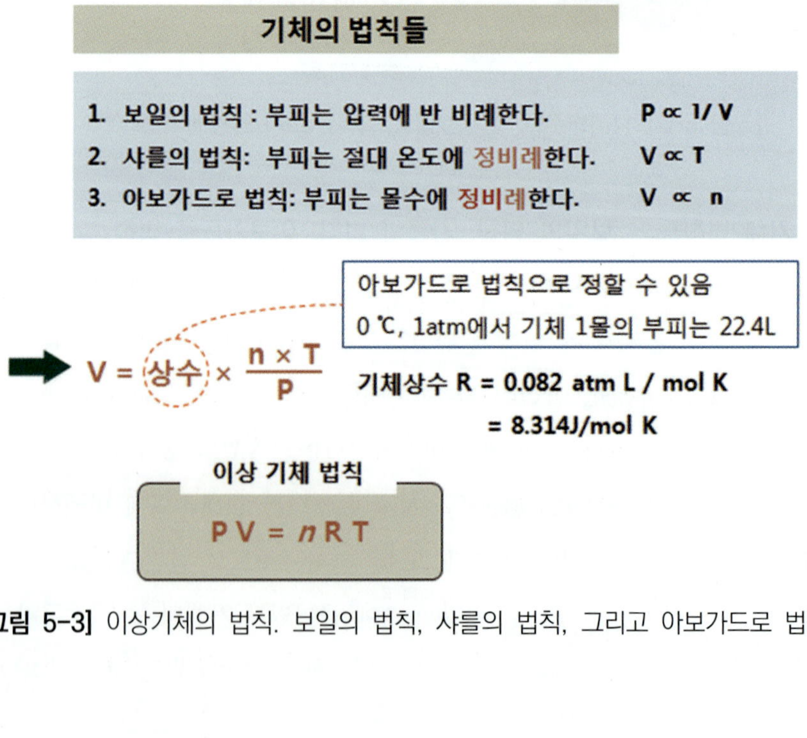

[그림 5-3] 이상기체의 법칙. 보일의 법칙, 샤를의 법칙, 그리고 아보가드로 법칙

[예제 5-2] 25 ℃에서 기체의 압력이 1.0 atm이었는데, 온도를 95 ℃로 올리면 기체의 압력은 몇 atm인가?

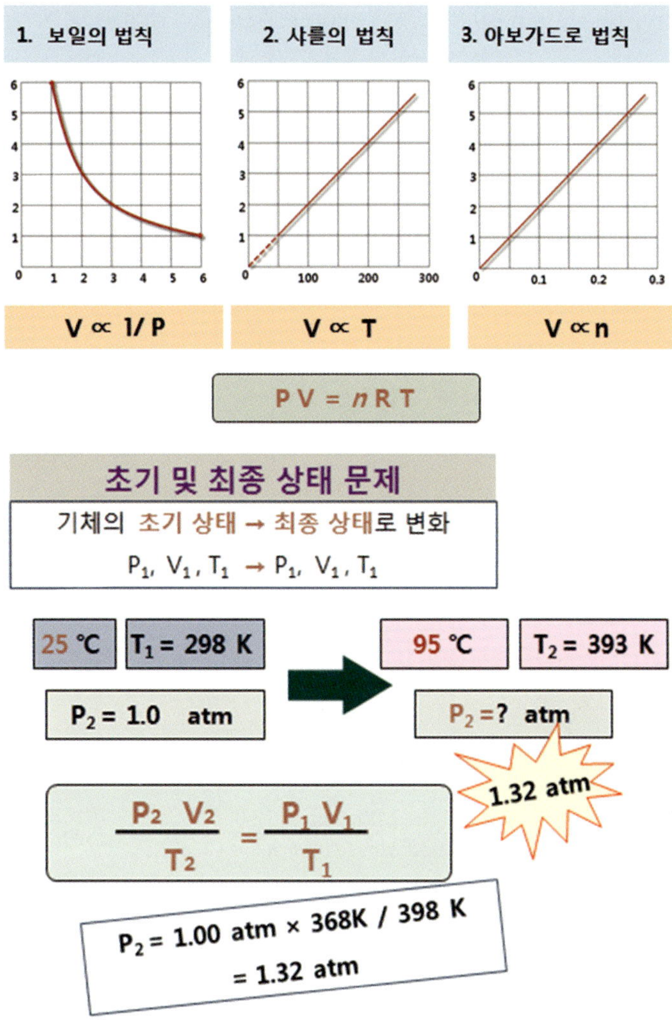

[그림 5-4] 보일의 법칙, 샤를의 법칙, 그리고 아보가드로 법칙

[예제 5-3] 온도가 50 ℃로 일정하게 유지된 실린더에 담겨있는 기체의 압력이 255 mmHg이다. 실린더의 밸브를 열어 75 %의 기체가 빠져 나갔다면, 최종 압력은 몇 mmHg인가?

풀이 남은 기체의 압력 $P_2 = 0.25 \times P_1 = 0.25 \times 255 \text{ mmHg} = 64 \text{ mmHg}$

(3) 기체 반응에서 부피의 결합 법칙

게이뤼삭은 기체 반응에서 부피 결합의 법칙을 발견하였다. 일정한 온도와 압력에서 일어나는 반응의 어느 두 기체의 부피비는 반응하는 몰 수의 비와 같다는 것이다. 수소와 산소가 반응하여 수증기가 생기는 기체반응에서 $2H_2(g) + O_2(g) \rightarrow 2H_2O(g)$ 수소와 산소의 부피비는 2:1이 된다. 즉, 반응하는 수소의 부피는 산소의 2배라는 것을 알 수 있다. 이처럼 반응하는 기체의 반응하는 부피비는 화학 반응식의 계수비로 정해지는 몰비와 같다.

[예제 5-4] 다음 기체반응에 대하여 답하여라.

$$2H_2(g) + O_2(g) \rightarrow 2H_2O(g)$$

(1) 25 ℃와 1.00 atm인 $O_2(g)$ 1.0 L와 반응하는 데 필요한 $H_2(g)$의 부피는 몇 L인가?

(2) 위 반응에서 생성된 $H_2O(g)$의 부피는 몇 L인가?

(3) 25 ℃와 1.00 atm 생성된 $H_2O(g)$의 몰수는 몇 몰인가?

풀이 (1) $V_{H_2} = 1.00\,L\ O_2 \times \dfrac{2\text{부피}\ H_2}{1\text{부피}\ O_2} = 2.00\,L\ H_2$

(2) $V_{H_2O} = 1.00\,L\ O_2 \times \dfrac{2\text{부피}\ H_2O}{1\text{부피}\ O_2} = 2.00\,L\ H_2O$

(3) $n_{H_2O} = \dfrac{PV}{RT} = \dfrac{(1.0\ atm) \times (2.0\ L)}{(0.082\ atmL/mol\ K) \times (298\ K)} = 0.0818\ mol\ H_2O$

5-2.

기체 혼합물

한 용기에 두 가지 기체 혼합물이 포함되어 있는 경우 각 기체는 용기의 부피에 퍼져 있기 때문에 같은 부피에 두 가지 기체가 들어 있는 것이다. 각 기체에 대하여 이상기체 법칙을 적용하면,

$$P_T = \frac{(n_A + n_B)RT}{V} = \frac{n_A RT}{V} + \frac{n_B RT}{V} = P_A + P_B$$

가 된다. 따라서 전체 압력은 각 기체의 부분 압력의 합으로 나타낼 수 있다. 이것을 돌턴의 분압의 법칙이라고 한다. 그리고 각 기체의 부분 압력은 각 기체의 몰분율에 전체 압력을 곱하면 된다.

$$P_A = x_A P_T, \; P_B = x_B P_T$$

여기서 몰분율은 전체 몰수에 대한 각 기체의 몰수비이다. $x_A = \frac{n_A}{n_T}$, $x_B = \frac{n_B}{n_T}$ 이다.

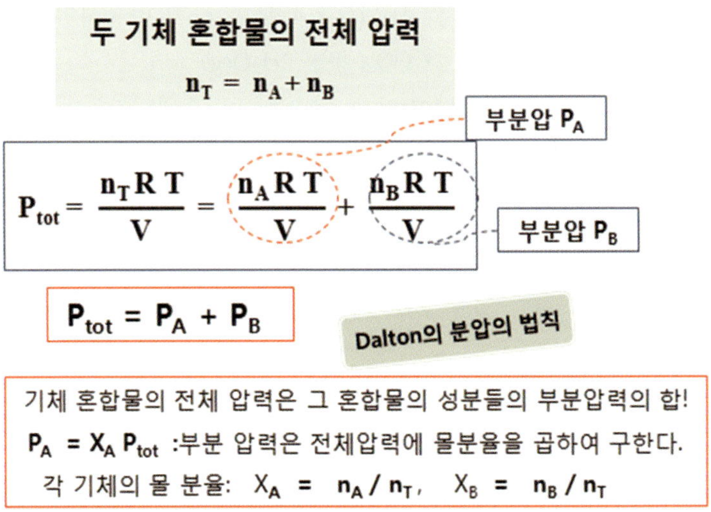

[그림 5-5] 혼합 기체에서 돌턴의 분압의 법칙.

[예제 5-5] 2.0L 용기 안에 산소 기체(O_2)가 8.0 몰, 질소 기체(N_2)가 2.0 몰 들어 있다. 이 기체의 전체 압력을 측정하였더니, 1.0 atm이었다.

(1) 산소 기체의 몰분율은 얼마인가?

(2) 산소 기체의 부분 압력은 몇 기압인가?

풀이 (1) $x_{O_2} = \dfrac{n_{O2}}{n_{O2} + n_{N2}} = \dfrac{8.0}{8.0+2.0} = 0.8$

(2) $P_{O2} = x_{O2}\, P_T = (0.8) \times (1\ \text{atm}) = 0.8\ \text{atm}$

[예제 5-6] 한 학생이 25 ℃에서 물을 전기 분해하여 수소 기체를 포집한다. 이 학생은 전체 압력 758 mmHg에서 H_2 152 mL를 포집하였다(25 ℃에서 물의 증기압 23.76 mmHg이다.).

(1) 수소의 부분압은 얼마인가?

(2) 수집되는 수소의 몰 수를 계산하라.

풀이 (1) 전체 기체는 수소 기체와 수증기의 합이다. 따라서 : P_{H2} = 758 mmHg - 23.76 mmHg = 734 mmHg

(2) $n_{H_2} = \dfrac{PV}{RT} = \dfrac{(734/760)(0.152\,L)}{(0.082\,atm\,L/mol\,K)(298\,K)} = 0.0060$ 몰

[예제 5-7] 메테인(CH_4) 1 몰을 산소(O_2) 4 몰과 함께 반응시켰다.

$CH_4(g) + 2O_2(g) \rightarrow CO_2(g) + 2H_2O(g)$

여기서 메테인($CH_4(g)$)이 모두 이산화탄소와 물로 바뀐다고 가정하면 산소와 이산화탄소, 물의 몰분율은 얼마인가?

풀이 생성된 CO_2의 몰수는 1 몰, H_2O의 몰수는 2 몰이고, 남은 O_2는 2 몰이다. 전체 몰수 = 5 몰이다. CO_2의 몰분율 = 1/5 = 0.2, H_2O의 몰분율 = 2/5 = 0.4, O_2의 몰분율 = 2/5 = 0.4이다.

5-3.

이상기체 운동론과 확산법칙

이상기체의 분자 운동론은 1850년대부터 맥스웰(James Maxwell), 클라우지우스(Rudolf Clausius), 볼츠만(Rudwig Boltzman)과 같은 과학자에 의해 발전되었다. 이 이론은 입자의 운동에서 모든 기체는 비슷하게 움직인다는 기본적인 가정에서 출발한다. 이러한 기체 분자 운동론에서 가정을 살펴보면, ① 기체는 대부분 빈 공간이며, ② 기체 분자들은 끊임없이 무질서한 운동을 한다. 또한 ③ 기체 분자가 용기의 벽이나 다른 기체와 충돌은 완전 탄성 충돌이다. ④ 기체의 압력은 분자들이 용기의 벽과 충돌함으로써 생긴다. 이것이 곧 기체의 압력이 되는 것이다.

기체 분자 운동론의 결과는 다음과 같이 정리된다. N 개의 이상기체 분자가 절대온도가 T 이고, 용기의 부피가 V 인 용기 안에서 일 때,

① 기체의 압력은 $P = \dfrac{2}{3V}\left(\dfrac{1}{2}Nmu^2\right)$이고, 따라서, $PV = \dfrac{2}{3}E_k$가 된다.

② 기체 분자의 평균 운동에너지는 $E_k = \dfrac{3}{2}nRT$ 가 된다.

③ 기체의 평균 속도는 $\bar{u} = \sqrt{u^2} = \sqrt{\dfrac{3RT}{M_w}}$ 이 된다.

기체 분자의 속도는 절대온도의 제곱에 비례하고, 몰 질량의 제곱근에 반비례한다. 온도가 일정하면, 가벼운 기체가 더 빠르게 움직인다. 그리고 같은 기체는 온도가 높아지면, 속도가 빨라진다. 이것을 그레이엄(Graham)의 확산법칙이라고 부른다.

$$\bar{u} = \sqrt{u^2} = \sqrt{\frac{3RT}{M_w}}$$

Graham의 확산 법칙

-기체의 분출 속도는 몰 질량(M_w)의 제곱근에 반비례한다.
-몰 질량이 큰 분자는 평균속력이 작다.

$$\frac{\text{2분자의 분출 속력}}{\text{1분자의 분출속력}} \quad \frac{\bar{u}_2}{\bar{u}_1} = \sqrt{\frac{(M_w)_1}{(M_w)_2}}$$

[그림 5-6] 혼합 기체에서 각 기체의 분출 속도

이상기체 분자 운동론

(1) 기체의 부피는 대부분이 빈 공간이다.
(2) 기체 분자들은 끊임없이 무질서 운동을 한다.
(3) 기체 분자들은 벽, 다른 분자와 완전 탄성 충돌이다.
(4) 기체의 압력은 분자들이 용기 벽과 충돌에 의해 생긴다.

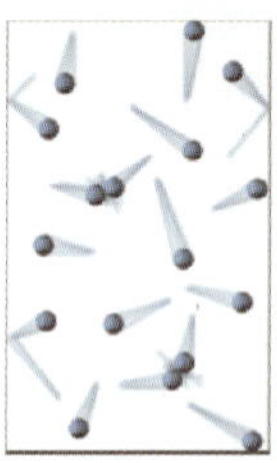

① 기체의 압력 : PV = (2 / 3) E_k
② 기체의 운동에너지: E_k = (3 / 2) nRT
③ 평균 속력:

$$\bar{u} = \sqrt{u^2} = \sqrt{\frac{3RT}{M_w}}$$

[그림 5-7] 이상기체 분자 운동론

[예제 5-8] 분출 실험에서 H_2 기체(몰 질량 = 2)의 분출 속도는 N_2 기체(몰 질량= 14)의 분출 속도보다 얼마나 빠른가?

풀이 $\frac{u_{H_2}}{u_{N2}} = \sqrt{\frac{M_{N2}}{M_{H2}}} = \sqrt{\frac{14}{2}} = \sqrt{7} = 2.65$

5-4.

실제기체의 성질

(1) 기체의 압축인자

지금까지 이상기체의 성질을 나타내는 이상기체 법칙과 분압의 법칙, 그리고 기체분자 운동론에 대하여 살펴보았다. 이상기체는 기체 분자의 부피를 무시하고, 기체 분자들 사이의 인력을 무시한 가상적인 기체를 말한다. 그러나 실제로 존재하는 기체는 이상기체의 가정을 따르지 않는다. 특히 압력이 높아지면, 실제기체는 이상기체와 전혀 다른 성질들이 나타난다. 이상기체는 온도가 어떤 온도가 되든지 기체로만 존재한다. 그러나 실제기체는 온도가 낮아지면 액체로 변화된다. 또한 이상기체는 압력에 상관없이 항상 일정한 압축인자(compression factor)를 보이지만, 실제기체는 압력이 높은 경우 기체는 이상기체보다 압축인자가 커진다.

실제기체의 일반적인 성질은 분자 간에 인력이 작용하기 때문에 이상기체의 성질과 다르게 나타난다. 기체의 압축인자(compression factor)는 주어진 압력에서 이상기체의 부피에 대한 실제기체의 부피비(V_m / V_m^0)를 말한다. 이상기체의 경우 압축인자는 항상 동일하지만, 실제기체에서 압축인자는 낮은 압력에서 인력이 우세하기 때문에 작아지고, 높은 압력에서 반발력이 우세하기 때문에 커진다.

압축인자(compression factor) : $Z = PV / nRT = V_m / V_m^0$

몰부피 백분율 편향 : $[(V_m - V_m^0) / (V_m^0)] \times 100(\%)$

[표 5-1]은 실제기체의 부피가 이상기체에 비하여 백분율 편향을 나타낸다. 압력이 증가할수록 기체의 부피가 이상기체보다 적다는 것을 의미한다. 극단적으로 아주 높은 압력에서 액화가 일어난다.

[표 5-1] 실제기체와 이상기체의 몰 부피 백분율 편향

압력 (atm)	산소(O_2)			이산화탄소(CO_2)		
	-50 ℃	0 ℃	50 ℃	-50 ℃	0 ℃	50 ℃
1	0 %	-0.1 %	-0.2 %	-0.4 %	-0.7 %	-1.4 %
10	-0.4 %	-1.0 %	-2.1 %	-4.0 %	-7.1 %	액화
40	-1.4 %	-3.7 %	-8.5 %	-17.9 %	액화	액화
70	-2.2 %	-6.0 %	-14.4 %	-34.2 %	액화	액화
100	-2.8 %	-7.7 %	-10.1 %	-59.0 %	액화	액화

(2) 반데르발스 방정식

실제 기체들도 압력이 낮고 온도가 높으면, 이상기체 법칙에 따르지만, 압력이 높고 온도가 낮아지면, 이상기체 법칙은 더 이상 적용할 수가 없다. 따라서 실제기체의 부피를 보정하여 다음과 같이 나타낼 수 있다.

$$V_{id} = V - nb$$

여기서, b는 기체의 고유한 몰 당 부피를 나타내는 반데르발스 상수이다. 기체의 압력은 분자들 간의 인력으로 낮게 나타나기 때문에 작용하는 인력만큼 더해 주어야한다.

$$P_{id} = P + \frac{n^2 a}{V^2},$$

여기서 a는 기체의 인력을 나타내는 반데르발스 상수이다. 보정된 부피와 보정된 압력을 사용하여 이상기체 법칙에 적용하면, 다음과 같은 식이 만들어진다. 이식을 반데르발스(van der Waals) 방정식이라고 부른다.

$$\left(P + \frac{n^2 a}{V^2}\right)(V - nb) = nRT$$

메테인(CH_4)는 약 150 atm까지 낮은 압력에서 이상기체 부피에 비해 작은 부피가 나타난다. 기체분자들 간에 작용하는 인력의 영향이 크게 작용하여 압축인자는 이상기체보다 크다. 아주 높은 압력에서 이상기체의 부피에 비해 큰

부피를 나타낸다. 이것은 높은 압력에서 분자들 간의 반발력이 크게 작용하여 압축인자는 낮게 나타는 것을 의미한다.

[표 5-2] Van der Waals 기체상수

기체	분자식	a(atm L^2 / mol^2)	b(L / mol)
헬륨	He	0.03421	0.02370
네온	Ne	0.02107	0.01709
아르곤	Ar	1.345	0.03219
크립톤	Kr	2.318	0.03979
제논	Xe	4.194	0.05105
수소	H_2	0.02444	0.02661
산소	O_2	1.360	0.03183
질소	N_2	1.390	0.03913
메테인	CH_4	2.253	0.04278
이산화탄소	CO_2	3.592	0.04267
암모니아	NH_3	4.170	0.03707
수증기	H_2O	5.464	0.03049
에탄올	C_2H_5OH	12.02	0.08407

[표 5-3] 이상기체와 실체기체의 비교

상태	이상기체	실제기체
기체분자의 부피	없다: V	고유부피 있다 (b)
분자간 인력	없다 : P	인력이 있다 (a)
기체 법칙	PV = n RT	$(P + n^2 a/V^2)(V-b) = nRT$
압축인자 (Z = PV / nR T)	항상 Z = 1	낮은 압력에서 Z → 1 중간정도 압력에서 Z < 1 높은 압력에서 Z > 1

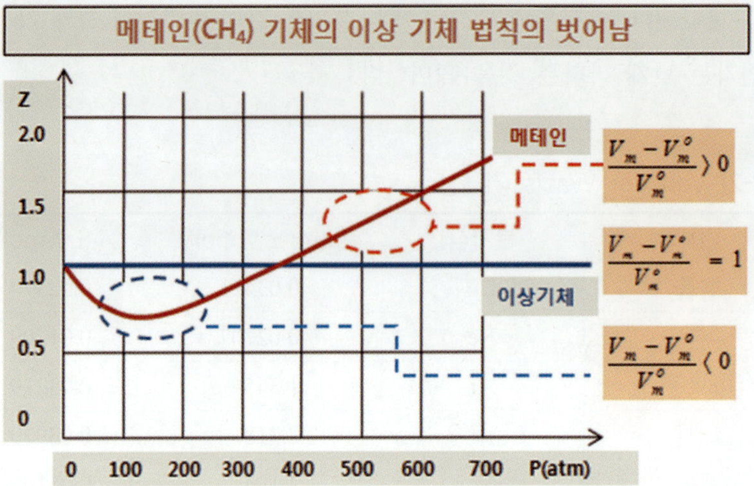

[그림 5-8] 메테인(CH_4) 기체의 압력에 따른 압축인자 비교

[표 5-4] 실체기체 메테인(CH_4)의 압축인자

압력	기압(atm)	실제기체
아주 낮은 압력	1 atm 부근	이상기체와 같은 압축인자 : Z → 1
낮은 압력	~300 atm	인력이 작용 : Z < 1
높은 압력	~350 atm	이상기체와 같은 압축인자 : Z → 1
아주 높은 압력	600 atm~	높은 압력 : Z > 1

[학습퀴즈 5-1] 공기 시료가 32 ℃에 있다. 이 공기 시료의 부피가 25 %로 감소되는 온도는 몇 ℃인가?

[학습퀴즈 5-2] 아지드화 소듐(NaN_3, 몰 질량 = 65 g/mol)는 자동차 에어백에 사용되는데, 자동차가 충격을 받으면, 다음과 같은 반응에 의해 질소 기체를 생성한다.

$2NaN_3(s) \rightarrow 2Na(s) + 3N_2(g)$

13.0 g의 아지드화 소듐이 분해되면, 25 ℃, 1 atm에서 생성되는 질소의 부피는 몇 L인가?

[학습퀴즈 5-3] 28 ℃에 있는 브로민(Br_2), 몰 질량 =160 g/mol) 분자의 평균 속력은? (Br_2의 몰 질량 = 160.0 g/mol)

[학습퀴즈 5-4] 어떤 모르는 기체가 작은 틈을 통해 헬륨의 1/5 빠르기로 분출한다. 이 기체의 몰 질량은?

[학습퀴즈 5-1 풀이] T_1 = 273+32 = 305 K, T_2 = ?

V_1 = V V_2 = 0.25 V

$V_2 / T_2 = V_1/T_1$, $T_2 = T_1(V_2/V_1)$ = 305 K×(0.25) = 76.25 K

[학습퀴즈 5-2 풀이] 13.0 g $NaN_3(s)$의 몰수 = 13.0 g / (65.0 g/mol) = 0.2 mol

생성된 질소의 몰수 = (0.2 mol) × (3/2) = 0.3 mol

질소의 부피 = nRT / P

= (0.3 mol)×(0.082 atm L/mol K)×(298 K) / (1 atm) = 7.33 L

[학습퀴즈 5-3 풀이] $u_{Br2} = \sqrt{\frac{3RT}{M_{Br2}}} = \sqrt{\frac{3\times 8.314\ J/mol\ K \times 326\ K}{0.160\ kg/mol}} = 225\ m/s$

[학습퀴즈 5-4 풀이] $\frac{u_X}{u_{He}} = \sqrt{\frac{M_{He}}{M_X}} = \sqrt{\frac{4}{M_x}} = \frac{1}{5}$, $M_X = 4 \times 25 = 100\ g/mol$

[주요개념]

☑ 기체의 온도는 절대온도(T = t ℃ + 273.15)로 나타내야 한다.
☑ 기체의 상태는 온도(T), 압력(P), 부피(V), 몰 수(n)에 따라 달라진다.
☑ 보일의 법칙 : 기체의 부피는 압력에 비례한다.
☑ 샤를의 법칙 : 기체의 부피는 절대온도에 비례한다.
☑ 아보가드로 법칙 : 기체의 부피는 몰 수에 비례한다.
☑ 이상기체 법칙 : PV = nRT
☑ 분압의 법칙 : 혼합기체의 전체 압력은 각 기체의 부분 압력의 합이다.
☑ 기체 분자 운동론 :
- 기체 분자들은 무질서한 운동을 한다.
- 기체 분자들은 탄성 충돌을 한다.
- 기체의 압력은 용기벽과 충돌하는 힘에 기인한다.
- 기체 분자의 운동에너지는 절대온도에 비례한다.

☑ 기체의 분출의 법칙 : 분출 속도는 분자량의 제곱근에 반비례한다.
☑ 실제기체는 압력이 커지면, 이상기체의 성질과 다르다.
- 압력이 증가하면, 압축인자가 작아진다.
- 압력이 증가되면 액화된다.

[주요 식]

☑ 돌턴의 분압 법칙 : $P_T = P_A + P_B$, $P_A = X_A\ P_T$
☑ 이상기체 상태방정식 : PV = nRT
☑ 이상기체의 밀도 : $d = PM_w / RT$
☑ 이상기체 압력 : $PV = (2/3)\ E_K$
☑ 이상기체 운동에너지 : $E_k = (3/2)\ nRT$
☑ 이상기체의 평균속도 : $u = (3RT / M_w)^{1/2}$
☑ Graham의 분출속도 의 법칙 : $U_A/U_B = [M_{w,\ B}/U_{w,\ A}]^{1/2}$
☑ 실제기체 : van der Waals 방정식
$[P + (n^2a / V^2)]\ (V - nb) = nRT$

제5장 (기체의 성질)의 개요

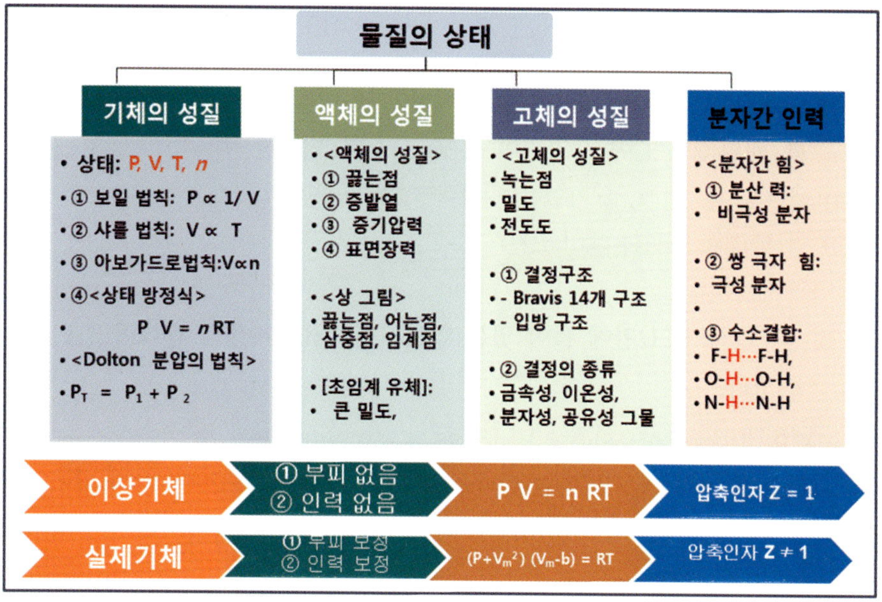

연 습 문 제

[5-1] 밀폐된 탱크에 88.02 g의 프로페인(C_3H_8): 몰 질량 44.01 g/mol)기체를 채워 25 ˚C에서 압력이 1.00 atm가 되었다.

(a) 이 탱크를 57 °C로 가열하면 압력은 몇 atm인가?

(b) 이 탱크의 부피는 몇 L인가?

[5-2]. 47 ℃에 탱크 안에 들어 있는 암모니아(NH_3) 기체의 압력이 3.3 atm 이었다.

(a) 같은 온도에서 암모니아의 부피를 25 % 줄이려면 압력은 몇 기압으로 되는가?

(b) 같은 압력에서 암모니아의 부피를 25 % 줄이려면 온도는 몇 ℃가 되어야하는가?

[5-3] 육플루오르황(SF_6, 몰 질량: 146.07 g/mol)는 눈의 망막을 치료하는 약으로 쓰이는 기체이다. 이 기체 2.5 g을 500.0 mL 용기에 넣어서 83 ˚C로 가열하면 용기의 압력은 몇 기압인가?

[5-4] 이상기체 법칙을 써서 프로페인(C_3H_8) 기체의 상태에 관한 아래 표를 완성하라.

압력	부피	온도	몰수	그램
(a) : ( )	200 L	25 °C	1.50	(b) : ( )
1.50 atm	(c) : ( )	10 °C	(d) : ( )	22 g
380.0 mmHg	15.0 mL	(e) : ( )	0.450	(f) : ( )
1.74 atm	8.66 L	98 °F (36.7 °C)	(g) : ( )	(h) : ( )

[5-5] 어떤 레이저는 9.0 g의 HCl, 2.00 g의 H_2, 그리고 165.0 g의 Ne 기체 혼합물을 사용한다. 이 기체 혼합물이 22 ˚C, 75.0 L 용기 안에 들어있다면, 각 기체의 부분 압력과 전체 압력은 몇 기압인가?(몰 질량: HCl; 36.45 g/몰, H_2; 2.01 g/몰, Ne; 20.18 g/몰)

[5-6] 65 ℃인 같은 부피의 용기 안에 다음 그림과 같이 Ar 기체와 Xe 기체가 담겨있다. Ar이 담겨있는 용기의 압력은 1.0 atm이고, Xe이 담겨있는 용기의 압력은 3.0 atm 이다. 코크를 열면, 각 기체의 부분 압력과 전체 압력은 몇 atm 인가? (연결 관의 부피는 무시한다.)

[5-7] **[심화]** 흔히 산화질소라고 불리는 산화이질소(N_2O, 몰질량 : 44.0 g/mol)는 거품을 낸 크림의 분배기의 추진제로 쓰인다. 이것은 질산암모늄(NH_4NO_3, 몰질량: 80.1 g/mol)을 250 ℃까지 가열하여 만들며 수증기도 생긴다.

(a) 질산암모늄이 산화질소와 수증기로 분해하는 것에 대한 균형 반응식을 쓰시오.

(b) 250 ℃와 1.0 atm에서 NH_4NO_3 50.0 g을 가열할 때 생기는 산화이질소의 부피는 얼마인가? 100 % 수율을 가정하라.

[5-8] 25 ℃에서 O_2, NH_3, Cl_2, 그리고, CH_2F_2 기체들이 같은 용기 안에 들어있다.

(a) 작은 구멍을 통한 분출의 속도가 증가하는 순서는?

(b) 분출 속도가 가장 빠른 것은 가장 느린 것보다 몇 배인가?

[5-9] 메테인 기체(CH_4) 시료가 100.0 ℃와 50.0 atm에 있다. 이 기체의 상태를 다음과 같이 변화시키면, 이상기체의 성질에 더 가까운가, 아니면 이상기체의 성질을 벗어나는가?

(a) ①압력을 1 atm으로 줄이는 것과 ②압력을 100.0 atm으로 높이는 경우

(b) ①온도를 −50 ℃로 낮추는 경우와 ②온도를 200 K로 높이는 경우

[5-10] **[심화]** 액체 화합물 시료를 100 ℃에서 300.0 mL 플라스크 용기 안에서 완전히 증발시켜 증기의 질량을 측정하였더니, 0.948 g 이었다. 그리고 그 증기의 압력을 측정하였더니, 1.0 atm이었다. (R = 8.314 J/molK)

(a) 이 물질의 밀도는 kg/m^3단위로 계산하여라.

(b) 이 물질의 몰 질량은 몇 g/mol인가?

[5장 연습문제 정답]

[5-1] (a) 1.11 atm (b) 48.9 L

[5-2] (a) 4.4 atm (b) -33 ℃

[5-3] 0.99 atm

[5-4] (a) 18.3 atm (b) 66.0 g (c) 7.74 L (d) 0.50 mol
(e) -69.9 ℃ (f) 19.8 g (g) 0.59 mol (h) 26.1 g

[5-5] P_{HCl} = (0.08 atm) ; P_{H2} = (0.323 am) ; 전체 압력 = (3.04 atm)

기체의 몰 수	n_{HCl} = (0.25 mol)	n_{H2} = (1.0 mol)	n_{Ne} = (8.18 mol)
몰 분율	x_{HCl} = (0.026)	x_{H2} = (0.106)	x_{Ne} = (0.868)
부분 압력	P_{HCl} = (0.08 atm)	P_{H2} = (0.323 am)	P_{Ne} = (2.64 atm)
전체 압력	P_T = (3.04 atm)		

[5-6] P_{Ar} = 0.5 atm (b) P_{Xe} = 1.5 atm

[5-7] (a) $NH_3NO_3(s) \rightarrow N_2O(g) + 2H_2O(s)$ (b) 26.8L

[5-8] (a) $Cl_2 < CH_2F_2 < O_2 < NH_3$ (b) 2배

[5-9] (a) ① 압력을 1 atm으로 줄이는 것 (b) ② 온도를 200 ℃로 높이는 경우

[5-10] (a) 3.16 kg/m^3 (b) 96.7 g/mol

06
CHAPTER

열역학과 반응열

CONTENTS

[학습목표]

① 에너지는 일과 열로 구분할 수 있다. 일은 힘 × 거리, 압력 × 부피변화, 열은 분자의 운동 에너지의 척도이다. 물질은 고유한 열용량 값을 가지고 있다. 열 = m×C×ΔT
② 계의 에너지 변화는 계가 받은 일과 계가 흡수한 열의 합이다.
③ 에너지는 다른 에너지로 변환되고, 계와 주위 사이에 이동된다. 그러나 우주 전체의 에너지는 일정하다.
④ 엔탈피(반응열)는 화학반응에서 흡수된 열 에너지이다. 엔탈피는 열량계를 사용하여 측정된다.
⑤ 엔탈피는 상태함수이다. 헤스(Hess)의 법칙을 사용하면, 다른 반응의 반응 엔탈피를 구할 수 있다.
⑥ 반응 엔탈피는 표준 생성 엔탈피를 이용하여 계산할 수 있다. 생성물과 반응물의 엔탈피 차이이다.

$$\Delta H^0 = \sum_J \Delta H_f^0(\text{생성물 } J) - \sum_I \Delta H_f^0(\text{반응물 } I)$$

⑦ 반응 엔탈피는 반응물과 생성물의 화학결합 에너지로부터 계산한다.

[OX퀴즈 6-1] 열이 주위에서 반응계로 흐르는 것을 발열 과정이라고 한다.

정답 ×

해설 반응계가 열을 흡수하면 흡열과정이고, 반응계가 열을 주위로 방출라면 발열 과정이다.

[OX퀴즈 6-2] 열역학에서 에너지는 일과 열로 구분된다.

정답 ○

해설 일은 열을 제외한 모든 종류의 에너지를 포함한다.

[OX 퀴즈 6-3] 연료가 탈 때 나오는 열 에너지(엔탈피 변화)는 연료에서 에너지가 생성되는 것이다

정답 ×

해설 화학 반응에서 방출되거나 흡수되는 열에너지는 반응물과 생성물의 결합 에너지 차이로 부터 기인된다.

6-1.

에너지: 열과 일

열역학은 물질의 변화와 에너지의 상호관계를 다루는 분야이다. 얼음이 녹을 때 에너지를 흡수하고, 수증기가 응축될 때 에너지를 방출한다. 메테인 기체가 연소되면 에너지를 방출하고, 광합성 과정은 에너지를 흡수한다. 이렇게 물리적인 변화나 화학적인 변화가 일어날 때 에너지가 어떻게 변화되는지를 알아내는 분야이다. 아울러 열역학은 이러한 반응이 어떤 조건에서 일어날 수 있는지를 알아낼 수 있는 정보를 준다. 열역학은 3가지 기본 법칙으로 출발한다. **열역학 1법칙**은 "에너지 보존의 법칙"이고, **2법칙**은 "자발적인 과정은 우주 전체의 무질서도(엔트로피)를 증가시킨다."는 것이다. 그리고 **3법칙**은 "절대 0 K에서 완전 결정체의 엔트로피는 0이다."는 것이다. 이 장에서 열역학 1법칙을 토대로 에너지의 출입과 엔탈피 변화를 알아보도록 하겠다.

에너지(energy)는 일을 할 수 있는 능력이며, 온도 차이로 생기는 열의 이동이다. 즉, 에너지는 일과 열로 구분할 수 있다.

① **일**(w): 일(work)은 가해진 힘에 대항하여 맞서는 입자들의 운동 에너지이다. 일을 한다는 것은 힘을 가하여 물체를 움직이는 것이다. 기체가 팽창하면서 피스톤을 밀어 올라가게 하는 것도 일이며, 전위차가 있는 두 극사이에 도선을 통해서 전류를 흐르는 것도 전기적인 일이다. 피스톤이 팽창하면, 피스톤 밖에서 물질들이 한쪽 방향으로 질서정연하게 운동이 일어나면서 일 에너지가 이동되는 것이다.

피스톤 안에 있는 기체를 압축시키면 계가 할 수 있는 일의 능력이 증가한다. 즉, 기체의 에너지가 증가한다. 반대로 계의 기체가 팽창되면, 기체의 에너지가 감소하고, 기체가 할 수 있는 일의 능력이 처음보다 감소한다.

② **열**(q): 열(heat)은 물질의 온도 차이 때문에 생기는 에너지이다. 열은 물

질이 무질서한 운동 에너지를 말하며 온도의 차이를 측정하면 열의 흐름을 알 수 있다. 물질의 온도 차이가 생기면 열은 높은 온도에서 낮은 온도로 이동되어 결국 같은 온도가 된다. 이것을 열적 평형상태라고 부른다. 높은 온도에서 낮은 온도로 열이 이동되면서 일 에너지로 전환될 수 있다.

[열(heat)] $q = n \times C \times \Delta T$

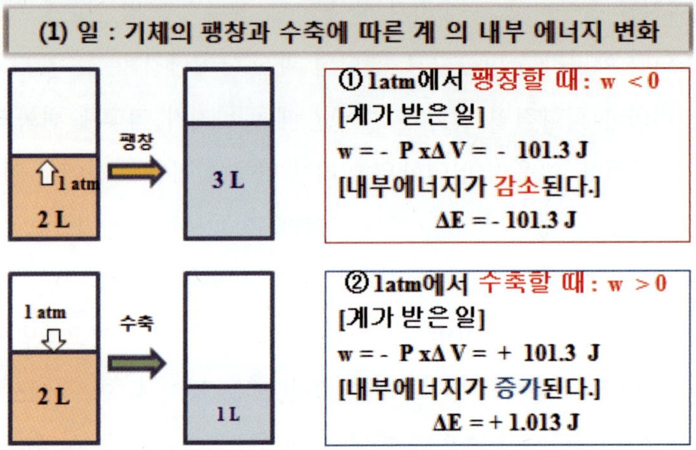

[그림 6-1] 기체의 수축과 팽창에 기인된 일 에너지

[표 6-1] 몇 가지 물질의 비열과 열용량 자료

물질	비열(J/g ℃)	몰 열용량 (J/mol ℃)	물질	비열(J/g ℃)	몰 열용량 (J/mol ℃)
$Br_2(l)$	0.474	75.84	Cu(s)	0.382	24.26
$Cl_2(g)$	0.478	33.90	Fe(s)	0.448	24.68
$C_2H_5OH(l)$	2.43	82.62	$H_2O(g)$	1.87	33.66
$C_6H_6(l)$	1.72	134.16	$H_2O(l)$	4.18	75.24
$CO_2(g)$	0.843	37.10	NaCl(s)	0.866	50.62

열과 일은 서로 변환될 수 있는 에너지이다. 열 에너지가 일 에너지로 바뀔 수 있다. 또한 일과 열은 계와 주위사이에 이동될 수 있다. 열역학에서 계와 주위를 정의 한다. 계(system)는 우리가 특별하게 관심을 갖고 변화를 관찰하

는 우주의 한 부분으로 반응 용기일 수도 있고, 엔진 속이거나 화학 전지 또는 세포 등일 수도 있다.

주위(surroundings)는 계를 제외한 우주 전체를 포함한다. 계와 주위를 구분하는 것은 경계(boundary)라고 부르며, 경계의 특성에 따라 계는 여러 종류로 구분한다. 계와 주위의 경계를 통해서 물질과 에너지가 자유롭게 출입할 수 있으면 열린계(open system), 물질이 경계를 통과하지 못하고 에너지만 출입하면 닫힌계(closed system)이라 한다. 물질과 에너지가 모두 경계를 자유롭게 드나들 수 없는 계를 고립계(isolated system)라고 한다. 계와 주위 간에 열의 이동이 불가능한 계를 단열계라고 한다.

일은 계가 주위에 일을 한다면(기체가 팽창하는 경우), 음(-)의 값으로 나타내고, 주위로부터 계에 일이 행해지면(기체가 수축되는 경우), 양(+)의 값으로 정의한다.

열은 주위에서 계로 흘러 들어가거나 계에서 주위로 방출될 수 있다. 이때 계가 흡수한 열을 양(+)의 값으로 정의하고 계가 주위에 방출한 열을 음(-)의 값으로 정의한다.

계(system)와 주위(surroundings)

- 계(System)는 변화를 관찰하는 대상
- 주위는 계(system)를 제외한 우주의 모든 부분
- 우주(universe) = 계 + 주위

- 고립 계 : 에너지와 물질이 교환 불가능한 계
- 닫힌 계: 에너지는 교환 가능, 물질은 교환 불가능한 계
- 열린 계: 에너지와 물질이 교환 가능한 계

[그림 6-2] 열역학에서 계와 주위

계의 상태는 계의 조성과 온도, 압력, 부피로 나타낸다. 50 ℃의 물을 가열하면 그 상태가 변화된다. 상태가 변화되면, 계의 에너지 변화가 일어난다. 계

의 상태가 변화될 때 변화되는 계의 에너지를 알아내는 것이 열역학의 기본적인 내용이다.

열판에 비커를 올려놓고 전원을 켜서 물 50 g의 온도가 50 ℃에서 80 ℃로 상승하게 된다면, 열이 주위로부터 계로 흘러 들어가게 되므로, 열 에너지는 플러스 값으로 나타내고, 열판을 끄면 80 °C의 물이 점점 온도가 낮아지면, 열이 주위로 흘러 나간다고 할 수 있으므로 열 에너지는 마이너스 값이 된다. 즉 흡열 과정은 열이 주위로부터 반응계로 흐르는 것이고, 발열 과정은 반응계에서 주위로 흐르는 것을 의미한다.

예를 들면, 물 50.0 g이 50.0 ℃에서 80.0 ℃로 온도가 증가 되었을 때 흡수된 열 에너지는 물의 비열이 4.18 J/g℃이기 때문에 다음과 같이 계산할 수 있다.

$$q = m \times c \times \Delta t = (50.0\ g) \times (4,18\ J/g^{o}C) \times (80\text{-}50)^{o}C = 6270\ J = 6.270\ kJ$$

따라서 6.270 kJ의 열을 흡수하였다. 즉 계의 내부에너지는 6.270 kJ 증가된다(ΔE = 6.270 kJ). 반대로 물 50.0 g이 80.0 °C에서 50.0 °C로 온도가 감소하였다면, q = -6.270 kJ이 된다. 이 경우 계는 6.270 kJ의 열을 방출하였고, 계의 내부 에너지는 6.270 kJ 감소된다(ΔE = -6.270 kJ).

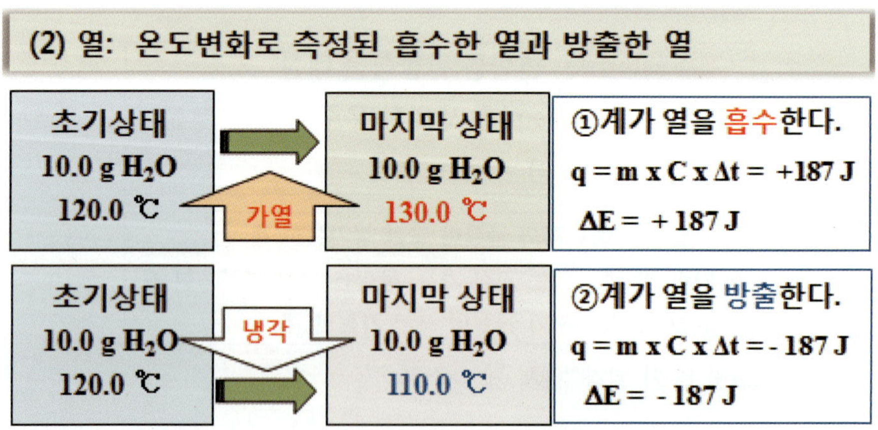

[그림 6-3] 계의 온도차이에 기인된 열 에너지 흡수와 방출

(3) 열역학 1 법칙 : $\Delta E = q + w$

계의 내부 에너지 변화는 받은 일과 얻은 열의 합이다.

초기상태
양: 10.0 g H_2O
온도: 120.0 ℃
압력: 1 기압
부피: 2.0 L

→

마지막 상태
양: 10.0 g H_2O
온도: 130.0 ℃
압력: 1 기압
부피: 3.0 L

[에너지 변화]
① 계가 흡수한 열
$q = m \times C \times \Delta t = +187\ J$
② 계가 받은 일
$w = -P\Delta V = -101.3\ J$

내부 에너지 증가량?
$\Delta E = q + w = +187\ J - 101.3\ J = +86\ J$

[그림 6-4] 계의 내부에너지 변화는 흡수한 열과 받은 일의 합이다.

[표 6-2] 몇 가지 화합물들의 상 변화 엔탈피(kJ/mol)

물질	녹는점(℃)	용융열(ΔH_{fus})	녹는점(℃)	증발열(ΔH_{vap})
벤젠(C_6H_6)	5	9.84	80	30.8
브로민(Br_2)	-7	10.8	59	29.6
수은(Hg)	-39	2.33	357	59.4
나프탈렌($C_{10}H_8$)	80	19.3	218	43.3
물(H_2O)	0	6.00	100	40.7

[예제 6-1] 아르곤 기체가 1.0 L 들어 있는 실린더의 압력이 1 atm으로 유지된 상태에서 부피가 2.0 L로 팽창하였다. 이때 계가 받은 일은 몇 J인가?

풀이 $L = 10^{-3}\ m^3,\ 1\ atm = 1.01325 \times 10^5\ Pa$

$$w = -P\Delta V = -(1.0\ atm) \times (2.0\ L - 1.0\ L) = -1.0\ atm \times 1.0\ L$$
$$= -(1.01325 \times 10^5\ Pa) \times (10^{-3}\ m^3)$$
$$= -101.325\ Nm = -101.325\ J$$

(계가 101.325 J의 일을 하였다. 계는 −101.325 J의 일을 받았다.

[예제 6-2] 물 1.40 mol의 온도를 100.0 ℃에서 10.0 ℃로 식힐 때, 방출되는 열의 양과 같은 양의 수증기(H_2O)의 온도가 200 ℃에서 110 ℃로 내려갈 방출되는 열을 비교하여라.

[예제 6-3] 실린더 안에 헬륨 기체가 들어있다. 다음 각 과정을 안의 증가된 에너지는 얼마인가?

(1) 이 기체가 20.0 J의 열을 받고, 팽창하여 주위에 12.0 J의 일을 하였다.

(2) 이 기체가 30.0 J의 열을 방출하고, 수축되어 52 J의 일을 받았다.

풀이 열역학 1법칙: $\Delta E = q + w$

(1) 계가 받은 일 w = -12.0 J

계가 얻은 열 q = +20.0 J

$\Delta E = q + w = +20.0\ J + (-12.0\ J) = +8.0\ J$

(결과적으로 8.0 J의 에너지가 증가되었다.)

(2) 계가 받은 일 w = +52.0 J

계가 얻은 열 q = -30.0 J

$\Delta E = q+w = -30.0\ J + (52.0\ J) = +22.0\ J$

(결과적으로 22.0 J의 에너지가 증가되었다.)

6-2.

열역학 1법칙

(1) 열과 일의 계산

계의 에너지(energy)는 그 계가 할 수 있는 일의 능력이다. 고립계에 기체를 압축시키는 것과 같은 일을 해주면 계가 할 수 있는 일의 능력이 증가한다. 다시 말하면 계에 일을 해주면 계의 에너지가 증가한다. 반대로 계의 기체가 팽창하여 피스톤을 밀어서 계가 일을 하게 되면 계의 에너지가 감소하고, 계가 할 수 있는 일의 능력이 전보다 감소한다. 계의 에너지는 일(work)과 열(heat)의 2가지 형태로 구분된다.

① **일의 계산**: 일은 대항하는 힘에 맞서 움직이는 입자들의 운동 에너지에 기인한 것이다. 일을 한다는 것은 기체가 들어있는 실린더 위에 추를 올려서 압력이 가해져서 부피가 줄어드는 것을 의미한다. 반대로 기체가 팽창하면서 기체의 압력이 피스톤을 밀어 추를 올라가게 되면, 계가 주위에 일을 한 것이 된다. 즉, 기체의 압축과 팽창에 의해서 일이 행해진다.

$w_{\text{압축}-\text{팽창}}$ = −(압력) × (부피 변화) 또는 $w_{\text{역학}}$ = −(힘) × (거리 변화)

$\text{일}(w) = -P \times \Delta V$; 일 = −(압력) × (부피 변화량)

[실례 1] 1기압의 일정압력에서 부피가 2 L에서 3 L로 팽창한 경우:

$$\text{일}(w) = -(1\,atm) \times (3\,L - 2\,L)$$
$$= -(1.013 \times 10^5\,Pa) \times (10^{-3}\,m^3) = -101.3\,J$$

여기서 마이너스(-) 부호는 계가 주위에 한 일의 양을 의미한다.

[실례 2] 1기압의 일정압력에서 부피가 3 L에서 2 L로 압축된 경우:

$$\text{일}(w) = -(1\,atm) \times (2\,L - 3\,L)$$
$$= +(1.013 \times 10^5\,Pa) \times (10^{-3}\,m^3) = +101.3\,J$$

여기서 플러스(+) 부호는 계가 주위로부터 받은 일의 양을 의미한다.

그리고 또 다른 일 에너지는 전기적인 일이다. 산화-환원 반응을 통하여 두 전극 사이의 전위차(전압)에 전류가 흐르는 경우 전기적인 일($w_{전기}$)을 할 수 있다.

$w_{전기}$ = −(전류) × (시간) × (전위차)

계가 주위에 일을 할 때 주위에서 질서적인 운동이 일어나면서 에너지가 전달되는 것이다.

② **열의 계산**: 열는 온도 차이 때문에 일어나는 에너지의 변화를 열 에너지라고 부른다. 계의 온도가 변화되면 에너지가 열로서 이전되었다라고 말한다. 열은 온도 변화를 측정하여 계산할 수 있다.

q = (몰수) × (몰열용량) × (온도 변화)
열$(q) = n \times C_m \times \Delta T$; (몰수) × (몰열용량) × (온도 변화)

[실례 3] 10.0 g의 수증기가 포함된 용기안의 온도가 120.0 ℃에서 130.0 ℃로 상승하였다면;

열$(q) = (10.0\,g) \times (1.87\,J/mol\,K) \times (130℃ - 120℃)$
$= +187\,J$

여기서 플러스(+) 부호는 계가 주위로부터 받은 열의 양을 의미한다.

[실례 4] 10.0 g 몰의 물이 포함된 용기안의 온도가 120 ℃에서 110 ℃로 내려갔다면;

열$(q) = (10.0\,g) \times (1.87\,J/mol\,K) \times (110℃ - 120℃)$
$= -187\,J$

여기서 마이너스(-) 부호는 계에서 주위로 잃은 열의 양을 의미한다.

에너지를 주위에 열로 방출하는 과정을 **발열 과정**(exothermic process)이라 하고 연소 반응이 그 예이다. 반대로 물이 증발 하는 것처럼 주위에서 계로 에너지를 열로 흡수하는 과정을 **흡열 과정**(endothermic process)이라고 부른다.

(2) 계의 내부 에너지

열역학에서 계의 전체 에너지를 내부 에너지(Internal energy)라고 부르고, E 로 표시한다. 내부 에너지는 계 안에 들어있는 분자들의 전체 운동 에너지와 퍼텐셜 에너지의 합이다. 계가 내부 에너지 E_i인 처음 상태(i)로부터 내부 에너지 E_f인 최종 상태(f)로 변할 때 내부 에너지 변화를 다음과 같이 ΔE로 나타낸다.

$$\Delta E = E_f - E_i \text{ ; (내부 에너지 변화 } = E_{\text{나중}} - E_{\text{처음}})$$

내부 에너지 변화(ΔE)는 계의 처음 상태(E_i)와 마지막 상태(E_f)에만 의존하고 어떤 경로를 거쳐서 진행되었는지 경로에 무관한 양이다. 이렇게 경로에 상관없이 처음 상태와 마지막 상태에만 의존하는 양들을 **상태 함수**(state function)라고 부른다. 열역학에서 취급하는 에너지들은 대부분이 상태 함수에 속한다. 그러나 앞에서 설명한 일과 열은 어떤 경로를 거쳐서 진행되었는가에 따라 양이 달라지는 **경로 함수**(path function)에 속한다. 내부 에너지 변화는 경로 함수인 일과 열의 합으로 정의되지만, 상태 함수의 성질을 가진다. 따라서 내부 에너지 변화는 어떤 변화가 일어날 때 중간 과정에 상관없이 처음 상태와 마지막 상태의 에너지 차이로 구할 수 있다.

계에 가해지는 일 에너지와 열 에너지는 계의 내부에너지 변화를 초래한다.

이렇게 변화된 계의 내부에너지 변화는 계에 가해진 일과 열을 합한 결과라고 한다.

내부 에너지 변화 : $\Delta E = q + w$: (내부 에너지 변화 = 일 + 열)

열역학 제1법칙은 에너지 보존 법칙이다. 즉 제1법칙은 "에너지는 그 형태는 다르지만, 생성되거나 없어지지 않는다"는 법칙이다. 주위로부터 계에 가해지는 일 에너지와 열 에너지는 계의 내부 에너지를 증가 시킨다. 반대로 계가 주위에 방출한 열과 주위에 한 일은 계의 내부 에너지를 감소시킨다. 내부 에너지 변화(ΔE)는 일 에너지 또는 열 에너지의 형태로 외부로 방출될 수 있다는 것이다. 즉, 일 에너지와 열 에너지는 그 형태가 서로 다르지만 내부 에너지를 변화시키는 요인이 된다.

(3) 엔탈피 변화(반응열; Enthalpy Change)

열역학 1법칙은 에너지 보존의 법칙이고, 내부 에너지가 받은 열과 일의 합으로 나타낼 수 있다는 것이다.

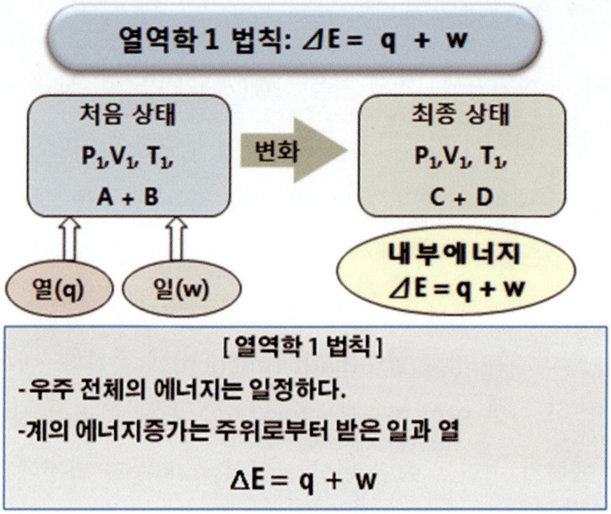

[그림 6-5] 열역학 1법칙. 계의 내부 에너지 변화는 주위로부터 얻은 열과 계가 받은 일의 합이다.

[엔탈피(반응열, ⊿H)]

열역학 1법칙은 에너지 보존의 법칙이고, 내부 에너지가 받은 열과 일의 합으로 나타낼 수 있다는 것이다. 계가 받은 열을 엔탈피(enthalpy, ΔH)라고 부른다. 따라서 엔탈피는 계의 내부 에너지에서 계가 받은 일을 빼면 된다.

$$\Delta H = \Delta E - w = \Delta E + P\Delta V$$

엔탈피는 계가 받아들인 열 에너지이고, 반응열이라고 한다. 엔탈피는 일정 압력 하에서 계의 열용량에 온도 변화를 곱하여 측정되는 양이다. 엔탈피는 에너지 도표를 사용하면 더 잘 이해할 수 있다.

예를 들어 실험실의 버너는 메테인(CH_4)을 연소하여 발생된 열을 사용하는데 이때 이산화탄소와 물이 생성되게 된다. 이때 반응열이 주위로 방출되기 때문에 엔탈피가 음의 값을 가지게 된다. 그리고 식물이 물과 산소를 흡수하여 포도당을 만드는 광합성 과정은 주위의 열을 흡수하는 반응이고, 이때 엔탈피는 양의 값이 된다. 정리하면 흡열 반응의 엔탈피가 양수 값이면, 흡열 반응($\Delta H > 0$)이고, 엔탈피가 음의 값이면 발열 반응($\Delta H < 0$)이라고 한다.

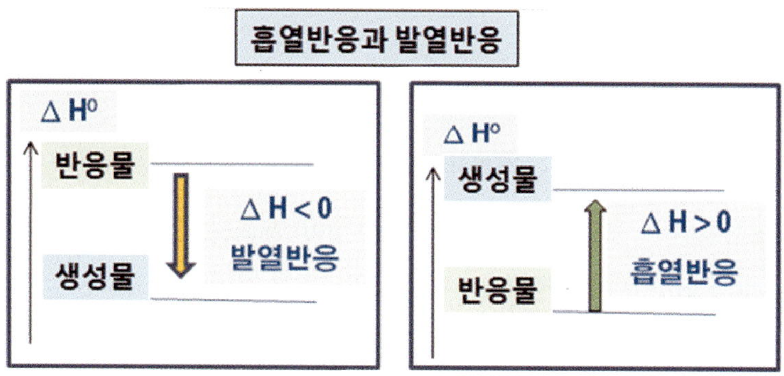

[그림 6-6] 계의 엔탈피 변화. 흡열 반응과 발열 반응

상태 변화와 엔탈피 변화

용융(용융열) : $H_2O(s) \rightarrow H_2O(l)$ $\Delta H_{fus}{}^0 =$ 79.0 kJ/mol

증발(증발열): $H_2O(l) \rightarrow H_2O(g)$ $\Delta H_{vap}{}^0 =$ 40.7 kJ/mol

승화(승화열) : $H_2O(s) \rightarrow H_2O(g)$ $\Delta H_{subl}{}^0 =$ (79.0+40.7) kJ/mol

[그림 6-7] 물질의 상태 변화에 따른 엔탈피 변화

[연소 반응의 엔탈피 측정: 열량계]

열 흐름은 열량계를 사용해서 측정한다. 열량계는 물이나 열용량이 잘 알려진 물질을 포함하여 만들어 지는 것으로 벽은 열이 차단되는 단열재를 사용한다. 열은 반응계와 열량계 사이에만 흐르도록 되어 있다. 통 열량계(bomb calorimeter)는 산소 기체를 사용하여 물질을 연소시키고 이 연소 반응에서 방출되는 열을 측정하는 장치이다. 산소 기체를 사용하기 때문에 두터운 강철로 제조

된 용기(통, bomb) 내부에 정확한 질량(m)을 아는 반응 물질을 넣고 밀폐시킨 후, 외부 용기 속에 넣는다. 반응물에서 방출된 열은 모두 금속 봄과 물로 구성된 열량계로 흡수되기 때문에 다음과 같은 공식이 성립되며, 열량계의 열용량($C_{열량계}$)을 알면 열량계의 온도 증가(Δt)를 측정하여 연소 반응에서 방출된 열 에너지 양을 계산할 수 있다.

(열량계가 흡수한 열) = (일정 부피에서 물질의 연소 열)

$$s_{열량계} \times \Delta t = m \times Q_{기준물질}$$

$$\Rightarrow \quad s_{열량계} = \frac{m \times Q_{기준물질}}{\Delta t}$$

여기서, $s_{열량계}$은 통 열량계의 비열(J/g℃)이고, 는 열량계의 온도 증가이다. m은 시료의 질량(g)이고, Q는 시료 1 g이 연소될 때 방출하는 열 에너지이다. 1 몰이 연소될 때 방출되는 열 에너지는 몰 질량(M_w)을 곱해주어야 한다. 이 열량계에서 측정된 열은 일정한 부피에서 측정되었기 때문에 내부 에너지 변화량(ΔE)가 된다.

$$\Delta E = -Q \times M_w$$

(1) 열량계의 열용량($s_{열량계}$)측정

벤조산($C_6H_5COOH(s)$, 몰질량 = 120.0 g/mol)은 열량계의 열용량을 측정하는 기준 물질로 쓰인다.

$$C_6H_5COOH(s) + \frac{15}{2}O_2(g) \rightarrow 6\,CO_2(g) + 3H_2O(l) \quad \Delta E = -3170.4\,kJ/mol$$

벤조산 1.00 g의 연소열은 26.42 kJ/g이고, 1 몰의 연소열은 3170.4 kJ/mol이다. 일정 부피 통 열량계(bomb calorimeter)를 이용하여 벤조산 1.00 g을 연소시켰을 때 열량계의 온도가 2.00 ℃ 상승하였다면, 이 열량계의 비열($s_{열량계}$)은 다음과 같이 계산된다.

$$s_{열량계} = \frac{Q_{기준물질}}{\Delta t} = \frac{26.43\,kJ}{2.00\,℃} = 13.21\,kJ/℃$$

(2) 연소열의 측정(ΔE)

열량계의 열용량($s_{열량계}$)이 측정되면, 이 열량계를 사용하여 미지 시료의 연소열을 측정 할 수 있다. 예를 들어 나프탈렌($C_{10}H_8(s)$, 몰 질량 = 128.2 g/mol)의 연소열을 측정하기 위하여 나프탈렌 2.00 g을 정확하게 측정하여 열량계에 넣고 연소시켰을 때 열량계의 온도가 20.00 ℃에서 26.08 ℃로 증가하였다면, 나프탈렌 1.00 g 당 연소열은 다음과 같이 계산할 수 있다.

$$q_{시료} = \frac{-s_{열량계} \times \Delta t}{m}$$

$$q_{시료} = \frac{-s_{열량계}\Delta t}{m} = \frac{-(13.21\,kJ/℃)\times(6.08\,℃)}{2.00\,g} = -40.16\,kJ/g$$

1 몰당 연소열은 다음과 같다.

$$\Delta E = q_{시료} \times M_w = (-40.16\,kJ/g) \times (128.2\,g/mol) = -5148\,kJ/mol$$

따라서 통 열량계로 측정된 나프탈렌의 연소 내부 에너지 변화량은 $\Delta E = -5148\,kJ/mol$이다.

$$C_{10}H_8(s) + 12\,O_2(g) \rightarrow 10\,CO_2(g) + 4\,H_2O(l) \quad \Delta E = -5148\,kJ/mol$$

(3) 연소 엔탈피(ΔH)

모든 기체를 이상기체라고 가정하고, 다음 공식을 사용하면,

$$\Delta H = \Delta E + P\Delta V = \Delta E + \Delta n_g RT$$

25 ℃에서 이 반응의 엔탈피는 다음과 같이 계산된다.

$$\Delta H = -5148\,kJ + (-2\,mol)(8.314\,J/mol\,K)(298\,K)$$

$$= -5153\,kJ$$

$$\Delta E = q_{열량계} \times M_w$$

이 양을 엔탈피로 바꾸려면, 열역학 1법칙을 사용하여, 연소 엔탈피는 $\Delta H = \Delta E + P\Delta V$ 식으로부터 계산할 수 있다. 그런데 $P\Delta V = P(V_{생성물} - V_{반응물})$

이므로, 반응물과 생성물에 포함된 기체들이 이상기체라고 간주하면, $P\Delta V$ = ($n_{생성물}$ - $n_{반응물}$) RT가 된다. 여기서 ($n_{생성물}$ - $n_{반응물}$)는 생성물에 포함된 기체의 몰수와 반응물에 포함된 기체의 몰수의 차이를 말한다. ($n_{생성물}$ - $n_{반응물}$) = Δn_g 라고 놓으면, $\Delta H = \Delta E + \Delta n_g RT$가 된다.

통 열량 계 (bomb calorimeter)에서 반응열 측정

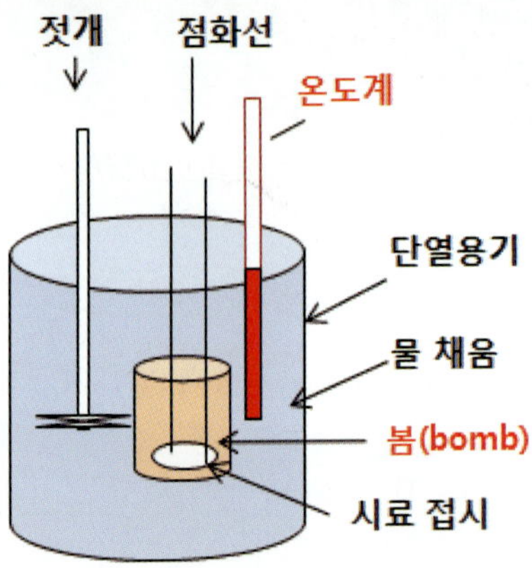

$Q_{기준물질}$ = $s_{열량계}$ x Δt /m

$s_{열량계}$ = m $Q_{기준물질}$ /(Δt)

$q_{시료}$ = - $s_{열량계}$ x Δ t / m

ΔE = $q_{시료}$ x M_w

$\Delta H = \Delta E + P\Delta V$

$\Delta H = \Delta E + \Delta n_g RT$

[그림 6-8] 봄 열량계를 이용한 반응 엔탈피 측정

[예제 6-4] 염화수소 기체는 반도체를 에칭하는데 사용된다. 이 기체는 수소 기체와 염소 기체를 반응시켜서 만들어진다.

$H_2(g) + Cl_2(g) \rightarrow 2HCl(g)$

1.00 g의 H_2기체가 염소 기체와 완전히 반응하였을 때, 반응 온도가 20.00 ℃에서 29.82 ℃로 상승하였다. 열량계의 열용량을 9.33 kJ/℃ 라고 할 때, 반응열을 구하여라.

풀이 Δt = 29.82 °C - 20.00 °C = 9.82 °C ; $C_{열량계}$ Δ = 9.3 3kJ/°C

방출된 열을 계산하면,

$q_{열량계}$ = -$C_{열량계}$ × Δ t/m = (9.33 kJ / °C) × (9.82 °C) / 1.0 g = -91 kJ/g

질산 암모늄이 물에 녹는 반응은 흡열반응이다.

$$NH_4NO_3(s) + H_2O(l) \rightarrow NH_4^+(aq) + NO_3^-(aq) \quad \Delta H = +28.1\ kJ$$

(1) 냉각 주머니에 두 개의 분리된 성분(질산 암모늄과 물)을 담음

(2) 열량계에서 질산 암모늄 **1g이 물에 녹을 때 351 J** 임을 측정

(3) **1 mol의 질산 암모늄**이 물에 녹을 때, **엔탈피는 몰질량을** 곱한다.

$$\Delta H = (0.351\ kJ/g) \times (80.05 g/mol) = +28.1\ kJ/mol$$

$\Delta H > 0$ **이므로 흡열반응 온도가 떨어진다.**

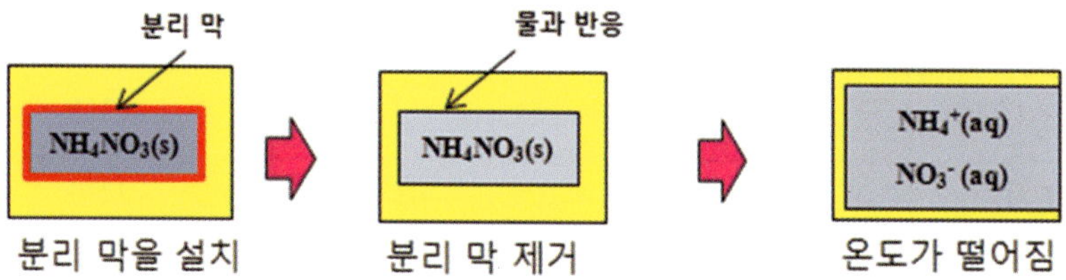

[표 6-3] 몇 가지 화합물들의 상 변화 엔탈피

물질	녹는 점 (℃)	용융 열 ΔH_{fus}^0(kJ/mol)	끓는 점 (℃)	증발열 ΔH_{vap}^0(kJ/mol)
벤젠(C_6H_6)	5	9.84	80	30.8
브로민(Br_2)	−7	10.8	59	29.6
수은(Hg)	−39	2.33	357	59.4
나프탈렌($C_{10}H_8$)	80	19.3	218	43.3
물 (H_2O)	0	6.00	100	40.7

화학 반응식에 반응 엔탈피 값을 포함시켜 표시하는 것을 열화학 반응식(thermochemical equation)이라고 한다. 모든 화학 반응은 반응 엔탈피가 존재하며, 열화학 반응식으로 쓸 수 있다. [부록 B]에 주어진 물질들의 표준생성 엔탈피를 사용하여 표준 상태에서 반응 엔탈피를 계산할 수 있다.

[표 6-4] 몇 가지 유기화합물들의 연소 엔탈피 $\Delta H_{comb}°$(kJ/mol)

물질	연소 반응	연소 열: $\Delta H_{comb}°$(kJ/mol)
흑연,C(s)	C(gr, s) + 1/2 O_2(g) → CO(g)	- 393.5
흑연,C(s)	C(gr, s) + O_2(g) → CO_2(g)	- 283.5
CH_4(g)	CH_4(g) + 2 O_2(g) → CO_2(g) + 2 H_2O(l)	-890
C_2H_6(g)	C_2H_6(g) + 7/2 O_2(g) → 2CO_2(g) + 3 H_2O(l)	-1560
CH_3OH(l)	CH_3OH(l) + 2 O_2(g) → CO_2(g) + 2 H_2O(l)	-726
CH_3OH(g)	CH_3OH(l) + 2 O_2(g) → CO_2(g) + 2 H_2O(l)	-764
C_2H_5OH(l)	C_2H_5OH(l) + 3 O_2(g) → 2CO_2(g) + 3 H_2O(l)	-1368
C_2H_5OH(g)	C_2H_5OH(l) + 3 O_2(g) → 2CO_2(g) + 3 H_2O(l)	-1409

6-3.

헤스의 법칙

반응 엔탈피를 연산할 때 다음과 같은 반응 엔탈피의 성질을 활용하여야 한다. ① 반응물과 생성물의 양이 증가하면, 그에 비례하여 증가된다. ② 역반응의 엔탈피는 정반응의 엔탈피와 부호가 반대이다. 즉, 고체가 녹을 때 흡수되는 열이 융용열(ΔH_{fus})은 액체가 고체로 변할 때, 방출되는 열은 응고열(ΔH_{solid})과 같다. 액체가 증발할 때 흡수되는 열은 증발열(ΔH_{vap})은 기체가 액체로 응축될 때, 방출될 때 방출되는 응축열(ΔH_{cond})과 같다. ③ 두 반응식을 더하거나 빼면, 엔탈피는 같은 연산을 하여 계산한다. 이 관계를 헤스의 법칙 Hess's Law)이라고 한다. 헤스의 법칙 엔탈피가 상태 함수이므로 초기와 최종 상태에만 의존한다는 것이다. 반응물과 생성물이 같으면, 어떤 과정을 거쳐서 반응이 일어나든지 동일한 엔탈피의 값을 갖는다는 법칙이다. 따라서 특정 반응의 엔탈피는 다른 반응식들을 연산하여 만들어진 반응의 엔탈피는 반응식과 똑같은 연산과정을 거쳐서 계산하면 된다.

[엔탈피의 연산]

① $C(s) + 1/2\ O_2(g) \rightarrow CO(g) \quad \Delta H_1 = -110.5\,kJ$

② $CO(g) + 1/2\ O_2(g) \rightarrow CO_2(g) \quad \Delta H_2 = -283.5\,kJ$

(1) ΔH의 반응물이나 생성물의 양에 비례한다.

① × 2 ⇒ $2\,C(s) + O_2(g) \rightarrow 2\,CO(g) \quad \Delta H = 2 \times (-110.5\,kJ)$

(2) 반응이 역으로 일어날 때, 부호가 바뀐다.

-② ⇒ $CO_2(g) \rightarrow C(s) + 1/2\,O_2(g) \quad \Delta H = +110.5\,kJ$

(3) 반응식을 더하거나 빼면, 엔탈피(ΔH)도 같은 연산을 해야한다.

① + ② ⇒ ③ $C(s) + O_2(g) \rightarrow CO_2(g) \quad \Delta H_3 = \Delta H_1 + \Delta H_2 = -393.5\,kJ$

[Hess의 법칙]

✓반응 전후 물질의 종류와 상태가 같으면 화학 반응에서 출입하는 에너지는 반응경로에 무관하게 일정

✓엔탈피는 상태함수이므로 처음상태와 최종상태에만 의존한다.

✓ 반응식을 더하거나 빼면, 엔탈피(ΔH)도 같은 연산을 해야한다.

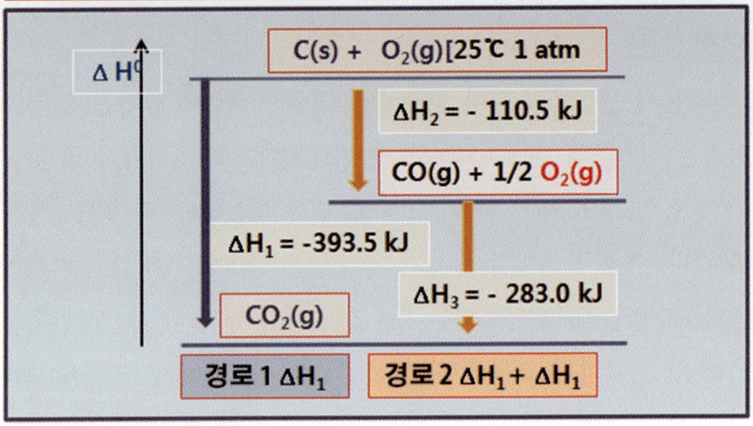

[그림 6-9] 헤스의 법칙

[예제 6-5] $2H_2(g) + O_2(g) \rightarrow 2H_2O(l)$에서 $\Delta H_1 = -571.6$ kJ일 때, $H_2O(l) \rightarrow H_2(g) + ½O_2(g)$의 엔탈피(ΔH)는 몇 kJ인가?

풀이 주어진 반응의 역반응을 취하고 2로 나누면 된다.

$\Delta H = -1/2 \times (\Delta H_1) = -1/2(-571.6\ \text{kJ}) = +285.8\ \text{kJ}$

6-4.

표준 생성 엔탈피와 반응 엔탈피

(1) 표준 생성 엔탈피(ΔH_f^0)

화학 반응에서 엔탈피는 열량계를 이용하여 실험적으로 측정해야 한다. 그러나 실험적으로 측정하지 않고 반응 엔탈피를 계산하는 방법이 있다. 첫 번째 방법은 앞에서 살펴보았던 헤스의 법칙을 이용하면, 실험적으로 측정된 여러 가지 반응들을 사용하여 계산할 수 있다. 두 번째 방법은 물질의 표준 생성 엔탈피(standard enthalpy of formation, ΔH_f^0)를 이용하여 반응 엔탈피를 계산하는 방법이다. 각 화합물의 표준 몰 생성 엔탈피는 25 ℃, 1기압에서 가장 안정한 기준 상태의 원소들로부터 1 몰의 화합물이 생성될 때의 엔탈피의 값을 의미한다. 모든 원소마다 기준 상태 물질이 한 가지씩 정의되어 있다. [부록 B]에 주어진 표에 표준 생성 엔탈피가 0인 물질들($\Delta H_f^0 = 0$)은 모두 원소의

[표준 생성 엔탈피 ΔH_f^0]

(1) 25℃, 1atm에서 가장 안정한 기준 상태의 원소 들로부터 1mol의 화합물이 생성될 때 엔탈피 값(ΔH_f^0)을 의미한다.

(2) 기준 상태 원소들의 엔탈피를 0 이라고 정의한다. ($\Delta H_f^0 = 0$)

원소	Li	Be	B	C	N	O	F	Ne
기준	Li(s)	Be(s)	B(s)	C(gr)	$N_2(g)$	$O_2(g)$	$F_2(g)$	Ne(g)
원소	Na	Mg	Al	Si	P	S	Cl	Ar
기준	Na(s)	Mg(s)	Al(s)	Si(s)	P(s)	S(s)	$Cl_2(g)$	Ar(g)

$C(s) + 1/2\ O_2(g) \rightarrow CO(g)$ $\quad \Delta H_f^0\ (CO(g)) = -110.5\ kJ$

$C(s) + O_2(g) \rightarrow CO_2(g)$ $\quad \Delta H_f^0\ (CO_2(g)) = -395.5\ kJ$

$Na(s) + 1/2\ Cl_2(g) \rightarrow NaCl(s)$ $\quad \Delta H_f^0\ (NaCl(s)) = -411.2\ kJ$

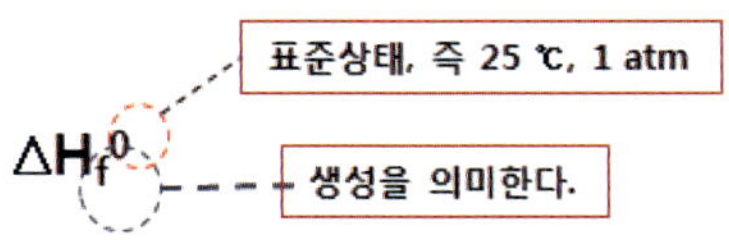

[그림 6-10] 표준 생성 엔탈피

기준 상태 물질들이다. 열역학적 원소의 기준 상태 물질들은 기체 상태는 $H_2(g)$, $N_2(g)$, $O_2(g)$, $F_2(g)$, $Cl_2(g)$ 등이 있으며, 액체는 Br2(l), Hg(l), 고체는 Na(s), Cu(s) Fe(s), Ag(s), $I_2(s)$, C(s), S(s) 등이 있으며, 그리고 용액 상태의 기준 상태는 $H^+(aq)$ 이다.

(2) 반응 엔탈피

반응 엔탈피는 생성물과 반응물의 상대적인 값이므로, [표 6-5]에 주어진 각 물질들의 표준생성 엔탈피(ΔH_f^0)를 사용하여, 반응 엔탈피(ΔH_R^0)를 바로 구할 수 있다. 다음 식에 주어진 것처럼 생성물들의 표준생성 엔탈피 합에서 반응물들의 표준 생성 엔탈피 합을 빼면 된다.

$$\Delta H_R^0 = \sum_{\text{생성물}} \Delta H_f^0(\text{생성물}) - \sum_{\text{반응물}} \Delta H_f^0(\text{반응물})$$

각 화합물들의 표준 생성 엔탈피는 [표 6-5]에 주어져 있다. 이 자료로부터 반응 엔탈피를 구할 수 있다. 예를 들면, 메탄($CH_4(g)$)의 연소 반응 엔탈피는 다음과 같이 계산하면 된다. 먼저 [표 6-5]에 주어진 표준생성 엔탈피를 찾아서 아래와 같이 쓴다.

	$CH_4(g)$	$O_2(g)$	$CO_2(g)$	$H_2O(l)$
ΔH_f^0(kJ/mol)	-78.4	0	-393.5	-285.8

다음 반응식에서 생성물들의 표준생성 엔탈피에서 반응물들의 표준생성 엔탈피를 빼면 된다.

$$CH_4(g) + 2\,O_2(g) \rightarrow CO_2(g) + 2\,H_2O(l)$$

$$\Delta H_R^0 = \left[\Delta H_f^0(CO_2(g)) + 2\,\text{몰} \times \Delta H_f^0\right] - \left[\Delta H_f^0(CH_4(g)) + \Delta H_f^0(O_2(g))\right]$$

$$= [-393.5\,kJ + 2\text{몰} \times (-285.8\,kJ/\text{몰})] - [-74.8\,kJ + 0]$$

$$= -890.3\,kJ$$

[표준 생성 엔탈피 ΔH_f^0] 에너지 도표와 엔탈피 계산

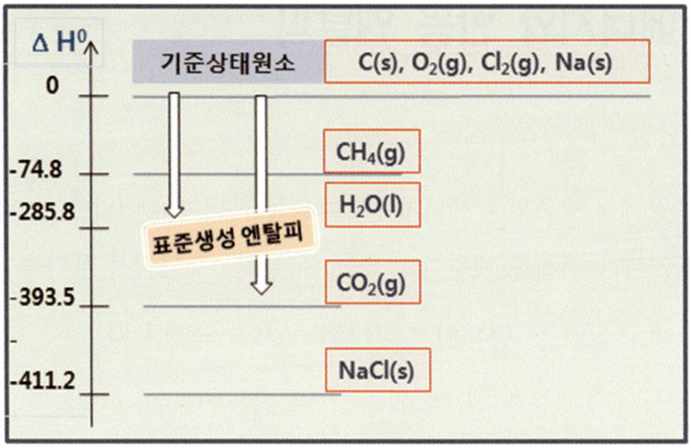

$$CH_4(g) + 3\ O_2(g) \rightarrow CO_2(g) + 2\ H_2O(l)$$

$$\Delta H = -393.5 + 2\times(-285.8) - [\ 74.8 + 3 \times 0\ ] = -890.3kJ$$

[그림 6-11] 여러 가지 물질들의 표준 생성 엔탈피 도표

[표 6-5] 몇 가지 화합물들의 표준 생성 엔탈피(ΔH_f^0)

화합물	ΔH_f^0 (kJ/mol)	화합물	ΔH_f^0 (kJ/mol)
$Br_2(l)$	0	$NH_3(g)$	-46.3
$Br_2(g)$	30.91	$Na(s)$	0
C(*s*, 흑연)	0	$NaCl(s)$	-411.2
C(*s*, 다이아몬드)	+1.9	$O_2(g)$	0
$CO(g)$	-110.5	$O_3(g)$	+143.0
$CO_2(g)$	-393.5	S(*s, ortho*)	0
$Cl_2(g)$	0	S(*s, mono*)	+0.3
$H_2(g)$	0	$SO_2(g)$	-296.8
$H_2O(l)$	-285.8	$SO_3(g)$	-395.7
$H_2O(g)$	-241.8	$H_2SO_4(aq)$	-909.3
$H_2O_2(l)$	-187.8	$KCl(s)$	-436.8
$N_2(g)$	0	$H^+(aq)$	0
$NO_2(g)$	+33.2	$Cl^-(aq)$	-167.2
$N_2O_4(g)$	+9.2	$Na^+(aq)$	-239.1
$CH_4(g)$	- 75.4	$C_2H_6(g)$	-84.7

※ 다른 화합물들의 표준생성 엔탈피는 부록을 참고하기 바람.

6-5.

결합 에너지와 반응 엔탈피

화학 반응에서 방출되는 에너지나 흡수되는 에너지는 어디에서 오는가? 예를 들면, 메테인 기체를 태워서 나오는 에너지는 어디에서 생기는 걸까?

$CH_4(g) + 2O_2(g) \rightarrow CO_2(g) + 2H_2O(l)$ $\Delta H = -890.3$ kJ

그리고 물이 전기분해 될 때 흡수된 에너지는 어디로 쓰이는가?

$H_2O(l) \rightarrow H_2(g) + 1/2O_2(g)$ $\Delta H = +285.8$ kJ

이 반응 엔탈피들은 화학 결합에너지에서 기인된다. 결합 에너지(Bond dissociation energy)는 기체 상태에서 1몰의 결합이 끊어지는데 필요한 엔탈피를 의미한다. 예를 들어, 수소 분자의 결합이 끊어진다거나, 염소 분자의 분자가 끊어질 경우에 에너지가 필요하다. 이때, 결합이 깨질 때의 엔탈피 값은 항상

[표 6-6] 단일 결합과 다중결합의 결합 해리에너지(kJ/mol)

단일결합	H	C	N	O	S	F	Cl	Br	I
H	436	414	389	464	339	565	431	368	297
C		347	293	351	259	485	331	276	218
N			159	222	-	272	201	243	-
O				138	-	184	205	201	201
S					226	285	255	213	-
F						153	255	255	277
Cl							243	218	209
Br								193	180
I									151

다중결합					
C=C	436	N=N	418	C≡C	820
C=N	615	N=O	607	C≡N	890
C=O	715	O=O	498	C≡O	1075
C=S	477	S=O	498	N≡N	941

양의 값이므로 흡열 반응이다. 그리고 수소와 염소의 결합이 형성될 때 에너지를 방출하게 된다. 결합이 형성되면 에너지는 방출되고 엔탈피는 음의 값이 된다. 반응 엔탈피가 음의 값으로 발열 반응인 경우, 반응물에서 약한 결합이 깨지고, 생성물에서 강한 결합이 형성되는 경우이다. 반대로 흡열 반응은 강한 결합이 깨지고 약한 결합이 생성되는 경우이다.

메테인 기체를 태워서 나오는 에너지는 결합에너지로부터 계산할 수 있다.

$$\Delta H^0 = [4 \times DE(C\text{-}H) + 2 \times DE(O{=}O) - [2 \times DE(C{=}O) + 4 \times DE(O\text{-}H)]$$

$$\Delta H = [4 \times (414\ kJ) + 2 \times 498\ kJ - [2 \times 715\ kJ + 4 \times 464\ kJ]$$

$$= 2652\ kJ - 3286\ kJ$$

$$= -634\ kJ$$

그리고 물이 전기분해 될 때 흡수된 에너지는 결합 에너지로부터 계산된다.

$$H_2O(l) \rightarrow H_2(g) + 1/2O_2(g)\ \ \Delta H = +285.8\ kJ$$

$$\Delta H = 2 \times DE(O\text{-}H) - [DE(H\text{-}H) + 1/2 \times DE(O{=}O)]$$

$$= 2 \times (464\ kJ) - [436\ kJ + 1/2 \times 498\ kJ]$$

$$= 928\ kJ - 685\ kJ = +243\ kJ$$

[결합 에너지와 반응 엔탈피]

엔탈피(ΔH) = 반응물의 결합 에너지 합 - 생성물의 결합 에너지의 합

[결합에너지 (bond dissociation energy, DE)]

기체상태에서 1몰의 결합이 끊어지는데 필요한 엔탈피 (ΔH)

① $H_2(g) \rightarrow H(g) + H(g)$ **DE(H-H) = + 436 kJ**

② $Cl_2(g) \rightarrow Cl(g) + Cl(g)$ **DE(Cl-Cl) = + 243 kJ**

③ $HCl(g) \rightarrow H(g) + Cl(g)$ **DE(H-Cl) = + 431 kJ**

결합이 끊어질 때 양의 값

결합이 형성될 때 음의 값

④ $\frac{1}{2} H_2(g) + \frac{1}{2} Cl_2(g) \rightarrow HCl(g)$ ΔH = ?(-91.5 kJ)

$\Delta H = \frac{1}{2} \times DE(H\text{-}H) + \frac{1}{2} \times DE(Cl\text{-}Cl) - DE(H\text{-}Cl)$

$= 1/2 \times (436\ kJ) + 1/2 \times (243\ kJ) - (431\ kJ) = -91.5\ kJ$

[그림 6-12] 결합 에너지로부터 반응 엔탈피 계산

결합 에너지로부터 계산된 반응 엔탈피는 실험 값과 약간의 차이가 있지만, 반응 엔탈피의 근원은 반응물들의 결합이 끊어질 때 흡수되는 에너지와 생성물들의 결합이 형성될 때 방출되는 에너지의 합이다.

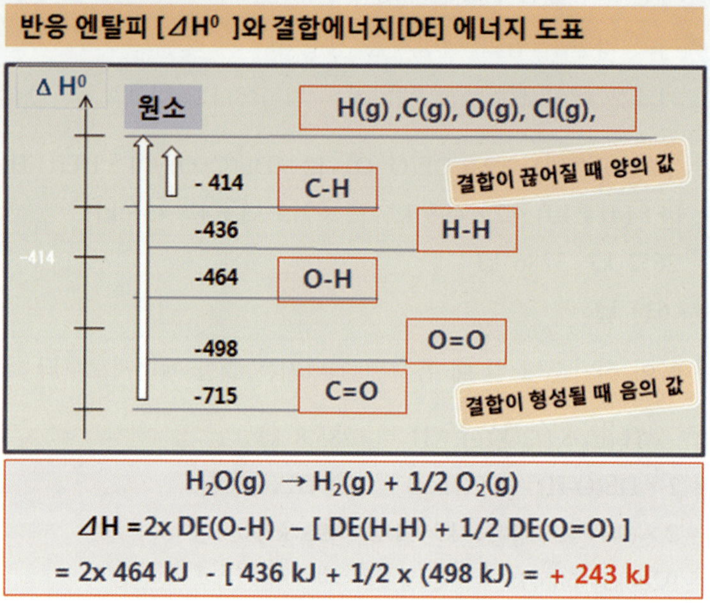

[그림 6-13] 결합 에너지와 반응 엔탈피 도표

[학습퀴즈 6-1] 금(Au)의 비열은 0.129J /g°C이다. 5.00 g의 금이 1.33 J의 열을 흡수하면, 온도는 몇 °C가 올라가겠는가?

[학습퀴즈 6-2] 35 °C의 물 75 mL를 10 °C의 물에 첨가하여 최종온도가 19.0 °C가 되려면, 10 °C의 물은 몇 mL를 가해야 하는가? 물의 밀도는 1.0 g/mL이다.

[학습퀴즈 6-3] 단계적 과정에 따라 80.0 °C의 벤젠 기체 100.0 g을 25 °C의 액체 벤젠으로 액화시키는 데 방출된 에너지를 구하여라. 벤젠의 끓는 점은 80.0 °C이고, 이때 응축열은 kJ이다. 그리고 액체 벤젠의 비열은 1.72 J/g°C이다. 벤젠의 증발열은 ΔH = 30.8 kJ/mol이고, 벤젠의 분자량 = 78.0 g/mol이다.

[학습퀴즈 6-4] 암모니아는 산화이질소(N_2O) 기체(($\Delta H_f^0 = +82.05$ kJ)와 반응하여 물과 질소 기체를 생성한다.

$2NH_3(g) + 3N_2O(g) \rightarrow 3H_2O(l) + 4N_2(g)$

반응 엔탈피를 계산하여라.

물질	$NH_3(g)$	$N_2O(g)$	$H_2O(l)$	$N_2(g)$
ΔH_f^0=	-46.1 kJ/mol	+82.05 kJ/mol	-285.8 kJ	0

[학습퀴즈 6-5] 다음 두 반응의 엔탈피는 아래와 같이 주어져 있다.

(1) $2Al(s) + 3/2O_2(g) \rightarrow Al_2O_3(s)$, $\Delta H_1 = -1670.0$ kJ

(2) $2Fe(s) + 3/2O_2(g) \rightarrow Fe_2O_3(s)$, $\Delta H_2 = -824.0$ kJ

아래 반응의 엔탈피는 몇 kJ인가?

(3) $2Al(s) + Fe_2O_3(s) \rightarrow 2Fe(s) + Al_2O_3(s)$, $\Delta H_3 = ?$

[학습퀴즈 풀이 6-1] $q = mC\Delta t$

$\Delta t = q / mC = 1.33\ J/(5.00\ g \times 0.129\ J/g^oC) = 2.06\ ^oC$

[학습퀴즈 풀이 6-2] 잃은열 $= 75\ g \times (4.18\ J/g^oC) \times (35 - 19\ ^oC)$

얻은열 $= Vg \times (4.18\ J/g^oC) \times (19 - 10\ ^oC)$

$V = (75\ g \times 16\ ^oC)/9^oC = 133\ mL$

[학습퀴즈 풀이 6-3] 벤젠의 응축열 = (-30.8 kJ/mol) × (100 g /78.0 g/mol)

= - 39.5 kJ

벤젠 80 ℃에서 25 ℃로 낮아지면,

q = (100 g) × (1.72 J/g ℃) × (25 ℃ - 80 ℃) = -9.5 kJ

따라서 방출한 열 = -39.5 kJ + (-9.5 kJ) = -49.0 kJ

[학습퀴즈 풀이 6-4] $\Delta H = (3몰) \times \Delta H(H_2O(l)) + (4몰) \times \Delta H(N_2(g))$

$- [(2몰) \times \Delta H(NH_3(g)) + (3몰) \times \Delta H(N_2O(g))]$

$= (3몰) \times (-285.5\ kJ/몰) + (4몰) \times (0)$

$- [(2몰) \times (-46.1\ kJ/몰) + (3몰) \times (+82.05\ kJ/몰)]$

$= -725.0$ kJ

[학습퀴즈 풀이 6-5] (1) - (2) : $2Al(s) + Fe_2O_3(s) \rightarrow 2Fe(s) + Al_2O_3(s)$,

$\Delta H_3 = \Delta H_1 - \Delta H_2 = (-1670.0\ kJ) - (-824.0\ kJ) = -846$ kJ

[주요개념]

☑ 일 에너지 : 힘을 가하여 위치를 이동시키는데 필요한 에너지
☑ 열 에너지 : 온도 변화로 측정되는 에너지
☑ 열용량(heat capacity) : 물질 1몰을 1 ℃ 올리는데 필요한 에너지
☑ 열역학 1법칙 : "에너지 보존의 법칙"
- 계의 에너지 변화는 계가 받은 열과 계에 행해진 일의 합이다.
- 우주 전체의 에너지는 항상 일정하다.

☑ 계의 엔탈피 변화(ΔH)는 계가 받은 열 에너지, 또는 반응열이다.
☑ 계의 엔탈피 변화가 양수이면($\Delta H > 0$), 흡열 반응이다.
☑ 계의 엔탈피 변화가 음수이면($\Delta H < 0$), 발열 반응이다.
☑ 표준 생성 엔탈피(ΔH_f^0)는 표준상태에서 가장 안정한 원소의 기준 물질로부터 생성될 때 엔탈피 변화를 말한다.
☑ 표준 반응 엔탈피 변화는 생성물과 반응물의 표준 생성 엔탈피(ΔH_f^0) 차이를 의미한다.
☑ 엔탈피와 내부 에너지 관계식 : $\Delta H = \Delta E + \Delta n_g RT$
☑ 반응 엔탈피 변화는 반응물과 생성물의 결합 에너지의 차이이다.

[주요 식]

☑ 일 에너지 : $W = -P\,\Delta V$
☑ 열 에너지 : $Q = mC\,\Delta T$
☑ 반응열 측정 : $Q = -C_{열량계}\,\Delta T$
☑ 열역학 1법칙 : $\Delta E = Q + W$
반응열 : $Q = \Delta E - W = \Delta E + P\,\Delta V$
☑ 엔탈피 변화에 대한 정의 : $\Delta H = \Delta E + P\,\Delta V$
☑ 표준 반응 엔탈피 변화 : $\Delta H^0 = \Sigma \Delta H_f^0$(생성물) - $\Sigma \Delta H_f^0$(반응물)
☑ 엔탈피와 내부 에너지 관계식 : $\Delta H = \Delta E + \Delta n_g RT$
☑ 결합 에너지와 엔탈피 변화 : $\Delta H = \Sigma DE$(반응물) - ΣDE(생성물)

제6장 (열화학)의 개요

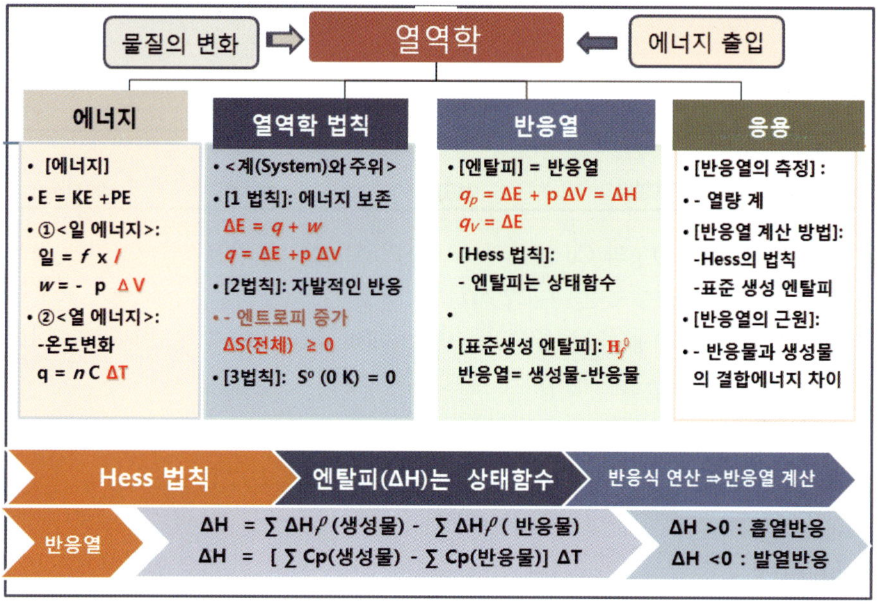
물질의 변화
열역학
에너지 출입
에너지
• [에너지]
• E = KE +PE
• ①<일 에너지>:
일 = f x l
w = - p ΔV
• ②<열 에너지>:
-온도변화
q = nC ΔT
열역학 법칙
• <계(System)와 주위>
• [1 법칙]: 에너지 보존
ΔE = q + w
q = ΔE +p ΔV
• [2법칙]: 자발적인 반응
• - 엔트로피 증가
ΔS(전체) ≥ 0
• [3법칙]: S° (0 K) = 0
반응열
• [엔탈피] = 반응열
q_p = ΔE + p ΔV = ΔH
q_V = ΔE
• [Hess 법칙]:
- 엔탈피는 상태함수
• [표준생성 엔탈피]: H_f^o
반응열= 생성물-반응물
응용
• [반응열의 측정] :
• - 열량 계
• [반응열 계산 방법]:
-Hess의 법칙
-표준 생성 엔탈피
• [반응열의 근원]:
• - 반응물과 생성물
의 결합에너지 차이
Hess 법칙
엔탈피(ΔH)는 상태함수
반응식 연산 ⇒반응열 계산
반응열
ΔH = ∑ ΔH$_f^o$(생성물) - ∑ ΔH$_f^o$(반응물)
ΔH = [∑ Cp(생성물) - ∑ Cp(반응물)] ΔT
ΔH >0 : 흡열반응
ΔH <0 : 발열반응

연습문제

[6-1] 다음 몇 가지 금속들의 비열을 참고하여 답하여라.

금속	Ag	Cu	Fe	Al
비열(J/g℃)	0.224	0.385	0.451	0.900

(a) 30 ℃에서 20.0 g의 Cu 금속과 10.0 g의 Al 금속에 같은 열 에너지를 가하면, 어느 금속이 높은 온도일까?

(b) 30 ℃에서 10.0 g의 Ag 금속과 10.0 g의 Fe 금속을 50 ℃로 올리려면, 어느 금속에 더 많은 열 에너지가 필요한가?

[6-2] 금의 비열은 0.129 J/g·℃이다.(금의 원자량: 197.0 g/mol)

(a) 금의 몰 열용량은 몇 J/mol K인가?

(b) 10.00 g의 금이 12.90 J의 열을 흡수하였다. 온도 변화는 얼마인가?

[6-3] 35 ℃의 물 75.0 mL를 10.0 ℃의 물을 130.0 mL 첨가하면 최종 온도는 몇 ℃가 되는가? 물의 비열은 4.18 /g℃이다.

[6-4] 10.0 mL의 에틸 에터($C_4H_{10}O(l)$, 몰 질량: 34.0 g/mol, 밀도: 0.714 g/mL)을 봄베 열량계에서 연소하면 온도가 25.5 ℃에서 57.9 ℃로 상승한다. 이 열량계의 열용량은 10.34 kJ/℃이다.

(a) 열량계에서 발생한 열은 몇 kJ인가?

(b) 1 mol의 에틸 에터가 연소할 때 엔탈피는 몇 kJ인가?

[6-5] 광합성에서 다음과 같은 반응이 일어난다.

$$C_6H_{12}O_6(s) + 6O_2(g) \rightarrow 6CO_2(g) + 6H_2O(l)$$

화합물	$C_6H_{12}O_6(s)$	$CO_2(g)$	$H_2O(l)$
ΔH_f^o (kJ/mol)	-1273.3	-393.5	-285.8

(a) 25 ℃에서 광합성 반응의 엔탈피 변화(ΔH^o)는 얼마인가?

(b) 3 mol의 글루코스($C_6H_{12}O_6(s)$)가 반응할 때의 ΔH를 계산하시오.

(c) 18.00 g의 글루코오스가 산소 중에서 모두 연소할 때 열에너지는 몇 kJ 발생하는가?(글루코스의 몰 질량은 180.0 g/mol라고 한다.)

제6장 열역학과 반응열

[6-6] 손난로는 다음과 같이 철과 산소의 반응을 이용하여 열을 방출한다.

$4\ Fe(s) + 3\ O_2(g) \rightarrow 2\ Fe_2O_3(s) \qquad \Delta H^0 = -1648.4\ kJ$

손난로에 들어 있는 철이 5.585 g이 사용된다면, 방출되는 열 에너지는 몇 kJ인가? (철(Fe)의 원자량은 55.85 g/mol 이다.)

[6-7] $2CuO(s) \rightarrow 2Cu(s) + O_2(g) \quad \Delta H^0 = +314.6\ kJ$

(a) CuO(s)의 표준 생성 엔탈피(ΔH_f^0)를 구하시오.

(b) 15.91 g의 CuO(몰 질량: 79.55 g/mol)를 생성하는 데 필요한 ΔH°를 계산하시오.

[6-8] 아래의 3단계 과정은 모래(SiO_2)로부터 반도체로 사용되는 실리콘을 생성하는 과정이다.

① $SiO_2(s) + 2C(s) \rightarrow Si(s) + 2CO(g) \qquad \Delta H_1^0 = +689.9\ kJ$

② $Si(s) + 2Cl_2(g) \rightarrow SiCl_4(g) \qquad \Delta H_2^0 = -657.0\ kJ$

③ $SiCl_4(g) + 2Mg(s) \rightarrow 2MgCl_2(s) + Si(s) \qquad \Delta H_3^0 = -625.6\ kJ$

(a) 위 반응 엔탈피들을 사용하여 다음 실리콘이 생성되는 반응의 엔탈피를 계산하여라. :

$SiO_2(s) + 2C(s) + 2Cl_2(g) + 2Mg(s) \rightarrow 2Si(s) + 2CO(g) + MgCl_2(s)$

(b) 1 mol의 실리콘을 생성하는데 ΔH는 얼마인가?

(c) 전체 반응은 발열 반응인가 흡열 반응인가?

[6-9] [심화] 다음 주어진 3가지 반응의 엔탈피를 사용하여 에테인(C_2H_6)의 표준생성 엔탈피를 구하여라.

① $C(s, 흑연) + O_2(g) \rightarrow CO_2(g) \qquad \Delta H_1^0 = -393.5\ kJ$

② $H_2(g) + 1/2O_2(g) \rightarrow H_2O(l) \qquad \Delta H_2^0 = -285.8\ kJ$

③ $2C_2H_6(g) + 7O_2(g) \rightarrow 4CO_2(g) + 6H_2O(l) \qquad \Delta H_3^0 = -3119.6\ kJ$

에테인(C_2H_6)의 표준생성 엔탈피를 구하여라.

$2C(s, 흑연) + 3H_2(g) \rightarrow C_2H_6(g) \qquad \Delta H_f^0 = ?$

[6-10] **[심화]** 나이트로글리세린 $C_3H_5(NO_3)_3(l)$은 도로를 새로 만들 때 바위를 부수는 데 사용되는 폭약의 재료이다. 폭발 시 이 물질은 물, 질소, 이산화탄소, 산소를 생성한다. 1 mol의 트라이나이트로글리세린이 폭발할 때 5725 kJ의 열을 방출한다.

(a) 4 mol의 트라이나이트로글리세린이 폭발에 대한 열화학 반응식을 쓰시오.

(b) $C_3H_5(NO_3)_3(l)$에 대한 ΔH_f°는 얼마인가?

[6-11] **[심화]** 플라스틱을 제조하는데 사용되는 벤젠(C_6H_6, 몰 질량: 78.0 g/mol)은 골수에 영향을 미치는 발암물질이다. 벤젠의 연소반응과 연소열은 다음과 같다.

$2C_6H_6(l) + 15O_2(g) \rightarrow 12CO_2(g) + 6H_2O(l) \quad \Delta H^0 = -6534.8\ kJ$

(a) 벤젠 78.0 g을 완전 연소시키면, 방출되는 열 에너지는 얼마인가?

(b) 벤젠의 표준 생성 엔탈피(ΔH_f^0)는 몇 kJ/mol인가?

[6-12] **[심화]** 결합 에너지를 이용하여 다음 반응의 엔탈피를 계산하여라.

$2H_2(g) + O_2(g) \rightarrow 2H_2O(g)$

DE(H-H) = 436 kJ/mol, DE(O=O) = 498 kJ/mol, DE(O-H) = 464 kJ/mol

[6장 연습문제 정답]

[6-1] (a) Cu (b) Fe

[6-2] (a) 25.4 J/mol K (b) 10.0 ℃

[6-3] 19.1 ℃

[6-4] (a) 335.0 kJ (b) $\Delta H = -1.60\times10^{3}$ kJ

[6-5] (a) -2802.5 kJ (b) -8409 kJ (c) 280.3 kJ

[6-6] 41.21 kJ 방출

[6-7] (a) -157.3 kJ/mol (b) -31.5 kJ

[6-8] (a) $SiO_2(s) + 2\ C(s) + 2\ Cl_2(g) + 2\ Mg(s)$
$\rightarrow Si(s) + 2\ MgCl_2(s) + 2\ CO(g)\quad \Delta H = -592.7$ kJ
(b) $\Delta H^0 = -592.7$ kJ
(c) 발열 반응

[6-9] $\Delta H_f^0 = -84.6$ kJ

[6-10] (a) $4C_3H_5(NO_3)_3(l) \rightarrow 12CO_2(g) + 10H_2O(l) + O_2(g) + 6N_2(g)$
$\Delta H^0 = -2.29\times10^4\ kJ/mol$
(b) $\Delta H_f^0 = -3.830\times10^3\ kJ/mol$

[6-11] (a) 3267.4 kJ 방출 (b) $\Delta H_f^0(C_6H_6(l)) = +49.0$ kJ/mol

[6-12] $\Delta H^0 = -486$ kJ

CHAPTER 07

액체와 고체의 성질

CONTENTS

[학습목표]

① 액체의 성질, 즉 끓는점, 표면 장력, 점성도, 증기 압력 등은 분자 간 인력의 크기에 따라 다르게 나타난다.
② 분자 간 인력이 크면, 액체의 증기 압력이 낮다. 분자 간 인력이 작으면, 증기 압력이 높다.
③ 상평형 그림은 온도와 압력에 따라 물질의 상태를 나타내는 그림이다.
④ 분자 간에 작용하는 힘은 정전기적 인력, 쌍극자 힘, 수소결합, 분산력으로 구분된다.
⑤ 고체의 성질은 결정 구조와 결정의 종류에 따라 다르게 나타난다.
⑥ 결정 구조는 이온이나, 분자들의 배열 상태를 나타내고, 결정의 종류는 이온성 결정, 금속성 결정, 분자성 결정, 공유성 네트워크로 구분할 수 있다.

[OX퀴즈 7-1] 증기압력이 높은 액체는 분자간의 힘이 크게 작용하기 때문이다.

정답 ×

해설 증기 압력이 높은 액체는 휘발성이 강하고, 분자들 사이의 작용하는 힘이 작기 때문이다.

[OX퀴즈 7-2] 온도가 증가하면, 액체의 증기압력이 증가된다.

정답 ○

해설 온도가 증가되면, 액체의 증기압력은 증가된다.

[OX퀴즈 7-3] 이온성 고체는 녹는 점이 높다.

정답 ○

해설 이온결합을 이온들 사이의 정전기적 인력이 작용하기 때문에 결합 에너지가 크고, 녹는 점이 높다.

7-1.

분자 간의 인력

(1) 분자 간 힘의 근원

분자 간 힘은 분자들 사이에 작용하는 힘을 말한다. 분자 간 힘은 물질의 성질에 중요한 영향을 미친다. 고체나 액체는 기체보다 분자간의 거리가 가깝기 때문에 분자 간에 작용하는 인력이 더욱 중요해진다. 응축상인 액체나 고체는 기체 상태에서 보다 큰 영향을 준다. 고체나 액체의 성질을 이해하기 위해서 분자들 간에 작용하는 인력을 이해할 필요가 있다.

분자 간에 작용하는 힘은 근본적으로 양이온과 음이온 사이에 작용하는 힘은 정전기적 인력에 기인된다.

① **양이온 음이온:** 양이온과 음이온 사이에 작용하는 힘은 정전기적 인력은 쿨롱의 법칙에 따른다.

$$F = \frac{q_1 q_2}{4\pi\epsilon_0 r^2}$$

여기서 q_1, q_2는 전하량이고, $1/4\pi\epsilon_0 = 8.99 \times 10^9\ Nm^2/C^2$, (진공 속에서 유전 상수, ϵ_0=8.845×10^{-12} C^2/Nm^2; "진공 중에서 전하의 힘을 전달하는 정도"), r은 두 전하 간의 거리를 나타낸다.

이온	O^{2-}	F^-	Cl^-	Na^+	Ca^{2+}	K^+	Mg^{2+}
반지름(pm)	140	136	181	95	99	133	65

이온성 고체	NaF	NaCl	NaBr	NaI	MgO	CaO
격자 에너지(kJ/mol)	923	788	736	704	3,890	3,414
녹는점(°C)	870	801	747	661	2,800	2,572

클롱 인력은 보통 이온 결합에서 격자 에너지(lattice energy)라고 부르기도 한다. Na^+이온과 Cl^-이온 사이에 작용하는 클롱 인력인 격자 에너지(lattice energy)는 788 kJ/mol이다.

$Na^+(g) + Cl^-(g) \rightarrow NaCl(s) \quad \Delta H_{lattice} = -788\ kJ/mol$

그러나 공유 결합 화합물들은 양전하나 음전하를 갖지 않는다. 원자들 간의 공유 결합 전자를 동등하게 갖는 비극성이나 전기음성도가 큰 어느 한 원자가 전자를 많이 끌어당김으로써 극성 결합을 형성하게 된다.

② **극성 분자:** 결합된 두 원자의 전기음성도 차이가 있으면, 극성 분자가 된다. 두 원자 중에서 전기음성도가 큰 원자는 전자가 풍부하기 때문에 약간의 음전하를 가지며, 전기음성도가 작은 원자는 전자가 부족하여 약간의 양전하를 띠게 된다. 이렇게 한 분자 내에 약간의 양전하(δ+)와 음전하(δ-) 가지게 되어 쌍극자(dipole: 한분자내에 양극(+)과 음극(-) 2개 있다는 의미임)라고 부른다. 예를 들면 HF, HCl, HBr, 같은 2원자 분자는 극성 분자들이다. 극성 분자들은 쌍극자 힘(dipole moment)을 갖는다. 쌍극자 힘은 분극된 전하량에 두 극의 거리를 곱한 값이고, 국제 표준 단위는 C・m(쿨롱・미터)이고, 상용 단위는 데바이(debye, $1D = 3.34 \times 10^{-30}$ C・m)라는 단위를 사용한다.

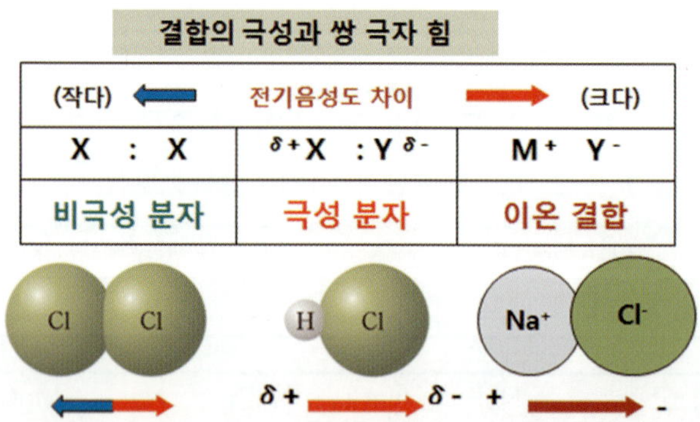

원자	Na	Mg	Be	H	B	C	Cl	N	O	F
전기음성도	0.9	1.2	1.5	2.1	2.0	2.5	3.0	3.0	3.5	4.0

[그림 7-1] 결합의 극성과 쌍극자 힘

$\vec{\mu} = q \times \vec{r}$

이렇게 극성인 쌍극자를 갖는 분자들은 쌍극자-쌍극자 힘이 작용한다.

[표 7-1] 극성분자들의 쌍극자 힘

극성 분자	쌍극자 힘		극성 분자	쌍극자 힘	
	(x10^{-30} Cm)	(Debye)		(x10^{-30} Cm)	(Debye)
HF	6.17	1.85	H_2O	6.17	1.85
HCl	4.90	1.47	NH_3	4.90	1.47
HBr	2.67	0.80	CH_3Cl	6.24	1.87
HI	1.40	0.42	C_2H_5OH	5.64	1.69

③ **비극성 분자:** 결합된 두 원자가 같은 원자인 경우 또는 전기음성도 차이가 아주 작은 경우 비극성 분자가 된다. 예를 들면 H_2, N_2, F_2, Cl_2, Br_2 같은 2원자 분자는 비극성 분자들이다. 그런데 CO_2는 C와 O사이에는 O쪽이 전자를 끄는 경향이 강하므로 C-O의 결합에는 극성이 있다. 그런데 O-C-O의 결합각은 180°이며 직선형이다. 따라서 전기적 치우침의 방향이 반대가 되므로 쌍극자 힘이 서로 상쇄되어 분자 전체로서는 전기적 치우침이 없어져 비극성 분자가 된다. CH_4, BF_3, PCl_5, SF_6, 같이 분자의

[표 7-2] 몇 가지 탄화수소(알케인, alkance)들의 성질

이름	분자식	몰질량	녹는점(℃)	끓는점(℃)	이성질체수
Methane	CH_4	16	-182	-162	1
Ethane	C_2H_6	30	-183	-89	1
Propane	C_3H_8	44	-187	-42	1
Butane	C_4H_{10}	58	-138	0	2
Pentane	C_5H_{12}	72	-130	36	3
Hexane	C_6H_{14}	86	-95	68	5
Heptane	C_7H_{16}	100	-91	98	9
Octane	C_8H_{18}	114	-57	126	18
Nonane	C_9H_{20}	128	-54	151	35
Decane	$C_{10}H_{22}$	142	-30	174	75

모양이 입체적으로 대칭이면 무극성 분자이다.

비극성 분자들은 쌍극자가 아니지만, 분자 내의 전자는 움직이기 때문에 순간적으로 약간의 양전하와 음전하가 생기게 된다. 이러한 순간적인 쌍극자 형성을 유발 쌍극자(induced dipole)라고 한다. 비극성 분자들은 유발 쌍극자-유발 쌍극자 사이에 약간의 힘이 작용하는 데 이것을 분산력이라고 한다. 쌍극자-쌍극자 힘, 쌍극자-유발 쌍극자 힘, 그리고 분산력을 네델란드의 화학자 반데르발스의 이름을 붙여서 반데르발스 힘(van der waals force)이라고 부른다.

[분자 간 힘: (1) 쌍극자 힘]

극성인 쌍극자를 갖는 분자들은 쌍극자-쌍극자 힘이 작용한다. 이 힘은 근본적으로 정전기적 인력이며, 쌍극자 힘이 큰 분자들은 쌍극자-쌍극자 힘도 크다. H-Cl분자는 극성 분자이고 염소(Cl)원자가 전기음성도가 크기 때문에 음극이고, 수소(H)는 염소 원자에 전자를 빼앗기고 양극에 해당된다. 즉 H-Cl 분자는 쌍극자 힘을 갖는다. 따라서 H-Cl분자들 사이에 작용하는 힘은 쌍극자-쌍극자 힘이다. 분자가 갖는 쌍극자 힘이 클수록 쌍극자끼리 작용하는 힘이 더 크다.

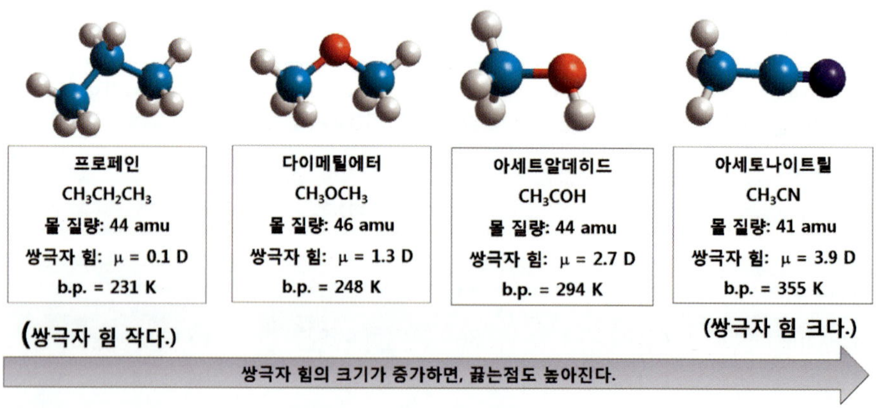

[그림 7-2] 몇 가지 유기 화합물들의 쌍극자 힘과 끓는점

[분자 간 힘: (2) 이온-쌍극자 힘]

극성인 쌍극자를 갖는 분자들은 양(+)극과 음(-)극을 가지고 있기 때문에 양이온 또는 음이온 같은 이온들과 서로 끌어당기는 힘이 존재한다. 이 힘은 정전기적 인력인 쿨롱 법칙에 따르는 힘으로써 이온-쌍극자 힘(ion-dipole force)이라고 한다. 이 힘은 이온의 크기와 전하량, 그리고 극성분자의 크기와 쌍극자 힘의 세기에 의존한다. 물속에서 Na^{+}이온이나, Mg^{2+}이온들은 이온-쌍극자 힘을 갖는다. 물은 쌍극자 힘이 1.86D(데바이)이고, Na^{+}이온은 반자름이 98 pm이고, Mg^{2+}이온의 반지름은 78 pm이다. 그리고 전하의 크기도 Mg^{2+}이온이 더 크기 때문에 Mg^{2+}이온과 물 사이의 이온-쌍극자 힘이 더 크다.

[분자 간 힘: (3) 분산력]

비극성 물질들 사이에 어떤 힘이 작용할 수 있을까? 이온이나 극성 분자가 비극성 물질의 근처에 있으면, 비극성 분자의 전자 분포가 찌그러지게 되고 미세한 양전하와 음전하의 분리가 일어나게 된다. 이런 전자 분포의 불균형으로 인하여 극성 분자처럼 순간적인 쌍극자가 생기게 되는데 이것을 유도 쌍극자 (induced dipole) 라고 한다. 유도 쌍극자의 크기는 원자나 분자의 편극도 (polarizability)에 의해 결정된다. 편극도는 원자나 분자의 전자 분포가 찌그러지기 쉬운 정도를 나타낸다. 일반적으로 원자나 분자에 있는 전자 수가 많으면, 편극도가 크고, 유도 쌍극자의 세기도 커진다. 이런 유도 쌍극자에 의해 생기는 인력을 분산력(dispersion force) 이라고 한다. 1930년 독일의 물리학자 런던(Franz London)이 일시적인 쌍극자 힘을 양자역학적으로 계산하였다. 그래서 분산력은 런던 힘이라고도 부른다. 비극성 분자에서 몰 질량이 증가하면 분산력도 같이 증가된다. 이것은 비극성물질들의 녹는점이나 끓는점을 비교하면 산력의 크기를 알아볼 수 있다. 분자에 있는 전자의수가 증가되면, 분산력이 커지고 녹는점도 올라가게 된다. 분산력은 쌍극자-쌍극자 힘의 크기와 유사하거나 오히려 이보다 큰 경우도 있다.

[분자 간 힘: (4) 수소결합]

원소들 중에서 전기음성도가 큰 원소들은 주로 플르오르(F), 질소(N), 산소(O)이다. 이 원소들이 전기음성도가 작은 수소(H)원자와 결합하여, F-H, O-H, N-H 결합을 형성하면 이 결합은 다른 극성 결합보다 더 큰 극성을 나타낸다. 더욱이 수소는 전자를 대부분 빼앗기고 전자가 매우 부족한 (+)극이 형성된다. 이 수소 원자는 전자가 풍부한 인접 원자들(F, O, N) 강하게 잡아당긴다. 이렇게 수소원자를 사이에 두고 O-H⋯O-H 결합을 형성하는 것을 수소 결합(hydrogen bonding)이라고 한다. 수소 결합은 공유 결합(보통 400 kJ/mol)에 비해 작은 에너지이다. 수소 결합은 보통 5~20 kJ/mol 정도 되지만, 큰 경우 약 40 kJ/mol 정도의 결합 에너지를 갖기도 한다. 플르오르화수소(HF)는 수소 결합 때문에 끓는점이 HCl보다 상당히 높다. 물(H_2O)는 2개의 수소 결합을 형성하기 때문에 예상보다 높은 끓는점을 갖는다. 노벨상을 두 번이나 받았던 미국의 라이너스 폴링(Pauling)박사는 물 분자 간의 수소 결합이 물 분자 내부의 화학 결합과 전자적으로 공유되어서 실제로는 계산상으로 얻어진 값보다 더 강하게 결합하고 있다는 것을 1930년대 제안하였는데, 이 이론은 최근 실험적으로 증명되었다. 수소 결합은 단지 물과 물 사이에서 뿐만 아니라, 인체에서 필요한 구체적인 기능을 담당하는 단백질, 또 그 단백질을 만드는 데 필요한 모든 정보를 담고 있는 DNA의 구조를 유지시켜주는 생체에서 가장 중요한 힘이다.

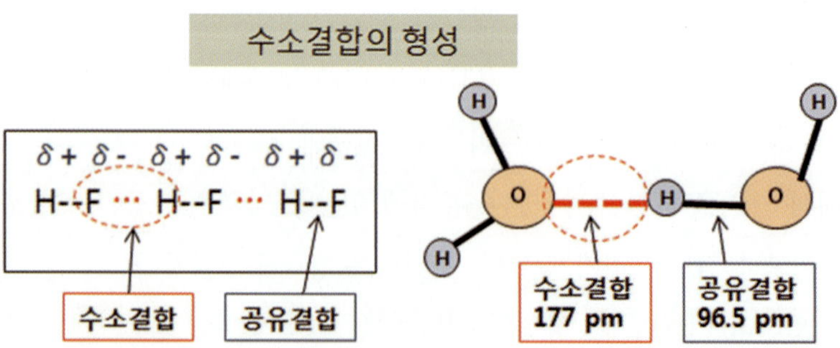

[그림 7-3] 수소 결합의 형성

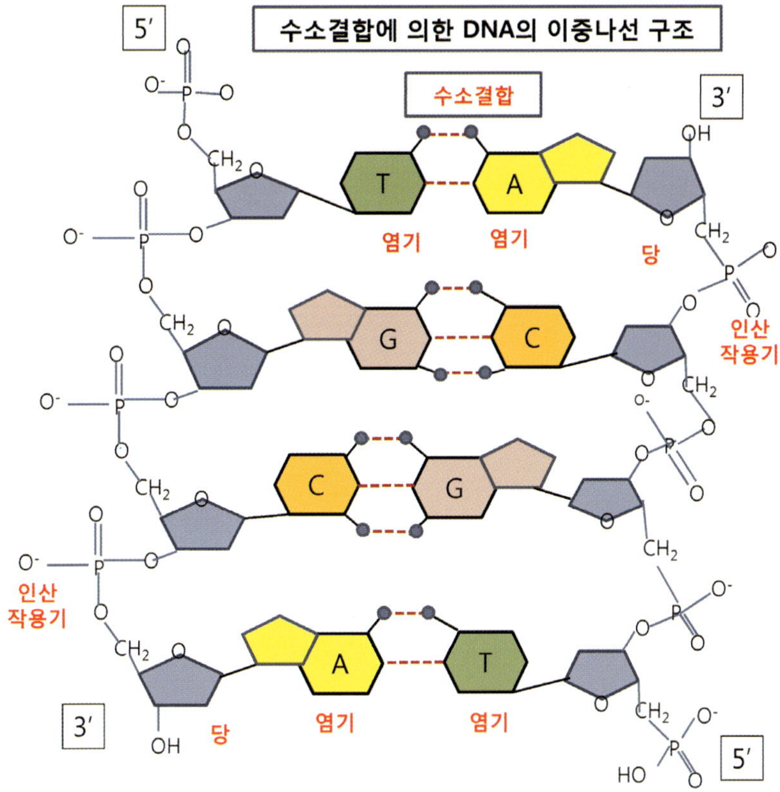

[그림 7-4] DNA 이중 나선 구조에서 염기들 간의 수소 결합 형성. 아데닌(A)과 티민(T) 사이에 2개의 수소 결합(A=T)이 형성되고, 구아닌(G)과 시토신(C)사이에 3개의 수소 결합(G≡C)이 형성된다.

[표 7-3] 분자간에 작용하는 인력의 요약

분자간 힘의 종류	작용하는 힘의 근원	공유결합과 비교
① 쌍극자-쌍극자힘	극성분자들 사이에 작용	공유결합의 1~5%
② 수소결합	F-H, N-H, O-H 결합을 포함하는분자들 (C=O 도 가능)	공유결합의 5~10%
③ London 분산력	주로 비극성분자, 이온, 원자들에서 나타난다.	분자들의 크기가 크거나 모양이 길면 인력이 크다.
④ 이온-쌍극자힘	이온과 극성 분자 사이에작용하는 인력	공유결합의 ~10% 전하크기와 극성에 의존
⑤ 이온-유도 쌍극자힘	이온과 이온비극성분자사이에 작용하는 인력	이온의 전하량과 비극성물질의 편극도에 의존
⑥ 이온-이온 정전기힘	이온과 이온비극성분자사이에 작용하는인력	이온의 전하량과 이온간의거리에의존

[예제 7-1] 다음 화합물을 극성과 비극성으로 구분하고, 같은 분자 간에 작용하는 분자 간 힘의 종류를 확인하여라.

① NH_3 ② H_2S ③ CH_3OH ④ CCl_4 ⑤ $CHCl_3$

풀이 ① NH_3 극성, 수소 결합 ② H_2S 극성, 쌍극자 힘

③ CH_3OH 극성, 수소 결합 ④ CCl_4 비극성, 분산력

⑤ $CHCl_3$ 극성, 쌍극자 힘

7-2.

액체의 성질

[액체의 성질: (1) 증기 압력]

액체는 보통 열린 용기라면 증발이 계속 일어나서 모두 증기가 된다. 그러나 닫힌 용기에서 액체는 어떻게 될까? 용기 안의 액체가 증기로 변하는 증발 현상이 지속되다가, 분자들이 탈출하지 못하고 시간이 지나면서 증기 내 분자의 농도 증가로 응축이 일어나게 된다. 결국 응축 속도와 증발 속도가 같아지는 동적 평형상태(dynamic equilibrium)에 도달하게 된다. 이러한 동적 평형상태에 도달되면, 증기의 압력이 일정하게 유지된다. 액체 위에서 증기가 나타내는 증기의 압력을 증기 압력(vapor pressure)라고 한다. 증기 압력은 주어진 온도에서 일정하게 유지되지만, 온도가 달라지면 증기 압력은 달라진다. 그러나 증기압력은 용기의 부피와 무관하다. 증기 압력은 액체와 평형을 이루고 있는 증기의 압력으로 중요한 액체의 특성에 해당한다. 또 용기의 부피가 클수록 평형 증기압에 도달하는 액체양이 똑같이 커지므로, 그 비율이 일정하게 유지되어 부피는 변하지 않는 것이다.

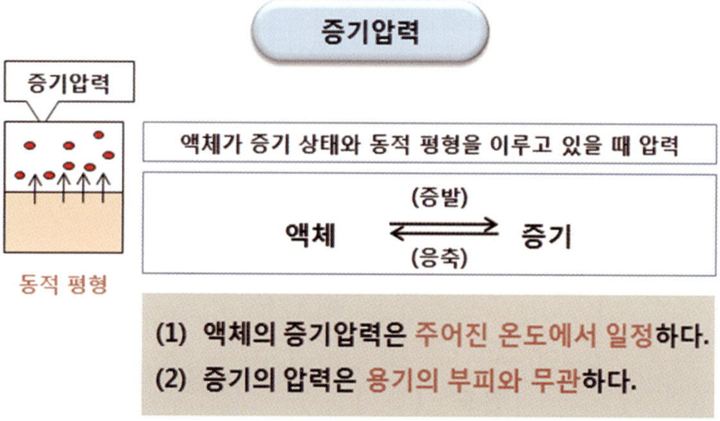

[그림 7-5] 액체의 성질 - 증기압력

[예제 7-2] 벤젠의 증기압 92 mmHg 이다. 25 ℃에서 1.00 L 플라스크에 액체 벤젠(C_6H_6)이 0.01 몰 들어 있다. 액체 벤젠과 증기가 평형에 있을 때, 벤젠 증기의 몰수는 얼마일까?

풀이

$$n_{vapor} = \frac{PV}{RT} = \frac{(92/760\ atm)(1.00\ L)}{(0.0821\ L \cdot atm/mol \cdot K)(298\ K)} = 0.0050\ mol$$

$$n_{liquid} = 0.0100 - 0.0050 = 0.0050\ mol$$

액체의 증기 압력은 온도가 올라가면 증가하기 때문에, 물은 덥고 건조한 날에 더 쉽게 증발한다. 다음의 그래프를 보면 물의 증기 압력이 온도가 증가함에 따라 얼마나 증가되는지 관계를 알 수 있다. 이를 클라우지우스 - 클라페롱(Clausius-Clapeyron)식이라고 한다. 이렇게 표시되는 증기 압력 곡선은 직선의 그래프로 나타낼 수 있다. 직선 그래프로 나타내기 위하여 증기 압력의 로그(자연 대수, ln(P))를 취하고, 이 값을 절대 온도의 역수(1/T) 관계로 표현해야 한다. 이 직선의 그래프를 통해서 ln(P)와 1/T 그래프의 기울기는 증발 엔탈피($-\Delta H_{vap}$)를 기체 상수(R)로 나눈 값($-\Delta H_{vap}/R$)이 된다.

온도와 증기압력의 관계

온도가 상승하면 액체의 증기압은 증가한다.

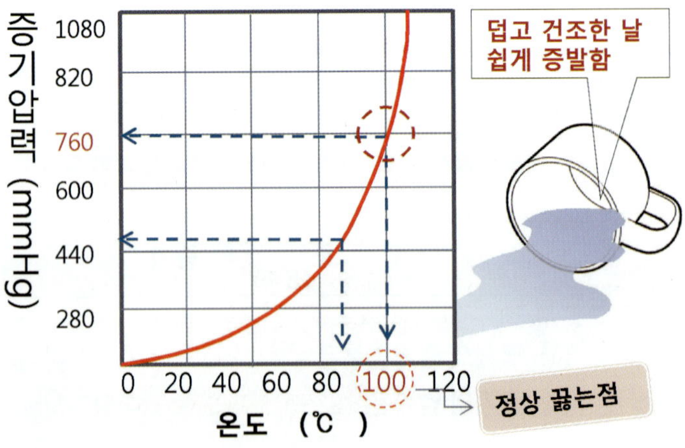

[그림 7-6] 온도에 따른 증기 압력의 변화

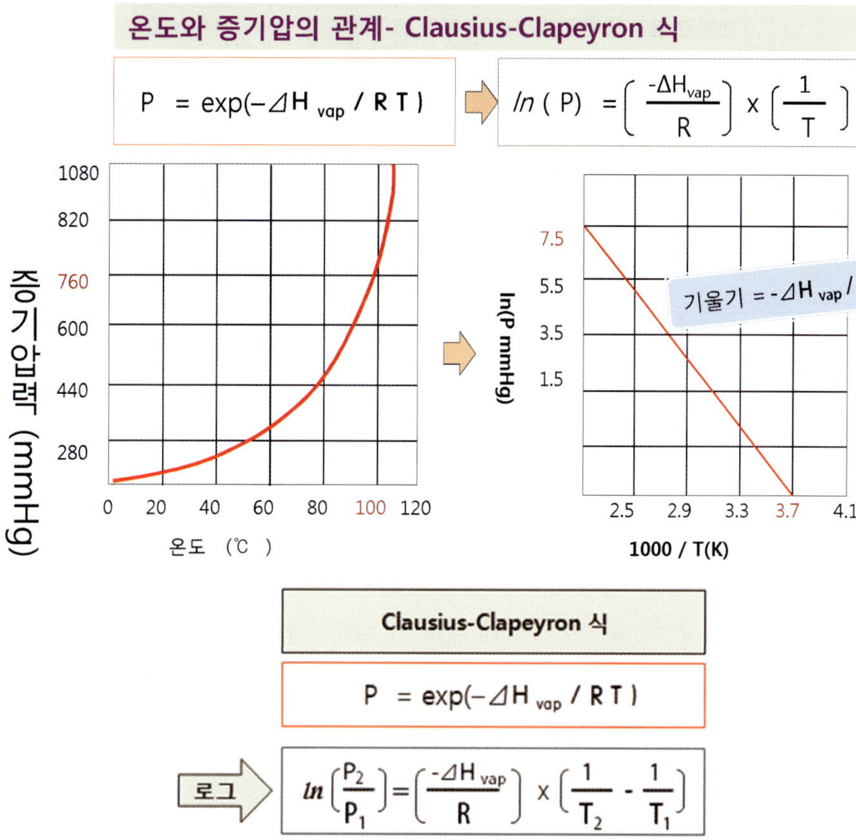

[그림 7-7] 액체의 증기 압력 곡선

[예제 7-3] 벤젠은 40 ℃에서 증기압이 183 mmHg이다. 증발열이 30.8 kJ/mol 이라 할 때, 25 ℃에서 벤젠의 증기압력은 몇 mmHg인가?

풀이 T1 = (40 + 273) K = 313K ; P1 = ?

T2 = (25 + 273) K = 298K ; P2 = 138 mmHg

ΔHvap = 30.0 × 103J

$$In\frac{183mmHg}{P_1} = \frac{30.8\times10^3 J/mol}{8.31J/mol\cdot K}\left(\frac{1}{298K} - \frac{1}{313K}\right) = 0.596$$

역 대수 $$In\frac{183mmHg}{P_1} = 1.81 : P_1 = 101mmHg$$

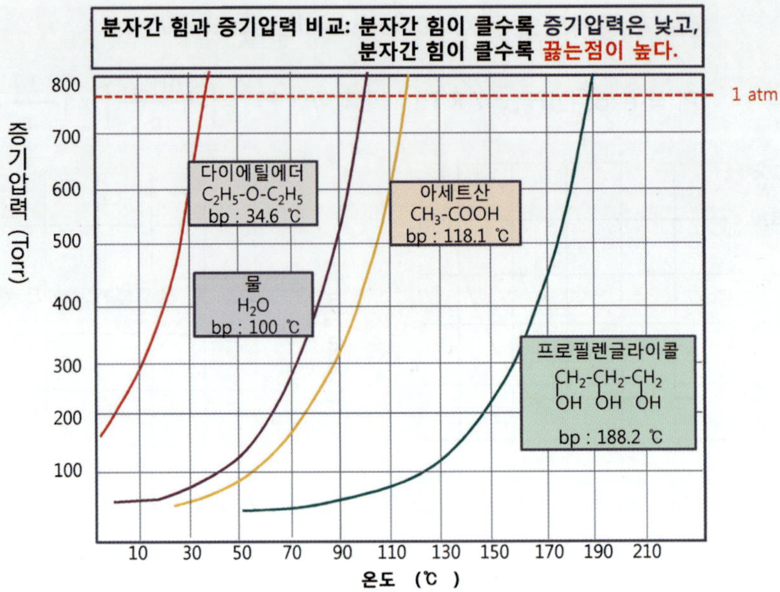

[그림 7-8] 몇 가지 액체들의 증기 압력 곡선

[액체의 성질: (2) 끓는점]

열린 용기에서 액체를 가열할 때, 보통 가열되는 밑바닥에서 기포가 생긴다. 처음 작은 기포는 온도가 올라가면, 특정 온도가 되면 기포가 점점 커져서 액체 전체 부분에 형성되어 표면으로 올라온다. 이것을 액체가 끓는다고 한다. 순수한 액체는 끓는 동안 온도가 일정하게 유지된다. 액체 위에 작용하는 증기

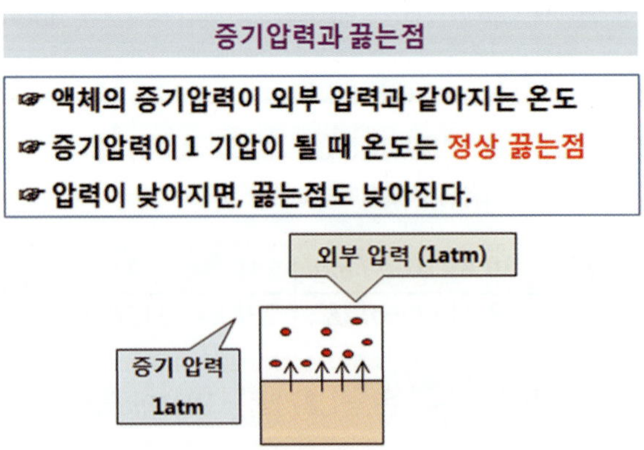

[그림 7-9] 액체의 증기압력과 끓는점

의 압력이 외부 압력과 같을 때 액체가 증기압력이 1기압이 되는 온도를 액체의 정상 끓는점(boiling point) 이라고 한다. 외부 압력이 낮아지면, 끓는점도 낮아진다.

[액체의 성질: (3) 표면 장력]

액체의 표면 장력(surface tension)은 액체가 표면에서 그 표면적을 가능한 한 작게 하려는 힘을 말한다. 표면 장력은 단위면적 당 액체의 표면을 늘리거나, 증가시키는데 필요한 에너지로 정의된다. 분자 간의 힘이 강한 액체들은 표면장력도 크다. 물은 다른 액체들보다 수소 결합을 갖기 때문에 표면 장력이 크다.

표면 장력이 생기는 이유는 액체 내부의 분자는 주위의 다른 분자 사이에 응집력이 작용한다. 반면, 표면에 있는 분자는 표면 아래에서는 응집력이 작용하지만, 표면 위에서는 서로 다른 물질과 부착력이 작용한다. 이때 액체 물질 사이의 응집력이 크고 부착력이 작을 때 응집력을 최대로 하기 위해 경계면의 넓이를 최소화하려는 성질을 지니게 된다. 소금쟁이가 물 위를 떠다니는 것이나 풀잎에 맺힌 이슬방울이 둥근 모양을 가지고 있는 것, 물이 가득 담긴 유리컵에 클립이나 동전을 넣어도 물이 쉽게 넘치지 않는 현상들은 물의 표면 장력이 크기 때문에 나타나는 현상들이다. 모세관 위로 물이 저절로 올라가는 모세관 현상도 물의 표면 장력이 크기 때문에 나타난다.

[표 7-4] 20 ℃에서 몇 가지 액체의 표면 장력

물질	표면장력(mN / m)	물질	표면장력(mN / m)
글리세롤($C_3H_8O_3$)	63	아세트산($C_2H_4O_2$)	27.6
수은(Hg)	465	메탄올(CH_3OH)	22.6
물(H_2O)	72.97(25℃)	아세톤(C_3H_6O)	23.7
물(H_2O)	75.64 (0℃)	디에틸에테르	17.0

[액체의 성질: (4) 점성도]

점성도(viscosity)는 흐름에 대한 유체의 저항도를 말한다. 점성도가 클수록 천천히 흐른다. 일반적으로 온도가 올라가면 점성도는 감소한다. 분자 간의 힘이 강한 액체들은 점성도가 커진다. 물은 다른 액체들보다 수소 결합을 갖기 때문에 다른 액체들에 비해 점성도가 크다. 글리세롤($CH_2OHCHOHCH_2OH$)은 3개의 -OH작용기를 가지고 있기 때문에 큰 점성도를 갖는다.

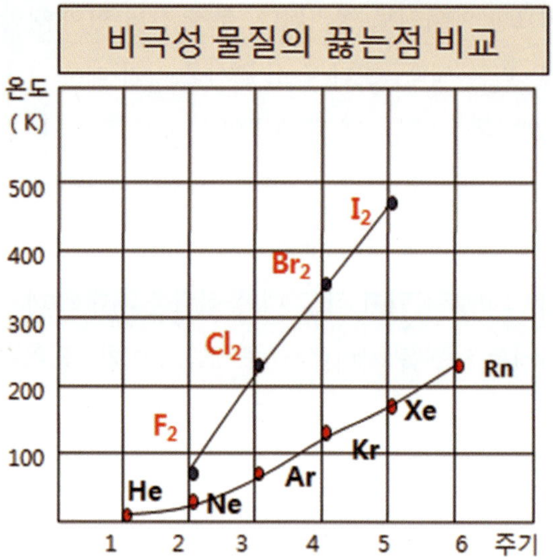

[그림 7-10] 비극성 물질들의 끓는점 비교

[표 7-5] 몇 가지 액체의 점성도

극성 물질	점성도(Ns/m^2)	비극성 물질	점성도(Ns/m^2)
글리세롤 ($C_3H_8O_3$)	4.19	사염화탄소 (CCl_4)	9.69×10^{-4}
혈액	4.3×10^{-3}	벤젠 (C_6H_6)	6.25×10^{-4}
수은(Hg)	1.55×10^{-3}	아세톤 (C_3H_6O)	3.16×10^{-4}
물(H_2O)	1.01×10^{-3}	디에틸에테르	2.33×10^{-4}

[예제 7-4] 다음 화합물에 존재하는 분자 간 힘의 종류를 확인하고, 다음을 끓는점 증가의 순서대로 정렬하시오:

① H_2S,　② CH_3OH,　③ CCl_4,　④ CH_4　⑤ Ne

풀이 (끓는점 증가 순서) : Ne < CH_4 < CCl_4 < H_2S < CH_3OH

① H_2S : 극성, 쌍극자힘　② CH_3OH : 극성, 수소 결합

③ CCl_4 : 비극성, 분산력　④ CH_4 : 비극성, 분산력

④ Ne : 비극성, 분산력

7-3.

상평형 그림

(1) 상평형 그림(Phase diagram)

순수한 물질은 온도와 압력이 변화되면 상태가 변화된다. 물질의 상태는 고체, 액체, 기체의 3가지 상태로 구분된다. 3가지 상태 사이에 상평형(phase equilibrium)이 존재한다. 즉, 고체와 액체 상태 사이의 상평형이 존재하고, 액체와 증기 상태 사이의 상평형, 그리고 고체와 증기 상태 사이의 상평형이다. 모든 상평형에서 온도와 압력에 따른 물질의 상태 변화에 대한 중요한 상관관계를 상평형 그림(phase diagram)으로 나타낼 수 있다. 상평형 그림은 다른 상들이 서로 평형에 있을 때, 압력과 온도를 나타내는 그래프이다. A와 B사이의 그래프는 증기와 액체의 평형 상태, A와 C는 얼음의 증기압을 나타내며, A와 D사이의 그래프는 얼음과 물의 평형 그래프이다. 여기서 점 A는 액체,

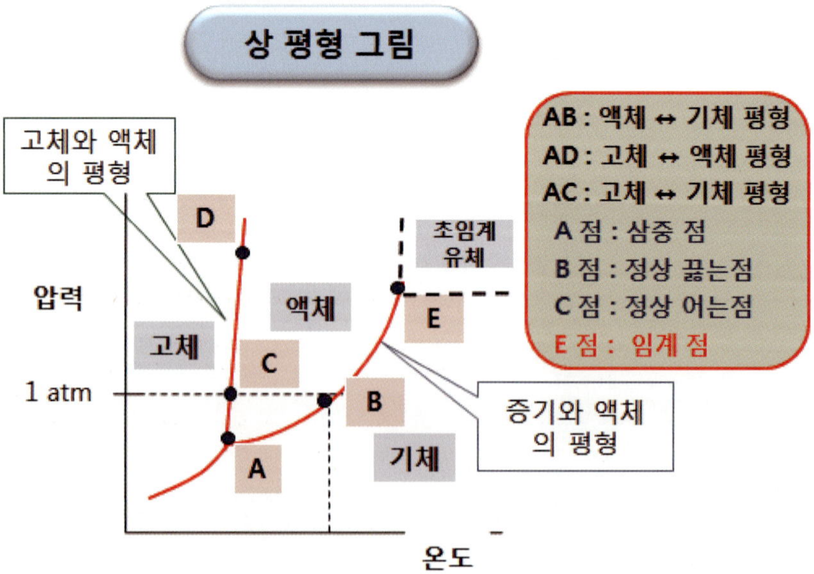

[그림 7-11] 전형적인 상평형 그림. 온도와 압력에 따른 물질의 상태 변화

고체, 증기의 상이 서로 평형을 이루는 점으로 이를 삼중점(triple point)이라고 한다. 각 영역의 상태를 변화시키려면, 어떻게 해야 할까? 다음의 임의의 점 부분을 정하고, 수직 화살표 방향으로 이동 시키는 것은 압력을 증가시키는 것으로 액체 영역으로 속하게 되고, 수평 화살표 방향으로 이동시키는 것은 온도가 상승하게 되면서 증기 영역으로 들어가게 되는 것이다.

(2) 물과 이산화탄소의 상평형 그림

물질의 상평형 그림은 여러 가지 형태가 있다. 그 중에서 대표적인 2가지 형태를 살펴보기로 하자. 이산화탄소는 일반적인 물질의 상평형 그림의 형태와 유사하다. 물의 상평형 그림은 다른 물질들의 상평형 그림과 다르게 나타난다.

① **이산화탄소(CO_2)의 상평형 그림**: 같이 고체의 밀도가 액체의 밀도보다 크기 때문에 고체와 액체 평형곡선이 양의 기울기를 갖는다. [그림 7-14]에서 보는 바와 같이 이산화탄소(CO_2)는 삼중점의 온도가 −57 ℃이고, 압력이 5.11 atm이다. 따라서 1기압인 대기압에서 고체 드라이아이스가 바로 기체로 승화되기 때문에 액체로 될 수 없다. 이산화탄소의 액체 상태는 5.11 기압보다 높은 압력에서만 관측된다.

② **물의 상평형 그림**: 물의 밀도가 얼음의 밀도보다 크기 때문에 고체와 액체 평형곡선이 음의 기울기를 갖는다. 물은 삼중점의 온도가 0.01 ℃이고, 압력이 4.58 mmHg이기 때문에 1기압에서 얼음과 물, 그리고 수증기를 모두 관찰할 수 있다.

액체와 기체가 평형을 이루는 증기압력 곡선은 계속 이어지는 것이 아니라, 임계점까지만 이어지고, 임계점보다 높은 압력과 높은 온도에서 **초임계 유체**(supercritical fluid) 상태가 된다. 임계점에서 온도를 **임계 온도**(Tc, critical temperature), 임계점에서 압력을 **임계 압력**(Pc, critical pressure)라고 한다. 임계온도보다 높은 온도에서 기체는 아무리 압력을 가해도 액체로 되지 않는다. 임계 온도는 액체로 존재할 수 있는 최고의 온도이다. 이산화탄소(CO_2)의 임계점은 온도가 31.0 ℃이고, 압력이 73.0 atm이다. 물(H_2O)의 임계점 온도는 374.4 ℃이고, 압력은 219.5 atm이다.

(3) 초임계 유체(supercritical fluid)

초임계 유체는 물질이 임계점을 넘을 때 액체와 기체의 성질을 모두 가지고 있는 상태이다. 초임계 유체의 밀도는 액체의 밀도에 유사하지만, 점성과 확산성은 기체의 성질과 유사하다. 초임계 유체의 특징은 작은 압력 변화로 큰 밀도 변화를 얻을 수 있다는 것이다. 초임계 유체는 용해 능력이 크고 점도가 낮으며, 큰 확산성 때문에 물질의 이동이 좋기 때문에 많은 추출 공정에서 활용도가 높다. 순수한 용매물질의 임계점(critical point) 부근으로 접근함에 따라 등온압축도가 무한히 증가하여 몰부피와 밀도가 극적으로 변화하게 되는데 일반 조건에서 기체의 물질은 임계 영역에서 액체와 같은 밀도와 압력에 의존하는 매우 증가된 용매 성능을 나타낸다.

이산화탄소는 비극성 용매로 사용되기 때문에 비극성 물질들을 잘 용해시킬 수 있다. 초임계 유체의 높은 용해성으로 인하여 분산제가 없어도 염료를 잘 용해시킬 수 있으며, 점성이 낮으므로 초임계 유체에 의해 팽윤된 섬유 내부로 염료 입자가 쉽게 들어간다. 초임계 유체에 용해된 염료 분자의 확산계수는 액체의 경우에서보다 몇 배나 더 높다. 이 두 가지 사실로 인해 초임계 이산화탄소로 염색할 때에는 기존의 염색법보다 훨씬 더 높은 비용절감 효과를 가지게 된다. 또한 이산화탄소는 상온에서 기체로 휘발되기 때문에 따로 용매를 분리할 필요가 없다는 장점도 있다.

△물을 용매로 사용하지 않아 염색한 다음의 섬유세척과 건조 과정, 폐수처리도 필요 없다. △순수한 염료가 사용되기 때문에 염색시간이 더 짧다. △이산화탄소와 염료는 회수하여 재활용할 수 있다.

물은 극성이 강한 물질이기 때문에 극성 물질을 추출할 때 임계점보다 높은 압력과 온도에서 초임계 유체 물을 사용하면 좋다. 초임계 유체 영역에서 물의 중요한 성질 중의 하나는 유전 상수(dielectric constant)가 작아진다는 것이다. 유전 상수는 물의 수소 결합과 극성의 정도를 나타내는 수치이다. 상온 상압에서 물의 유전 상수는 80이며, 유전 상수가 크다는 것은 물 분자 간의 수소 결합이 강하다는 것을 의미한다. 25 MPa, 300 ℃ 이상에서의 유전 상수를 보면 400 ℃에서 10, 420 ℃에서 5, 490 ℃에서는 2정도의 값을 갖는다. 이는 물 분자 간의 수소 결합이 약화됨을 의미하며, 임계 영역에서 물의 밀도가 감소함에 따라 수소 결합의 정도 또한 감소함을 나타낸다. 이처럼 초임계수의 유전 상수는 비극성 용매(예 : 벤젠, 에틸에테르, 헥산 등)의 유전 상수와 비슷한 값을 갖게 되며 이는 결국 초임계수는 약한 극성 또는 비극성 용매로 작용하는 것이다. 초임계 영역에서 물은 비극성 용매와 같이 작용할 수 있으며 상온, 상압에서 불용성인 유기화합물과 완전히 혼합 되므로 혼합물이 초임계 상태에 이르면 모든 성분은 완전히 혼합되어 단일상으로 존재하게 된다. 따라서 초임계 유체 물은 보통 상태의 물에 용해되지 않는 유기물에 대한 우수한 용매라는 것을 알 수 있다. 또한 물에 거의 용해되지 않는 기체도 초임계 상태에서 물과 완전히 혼합된다. 344 ℃ 이상의 온도에서 질소, 산소, 수소와 헬륨은 초임계 물과 완전히 혼합된다고 알려져 있다.

[예제 7-5] 다음 물과 이산화탄소의 상평형 그림을 보고 물음에 답하여라.

(a) H_2O의 정상 끓는점 : (　　　　) CO_2의 정상 끓는점 : (　　　　)
(b) H_2O의 임계 온도 : (　　　　) CO_2의 임계 온도 : (　　　　)
(c) H_2O의 삼중점의 압력 : (　　　　) CO_2의 삼중점의 압력 : (　　　　)
(d) H_2O의 임계 온도 : (　　　　) CO_2의 임계 온도 : (　　　　)
(e) 100℃, 1 atm에서 H_2O의 상태 : (　　　　　　)
(f) 25℃, 1 atm에서 H_2O의 상태 : (　　　　　　)
　25℃, 1 atm에서 CO_2의 상태 : (　　　　　　)

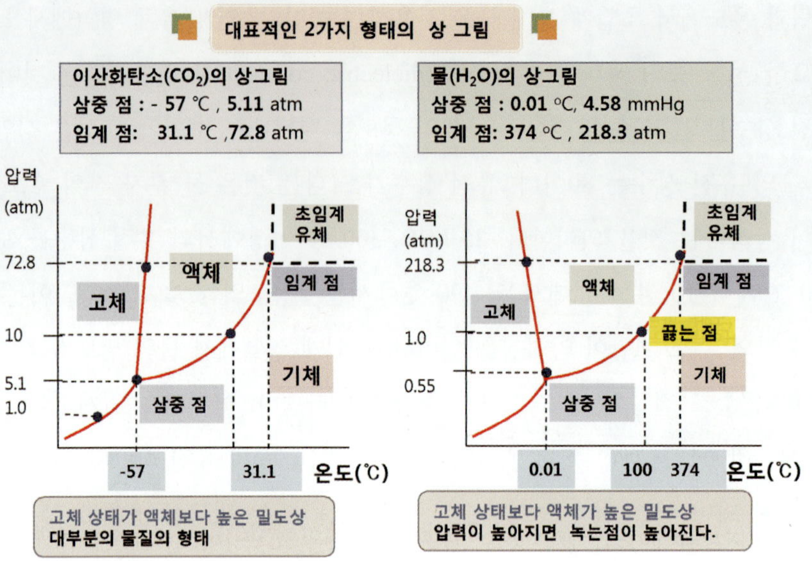

[그림 7-12] 이산화탄소와 물의 상평형 그림

풀이

(a) H_2O의 정상 끓는점 : (25℃) CO_2의 정상 끓는점 : (없음)

(b) H_2O의 임계 온도 : (374℃) CO_2의 임계 온도 : (31.1℃)

(c) H_2O의 삼중점의 압력 : (0.55 atm) CO_2의 삼중점의 압력 : (5.1 atm)

(d) H_2O의 삼중점의 온도: (0.01 ℃) CO_2의 삼중점의 온도 : (-57 ℃)

(e) 100℃, 1 atm에서 H_2O의 상태 : (액체와 기체 공존)

(f) 25℃, 1 atm에서 H_2O의 상태 : (액체)

25℃, 1 atm에서 이산화탄소의 상태 : (기체)

[표 7-6] 몇 가지 물질의 임계 온도와 임계 압력

물질	임계 온도(℃)	임계 압력(atm)
이산화탄소(CO_2)	31.0	73.0
물(H_2O)	374.4	219.5
암모니아(NH_3)	132.4	111.5
벤젠(C_6H_6)	288.9	47.9
에탄올(C_2H_5OH)	243	63.0
수소(H_2)	-239.9	12.8
질소(N_2)	-147.1	33.5
산(O_2)	-118.8	49.7

7-4.

고체의 성질: 결정 구조

(1) 결정성 고체와 비결정성 고체

고체 상태에서 물질은 다음과 같은 특징이 있다.

① 고체를 이루고 있는 입자들은 고정된 위치에서 그 온도에 따른 에너지를 가지고 진동 운동만을 한다.

② 진동 운동은 온도가 높아질수록 더욱 활발해진다.

③ 고체를 이루는 입자들 사이에 작용하는 힘은 상당히 크기 때문에 일정한 부피와 형태를 가지며, 입자들 간의 결합력이 세다.

④ 고체 상태는 결정성 고체와 비결정성 고체로 나눌 수 있다.

⑤ 고체의 성질은 밀도, 녹는점, 강도, 부서짐, 전성, 연성, 광택, 전기 전도도, 열 전도도 등이 있다. 이러한 고체의 성질은 2가지 요인인 결정 구조와 결정의 종류가 중요한 영향을 미치게 된다.

[결정성 고체]

① 결정(crystal)은 고체를 구성하는 원자, 분자 및 이온 등이 입체적으로 규칙적인 배열을 이룬다. 14개의 단위세포 결정 격자로 구분할 수 있다.

② 결정성 고체의 특성은 일정한 녹는점이 있고, 대칭성과 비등방성을 가지는 것이다.

③ 결정의 종류는 구성 입자의 종류에 따라 다음과 같이 4가지로 구분된다. 금속성 결정, 이온성 결정, 분자성 결정, 공유성 네트워크 구조로 나눌 수 있다.

④ 고체는 고유한 녹는점과 어는점이 있다. 결정 고체가 용융하여 액체가 될 때까지는 온도가 변하지 않고 일정하게 유지되는데 이때의 온도를 녹는점(어는점)이라고 한다.

비결정성 고체는 입자들이 일정한 격자점에 위치하지 않고 무작위로 존재하는 고체들을 말한다. 유리나 많은 고분자 물질들은 비결정성 고체에 속한다.

① 비결정 고체는 입자들의 배열이 불규칙하여 결정의 특성을 나타내지 못하는 고체이다.

② 비결정 고체의 특성은 일정한 녹는점이 없고, 넓은 온도 범위에서 점차로 액체로 변한다는 것이다.

③ 비결정 고체의 예로써 유리, 아교, 엿, 플라스틱, 아스팔트, 고무 등이 있다.

(2) 고체 결정 구조의 종류

고체는 결정성 고체와 비결정성 고체 두 가지로 구분할 수 있다. 결정성 고체는 구성 입자(원자, 분자, 이온)들이 정해진 특정 자리에 규칙적으로 배열되어 있는 고체를 말한다. 결정을 구성하는 원자나 분자 또는 이온들이 일정하게 3차원적 무늬로 배열되어 있기 때문에 이러한 모양을 갖게 된다. 결정성 고체에서 원자, 분자, 이온들의 공간적인 배향은 에너지 총 합이 최대가 되는 방법으로 이루어진다. 결정의 안정성을 좌우하는 힘은 이온 결합, 공유 결합, 반델발스힘, 수소 결합들의 조합으로 이루어진다. 3차원으로 계속 반복되며 결정을 이루는 최소의 기본 구조단위를 단위세포(unit cell)라고 부른다. 결정성 고체들의 단위세포는 14가지 Bravis 결정 구조로 나누어진다. 여기서 우리는 이 14개 결정구조에서 3가지 결정 구조만 다루기로 하겠다. 즉, 세 축이 모두 직각(90°)이고, 세 축의 길이가 모두 같은 정육면체(cubic) 결정 구조는 입자가 배열되는 방법에 따라 단순 정육면체(SC, simple cubic), 체심 정육면체(BCC, body centered cubic), 면심 정육면체(FCC, face centered cubic) 단위세포이다.

① 단순 정육면체(SC) 구조는 정육면체의 각 꼭지점에 8개의 입자가 있는 구조이다. 단위세포에 포함된 입자의 수는 꼭지점에 있는 8개는 각각 1/8씩 포함되어 있다. 즉, 1개의 입자가 정육면체에 포함되어 있다(1/8×8개 = 1개). 이 단순 정육면체 구조를 갖는 예는 Po이 있다.

② 체심 정육면체(BCC) 구조는 정육면체의 각 꼭지점과 중심에 입자가 위치하는 구조이다. 단위세포에 포함된 입자의 수는 꼭지점에 있는 8개는 각각 1/8씩 포함되어 있고, 중심에 있는 입자는 1개가 포함되어 있다. 즉, 2개의 입자가 정육면체에 포함되어 있다(1/8×8개+1개 = 2개). 이 체심 정육면체 구조를 갖는 예는 주로 알칼리 금속(Na, K등), Ca, Fe 등이다.

③ 면심 정육면체(FCC) 구조는 정육면체의 각 꼭지점과 각 면의 중심에 입자가 위치하는 구조이다. 단위세포에 포함된 입자의 수는 꼭지점에 있는 8개는 각각 1/8씩 포함되어 있고, 6개의 면 중심에 있는 입자는 6개가 각각 1/2 씩 포함되어 있다. 즉, 4개의 입자가 정육면체에 포함되어 있다(1/8×8개+1/2×6개 = 4개). 이 면심 정육면체 구조를 갖는 예는 Cu, Ag, NaCl 등이다.

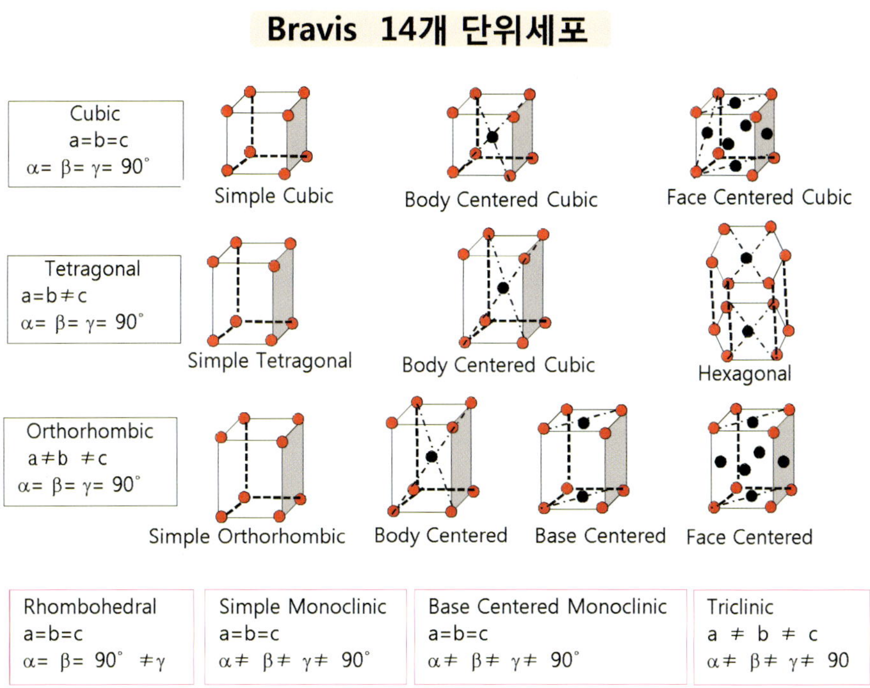

[그림 7-13] 14개 Bravis 단위세포 결정 구조

정육면체 (Cubic unit cell) 결정구조 특성

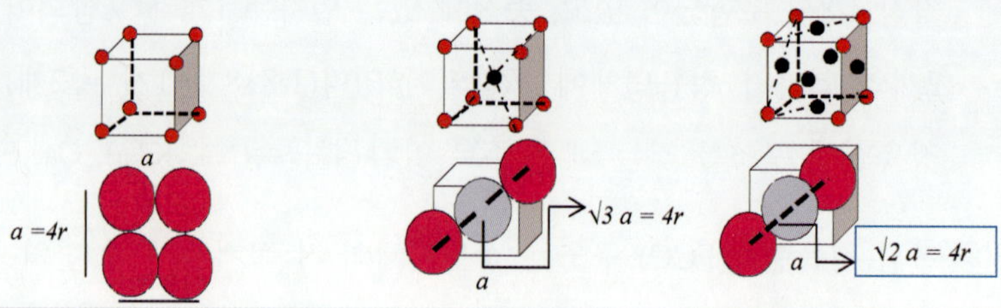

결정구조:	단순 정육면체 (SC)	체심 정육면체 (BCC)	면심 정육면체 (FCC)
단위세포당 입자 수	1개	2개	4개
한 변의 길이	$a = \sqrt{2}\ r$	$a = (4r)/\sqrt{3}$	$a = 2\sqrt{2}\ r$
밀도	1x (원자 1개질량)/a^3	2x (원자 1개질량)/a^3	4x (원자 1개질량)/a^3

[그림 7-14] 정육면체 단위세포 결정 구조들의 특징. 단순 정육면체 단위세포(SC), 체심 정육면체 단위세포(BCC), 그리고 면심 정육면체 단위세포(FCC)

[표 7-7] 7개 결정구조와 14개 Bravis 단위세포

결정구조	축의 길이	축간 각도	14 단위세포
Cubic (정육면체)	$a = b = c$	$\alpha = \beta = \gamma = 90^\circ$	P, I, F
Tetragonal (정방정계)	$a = b \fallingdotseq c$	$\alpha = \beta = \gamma = 90^\circ$	P, I, C, F
Orthorhombic(사방정계)	$a \fallingdotseq b \fallingdotseq c$	$\alpha = \beta = \gamma = 90^\circ$	P, I
Trigonal (삼방정계)	$a = b = c$	$\alpha = \beta = \gamma \fallingdotseq 90^\circ$	R
Triclinic (삼사정계)	$a \fallingdotseq b \fallingdotseq c$	$\alpha \fallingdotseq \beta \fallingdotseq \gamma \fallingdotseq 90^\circ$	P
Hexagonal (육방정계)	$a = b = c$	$\alpha = \beta = 90^\circ$ $\gamma = 120^\circ$	P

7-5.

고체의 성질: 결정의 종류

[결정의 종류: (1) 이온성 결정]

이온성 결정은 양이온과 음이온 사이에 정전기적 힘(= 쿨롱의 힘)에 의해 생긴 결정을 말한다. 금속 원소의 양이온과 비금속 원소의 음이온 사이에 이온 결합에 의해서 형성된 고제 결정이다.

① 결정의 구성입자는 양이온과 음이온이다.

② 고체 상태에서는 전기 부도체이지만, 용융 상태에서는 전기 양도체이다.

③ 양이온과 음이온 사이의 정전기적 힘이 비교적 강해서 단단하고, 녹는점과 끓는점이 비교적 높다.

④ 염화나트륨(NaCl)형 결정 구조는 Na^+ 또는 Cl^-가 면심 입방 구조를 이루고 있다. Na^+는 6개의 Cl^-로, Cl-는 6개의 Na+로 둘러 싸여 있다.

⑤ 염화세슘(CsCl)형 결정 구조는 체심에 Cs^+가 놓여 있고 8개의 꼭지점들에 Cl^-가 놓여 있는 입방체 구조이다. CsCl은 체심 입방체처럼 보이나 이온과 이온이 각각 단순 입방체이다.

[결정의 종류: (2) 분자성 결정]

공유결합 화합물이 극성이나 비극성 분자들로 이루어진 결정으로 분자들 사이에 약한 분자 간의 인력(분산력, 쌍극자 - 쌍극자힘, 때로는 수소 결합)이 작용한다.

① 결정 구성입자는 분자(극성 또는 비극성분자)이다.

② 분자 간의 인력이 약하므로, 대부분 녹는점이 낮다.

③ 상온에서 승화하는 성질을 가지는 것이 많다.

④ 분자결정의 예는 요오드(I_2), 나프탈렌($C_{10}H_8$), 황(S_8), 네온(Ne), 산소(O_2), 드라이 아이스(CO_2), 염소(Cl_2) 등으로 대부분의 탄소 화합물 이다.

[결정의 종류: (3) 공유성 그물 구조]

① 결정을 이루는 모든 원자들이 공유 결합으로 그물처럼 연결되어 있으므로, 전체를 하나의 거대한 그물 구조를 형성하고 있다.

② 휘발성이 없으며, 끓는점이 매우 높다.

③ 대부분 전기 부도체이나 흑연은 예외이다.

④ 공유성 그물 구조의 예는 다이아몬드(C), 흑연(C), 이산화규소(SiO_2) 등이다. 다이아몬드는 3차원 그물 구조이고, 흑연은 2차원 판상 그물 구조, 그리고 산화규소는 1차원 사슬 구조, 2중 사슬 구조도 있고, 석영은 3차원 그물 구조이다. 다이아몬드는 가장 강한 경도를 갖는다. 다이아몬드의 녹는점은 3,550 ℃, 흑연의 녹는점은 3,675 ℃이다.

[결정의 종류: (4) 금속성 결정]

① 결정의 기본 입자는 금속 원자이다.

② 전자바다 모형에 의해 원자가 전자가 자유롭게 움직일 수 있으므로, 열이나 전기를 잘 전도하고 연성, 전성과 같은 성질을 가진다.

③ 대부분의 금속은 결합력이 강하여 녹는점과 끓는점이 높다.

④ 금속 결정의 구조(최조밀 쌓임 형식), 즉 금속 결정에서의 금속 원자의 배열 구조를 갖는다.

㉠ 육방 밀집 구조(hcp): Mg, Zn, Cd, Ti 등

㉡ 면심 입방 구조(ccp): Al, Cu, Ag, Pb, Ni, Au 등

㉢ 체심 입방 구조: 알칼리 금속(Li, Na, K), Ba 등

7-6.

고체의 성질(밀도, 경도)

고체(광물)는 규칙적인 결정 구조와 명확한 화학 조성을 갖기 때문에, 독특한 물리적·화학적 특성을 갖는다. 일차적인 특성은 광물의 표면에서 반사되어 나오는 빛의 모습이나 성질을 나타내는 광택(luster), 빛을 투과하는 능력을 나타내는 투명도(transparency), 광물을 가루로 만들었을 때의 색깔인 조흔색(streak), 긁힘에 대한 광물의 저항성을 나타내는 경도(hardness), 약한 방향이나 면을 따라 쉽게 쪼개지는 성질인 벽개(cleavage), 광물에 대한 역학적인 작용에 의해 일어나는 변형의 유형이나 정도를 나타내는 점착성(tenacity), 광물 결정의 특징적인 모양을 나타내는 결정형(crystal form), 단구(fracture), 밀도(density), 색깔(color) 등이 있으며, 이차적인 특성으로는 맛, 냄새, 탄성, 감촉, 자성, 이중회절, 염산과의 화학반응 등이 있다.

[밀도]

밀도(density)는 단위 부피당 질량이므로, 고체결정 구조에 따라서 밀도 차이가 생긴다.

한변의 길이가 $a\ pm(=a\times10^{-12}m)$인 정육면체 결정 구조의 단위세포 부피는 $V=(a\ pm)^3\ (=a\times10^{-10}cm)^3$이고, 질량은 단순 육면체에서 1개, 체심 육면체는 2개, 면심 육면체는 4개이므로, 이 입자수에 원자량을 곱하여 아모가드로 수로 나누면 된다.

$$d\,(g/cm^3)=\frac{N\times 원자량(g/mol)/N_A}{(a\times10^{-10}cm)^3}$$

[예제 7-6] 금속고체 결정의 단위세포 중에서 가장 밀도가 큰 단위세포는 어느 것인가?

① 육방 밀집구 조(hcp) ② 정육면체 밀집 구조(ccp) ③ 단순 정육면체(SC)

풀이 ② 정육면체 밀집구조(ccp)

[예제 7-7] 금(Ag)의 결정 구조는 면심 육면체구조를 가지고 있으며, 금 원자의 반지름은 144 pm이고, 원자량은 197.0 g/mol이다. 다음 물음에 답하여라.

(1) 이 면심 육면체구조의 한 변의 길이는 몇 cm인가?

(한 면의 대각선길이 d= $\sqrt{2}\ a = 4r$)

(2) 단위세포의 부피는 몇 cm인가?

(3) 단위세포 안에 있는 은 원자의 질량은 몇 g인가?

(4) 금(Au)의 밀도는 몇 g/cm^3인가?

풀이 (1) 면심 육면체구조의 한 변의길이는 원자 반지름의 4배이다. 즉,

$\sqrt{3}\ a = 4r$이므로,

$$a = \sqrt{8} = \sqrt{8} \times (144 \times 10^{-10} cm) = 4.07 \times 10^{-8} cm = 4.07 \times 10^{-8} cm$$

(2) 단위세포의 부피:

$$V = (a)^3 = (4.07 \times 10^{-8} cm)^3 = 6.74 \times 10^{-23} cm^3$$

(3) 면심 육면체구조 안에 4개의 은 원자가 들어 있다.

$$m = \frac{4\text{개} \times (197.0 g/mol)}{(6.022 \times 10^{23}\text{개}/mol)} = 1.309 \times 10^{-21} g$$

(4) 금의 밀도는 단위 부피당 질량:

$$d\,(g/cm^3) = \frac{m}{V} = \frac{1.309 \times 10^{-21} g}{(6.74 \times 10^{-23} cm^3)} = 19.4\, g/cm$$

[경도]

경도(hardness)는 고체 결정의 단단함을 나타내는 성질이다. 모스경도계는 표준광물 10개를 기준으로 정하였다. 가장 무른 활석을 1로 정하고 가장 단단한

다이아몬드를 10으로 나타낸 단위이다. 경도의 크기는 모스경도계로 알려진 10개의 표준광물과 시험광물을 서로 비교함으로써 알 수 있다.

모스경도	1	2	3	4	5	6	7	8	9	10
기준	활석	석고	방해석	형석	인회석	정강석	석영	황옥	강옥	다이아몬드

이온성 결정의 성질

1. 양이온과 음이온의 정전기적 인력으로 결합
2. 양이온과 음이온이 서로 배위된 구조
3. 녹는 점이 높음 (600~2,000℃); NaCl(800 ℃)
4. 부서지기 쉽다.
5. 고체는 전기 전도성이 없다.
6. 수용액은 전기 전도성이 있다.

양이온전하 음이온 전하

$$E = \frac{k \times Q_1 \times Q_2}{d}$$

두 이온의 중심 간 거리

결정의 종류: ① 이온성 결정의 예

이온성 결정	NaCl 형	CsCl 형	TiO_2 형
결정구조	양이온과음이온이 서로 6 배위	양이온과 음이온이 서로 8 배위	양이온 주위에 6 배위 음이온 주위에 3 배위
예	NaCl, NaI, KCl, MgO	CsCl, CsBr, NH_4Br	Ti는 꼭지점과 중심에 위치 O는 Ti가 이루는 사면체 중심

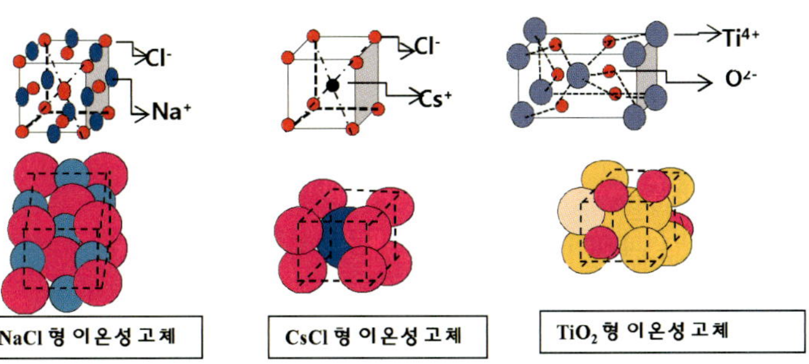

[그림 7-15] 이온성 결정 고체

결정의 종류: ② 분자성 결정의 성질

1. 약한 결합력: 극성분자는 쌍극자 힘, 비극성분자는 분산력
2. 양이온과 음이온이 서로 배위된 구조
3. 녹는 점이 매우 낮다. S_8(119℃); H_2O(0 ℃), I_2(113.5℃)
4. 부서지기 쉽다.
5. 전기 전도성이 없다.

[그림 7-16] 분자성 결정 고체

결정의 종류: ③ 공유 성 그물 구조와 경도

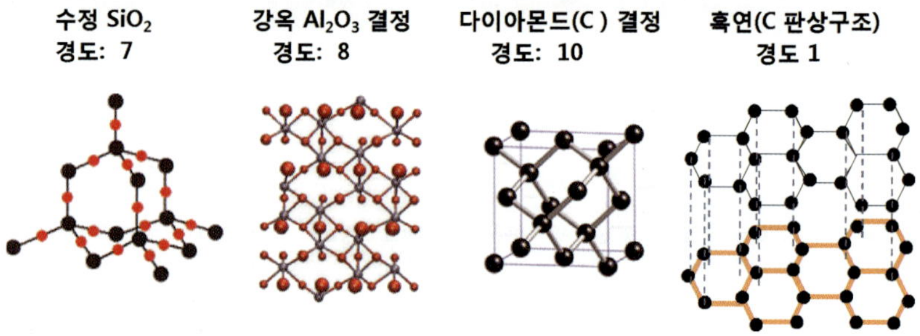

[그림 7-17] 공유성 그물구조 결정 고체

흑연은 탄소 원자들이 벌집 모양의 육각형 그물처럼 배열된 평면들이 층으로 쌓여 있는 구조이다. 이 흑연의 한 층은 0.2㎚의 두께인 판상구조인데 이것을 그래핀(graphene)이라 부른다. 2004년 영국의 가임(A. Geim)과 노보셀로프(K. Novoselov)는 상온에서 투명테이프를 이용하여 흑연에서 그래핀을 떼어 내는 데 성공하였고, 이들은 2010년 노벨 물리학상을 받았다.

그래핀은 구리나 반도체로 쓰이는 실리콘보다 전기 전도도가 좋고, 강도는

강철보다 강하다. 그리고 투명하여 빛을 통과시키는 성질이 있다. 이러한 그래핀의 활용 분야는 매우 다양하다. 높은 전기 전도성을 활용한 초고속 반도체, 투명 전극을 활용한 휘는 디스플레이, 높은 전도도를 이용한 고효율 태양전지 등이 있는데, 특히 구부릴 수 있는 디스플레이, 컴퓨터나 전자 종이를 만들 수 있어서 미래의 나노과학 분야에서 신소재로 주목받고 있다.

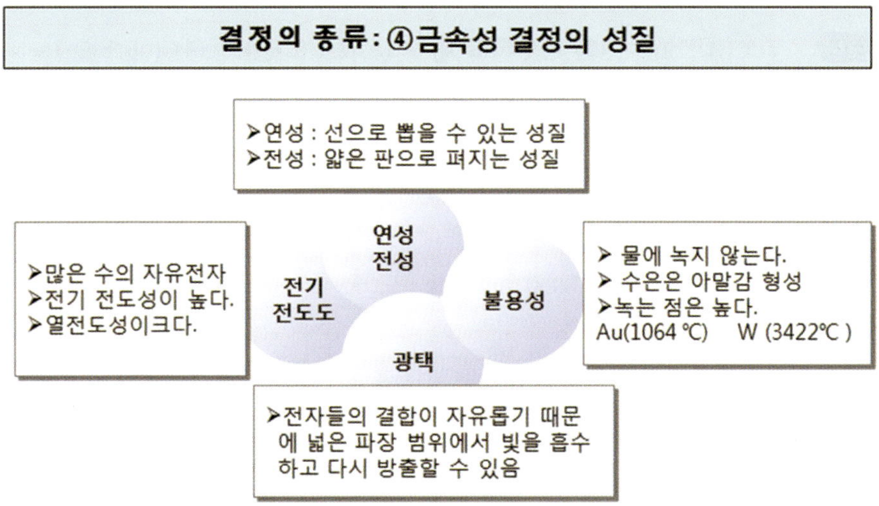

[그림 7-18] 금속성 결정 고체

[표 7-8] 결정의 종류에 따른 성질 비교

결정종류	구성입자	입자간 힘	성질	예
① 이온성 결정	이온	정전기적 인력	높은 녹는점, 부서지기 쉬움 용융 또는 수용액은 전기전도	NaCl $CuSO_4$
② 분자성 결정	비극성분자 극성분자	분산력 쌍극자힘 수소결합	낮은 녹는점, 상온에서 액체 또는 기체 부도체,	CCl_4 , I_2 NH_3, H_2O
③ 공유성 그물구조	원자간 공유결합	공유결합	높은 녹는점, 경도가 높다. 부도체, 흑연은 도체	SiO_2 C(s)
④ 금속성 결정	자유전자	금속결합	높은 녹는점과 전기전도성 광택,전성, 연성(Na 예외),	Fe, Cu Na

[예제 7-8] 다음 성질을 갖는 물질을 보기에서 골라라.

[보기]	① CO_2	② $CuSO_4$	③ SiO_2	④ Hg

(1) 액체 금속, 좋은 전도체 : (   )

(2) 이온성, 높은 녹는점 : (   )

(3) 비극성 분자, 25 ℃에서 기체 : (   )

(4) 그물 공유성, 높은 녹는점 : (   ) 녹는점

풀이 (1) (④ Hq) (2) (② $CuSO_4$) (3) (① CO_2) (4) (③ SiO_2)

[예제 7-9] NaCl과 LiCl는 면심 정육면체구조(FCC)를 가진다. 다음 원자들의 이온 반지름을 사용하여 NaCl과 LiCl 결정구조의 단위 세포의 모서리 길이가 s를 구하고, 두 결정 구조의 차이를 설명하여라. 이온 반지름은 Li : 0.060 nm, Na : 0.095 nm, Cl : 0.181 nm이다.

풀이 면심 정육면체 구조는 한 면의 대각선 길이가 두 이온 반지름의 2배이다.

NaCl :
양이온과 음이온의 크기 차이 때문에 NaCl은 Na-Cl-Na 모서리의 길이 s = 0.552 nm이고, 대각선의 길이는
$\sqrt{2}\,s = \sqrt{2} \times (0.552\ nm) = 0.781\ nm$이다.
Cl-Cl-Cl 대각선의 길이는 $4(r_{-}) = 4 \times 0.181\ nm = 0.724\ nm$= 0.724 nm이어서 $\sqrt{2}\,s = \sqrt{2} \times (0.552\ nm) = 0.781\ nm$보다 짧기 때문에 Cl-Cl-Cl 대각선은 약간 떨어져 있게 된다.

LiCl :
Cl-Li-Cl 모서리 길이 s = 0.482 nm이고, 대각선의 길이 :
$\sqrt{2}\,s = \sqrt{2} \times 0.482\ nm = 0.682\ nm$이어야 한다. 그런데 실제 대각선 Cl-Cl-Cl의 길이는$4(r_{-}) = 4 \times 0.181\ nm = 0.724\ nm$이다.
이 길이는 $\sqrt{2}\,s = \sqrt{2} \times (0.482\ nm) = 0.682\ nm$보다 길기 때문에 Cl-Cl-Cl 대각선은 가까이 붙어 있게 된다.

[학습퀴즈 7-1] 다음 분자들을 극성과 비극성으로 구분하여라.

① CCl_4　② CO_2　③ CH_3OH　④ CH_3Cl　⑤ CH_2OHCH_2OH

[학습퀴즈 7-2] 다음 분자들의 끓는점 증가순으로 배열하여라.

① KCl　② CO_2　③ CH_3OH　④ CH_3Cl　⑤ CH_2OHCH_2OH

[학습퀴즈 7-3] 다음 상평형 그림을 보고 답하여라.

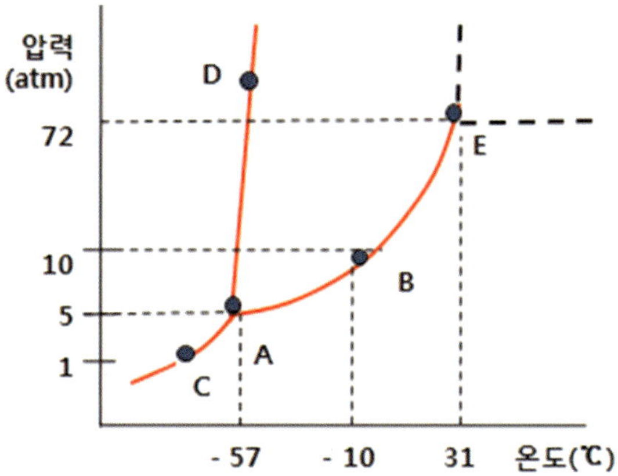

(1) AE 선은 어떤 상태와 어떤 상태가 평형을 이루는가? (　　　　)

(2) 25 ℃, 10 atm에서 이 물질의 상태는 어떤 상태인가? (　　　　)

(3) 25 ℃, 72 atm에서 이 물질의 상태는 어떤 상태인가? (　　　　)

(4) 점 A과 점 C는 무슨 점이라 부르는가? (A:　　C:　　)

(5) -10 ℃, 증기 압력은 몇 atm인가? (　　　　)

(6) 40 ℃, 100 atm에서 이 물질의 상태는 어떤 상태인가? (　　　　)

(7) 40 ℃, 100 atm에서 이 상태의 물질은 어떤 특징이 있는가?

(　　　　　　　　　　)

[학습퀴즈 7-4] 다음 고체의 종류를 구분하여라.

① S_8　② CO_2　③ CaF_2　④ Cu　⑤ Al_2O_3

[학습퀴즈 7-5] NaCl와 TiO_2 결정 구조를 보고 각 이온의 배위수를 써라. 그리고 단위세포 내에 있는 원자 수의 비를 구하여라.

[학습퀴즈 풀이 7-1] 비극성: (CCl_4, CO_2), 극성: (CH_3OH, CH_3Cl, CH_2OHCH_2OH)

[학습퀴즈 풀이 7-2] CO_2 < CH_3Cl < CH_3OH < CH_2OHCH_2OH < KCl

(비극성) (극성) (수소결합 1개) (수소결합 2개) (이온성)

[학습퀴즈 풀이 7-3] (1) (액체와 기체 평형, 증기 압력 곡선) (2) (기체) (3) (액체) (4) (A: 삼중점 E: 임계점) (5) (10 atm) (6) (초임계 유체) (밀도가 액체나 기체보다 크고, 확산성과 용해성이 뛰어나기 때문에 초임계 용매 추출과 초임계 유체 반응 등에 활용된다.)

[학습퀴즈 풀이 7-4] ① S_8 : 분자성 ② CO_2 : 분자성 ③ CaF_2 : 이온성 ④ Cu : 금속성 ⑤ Al_2O_3 : 이온성

[학습퀴즈 풀이 7-5] Na^+(6배위) Cl^-(6배위) ; Na^+(4개) Cl^-(4개)

[주요개념]

☑ 쌍극자 힘: 극성 분자에서 (+)극과 (-)극 사이의 힘

☑ 유발 쌍극자 힘 :

- 비극성 분자에서 순간적 전자 분포의 차이에 기인한 힘

☑ 분자 간 힘 :

- 분산력: 비극성 분자들 사이에 작용하는 순간적 유발 쌍극자 힘
- 쌍극자-쌍극자 힘 : 극성 분자들 사이의 힘
- 수소 결합 : 전기음성도가 큰 F, O, N에 직접 결합된 수소는 인접 분자의 F, O, N 원자와 수소를 사이에 두고 수소 결합을 이룬다.

☑ 액체의 성질 : 끓는 점, 증기압력, 표면장력, 점성도

☑ 고체의 성질 : 녹는 점, 광택, 경도, 전기 전도도, 전서, 연성

☑ 고체의 결정의 종류 :

- 금속성 결정 :
- 이온성 결정 :
- 공유성 결정 :
- 공유성 네트워크 결정 :

☑ 결정 구조의 종류 :

☑ 정육면체 결정 구조 :

- 단순 정육면체(SC)
- 체심 정육면체(BCC)
- 면심 정육면체(FCC)

[주요 식]

☑ Clausius-Clapeyron 식 :

$$\ln\left(\frac{P_2}{P_1}\right) = \frac{-\Delta H_{vap}}{R}\left\{\frac{1}{T_2} - \frac{1}{T_1}\right\}$$

☑ 쌍극자 힘 : μ = qr

☑ 쿨롱 인력 : $E = \frac{Q_1 Q_2}{4\pi\epsilon_0 r}$

☑ 원자 반지름(r)과 단위세포 한변의 길이(s)의 관계식 :

- 단순 정육면체(SC) : $2r = s$
- 체심 정육면체(BCC) : $4r = s\sqrt{2}$
- 면심 정육면체(FCC) : $4r = s\sqrt{3}$

제7장 (액체와 고체)의 개요

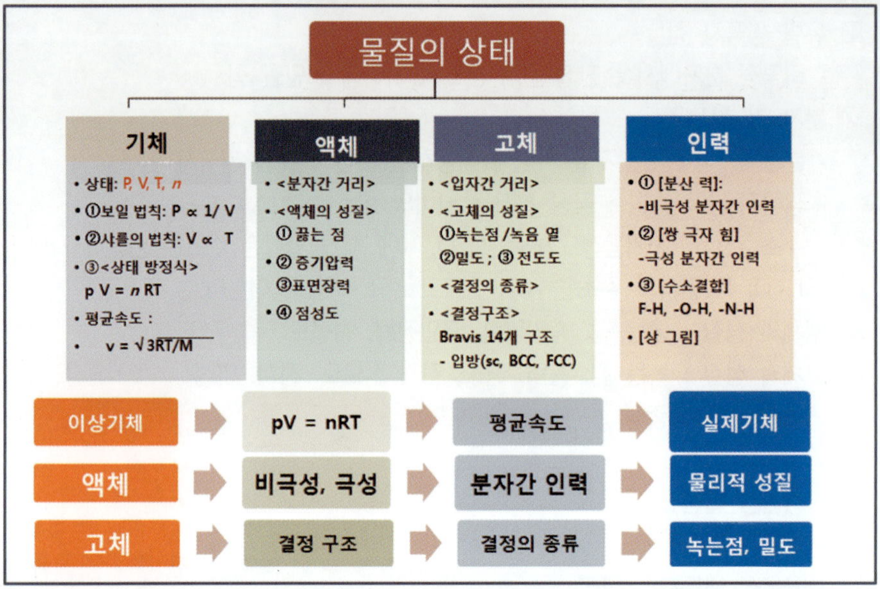

연습문제

[7-1] 다음 분자들에서 작용하는 분자 간 힘은 어떤 것인가?

(a) CS_2 (b) CH_3Cl (C) CO_2 (d) 메틸알콜(CH_3OH) (e) 벤젠(C_6H_6)

[7-2] Br_2 분자와 ICl 분자는 비슷한 분자량을 가지고 있다. 녹는점이 높은 물질은 어느 것인가? 그 이유를 설명하여라.

[7-3] 다음 그림을 보고 주어진 조건에서 어떤 상으로 존재하는지 답하여라.

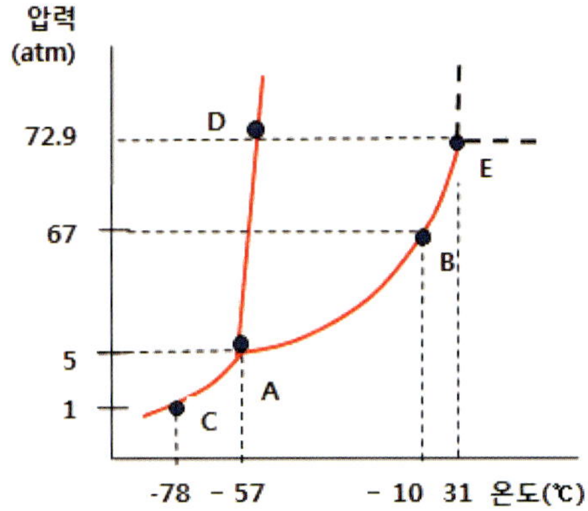

(a) 67 atm, -10 ℃

(b) 67 atm, -20 ℃

(c) 5 atm, 31 ℃

[7-4] 아래의 **상평형 그림**을 보고 다음 질문에 답을 하여라.

(a) 35 mmHg와 120 ℃에서 화합물의 물리적 상태는 무엇인가?

(b) 화합물의 정상 어는점은 얼마인가?

(c) 점A는 무엇이라 부르는가?

(d) 점B는 무엇이라 부르는가?

(e) 점C는 무엇이라 부르는가?

(f) 30 mmHg의 일정한 압력에서 온도가 40 ℃에서 -20 ℃로 감소할 때 어떤 변화가 일어나겠는가?

(g) 액체 위에 고체가 뜰 수 있겠는가?

(h) 180 ℃, 2 atm에서 화합물은 액체로 존재할 수 있는가?

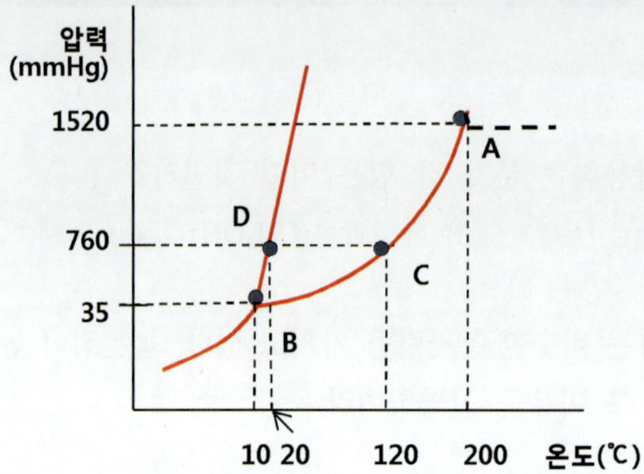

[7-5] 다음 물질의 성질을 분자 간에 작용하는 힘을 근거로 답하여라.

(a) Br_2와 NaBr 중 낮은 녹는점을 갖는 것:

(b) 에탄올(C_2H_5OH)와 뷰테인(C_4H_{10}) 중 더 높은 끓는점을 갖는 것:

(c) H_2O와 H_2Te 중 더 높은 끓는점을 갖는 것

(d) 아세트산(CH_3COOH)과 벤조산(C_6H_6COOH) 중 더 낮은 증기 압력을 갖는 것:

[7-6] 다음 과정들을 단순히 분자 간 힘을 이기는 과정과 공유 결합을 깨는 과정으로 구분하여라.

(a) 물이 수증기로 증발된다.

(b) 드라이아이스가 승화된다.

(c) 클로로폼($CHCl_3$)이 물과 섞인다.

(d) 물(H_2O)을 수소(H_2)기체와 산소(O_2)기체로 분해하는 과정

(e) 염소(Cl_2) 분자를 염소(Cl)로 변화시키는 과정

[7-7] 다음 고체를 각각 금속성, 그물구조 공유성, 이온성 또는 분자성으로 분류하시오.

(a) 100 ℃이하에서 녹고 물에는 불용성인 고체

(b) 녹았을 때만 전기를 통하는 고체

(c) 물에는 불용성이며, 전기를 통하는 고체

[7-8] 다음 화학종들을 각각 분자성, 공유성 그물구조, 이온성, 금속성으로 분류하여라.

(a) W (b) NO_2 (c) C(다이아몬드) (d) $(NH_4)_2CO_3$ (e) $F_2(g)$

[7-9] 다음 화학종들의 성질을 가장 알맞게 설명한 것을 보기에서 골라라.

(a) CO_2 (b) $CuSO_4$ (c) Hg (d) SiO_2 (e) $Fe(OH)_3$

〈보기〉

① 이온성, 높은 녹는점 ② 액체 금속, 좋은 도체
③ 극성 분자, 물에 잘 녹음 ④ 이온성 물에 녹지 않음
⑤ 공유성 그물구조, 높은 녹는점 ⑥ 비극성 분자, 상온에서 기체

[7-10] **[심화]** 바나듐(V)은 체심 정육면체(BCC) 단위세포 구조를 갖는다. 그 단위 세포의 부피는 0.0278 ㎚^{3} 이다. 바나듐의 원자 반지름은 얼마인가?

[7-11] **[심화]** 은(Ag)은 면심 정육면체(FCC) 단위세포 구조를 갖는다. 은 원자의 원자량은 107.9 g/mol이고, 이 면심 정육면체 단위세포의 한 변의 길이가 409 pm이다.(1 pm = 10^{-12} m = 10^{-10} cm이다.)

(a) 이 단위세포 내에 은 원자는 몇 개가 들어 있는가?
(b) 단위세포 안에 들어있는 은 원자의 질량은 몇 g인가?
(c) 단위세포의 부피는 몇 cm^3인가?
(d) 은(Ag)의 밀도는 몇 g/cm^3인가?

[7-12] **[심화]** 암모니아(NH_3)에 대한 다음과 같은 자료가 주어져 있다.

암모니아(NH_3)	자료
정상 끓는점	-33 ℃
정상 녹는점	-78 ℃
증발열	$\Delta H^0_{vap} = 31.55 kJ/mol$
삼중점	46 mmHg(=0.06 atm), - 78 ℃
임계점	112 atm, 132 ℃
증발열	31.55 kJ/mol

(a) 암모니아에 대한 대략적인 상그림을 그려라.

(b) 40 ℃에서 암모나아의 증기 압력을 계산하여라.

온도와 증기 압력 관계식 ([그림 7-7] 또는 [예제 7-3] 참고)은

$\ln\left(\frac{P_2}{P_1}\right) = \frac{-\Delta H_{vap}}{R}\left\{\frac{1}{T_2} - \frac{1}{T_1}\right\}$ 이다.

[7장 연습문제 정답]

[7-1] (a) 분산력 (b) 쌍극자 힘 (C) 분산력 (d) 쌍극자 힘, 수소 결합 (e) 분산력

[7-2] ICl(mp. 27.2 ℃), Br_2(mp. -7.2 ℃)분자는 비극성이기 때문에 분산력만 작용하지만, ICl분자는 극성 분자이고, 쌍극자 힘이 작용한다.

[7-3] (a) 액체+기체(liquid + vapor) (b) 기체(vapor) (c) 기체(vapor)

[7-4] (a) 증기(vapor) (b) 20 ℃ (c) 임계점(critical point) (d) 삼중점(triple point)
(e) 정상 끓는점(normal boiling point) (f) 승화(sublimation) (g) 아니오 (h) 예

[7-5] (a) NaBr은 이온성 (b) 에탄올은 수소 결합 (c) H_2O는 수소 결합
(d) 아세트산과 벤조산은 모두 수소 결합을 하지만, 벤조산이 더 큰 분산력

[7-6] (a) 분자 간 힘 (b) 분자 간 힘 (c) 분자 간 힘 (d) 공유 결합 (e) 공유 결합

[7-7] (a) 분자 또는 금속 (b) 이온성 (c) 금속성

[7-8] (a) 금속성 (b) 분자성 (c) 공유성 그물구조 (d) 이온성 (e) 분자성

[7-9] (a) ⑥ (b) ① (c) ② (d) ⑤ (e) ④

[7-10] 0.131 nm

[7-11] (a) 4개 (b) 7.17×10^{-22} g (c) 6.84×10^{-23} cm^3 (d) 10.5 g/cm^3

[7-12] (a) 상그림

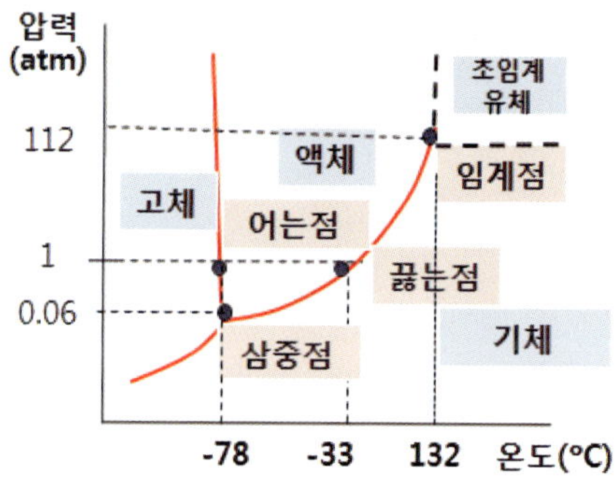

(b) 약 40 atm

337쪽: *Claucius − Clapeyron* 식을 사용함.

$$\ln\left(\frac{P}{1.0\,atm}\right) = \frac{-31.55\times10^3\,J}{8.314\,J/mol\,K}\left(\frac{1}{313\,K}-\frac{1}{240\,K}\right) = 3.6877$$

$$P = \left(e^{3.6877}\right)\times 1.0\,atm = 40.\,atm$$

08 CHAPTER

유기화학

CONTENTS

[학습목표]

① 유기 화합물의 이름을 부르는 명명법을 익힌다.
② 유기 화합물의 구조를 그릴 수 있고, 이성질체를 구분한다.
③ 지방족 화합물들의 성질과 반응을 이해한다.
④ 방향족 탄화수소들의 성질과 반응을 이해한다.
⑤ 작용기의 종류와 작용기에 따른 물리적 화학적 성질을 알아본다.
⑥ 거울상 이성질체의 구조와 성질을 구분한다.

[유기 화학] 탄소(C)는 4족 원소로써, 4개의 원자가 전자를 가지고 있으므로, 다른 원소들과 화학결합을 이룰 수 있다. 탄소원자가 수소, 질소, 산소, 황, 그리고, 할로젠 원소들과 같은 비금속 원소들과 결합하여 화합물을 만든다. 이러한 탄소를 포함하는 화합물을 유기 화합물(organic compound)라고 부르며, 유기 화합물의 성질을 연구하는 화학의 연구 분야를 유기 화학(organic chemistry)이라고 부른다.

[유기 화합물] 탄소(C)와 수소를 기본으로 질소, 산소, 황, 그리고 다른 원자들이 포함된 화합물을 유기 화합물이라고 부른다. 모든 유기 화합물의 기본 화합물은 단일 결합만을 포함하고 있는 알케인(alkane), 탄소와 탄소 사이에 2중 결합을 포함하는 알켄(alkene), 탄소와 탄소 사이에 3중 결합을 포함하는 알카인(alkyne), 벤젠고리를 포함하고 있는 방향족 화합물들로 구분된다.

[유기 화합물의 작용기] 유기 화합물들은 작용기에 따라서 일반적인 성질과 반응성이 달라진다. 작용기는 그 화합물의 화학적 성질을 결정하는 원자들의 그룹을 말한다. 유기 화합물들의 작용기는 알코올(alcohol, -OH), 알데히드(aldehyde, -COH), 에스터(ester, -COO-), 에테르(ether, -O-), 카르복실산(carboxyic acid, -COOH), 아민(amine, $-NH_2$)등이 있다.

[유기 화합물의 이성질체] 유기 화합물들은 탄소가 4개의 결합을 가지기 때문에 여러 가지의 기하 이성질체가 존재한다. 트랜스, 시스 같은 기하 이성질체는 물리적 성질과 화학적 성질이 서로 다르다. 그리고 탄소원자 주위에 4개의 작용기가 서로 다른 경우 거울상이 겹치지 않는 거울상 이성질체가 존재한다. 거울상 이성질체는 평면 평광을 서로 반대쪽으로 회전시키는 성질이 있다. 거울상 이성질체는 물리적인 성질은 다르지만, 화학적인 성질은 서로 다르다.

8-1.

유기 화합물의 분류

탄소(C) 원자는 다른 원소들과 많은 화합물을 형성할 수 있는데 이것은 탄소원자가 다른 탄소 원자와 단일결합, 이중결합, 3중 결합을 형성할 뿐만 아니라 사슬과 고리를 형성할 수 있기 때문이다. 그리고 탄소 원자는 수소, 질소, 산소, 황, 그리고, 할로젠 원소들과 같은 비금속 원소들과 결합하여 화합물을 만든다. 이러한 탄소를 포함하는 화합물을 유기 화합물(organic compound)라고 부르며, 유기 화합물의 성질을 연구하는 화학의 연구 분야를 유기 화학(organic chemistry)이라고 부른다.

유기 화합물들은 그 화합물에 포함된 작용기(functional group)에 따라 분류한다. 작용기는 어떤 화합물의 화학적 성질을 나타내는 원자의 집단을 말한다. 작용기가 같으면 다른 분자라고 하더라도, 화학적 성질이 유사한 경우가 많다. 따라서 수없이 많은 유기화합물들의 성질은 이해하기 위해서 작용기에 따른 분류하는 것은 매우 유용하다.

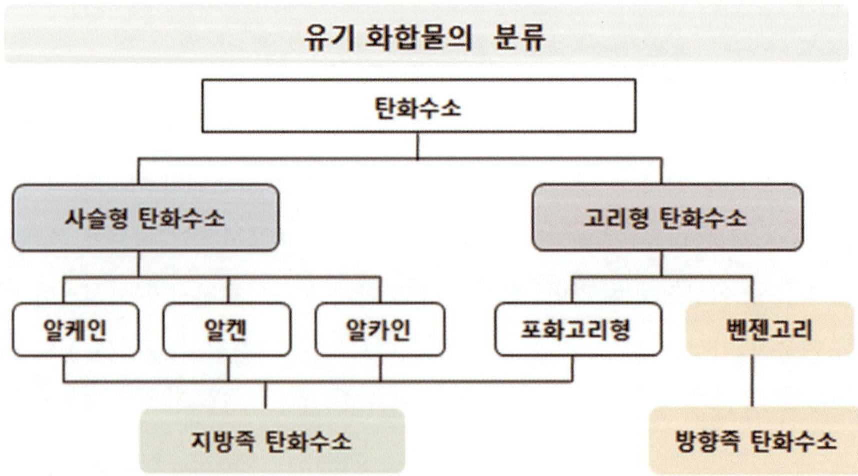

모든 유기 화합물들은 탄소와 수소로 이루어진 탄화수소(hydrocarbon)들로부터 유도된다. 탄화수소들은 지방족 탄화수소와 방향족 탄화수소로 구분된다. 지방족 탄화수소는 탄소원자들이사슬로 연결되어 있거나 벤젠고리가 없는 다른 고리형 유기 화합물들을 말하고, 방향족 탄화수소는 공명구조인 벤젠고리를 포함하는 유기 화합물을 말한다.

8-2.

지방족 탄화수소

지방족 탄화수소는 탄소원자들이 사슬로 연결되어 있거나 벤젠고리가 없는 다른 고리형 유기 화합물들이다. 주로 모두 단일결합을 가진 알케인(alkane), 알켄(alkene), 알카인(alkyne)으로 구분된다.

(1) 알케인(alkane)

알케인(alkane)은 탄소-탄소 결합이 모두 단일결합으로 이루어진 유기 화합물이다. 알케인의 일반식은 C_nH_{2n+2}(n = 1, 2, 3, …)으로 표현된다. 모든 탄소들이 수소 원자로 포화되어 있기 때문에 포화 탄화수소(saturated hydrocarbon)라고 부른다. 탄소 원자의 수가 1개에서 10개까지의 이름은 메테인, 에테인, 프로페인, 뷰테인, 펜테인, 헥세인, 헵테인, 옥테인, 노네인, 데케인이다. 이를 기본으로 유기 화합물들의 이름을 부르기 때문에 이들의 이름은 기본적으로 숙지해야 한다.

알케인(alkane) 이름과 분자식

알케인 이름		분자식	녹는점(℃)	끓는점(℃)	이성질체수
Methane	메테인	CH_4	-182.5	-161.6	0
Ethane	에테인	CH_3-CH_3	-183.3	-88.6	0
Propane	프로페인	CH_3-(CH_2)-CH_3	-189.7	-2.1	0
Butane	뷰테인	CH_3-(CH_2) $_2$-CH_3	-138.3	-0.5	2
Pentane	펜테인	CH_3-(CH_2) $_3$-CH_3	-129.8	36.1	3
Hexane	헥세인	CH_3-(CH_2) $_3$-CH_3	-95.3	68.7	5
Heptane	헵테인	CH_3-(CH_2) $_4$-CH_3	-90.6	98.4	9
Octane	옥테인	CH_3-(CH_2) $_5$-CH_3	-56.8	125.7	18
Nonane	노네인	CH_3-(CH_2) $_6$-CH_3	-53.5	150.8	36
Decane	데케인	CH_3-(CH_2) $_7$-CH_3	-29.7	174.0	75

[그림 8-1] 탄화수소의 이름과 성질

(2) 유기 화합물 명명법

유기 화합물의 이름은 알케인(alkane)의 이름을 기본으로 이름을 붙인다. IUPAC(International Union of Pureand Applied Chemistry) 명명법에 따라서 이름을 붙인다.

① 가장 긴 탄소 사슬을 기준으로 탄소 원자의 번호를 붙인다.

② 주 사슬에서 가지 달린 탄수의 번호를 쓴다.

③ 같은 작용기가 여러 개 있을 경우 그 수를 di-, tri-, tetra- 로 표시한다.

④ 작용기의 이름은 어미를 _yl로 바꾸어 부른다. 사슬형 탄화수소는 cyclo-를 접두사로 쓴다. 정리하면, IUPAC 명명법으로 이름을 부르는 순서는 다음과 같다.

(곁가지의 위치+ 같은 곁가지 작용기가 여러 개 있는 경우 그 개수(di-, tri-, tetra-)+곁가지의 이름(어미로 _yl) + 주 사슬의 이름)

IUPAC 명명 법

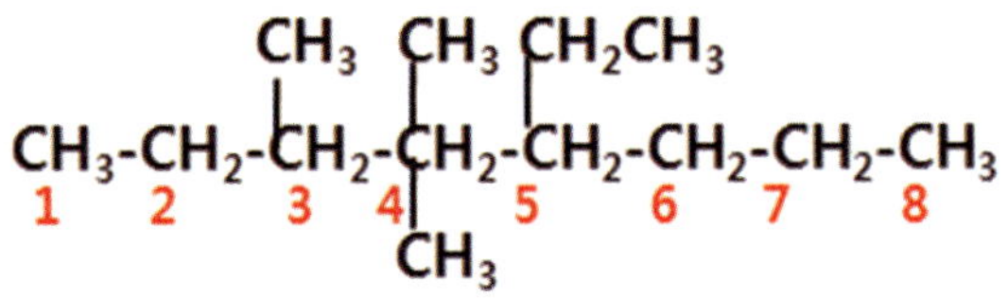

3,4,4-trimethyl-5-ethyloctane(3,4,4-트라이메틸-5-에틸옥테인)

① 주 사슬의 이름: 탄소 수 8개인 octane

② 곁가지가 달린 주 사슬 탄소의 번호: 3,4,5번 탄소

③ 곁가지의 이름(3개의 methyl 과 1개의 ethyl)

[그림 8-2] 유기화합물의 명명법

알케인의 탄소 원자는 모두 sp^3 혼성 궤도를 가지고 있어 정사면체의 중심에 탄소 원자가 위치하고 있어서 사슬 모양의 구조를 가지고 있다. 탄소가 4개인뷰테인은 긴 사슬 형태와 가지달린 모양의 2개의 이성질체를 갖는다. 이와 같이 탄소가 4개보다 많이 포함된 탄화수소는 구조 이성질체(structural isomer)를 갖는다. 포화 탄화수소 중에서 탄소수가 6개인(사이클로헥세인C_6H_{12})은 고리형 탄화수소로 존재한다.

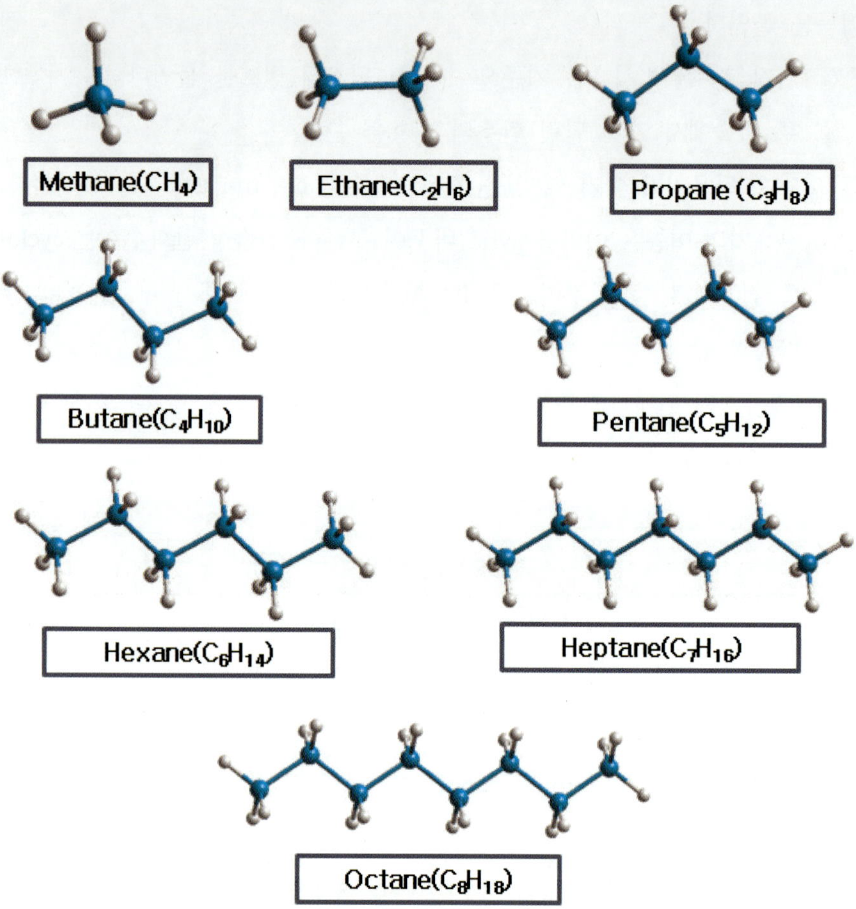

[그림 8-3] 몇가지 포화 탄화수소의 분자식과 구조식

[예제 8-1] 펜테인(pentane)의 구조 이성질체는 몇 개인가? 각 이성질체의 의 이름을 써라.

풀이 n-펜테인(b.p. 36.1 ℃), 2-메틸뷰테인(b.p. 27.9 ℃), 2,2'-다이메틸프로페인(b.p. 9.5 ℃) 3가지 이성질체가 존재한다.

(3) 알케인(alkane)의 성질

알케인은 천연가스에 포함되어 있고, 원유를 정제하여 얻어진다. 천연가스는 주로 메테인(CH_4이 80~90 %)과 소량의 C_2H_6, C_3H_8, C_4H_{10}으로 구성되어 있다. C_5H_{12}, C_6H_{14}, C_7H_{16} 등은 상온에서 액체 상태로 존재한다. 고급 알케인은 짙은 갈색에 점성이 있는 액체인 원유로부터 얻어진다. 원유를 증류에 의해 정제하면 끓는점이 다른 여러 계열의 화학물들을 얻는다. 이 중에서 가장 중요한 것이 휘발유이고, 이 휘발유는 원유를 정제했을 때 원유량의 약 1/4 정도 얻을 수 있다. 휘발유의 수율을 높이기 위해서 고급 또는 저급 끓는점을 가진 탄화수소들을 휘발유 영역($C_5 \sim C_{12}$)으로 변환시킬 수 있다. 석유화학에서 명명법은 관용적으로 사슬형 알케인을 파라핀(paraffin)이라고 부르고, 고리형 포화탄화수소를 나프타(naphtene), 그리고 에텐, 프로펜같은 불포화 탄화수소들을 올레핀(olefin)이라고 부른다.

[표 8-1] 원유에서 정제된 탄화수소의 분류

구분	석유종류	탄소 수	비중	비율(%)
천연가스	LNG	C_1~C_2		
석유가스	LPG	C_3~C_4	0.5~0.6	2~3
경질유	휘발유	C_5~C_{10}	0.7	10
	나프타	C_5~C_{10}	0.65~075	15
	항공 유	C_{10}~C_{15}	0.75~0.85	10~15
	등유	C_{10}~C_{15}	0.8	10~15
	경유	C_{15}~C_{20}	0.8~0.85	20~30
중질 유	벙커C	C_{20}~C_{30}	0.9~1.0	40~60
기타	아스팔트	C_{30}~	1.05	

휘발유는 연료의 질을 나타낼 때 휘발유의 옥탄가(octane number)를 표시하는데 이것은 노킹에 저항하는 척도이다. 아이소옥테인은 가지가 달린 화합물인데 노킹을 적게 하며 천천히 연소한다. 그래서 아이소옥테인의 옥탄가는 100으로 정해졌다. 헵테인 같은 연쇄사슬 모양의 연료는 노킹을 많이 한다. 이 헵테인의

옥탄가는 0으로 정하였다. 어떠한 휘발유에 아이소옥테인 90 %와 헵테인 10 %가 결합되어 있을 때, 노킹 성질은 "90옥테인"이라고 부른다. 고급 휘발유는 옥탄가가 80이상이 되어야 하기 때문에 첨가제가 필요하다. 노킹을 방지하기 위하여 1970년대 중반까지 반노킹제(anti-knock agent)로 납화물인 사에틸납 ($Pb(C_2H_5)_4$)을 사용하여 왔지만, 현재 사용이 금지되었다. 사에틸납이 자동차에 쓰이는 촉매 전환 장치를 부식시키고 납화합물이 환경을 오염시키기 때문이다. 사에틸납을 대체하여 산소를 포함하는 유기 화합물들이 사용된다. 주로 에탄올 (C_2H_5OH), 에테르($(C_2H_5)_2O$), MTBE(Methi Tertiary Butyl Ether; $(CH_3)_3$-COCH3) 등과 같은 첨가제를 사용한다. 이런 첨가제들은 휘발유에서의 용해성이 불량하고, 냄새가 나고 발열량이 낮다는 단점이 있다. 또 연료성분 중 산소 함량이 증가되면 CO감소 효과는 크지만 NO_x가 증가하는 것으로 보고되고 있다.

석유는 사슬 모양 알케인 이외의 다른 탄화수소 화합물을 포함한다. 이들을 싸이클로 알케인이라고 하는 고리형태의 화합물이며, 고리형 포화 탄화수소의 일반식은 사슬형보다 수소수가 2개 적은 C_nH_{2n}이다. 싸이클로펜테인(C_5H_{10})과 싸이클로헥세인(C_6H_{12})은 결합각이 정사면체의 내각인 109.5°와 비슷하기 때문에 안정한 액체이며 끓는점이 각각 49 ℃와 81 ℃이다.

알케인은 반응성이 낮은 유기 화합물이다. 주로 연소반응을 통해서 높은 열에너지를 방출하고 이산화탄소와 물로 변화된다.

$$CH_4(g) + O_2(g) \rightarrow CO_2(g) + 2H_2O(l) \qquad \Delta H^0 = -890\ kJ$$

알케인은 할로겐화 반응을 수소 원자가 통해서 할로겐 원자로 치환된다. 메테인과 염소를 100 ℃이상으로 가열하거나 적당한 파장의 빛을 쪼이면, 염화메틸(methyl chloride)이 만들어 진다.

$$CH_4(g) + Cl_2(g) \rightarrow CH_3Cl(g) + HCl(g)$$

이 반응은 염소를 과량으로 넣으면, 염화메틸렌($CH_2Cl_2(l)$), 클로로포름 ($CHCl_3(l)$), 사염화탄소($CCl_4(l)$)까지 합성할 수 있다. 염화메틸렌은 커피에서 카페인을 제거하는 용매로 사용되고, 페인트 제거제로 사용된다. 클로로포름은 휘발성이 강한 액체이며 마취제로 사용되어 왔지만, 독성이 강하기 때문에 지금은 사용되지 않는다.

사염화탄소도 독성이 강한 물질이며, 옷에 기름때를 제거하는 크리닝 액체로 사용되고, 불을 끄는 소화기에 충진제로 사용된다.

(4) 알켄(alkene)

알켄은 이중결합을 포함하는 탄화수소를 말하며, 가장 간단한 알켄(alkenes)은 에텐(C_2H_4)이고, 일반명으로 에틸렌(ethylene)이라고 부르기도 한다. 에텐과 다른 알켄의 이중 결합들은 각각 시그마 결합과 파이 결합으로 구성되어 있다. 에텐 분자는 평면구조이고 파이결합 때문에 탄소-탄소 결합을 중심으로 하는 회전이 불가능하다. 에텐의 결합각은 각각 탄소가 sp^2혼성화를 하고 있어 120°이다. 주로 에테인을 700 ℃ 촉매하에서 가열하면 수소가 빠져나가고 에텐이 만들어진다.

$$C_2H_6(g) \rightarrow C_2H_4(g) + H_2(g)$$

에텐은 중합 반응에 의해서 폴리에틸렌이 만들어진다. 여러 유기 화합물들이 에텐을 원료로 만들어 진다. 에텐은 식물호르몬이므로 농업에 활용되기도 하며, 덜 익은 상태의 풋과일이나 꽃을 상하지 않게 배송하기 위하여 에텐을 사용하기도 한다. 낮은 농도에 에텐을 지속적으로 노출시키면 바나나나 오렌지의 숙성된 색깔이 형성된다.

알켄의 이름은 탄소수가 같은 알케인의 이름을 따라서 부른다. 즉, 알케인의 어미 -ane를 -ene으로 바꾸어 이름 붙인다. 에텐(C_2H_4), 프로펜(C_3H_6), 뷰텐(C_4H_8), 펜텐(C_5H_{10})과 같이 부른다. 그리고 이중 결합의 위치를 탄소의 번호로 표시한다. 예를 들면, 뷰테인에서 2번째 탄소-탄소결합이 이중 결합인 경우 2-뷰텐이라고 부른다.

(5) 알켄(alkene)의 기하 이성질체

알켄은 탄소-탄소 이중 결합은 시그마(σ) 결합과 파이(π) 결합을 가지고 있어 회전할 수 없다. 따라서 기하 이성질체(geometric isomer)가 존재할 수 있다. 탄소-탄소 이중 결합에 결합된 작용기가 서로 다른 경우, 알켄의 기하 이성질체는 시스-(cis-)와 트랜스(trans-) 이성질체라고 부른다. 예를 들면, 1,2-다이클로로에틸렌(ClHC=CHCl)은 2개의 염소 원자가 가깝게 존재하는 시스-1,2-다이클로로에틸렌(cis-1,2-dichloroethylene)과 두 개의 염소 원자가 서로 반대쪽에 결합되어 있는 트랜스-1,2-다이클로로에틸렌(trans-1,2-dichloroethylene)의 2개의 기하 이성질체가 있다. 일반적으로 기하 이성질체들은 밀도, 끓는점 등 물리적 성질이 서로 다르고 화학적 성질도 다르다.

시스-1,2-다이클로로에틸렌	트랜스-1,2-다이클로로에틸렌
쌍극자 힘: 1.89D	쌍극자 힘: 0
끓는점: 60.3 ℃	끓는점: 47.5 ℃

알켄의 명명법에서 이성질체가 존재하는 경우 시스-이성질체인지 트랜스-이성질체인지 나타내야 한다.

시스-4-메틸-2-헥센　　　　르랜스-4-메틸-2-헥센

(6) 알켄(alkene)의 성질

가장 간단한 알켄은 에틸렌(ethylene)이며, 에틸렌은 폴리에틸렌 같은 고분자를 만드는 원료로 사용되고 많은 유기 화합물을 합성하는 데 이용된다. 에테인과 같은 작은 분자들은 큰 탄화수소 분자를 공업적으로 열분해(cracking)과정을 통해서 만들어진다. 에틸렌은 에테인으로부터 만들어지는데 에테인을 백금 존재하에서 800 ℃정도에서 가열하면 에틸렌이 만들어진다.

$$C_2H_6(g) \rightarrow C_2H_4(g) + H_2(g)$$

에틸렌은 다시 첨가 반응에 의해서 에테인이 만들어지는 데 이 과정을 수소화 반응이라고 한다.

$$H_2C = CH_2(g) + H_2(g) \rightarrow H_3C\text{-}CH_3(g)$$

수소화 반응은 식품산업에서 중요하게 사용하는 반응이다. 식품 조리에 사용하는 많은 기름들은 이중 결합을 갖는 에텐분자를 포함하고 있다. 에텐들은 여러 가지 첨가 반응이 일어나서 쉽게 부패될 수 있다. 수소화 과정은 니켈촉매하에서 기름을 넣고 고온 고압에서 수소 기체를 노출시킨다. 수소화 과정을 거친 기름들은 긴 사슬 모양의 분자인 트랜스지방이 된다. 수소화과정을 거친 트랜스지방 기름들은 영양이나 건강에는 심각한 문제가 있지만, 부패되지 않는다는 점 때문에 많이 사용되고 있다. 이런 수소화된 트랜스지방들은 조리용으로 사용되고 있는데 식용에는 사용하지 않는 것이 좋다.

탄소-탄소 이중 결합은 수소 첨가반응뿐만 아니라, 할로겐화수소나 할로겐화 첨가반응이 일어난다.

$$H_2C = CH_2(g) + HCl(g) \rightarrow H_3C\text{-}CH_2Cl(g)$$

$$H_2C = CH_2(g) + Cl_2(g) \rightarrow H_2ClC\text{-}CH_2Cl(g)$$

(7) 알카인(alkynes)

알카인(alkynes)은 알카인의 단일 결합이 3중 결합으로 바뀐 화합물이고, IUPAC 이름은 알케인의 이름에 붙은 어미 –ane를 –yne으로 바꾸어 부른다. 가장 간단한 알카인은 일반명으로 아세틸렌(acetylene)이라고 부른다. 아세틸렌($C_2H_2(g)$)분자의 삼중 결합은 한 개의 시그마 결합과 두 개의 파이 결합으로 구성되어 있다. 각각의 탄소 원자는 sp-혼성 궤도함수이고 선형구조이고, 결합각이 180°이다.

열역학적으로 아세틸렌은 불안정하여 그를 구성하고 있는 원소로 분해된다.

$$HC{\equiv}CH(g) \rightarrow 2C(s) + H_2(g) \quad \Delta G^0 = -209.2\ kJ$$

25 ℃에서 고압하에서 이 반응은 폭발적으로 일어난다. 이런 이유 때문에 아세틸렌 실린더는 순수한 기체를 포함하지 않는다. 대신 이 실린더는 불활성이고 아세틸렌 기체를 아세톤 용매 안에 녹게 하는 다공질인 물질에 저장되어 있다. 금속을 용접하는 데 아세틸렌이 기체연료로 사용되는 것은 흔한 일이다. 토치램프 안에서 순수한 산소와 아세틸렌이 결합하여 2,000 ℃이상에서 연소되고, 이 반응에서는 열이 발생한다.

$$C_2H_2(g) + 5/2O_2(g) \rightarrow 2CO_2(g) + H_2O(l) \quad \Delta H^0 = -1300\ kJ$$

아세틸렌은 3중 결합을 포함하고 있기 때문에 수소 첨가 반응으로 에틸렌이 만들어진다.

$$HC \equiv CH(g) + H_2(g) \rightarrow H_2C = CH_2(g)$$

탄소-탄소 3중 결합은 할로겐화수소나 할로겐화 첨가 반응이 일어난다.

$$HC \equiv CH(g) + HCl(g) \rightarrow H_2C = CHCl(g)$$
$$HC \equiv CH(g) + Br_2(g) \rightarrow HBrC = CHBr(g)$$

8-3.

방향족 탄화수소

벤젠(benzene)은 투명하고 휘발성인 액체(끓는점: 80 ℃)로 1825년 패러데이에 의해 1825년 도시가스의 배관 속에 괴인 액체로부터 발견되었다. 이 물질은 탄소와 수소로 이루어진 탄화수소이었는데, C_6H_6인 물질이었습니다. 벤젠은 매우 안정한 화합물로써 벤젠이 어떠한 구조를 지니고 있는가 하는 것이 19세기 화학계 최대의 어려운 과제 중의 하나였다. 40년 뒤인 1865년에 이르러 독일의 화학자 케큘레에 의해 유명한 거북등무늬와 같은 육각형 구조가 제안되었다. 벤젠 구조 $C_6H_6(l)$가 암시하듯 불포화도가 상당히 높으며 성질이 다른 알켄이나 알카인과 매우 다르다. 벤젠분자는 궤도함수 모형으로 설명하면, 벤젠은 두 개의 공명구조를 갖는 공명혼성체로 나타낸다.

벤젠분자의 구조는 정육각형 평면구조로 결합각이 120 ℃이고, 각 탄소가 sp^2이 혼성 궤도를 가지고 있다. 이 결합의 특성은 다음과 같다.

① 각각의 탄소 원자는 3개의 시그마 결합을 형성하는데, 한 개는 수소 원자와 다른 두 개는 옆에 위치한 두 탄소 원자와 형성한다.

② 나머지 3쌍의 전자는 전체 분자에 대칭적으로 분포되어 "비편재화된(delocalized)" 파이 결합을 형성한다.

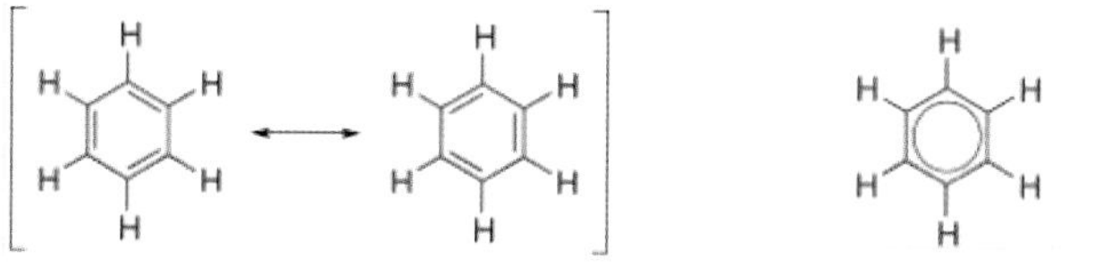

벤젠(benzene)의 공명구조　　　벤젠의 비 편재화된 구조

벤젠 고리를 포함하는 화합물들은 독특한 향기를 가지고 있어서 방향족 탄화수소(aromatic hydrocarbons)라고 부른다. 페놀(phenol)은 벤젠의 수소 하나

가 -OH 작용기로 치환된 분자이며, 살균제로 사용되었다. 지금은 금지된 물질이지만, 현재 사용되는 대부분의 살균제들은 페놀 유도체들이다. 톨루엔(toluene)은 벤젠의 수소 하나가 메틸 작용기로 치환된 화합물이고, 독성이 적기 때문에 벤젠 대신 용매로 많이 사용된다. 벤조산은 쉽게 제거되고 벤젠의 산화 화합물에서 나타나는 독성을 가지고 있지 않다. 벤조산이나 그의 나트륨염은 음식이나 음료의 방부제로 널리 사용된다.

벤젠 고리의 두 개의 치환기가 치환되면, 3가지 가능한 이성질체가 존재한다. 3개의 이성질체는 오쏘(ortho), 메타(meta) 그리고 파라(para)로 표현되고, o-, m- 그리고 p-로 줄여서 쓴다. 탄소의 위치를 나타내는 숫자를 사용하여 이름을 부른다. 벤젠에서 수소 2개가 염소로 치환된 화합물은 1,2-다이클로로벤젠, 1,3-다이클로로벤젠 그리고 1,4-다이클로로벤젠으로 나타낼 수 있다.

두 개 이상의 벤젠 고리가 접합(fused)되어 고리를 이루는 분자는 나프탈렌(naphthalene)이고, 3개의 벤젠 고리가 접합된 것은 안트라센(enthracene)과 페난트렌(phenanthrene)의 두 가지 이성질체가 있다. 벤젠 고리가 접합된 화합물들은 종종 강력한 발암물질로 알려져 있다. 발암물질로 잘 알려진 벤조피렌(benzo[a]pyrene)은 플라스틱을 태울 때 많이 발생하며 담배 연기에 많이 존재한다. 이러한 이유 때문에 흡연자들이 폐암에 많이 걸리게 된다.

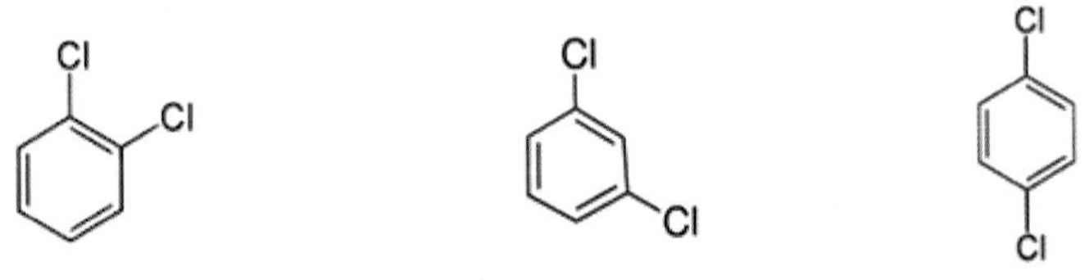

1,2-dichlorobenzene **1,3-dichlorobenzene** **1,4-dichlorobenzene**

ortho-dichlorobenzene **meta-dichlorobenzene** **para-dichlorobenzene**

8-4.

유기 화합물의 작용기

많은 유기 화학물들은 탄화수소에 있는 수소 원자가 작용기(functional group)로 치환된 형태의 화합물들이 있다. 작용기는 탄소에 결합되어 있는 작은 원자들이거나 비금속 원자들이다. 유기 화합물에서 흔히 발견되는 작용기들을 작용기의 이름에 따라 분류되고 같은 작용기를 가진 화합물들은 물리적 성질과 화학적 성질이 유사하게 나타난다.

(1) 알코올(alcohol)과 에테르(ether)

알코올(alcohols)은 -OH 작용기를 가지고 있으며, 일반식은 R-O-H이고, 여기서 R은 알킬기를 나타낸다. 알코올들의 이름은 알케인에 접미사 .ane대신 _ol을 붙여서 부른다. 탄소수가 3개 이상인 알콜은 작용기-OH의 위치에 따라서 이성질체가 존재한다.

CH_3OH, CH_3CH_2OH, $CH_3CH_2CH_2OH$, $CH_3CH(OH)CH_3$
메탄올, 에탄올, 1-프로판올, 2-프로판올

에테르(ethers)는 R-O-R' 구조를 갖고, 여기서 두 알킬기는 서로 다르거나 같은 작용기일 수도 있다.

CH_3-O-CH_3 , $CH_3CH_2-O-CH_3$
다이메틸 에테르, 에틸 메틸 에테르

에테르의 이름은 두 알킬기를 먼저 부르고, 다음에 에테르를 부른다. 비슷한 분자량을 가지는 알코올과 에테르의 물리적 성질인 끓는점은 다르지만, 물에 대한 용해도는 비슷하다. 알코올 분자들은 서로 수소 결합을 할 수 있고, 물과 수소 결합을 이루기 때문에 끓는점이 높고, 물에 대한 용해도도 매우 크다. 그러나 에테르들은 서로 수소 결합을 할 수 없기 때문에 끓는점이 낮지만, 에테르는 물과 수소 결합을 형성하기 때문에 물에 대한 용해도는 높은 편이다.

① 알코올 분자가 물과 같이 서로 강한 수소 결합을 하고 있기 때문에 비슷한 분자량을 가지는 알케인보다 훨씬 높은 끓는점을 갖는다. 에테르는 수소 결합을 할 수 없기 때문에 에테르의 끓는점은 알코올보다 훨씬 낮다.

② 알코올과 에테르는 물에 녹는다. 에테르는 알코올과 같이 물에 존재하는 -OH기를 이용하여 물과 수소 결합을 형성할 수 있다.

메탄올은 250 atm, 350 ℃에서 ZnO/Cr_2O_3를 촉매로 하여 합성기체(synthesis gas, 일산화탄소와 수소의 혼합물)로부터 만들어진다.

$$CO(g) + 2H_2(g) \rightarrow CH_3OH(l)$$

메탄올은 제트연료, 용매, 휘발유 첨가제, 그리고 여러 가지 중요한 공업용 원료를 합성하는 출발 물질로 사용된다. 메탄올은 독성이 매우 강하기 때문에 조금만 마셔도 생명이 위독하다.

에탄올(C_2H_5OH)은 식용으로 사용되는 가장 일반적인 알코올인데, 설탕이나 곡식을 발효시켜 얻을 수 있기 때문에 에탄올을 곡식 알코올이라고도 한다.

$$C_6H_{12}O_6(s)(\text{포도당}) \rightarrow 2C_2H_5OH(\text{에탄올}) + 2CO_2(g) + 2ATP$$

알코올 음료는 에탄올을 포함하고 있으며, 맥주는 4~8 %, 와인은 12~13 %, 위스키는 40 %이상 에탄올이 들어 있다. 에탄올 자체는 맛과 냄새가 없다. 알코올 음료의 향은 가미된 향이나 발효과정에서 생긴 물질 때문에 나타나는 것이다.

알코올들 중에는 한 분자 내에 2개 이상의 -OH기를 포함되어 있는 것들도 있다. 이런 분자들은 에틸렌 글라이콜과 글리세롤이 있다. 에틸렌 클라이콜은 물의 어는점을 낮추는 성질 때문에 자동차 부동액으로 널리 쓰인다. 글리세롤은 비누를 만드는 과정에서 얻어지는 부산물인데, 매우 점성이 강하고 단맛이 나는 액체로 의약품이나 항생제, 플라스틱, 그리고 폭약(나이트로글리세린) 등을 만드는데 사용된다.

에테르는 다이에틸에테르(CH_3-O-CH_3)를 단순하게 에테르로 부르며, 오래전부터 마취제로 사용되어왔으나, 에테르 기체는 매우 가연성이 강하고, 에테르는 공기와 접촉하여 하이드로퍼옥사이드라는 매우 폭발력이 강한 물질을 형성하는 경향이 있기 때문에 지금은 마취제로 사용하지 않는다.

(2) 알데하이드(aldehyde)과 케톤(ketone)

알데히드와 케톤은 모두 공통적으로 카보닐(carbonyl, -CO-)기를 포함한다. 케톤(ketones)은 두 개의 탄화수소기(알킬 또는 방향족)가 중심 탄소에 결합되어있고, 다음과 같은 구조를 갖는다.

$$\begin{array}{c} O \\ \| \\ R - C - R' \\ ketone\text{의 일반식} \end{array} \qquad \begin{array}{c} O \\ \| \\ H_3C - C - CH_3 \\ acetone \end{array}$$

여기서 R과 R'는 알킬 작용기들이다. 가장 간단한 케톤은 아세톤이다. R과 R'이 모두 메틸기이다. 한 아세톤에 있어서 중심 탄소를 주위로 형성된 결합각은 약 120°이다. 아세톤(끓는점: 56 ℃)은 물에 완전히 용해되며, 다른 유기 화합물과 잘 섞인다. 그래서 아세톤은 가장 중요한 공업적 유기용매로 사용되고 있으며, 매니큐어를 지우는 용도로 사용된다.

알데하이드(aldehydes)는 케톤에서 알킬 작용기 중 하나가 반드시 수소 원자인 것이다. 가장 간단한 알데하이드는 포름 알데하이드(HCOH)이다. 포름알데하이드(끓는점: -21 ℃)은 37 % 수용액을 만들어진 것이 포르말린 용액이고, 생물학적 시료들을 보관하는 데 널리 사용되었다. 그러나 포르말린이 강력한 발암성 물질로 알려져 있어서 사용 금지되었다. 포르말린은 바닥 장판지 등에 사용되는 중요한 접합제 성분이다. 포르말린 기체나 수용액은 아주 불쾌한 냄새를 나타낸다. 방향족성 알데하이드들은 좋은 향기가 나므로 향료나 향수 등에 사용된다.

[예제 8-1] 다음 화합물들을 각각 알코올, 에테르, 알데하이드, 또는 케톤으로 분류하시오.

(a) $CH_3\text{-}O\text{-}CH_2CH_2CH_3$

(b) $CH_3CH(OH)CH_2CHO$

(c) CH3-CO-$CH_2CH_2CH_2$(OH)

작용기가 존재하는 곳을 표시하시오. 한 개 이상에 작용기가 있을 수도 있다.

풀이 (a) 에테르 (b) 알코올, 알데하이드 (c) 알코올, 케톤

(3) 카르복실 산(carboxyl acid)과 에스테르(ester)

유기 화합물 중에서 산으로 작용하는 화합물들이 카복실산(carboxylic acids)이고, 일반 구조식은 R-COOH이며, 작용기 R은 알킬 작용기이다. 카복실산의 IUPAC 이름은 알케인의 "e" 대신 "-oic acid" 접미사를 붙인다. 카르복실산들은 일반명을 사용하여 부른다. $HCOOH$는 포름산(개미산)이라고 부르고, $H_3C-COOH$는 아세트산(초산)으로 불린다. 포름산은 개미에 들어 있기 때문에 이름 붙여진 것이고, 아세트산은 식초의 주성분이고 신맛을 낸다. 요리에 사용되는 식초는 초산을 물에 희석시켜서 5 % 용액으로 만들어 사용한다. 사과 주스나 과일들을 발효시켜 만드는 식초들은 에탄올을 산화시켜 만들어진다. 카복실산들은 수용액에서 약산으로 작용한다. 카복실산의 산성도는 구조에 따라 다르게 나타난다.

카복실산이 강염기인 NaOH와 반응하면 나트륨염을 만든다. 아세트산과의 산-염기 반응은 다음과 같다.

$$CH_3COOH(aq) + NaOH(aq) \rightarrow CH_3COONa(aq) + H_2O(l)$$

이렇게 만들어진 카복실산 염들은 여러 가지 용도로 사용된다. 프로피온산의 소듐이나 칼슘염은 빵이나 치즈 등에 곰팡이의 생성을 억제하기 위하여 첨가제로 사용된다. 탄소수가 많은 유기산들은 비누를 만드는데 사용된다. 탄수수가 18개인 스테아르산과 같은 긴 사슬 유기산 염들이 기름 때를 제거하는 비누로 사용된다. 비누의 세척 작용은 한 분자 내에 소수성 부분과 친수성 부분을 갖는 비누를 구성하는 분자들의 구조적 특성 때문에 나타난다. 긴 사슬의 유기산 음이온의 긴 사슬 부분은 소수성으로 비극성 기름에 대한 좋은 용매가

되고, 음이온 부분은 물에 대한 큰 용해도를 갖는 친수성 부분으로 작용한다.

$$CH_3 - CH_2 - CH_2 - (CH_2)_n - COO^-$$
(소수성 부분) (친수성 부분)

에스터(esters)들은 카르복실산에서 수소가 다른 알킬 작용기로 치환된 구조로써 작용기는 R-COO-R'의 화학식을 갖는다. 에스터들은 카복실산과 알코올을 반응시켜 만들어 지는데 이런 반응을 에스터화 반응(esterification)이라고 부른다. 아세트산과 메탄올을 반응시키면, 에스터화 반응에 의해 다이메틸 에스터가 만들어진다.

$$CH_3COOH + CH_3OH \rightarrow CH_3COOCH_3$$

이 반응은 알칼리나 산이 있으면 촉진된다. 소량의 황산을 가해서 아세트산과 에탄올을 가열 증류하면 생긴다. 에스터의 이름은 먼저 2개의 알킬 작용기 이름을 각각 부르고 다음에 에스터를 붙여준다. 영어로 읽을 경우, 어미로 _ate 를 붙인다.

$$CH_3 - \overset{\overset{\large O}{\|}}{C} - O - CH_3 \qquad CH_3 - \overset{\overset{\large O}{\|}}{C} - O - CH_2CH_3$$

다이메틸에스터 메틸에틸에스터
dimethylester ethyacetate

메틸에틸 에스터는 녹는점이 −83.67 ℃, 끓는점 77.15 ℃, 비중 0.9005이다. 인화점은 −2 ℃로 매우 잘 타는 성질을 갖고 있다. 파인애플 등 과일 속에 존재하며, 그 향기의 한 성분이다. 또 포도주나 청주 등에도 미량 함유되어 있다. 무색 액체로, 에탄올, 에테르, 벤젠 등 거의 모든 유기 용매와 임의의 비율로 섞이며, 물에도 상당히 녹는다. 각종 유기물을 녹이는 힘이 강하므로, 용매로도 널리 사용된다. 또 향료로서 과즙, 과일 에센스, 과자 등에 쓰이고 의약품에도 사용된다. 에스터화 반응은 온갖 향이 나는 이소아밀아세테이트나 프로판올, 옥탄올 그리고 이소펜틸알콜로 차례대로 바나나, 복숭아, 오렌지, 열대과일향을 합성할 수 있다.

에스터는 HCl와 같은 산 촉매하에서 가수분해되어 알콜과 카르복실산이 만들어진다.

$$CH_3COOCH_2CH_3 + H_2O \rightleftarrows CH_3COOH + CH_3CH_2OH$$

그런데 이 반응은 반응물이 모두 가수분해되지 않고 남아 있어 생성물과 평형상태를 유지한다. 반면에 NaOH를 가하여 가수분해하면 에스터가 모두 분해되어 염과 알콜이 생성된다. 이것은 카르복실 산의 가수분해와 같은 반응으로 비누가 만들어 진다.

$$CH_3COOCH_2CH_3 + NaOH \rightarrow CH_3COO^-Na^+(aq) + CH_3CH_2OH$$

이런 가수분해 반응을 비누화 반응(saponification)이라고 부른다. 스테아르산 에틸($C_{17}H_{35}COOC_2H_5$)과 같이 긴 사슬의 카르복실산을 포함하는 에스터를 NaOH로 가수분해하면 비누로 사용되는 스테아르산 염($C_{17}H_{35}COO^-Na^+$)이 만들어 진다.

$$C_{17}H_{35}\,COOC_2H_5 + NaOH \rightarrow \underset{(소수성)}{CH_3 - (CH_2)_n} - \underset{(친수성)}{COO^-\,Na^+} + C_2H_5OH$$

비누 분자는 비극성의 긴 탄화수소 분자와 극성인 유기산 이온(-COO-) 작용기가 같이 존재한다. 긴 탄화수소 부분은 소수성이라고 부르며, 비극성인 기름성분을 잘 녹인다. 그리고 친수성인 극성 유기산 이온 부분은 물과 결합하기 때문에 바깥쪽에 남게 되어 마이셀(micelle)을 형성하여 기름때를 제거하게 된다.

[예제 8-2] 다음 화합물의 구조를 나타내시오.

(a) 1-프로필 알콜(1-propyl alcohl)

(b) 1-프로필산(1-propyl acid)

(c) 이 두 가지 화합물로부터 형성되는 에스터

풀이 (a), (b)에 대해서 긴 사슬을 그린 후 표시된 탄소의 위치에 작용기를 넣고 필요한 수소 수만큼 첨가하여 식을 완성한다. (c)에서 산의 -OH와 알코올의 H에 주목한다.

(4) 아민(ammine)

아민(ammine)은 $-NH_2$ 작용기가 알킬 작용기에 붙어 있는 유기 화합물로 질소의 비공유 전자쌍 때문에 약한 염기로 작용한다. 아민은 일반식이 $R-NH_2$인 거을 일차아민(amines)이라고 부르고, $R-NH-R'$은 2차 아민이라고 하며, 수소가 모두 알킬 작용기로 치환된 것을 3차 아민이라고 부른다. 대부분의 아민들은 약한 염기로 작용한다. 가장 간단한 아민인 메틸아민(CH_3-NH_2)은 −25 ℃, 1 atm에서 가연성이 있는 기체 상태이고, 끓는점은 −6 ℃이며, 임계온도는 157 ℃이다.

메틸아민(CH_3NH_2)은 약한 염기성을 나타내며, 이온화 상수는 $K_b = 4\times10^{-4}$이고, 암모니아(NH_3)의 이온화 상수는 $K_b = 1.8\times10^{-5}$, 그리고 아닐린($C_6H_5NH_2$)의 이온화 상수는 $K_b = 4\times10^{-10}$으로 치환기에 따라 염기성도가 큰 차이를 보여준다. 메틸아민은 HCl 같은 강산과 완전히 반응한다. 그러나 약산인 아세트산은 완전히 반응하지 않고 평형상태를 유지한다.

$$CH_3NH_2(aq) + CH_3COOH(aq) \rightleftarrows CH_3NH_3^+(aq) + CH_3COO^-(aq)$$

작용기	일반식	일반적인 상질
알코올(alcohol)	R - OH	• 저급 알코올은 물에 용해된다. 수소결합 형성 • Na, K 금속과 반응하여 수소를 발생
에테르(ethher)	R- O - R'	• 휘발성, 인화성, 마취제, 비극성: 물에 불용성 • 비극성 용질을 추출하는 용매로 사용된다.
케론(ketone)	R - CO-R’	• 극성: 물에 잘 용해된다. • 유기 용매로 사용
알데히드 (aldehyde)	R - CHO	• 산화되면 카르복실 산. 환원되면, 알코올이 된다. • 환원성이 크다.(은거울 반응, 펠링용약 환원)
카르복실산 (carboxylic acid)	R - COOH	• 극성: 물에 잘 용해되고 약 산성, 수소결합 형성 • Na, K 금속과 반응하여 수소를 발생 • 알코올과 반응하여 에스테르 생성
에스테르(ester)	R - COO- R'	• 과일 향이 난다. 비극성: 물에 불용 • 가수분해되면 알코올과 카르복실 산 생성 • 비누화 반응: R-COONa, R-OH생성 • 유지: 고급 지방산과 글리세린의 에스테르
아민(amine)	R - NH2	• 저급은 물에 녹는다. • 염기성: 산과 중화반응

8-5.

유기 화합물의 이성질체

분자식은 같지만, 구조가 다르기 때문에 화학적, 물리적 성질이 다른 것을 이성질체(isomers)라고 부른다. 탄소수가 4개 이상인 알케인들은 구조 이성질체를 가지며, 탄소수가 증가하면 굉장히 많은 구조 이성질체를 갖는다. 뷰테인과 2-메틸프로페인은 C_4H_{10}의 같은 분자식을 가지지만 그 구조식이 서로 다르다. 유기 화합물 중에서 이러한 구조 이성질체들이 존재하는 경우가 많다.

① C_4H_8의 분자식을 가지는 알켄의 이중 결합의 위치에 따라 2개의 구조 이성질체와 고리화합물인 시클로부탄이 있어서 세 가지 구조 이성질체를 갖는다.

② C_3H_8O의 분자식을 가지는 구조 이성질체. 두 개는 알코올이고, 다른 하나는 에테르이다.

[예제 8-3] 프로페인(C_3H_8)으로부터 수소 원자를 염소로 치환하여 만들어진 분자식 $C_3H_6Cl_2$인 화합물의 구조 이성질체를 그리시오.

풀이 가능한 모든 이성질체는 -C-C-C-의 구조를 갖는다. 이성질체를 찾기 위하여 사슬의 양쪽 끝에 존재하는 탄소가 동등함을 명심하라. 사슬의 가운데 존재하는 탄소에는 두 개의 탄소가 결합되어 있으므로 한 개의 탄소가 결합된 다른 탄소와는 다른 탄소이다.

네 개의 이성질체가 가능하다. 한 가지는 두 개의 염소가 모두 가지 끝 탄소에 결합된 것이고, 다른 하나는 두 개의 염소가 모두 중간 탄소에 결합된 것이다.

(1) 기하 이성질체

구조 이성질체와 다르게 기하 이성질체가 존재하는 경우도 있다. 뷰텐(C_4H_8)은 이중 결합의 위치에 따라 3가지의 구조 이성질체가 존재한다고 설명하였다. 그러나 한 가지 더 많은 4개의 이성질체가 존재하는데, 그것은 기하 이성질체이다. cis-이성질체는 두 개의 메틸기(또는 두 개의 수소)가 가능한 가까운 쪽에 존재한다. 다른 trans-이성질체는 같은 그룹이 서로 멀리 떨어져 있다. 이 두 가지 형태의 이성질체는 탄소-탄소 이중 결합을 중심으로는 자유회전이 불가능하기 때문에 서로 다른 화합물로 존재하게 된다. 기하 이성질화 또는 cis-trans 이성질화는 알켄에서 일반적인 현상이다. 이 현상은 이중 결합을 형성하는 각각의 탄소에 두 개의 서로 다른 원자나 그룹이 결합할 때 나타난다.

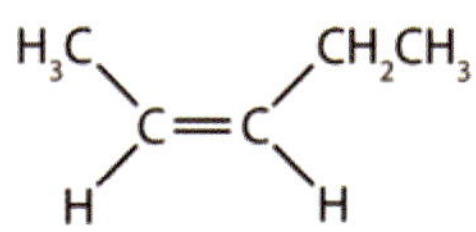

시스-2-penene

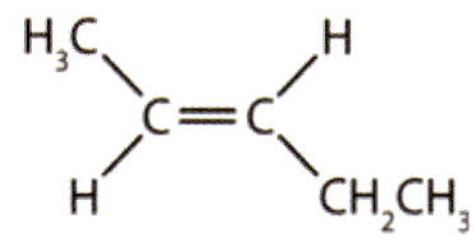

트랜스-2-pentene

[예제 8-4] 에틸렌의 두 개의 수소가 염소로 치환된 분자식($CH_3ClC{=}CHCl$)에 해당하는 분자에 대하여 가능한 모든 이성질체를 그리시오.

풀이 프로펜을 시작으로 해서 두 개의 수소를 염소로 치환할 때 몇 가지 가능한 구조 이성질체, 기하 이성질체가 생기는지 조사한다. 시스와 트랜스 이성질체가 존재한다.

(2) 광학 이성질체

광학 이성질체(optical isomers)는 탄소원자에 결합된 4개의 치환체가 서로 다른 원자나 그룹으로 결합되어 있을 때 나타난다. 예를 들면, 메테인의 유도체인 $CHClBrI$은 두 가지 가능한 분자 형태가 존재하는데 이들은 서로 거울상(mirror image)의 관계에 있다. 이 2개의 거울상들은 서로 겹쳐지지 않는다. 즉 왼쪽의 한 분자를 오른쪽의 다른 분자에 치환해 동일한 위치로 똑같이 포개놓을 수 없다. 이런 의미에서 두 개의 분자는 오른손과 왼손의 관계와 유사하다. 서로 다른 이성질체임을 확인하는 방법은 수소 원자 위에서 이 분자를 내려다본다고 생각하자. 탄소의 나머지 3개의 치환체 중 무거운 것부터 순서(I → Br→ Cl의 순서)대로 따라가면, 하나는 시계 방향으로 회전하고, 다른 하나는 반시계 방향으로 회전하는 모양이 된다. 즉, 왼쪽의 분자는 I→ Br→ Cl의 순서가 시계 방향으로 배열되어 있다. 그러나 오른쪽의 분자는 I→ Br→ Cl의 순서가 반시계 방향으로 배열되어 있다.

이 분자와 같이 서로 포개질 수 없는 두 가지 형태의 거울상으로 존재하는 물질을 서로 거울상 이성질체(enantiomer)라고 한다. 어떤 분자이든 4개의 서로 다른 작용기가 한 탄소에 결합된 경우 이 탄소는 카이랄 중심(chiral center)이라고 한다. 어떤 분자가 2개 이상의 카이랄 중심을 가지고 있으면 2개를 초과하는 거울상 이성질체를 가지게 된다.

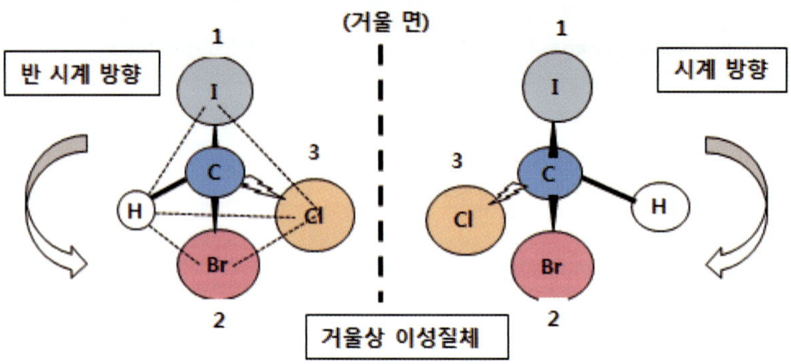

[그림 8-4] 카이랄 중심을 갖는 분자의 거울상 이성질체

[예제 8-5] 다음 구조의 화합물에 카이랄 탄소를 표시하여라.

(a) $CH_3CH_2CHClCH_3$ (b) $CH_3CHOHCH_2CH_3$ (c) $CH_3CHOHCHClCHClOH$

전략 4개의 서로 다른 치환기가 있는 탄소를 찾는다.

풀이 (a) 왼쪽에서 세 번째 탄소가 카이랄 탄소

(b) 두 번째 탄소가 카이랄 탄소 (c) CH_3를 제외한 두 탄소 모두 카이랄 탄소

"광학 이성질화"라는 용어는 편광된 빛을 서로 다른 방향으로 회전시키는 성질에서 유래되었다. 편광된 빛이 한 개의 거울상 이성질체의 시료를 통과하면 거울상 이성질체에 의하여 편광의 각도가 회전하게 된다. 한 개의 거울상 이성질체가 시계 방향으로 편광을 회전시키면, 또 다른 거울상 이성질체는 반시계 방향으로 편광을 회전시킨다. 두 개의 거울상 이성질체가 같은 양으로 섞여 있으면, 편광면을 회전시키는 것이 서로 상쇄되어 영이 된다. 이런 혼합물은 라세미 혼합물(racemic mixture)이라고 한다.

두 개의 거울상 이성질체는 편광면을 회전시키는 성질 외에는 모든 물리적 성질이 같다. 서로 거울상인 두 개의 락트산은 용융점은 52 ℃이고, 밀도는 1.25 g/mL로 모두 같다. 그러나 거울상 이성질체들은 구조가 다르기 때문에 화학 반응에서 반응성은 서로 다르다. 아미노산들은 키랄중심(chiral center)를 가지고 있으며, 거울상 이성질체가 존재한다.

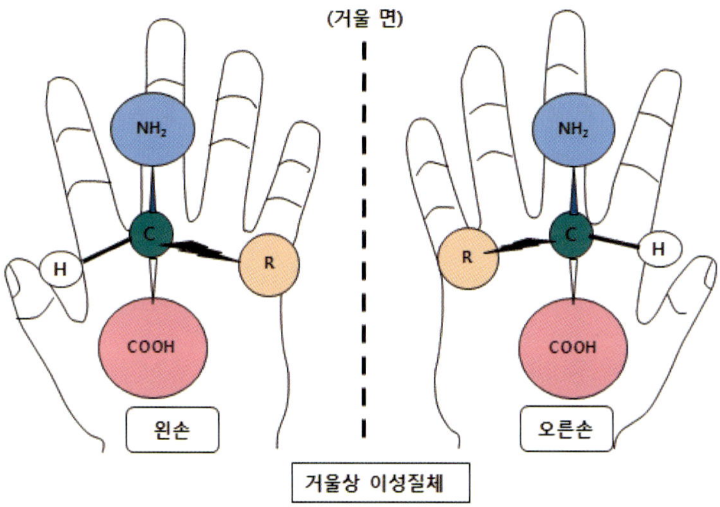

[그림 8-5] 거울상 이성질체: 거울상이 왼손과 오른손처럼 겹치지 않는다.

의약품으로 사용되는 물질들 중에는 한 개의 거울상 이성질체만을 포함하는 소위 카이랄성 의약품들이 많이 있다. 즉, 생체 내에서 거울상 이성질체의 작용은 전혀 다른 메커니즘을 나타낸다. 한 가지는 약효를 나타내지만, 다른 거울상 이성질체는 약효를 나타내지 않는다. 이러한 카이랄성 의약품들은 관절염, 천식 등은 물론 심장병 치료제로도 널리 사용된다.

일반적으로 이러한 의약품들은 두 가지 방법으로 만들어진다. 한 가지 방법은 라세미 혼합체를 각각의 거울상 이성질체를 성분으로 분리한다. 이러한 이성질체 분리는 액체 크로마토그래피(제1장)와 같은 현대적 분리 기술을 통하여 분리할 수 있다. 키랄성 의약품을 만드는 방법을 비대칭 합성(asymetric synthesis)이라고 한다. 광학적으로 비활성인 전구체를 효소와 같은 특별한 촉매를 사용하여 광학활성인 의약품으로 변환시킨다. 이런 합성방법의 연구는 여러 유기 화학자들이 개발하여 왔으며, 이러 연구성과로 샤플리스(Barry Sharpless) 등은 2001년에 노벨 화학상을 수상하였다. 이 반응이 잘 진행되면 원하는 약품의 효과를 나타내는 하나의 거울상 이성질체 화합물을 만들 수 있다.

8-6.

유기 화합물의 반응

유기 화합물들은 작용기의 특성에 따라 여러 가지 형태의 반응으로 구분된다. 무기 화합물들은 주로 이온성 화합물인데 반하여 유기 화합물들은 대부분 분자성 화합물이기 때문에 유기 화합물들의 반응은 무기 화합물들의 반응과 다르다. 유기 화합물들은 주로 치환 반응, 첨가 반응, 축합 반응, 제거 반응이 있다.

[유기 화합물의 반응 – (1) 치환 반응]

치환(substitution) 반응은 분자내의 한 원자가 다른 원자나 작용기로 치환되는 반응이다. 알케인에서 수소가 염소원자가 치환되는 반응은 햇빛을 쪼여 주었을 때 일어난다. 예를들면, 메탄에서 염소 치환반응이 일어날 수 있다.

$$CH_4(g) + Cl_2(g) \rightarrow CH_3Cl(g) + HCl(g)$$

벤젠에서 치환 반응이 일어날 수 있다. 벤젠의 수소는 $FeCl_3$ 촉매가 있을 때 염소로 치환되는 반응이 일어난다.

$$C_6H_6(l) + Cl_2(g) \rightarrow C_6H_5Cl(l) + HCl(g)$$

[유기 화합물의 반응 – (2) 첨가 반응]

첨가(addition) 반응은 이중 결합이나 삼중 결합이 있는 알켄이나 알킨에 주로 Cl_2, HCl, H_2O, H_2 같은 작은 분자들이 첨가되는 반응이다. 에텐에 Cl_2, Br_2, I_2 같은 할로겐이나, HCl, HBr, HI 같은 할로겐화 수소가 첨가되는 반응이 일어난다.

$$H_2C = CH_2(g) + Cl_2(g) \rightarrow ClHC\text{-}CHCl(g)$$

$$H_2C = CH_2(g) + HCl(g) \rightarrow H_2C\text{-}CHCl(g)$$

에텐에 수소가 첨가되는 수소화 반응은 니켈 촉매하에서 일어난다.

$H_2C = CH_2(g) + H_2(g) \rightarrow C_2H_6(g)$

수소화 반응은 식품화학에서 많이 사용되는 반응이다. 변질되기 쉬운 식용유를 마가린과 같은 포화 탄화수소(트랜스 지방)로 변하여 보관을 용이하게 한다. 트랜스지방은 보관은 용이하지만, 콜레스테롤을 높이고 비만을 유발하는 건강에 해로운 것으로 알려져 있다.

[유기 화합물의 반응 – (3) 축합 반응]

축합 반응은 작용기를 가진 2개의 분자가 한 분자로 축합되고 물과 같은 작은 분자가 제거되는 반응이다. 아세트산이 에탄올과 반응하여 물이 제거되고 아세트산 에틸이 생성되는 축합 반응이 일어난다. 고분자를 만드는 일반적인 방법으로 사용된다.

[유기 화합물의 반응 – (4) 제거 반응]

제거 반응은 첨가 반응과 반대로 인접 탄소의 작용기를 제거하여 불포화 탄화수소를 만드는 반응이다. 할로겐화 알킬에서 OH- 존재하에서 할로겐화 수소가 제거되며, 알콜에서 황산 촉매로 일어나는 탈수 반응이 제거 반응의 예이다.

염기성 용액에서 $CH_3(CH_3)\text{-}CH_2Cl \rightarrow (CH_3)CH_2{=}CH_2 + HCl$

황산 촉매에서 $CH_3(CH_3)\text{-}CH_2OH \rightarrow (CH_3)CH_2{=}CH2 + H_2O$

[예제 8-6] 다음 유기 화합물들의 반응에서 생성물의 구조를 그려라.

(a) 에틸알콜($CH_3CH_2OH(l)$)과 염화수소($HCl(aq)$)

(b) 1-프로필 산($CH_3CH_2COOH(l)$)과 에탄올($CH_3CH_2OH(l)$)

(c) 에텐(ethene)과 브롬($Br_2(l)$)

풀이 (a) 브롬화에틸($C_2H_5Br(l)$) (b) 프로필산 에틸($CH_3CH_2COOCH_2CH_3(l)$)

(c) 1,2-브로모 에탄(HBrC-CBrH)

[학습퀴즈 8-1] $C_4H_{10}O$는 6개의 구조 이성질체가 있다. 6개의 구조 이성질체를 모두 그리고 이름을 써라.

[학습퀴즈 8-2] C_4H_7Cl는 몇 개의 구조 이성질체가 있는가? 구조 이성질체의 이름을 써라.

[학습퀴즈 8-3] 유기화합물, $CH_3CCl{=}CClCH_3$에 대하여 답하여라.

(1) 기하 이성질체의 이름을 써라.

(2) 기하 이성질체 중에서 어느 것이 극성이 강한가?

(3) 기하 이성질체 중에서 어느 것이 끓는점이 높은가?

[학습퀴즈 8-4] 다음 유기화합물 중에서 광학 이성질체를 갖는 것은 어느 것인가?

① CH_2ClBr

② $CH_3C(OH)ClBr$

③ $CH_3CH(OH)CH_2CH_3$

④ $CH_3CH(OH)CH_3$

[학습퀴즈 8-5] 다음 유기화학 반응을 완성하여라.

(1) $CH_3\text{-}CH{=}CH_2 + Br_2 \rightarrow$ (   )

(2) $CH_3\text{-}CH{=}CH_2 + HCl \rightarrow$ (   )

(3) $CH_3\text{-}CH_2\text{-}CH_2OH + CH_3\text{-}CH_2\text{-}COOH \rightarrow$ (   )

(4) $CH_3\text{-}CH_2\text{-}CH_2OH + O_2 \rightarrow$ (   )

[학습퀴즈 8-1 풀이] 4개의 알콜: 1-butanol; 2-burtanol; 2-methyl-1-propanol; 2-methyl-2-butanol;
2개의 에테르: diethylether; methylpropylether

[학습퀴즈 8-2 풀이] 구조 이성질체 6개:
1-chloro-1-butene; 2-chloro-1-butene; 3-chloro-1-butene; 4-chloro-1-butene;
1-chloro-2-butene; 2-chloro-2-butene;

[학습퀴즈 8-3 풀이] (1) cis-2,3,-dichloro-2-butene, trans-2,3,-dichloro-2-butene

(2) cis-2,3,-dichloro-2-butene,

(3) cis-2,3,-dichloro-2-butene,

[학습퀴즈 8-4 풀이] ② $CH_3C(OH)ClBr$

③ $CH_3CH(OH)CH_2CH_3$

[학습퀴즈 8-5 풀이] (1) CH_3-$CHBr$-$CBrH_2$

(2) CH_3-CH_2-$CClH_2$

(3) CH_3-CH_2-$COOCH_2$-CH_2-CH_3

(4) CH_3-CH_2-$COOH+H_2O$

[주요개념]

☑ 유기 화합물의 기본인 탄화수소는 알케인, 알켄, 알카인, 방향족 탄화수소이다.
- 알케인(alkane) : 일반식은 C_nH_{2n+2}인 포화 탄화수소
- 알켄(alkene) : 일반식은 C_nH_{2n}이고, 이중 결합을 포함하는 불포화 탄화수소
- 알카인(alkyne) : 일반식은 C_nH_{2n-2}인 삼중 결합을 포함하는 불포화 탄화수소
- 방향족(aromatic hydocarbon) : 벤젠 고리를 포함하는 불포화 탄화수소

☑ 명명법: 곁가지는 탄소의 위치를 표시하고, 주 사슬과 작용기의 이름을 부른다.

☑ 유기 화합물의 작용기는 물리적인 성질과 화학 반응성을 결정한다.
- 알콜, 에테르, 알데히드와 케톤, 카르복실산과 에스테르, 아민

☑ 유기 화합물들은 여러 가지 이성질체가 존재한다.
- 구조 이성질체, 기하 이성질체(시스, 트랜스), 광학 이성질체(거울상 이성질체)

☑ 유기 화합물의 반응은 치환 반응, 첨가 반응, 축합 반응, 제거 반응이 있다.
- 치환 반응 : 분자 내의 한 원자가 다른 원자나 작용기로 치환되는 반응
- 첨가 반응 : 이중 결합이나 삼중결합에 원자나 작용기가 첨가되는 반응
- 축합 반응 : 작용기를 가진 2개의 분자가 한 분자로 축합되고 물같은 작은 분자 배출
- 제거반응 : 인접 탄소의 작용기를 제거하여 불포화 탄화수소를 만드는 반응

☑ 카르복실산들은 약한 산이고, 아민들은 약한 염기로 작용한다.

제8장 (유기 화합물)의 개요

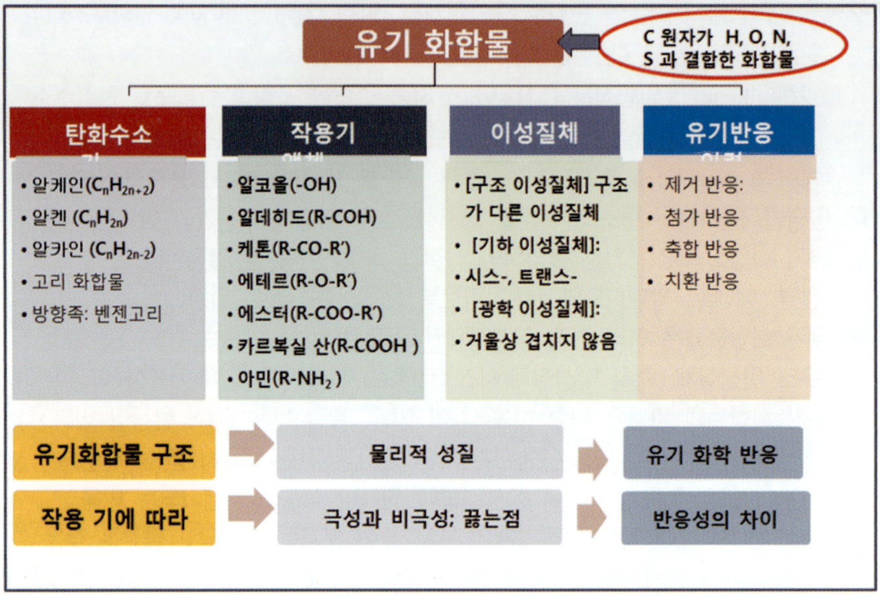

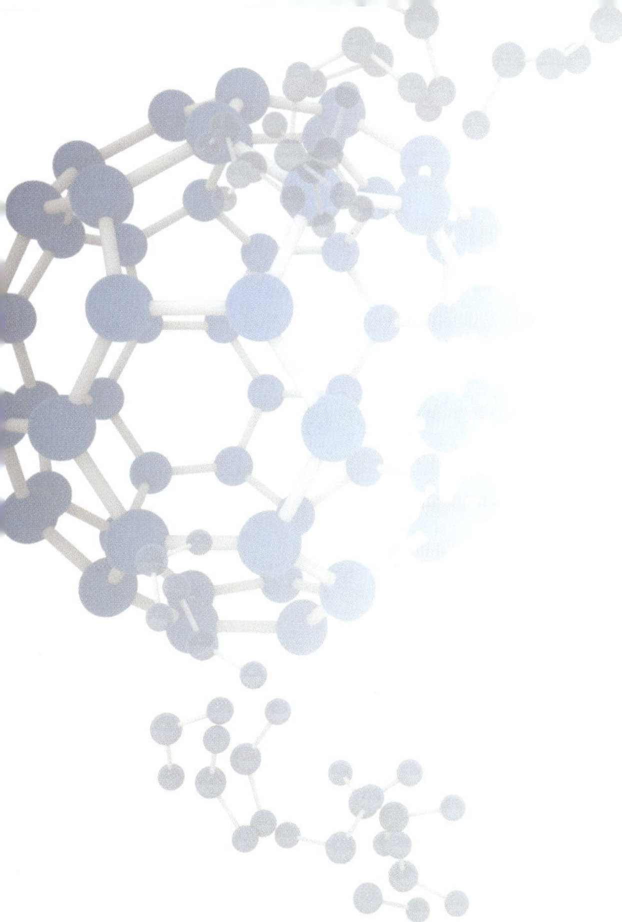

09 CHAPTER

용액의 성질

CONTENTS

[학습목표]

① 용액의 농도 표시법을 알고 퍼센트 농도를 몰농도로 변환할 수 있다.
② 이온성 고체의 용해도 규칙을 숙지해야 한다.
③ 용해도곱 상수로부터 몰 용해도를 계산한다.
④ 이상용액을 이해하고, 헨리의 법칙과 라울의 법칙을 활용한다.
⑤ 용액의 총괄성, 증기압 내림, 끓는점 오름, 어는점 내림, 삼투압력을 계산한다.
⑥ 전해질 용액의 총괄성은 이온화도에 따라 다르다.

[OX퀴즈 9–1] **용액의 증기 압력은 순수한 물질의 증기압력보다 높다.**

정답 ×

해설 라울의 법칙에 따라서 용액에서 용매의 증기압력은 순수한 용매의 증기압력보다 낮다.

[OX퀴즈 9–2] **반투막을 사이에 두고 수용액의 농도가 다른 용액이 있을 때, 물은 농도가 높은 쪽에서 농도가 낮은 쪽으로 이동한다.**

정답 ○

해설 이를 삼투현상이라고 한다.

[OX퀴즈 9–3] **기체가 물에 용해될 때 기체의 용해도는 압력에 비례한다.**

정답 ○

해설 [헨리의 법칙] : 기체의 용해도는 기체의 부분압력이 증가되면 비례해서 증가된다.

[용액의 종류]

대부분의 화학반응은 순수한 고체나 액체상태가 아니라, 물 속이나 용매 안에서 반응이 일어난다. 용액(solution)은 2가지 이상의 순물질이 균일하게 섞여 있는 균일한 혼합물이다. 용액은 광범위하게 정의되지만, 주로 액체인 물에 다른 순물질의 고체나 액체, 또는 기체가 녹아 있는 용액을 다룬다. 즉, 대부분의 경우 용매(solvent)는 물이고, 녹아있는 순물질은 용질(solute)이라고 부른다. 용액에 들어 있는 용매와 용질의 양은 용액의 성질을 나타내는 중요한 파라미터이다. 따라서 용액에서 용질과 용매의 조성을 표시하는 것은 중요한 일이다. 용질의 농도는 질량 퍼센트, 몰농도, 몰랄농도, 몰분율 등으로 나타낸다.

9-1.

용액의 농도

[용액의 농도: (1) 질량 퍼센트(%)]

질량 퍼센트는 용액 전체의 질량이 100 g 중에 들어있는 용질의 질량 백분율이다. 예를 들면, 소금물 100 g에 소금이 10 g 녹아있으면, 10 % 소금물 용액이다.

$$\text{질량퍼센트}(\%) = \frac{\text{용질의 질량}}{\text{용액의 질량}} \times 100$$

[용액의 농도: (2) 몰농도(M, molarity)]

몰농도는 용액 전체의 부피 1 L 중에 녹아있는 용질의 몰수로 정의된다. 몰수는 질량을 몰질량으로 나누면 된다. 예를 들면, 소금물 1 L에 소금이 1.0 몰(58.45 g/mol) 녹아있으면, 1.0 M 소금물 용액이다.

$$\text{몰농도 } (M) = \frac{\text{용질의 몰수}\,(mol)}{\text{용액의 부피}\,(L)}$$

[용액의 농도: (3) 몰랄농도(m, molality)]

몰랄농도는 용매의 질량 1 kg 중에 녹아있는 용질의 몰수로 정의된다. 몰수는 질량을 몰질량으로 나누면 된다. 예를 들면, 물 1 kg에 소금이 1.0 몰(58.45 g / mol) 녹아있으면, 1.0 m 소금물 용액이다. 몰랄농도는 기준량이 용매의 질량이므로, 온도에 무관한 농도이다. 용액의 성질을 다룰 때, 주로 몰랄농도를 기본으로 사용한다.

$$\text{몰랄농도 } (m) = \frac{\text{용질의 몰수}\,(mol)}{\text{용매의 질량}\,(kg)}$$

[용액의 농도: (4) 몰분율(x_i, mol fraction)]

몰분율은 용액 전체의 몰수 중에 녹아있는 용질의 몰수로 정의된다. 몰분율은 항상 1보다 작은 양이 된다. 그리고 이성분 용액일 때 $x_A + x_B = 1$이므로, 한 가지 성분의 몰분율을 알면, 나머지 성분의 몰분율은 바로 알 수 있다. 예를 들면, 에틸알콜 수용액 1 L에 에틸알콜이 10.0 몰(10.0 × 46.0 g/mol = 460.0 g) 녹아있으면, 이 용액의 밀도를 1.0 g/mL라고 하면, 물의 질량이 1,000 g - 460.0 g = 540.0 g 물이 들어 있다. 이 물의 몰수는 540.0 g/(18.0 g/mol) = 30.0 몰이다. 따라서 에틸알콜의 몰분율은 $x_{에틸알콜}$ = 10.0/(10.0 + 30.0) = 0.25이고, 물의 몰분율은 $x_{물}$ = 1 - 0.25 = 0.75이다.

$$몰분율\ (x_B) = \frac{용질의\ 몰수}{용매의\ 몰수 + 용질의\ 몰수} = \frac{n_B}{n_A + n_B}$$

[예제 9-1] 황산구리($CuSO_4$, 몰 질량 = 159.6 g/mol)는 동물 사료에서 영양소로 널리 사용된다. 황산구리 79.80 g을 물에 녹여서 500 mL 수용액을 만들었다.

(1) 이 용액의 몰농도는 얼마인가?

(2) 이 용액을 사용하여 0.1 M 수용액 1.50 L를 제조하려면, 이 저장 용액 몇 mL를 취해야하는가?

[표 9-1] 용액의 농도를 나타내는 단위들

농도	기준량	용질의 양	농도의 표시
질량 퍼센트	용액 100 g	용질의 g 수	$\frac{용질의질량}{전체용액의질량} \times 100(\%)$
몰 농도(M)	용액 1 L	용질의 몰 수	$M = \frac{용질의\ 몰수(n)}{용액의\ 부피(L)}$
몰랄 농도(m)	용매 1 kg	용질의 몰 수	$m = \frac{용질의\ 몰수(n)}{용매의\ 질량(kg)}$
몰 분율(x)	전체 몰 수	용질의몰 수	$X_A = \frac{A의몰\ 수}{전체의\ 몰\ 수} = \frac{n_A}{n_{tot}}$

풀이 (1) 황산구리의 몰수 : 79.80 g/(159.6 g/mol) = 0.5 몰이고,
황산구리의 몰농도 : 0.5 몰 / 0.5 L = 1.0 M

(2) 0.1 M 황산구리 용액 1.5 L를 제조하려면, MV = M' V'
0.1 M × 1.5 L = 1.0 M × VL

$$V = (1.5\,L) \times \frac{0.1M}{1.0M} = 0.15\,L$$

1.0 M 황산구리 용액 150.0 mL를 취하여 물을 가하여 1.5 L로 채우면 된다.

[예제 9-2] 질량 퍼센트가 36.0 %인 염산(HCl, 몰질량 = 36.45 g/mol) 수용액이 있다. 이용액의 밀도는 1.12 g/mL이다.

(1) 이 용액의 몰농도는 얼마인가?
(2) 이 용액의 몰랄농도는 얼마인가?

풀이 (1) 36.0 %인 염산(HCl) 1.0 L의 질량 = (1.12 g/mL×1,000 mL) = 1,120 g 용액
순수한 염산의 질량 = (0.36×1.12 g/mL×1,000 mL) = 403.2 g HCl
염산의 몰수 = (403.2 g) / (36.45 g/mol) = 11.06 mol/L

(2) 물의 질량 = 1,120 g - 403.2 g = 716.8 g = 0.717 kg
염산의 몰랄농도 = (11.06 몰) / (0.717 kg) = 15.4 몰/kg

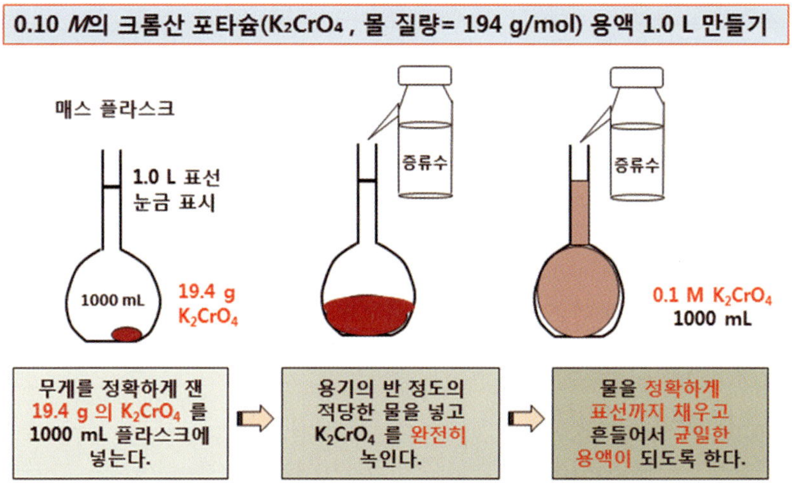

[그림 9-1] 0.1 M 크로뮴산(K_2CrO_4) 용액 만들기

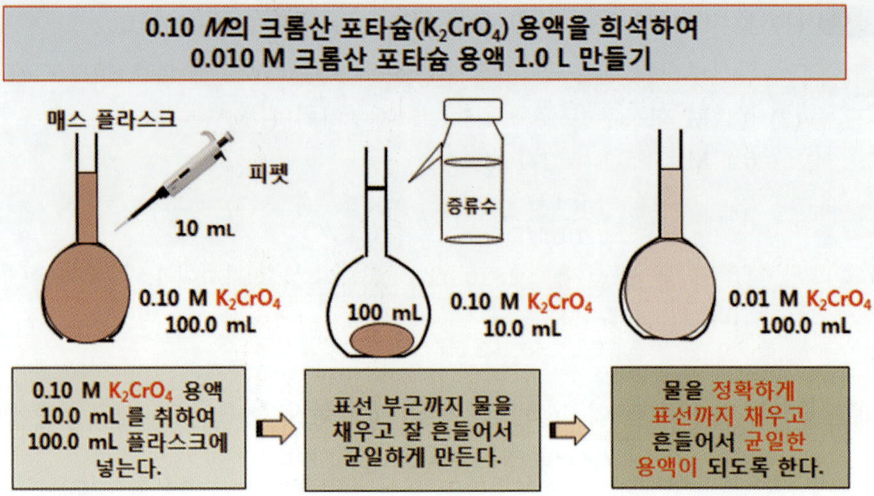

[그림 9-2] 0.1 M 크로뮴산(K_2CrO_4) 용액을 희석하여 0.01 M 용액 만들기

9-2.

물에 대한 용해도

(1) 용액: 용매와 용질

용액이 만들어질 때 용질과 용매가 서로 용해되어 균일한 조성을 갖게 된다. 그러나 모든 물질이 용액을 형성하는 것은 아니다. 용질이 물에 녹는 정도 즉, 용해도의 차이가 있다. 어떤 물질은 많이 용해되는가 하면, 어떤 물질은 전혀 녹지 않는 경우도 있다. 용해되는 현상은 용매-용매 사이에 작용하는 힘과 용질-용질 사이에 작용하는 힘을 극복하고, 용질-용매 사이의 인력이 형성되는 과정이다. 용질-용매 사이의 인력이 용매-용매 사이에 작용하는 힘과 용질-용질 사이에 작용하는 힘의 합보다 크면 용해 반응은 발열 반응($\Delta H_{용해} < 0$)으로 일어나고, 용해가 유리하다. 용질-용매 사이의 인력이 용매-용매 사이에 작용하는 힘과 용질-용질 사이에 작용하는 힘의 합보다 작으면 용해 반응은 흡열 반응($\Delta H_{용해} > 0$)으로 일어난다. 용해가 일어나는 과정은 엔탈피($\Delta H_{용해}$)만으로 결정할 수 없다. 열역학 2법칙에 따라서 엔탈피 $\Delta H_{용해}$(용해 엔탈피)와 엔트로피($\Delta S_{용해}$)를 고려해야 한다. 따라서 어떤 물질이 물에 녹을 것인지 녹지 않을 것인지 쉽게 예측할 수 없다. 서로 용해되는 규칙은 경험적으로 극성은 극성분자를 녹이고, 비극성은 비극성 분자를 녹인다는 것이다. 즉, "유유상종(類類相從) - 비슷한 것끼리 섞는다.(Like dissolves like)"라고 한다. 분자 간의 인력의 유형이 비슷한 것끼리 서로 용해되는 현상이 일어난다. 예를 들면, 사염화탄소(CCl_4)는 벤젠(C_6H_6)과 잘 용해된다. 이들 분자는 모두 비극성 분자이기 때문에 분산력만 작용한다. 메탄올, 에탄올, 그리고 에틸렌글라이콜 같은 알코올은 물과 수소 결합을 형성할 수 있기 때문에 잘 용해된다.

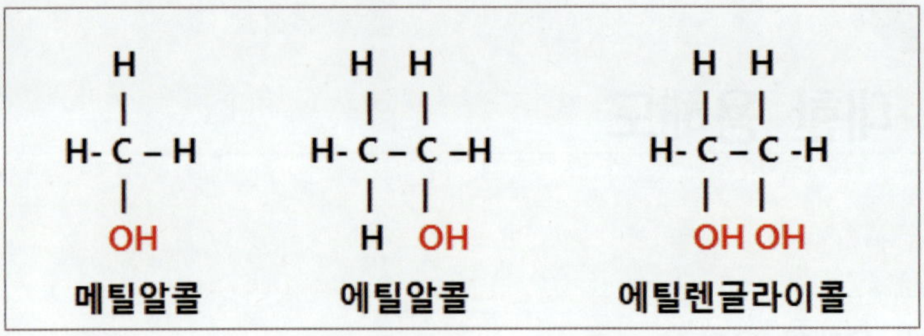

[그림 9-3] 수소결합을 형성하는 몇 가지 알콜들

(2) 이온성 고체의 용해

물은 극성이 강한 분자성 물질이기 때문에 극성인 물질과 많은 이온성 물질들을 잘 녹인다. 염화나트륨(NaCl)는 물에 잘 용해되어 Na^+ 이온과 Cl^- 이온이 물 분자에 의해 둘러싸여 있는 수화된 형태가 된다. 그러나 염화은(AgCl)은 물에 거의 용해되지 않는다. 이렇게 이온성 고체의 물에 대한 용해도는 이론적으로 예측할 수 없기 때문에 실험적으로 알려진 "용해도 규칙"을 이용하여 물에 용해되는 물질과 용해되지 않는 물질을 숙지하고 있어야한다. 물에 잘 녹는 물질들도 온도에 따라 용해도는 달라진다.

[표 9-2] 물에 대한 이온성 화합물의 용해도 규칙(solubility rule)

물에 녹는 이온성 화합물		예외적인 화합물 [불용성 화합물]
(1)	1A 족 알칼리 금속이온(Li^+, Na^+, K^+, Rb^+,Cs^+)과 암모늄이온(NH_4^+)	
(2)	질산염(NO_3^-), 염소산염(ClO_4^-,ClO_3^-), 중탄산 염(HCO_3^-),아세트산염(Ac^-)	
(3)	할로겐화물(Cl^-, Br^-, I^-)	Ag^+, Pb^{2+}, Hg_2^{2+} 할로겐화물
(4)	황산염(SO_4^{2-})	Ba^{2+}, Ca^{2+}, Sr^{2+}, Pb^{2+}, Ag^+, Hg_2^{2+}
물에 녹지 않는 이온성 화합물		**예외적인 화합물 [가용성 화합물]**
(1)	탄산염(CO_3^{2-})	1A족 이온과 암모늄이온
(2)	인산 염(PO_4^{3-})	1A족 이온과 암모늄이온
(3)	황화 염(S^-)	1A족 이온과 NH_4^+, Ca^{2+}, Sr^{2+}, Ba^{2+}
(4)	수산화 염(OH^-)	1A 족 이 온과 NH_4^+, Ca^{2+}, Sr^{2+}, Ba^{2+}

[표 9-2]에 주어진 이온성 물질들의 물에 대한 용해도 규칙을 활용하여 수용액 반응에서 일어나는 침전 반응을 예측할 수 있다. 예를 들면, NaCl과 $Ag(NO_3)$는 둘 다 물에 잘 녹는다. 이 두 수용액을 섞으면, AgCl(s) 침전이 형성된다.

$$Ag(NO_3)(s) + NaCl(g) + H_2O(l) \rightleftarrows AgCl(s) + NaNO_3(aq)$$

수용액 속에 존재하는 실제 이온들 사이에서 일어나는 반응은 다음과 같다.

$$Ag+(aq) + NO_3^-(aq) + Na^+(aq) + Cl^-(aq) \rightleftarrows AgCl(s) + NO_3^-(aq) + Na^+(aq)$$

침전을 형성하는 이온들 사이에 일어나는 반응을 알짜 이온 반응식(net ionic equation)이라고 한다.

알짜 이온 반응식: $Ag^+(aq) + Cl^-(aq) \rightleftarrows AgCl(s)$

그리고 $NO_3^-(aq)$이온과 $Na^+(aq)$이온처럼 반응에 참여하지 않고 반응물과 생성물에 남아 있는 이온들을 구경꾼 이온(spectator ion)이라고 부른다.

[예제 9-3] 다음 이온성 수용액을 섞었을 때 일어나는 알짜 이온 반응식을 써라.

(1) NaOH (aq) + $Cu(NO_3)_2$ (aq) →

(2) $BaCl_2$ (aq) + Ag_2SO_4 (aq) →

(3) $(NH_4)_3PO_4$ (aq) + K_2CO_3 (aq) →

(4) $AgNO_3$ (aq) + KCl (aq) →

풀이 (1) $2OH^-$ (aq) + Cu^{2+} (aq) → $Cu(OH)_2(s)$

(2) $Ba^{2+}(aq)$ + $SO_4^{2-}(aq)$ → $BaSO_4(s)$

$Ag^+(aq)$ + $Cl^-(aq)$ → $AgCl(s)$

(3) $(NH_4)_3PO_4(aq)$ + K_2CO_3 (aq) → 반응하지 않음

(4) $Ag(aq)^+$ + Cl^- (aq) → AgCl(s)

(3) 기체의 용해

기체는 대부분 물에 약간 녹는다. 물에 대한 용해도는 온도와 압력의 영향을 받는다. 온도가 증가하면 기체의 용해도는 감소된다. 압력이 증가되면 기체의 용해도는 작용하는 기체의 압력에 비례하여 증가된다. 이 법칙을 헨리의

법칙(Henry's law)라고 한다.

$$C = k_H P$$

여기서는 헨리법칙 상수로써 M/atm 단위를 갖는다.

헨리의 법칙은 우리가 실생활에서 자주 관찰하는 현상이다. 음료수병의 마개를 열 때 생기는 거품은 높은 압력에서 녹아있던 CO_2 기체가 거품으로 빠져나오는 것이다. 마개를 막기 전에 높은 압력의 기체를 채우면, 많은 기체가 녹아 있다가 마개를 열면, 병 안의 압력이 감소하기 때문에 기체의 거품이 빠져나오고, 대기압 상태에서 0.0003 atm만 남아 있게 된다.

[예제 9-4] 25 ℃에서 산소의 부분 압력이 160 torr일 때 물에 대한 O_2의 헨리법칙 상수는 1.66×10^{-6} M/torr이다. 물에 대한 O_2의 용해도는 얼마인가?

풀이 $C_g = k_g\ P_g$

$C_{O2} = 160\ \text{torr} \times (1.66 \times 10^{-6}\ \text{M/torr}^{-1}) = 2.66 \times 10^{-4}\ \text{M}$

$C_{O2} = 2.66\times10^{-4}\ \text{M} = (32\ \text{g/mol}) \times (2.6\times10^{-4}\ \text{mol/L}) = 8.5\times10^{-3}\ \text{g}\ O_2\ /\ \text{L}$

$\therefore\ 8.5\times10^{-3}\ \text{g}\ O_2\ /\text{L} = 8.5\ \text{ppm}$

[예제 9-5] 다음 두 액체 중에서 상대적 용해도를 예측하여라.

(1) 벤젠(C_6H_6, $\mu = 0$)과 물(H_2O, $\mu = 1.86D$)에서 브롬(Br_2)의 용해도

(2) 사염화탄소(CCl_4, $\mu = 0$)과 암모니아(NH_3, $\mu = 1.46D$)에서 KCl의 용해도

(3) 이황화탄소(CS_2, $\mu = 0$)과 물(H_2O, $\mu = 1.86D$)에서 폼알데히드(H_2CO)의 용해도

풀이 (1) 브롬(Br_2)은 비극성이므로, 벤젠에 용해

(2) KCl은 이온성이고, 극성인 암모니아에 용해

(3) 폼알데히드는 극성이므로, 물에 용해

9-3.

이상 용액: 라울의 법칙

(1) 라울의 법칙

액체와 액체가 섞여 있는 용액은 두 액체가 휘발성인 경우 증기 상태에도 2가지 기체가 섞여 있게 된다. 이 경우 기체 속에 섞여 있는 각 성분의 압력을 증기 압력이라고 한다. 각 성분의 증기 압력은 용액 속에 들어있는 각 성분의 몰분율에 비례한다. 이것을 라울의 법칙(Raoult's law)이라고 부른다.

$$P_A = x_A P_A^*, \quad P_B = x_B P_B^*$$

여기서, x_A, x_B는 각 성분의 몰분율이고, P_A^*, P_B^*는 순수한 액체에서 증기압력이다.

따라서 기체의 전체 압력은 $P_T = P_A + P_B$가 된다.

이렇게 라울의 법칙을 따르는 용액을 이상 용액(ideal solution)이라고 부른다. 이상 용액은 용매-용질사이의 인력이 용매-용매 사이의 인력과 용질-용질 사이의 인력의 평균과 같은 경우에 이상적인 용액의 성질을 나타낸다. A-A와 B-B의 평균 인력 = A-B 인력. 예를 들면, 벤젠(C_6H_6)과 톨루엔(C_7H_8)은 비극성이고 작용하는 힘이 비슷하기 때문에 이상 용액으로 행동한다.

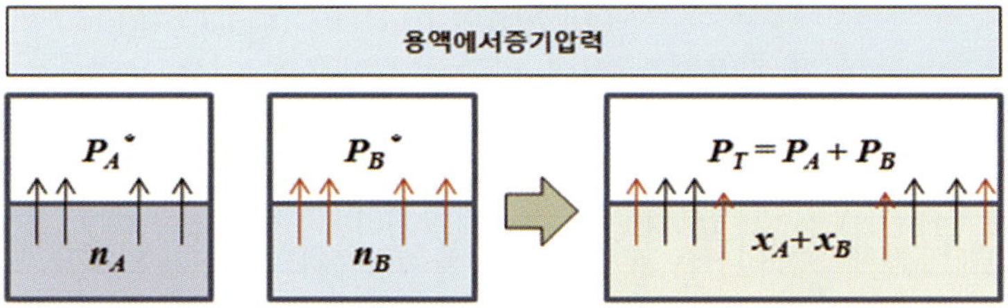

이상 용액(Ideal Solution):라울의법칙
용매의증기압력: $P_A = x_A P_A^*$
용질의증기압력: $P_B = x_B P_B^*$
전체증기압력: $P_T = P_A + P_B = x_A P_A^* + x_B P_B^*$

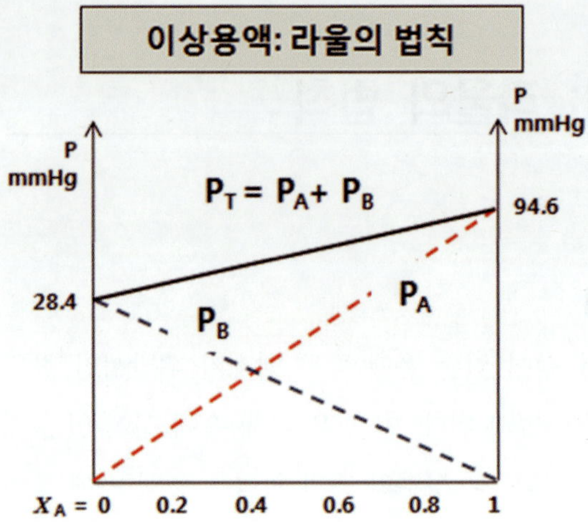

[그림 9-4] 이상 용액의 증기 압력. 라울의 법칙

(2) 실제 용액

그러나 실제 용액들은 이상 기체와 같이 각 성분의 증기 압력이 용액의 몰분율에 정확하게 비례하지 않고, 이상 용액보다 높은 압력을 나타내는 경우가 있고, 이상 용액보다 낮은 압력을 나타내는 경우도 있다. 이상용액보다 높은 압력을 나타내는 경우 양의 벗어남 현상이라고 하고, 이상 용액보다 낮은 압력을 나타내는 경우 음의 벗어남 현상이라고 부른다.

① **양의 벗어남**: 양의 벗어남은 용매-용질 사이의 인력이 용매-용매 사이의 인력과 용질-용질 사이의 인력의 평균보다 작아서 휘발이 더 잘 일어나기 때문이다. A-A와 B-B의 평균 인력 > A-B 인력. 예를 들면, 벤젠(C_6H_6)과 톨루엔(C_7H_8)은 비극성이고 작용하는 힘이 비슷하기 때문에 이상 용액으로 행동한다. 예를 들면, 이황화탄소(CS_2)과 아세톤(CH_3COCH_3)용액은 극성과 비극성 알콜(CH_3CH_2OH)과 헥산(C_6H_{14})은 수소결합과 비극성 분산력이 작용하기 때문에 용매 - 용질 간의 힘이 작다.

② **음의 벗어남:** 음의 벗어남이 나타나는 것은 용매-용질 사이의 인력이 용매-용매 사이의 인력과 용질 - 용질 사이의 인력의 평균보다 크기 때문에 휘발이 잘 되지 않는다. A-A와 B-B의 평균 인력 < A-B 인력. 예를 들면, 클로로포

름($CHCl_3$)과 아세톤(CH_3COCH_3)용액은 극성과 극성 물질이기 때문에 용매-용질 상호작용이 크게 작용한다. 그리고 아세톤(CH_3COCH_3)과 물(H_2O) 용액의 경우도 극성 분자와 극성 분자에 작용하는 힘이 크기 때문에 음의 벗어남이 나타난다.

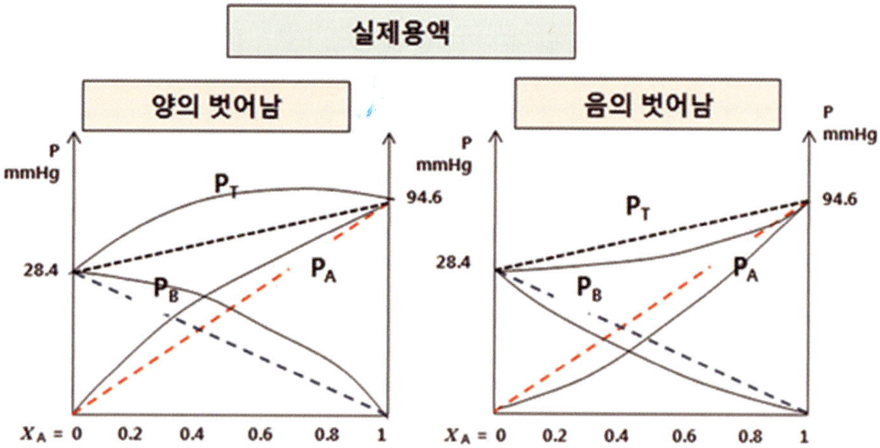

[그림 9-5] 실제 용액의 증기 압력. 라울의 법칙에서 벗어남

[예제 9-6] 25 ℃에서 벤젠(몰 질량 = 78.0 g/mol) 78.0g과 톨루엔(몰 질량 = 92 g/mol) 184 g이 균일하게 섞여 있는 용액에서 벤젠과 톨루엔의 증기 압력과 전체 압력을 구하여라(이 용액은 이상 용액이다. 그리고 25 ℃에서 순수한 벤젠의 증기 압력은 94.6 mmHg, 순수한 톨루엔의 증기 압력은 28.4 mmHg이다.).

풀이 벤젠의 몰수 = 78 g/(78.0 g/mol) = 1.0 몰

톨루엔의 몰수 = 184.0 g/(92.0 g/mol) = 2.0 몰

벤젠의몰 분율 = (1.0 몰) / (1.0 몰 + 2.0 몰) = 0.333

톨루엔의 몰분율 = (2.0 몰) / (3 몰) = 0.667

벤젠의 증기 압력 P_{Benz} = 0.333 × (94.6 mmHg) = 31.5 mmHg

돌루엔의 증기 압력 : P_{Tol} = 0.667 × (28.4 mmHg) = 18.9 mmHg

전체 압력 : $P_T = P_{Benz} + P_{Tol}$ = 31.5 mmHg + 18.9 mmHg = 51.5 mmHg

9-4.

용액의 총괄성

이상 용액은 용매와 용질이 모두 휘발성인 용액에서 각 성분의 증기 압력이 용액 중의 몰분율에 비례하여 나타난다(P_A = x_A, P_A* ; P_B = x_B, P_B*)는 것을 보여준다. 따라서 용액상태에서 각 성분의 부분 압력(P_A, P_B)은 항상 순수한 상태에서 증기 압력(P_A*, P_B*)보다 낮다. 그런데 설탕이나 글루코스같이 분자량이 큰 물질이나, 염화나트륨(NaCl), 염화칼륨(KCl) 같은 이온성 고체는 휘발성이 없는 용질이다. 이런 비휘발성 용질이 녹아있는 용액은 라울의 법칙에 따라서 용매의 증기 압력이 낮아지게 된다($P_A = x_A$, $P_A^* < P_A^*$). 그리고 용매의 증기 압력이 낮아지는 정도는 라울의 법칙을 적용하면 용액 중에 들어있는 용질의 몰분율에 비례하게 된다. $\Delta P_A = P_A^* - P_A = P_A^* - x_A\ P_A^* = x_B\ P_A^*$

이렇게 비휘발성 용질이 들어있는 경우 용매의 증기 압력이 낮아지는 현상 때문에 증기압 내림과 더불어, 끓는점 오름, 어는점 내림, 그리고 삼투압력 현상이 나타나게 된다. 이런 용액의 성질들은 비휘발성 용질의 성질과 무관하게

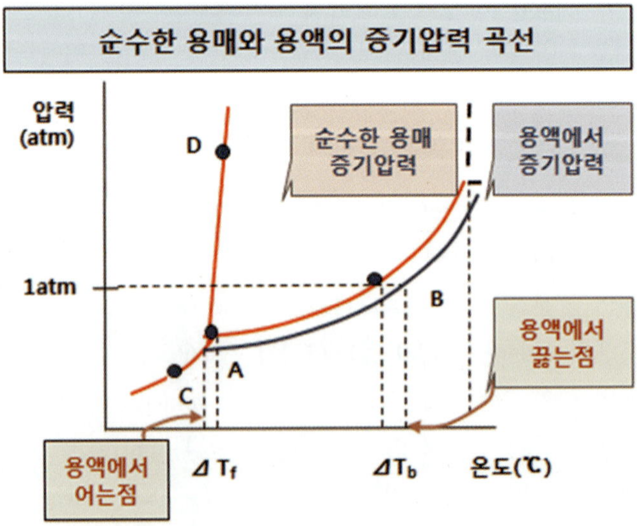

[그림 9-5] 순수한 용매의 증기 압력과 용액에서 증기 압력 내림

용질 입자의 농도에만 영향을 받기 때문에 용액의 총괄성(colligative property)이라고 부른다.

[용액의 총괄성: (1) 증기 압력 내림]

라울의 법칙에 따르면, 용액 중 용매와 용질의 증기 압력은 $P_A = x_A\ P_A^*$; $P_B = x_B,\ P_B^*$로 나타낼 수 있다. 그런데 용매가 비휘발성인 경우 용질의 증기 압력은 $P_B = 0$이 된다. 용매의 증기 압력은 $P_A = x_A\ P_A^*$이기 때문에(몰분율, x_A는 1보다 작은 값) 항상 순수한 용매의 증기 압력(P_A^*) 작은 값을 갖게 된다. 따라서 증기 압력 내림 현상이 나타난다. 증기 압력이 낮아지는 정도는 용질의 몰분율에 비례한다. $\Delta P_A = P_A^* - P_A = P_A^* - x_A\ P_A^* = x_B\ P_A^*$

[용액의 총괄성: (2) 끓는점 오름]

라울의 법칙에 따라서 용액의 증기 압력은 순수한 용매의 증기 압력보다 낮아지기 때문에 끓는점 오름(boiling point elevation) 현상이 나타난다. 끓는점 오름(ΔT_b) 값은 용질의 몰랄농도(m)에 비례한다. $\Delta T_b = K_b\ m$, 여기서 비례상수 K_b는 끓는점 오름 상수라고 부르며, [표 9-3]에 주어진 것처럼 용질에 상관없이 용매에 따라서 각각 다른 값을 갖는다.

[표 9-3] 여러 가지 용매들의 끓는점 오름 상수(K_b)와 어는잠내림상수(K_f)

용매	끓는점 (℃)	끓는점 오름상수 K_b(℃/(mol/kg))	어는점 (℃)	어는점 내림상수 K_f(℃/(mol/kg))
물(H_2O)	100.0	0.51	0	1.86
사염화탄소(CCl_4)	76.5	5.03	-22.99	30.0
클로로폼($CHCl_3$)	61.2	3.63	-63.5	4.70
벤젠 (C_6H_6)	80.1	2.53	5.5	5.12
이황화탄소(CS_2)	46.2	2.34	-111.5	3.83
에틸이더($C_4H_{10}O$)	34.5	2.02	-116.2	1.79
캄파($C_{10}H_{16}O$)	208.0	5.95	179.8	40.0

[용액의 총괄성: (3) 어는점 내림]

라울의 법칙에 따라서 용액의 증기 압력은 순수한 용매의 증기 압력보다 낮아지기 때문에 어는점 내림(freezing point depression) 현상이 나타난다. 어는점 내림(ΔT_f) 값은 용질의 몰랄농도(m)에 비례한다. $\Delta T_f = K_f m$, 여기서 비례상수 K_f는 어는점 내림 상수라고 부르며, [표 9-3]에 주어진 것처럼 용질에 상관없이 용매에 따라서 각각 다른 값을 갖는다.

[예제 9-7] 에틸렌글라이콜은 비휘발성 액체이다. 1.00 kg의 물에 에틸렌글라이콜(CH_2OHCH_2OH 몰질량 = 62.0 g/mol)을 62.0 g 녹인 용액의 어는점은 ℃인가? (물의 어는점 내림 상수는 K_f = 1.86 ℃/(mol/kg) 이다.)

풀이 에틸렌글라이콜의 몰수 = 620.0 g/(62.0 g/mol) = 10.0 몰 ; 몰랄농도 = 10.0 mol/kg

$\Delta T_f = K_f m$ = (1.86 ℃ / (mol/kg) × (10.0 mol/kg) = 18.6 ℃

어는점: -18.6 ℃

[용액의 총괄성: (4) 삼투압력]

용액의 총괄성 중 하나인 삼투압은 1901년 첫 노벨상을 받은 반트 호프(Jacobus Hendricus van't Hoff)가 발견 했다. 삼투압이란 농도가 다른 두 용액이 용매 분자만을 통과시키고 용질 분자는 통과시키지 않는 반투막(semipermeable

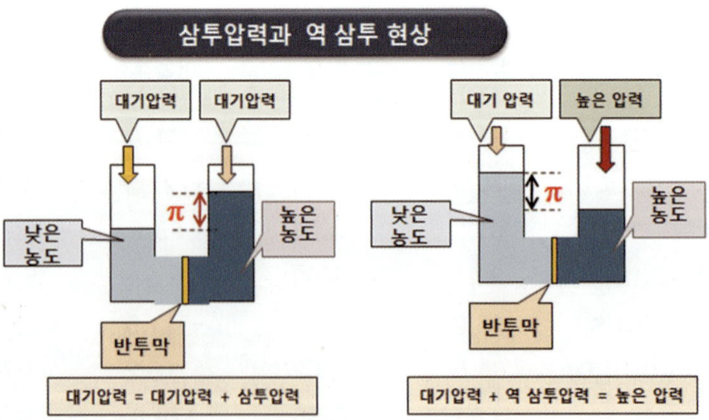

[그림 9-7] 삼투현상과 삼투압력

membrane)으로 분리되어 있을 때, 농도가 낮은 쪽의 용매 분자들이 농도가 높은 쪽으로 이동해가는 것을 말한다. U자관 가운데에 반투막이 있어 순수한 용매와 설탕 용액을 분리하고 있는 것을 상상해보자.

용매인 물 분자는 반투막의 어느 방향으로든 자유롭게 움직이지만, 크기가 큰 설탕 분자들은 반투막을 통과하지 못한다. 용액 쪽의 반투막에서 용질 분자들이 용매가 막에 접촉하는 횟수가 줄어들어 용액 쪽에서 나가는 물 분자보다 들어오는 물 분자의 양이 많게 된다. 이렇게 용액 쪽으로 물의 알짜 흐름으로 용액의 부피가 증가하고, 농도가 감소하게 된다. 용액의 높이 높아질수록, 용매의 높이가 낮아질수록 두 높이 차에 의해 나타나는 압력의 차이는 용매 분자들을 용액 쪽에서 용매 쪽으로 밀어낸다. 나가는 양과 들어오는 양이 같아지는 평형에 도달하게 된다. 이 평형에서의 압력 차이를 삼투압(π, Osmotic pressure)이라 하며, 용매에서 용액으로의 물의 알짜 흐름을 막는 데 필요한 압력으로 정의한다.

$$\pi = \frac{n}{V}RT = CRT$$

여기서 C는 몰농도(M, mol/L)이고, R은 기체상수(0.082 atm L/mol), T는 절대온도(K)이다. 삼투압은 몰농도에 비례한다는 위 식을 반트호프(van’t Hoff) 식이라고 부른다.

배추를 소금에 절여두면 배추의 수분이 밖으로 빠져나가는 현상이나, 오이를 식초에 넣으면 오이에서 수분이 빠져나가면서 피클이 되는 현상은 외부의 농도를 내부 농도보다 높은 농도로 유지시켜서 세포 안의 물이 빠져 나오는 삼투압력 현상을 이용한 것이다. 이와 같은 원리로 적혈구를 고장액(hypertonic)에 넣으면 적혈구에서 물이 빠져나가 쪼그라든다. 그리고 적혈구를 저장액(hypotonic)에 넣으면 바깥에서 적혈구로 물이 들어오면서 세포가 파괴되는 용혈(hemolysis) 현상이 일어나는 것이다.

유체 평행 상태에서 높은 농도 용액 쪽에 삼투압 이상의 압력을 가하게 되면 삼투현상과는 반대로 고농도의 용액에서 순수한 물이 낮은 농도 용액 쪽으로 흘러 들어가는 현상을 역삼투 현상이라 하며 가해진 압력을 역삼투압이라 한다. 역삼투압력 현상을 이용하여 바닷물에서 순수한 물을 정화하여 사용하는 것이 바닷물 담수화 장치이다. 보통 바닷물의 삼투압은 약 25 bar로 해수에서 담수를 생산하기 위한 역삼투압은 42~60bar 정도의 압력 필요하며 역삼투막을 거친 물은 이온성 물질(Cl^-, Na^+, SO_4^{2-}, Mg^{2+}, Ca^{2+}, K^+ 등)이 거의 배제된다.

[예제 9-8] 수크로스($C_{12}H_{22}O_{11}$ 몰 질량 = 342.0 g/mol)은 비휘발성 액체이다. 34.2 g의 수크로스를 물에 녹여서 1.0 L 용약을 만들었다. 25 ℃에서 이 용액의 삼투압력은 몇 atm인가?(기체상수 R = 0.082 atmL/mol K이다.)

풀이 π = CRT = (0.1 M) × (0.082 atm L / mol K) × (298 K) = 2.44 atm

[예제 9-9] 1.00 m 황산나트륨(Na_2SO_4) 수용액의 끓는점은 ℃인가? (물의 끓는점 오름 상수는 K_b = 0.51 ℃/(mol/kg)이다.)

풀이 황산나트륨은 전해질이므로 물 속에서 이온화되어 2몰의 나트륨 이온과 1몰의 황산이온이 된다. $Na_2SO_4(s) + H_2O(l) \rightarrow 2Na^+(aq) + SO_4^{2-}(aq)$
따라서 용액 중에 존재하는 이온 농도는 3 m이다.
$\Delta T_b = iK_b\, m$; = 3 × (0.51 ℃/(mol/kg)) × (1.0 kg/mol) = 1.53 ℃
따라서 이 용액의 끓는점은 101.53 ℃이다.

[예제 9-10] 다음 수용액들의 끓는점이 낮은 것부터 차례로 순서대로 나열하여라. 이온성 물질은 100 % 이온화된다고 가정한다(물의 끓는점 오름 상수는 K_b = 0.51 ℃/(mol/kg)이다.).

① 2.0 m 황산나트륨(Na_2SO_4)　② 3.0 m 염화나트륨(NaCl)
③ 2.0 m 황산나트륨(Na_2SO_4)　④ 2.0 m 황산구리($CuSO_4$)
⑤ 5.0 m 글루코스($C_6H_{12}O_6$)

풀이 ① ④ 2.0 m 황산나트륨(Na_2SO_4) ⇒ $2Na^+(aq) + SO_4^{2-}(aq)$
⇒ (3×2.0 m = 6.0 m)
② 2.0 m 염화나트륨(NaCl) ⇒ $Na^+(aq)$ + $Cl^-(aq)$ ⇒ (2×2.0 m = 4.0 m)
③ 3.0 m 아세트산(CH_3COOH) ⇒ 약전해질 ⇒ (3.0 m)
④ 1.0 m 황산구리($CuSO_4$) ⇒ $Cu^{2+}(aq) + SO_4^{2-}(aq)$ ⇒ (2×1.0 m = 2.0 m)

⑤ 5.0 m 글루코스($C_6H_{12}O_6$) ⇒ 비전해질 ⇒ (5.0 m)

끓는점 순서: ④ < ③ < ② < ⑤ < ①

[학습퀴즈 9-1] 혈관주사용액은 혈액과 전해질 농도가 같은 등장액이다. 이 용액은 염화나트륨(NaCl)의 농도를 질량 퍼센트로 0.90 %이다. 이 용액의 밀도는 1.00 g/mL이고, NaCl의 몰 질량 = 58.45 g/mol이다.

(1) 혈관주사액이 혈액과 등장액인 이유는 무엇 때문인가?

(2) 이 용액에서 Na^+ 이온의 몰농도는 얼마인가?

[학습퀴즈 9-2] 다음 이온성 화합물 중에서 물에 녹는 것 2가지는 무엇인가?

① 염화바륨($BaCl_2$) ② 수산화마그네슘($Mg(OH)_2$)

③ 탄산마그네슘($MgCO_3$) ④ 인산칼륨(K_3PO_4)

[학습퀴즈 9-3] 다음 물질 중에서 물에 더 잘 녹는 것을 골라라.

(1) 염화메테인(CH_3Cl), 메탄올(CH_3OH)

(2) 삼아이오딘화질소(NI_3), 아이오딘화포타슘(KI)

(3) 염화리튬(LiCl), 염화메테인(CH_3Cl)

(4) 암모니아(NH_3), 메테인(CH_4)

[학습퀴즈 9-4] 66 %의 수크로스(당밀, $C_{12}H_{22}O_{11}$ 몰질량 = 342.0 g/mol) 수용액이 있다. 이 수크로스 수용액의 어는점은 몇 ℃인가? (이 용액의 밀도는 1.0 g/mL이고, 물의 어는점 내림 상수는 K_f = 1.86 ℃/(mol/kg) 이다.)

[학습퀴즈 9-5] 0.21 m 황산(H_2SO_4 몰 질량 = 98.0 g/mol) 수용액이 있다. 이 용액의 어는점은 −0.796 ℃이었다. 이 용액에서 황산의 이온화도는 얼마인가? (물의 어는점 내림 상수는 K_f = 1.86 ℃/(mol/kg)이다.)

[학습퀴즈 9-1 풀이]

(1) 전해질 농도가 다르면, 삼투압력 때문에 적혈구 세포가 파괴된다.

(2) $NaCl(s) + H_2O(l) \rightarrow Na^+(aq) + Cl^-(aq)$

용액 1L 중 NaCl의 질량 = (0.9/100) × (1.0 g/mL) × (1,000 mL/L) = 9.0 g

NaCl의 몰수 = 9.0 g / (58.45 g/mol) = 0.15 mol

Na^+ 이온의 몰 농도 = 0.15 M

[학습퀴즈 9-2 풀이] 용해도 규칙을 활용한다.

① ④

[학습퀴즈 9-3 풀이] (1) 메탄올(CH_3OH) (2) 아이오딘화포타슘(KI)
(3) 염화리튬(LiCl) (4) 암모니아(NH_3)

[학습퀴즈 9-4 풀이] 66 %의 수크로스 수용액 1 L 중 수크로스의 질량 = 0.66 × (1,000 g) = 660.0 g

몰수 = (660.0 g) / (342.0 g/mol) = 1.93 mol

물의 질량 = 1,000 g − 66.0 g = 340.0 g = 0.34 kg

66 %의 수크로스 수용액의 몰랄 농도: 1.93 mol/0.34 kg = 5.68 mol/kg

어는점 내림: $\Delta T_f = K_f m$; = (1.86 ℃/(mol/kg))×(5.68 kg/mol) = 11 ℃

어는점: -11 ℃

[학습퀴즈 9-5 풀이]

	H_2SO_4 (aq)	→	$2H^+(aq)$	$SO_4^{2-}(aq)$	전체
처음 농도	0.21 m		0	0	
반응 농도	$-x$		$2x$	x	
평형 농도	0.21 - x		$2x$	x	$0.21 + 2x$

전체 농도 i = (0.21 + 2x)

전해질 용액의 어는점 내림: $\Delta T_f = i\ K_f m$;

$I\ m = \Delta T_f / K_f$ = (0.796 ℃) / (1.86 ℃/(mol/kg) = 0.43,

i = 0.43 / 0.21 = 2

$i\ m$ = 0.21 + 2x = 0.43, x = 0.11

이온화도 = x / (0.21) = (0.11) / (0.21) = 0.5

[주요개념]

☑ 용액에서 농도 : 질량 퍼센트, 몰농도, 몰랄농도, 몰분율
☑ 몰랄농도 : 용매 1 kg에 들어 있는 용질의 몰 수
☑ 용해도 :
☑ 침전 반응 : 이온 화합물의 수용액을 섞었을 때 고체가 석출되는 반응
☑ 알짜이온 반응식 : 실제 반응에 참여하는 이온들을 나타낸 반응식
☑ 이상 용액 : 라울의 법칙에 따르는 용액, 용매 - 용매, 용질 - 용질, 용매 - 용질 분자 간 인력이 같은 용액
☑ 용액의 총괄성 : 비휘발성 용질이 포함된 용액에서 용질의 종류에 무관하고, 용질의 몰수에 의존하는 성질들을 총괄성이라고 한다.
- 증기압력 내림 :
- 끓는점 오름 :
- 어는 점내림 :
- 삼투압력 :

☑ 전해질 용액의 총괄성: 전해질 용액의 총괄성은 이온화된 이온의 전체 몰수에 비례한다.

[주요 식]

☑ 몰농도 : M = 용질의 몰수/ 용액 1L
☑ 용액의 희석 : $M_c\ V_c = M_d\ V_d$
☑ 헨리의 법칙 : $C_s = k_H P_g$
☑ 라울의 법칙 : $P_i = x_i P_i^0$
☑ 용액의 총괄성 :
- 증기 압력 내림 : $\Delta P_A = P_A^0 - P_A = x_B P_A^0$
- 끓는점 오름 : $\Delta T_b = K_b m$
- 어는점 내림 : $\Delta T_f = K_f m$
- 삼투압력 : $\pi V = nRT$ 또는, $\pi = C_B RT$ $(van'tHoff$ 식$)$

☑ 전해질 용액의 총괄성 : (이온화도: Vant' Hoff 인자 i 적용)
- 끓는점 오름 : $\Delta T_b = i K_b m$
- 어는점 내림 : $\Delta T_f = i K_f m$
- 삼투압력 : $\pi = i C_B RT$

제9장 (용액의 성질)의 개요

용액= 용매(A)+용질(B) → **용 액** ← 이상 용액: 라울의 법칙: $P_A = x_A P_A^0$

용액의 농도

① 몰 농도

$$M = \frac{\text{용질의 몰수}}{\text{용액의 부피(L)}}$$

② 몰랄 농도

$$m = \frac{\text{용질의 몰 수}}{\text{용매 질량(kg)}}$$

③ 몰 분율

$$x_A = \frac{A\text{의 몰 수}}{\text{전체 몰 수}}$$

④ 퍼센트 농도

$$\% = \frac{A\text{의 질량}}{\text{전체 질량}} \times 100$$

용해도

① Like dissolves like

극성은 극성과 섞임

비극성 –비극성

② 기체의 용해도

헨리의 법칙:

$C_s = k_H P_g$

③ 고체의 용해도

용해도 곱 상수 K_{sp}

이상용액

① 이상용액:

A와 A의 인력, B와 B의 인력 = A-B 인력

② 라울의 법칙

$P_A = x_A P_A^0$

$P_B = x_B P_B^0$

③ 실제 용액

- 양의 벗어남:

A와 A의 인력, B와 B의 인력 > A-B 인력

- 음의 벗어남 :

A와 A의 인력, B와 B의 인력 < A-B 인력

용액의 총괄성

[비 휘발성 용질이 포함된 용액]

① 증기압력 내림

$\Delta P_A = x_B P_A^0$

② 끓는점 오름

$\Delta T_b = K_b m_B$

③ 어는점 내림

$\Delta T_f = K_f m_B$

④ 삼투압력

$\Pi = C_B R T$

연습문제

[9-1] 1.0M 설탕($C_{12}H_{22}O_{11}$; 몰질량 = 342.3 g/mol) 수용액의 밀도는 1.12 g/mL이다.

(a) 이 용액에서 설탕의 질량 백분율은?

(b) 이 용액의 몰랄농도는 얼마인가?

[9-2] 다음 주어진 용액으로부터 0.60 M 수산화바륨($Ba(OH)_2$) 수용액 1.00 L 를 만드는 방법을 설명하여라.

(a) 고체 수산화 바륨($Ba(OH)_2$); 몰질량 = 171.3 g/mol)을 물에 녹여서 만든다.

(b) 6.0 M 수산화 바륨 수용액을 희석하여 만든다.

[9-3] 혈관주사용액은 혈액의 "삼투압"과 같은 "등장액"은 질량비로 0.90 %인 NaCl 수용액이다. 용액 내의 Na^+ 이온의 몰농도는 얼마인가? 이 용액의 밀도는 1.00 g/mL이고, NaCl의 몰질량: 58.44g /mol이다.

[9-4] 시판되는 암모니아 수용액은 질량 %로 29.89 %이고, 이 용액의 밀도는 0.896 g/mL이다. (NH_3; 몰질량 = 17.03 g/mol)

(a) 이 암모니아 용액의 몰농도는 얼마인가?

(b) 이 암모니아 용액으로 1.0 M 암모니아 수용액 1.00 L를 만들었다면, 이 암모니아 수용액 몇 mL가 필요한가?

[9-5] 다음 화합물의 화학식을 쓰고 물에 녹는지 아닌지를 결정하시오.

(a) 황산바륨(barium sulfate)

(b) 수산화 마그네슘(magnesium hydroxide)

(c) 탄산 크로뮴(Ⅲ)(chromium(Ⅲ) carbonate)

(d) 인산 칼륨(potassium phosphate)

(e) 염화납(II) (lead(II) chloride)

[9-6] 다음 용액을 섞었을 때 침전이 형성되겠는가? 만약 침전이 형성된다면 알짜 이온 방정식을 쓰시오.

(a) 황산구리(Ⅱ)와 염화 소듐
(b) 질산 망가니즈(Ⅱ)와 수산화 소듐
(c) 질산은과 염산
(d) 인산소듐과 수산화 바륨
(e) 질산 바륨과 수산화 포타슘

[9-7] 아래의 짝지어진 물질 중 물에 더 잘 녹는 것을 고르고, 그 이유를 설명하시오.

(a) 염화 메테인(CH_3Cl) 또는 메틸 알코올(CH_3OH)
(b) 삼아이오딘화질소(NI_3) 또는 아이오딘화포타슘(KI)
(c) 염화 리튬(LiCl) 또는 염화 에테인(C_2H_5Cl)
(d) 암모니아(NH_3) 또는 메테인(CH_4)

[9-8] 다음 물질들 0.2 m 수용액의 어는점이 증가하는 순서와 끓는점 증가 순서를 배열하여라. (이온성 물질은 100 % 이온화 한다.)

① $Fe(NO_3)_3$ ② C_2H_5OH ③ $Ba(OH)_2$ ④ $CuSO_4$

[9-9] 25 ℃에서 0.05 M $MgSO_4$ 수용액의 삼투압력은 몇 atm인가?

[9-10] 30 ℃에서 에탄올(C_2H_5OH : 몰질량 = 46.0 g/mol)의 증기 압력은 60.0 mmHg이고, 메탄올(CH_3OH : 몰질량 = 32.0 g/mol)의 증기 압력은 110.0 mmHg 이다. 30 ℃에서 에탄올 9.20 g과 메탄올 25.6 g이 들어있는 용액이 있다. 에탄올-메탄올 용액이 이상 용액이라고 가정한다.

(a) 이 용액에서 메탄올과 에탄올의 몰분율은 얼마인가?
(b) 이 용액에서 메탄올과 에탄올의 증기 압력은 몇 mmHg인가?

[9-11] **[심화]** 물에서 산소의 용해도에 대한 Henry의 법칙 상수는 12 ℃에서 3.30×10^{-4} M/atm이고, 22 ℃에서 2.85×10^{-4} M/atm 이다. 공기에서 산소는 21 mol%를 차지하고 있다.

(a) 12 ℃(54 ℉), 1 atm에서 송어가 서식하는 물 1 L에는 몇 g의 산소가 녹아 있는가?

(b) 22 ℃ (72 ℉), (a)와 같은 기압에서 같은 송어가 서식하는 물 1 L에는 몇 g의 산소가 녹아 있는가?

(c) 송어가 서식하는 하천의 온도가 12 ℃에서 22 ℃로 증가하면 몇 %의 산소를 잃게 되는가?

[9-12] **[심화]** 라이소자임(lysozyme)은 박테리아의 벽을 절단하는 효소이며, 계란 흰자에서 추출할 수 있다. 라이소자임의 분자량은 13,930 g/mol이다. 25 ℃ 1.393 g의 라이소자임을 물 100.0 mL에 녹인 용액의 삼투압력은 몇 mmHg인가?

[9-13] **[심화]** 헤모글로빈의 몰질량을 삼투압을 측정하여 결정할 수 있다. 어떤 학생이 25 ℃에서 3.27 g의 헤모글로빈이 들어 있는 0.20 L 수용액의 삼투압력을 측정하였더니, 4.60 mmHg이었다. 헤모글로빈의 몰질량은 얼마인가?

[9-14] **[심화]** 다음 수용액들의 어는점이 증가하는 순서대로 배열하여라.(이온성 물질은 100 % 이온화 된다.)

① 0.20 m K_3PO_4 ② 0.35 m NaCl ③ 0.20 m $MgCl_2$ ④ 0.5 m $C_6H_{12}O_6$

제9장 용액의 성질

[9장 연습문제 정답]

[9-1] (a) 30.6 % (b) 1.29 mol/kg

[9-2] (a) 102.8 g $Ba(OH)_2$을 1.0 L 플라스크에 넣고 물을 1 L 표선까지 채운다.
(b) 6.0 M $Ba(OH)_2$ 용액 100.0 mL를 취하여 1.00 L 용액으로 희석시킨다.

[9-3] 0.15 M

[9-4] (a) 15.7 M (b) 64 mL

[9-5] (a) $BaSO_4$; 불용 (b) $Mg(OH)_2(s)$; 불용 (c) $Cr_2(CO_3)_3$; 불용
(d) K_3PO_4 ; 용해 (e) $PbCl_2$; 불용

[9-6] (a) 반응하지 않는다.
(b) $Mn^{2+}(aq) + 2OH^-(aq) \rightarrow Mn(OH)_2(s)$
(c) $Ag^+(aq) + Cl^-(aq) \rightarrow AgCl(s)$
(d) $3Ba^{2+}(aq) + 2PO_4^{3-}(aq) \rightarrow Ba_3(PO_4)_2(s)$
(e) 반응하지 않는다.

[9-7] (a) CH_3OH 수소결합 (b) KI 이온성
(c) LiCl 이온성 (d) NH_3 수소결합

[9-8] 어는점 : ① < ③ < ④ < ②
끓는점 : ② < ④ < ③ < ①

[9-9] 1.22 atm

[9-10] (a) 에탄올의 몰분율 = 0.20, 메탄올의 몰분율 = 0.80
(b) $P_{에탄올}$ = 12 mmHg, $P_{메탄올}$ = 88.0 mmHg

[9-11] (a) 0.0222 g (b) 0.0192 g (c) 14 %

[9-12] 18.6 atm

[9-13] 6.54×10^4 g/mol

[9-14] ① < ② < ③ < ④

10 CHAPTER

화학 평형과 침전 반응 평형

CONTENTS

[학습목표]

① 화학반응의 평형 상태는 정반응의 속도와 역반응의 속도가 같은 동적 평형 상태이다.
② 평형 상태에서 반응물과 생성물의 농도가 시간에 따라 변화되지 않는다.
③ 평형 상수는 반응물과 생성물의 농도로 표시되는 질량작용의 법칙으로 표현된다.
④ 평형 상수를 사용하여 평형 상태에서 반응물과 생성물의 농도를 계산할 수 있다.
⑤ 평형 상태는 주어진 조건(즉 온도와 압력, 반응물과 생성물의 양)이 변화되면, 이 변화의 영향을 최소화하려는 방향으로 이동된다. - 르샤트리에의 원리
⑥ 이온성 고체의 용해 반응의 평형 상수는 용해도곱 상수라고 부른다.
⑦ 이온성 고체의 용해도에 영향을 주는 인자는 공통이온 효과, pH, 착이온 형성 등이 있다.

[OX퀴즈 10-1] 평형상태는 순수한 고체나 액체 상태로 반응에 참여하는 물질의 농도에 영향을 받는다.

정답 ×

해설 평형상태는 반응에 참여하는 순수한 고체나 액체의 양에 영향을 받지 않는다. 따라서 순수한 고체나 액체는 평형상수에 포함되지 않는다.

[OX퀴즈 10-2] 반응지수(Q)가 평형상수(K)보다 작으면 정반응이 진행된다.

정답 ○

해설 반응지수(Q)가 평형상수(K)보다 작으면, 반응은 정 반응으로 진행하고, 반응지수(Q)가 평형상수(K)보다 크면, 역 반응으로 진행한다.

[OX퀴즈 10-3] 온도를 높이면 생성물은 언제나 증가된다.

정답 ×

해설 온도를 높이면 흡열반응은 생성물의 양이 증가하고, 발열반응은 생성물의 양이 줄어든다.

[화학평형]

화학반응의 평형 상태는 정반응의 속도와 역반응의 속도가 같고, 반응물과 생성물의 농도가 시간에 따라 변화되지 않고 일정하게 유지되는 상태를 나타낸다. 이런 상태를 동적 평형 상태라고 한다. 평형상태는 반응물과 생성물의 농도가 일정하기 때문에 반응물과 생성물의 비를 평형 상수로 나타낸다.

[평형 상태에 영향을 주는 인자들]

평형 상태는 주어진 조건, 즉 온도와 압력 그리고 반응물과 생성물의 양에 영향을 받는다. 이러한 조건이 변화되면 평형 상태는 변화되게 된다. 다시 말하면, 온도나 압력 그리고 반응물이나 생성물이 첨가되거나 제거되면, 반응물과 생성물의 농도가 변화되기 때문에 평형 상수도 변화된다.

10-1.

평형 상수

화학반응의 평형 상태는 정반응의 속도와 역반응의 속도가 같고, 반응물과 생성물의 농도가 시간에 따라 변화되지 않고 일정하게 유지되는 상태를 나타낸다. 이런 상태를 동적 평형 상태라고 한다. 평형 상태는 반응물과 생성물의 농도가 일정하기 때문에 반응물과 생성물의 비를 평형 상수로 나타낸다. 평형 상수는 반응물의 초기 농도가 다르다 하더라도 일정한 상수 값을 갖는다.

평형 상태를 잘 관찰할 수 있는 반응이 있다. 사산화이질소(N_2O_4) 기체는 무색인 반면에 분해되어 이산화질소(NO_2) 기체가 생성되면 적갈색이 나타난다.

$N_2O_4(g)$ [무색] $\rightleftarrows$ $2NO_2(g)$ [적갈색]

25 ℃에서 이 반응에 대한 평형 상수를 실험적으로 측정해보면, 반응물과 생성물의 농도비인 $[NO_2] / [N_2O_4]$ 값은 산발적으로 변화된다. 그러나 $[NO_2]^2 / [N_2O_4]$ 비는 항상 4.63×10^{-3}으로 일정하게 나타난다. 따라서 위 반응의 평형 상수는 $K = [NO_2]^2 / [N_2O_4]$ 값으로 정의된다.

일반적으로, 다음과 같은 화학반응식에 대하여 생각해보자.

$$aA + bB \rightleftarrows cC + dD$$

주어진 화학반응식의 평형상수는 다음과 같이 쓴다.

$$K = \frac{[C]^c [D]^d}{[A]^a [B]^b}$$

이 식은 질량작용의 법칙(law of mass action)이라고 한다. 평형 상수는 반응물의 농도를 분모에 곱으로 쓰고 생성물의 농도를 분자에 곱으로 쓴다. 그리고 반응 계수는 농도의 지수로 표현한다.

[표 10-1] $N_2O_4(g)$ = $2NO_2(g)$ 반응에서 평형 농도(25 ℃에서)

초기농도(M)		평형농도(M)		평형 농도비	
$[NO_2]$	$[N_2O_4]$	$[NO_2]$	$[N_2O_4]$	$[NO_2]/[N_2O_4]$	$[NO_2]^2/[N_2O_4]$
0.00	0.670	0.0457	0.643	0.0851	4.65×10^{-3}
0.05	0.446	0.0457	0.448	0.1020	4.66×10^{-3}
0.03	0.50	0.0475	0.491	0.0967	4.60×10^{-3}
0.04	0.60	0.0523	0.594	0.0880	4.60×10^{-3}
0.20	0.00	0.0204	0.0898	0.2270	4.63×10^{-3}

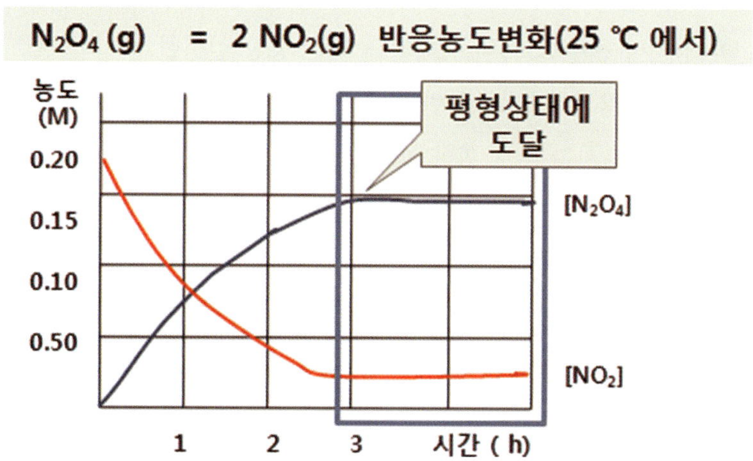

[그림 10-1] 시간에 따른 반응 농도의 변화($N_2O_4(g) \rightleftarrows 2NO_2(g)$)

10-2.

평형 상수 표기법

(1) 평형 상수의 표현

평형 상수는 질량작용의 법칙에 따라서 반응물의 농도와 생성물의 농도로 나타내어야 한다. 그러나 수용액 속에서 일어나는 반응처럼 균일한 상태에서 일어나는 반응들도 있지만, 반응물이나 생성물에 순수한 고체 상태나 순수한 액체 상태로 반응에 참여하는 물질들도 있다. 이렇게 불균일한 반응계에서 순수한 고체 상태나 순수한 액체 상태의 농도는 항상 일정한 값이 되므로, 평형 상수에 포함되지 않는다. 기체가 반응에 참여하는 경우에 평형 상수는 기체의 농도는 압력으로 표시할 수도 있다. 따라서 기체가 포함된 반응의 평형 상수는 농도로 표시된 평형 상수(K_c)와 압력으로 표시된 평형 상수(K_p) 두 가지의 표현이 가능하다.

그런데 농도로 표시하거나 압력으로 표시하거나 평형 상수는 단위가 없는 양으로 나타낸다. 이것은 평형 상수에 사용되는 반응물의 농도와 생성물의 농도는 활동도(activity)라는 단위로 나타내야 한다. 활동도는 용액 농도는 기준 값 1 M으로 나눈 숫자를 쓰고, 기체의 압력은 기준 값 1 atm으로 나눈 숫자를

평형 상수의 표현: 질량작용의 법칙

1. 반응물의 활동도를 분모에 쓰고 생성물의 농도를 분자에 쓴다.
반응 계수는 농도의 지수로 쓴다.

1. 순수한 고체(*s*)와 액체(*l*)는 평형상수에서 제외한다.

2. 기체의 농도를 부분압력으로 표시할 수도 있다.

$$a\,A(g) + b\,B(g) \rightleftarrows c\,C(g) + d\,D(g)$$

$$K_c = \frac{[C]^c[D]^d}{[A]^a[B]^b} \qquad K_p = \frac{P_C^{\,c}\ P_D^{\,d}}{P_A^{\,a}\ P_B^{\,b}}$$

[그림 10-2] 평형 상수의 표현 방법

쓰기 때문에 단위가 없는 양이다. 따라서 평형 상수도 단위가 없는 양으로 나타나게 된다.

$CaCO_3(s) \rightleftarrows CaO(s) + CO_2(g)$	$K = P_{CO_2}$
$Ag(s) + 2H^+(aq) + NO_3^-(aq) \rightleftarrows Ag^+(aq) + NO_2(g) + H_2O(l)$	

$$K = \frac{[Ag^+] \times P_{NO_2}}{[H^+] \times [NO_3^-]}$$

(2) 평형상수 K_c와 K_p 관계

기체가 반응에 참여하는 경우에 평형 상수는 기체의 농도는 압력으로 표시할 수도 있다. 기체가 포함된 반응의 평형 상수는 농도로 표시한 평형 상수(K_c)와 기체의 부분 압력으로 표시한 평형 상수(K_P) 값이 서로 다르다. 반응에 참여한 기체가 이상기체라고 가정하면, 기체의 몰 농도는 기체의 부분 압력으로 나타낼 수 있다.

$P_A = n_A RT / V$이므로, $[A] = n_A / V = P_A/(RT)$

$$K = \frac{[C]^c [D]^d}{[A]^a [B]^b} = \frac{(P_C/RT)^c (P_D/RT)^d}{(P_A/RT)^a (P_B/RT)^b}$$

$$K_c = \frac{P_C^c \, P_D^d}{P_A{}^a \, P_B{}^b} \times (RT)^{a+b-(c+d)} = K_p \times (RT)^{-\Delta n_g}$$

여기서 Δn_g는 [생성물에 있는 기체의 몰수 - 반응물에 있는 기체의 몰수]로 계산된다. 농도로 나타낸 평형 상수를 K_c라고 부르고, K_p는 기체의 농도를 부분압력으로 나타낸 평형 상수를 의미한다. 이 두 가지 평형 상수에 대한 표현은 서로 다음과 같은 관계가 있다.

$K_p = K_c \times (RT)^{\Delta ng}$

여기서 기체 상수 R은 0.082 atm L /mol.. K를 사용해야 한다.

예를 들면, 25 ℃에서 다음 반응의 평형 상수는 농도로 나타내면, $K_c = 4.6 \times 10^{-3}$이다.

$N_2O_4(g) \rightleftarrows 2NO_2(g)$

이 반응에서 Δn_g는 = 2 몰 - 1 몰 = 1 몰이다.

$N_2O_4(g) \rightleftarrows 2NO_2(g) \quad K_c = 4.6\times10^{-3}$

따라서 기체의 부분 압력으로 표시한 평형 상수는 $K_P = 1.1\times10^{-1}$이 된다.

$K_P = K_c \times (RT)^1 = (4.6\times10^{-3}) \times (0.082\times298) = 1.1\times10^{-1}$

평형상수 K_c와 K_p의 관계

각 기체의 부분 압력은 $P_A = n_A RT/V = [A]RT$ 이므로,

$K_p = K_c \times (R\times T)^{\Delta ng} = K_c \times (0.082 \times T)^{\Delta ng}$,

Δn_g = (생성물의 기체몰수 합 - 반응물의 기체몰수의 합)

(3) 반응식의 연산과 평형 상수

반응식을 역반응으로 바꾸면, 평형 상수는 역수를 취해야 한다. 반응식에 계수를 곱하면, 평형 상수는 곱한 수의 지수를 취해야 한다. 그리고 두 반응식을 더하면, 평형 상수는 두 반응식의 평형 상수를 곱해야 한다. 두 반응식을 빼면, 평형 상수는 두 반응식의 평형 상수를 나누어야 한다.

두 반응식을 더할 때 평형 상수는 곱한다.
두 반응식을 뺄 때 평형상수는 나눈다.

$SO_2(g) + \frac{1}{2} O_2(g) \rightleftarrows SO_3(g) \qquad K_1 = 2.2$

$NO_2(g) \rightleftarrows NO(g) + 1/2\, O_2(g) \qquad K_2 = 4.0$

더할 경우

$SO_2(g) + NO_2(g) \rightleftarrows SO_3(g) + NO(g)$

$K = K_1 \times K_2 = 2.2 \times 4.0 = 8.8$

[예제 10-2] 광화학 스모그를 만드는 공기오염물질 NO와 NO_2를 생각해 보자. 두 물질은 25 ℃에서, 대기 질소와 산소 사이의 반응에 의해서 생성될 수 있다.

① $N_2(g) + O_2(g) \rightleftarrows 2NO(g)$ $K_{p,1} = 4.2\times10^{-31}$

② $N_2(g) + 2O_2(g) \rightleftarrows 2NO_2(g)$ $K_{p2} = 1.0\times10^{-18}$

(1) 25 ℃에서 NO 2 몰을 생성하는 평형 상수(K_p) 표현식을 써라.

(2) 25 ℃에서 1 몰 NO 생성에 대한 K_p를 계산하여라.

(3) 25 ℃에서 1 몰 NO_2 분해에 대한 K_p를 계산하여라.

(4) 25 ℃에서 다음 반응에 대한 K_p를 계산하여라.

③ $2NO(g) + O_2(g) \rightleftarrows 2NO_2(g)$

풀이 (1) $K_P = \dfrac{(P_{NO})^2}{(P_{N_2})(P_{O_2})}$

(2) $K = \sqrt{K_1} = \sqrt{4.2\times10^{-31}} = 6.5\times10^{-16}$

(3) $K = \dfrac{1}{\sqrt{K_{P,2}}} = \dfrac{1}{\sqrt{1.0\times10^{-18}}} = 1.0\times10^{9}$

(4) 식③ = 식② - 식① : $K_{P,3} = \dfrac{K_{P,2}}{K_{P,1}} = \dfrac{1.0\times10^{-18}}{4.2\times10^{-31}} = 2.4\times10^{12}$

10-3.

평형 상수의 활용 평형 농도의 계산

평형 상수를 측정할 때 평형에서 반응물과 생성물의 농도를 측정해야 한다. 반대로 평형 상수를 알고 있으면, 평형 상태에 도달될 때 반응물과 생성물의 농도를 계산할 수 있다. 또한, 평형 상수는 반응이 정반응으로 진행되어 생성물이 생길지, 아니면 역반응으로 진행되어 생성물이 감소될 것인가를 판단할 수 있다.

[평형 상수의 활용: (1) 반응 방향의 예측]

반응 도중에 반응물과 생성물의 농도를 측정하여 질량작용의 법칙으로 표현된 대로 계산된 값을 반응지수(Q, reaction quotient)라고 한다. 반응지수는 반응이 일어나고 있는 동안 평형 상수와 비교된다. 반응지수가 평형 상수보다 작으면, 정반응이 진행되어 생성물을 생성하는 쪽으로 진행된다는 것을 의미한다. 반대로 반응지수가 평형 상수보다 크면, 역반응이 진행되어 생성물이 소모되는 쪽으로 진행된다는 것을 의미한다. 그리고 평형 상수와 같으면, 평형에 도달된 것을 나타낸다.

예를 들면, 430 ℃에서 다음 반응의 평형 상수 K_c는 54.3이다.

$H_2(g) + I_2(g) \rightleftarrows 2HI(g)$ 반응 도중에 반응물의 농도가 $[H_2]$ = 0.1M, $[I_2]$ = 0.1 M이고, 생성물의 농도가 [HI] = 0.1 M이었다면, 반응지수가 다음과 같이 계산된다.

$Q = (0.2)^2 \ / \ (0.1) \times (0.1) = 4$

이 값은 평형 상수보다 작기 때문에 반응은 정반응 쪽으로 진행하게 된다.

[평형 상수의 활용: (2) 평형 농도의 계산]

평형 상수를 알고 있으면, 평형 상태에 도달될 때 반응물과 생성물의 농도를 계산할 수 있다. 평형 상수는 평형 상태에서 농도로 계산된 값이기 때문에 평형 상태에 도달될 때의 농도를 계산할 수 있다.

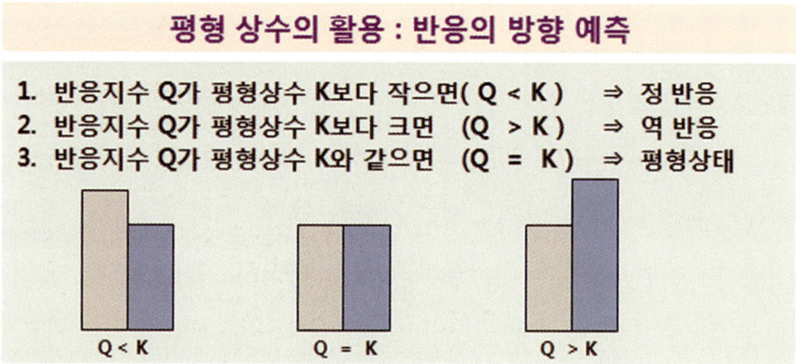

[그림 10-3] 평형 상수(K)와 반응지수(Q)의 비교

[예제 10-3] 다음 반응의 평형 상수는 430 ℃에서 K_c = 54.3이다.

$H_2(g) + I_2(g) \rightleftarrows 2HI(g)$

처음 상태에서 반응물의 농도가 $[H_2]$ = 0.1M, $[I_2]$ = 0.1 M이고, 생성물의 농도가 [HI] = 0.1 M이었다면, 평형에 도달되면, 생성물의 농도는 얼마인가?

풀이

	$H_2(g)$	$+I_2(g)$	$\rightleftarrows$	$2HI(g)$
처음 농도	0.1 M	0.1 M		0.1 M
반응 농도	-x	-x		+2x
평형 농도	0.1-x	0.1-x		0.1+2x

$$K_c = \frac{[HI]^2}{[H_2][I_2]} = \frac{(2x)^2}{(0.1-x)^2} = 54.3$$

$$\frac{2x}{0.1-x} = \sqrt{54.3} = 7.37 \qquad \therefore x = 0.08\ M$$

평형에서 [HI] = 2x = 0.16 M,

$[H_2] = [I_2]$ = 0.1 - x = 0.02 M

10-4.

평형에 영향을 주는 인자들 - 르샤트리에 원리

평형 상태는 정반응과 역반응이 동적인 평형 상태에 존재하기 때문에 평형 농도를 일정하게 유지된다. 이러한 평형 상태는 외부에서 반응조건이 변화하게 되면, 동적인 평형은 깨어지고, 반응물과 생성물의 농도 변화가 일어나 새로운 평형 상태로 변화된다. 평형 상태에 있는 계가 농도, 압력, 혹은 온도 변화에 의해 교란이 일어나면, 이 계는 가능한 한 이 변화의 효과를 상쇄하는 방향으로 이동된다. 이것을 르샤트리에(Le Chaterlier's principle)의 원리라고 한다.

[르샤트리에 원리: (1) 물질의 영향]

평형 상수는 반응물이나 생성물의 농도로 표시되기 때문에 반응물이나 생성물의 농도가 변화되면, 평형 상태가 변화하게 된다. 즉, 반응물 첨가하면 이 물질을 소모하기 위하여 정반응 쪽으로 진행될 것이다. 그리고 생성물 제거하면 정반응 쪽으로 진행되어 생성물이 더 많이 생성된다. 예를 들면, 암모니아 생성 반응에서 생성된 암모니아를 액화시키면, 암모니아가 더 생성된다.

$N_2(g) + 3H_2(g) \rightleftarrows 2NH_3(g) \qquad \Delta H = -92\ kJ$ (발열 반응)

[르샤트리에 원리: (2) 온도의 영향]

평형 상태는 온도의 영향을 받는다. 평형 상태에 있는 계의 온도를 높이면 반응은 흡열반응 쪽으로 진행되어 가해진 열 에너지를 흡수하려는 방향으로 진행된다. 온도를 낮추면, 발열 반응 쪽으로 진행되어 방출된 열 에너지를 보상해 주게 된다. 예를 들면, 암모니아 생성 반응의 엔탈피는 −92.0 kJ이므로, 발열 반응이다. 따라서 이 반응은 온도를 높이면, 역반응을 진행하게 된다.

[르샤트리에 원리: (3) 압력의 영향]

계의 부피가 줄어들어 압력이 증가되면, 기체의 몰수가 감소되는 방향으로 진행되어 전체 기체의 양이 증가하게 된다. 반대로, 계의 부피가 팽창하여 압력이 감소하게 되면, 기체의 몰수가 증가되는 방향으로 진행되어 전체 기체의 양이 감소하게 된다. 예를 들면, 위에서 예를 들었던 암모니아 생성 반응에서 압력을 증가시키면, 반응식에서 반응물 쪽 기체의 총 몰수는 4 몰이고, 생성물 쪽의 기체의 몰수는 3 몰이므로, 기체의 몰수가 적은 쪽 즉, 정반응 쪽으로 진행하게 된다. 만일 기체의 몰수가 같은 방응이나, 기체가 포함되지 않은 반응은 압력의 영향을 받지 않는다.

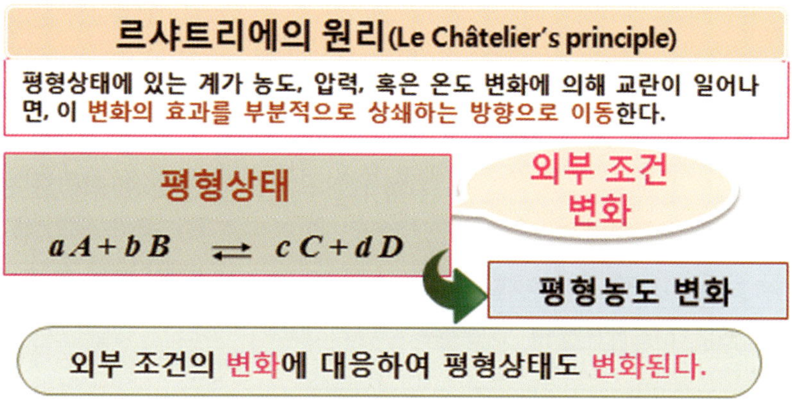

[그림 10-4] 조건 변화에 따른 평형의 이동. 르샤트리에의 원리

[표 10-2] 르샤트리에의 원리(Le Châtelier's principle)

조건	조건의 변화	평형의 이동
1. 물질 영향	반응물 첨가하면 생성물을 제거하면	정반응 쪽으로 이동 정반응 쪽으로 이동
2. 온도 변화	온도를 높이면 온도를 낮추면	흡열 반응($\Delta H > 0$) 쪽으로 발열 반응($\Delta H < 0$) 쪽으로
3. 압력 변화	압력을 높이면 압력을 낮추면	기체의 몰수가 적은 쪽으로 기체의 몰수가 많은 쪽으로

[예제 10-4] 다음 반응이 평형 상태에 있다.

① $2CO(g) + O_2(g) \rightleftarrows 2CO_2(g)$　　$\Delta H = -566\ kJ$

② $H_2(g) + I_2(g) \rightleftarrows 2HI(g)$　　$\Delta H = +52.0\ kJ$

③ $N_2O_4(g) \rightleftarrows 2NO_2(g)$　　$\Delta H = +58.0\ kJ$

(1) 일정한 온도에서 압축되는 경우 어느 방향으로 진행될까?

(2) 일정 압력에서 온도를 증가시키는 경우 어느 방향으로 진행될까?

풀이

	반응물 기체몰수	생성물 기체몰수	압축(압력증가)	온도 증가
① 발열 반응	3몰	2몰	정반응	역반응
② 흡열 반응	2몰	2몰	불 변	정반응
③ 흡열 반응	1몰	2몰	역반응	정반응

10-5.

이온성 화합물의 용해도곱 상수

침전 반응은 일상생활에서 의학적으로나 산업적으로 많이 응용되는 반응이다. 예를 들면 산업적으로 탄산소듐(Na_2CO_3)은 화학약품 제조에 많이 쓰이는 물질로써 침전반응을 활용하여 제조되고 있다. 우리 치아에서 하이드록시인회석($Ca_5(PO_4)_3OH$)으로 이루어진 치아 에나멜은 산성용액에서 녹아 치아가 침식을 일으켜 손상되게 된다. X-선을 통과시키지 않기 때문에 X-선 진단에 사용되는 황산바륨($BaSO_4$)은 소화기관의 질병을 조사하는데 사용된다. 자연에서 관찰되는 되는 석회동굴의 종유석과 석순은 오랜 세월 동안 이산화탄소가 물에 녹아서 탄산칼슘($CaCO_3$)으로 굳어진 것이다.

물 속에서 이온성 화합물들은 물에 잘 녹는 것도 있지만, 물에 녹지 않는 물질들도 있다. 어떤 이온성 고체가 물에 녹을지 녹지 않을지를 이론적으로 예측하는 것은 어렵다. 따라서 물에 용해되는 성질은 실험적으로 밝혀진 결과를 활용해야 한다. 이 실험적인 결과를 정리하여 용해도를 예측하는 용해도 규칙이 있다. 이 용해도 규칙을 숙지하여 활용하는 것이 유용하다.

[용해도곱 상수(K_{sp})]

고체생태의 염화은(AgCl)은 용해도 규칙에서 보는 바와 같이 물에 녹지 않는 염이다. 염화은을 물에 넣으면, 아주 미량만 녹아서 포화용액이 되고, 고체 염화은이 물 속에서 남아있게 된다.

$$AgCl(s) + H_2O(l) \rightleftarrows Ag^+(aq) + Cl^-(aq)$$

이 반응의 평형 상수는 불균일 반응계이므로, 반응물에 있는 고체 염화은과 순수한 물은 평형 상수에 포함되지 않는다. 따라서 생성물에 포함된 이온 농도의 곱으로 표시해야 한다.

[표 10-3] 이온 성 화합물들의 물에 대한 용해도규칙

	이온	예외
가용성염	1A족금(Li^+,Na^+,K^+,Rb^+,Cs^+), NH_4^+	없음
	NO_3^-,HCO_3^-, ClO_4^-, ClO.,	없음
	할로겐화물(Cl-. Br-, I^-)	Ag^+, Pb^{2+}, Hg_2^{2+},
	황산염(SO_4^{2-})	Ag^+,Ba^{2+}, Ca^{2+}, Sr^{2+}, Pb^{2+}, Hg_2^{2+},
불용성염	CO_3^{2-},PO_4^{3-}, CrO_4^{2-}, S^{2-}	1A족 금속과 암모늄 이온
	수산화물(OH^-)	1A족금과 Ba^{2+},

$$K_{sp} = [Ag^+]\ [Cl^-]$$

이렇게 표현된 이온 농도의 곱을 용해도곱(soubility product) 상수라고 부른다. AgCl(s)처럼 이온이 각각 하나씩 생성되는 1:1 이온성 화합물의 용해도곱 상수는 간단하게 표현되지만, 1:2 전해질이나, 2:1 전해질, 2:3 전해질과 같이 용해되는 이온의 화학양론 계수가 다른 경우에는 평형 상수와 마찬가지로 화학양론 계수는 농도의지 수로 표현한다. 예를 들면, 플루오르화칼슘(CaF_2)나 탄산은(Ag_2CO_3)의 용해도곱 상수는 다음과 같이 표현된다.

$$CaF_2(s) + H_2O(l) \rightleftarrows Ca^{2+}(aq) + 2F^-(aq) \qquad K_{sp} = [Ca^{2+}]\ [F^-]^2$$

$$Ag_2CO_3(s) + H_2O(l) \rightleftarrows 2Ag^+(aq) + CO_3^{2-}(aq) \qquad K_{sp} = [Ag^+]^2\ [CO_3^{2-}]$$

$$Ca_2(PO_4)_2(s) + H_2O(l) \rightleftarrows 3Ca^{2+}(aq) + 2PO_4^{3-}(aq) \qquad K_{sp} = [Ca^{2+}]^3\ [PO_4^{3-}]^2$$

물에 잘 녹지 않는 염들의 용해도 곱상수가 [표 10-1]에 주어져 있다. 용해도가 높은 염들의 용해도곱 상수는 나타내지 않았다. 이 용해도곱 상수는 이온성 고체들의 용해도를 나타낸다.

[용해도곱 상수의 활용: (1) 몰용해도 계산]

앞에서 언급한 것처럼, 평형이 아닌 상태에서 평형 상수와 같이 표현된 양을 반응지수(Q)라고 표현한다. 반응지수(Q)와 용해도곱 상수(K_{sp})를 사용하여

이 세 가지 상태를 나타내면, 수용액에서 이온성 고체들의 상태는 다음과 같이 3가지 상태로 나눌 수 있다.

① 용액이 불포화된 상태 : $Q < K_{sp}$

② 용액이 포화된 상태 : $Q = K_{sp}$

③ 용액의 과포화 상태 : $Q > K_{sp}$

예를 들면, AgCl(s)의 용해도곱 상수가 25 ℃에서 $K_{sp} = [Ag^+][Cl^-] = 1.8\times10^{-10}$이다. 주어진 상태가 $Q = [Ag^+]_0 [Cl^-]_0 = 5.8\times10^{-10}$이면, 과포화 용액이고, $Q = [Ag^+]_0 [Cl^-]_0 = 1.0\times10^{-10}$이면, 포화 용액이 된다는 것이다. 용액 중에 이온성 고체가 녹을 수 있는 포화용액의 농도를 몰용해도라고 한다. 용해도곱 상수(K_{sp})를 사용하여 몰 용해도를 계산할 수 있다. 몰용해도를 계산하려면, 다음과 같이 용해반응식을 사용해야 한다.

	AgCl(s)	⇄	$Ag^+(aq)$	$Cl^-(aq)$
처음 농도(M)			*0*	*0*
농도 변화	*-s*		*s*	*s*
평형 농도(M)			*s*	*s*

$K_{sp} = [Ag^+][Cl^-] = 1.8\times10^{-10}$

$[Ag^+][Cl^-] = (s)(s) = 1.8\times10^{-10}$

$s = [Ag^+] = [Cl^-] = \sqrt{1.8 \times 10^{-10}} = 1.34\times10^{-5}$ M

AgCl의 몰용해도는 1.34×10^{-5} M이다.

1L 중에 용해될 수 있는 양을 g수로 나타낸 것을 그램 용해도라고 한다. 그램 용해도는 몰용해도에 이온성 고체의 화학식량(몰질량)을 곱하면 된다. AgCl의 그램 용해도는 $(1.34\times10^{-5}\ M)\times(146.35\ g/mol) = 1.9\times10^{-3}$ g/L이다.

용해도 곱 상수 (K_{sp})와 몰 용해도

이온 성 물질의 용해반응에 대한 평형상수

$$AgCl(s) + H_2O(l) \rightleftarrows Ag^+(aq) + Cl^-(aq)$$

$$K_{sp} = [Ag^+][Cl^-] = 1.8 \times 10^{-10}$$

몰 용해도 : $[Ag^+] = (1.8 \times 10^{-10})^{½} = 1.34 \times 10^{-5}$ M

$$CaF_2(s) + H_2O(l) \rightleftarrows Ca^{2+}(aq) + 2F^-(aq) \qquad K_{sp} = [Ca^{2+}][F^-]^2$$

[그림 10-5] 용해도곱 상수와 몰용해도

[용해도곱 상수의 활용: (2) 침전반응의 예측]

표에 주어진 용해도곱 상수를 이용하여 두 용액을 섞거나 물에 녹아 있는 이온성 용액을 첨가할 때 침전이 형성될 것인가 예측할 수 있다. 산업 공정이나 실험실에서 어떤 화합물이 침전을 형성하기 위해서 용해도곱 상수보다 커질 때까지 이온의 농도를 증가시켜야 한다. 우리 인체에서도 침전을 예측하는 것은 유용한 정보를 준다. 신장에서 형성되는 신장 결석은 주로 옥살산칼슘(CaC_2O_4, $K_{sp} = 2.3 \times 10^{-9}$)으로 이루어진다. 혈액 중에 정상적인 칼슘이온의 농도는 5 mM 정도이다. 시금치와 같은 야채에 들어있는 옥살산 이온은 칼슘이온과 불용성 옥살산 칼슘이 형성되고, 이것이 신장에 점차 축적되어 신장 결석으로 남게 된다. 따라서 결석 환자는 식단을 적절하게 조절하여 침전 형성을 감소시켜야 한다.

침전이 형성될 조건: $Q > K_{sp}$

침전을 형성하기 위해서 이온곱(Q)이 용해도곱 상수(K_{sp})보다 커질 때까지 이온의 농도를 증가시켜야 한다.

[표 10-4] 20 ℃에서 이온성 화합물의 용해도곱 상수

화합물	화학식	K_{sp}	화합물	화학식	K_{sp}
아세트산	$Ag(C_2H_3O_2)$	1.9×10^{-3}	수산화 화합물	$Al(OH)_3$	2.0×10^{-31}
브로민화	$AgBr$	5.0×10^{-13}		$Ca(OH)_3$	4.0×10^{-6}
	Hg_2Br_2	6.0×10^{-23}		$Fe(OH)_2$	5.0×10^{-17}
	$PbBr_2$	6.6×10^{-6}		$Fe(OH)_3$	3.0×10^{-29}
탄산	Ag_2CO_3	8.0×10^{-12}		$Mg(OH)_3$	6.0×10^{-12}
	$BaCO_3$	2.6×10^{-9}		$Tl(OH)_3$	2.0×10^{-44}
	$CaCO_3$	4.9×10^{-9}		$Zn(OH)_2$	4.0×10^{-17}
	$MgCO_3$	6.8×10^{-6}	아이오딘화	AgI	1.0×10^{-16}
	$PbCO_3$	1.0×10^{-13}		Hg_2I_2	5.0×10^{-29}
	$SrCO_3$	5.6×10^{-10}		PbI_2	8.4×10^{-9}
염소화	$AgCl$	1.8×10^{-10}	인산 화합물	Ag_3PO_4	1.0×10^{-16}
	Hg_2Cl_2	1.0×10^{-12}		$AlPO_4$	1.0×10^{-20}
	$PbCl_2$	1.7×10^{-5}		$Ca_3(PO_4)_2$	1.0×10^{-33}
플루오린화	BaF_2	1.8×10^{-7}		$Mg_3(PO_4)_2$	1.0×10^{-24}
	CaF_2	1.5×10^{-10}	황산 화합물	$BaSO_4$	1.1×10^{-10}
	MgF_2	7.0×10^{-11}		$CaSO_4$	7.1×10^{-5}
	PbF_2	7.1×10^{-7}		$PbSO_4$	1.8×10^{-8}
크로뮴산	$BaCrO_4$	1.2×10^{-10}		$SrSO_4$	3.4×10^{-7}
	$PbCrO_4$	2.0×10^{-14}			

[예제 10-5] 25 ℃에서 ($BaSO_4$)을 녹일 때 몰용해도를 예측하여라.
$K_{sp} = 1.1\times10^{-10}$이다.

풀이

	$BaSO_4$	$\rightleftarrows$	$Ba^{2+}(aq)$	$SO_4^{2-}(aq)$
처음 농도(M)			0	0
용해된 농도	$-s$		s	s
평형 농도(M)			s	$0.01\ M + s$

$K_{sp} = [Ba^{2+}]\,[SO_4^{2-}] = 1.1\times10^{-10}$;

$(s)\ (s) = 1.1\times10^{-10}$, $s = 1.0\times10^{-5}$

$\therefore\ s = [Ba^{2+}] = 1.0\times10^{-5}$ M이다.

[예제 10-7] 0.005 M $BaCl_2$ 수용액 500.0 mL를 0.008 M K_2SO_4 수용액 500.0 mL를 섞은 용액에서 침전이 형성될 것인가 예측하여라.
($BaSO_4$의 $K_{sp} = 1.1\times10^{-10}$이다.)

풀이 $BaSO_4(s) + H_2O(l) \rightleftarrows Ba^{2+}(aq) + SO_4^{2-}(aq)$

① 두 용액을 합하면, 전체 용액의 부피는 0.5 L + 0.5 L = 1.0 L가 된다.

② 각 이온의 몰 수는 (몰농도) × (부피(L))로 계산한다.

③ 그 다음 각 이온의 몰농도를 (몰수) / (전체부피)로 계산한다.

④ 그리고 두 이온의 농도를 곱하여 이온곱을 구하고 용해도곱 상수와 비교한다.

	$BaSO_4(s)$	$\rightleftarrows$	$Ba^{2+}(aq)$	$SO_4^{2-}(aq)$	전체 부피
처음 몰수			0.005 M×0.5 L = 2.5×10^{-4} 몰	0.008 M×0.5 L = 4.0×10^{-3} 몰	1.0 L
처음 농도(M)			2.5×10^{-4} M	4.0×10^{-3} M	

이온곱(Q)를 계산하면,

$Q = (2.5\times10^{-4})\ (4.0\times10^{-3}) = 1.0\times10^{-8}M < K_{sp}\ (= 1.1\times10^{-10})$

이온곱(Q)이 용해도곱 상수보다 크기 때문에 침전이 형성된다.

[예제 10-8] 크로뮴산 스트론튬($SrCrO_4$)의 용해도곱 상수는 $K_{sp} = 3.6\times10^{-5}$이다. 다음 용액에서 침전이 형성될 것인가 예측하여라.

(1) 처음 농도가 $[Ba^{2+}(aq)] = 6.0\times10^{-3}$ M $[CrO_4^{2-}] = 3.0\times10^{-3}$ M

(2) 6.0×10^{-3} M $Sr(NO_3)_2$ 수용액 275 mL와 0.040 M K_2CrO_4 수용액 825.0 mL를 섞은 용액에서 침전이 형성될 것인가 예측하여라.

풀이 (1) 이온곱(Q)를 계산하면,

$Q = (6.0\times10^{-3})\ (3.0\times10^{-3}) = 1.8\times10^{-5}M < K_{sp}\ (= 3.6\times10^{-5})$

이온곱(Q)이 용해도곱 상수보다 작기 때문에 침전이 형성되지 않는다.

(2) $SrCrO_4(s) + H_2O(l) \rightleftarrows Sr^{2+}(aq) + CrO_4^{2-}(aq)$ $K_{sp} = 3.6\times10^{-5}$

① 두 용액을 합하면, 전체 용액의 부피는 0.275 L + 0.0.825 L = 1.1 L가 된다.

② 각 이온의 몰 수는 (몰농도) × (부피(L))로 계산한다.

③ 그 다음 각 이온의 몰농도를 (몰수) / (전체부피)로 계산한다.

④ 그리고 두 이온의 농도를 곱하여 이온곱을 구하고 용해도곱 상수와 비교한다.

	$SrCrO_4(s)$	⇄	$Sr^{2+}(aq)$	$CrO_4^{2-}(aq)$	전체 부피
처음 몰수			0.006 M×0.275 L = 1.65×10^{-3} 몰	004 M×0.825 L = 3.3×10^{-2} 몰	1.1 L
처음 농도(M)			1.5×10^{-3} M	0.03 M	

이온곱(Q)를 계산하면,

$Q = (1.5\times10^{-3})\ (0.03) = 4.5\times10^{-5}\ M > K_{sp}\ (= 3.6\times10^{-5})$

이온곱(Q)이 용해도곱 상수보다 크기 때문에 침전이 형성된다.

10-6.

용해도에 영향을 주는 인자들

[용해도에 영향을 주는 인자: (1) 공통 이온 효과]

표에 주어진 용해도곱 이온성 고체를 순수한 물에 녹이는 경우 생성된 이온의 농도는 화학반응 계수에 따라서 생성된다. AgCl같은 1:1 전해질의 경우, 양이온과 음이온이 같은 농도로 생성된다. 순수한 물에서 AgCl의 몰용해도는 1.34×10^{-5} M이다. 그런데 0.1 M KCl 용액에서 AgCl을 녹인다고 생각해보자. 물 속에 이미 Cl^- 이온이 들어 있기 때문에 고체 AgCl은 순수한 물에서 보다 적게 녹아 들어갈 것이다. 이 경우 AgCl의 몰 용해도는 1.6×10^{-9} M로 10,000배 정도 줄어들게 된다.

	AgCl(s)	⇄	$Ag^+(aq)$	$Cl^-(aq)$
처음 농도(M)			0	0.1 M
용해된 농도	$-s$		s	s
평형 농도(M)			s	0.1 M + s

$K_{sp} = [Ag^+]\ [Cl^-] = 1.8 \times 10^{-10}$;

$(s)\ (0.1 + s) = 1.8 \times 10^{-10},\ s = 1.8 \times 10^{-10} / (0.1)$

$\therefore\ s = [Ag^+] = 1.8 \times 10^{-9}$ M이다.

용해도곱 상수가 극히 작은 값이기 때문에 용해되는 농도 s는 0.1보다 작은 값이다. 따라서 원래 2차 방정식을 풀어서 농도 s를 구해야하지만, 분모에 있는 s를 무시하고 $0.1 + s \cong 0.1$이라고 계산해도 무방하다.

[예제 10-9] 25 ℃에서 0.1M Na_2SO_4 수용액에 황산바륨($BaSO_4$)을 녹일 때 몰 용해도를 예측하여라. $K_{sp} = 1.1 \times 10^{-10}$이다.

풀이

	$BaSO_4$	$\rightleftarrows$	$Ba^{2+}(aq)$	$SO_4^{2-}(aq)$
처음 농도(M)			0	0.01 M
용해된 농도	$-s$		s	s
평형 농도(M)			s	$0.01\ \text{M} + s$

$K_{sp} = [Ba^{2+}]\ [SO_4^{2-}] = 1.1\times10^{-10}$;

$(s)\ (0.01 + s) = 1.1\times10^{-10},\quad s = 1.1\times10^{-10} / (0.1)$

$\therefore\ s = [Ba^{2+}] = 1.1\times10^{-9}$ M이다.

[용해도에 영향을 주는 인자: (2) pH의 영향]

약한 산의 짝염기(S_2^-, CO_3^{2-}, …)를 포함하는 이온성 고체는 수소이온 농도가 증가되면, 용해도가 증가된다. 이것은 물 속에 녹아 들어간 약한산의 짝염기는 물 속에서 수소이온과 반응하여 약한산을 형성하기 때문에 때문이다. 아래 평형식에서 보는 바와 같이, 탄산칼슘($CaCO_3(s)$)이 물에 녹아서 탄산이온(CO_3^{2-})이 생기고 이 탄산이온은 물 속에 있는 수소이온과 반응하여 약한산인 탄산을 생성하게 된다. 따라서 없어진 탄산이온을 보충하기 위해서 탄산칼슘이 더 용해하게 된다.

$CaCO_3(s) \rightleftarrows Ca^{2+}(aq) + CO_3^{2-}(aq) \qquad K_{sp} = 8.7\times10^{-9}$

$H_2CO_3(aq) \rightleftarrows 2H_3O^+(aq) + CO_3^{2-}(aq) \qquad K_a = 4.2\times10^{-7}$

$CaCO_3(s)\ 2H_3O^+(aq) \rightleftarrows Ca^{2+}(aq) + H_2CO_3(aq) \qquad K_c = K_{sp} / K_a = 2.0\times10^{-2}$

이온 성 화합물들의 용해도에 영향을 주는 인자들

[1] 공통이온 효과

이온성 고체에 포함된 공통이온이 녹아있는 용액에서
이온성 고체의 용해도는 감소한다.

$AgCl(s) + H_2O(l) \rightleftarrows Ag^+(aq) + Cl^-(aq) \qquad Ksp = 1.8 \times 10^{-10}$

[순수한 물에서 몰 용해도] : **1.34×10^{-5} M**

[0.1 M NaCl 에서 몰 용해도] : **1.8×10^{-9} M**

예를 들면, 탄산칼슘($CaCO_3(s)$)의 용해도는 순수한 물에서 용해도는 9.0×10^{-2} M이지만, pH가 1 산성용액에서 용해도는 8.7×10^{-3} M로 증가하게 된다.

[용해도에 영향을 주는 인자: (3) 착이온 형성]

착이온(complex ion)은 중심금속 양이온에 하나 이상의 리간드가 결합하여 형성된 이온이며, 물에 잘 녹는 성질을 갖는다. 금속 이온들은 전자쌍을 받을 수 있는 자리가 있기 때문에 비공유 전자쌍을 가진 분자나 음이온들(리간드: NH_3, H_2O, CN^-, Cl^-, …)과 착이온을 형성할 수 있다. 이것은 루이스의 산-염기 반응으로 설명하기도 한다. 전자쌍을 받는 금속이온은 루이스 산으로 작용하고, 전자쌍을 주는 리간드들은 루이스 염기로 작용하여 산-염기 반응에 의해 착이온이 형성되는 것이다. 착이온이 형성되는 반응의 평형 상수를 착이온 형성 상수라고하며, 대부분의 착이온 형성 상수(formation constant)는 매우 큰 값을 갖는다.

$$Ag^+(aq) + 2NH_3(aq) \rightleftarrows [Ag(NH_3)]^+(aq) \quad K_f = 1.6\times10^{+7}$$

순수한 물에서 용해도보다 착이온을 형성할 수 있는 리간드가 포함된 용액에서 이온성 고체의 용해도는 증가하게 된다. 예를 들면, AgBr(s)의 용해도는 순수한 물에서 용해도는 7.1×10^{-7} M이지만, 0.1 M 암모니아 용액에서 용해도는 2.8×10^{-3} M로 증가하게 된다.

$$AgBr(s) + H_2O(l) \rightleftarrows Ag^+(aq) + Br^-(aq) \quad K_{sp} = 5.0\times10^{-13}\text{이}$$

$$AgBr(s) + 2NH_3(aq) \rightleftarrows [Ag(NH_3)_2^+(aq) + Br^-(aq) \quad K_c = K_{sp}\times K_f = 8.0\times10^{-6}$$

이와 같이 물에 잘 녹지 않는 염을 물에 녹일 때 금속이온과 착이온을 형성할 수 있는 리간드를 가하여 용해시킬 수 있다.

[2] pH의 영향

악한 산의 짝 염기(S^{2-}, CO_3^{2-}, F^-, … 를 포함하는 고체 :

산성용액에서 용해도 증가한다.

$CaCO_3(s) \rightleftarrows Ca^{2+}(aq) + CO_3^{2-}(aq)$ $K_{sp} = 8.7 \times 10^{-9}$

$H_2CO_3(aq) \rightleftarrows 2\ H_3O^+(aq) + CO_3^{2-}(aq)$ $K_a = 4.2 \times 10^{-7}$

$CaCO_3(s) + 2\ H_3O^+(aq) \rightleftarrows Ca^{2+}(aq) + H_2CO_3(aq)$ $K_{spa} = 2.0 \times 10^{-2}$

[순수한 물에서 몰 용해도] : **9.0×10^{-5} M**

[pH= 1 에서 몰 용해도] : **8.7×10^{-3} M**

[예] $CaCO_3$, $MgCO_3$, NiS , CuS , …

[3] 착이온 형성의 영향

금속이온과 착이온을 형성하는 리간드(NH_3, CN^-, F^-, … 를 포함하는 용액에서 : 이온성 고체의 용해도 증가한다.

$AgBr(s) \rightleftarrows Ag^+(aq) + Br^-(aq)$ $K_{sp} = 5.0 \times 10^{-13}$

$Ag^+(aq) + 2\ NH_3(aq) \rightleftarrows [Ag(NH_3)_2]^+(aq)$ $K_f = 1.6 \times 10^{+7}$

$AgBr(s) + 2\ NH_3(aq)\ ) \rightleftarrows [Ag(NH_3]_2^{2+}(aq) + Br^-(aq)$

$: K_c = K_{sp} K_f = 8.0 \times 10^{-6}$

[1.0 M NH_3 용액에서 몰 용해도]: 2.8×10^{-3} M

[순수한 물에서 몰 용해도]: 7.1×10^{-7} M

[선택 침전]

여러 가지 이온이 섞여있는 용액에서 양이온을 분리하는 방법을 선택 침전이라고 한다. ① 용해도곱 상수의 차이가 큰 경우 상대 이온의 농도를 조절하면, 한 가지 이온을 분리할 수 있다. ② 용해도곱 상수의 차이가 비슷한 경우, 용해도에 영향을 주는 인자들을 활용하여 이온을 분리할 수 있다. pH를 조절하거나 착이온을 만들 수 있는 리간드를 사용하여 착이온을 형성하게 하는 방법 등을 사용하여 분리한다.

[예제 10-10] $K_{sp}(MgCO_3) = 6.8 \times 10^{-6}$이고, $K_{sp}(BaCO_3) = 2.6 \times 10^{-9}$이다. 0.1 M Mg^{2+}와 Ba^{2+}를 포함하는 용액에서 탄산 이온(CO_3^{2-})이온을 첨가

하면, 어떤 이온이 먼저 침전되겠는가?

풀이 $MgCO_3$을 침전시키는데 필요한 탄산이온의 농도:

$[CO_3^{2-}] = K_{sp}(MgCO_3)\ /\ [Mg^{2+}] = (6.8\times10^{-6})\ /\ (0.1) = 6.8\times10^{-5}$ M

$BaCO_3$을 침전시키는데 필요한 탄산이온의 농도:

$[CO_3^{2-}] = K_{sp}(BaCO_3)\ /\ [Ba^{2+}] = (2.6\times10^{-9})\ /\ (0.1) = 2.6\times10^{-8}$ M

$BaCO_3$이 먼저 침전된다.

[예제 10-11] $K_{sp}(AgCl) = 1.8\times10^{-10}$이고, $K_{sp}(AgrO_4) = 1.0\times10^{-12}$이다. 0.10 M Cl^-와 0.01 M CrO_4^{2-}를 포함하는 용액에 $AgNO_3$ 용액을 첨가하면, 어떤 이온이 먼저 침전되겠는가?

풀이 $AgCrO_4$을 침전시키는데 필요한 은 이온(Ag^+)의 농도:

$[Ag^+] = K_{sp}(AgCl)\ /\ [Cl^-] = (1.8\times10^{-10})\ /\ (0.10) = 1.8\times10^{-9}$ M

AgCrO4을 침전시키는데 필요한 은이온의 농도:

$[CrO_4^{2-}] = K_{sp}(AgCrO_4)\ /\ [CO_4^{2-}] = (1.0\times10^{-12})\ /\ (0.01) = 1.0\times10^{-10}$ M

$AgCrO_4$가 먼저 침전된다.

[양이온의 정성 분석]

수용액 중에 들어 있는 20여개의 양이온들을 계통적으로 분리하는 방법을 양이온 정성 분석이라고 한다. 이들 양이온들을 염의 용해도 규칙에서 보는 바와 같이 침전제(음이온)에 따라 음이온 5개의 분류로 나눌 수 있다. 미지의 용액에 침전제를 가하여 1족 양이온부터 5족 양이온까지 계통적으로 분리한다.

① 1족 양이온: 미지용액에 HCl 용액을 첨가하여 Ag^+, Pb^{2+}, Hg_2^{2+}이온을 침전시킨다.

② 2족 양이온: 염화물 침전을 여과하여 거른 후, 황화수소(H_2S) 기체를 가하여 황화물(S^{2-}) 침전을 만든다(황화암모늄(NH_4S) 용액을 사용하기도 한다.). 금속 황화물의 침전 반응은 다음과 같다.

$$M^{2+}(aq) + H_2S(aq) \rightleftarrows MS(aq) + 2H^+(aq)$$

황화(S^{2-}) 이온의 농도는 pH의 영향을 받기 때문에 산성용액에서 위 반응은 역반응으로 진행하게 된다. 즉, 산성 용액에서 용해도곱 상수가 작은 금속들만 침전이 일어나게 된다. Bi_2S_3, CdS, CuS, HgS, SnS가 먼저 침전된다.

③ 3족 양이온: 염기성 용액에서 위 반응은 오른쪽으로 진행한다. 따라서 수산화소듐(NaOH) 용액을 염기성 용액이 될 때까지 첨가하면, 용해도곱 상수가 큰 CoS, FeS, MnS, NiS, ZnS가 침전된다. Al^{3+} 이온과 Cr^{3+} 이온이 있다면, 이들은 $Al(OH)_3$, $Cr(OH)_3$ 침전을 형성한다.

④ 4족 양이온: 위 침전물을 여과한 후, 염기성 용액에서 탄산소듐(Na_2CO_3)을 가하면, $BaCO_3$, $CaCO_3$, $SrCO_3$이 침전된다.

⑤ 5족 양이온: 위 침전물을 여과한 후, 남아있는 양 이온은 Na^+, K^+, NH_4^+ 이온이다. NH_4^+ 이온은 수산화소듐(NaOH)을 가하면, 암모니아 기체가 발생하여 확인할 수 있다.

$$NH_4^+(aq) + NaOH(aq) \rightleftarrows NH_3(g) + Na^+(aq) + H_2O(l)$$

또한, 물에 젖은 붉은 리트머스 종이를 용액에 넣지 않고, 기체 암모니아에 의해 푸른색으로 변하게 된다. Na^+ 이온과 K^+ 이온은 불꽃 반응을 이용하여 확인한다. 백금선에 용액을 적시어 버너불꽃으로 가열하면, Na^+ 이온은 노란색 불꽃이 나타나고, K^+ 이온은 보라색 불꽃이 나타난다.

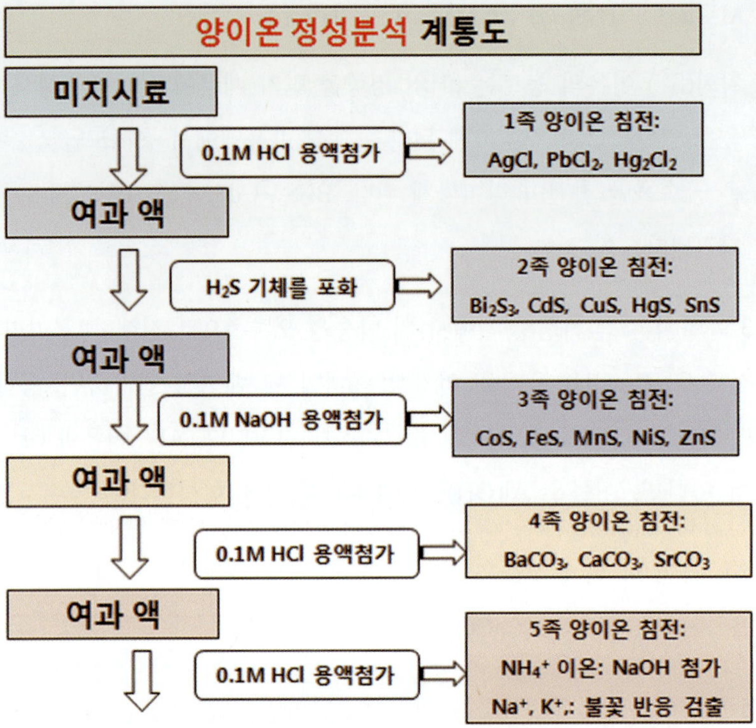

[그림 10-6] 양이온의 정성 분석 계통도

[학습퀴즈 10-1] 다음 두 반응(①과 ②)의 평형 상수를 이용하여 주어진 반응(③)의 평형 상수를 구하여라.

① $C(s) + CO_2(g) \rightleftarrows 2CO(g)$ $\quad K_1 = 2.4\times10^{-9}$

② $COCl(g) \rightleftarrows CO(g) + Cl_2(g)$ $\quad K_2 = 8.8\times10^{-13}$

③ $C(s) + CO_2(g) \rightleftarrows 2CO(g)$ $\quad K_3 = ?$

[학습퀴즈 10-2] 400 ℃에서 다음 반응에 대하여 답하여라.

$H_2(g) + I_2(g) \rightleftarrows 2HI(g)$ $\quad K = 64$

초기에 2.0 L 시료가 0.60mol의 $H_2(g)$, $I_2(g)$, $HI(g)$를 포함하고 있다. 반응은 어느 방향으로 진행하겠는가?

[학습퀴즈 10-3] 400 ℃에서 다음 반응에 대하여 답하여라.

$H_2(g) + I_2(g) \rightleftarrows 2HI(g)$ K = 64

초기에 2.0 L 시료가 0.60 mol의 $H_2(g)$, $I_2(g)$, $HI(g)$를 포함하고 있다. 평형에 도달되면 HI의 농도는 몇 M인가?

[학습퀴즈 10-4] 25 ℃에서 다음 반응이 평형상태를 유지하고 있다. 다음 물음에 대하여 답하여라.

$2SO_2(g) + O_2(g) \rightleftarrows 2SO_3(g)$

(1) 아래 주어진 자료를 이용하여 이 반응의 엔탈피 변화(ΔH)를 계산하여라.

(ΔH =)

	$SO_2(g)$	$O_2(g)$	$\rightleftarrows$	$SO_3(g)$
엔탈피((ΔH_f^0) (kJ/mol)	- 296.0	0		- 396.0

(2) 온도를 높이면, $SO_3(g)$의 농도는 증가되는가? 감소되는가?

( )

(3) 압력을 높이면, $SO_3(g)$의 농도는 증가되는가? 감소되는가?

( )

(4) 일정한 부피에서 Ar기체를 주입하면, $SO_3(g)$의 농도는 증가되는가? 감소되는가? ( )

[학습퀴즈 10-5] 1.0 L 물이 들어 있는 비커에 95 mg의 $Ba(NO_3)_2$(몰질량 = 261 g/mol), 95 mg의 $Ca(NO_3)_2$ (몰 질량 = 164 g/mol, 106.0 mg의 Na_2CO_3(몰질량 = 106 g/mol)를 첨가하였다. 용액의 상태는 다음 중 어느 상태인가? $K_{sp}(CaCO_3) = 8.7\times10^{-9}$이고, $K_{sp}(BaCO_3) = 2.6\times10^{-9}$이다. [염을 가한 후에도 용액의 부피는 변화가 없다고 가정한다.]

① 침전이 없다.

② $BaCO_3$만 침전된다.

③ $CaCO_3$만 침전된다.

④ $BaCO_3$와 $CaCO_3$가 둘 다 침전된다.

[학습퀴즈 풀이 10-1] ③ 반응식: ① + ②

$$K_3 = K_1 \times K_2 = (2.4\times10^{-9}) \times (8.8\times10^{-13})$$

[학습퀴즈 풀이 10-2] 각 물질의 초기 농도는 0.6 mol / 2.0 L = 0.30 M

$$K = \frac{[HI]^2}{[H_2][I_2]} = 64.0 \quad ;$$

$$Q = \frac{[HI]_0^2}{[H_2]_0[I_2]_0} = \frac{(0.3)^2}{(0.3)\times(0.3)} = 1 < K$$

반응지수 Q가 평형 상수보다 작기 때문에 정반응으로 진행된다.

[학습퀴즈 풀이 10-3] 각 물질의 초기 농도는 0.6 mol / 2.0 L = 0.30 M

	$H_2(g)$	$+ I_2(g)$	$\rightleftarrows$	$2HI(g)$
초기 농도	0.30	0.30 M		0.30 M
농도 변화	$-x$	$- x$		$+2x$
평형 농도	0.3 - x	0.3 - x		0.3 + 2x

$$K = \frac{[HI]^2}{[H_2][I_2]} = 64.0 \quad ; \quad K = \frac{(0.3+2x)^2}{(0.3-x)\times(0.3-x)} = 64.0$$

$$\frac{(0.3+2x)}{(0.3-x)} = 8.0 \; ; \; 0.3 + 2x = 2.4 - 8x \; ; \; 10x = 2.1 \quad \therefore x = 0.21$$

[HI] = 0.3 + 2x = 0.72 M

$[H_2]$ = $[I_2]$ = 0.3 - x = 0.09 M

[학습퀴즈 풀이 10-4]

(1) ΔH = 2x(-395.0 - [2 × (-296.0) = -198 kJ < 0 발열 반응

(2) 정반응이 발열 반응이므로 온도를 높이면, 역반응(발열 반응 쪽)으로 진행된다. ($SO_3(g)$의 농도 감소)

(3) 압력을 높이면 기체의 몰수가 작은 쪽으로 진행되므로, 정반응을 진행한다. ($SO_3(g)$의 농도 증가)

(4) 일정한 부피에서 비활성 기체를 첨가하면, 기체의 부분 압력이 변화하지 않기 때문에 평형은 유지된다. ($SO_3(g)$의 농도는 불변한다.)

[학습퀴즈 풀이 10-5]

Ba^{2+} 이온의 몰수 = 0.095 g / (261 g/mol) = 3.64×10^{-4} mol

Ba^{2+} 이온의 농도: $[Ba^{2+}]$ = (3.64×10^{-4} mol) / (1 L) = 3.64×10^{-4}M

Ca^{2+} 이온의 몰수 = 0.095 g/(164 g/mol) = 5.79×10^{-4} mol

Ca^{2+} 이온의 농도: $[Ca^{2+}]$ = (5.79×10^{-4} mol) / (1 L) = 5.79×10^{-4} M

CO_3^{2-} 이온의 몰수: 0.106 g / (106 g/mol) = 1.0×10^{-3} mol

CO_3^{2-} 이온의 몰수: 0.106 g / (106 g/mol) = 1.0×10^{-3} mol

$[CO_3^{2-}]$ = (1.0×10^{-2} mol) / (1 L) = 1.0×10^{-3} M

$Q = [Ba^{2+}][CO_3^{2-}] = (3.64 \times 10^{-4}) \times (1.0 \times 10^{-3}) = 3.64\times10^{-7} > 2.6 \times10^{-9} = K_{sp}(BaCO_3)$ ∴ $BaCO_3$는 침전된다.

$Q = [Ca^{2+}][CO_3^{2-}] = (5.79\times10^{-4}) \times (1.0\times10^{-3}) = 5.79\times10^{-7} > 2.6\times 10^{-9} = K_{sp}(BaCO_3)$ ∴ $CaCO_3$는 침전된다.

④ $BaCO_3$와 $CaCO_3$가 둘 다 침전된다.

[주요개념]

☑ 평형 상태는 반응물과 생성물의 농도가 변화되지 않는 상태

☑ 평형 상수는 평형상태를 표현하는 반응물과 생성물의 농도비

☑ 평형 상수의 활용 : 평형 농도의 계산

☑ 농도로 나타낸 평형 상수와 압력으로 나타낸 평형 상수 관계 :
$K_p = K_c (RT)^{\Delta ng}$

☑ 르샤트리에의 원리 : 평형 상태에 있는 계에 외부에서 변화를 가하면, 이 변화를 최소화하려는 방향으로 평형이 이동된다.

- 온도를 증가시키면, 흡열 반응 쪽으로 진행된다.
- 압력을 가하면, 기체의 몰수가 적은 쪽으로 진행된다.
- 일정한 부피에서 비활성 기체를 첨가하면, 평형은 이동되지 않는다.
- 반응물, 생성물을 첨가하면, 첨가된 물질을 소모되는 쪽으로 이동
- 촉매를 첨가하면 평형 상태와 무관하다.

[주요 식]

☑ 평형 상수 K의 표현 : $a\,A(g) + b\,B(g) \rightleftarrows c\,C(g) + d\,D(g)$

$$K_c = \frac{[C]^c [D]^d}{[A]^a [B]^b}, \quad K_p = \frac{P_C{}^c P_D{}^d}{P_A^a\, P^b}$$

☑ 역반응의 평형 상수 : 1 / K

☑ 두 반응식을 더하면, 평형 상수는 곱한다. : $K_1 \times K_2$

☑ 평형 상수와 온도 : van't Hoff 식

$$\ln\left(\frac{K_2}{K_1}\right) = \frac{-\Delta H_{vap}}{R}\left\{\frac{1}{T_2} - \frac{1}{T_1}\right\}$$

제10장 (화학평형)의 개요

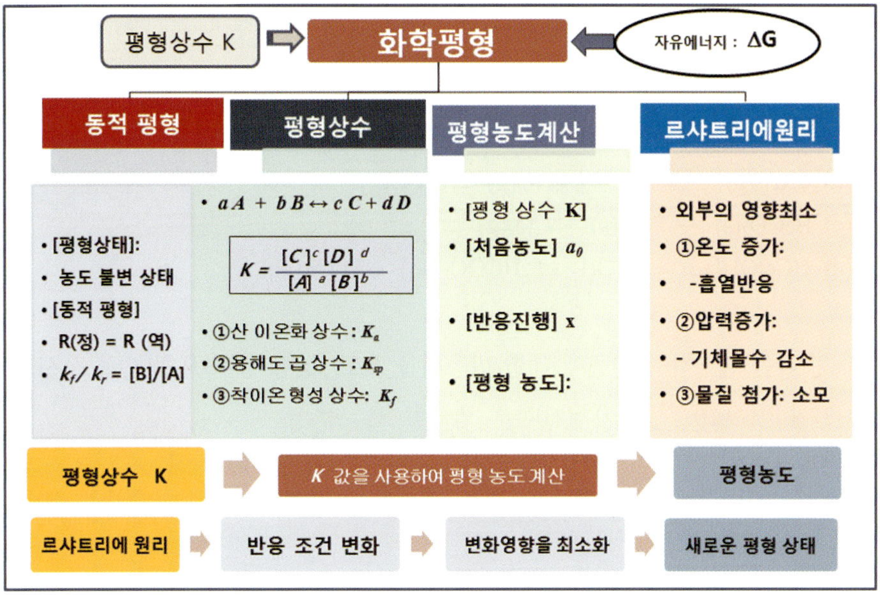

연습문제

[10-1] 다음의 반응에 대한 평형 상수 표현(K)을 쓰시오.

(a) $2NaHCO_3(s) \rightleftharpoons Na_2CO(s) + CO_2(g) + H_2O(g)$

(b) $4NH_3(g) + 5O_2(g) \rightleftharpoons 4NO(g) + 6H_2O(g)$

(c) $BaCO_3(s) \rightleftharpoons BaO(s) + CO_2(g)$

(d) $HCOOH(aq) + H_2O(l) \rightleftharpoons HCOO\text{-}(aq) + H_3O\text{+}(aq)$

[10-2] 다음 설명하는 반응에 대한 반응식을 쓰고, 평형 상수 표현(K)을 쓰시오.

(a) 산소($O_2(g)$)가 오존($O_3(g)$)으로 바뀐다.

(b) 질소(N_2) 기체와 수소(N_2) 기체가 반응하여 암모니아(NH_3) 기체가 된다.

(c) 수소(H_2)기체는 이산화질소(NO_2) 기체를 환원시켜 암모니아(NH_3) 기체와 수증기가 된다.

(d) 염화은(AgCl)을 물에 녹이면, 은이온($Ag^+(aq)$)과 염화이온($Cl^-(aq)$)이 된다.

[10-3] 다음의 반응과 평형 상수를 이용하여 아래 반응의 K를 계산하시오.

$C(s) + CO_2(g) \rightleftharpoons 2CO(g)$ $\quad K_1 = 2.4\times10^{-9}$

$COCl_2(g) \rightleftharpoons CO(g) + Cl_2(g)$ $\quad K_2 = 8.8\times10^{-13}$

$C(s) + CO_2(g) + 2Cl_2(g) \rightleftharpoons 2COCl_2(g)$

[10-4] 초기에 10.0 L 용기 안에 0.600 mole의 $H_2(g)$와 0.600 mole의 $CO_2(g)$를 반응시켰다. $H_2(g) + CO_2(g) \rightleftharpoons H_2O(g) + CO(g)$

(a) 700 ℃에서 다음 반응의 평형 상수는 Kc = 0.536이다. 평형 상태에서 CO(g)는 몇 몰이 생기겠는가?

(a) 1,650 ℃에서 다음 반응의 평형 상수는 K_c = 4.20이다. 평형 상태에서 CO(g)는 몇 몰이 생기겠는가?

[10-5] 460 ℃에서 다음 반응의 K_P = 84.7이다.

$SO_2(g) + NO_2(g) \rightleftharpoons NO(g) + SO_3(g)$

모든 기체의 초기 압력은 1.25 atm이다.

(a) 평형에 있는 각 기체의 부분 압력은 얼마인가?

(b) 초기와 평형에서의 전체 압력을 비교하시오. 이 관계는 모든 기체 반응에서 사실인가?

[10-6] 다음 반응계에 대하여 물음에 답하시오.

$$4NH_3(g) + 3O_2(g) \rightleftharpoons 2N_2(g) + 6H_2O(l) \qquad \Delta H = -1530.4kJ$$

(a) 평형에서 암모니아의 양에 영향을 미치는 것은?

(1) $O_2(g)$의 제거

(2) $N_2(g)$의 첨가

(3) 물의 첨가

(4) 일정한 압력에서 용기의 팽창

(5) 온도의 증가

(b) 위의 다섯 가지 중 K 값을 증가시키는 것과 감소시키는 것은 어느 것인가?

[10-7] 다음 광합성 반응에 대하여 글루코스의 생성이 증가되는지 감소되는지 답하여라.

$$6CO_2(g) + 6H_2O(l) \rightleftharpoons C_6H_{12}O_6(s) + 6O_2(g) \qquad \Delta H = +2801kJ$$

(a) 산소의 압력이 증가될 때

(b) 이산화탄소의 압력이 증가될 때

(c) 온도를 낮출 때 $\sqrt{54.3} = 7.37$

(d) 물의 양을 증가시킬 때

(e) 식물에 햇빛이 더 많이 내리쪼일 때

[10-8] [심화] 비커에 0.100 g의 $Mg(NO_3)_2$, 0.100 g의 Ca(NO3)2가 들어 있는 500.0 mL의 수용액이 있다. (몰 질량: $Mg(NO_3)_2$: 261.3, $Ca(NO_3)_2$: 100.1, Na_2CO_3: 106.0 g/mol)

(a) 이 용액 속에 있는 Mg^{2+}과 Ca^{2+} 이온의 몰농도를 계산하여라.

(b) 이 용액에 0.100 g의 Na_2CO_3를 첨가하였다. 평형 상태에 도달했을 때 용액의 상태는 다음 중 어느 것인가? 염을 첨가한 후에도 용액의 부피는 500.0 mL로 변화가 없다고 가정한다. ($K_{sp}(MgCO_3) = 6.8\times10^{-6}$, $K_{sp}(CaCO_3) = 5.0\times10^{-9}$)

① 침전이 없다.

② $MgCO_3$만 침전한다.

③ $CaCO_3$만 침전한다.

④ $MgCO_3$와 $CaCO_3$ 둘 다 침전한다.

[10-9] **[심화] 독일의 화학자 몬트(L. Mond)는 니켈을 정제하는 과정을 개발하였다. 테트라카르보닐니켈($Ni(CO)_4(g)$)는 끓는점이 42.2 ℃이다. 다음 반응을 이용하여 니켈을 불순물로부터 정제하였다.**

$$Ni(s) + 4CO(g) \rightleftarrows Ni(CO)_4(g) \quad \Delta H^0 = -169.9\ kJ$$

(a) 위 반응에서 니켈 금속의 산화상 태는 얼마인가?

(b) $Ni(CO)_4(g)$로부터 니켈 금속을 회수하려면 어떻게 해야 하는가?

[10-10] **[심화] 430 ℃에서 다음 반응의 평형 상수 K_c = 54.3이다.**

$$H_2(g) + I_2(g) \rightleftarrows 2HI(g)$$

10.0 L 용기 안에 수소 기체가 0.5 mol, 요오드 기체가 0.5 mol, HI기체가 0.1 mol을 넣고 반응을 시켰다. 평형이 되면 각 물질의 몰수는 몇 mol인가? ($\sqrt{54.3} = 7.37$)

[10장 연습문제 정답]

[10-1] (a) $K=P_{CO_2}P_{H_2O}$ (b) $K=\dfrac{(P_{NO})^4\,(P_{H_2O})^6}{(P_{NH_3})^4\,(P_{O_2})^5}$

(c) $K=P_{CO_2}$ (d) $K=\dfrac{[H_3O^+(aq)][HCOO^-(aq)]}{[HCOOH(aq)]}$

[10-2] (a) $3O_2(g) \rightleftarrows 2O_3(g)$ $K=\dfrac{P^2{}_{O_3}}{P^3{}_{O_2}}$

(b) $N_2(g) + 3H_2(g) \rightleftarrows 2NH_3(g)$ $K=\dfrac{P_{NH_3}^2}{P_{N_2}P_{H_2}^3}$

(c) $7H_2(g) + 2NO_2(g) \rightleftarrows 2NH_3(g) + 4H_2O(g)$ $K=\dfrac{(P_{NH_3})^2(P_{H_2O})^4}{(P_{H_2})^7\,(P_{NO_2})^2}$

(d) $AgCl(s) \rightleftarrows Ag^+(aq) + Cl^-(aq)$ $K=[Ag^+(aq)][Cl^-(aq)]$

[10-3] $K=K_1/K_2{}^2=3.1\times10^{15}$

[10-4] (a) 0.025 몰 CO(g) (b) 0.04 몰 CO(g)

[10-5] (a) $P_{NO}=P_{SO_3}=2.25\,atm,$ $P_{SO_2}=P_{NO_2}=0.25\,atm$

(b) $P=5.00\,atm$ if $\Delta n_g=0$

[10-6] (a) (1) 증가 (2) 증가 (3) 불변 (4) 증가 (5) 증가

(b) K가 증가하는 것은 없다. (5)에서만 K가 감소한다.

[10-7] (a) 감소 (b) 증가 (c) 감소 (d) 무관 (e) 증가

[10-8] (a) $[Mg^{2+}]=7.27\times10^{-3}$ M, $[Ca^{2+}]=1.9\times10^{-3}$ M,

(b) ④ 둘 다 침전된다.

$Q(MgCO_3)=1.45\times10^{-6}$, $Q(MgCO_3)=3.78\times10^{-6}$

[10-9] (a) 0 (b) 온도를 높인다.

[10-10] 0.12 mol $H_2(g)$, 0.12 mol $I_2(g)$, 0.87 mol HI(g)

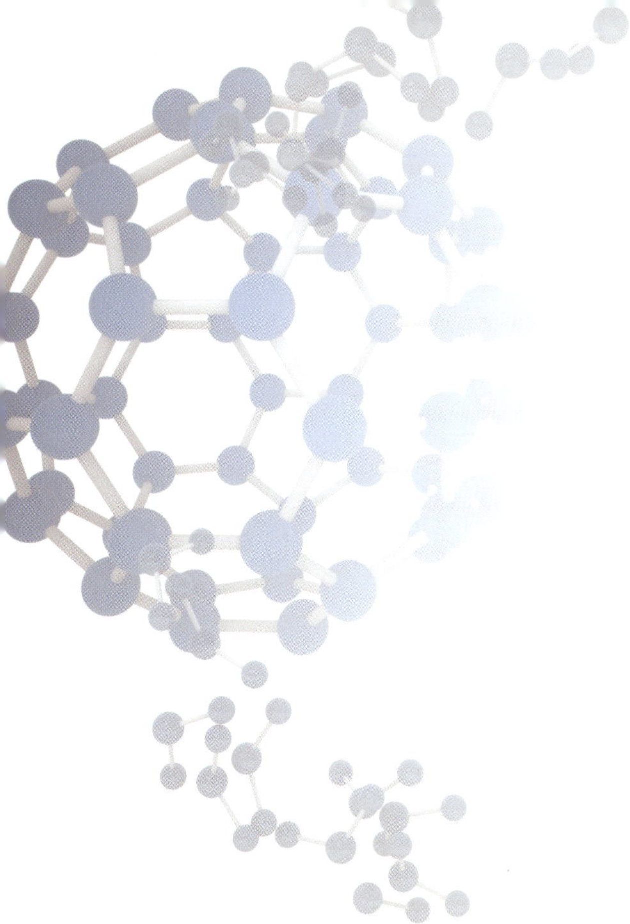

11 CHAPTER

산-염기 반응

CONTENTS

[학습목표]

① 산과 염기의 정의를 이해한다. 브뢴스테트–로리의 산 염기는 수소이온을 내는 물질은 산이고, 수소이온을 받는 물질을 염기라고 한다.
② 강산과 강염기는 완전히 이온화되지만, 약산과 약염기는 소량만 이온화되기 때문에 이온화 상수로 나타낸다.
③ 약한 산과 약한 염기는 이온화 상수(K_a)를 이용하여 pH를 계산한다.
④ 산의 세기는 분자 구조를 토대로 결합의 극성과 결합 에너지로부터 예측할 수 있다.
⑤ 약산과 그 짝염기(또는, 약염기와 강산)를 비슷한 농도로 섞으면, 완충 용액이 된다.
⑥ 산과 염기의 반응을 중화 반응이라고 하고, 강산–강염기 적정은 당량점이 pH = 7, 강산과 약산 적정의 당량점은 pH 〈 7이고, 약산–강염기 적정의 당량점은 pH 〉 7 이다.

[OX퀴즈 11–1] 약한 산은 이온화될 수 있는 수소 원자를 가지고 있지 않는 분자이다.

정답 ×

해설 약한 산은 이온화될 수 있는 수소 원자를 가지고 있는 분자이다.

[OX퀴즈 11–2] 약산과 그 짝 염기를 거의 같은 양 포함하는 용액은 강산이나 강염기를 첨가할 경우 pH가 빠르게 변한다.

정답 ×

해설 약 산과 그 짝 염기를 거의 같은 양 포함하는 용액은 완충용액으로써, 강산이나 강염기를 첨가해도 pH가 잘 변하지 않는다.

[OX퀴즈 11–3] 농도가 같은 강한 산의 수용액과 약한 산의 수용액의 pH는 같다.

정답 ×

해설 강한 산의 수용액은 거의 100 % 이온화되지만, 약한 산의 수용액은 이온화 상수가 작아서 겨우 몇 %만 이온화된다. 따라서 pH가 다르다.

[OX퀴즈 11–4] 약한 산을 강한 염기로 중화시키면 당량 점은 pH는 7이다.

정답 ×

해설 약한 산을 강한 염기로 중화시키면 약한 산의 짝염기가 생기고 이 짝염기가 가수분해되어 pH가 7보다 높은 염기가 된다.

11-1.

산과 염기의 정의

산(acid)과 염기(base)는 그 정의에 따라 브뢴스테드 - 로리(Broensted-Lowry)의 산 염기 정의는 수소이온(H^+)을 기준으로 정의한다. 브뢴스테드산은 수소이온(H^+)을 주는 물질이고, 염기는 수소이온(H^+)을 받는 물질이다. 따라서 어떤 산은 그것의 짝인 짝염기(conjugate base)가 반드시 존재한다. 산과 염기는 짝 산-짝 염기의 개념으로 설명한다. 예를 들면, 산인 HCl은 수소이온(H^+)이 떨어져 나가면 짝염기인 염소이온(Cl^-)이 된다. 반대로 염기인 염소이온이 수소이온을 받으면 짝산인 HCl이 된다. 암모니아(NH_3)는 수소이온을 받아서 암모늄이온(NH_4^+)이 된다. 따라서 암모니아는 수소이온을 받기 때문에 염기로 작용하고, 암모늄이온은 수소이온을 주고 암모니아가 되기 때문에 암모니아의 짝산이다. 암모니아와 같은 염기들은 수소이온을 받을 수 있는 비공유 전자쌍을 가지고 있다.

Brønsted-Lowry의 산-염기 정의

1. 산(Acid)은 양성자(H^+ 이온) 주개이다.
2. 염기(base)는 양성자(H^+ 이온) 받개이다.
3. 산은 그 짝인 짝 염기를 가지고, 염기는 짝 산이 있다.

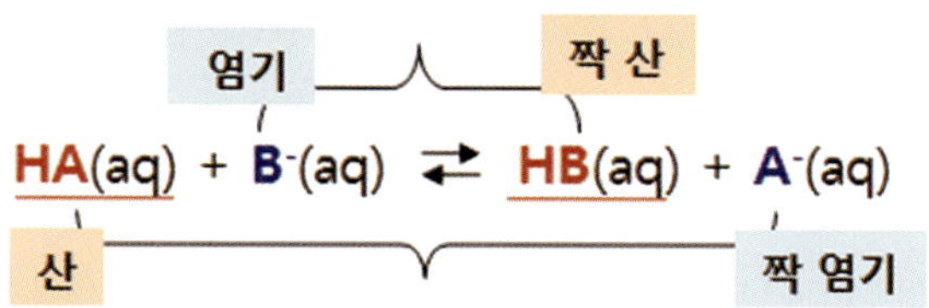

[그림 11-1] 브뢴스테드-로리의 산 염기 정의

11-2.

물의 자체 이온화

물은 우리가 잘 알고 있는 것처럼 독특한 성질을 가지고 있다. 물(H_2O)은 산으로 작용하기도 하고 염기로 작용하기도 한다. 이런 물질을 양쪽성이라고 한다. 물은 매우 약한 전해질이기 때문에 약간 이온화하여 하이드록소늄이온(H_3O^+)과 수산화이온(OH^-)을 생성한다. 이것을 물의 자체 이온화 반응(autoionization)이라고 한다.

$$2H_2O(l) \rightleftarrows H_3O^+(aq) + OH^-(aq)$$

$$K_w = [H_3O^+]\ [OH^-] = 1.0 \times 10^{-14} (25\ ℃에서)$$

$$[H_3O^+] = [OH^-] = 1.0 \times 10^{-7} M$$

물의 이온화 반응의 평형 상수를 물의 이온화 상수(K_w)라고 부르며, 25 ℃에서 1.0×10^{-14}이다. 따라서 순수한 물에서 하이드록소늄 이온(H_3O^+)과 수산화이온(OH^-)의 농도는 각각 1.0×10^{-7} M이다.

보통 수용액에서 수소이온의 농도가 매우 낮아서 10의 지수로 표현되기 때문에 수소이온의 농도에 상용로그를 위하여 마이너스(-)를 붙인 값을 pH 라고 정의한다. 수소이온 농도에 붙은 농도단위(M)는 빼고 숫자만을 쓴다. 평형 상수에서 와같이 pH는 단위가 없는 양이다. 예를 들면, 수소이온의 농도가 $[H_3O^+] = 1.0 \times 10^{-3}$ M이면, $pH = -\log(1.0\times10^{-3}) = 3$이고, $[H_3O^+] = 2.0\times10^{-5}$ M이면, $pH = -\log(2.0\times10^{-5}) = 5 - \log(2.0) = 5 - 0.30 = 4.7$이 된다. 마찬가지로 수산화이온의 농도를 pOH로 나타낸다. 25 ℃에서 $K_w = [H_3O^+]\ [OH^-] = 1.0\times10^{-14}$이므로,

$$pH + pOH = 14 \text{ 또는, } pOH = 14 - pH$$

가 된다.

11-3.

산과 염기의 세기

완전히 이온화되는 강한 전해질(strong electrolyte)로 작용하는 것과 매우 적게 이온화되는 약한 전해질(weak electrolyte)이 있다. 강한 산(strong acid)은 물 속에서 완전히 이온화하는 강전해질이다. 염산(HCl), 질산(HNO_3), 과염소산($HClO_4$), 황산(H_2SO_4)는 강한 산이다. 알칼리 금속의 수산화물 수산화소듐(NaOH), 수산화포타슘(KOH)은 강한 염기이고, 알칼리 토금속의 수산화물은 물에 잘 녹지 않는 염이지만, 강한 염기로 작용한다. 즉, 수산화마그네슘($Mg(OH)_2$), 수산화칼슘($Ca(OH)_2$), 수산화바륨($Ba(OH)_2$)은 강한 염기이다.

그리고 이온화가 잘 되지 않는 산은 약한 산(weak acid)이며, 이들은 이온화

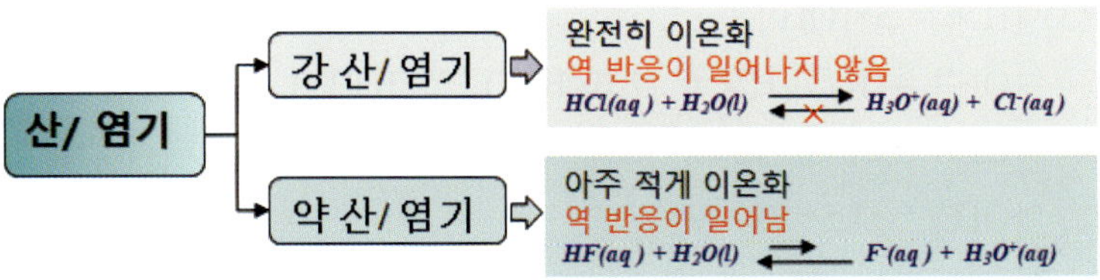

[그림 11-2] 산과 염기의 이온화 정도

[표 11-1] 일반적인 강 산과 강 염기

강한 산	이름	강한 염기	이름
HCl	염산	LIOH	수산화리튬
HBr	브로민산	NaOH	수산화소듐
HI	아이오딘산	KOH	수산화칼륨
HNO_3	질산	$Ca(OH)_2$	수산화칼슘
$HClO_4$	과염소산	$Sr(OH)_2$	수산화스트론튬
H_2SO_4	황산	$Ba(OH)_2$	수산화바륨

되는 정도를 산의 이온화 상수(dissociation constant, K_a)로 나타낸다. 아세트산(CH_3COOH), 플르오르화수소산(HF), 암모늄이온(NH_4^+)등이 약한 산에 속한다. 대부분의 약한 염기는 암모나아(NH_3)와 메틸아민(CH_3NH_2), 에틸아민($C_2H_5NH_2$) 같은 아민들이다.

[예제 11-1] 다음 용액에 대하여 답하여라.

(1) $[OH^-]$ 이온의 농도가 2.0×10^{-7} M인 수돗물의 pH를 계산하여라.

(2) 사람의 혈액은 pH = 7.4이다. 혈액의 $[H^+]$와 $[OH^-]$ 이온의 농도를 계산하여라.

(3) $[H^+]$ 이온의 농도가 $[OH^-]$ 이온의 농도의 5배인 용액의 pOH 를 계산하여라.

풀이 (1) $pOH = -\log([OH^-]) = -\log(2.0 \times 10^{-7}) = 7.0 - \log(2.0) = 7.0 - 0.301 = 6.7$

$pH = 14 - pOH = 14 - 6.7 = 7.3$

(2) $[H^+] = 10^{-pH}$와 $= 10^{-7.4} = 4.0 \times 10^{-8}$ M

$[OH^-] = (10^{-14}) / [H^+] = (10^{-14}) / (4.0 \times 10^{-8}) = 2.5 \times 10^{-7}$ M

(3) $[H^+] = 5 \times [OH^-]$

$[OH^-] = K_w / [H^+] = (1.0 \times 10^{-14}) / (5 \times [OH^-])$

$[OH^-]^2 = (1.0 \times 10^{-14}) / (5) = 2.0 \times 10^{-15})$

$[OH^-] = 4.5 \times 10^{-8}$ M

$pOH = -\log(4.5 \times 10^{-8}) = 8.0 - \log(4.5) = 7.35$

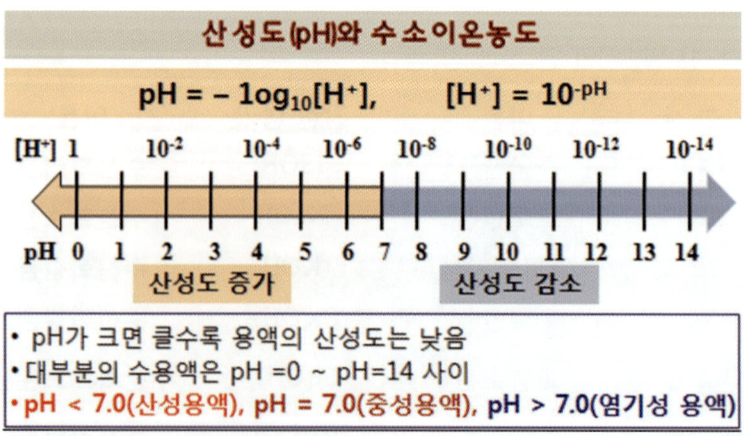

[그림 11-3] 산성도와 염기성도 그리고 pH

강산 : 물에서 완전히 이온화

염산과 물의 반응식: H_3O^+와 OH^- 이온 농도가 0.10M

$$\underset{0.1M}{HCl(aq)} + \underset{-\ 0.1M}{H_2O} \longrightarrow \underset{0.1M}{H_3O^+(aq)} + \underset{0.1M}{Cl^-(aq)}$$

강염기 : 묽은 수용액에서 완전히 이온화

NaOH와 물의 반응식: Na^+와 OH^- 이온 농도가 0.10M

$$\underset{0.1M}{NaOH(aq)} + \underset{-\ 0.1M}{H_2O} \longrightarrow \underset{0.1M}{H_3O^+(aq)} + \underset{0.1M}{Cl^-(aq)}$$

[그림 11-4] 강산과 강염기의 이온화

[표 11-2] 일상에서 사용되는 물질들의 pH

물 질	pH	물 질	pH
레몬주스	2.2 ~ 2.4	사람의 소변	4.8 ~ 8.4
포도주	2.8 ~ 3.8	우유	6.3 ~ 6.6
식초	3.0	사람의 타액	6.5 ~ 7.5
토마토주스	4.0	먹는 물	5.5 ~ 8.0
맥주	4 ~ 5	사람의 혈액	7.3 ~ 7.5
치즈	4.8 ~ 6.4	바닷물	8.3

11-4.

약한 산과 염기의 이온화 상수

(1) 산과 염기의 이온화 상수

산과 염기는 물 속에서 이온화한다. 강한 산과 강한 염기들은 완전히 이온화된다. 대부분의 산은 약한 산(weak acid)이며, 이들은 이온화되는 정도를 산의 이온화 상수(dissociation constant, K_a)로 나타낸다.

강 산(염기)과 약 산(염기)의 이온화

강 산(염기) : 묽은 수용액에서 완전히 이온화

[예]: **0.1 M HCl**과 물의 반응식: H_3O^+와 Cl^- 이온 농도가 0.1 M 이다.

$$HCl(aq) + H_2O(l) \rightarrow H_3O^+(aq) + Cl^-(aq)$$

평형농도: 0 　　　 0.1 M 　 0.1 M

약 산(염기) : 묽은 수용액에서 아주 적게 이온화

[예] 0.1M HF와 물의 반응식: H_3O^+ 와 F^- 이온 농도가 아주 적다.

$$HF(aq) + H_2O(l) \rightleftarrows H_3O^+(aq) + F^-(aq)$$

평형농도: 0.0916 M 　　　 0.0084 M 　 0.0084 M

[그림 11-5] 강 산(염기)과 약 산(염기)의 이온화

아세트산(CH_3COOH), 플르오르화수소산(HF), 암모늄이온(NH_4^+) 등이 약한 산에 속한다. 대부분의 약한 염기는 암모나아(NH_3)와 메틸아민(CH_3NH_2), 에틸아민($C_2H_5NH_2$) 같은 아민들이다. 일반적으로 약한 산 HA의 이온화 반응은 다음과 같다.

$$HA(aq) + H_2O(l) \rightleftarrows H_3O^+(aq) + A^-(aq)$$

이 반응의 평형 상수는 다음과 같이 나타내며, 산의 이온화 상수(dissociation constant, K_a)라고 부른다.

$$K_a = \frac{[H_3O^+][A^-]}{[HA]}$$

약한 염기의 경우에도 일반적으로 약한 염기 B의 이온화 반응은 다음과 같다.

$B(aq) + H_2O(l) \rightleftarrows HB^+(aq) + OH^-(aq)$

이 반응의 평형 상수는 다음과 같이 나타내며, 염기산의 이온화 상수 (dissociation constant, K_b)라고 부른다.

$$K_b = \frac{[HB^+][OH^-]}{[B]}$$

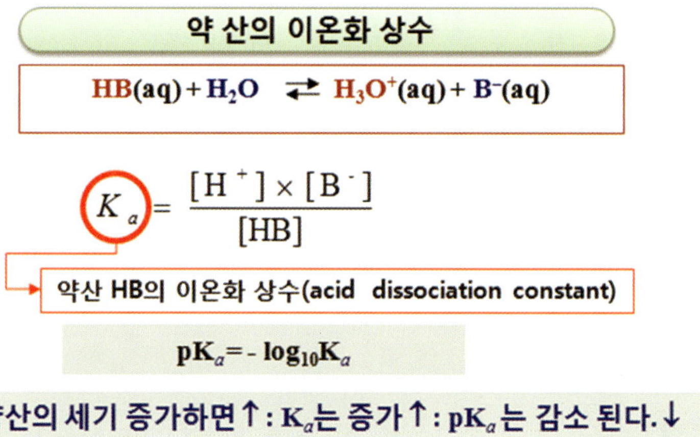

[그림 11-6] 약산의 이온화 상수의 정의

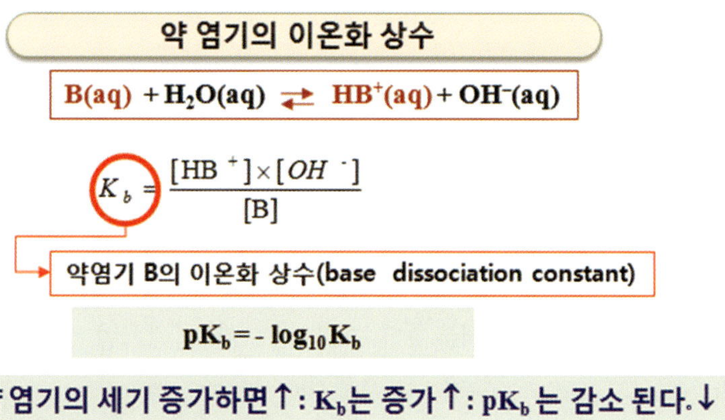

[그림 11-7] 약 염기의 이온화 상수

[표 11-3] Broensted-Lowry 산과 짝 염기의 상대적 세기

	산	분자식	짝 염기	분자식	
강산	과 염소산	$HClO_4$	과염소산 이온	ClO_4^-	약염기
강산	아이오딘화수소산	HI	아이오딘화 이온	I^-	약염기
강산	브로민화수소산	HBr	브로민화 이온	Br^-	약염기
강산	염산	HCl	염화 이온	Cl^-	약염기
강산	황산	H_2SO_4	황산 이온	HSO_4^-	약염기
강산	질산	HNO_3	질산 이온	NO_3^-	약염기
	하이드로늄이온	H_3O^+	물	H_2O	
약산	황산수소이온	HSO_4^-	황산 이온	SO_4^{2-}	강염기
약산	플루오린화수소산	HF	플루오린화 이온	F^-	강염기
약산	아질산	HNO_2	아질산 이온	NO_2^-	강염기
약산	폼산	HCOOH	폼산 이온	$HCOO^-$	강염기
약산	암모늄이온	NH_4^+	암모니아	NH_3	강염기
약산	사이안화수소산	HCN	사이안화 이온	CN^-	강염기
약산	물	H_2O	수산화 이온	OH^-	강염기
약산	암모니아	NH_3	아마이드화 이온	NH_2^-	강염기

(2) 이온화 백분율

산과 염기의 세기는 이온화 상수를 통해서 알 수 있다. 산과 염기의 세기를 표현하는 또 하나의 방법은 이온화 백분율이다. 이온화 백분율은 다음과 같이 표현한다.

$$\text{이온화 백분율(\%)} = \frac{\text{평형에서 이온화된 산의 농도}}{\text{처음 주어진 산의 농도}} \times 100$$

약한산이 이온화하는 정도는 산의 처음 농도에 의존한다. 산의 농도가 묽으면, 이온화되는 정도는 커진다. 강한 산은 이온화되는 정도가 농도에 무관하게 모두 이온화되기 때문에 이온화 백분율은 100 %가 된다. 그러나 약한 산은 묽은 용액에서 이온화 백분율이 크고, 농도가 진해지면 이온화 백분율이 감소한다.

산과 염기의 이온화 백분율

$$이온화\ \% = \frac{[H^+]_{equilibrium}}{[HB]_{initial}} \times 100\ \%$$

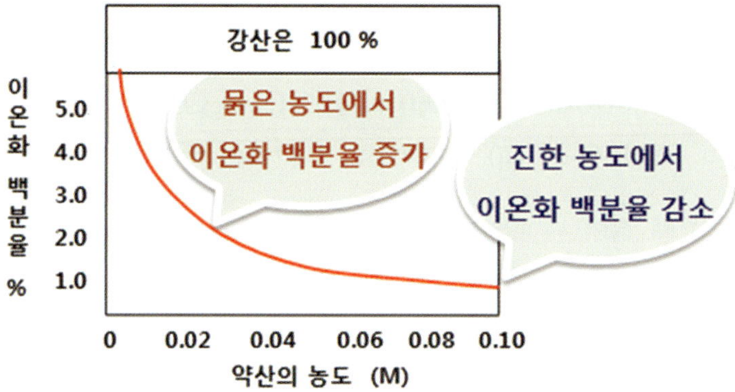

[그림 11-8] 산과 염기의 이온화 백분율

[표 11-4] 25 ℃에서 몇 가지 약산과 짝염기의 이온화 상수 $K_a \times K_b = 10^{-14}$

산	분자식	K_a	짝염기	K_a
아황산	H_2SO_3	1.7×10^{-2}	HSO_3^-	5.9×10^{-13}
황산수소이온	HSO_4^-	1.0×10^{-2}	SO_4^{2-}	1.0×10^{-12}
인산	H_3PO_4	7.1×10^{-3}	$H_3PO_4^-$	5.9×10^{-13}
플르오르산	HF	6.9×10^{-4}	F^-	1.4×10^{-11}
아질산	HNO_2	6.0×10^{-4}	NO_2^-	1.7×10^{-11}
포름산	$HCHO_2$	1.9×10^{-4}	CHO_2^-	5.3×10^{-11}
벤조산	$HC_7H_5O_2$	6.6×10^{-5}	$C_7H_5O_2^-$	1.5×10^{-10}
아세트산	$HC_2H_3O_2$	1.8×10^{-5}	$C_2H_3O_2^-$	5.6×10^{-10}
탄산	H_2CO_3	4.4×10^{-7}	HCO_3^-	2.3×10^{-8}
하이포아염소산	$HClO$	2.8×10^{-8}	ClO^-	3.6×10^{-7}
암모늄이온	NH_4^+	5.6×10^{-10}	NH_3	1.8×10^{-5}
사이안산	HCN	4.9×10^{-10}	CN^-	2.0×10^{-5}
물	H_2O	1.0×10^{-14}	OH^-	1

[예제 11-2] 아세트산(CH_3COOH)의 K_a = 1.8×10^{-5}이고, 수화된 아연이온 ($[Zn(H_2O)_4]^{2+}$)의 K_a = 3.3×10^{-10}이다. 다음에 대하여 답하여라.

(1) 이 두 화학종의 수용액이 왜 산성인지 화학식을 써라.

(2) 어느 것이 더 강한 산인가?

(3) $[Zn(H_2O)_4]^{2+}(aq)$의 pK_a는 얼마인가?

풀이 (1) $CH_3COOH(aq) + H_2O(l) \rightleftarrows H_3O^+(aq) + CH_3COO^-(aq)$

$[Zn(H_2O)_4]^{2+}(aq) + H_2O(l) \rightleftarrows H_3O^+(aq) + [Zn(H_2O)_3(OH)]^+(aq)$

(2) K_a 값이 더 큰 아세트산(CH_3COOH)이 강하다.

(3) $K_a = -\log(K_a) = -\log(3.3\times10^{-10}) = 10 - \log(3.3) = 10 - 0.52 = 9.48$

[예제 11-3] 아스피린(Aspirin)은 분자식이 $HC_9H_7O_4$(몰 질량: 180.0 g/mol)인 약한 유기산이다. 아스피린 1.26 g이 들어있는 350.0 mL 아스피린 용액이 있다. 이 용액의 pH가 2.60일 때, 아스피린의 K_a를 계산하시오($[H_3O^+] = 10^{-pH} = 10^{-2.6} = 2.5\times10^{-3}$이다.).

풀이 아스피린의 몰수 = (1.26 g) / (180.0 g/mol) = 0.007 몰

이 용액의 농도를 계산하면, (0.007 몰) / (0.35 L) = 0.02 M이다.

그리고 이 용액의 pH가 2.60이므로, $[H_3O^+] = 10^{-2.60} = 2.5\times10^{-3}$이다.

	$HC_9H_7O_4(aq)$	$\rightleftarrows$	$H_3O^+(aq)$	$HC_9H_7O_4^-(aq)$
처음 농도(M)	0.02		0	0
반응	-2.5×10^{-3}		$+2.5\times10^{-3}$	$+2.5\times10^{-3}$
평형 농도	$0.02 - 2.5\times10^{-3}$		2.5×10^{-3}	2.5×10^{-3}

$$K_a = \frac{[H_3O^+][C_9H_7O_4]}{[HC_9H_7O_4]} = \frac{(2.5\times10^{-3})\times(2.5\times10^{-3})}{0.02-0.0025} = 3.6\times10^{-4}$$

약한 산 수용액의 수소이온농도(pH) 계산

$$HA(aq) \rightleftarrows H^+(aq) + A^-(aq) \quad K_a$$

	HA(aq)	⇄	H^+(aq)	$+A^-$(aq)
처음농도(M)	C_A		0	0
반응	$-x$		$+x$	$+x$
평형농도(M)	$C_A - x$		x	x

$$K_a = \frac{x \times x}{C_A - x} \qquad K_a \cong \frac{x \times x}{C_A} \qquad x \cong \sqrt{C_A \times K_a}$$

x 에 대하여 2차 방정식, $x^2 + K_a x - C_A K_a = 0$ 을 푼다.
K_a 가 작은 경우(10^{-4} 이하), $C_A - x \fallingdotseq C_A$ 라고 풀어서 x 를 구하고 다시 한번 식에 대입하는 연속 근사 법을 사용해도 된다.

[그림 11-9] 약한 산 수용액의 수소이온 농도와 pH 계산

[예제 11-4] 아세트산(CH_3COOH)의 $K_a = 1.8 \times 10^{-5}$이다. 0.2 M 아세트산수용액의 $[H_3O^+]$이온 농도를 계산하고, pH로 나타내어라. 그리고 이온화 백분율을 구하여라.

풀이 $CH_3COOH(aq) + H_2O(l) \rightleftarrows H_3O^+(aq) + CH_3COO^-(aq)$ $K_a = 1.8 \times 10^{-5}$

	CH_3COOH(aq)	⇄	H_3O^+(aq)	CH_3COO^-(aq)
처음 농도(M)	0.2		0	0
반응	$-x$		$+x$	$+x$
평형 농도	$0.2 - x$		x	x

$$K_a = \frac{[H_3O^+][CH_3COO^-]}{[CH_3COOH]} = \frac{(x)^2}{0.2 - x} = 1.8 \times 10^{-5}$$

$x = [H_3O^+] \cong (0.2 \times 1.8 \times 10^{-5})^{1/2} = (3.6 \times 10^{-6})^{1/2} = 1.9 \times 10^{-3}$ M

pH = $-\log(1.9 \times 10^{-3}) = 3.00 - \log(1.9) = 3.00 - 0.29 = 2.71$

이온화 백분율(%) = $[(1.9 \times 10^{-3}\ M) / (0.2\ M)] \times 100 = 1.0$ %

[예제 11-5] 아질산(HNO_2)의 K_a = 6.0×10^{-4}이다. 0.1 M 아질산 수용액의 $[H_3O^+]$ 이온 농도를 계산하여라.

풀이 $HNO_2(aq) + H_2O(l) \rightleftarrows H_3O^+(aq) + NO_2^-(aq)$ $K_a = 6.0 \times 10^{-4}$

	$CH_3COOH(aq)$	$\rightleftarrows$	$H_3O^+(aq)$	$CH_3COO^-(aq)$
처음 농도(M)	0.2		0	0
반응	$-x$		$+x$	$+x$
평형 농도	$0.2 - x$		x	x

두 가지 방법으로 계산해 보자.

① 연속 근사법 :

$$K_a = \frac{[H_3O^+][NO_2^-]}{[HNO_2]} = \frac{(x)^2}{0.1 - x} \cong \frac{x^2}{0.1} = 6.0 \times 10^{-4}$$

$x = [H_3O^+] \cong (0.1 \times 6.0 \times 10^{-4})^{1/2} = (60 \times 10^{-6})^{1/2} = 7.7 \times 10^{-3}$ M

이 값을 다시 위 식에 넣어서 계산하면, $[HNO_2(aq)]$ = 0.1 - 0.0077 = 0.9923이고,

$[H_3O^+] \cong (0.0923 \times 6.0 \times 10^{-4})^{1/2} = (55 \times 10^{-6})^{1/2} = 7.4 \times 10^{-3}$ M

② 이차 방정식 :

$$x^2 + (6.0 \times 10^{-4})x - (0.1 \times 6.0 \times 10^{-4}) = 0$$

근의 공식을 사용하면,

$$x = \frac{-(6.0 \times 10^{-4}) \pm \sqrt{(6.0 \times 10^{-4})^2 - 4 \times (6.0 \times 10^{-4})}}{2}$$

$x = 7.4 \times 10^{-3} M$이 된다.

(3) 짝산과 짝염기의 이온화 상수 관계

산과 염기는 브뢴스테드-로리의 정의에 따라 짝산-짝염기로 설명할 수 있다. 산은 그것의 짝인 짝염기가 반드시 존재하고, 염기는 그 염기의 짝산이 존재한다. 짝산과 짝염기의 세기는 서로 반비례한다. 강한 산의 짝염기는 약한 염기이다. 강한 산이 이온화하여 만들어진 짝염기는 수소 이온을 받을 수 없다. 그래서 강한 산의 짝 염기는 물 속에서 수소이온이나 수산화이온 같은 이온과 반응 할 수 없다. 약한산의 짝염기는 강한 산으로 작용한다. 약한산은 이

온화되는 정도가 낮고, 이온화된 짝염기는 물 속에 있는 수소이온을 받아서 약한산을 만들기 때문에 약한산의 짝염기는 강한 염기로 작용한다.

Brønsted-Lowry 산과 염기의 상대적 세기

약 산(K_a)과 그 짝 염기(K_b)의 이온화상수 관계

염기의 세기는 그 짝 산의 세기와 반비례한다.

강 산의 짝 염기는 약 염기	(예) HCl(강 산) ↔ Cl^-(약 염기)
약 산의 짝 염기는 강 염기	(예) HAc(약 산) ↔ Ac^- (강 염기)

약한 산과 약한 염기의 이온화 상수는 각각 K_a, K_b로 나타내었다. 서로 짝인 짝산과 짝염기의 이온화 상수는 서로 곱하면, 물의 이온화 상수인 K_w가 된다. 이 관계로부터 짝염기의 이온화 상수는 짝산의 이온화 상수로부터 계산할 수 있다. 예를 들면, 아세트산(CH_3COOH)의 이온화 상수는 25 ℃에서 $K_a = 1.8\times10^{-5}$이고, 짝염기인 아세트산이온(CH_3COO^-)의 이온화 상수 $K_b = K_w / K_a = (1.0\times10^{-14}) / (1.8\times10^{-5}) = 5.6\times10^{-10}$이 된다. 따라서 모든 염기의 이온화상수는 짝산의 이온화 상수로부터 계산할 수 있다.

약 산(K_a)과 그 짝 염기(K_b)의 이온화상수 관계

약 산의 이온화 상수 (K_a)	그 짝 염기의 이온화 상수 (K_b)
$HF(aq) + H_2O \rightleftarrows H_3O^+(aq) + F^-(aq)$	$F^-(aq) + H_2O \rightleftarrows HF(aq) + OH^-(aq)$
$K_a = \frac{[H_3O^+]\times[F^-]}{[HF]} = 6.0\text{x}10^{-4}$	$K_b = \frac{[HF]\times[OH^-]}{[F^-]} = 1.78\text{x}10^{-11}$

$$K_a \times K_b = [H_3O^+]\times[OH^-] = K_W = 1.0\times10^{-14}$$

$$K_b = K_W / K_a = (1.0\times10^{-14}) / K_a$$

$$pK_a + pK_b = 14$$

[그림 11-10] 약한 산과 그 짝 염기의 이온화 상수 관계

[예제 11-6] 플루오르화수소산(HF)의 $K_a = 6.9 \times 10^{-4}$이다. 0.1 M NaF 수용액의 $[H_3O^+]$이온 농도를 계산하여라.

풀이 NaF는 물 속에서 100 % 이온화하여 0.1 M의 플루오르화수소산 이온 (F^-)이 된다.

$NaF(aq) + H_2O(l) \rightarrow Na^+(aq) + F^-(aq)$

그리고 이온화된 0.1M $F^-(aq)$ 이온은 염기로 작용하여 $OH^-(aq)$ 이온을 생성한다.

$F^-(aq) + H_2O(aq) \rightleftarrows HF(aq) + O_3H^-(aq)$

이 짝염기의 이온화 상수는 짝산인 HF의 이온화상수로부터 구할 수 있다.

$K_b = K_w / K_a = (1.0 \times 10^{-14}) / (6.9 \times 10^{-4}) = 1.4 \times 10^{-11}$

	$F^-(aq)$	$\rightleftarrows$	HF(aq)	$OH^-(aq)$
처음 농도(M)	0.1		0	0
반응	$-x$		$+x$	$+x$
평형 농도	$0.1 - x$		x	x

두 가지 방법으로 계산해 보자.

① 연속 근사법:

$$K_b = \frac{[HF][OH^-]}{[F^-]} = \frac{(y)^2}{0.1 - y} \cong \frac{y^2}{0.1} = 1.4 \times 10^{-11}$$

$y = [OH^-] \cong (0.1 \times 1.4 \times 10^{-11})^{1/2} = (1.4 \times 10^{-12})^{1/2} = 1.2 \times 10^{-6} M$

$pOH = 6 - 0.1 = 5.1 \quad \therefore pH = 14 - pOH = 14 - 5.1 = 8.9$

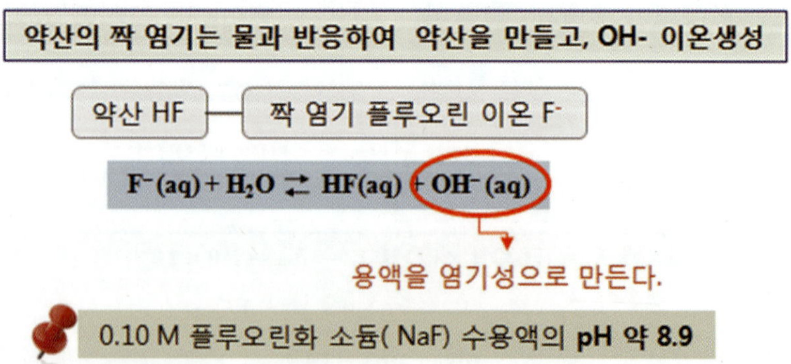

[그림 11-11] 약염기의 가수분해

(4) 염의 가수분해

산과 염기가 반응하면 물과 이온성 염(salt)이 생성된다. 이 염들은 물에 녹아서 산이나 염기로 작용하게 된다. 이렇게 염이 물과 반응하는 것을 염의 가수분해라고 한다. 염이 물과 반응하여 가수분해 되면, 그 성질에 따라 산성염, 염기성염, 중성염으로 구분된다.

[표 11-5] 수용액에서 이온 성 염들의 산-염기 성질

	산	이온성 염	염 기	
강산	HCl HI HNO_3 H2SO4	① 강산 + 강 염기 = 중성 염 NaCl KCl NaI KI $MgCl_2$ $NaNO_3$ KNO_3 Na_2SO_4 $MgSO_4$ $CaSO_4$	NaOH KOH $Mg(OH)_2$ $Ca(OH)_2$	강염기
약산	HF HCN HAc	② 강 산 + 약 염기 = 산성 염 NH_4Cl NH_4I NH4NO3 $(NH_4)_2SO_4$ ③ 약 산 + 강 염기 = 염기성 염 NaF KCN NaAc $CaAc_2$	NH_3 CH_3NH_2	약염기

① **중성 염**: NaCl이나, KI 같이 산의 짝염기와 강염기의 짝산으로 만들어진 염은 물과 반응하지 않는 구경꾼 이온이고, 중성염이라고 한다.

② **염기성 염**: NaF, CH_3COONa, K_2CO_3 같이 약산의 짝염기를 포함하는 염들은 물과 반응하여 짝산이 되고, OH- 이온을 생성하기 때문에 염기성 염이라고 한다.

③ **산성 염**: NH_4Cl, CH_3NH_2Br, NH_4NO_3 같이 약한 염기의 짝산을 포함하는 염들은 물과 반응하여 짝염기를 만들고 H_3O^+ 이온을 생성하기 때문에 산성 염이라고 한다.

[예제 11-7] 다음 화학종들이 왜 염기성 용액을 만드는지 반응식을 써서 설명하여라.

(1) $NO_2^-(aq)$ (2) $Na_2CO_3(aq)$ (3) $KHCO_3(aq)$

풀이 (1) $NO_2^-(aq) + H_2O(l) \rightleftarrows HNO_2(aq) + OH^-(aq)$

(2) $CO_3^{2-}(aq) + H_2O(l) \rightleftarrows HCO_3^-(aq) + OH^-(aq)$

(3) $HCO_3^-(aq) + H_2O(l) \rightleftarrows H_2CO_3(aq) + OH^-(aq)$

[예제 11-8] 다음 염의 수용액 중에서 산성인 것을 골라라.

(1) NaCl(aq) (2) $NH_4Cl(aq)$ (3) KI(aq) (4) NaF(aq)

풀이 이 수용액들은 다음과 같이 가수분해 된다.

(1) $NaCl(aq) + H_2O(aq) \rightleftarrows Na^+(aq) + Cl^-(aq)$

(2) $NH_4Cl(aq) + H_2O(aq) \rightleftarrows NH_3(aq) + H_3O+(aq) +Cl-(aq)$

(3) $KI(aq) + H_2O(aq) \rightleftarrows K^+(aq)(aq) + I^-(aq)(aq)$

(4) $NaF(aq) + H_2O(aq) \rightleftarrows Na^+(aq) + HF(aq) + OH^-(aq)$

[해설] (2) $NH_4Cl(aq)$이 산성이다. $NH_4^+(aq)$는 약한 염기의 짝산이므로 $H^+(aq)$을 물에 주어 $H_3O^+(aq)$을 형성하고, $Cl^-(aq)$은 강산의 짝염기이기 때문에 $H^+(aq)$과 결합할 수 없다.

(1) NaCl(aq)는 중성이다. $Na^+(aq)$는 강염기의 짝산이므로 $OH^-(aq)$과 결합할 수 없고, $Cl^-(aq)$은 강산의 짝염기이기 때문에 $H^+(aq)$과 결합할 수 없다.

(3) KI(aq)는 중성이다. $K^+(aq)$는 강염기의 짝산이므로 $OH^-(aq)$과 결합할 수 없고, $I^-(aq)$은 강산의 짝염기이기 때문에 $H^+(aq)$과 결합할 수 없다.

(4) NaF(aq)는 염기성이다. $Na^+(aq)$는 강염기의 짝산이므로 $OH^-(aq)$과 결합할 수 없고, $F^-(aq)$은 약한 산의 짝염기이기 때문에 $H^+(aq)$과 결합한다.

[예제 11-9] 다음 주어진 염의 수용액은 산성인가, 염기성인가, 중성인가?

(1) NH_4I (aq) (2) $Zn(NO_3)_2(aq)$ (3) $KClO_4(aq)$ (4) $Na_3PO_4(aq)$

풀이 (1) [산성] (2) [중성] (3) [중성] (4) [염기성]

$NH_4I(aq) + H_2O(l) \rightleftarrows NH_4^+(aq)$ [산성] $+ I^-(aq)$ [중성]

$Zn(NO_3)_2(aq)+ H_2O(l) \rightleftarrows Zn^{2+}(aq)$ [중성] $+ 2NO_3^-(aq)$ [중성]

$KClO_4(aq) + H_2O(l) \rightleftarrows K^+(aq)$ [중성] $+ ClO_4^-(aq)$ [중성]

$Na_3PO_4(aq) + H_2O(l) \rightleftarrows 2Na^+(aq)$ [중성] $+ PO_4^{3-}(aq)$ [염기성]

(5) 다 양성자 산의 이온화 상수

분자 1개가 이온화하여 2개나 3개의 수소이온을 생성하는 산을 다 양성자 산(polyprotic acid)이라고 한다. 이 산들은 단계별로 이온화하여 수소이온을 생성하기 때문에 각 단계마다 이온화 상수를 표현할 수 있다. 예를 들면, 탄산(H_2CO_3)은 2 양성자산이고 다음과 같이 이온화 한다.

$$H_2CO_3(aq) + H_2O(l) \rightleftarrows HCO_3^-(aq) + H_3O^+(aq) \quad K_{a1} = 4.4 \times 10^{-7}$$

$$HCO_3^-(aq) + H_2O(l) \rightleftarrows CO_3^{2-}(aq) + H_3O^+(aq) \quad K_{a2} = 4.7 \times 10^{-11}$$

다 양성자 산 (polyprotic acid)

- 하나 이상의 이온화될 수 있는 수소 이온을 가짐
- 각 단계별로 다른 평형 상수를 가지면서 단계적으로 이온화

$$H_3PO_4 \rightleftarrows H^+ + H_2PO_4^- \quad K_{a1} = 7.1 \times 10^{-3}$$

$$H_2PO_4^- \rightleftarrows H^+ + HPO_4^{2-} \quad K_{a2} = 6.2 \times 10^{-8}$$

$$HPO_4^{2-} \rightleftarrows H^+ + PO_4^{3-} \quad K_{a3} = 4.5 \times 10^{-13}$$

다 양성자 산의 성질

① 다 양성자 산의 이온화 상수는 연속된 다음 단계로 갈수록 작아진다.

$$K_{a1} > K_{a2} > K_{a3}$$

② 다 양성자 산의 중간형태(예: $H_2PO_4^-$, HPO_4^{2-})는 양쪽성이다.

[그림 11-12] 다양성 자산의 이온화

첫 번째 단계에서 생성된 짝염기, $HCO_3^-(aq)$는 두 번째 단계에서 산으로 작용한다. 이 이온은 산성으로 작용하기도 하고 염기로 작용하기도 하기 때문에 양쪽성이라고 부른다.

[표 11-6] 25 ℃에서 몇 가지 다 양성자 산의 이온화 상수

다양성자 산	분자식	K_{a1}	K_{a2}	K_{a3}
탄산	H_2CO_3	4.4×10^{-7}	4.7×10^{-11}	
황산	H_2SO_4	매우 크다.	1.3×10^{-2}	
옥살산	$H_2C_2O_4$	5.9×10^{-2}	5.2×10^{-5}	
인산	H_3PO_4	7.1×10^{-3}	6.2×10^{-8}	4.5×10^{-13}
아황산	H_2SO_3	1.7×10^{-2}	6.0×10^{-8}	
황화수소	H_2S	9.5×10^{-8}	1.8×10^{-7}	

11-5.

분자 구조와 산의 세기

(1) 산과 염기의 세기

산의 세기는 용매의 성질과 온도, 그리고 분자구조와 같은 여러 가지 인자들의 영향을 받는다. 같은 용매와 같은 온도에서 산의 세기를 비교하면, 분자구조에 따른 산의 세기를 알 수 있다. 산의 세기는 두 가지 인자에 영향을 받는다. 첫 번째는 수소의 결합 세기이다. 산의 세기는 이온화하여 수소이온을 내는 정도를 나타내기 때문에 약하게 결합된 수소 이온은 이온화가 잘 되기 때문에 강한 산으로 분류된다. 반대로 강하게 결합된 수소 이온은 이온화가 잘 되지 않기 때문에 약한 산이 된다. 두 번째는 결합의 극성이다. 결합의 극성이 강할수록 수소이온은 잘 이온화될 것이다. 따라서 극성이 강할수록 강한 산이 된다. 할로겐화수소산들은 결합의 세기에 따라 산의 세기가 달라진다는 것을 알 수 있다. 결합력이 강한 H-F는 약한 산이고, 결합력이 약한 H-I는 강한 산이다.

할로겐화 수소산들의 산의 세기: HF << HCl < HBr < HI

① 2 성분 수소 산 : 분자구조와 산의 상대적 세기

결합에너지가 작을수록 강한 산 : HF << HCl < HBr < HI

약산 ↓ 강산

산	분자식	결합에너지 (kJ/mol)
플루오린화 수소산	H-F	568
염산	H-Cl	366
브로민화 수소산	H-Br	431
아이오딘화 수소산	H-I	298

↑ 결합력

[그림 11-13] 분자 구조와 산의 상대적 세기: 2 성분 수소 산

② 산소 산 의 세기: 분자구조와 산의 상대적 세기

산소수가 같으면, 중심원자의 전기 음성도가 클수록 강한 산

강 ↑ 약

산	분자식	산	분자식
염소산	$HClO_3$	황산	H_2SO_4
브롬산	$HBrO_3$	셀렌산	H_2SeO_4
아이오딘산	HIO_3		

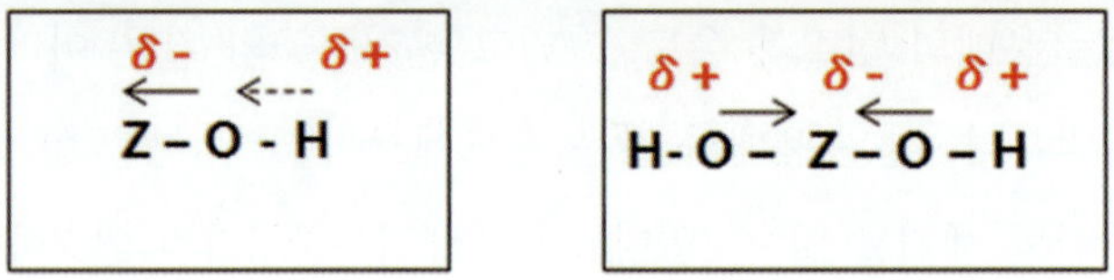

[그림 11-14] 분자 구조와 산의 상대적 세기: 산소 산의 세기

산소산(oxoacid)은 중심원자(Z)에 산소가 결합되어 있고, 산소에 수소가 결합되어 있다. 산소산들은 1개 이상의 -O-H 결합을 가지고 있다. 중심원자 Z의 전기음성도가 크면, -O-H 결합은 극성이 커지게 된다. 따라서 산의 세기가 강하다. 그리고 산소원자는 전기음성도가 큰 원자이기 때문에 중심원자에 결합된 산소의 수가 많으면, -O-H 결합은 더욱 극성이 강해진다. 중심원자가 같을 때 산소의 수가 많을수록 산소산의 세기는 강하다.

③ 산소 산의 세기: 분자구조와 산의 상대적 세기

중심원자에 결합된 산소 수가 많을 수록 강한 산

강 ↑ 약

산	분자식	산	분자식
과염소산	$HClO_4$	황산	H_2SO_4
염소산	$HClO_3$	아황산	H_2SO_3
아염소산	$HClO_2$		
하이포아염소산	$HClO$		

[그림 11-15] 분자 구조와 산의 상대적 세기: 산소 산의 세기

11-6.

완충 용액

(1) 완충 용액과 완충 작용

완충 용액(buffer solution)은 **약한 산과 그 짝염기**, 또는 **약한 염기와 그 짝산**이 비슷한 양으로 섞여있는 용액을 말하며, 약간의 산이나 염기를 첨가하여도 pH가 크게 변화되지 않는 용액이다. 완충 용액은 화학반응뿐만 아니라, 생물학적으로 생체기능에서 매우 중요한 역할을 하고 있다. 인체에서 산성도(pH)는 체액에 따라서 다양하게 변한다. 혈액의 pH는 약 7.4로 유지되고 위액의 pH는 약 1.5로 유지된다. 우리 몸 속에서 일어나는 많은 생체반응들은 적절한 pH에서 효소들이 촉매 작용을 통해서 일어난다. 아울러 삼투압력이 유지되는 현상들은 모두 적절한 pH가 유지되는 완충 용액에 의해서 이루어진다. 완충 작용은 약한 산과 약한 염기가 섞여 있는 용액이므로, 염기(OH^-)를 가하면, 약한 산이 중화시키고, 산(H^+)을 가하면, 약한 염기가 이를 중화시켜서 pH가 크게 변화되지 않는다.

예를 들면, 아세트산(CH_3COOH)과 아세트산 소듐(CH_3COONa)이 섞인 용액은 완충 용액으로 작용한다. 아세트산은 다음과 같이 이온화되어 아세트산 이온을 생성하지만, 약한 산이기 때문에 이온화 상수는 매우 작고, 아주 적은 양(1~2 %)의 $CH_3COO^-(aq)$만 존재한다.

$$CH_3COOH(aq) + H_2O(l) \rightleftarrows H_3O^+(aq) + CH_3COO^-(aq)$$

$$K_a = \frac{[CH_3COO^-][H_3O^+]}{[CH_3COOH]}$$

여기에 산(H_3O^+)이 가해지면, 짝염기인 아세트산이온(CH_3COO^-)이 중화시키고, 염기(OH-)이 가해지면, 짝 산인 아세트산(CH_3COOH)이 중화시켜서 이 완충용액의 pH는 크게 변화되지 않게 된다.

$$CH_3COONa(aq) + H_2O(l) \rightleftarrows CH_3COO^-(aq) + OH^-(aq)$$

따라서 아세트산-아세트산 소듐 용액은 아세트산과 아세트산 이온이 비슷한 양으로 들어 있는 완충 용액의 역할을 한다. 완충 용액의 pH는 다음과 같이 계산할 수 있다. 이온화 상수를 정리하면,

$$[H_3O^+] = K_a \frac{[CH_3COO^-]}{[CH_3COOH]}$$

이 되고, 이 식의 양변에 -log를 취하면, 다음 식이 된다.

$$pH = pK_a + \log\left(\frac{[CH_3COO^-]}{[CH_3COOH]}\right)$$

이 식을 Handerson-Hasselbalch 식이라고 부른다. 이식에서 산과 짝염기의 농도비를 완충 용량(buffer capacity)이라고 한다. 완충 용액에 산이나 염기를 넣을 때 pH가 변화되는 정도를 말한다. 약한 산과 그 짝염기의 농도가 같으면, 완충 용량이 가장 크다. 약한 산과 그 짝염기의 농도차이가 크면, 완충 용량은 작아진다.

[예제 11-10] 아세트산의 $K_a = 1.8\times10^{-5}(pK_a = 4.74)$이다. 다음 용액의 pH를 계산하여라.

(1) 0.20 몰의 아세트산과 0.20몰의 아세트산소듐을 물에 녹여서 1.0 L 용액으로 만들었다.

(2) 0.10 몰의 아세트산과 0.12 몰의 아세트산소듐을 물에 녹여서 1.0 L 용액으로 만들었다.

풀이 (1) 아세트산의 농도 $[CH_3COOH]$ = (0.2 몰) / (1.0 L) = 0.2 M이고, 아세트산 이온의 농도 $[CH_3COO^-]$ = (0.2 몰) / (1.0 L) = 0.2 M이다.

$$pH = pK_a + \log\left(\frac{[CH_3COO^-]}{[CH_3COOH]}\right) = 4.74 + \log\left(\frac{0.2 + x}{0.2 - x}\right) = 4.74$$

(2) 아세트산의 농도 $[CH_3COOH]$ = (0.10 몰) / (1.0 L) = 0.10 M이고, 아세트산 이온의 농도 $[CH_3COO^-]$ = (0.12 몰) / (1.0 L) = 0.12 M이다.

$$pH = 4.74 + \log\left(\frac{0.12 - x}{0.10 + x}\right) \cong 4.74 + \log(1.2) = 4.74 + 0.08 = 4.82$$

[표 11-7] 완충 용액을 제조하는데 사용되는 약산과 그 짝염기

pH	약산	짝 염기	K_a	pK_a
4	젖산 (Hlac)	젖산이온 (lac$^-$)	1.4×10^{-4}	**3.85**
5	아세트산(CH_3COOH)	CH_3COO^-	1.8×10^{-5}	**3.74**
6	탄산(H_2CO_3)	HCO_3^-	4.4×10^{-7}	**6.36**
7	인산2수소이온($H_2PO_3^-$)	HPO_3^{2-}	6.2×10^{-8}	**7.21**
8	하이포염소산(HClO)	ClO^-	2.8×10^{-9}	**7.55**
9	암모늄이온(NH_4^+)	NH_3	5.6×10^{-10}	**9.25**
10	탄산수소이온($HCO_3^=$)	CO_3^{2-}	4.7×10^{-11}	**10.32**

(2) 완충 용액의 제조

완충 용액은 pH를 정확하게 조절해야 한다. 특정한 pH의 완충 용액을 제조하는 것은 중요하다. 완충 용액을 만드는 방법은 2가지가 있다. ① 첫 번째 방법은 약한 산과 그 짝염기를 섞는 방법이다. 완충 용액을 만들려면, 원하는 완충 용액의 pH에 가장 가까운 이온화 상수(pK_a)를 가진 약한 산을 선택하고 그 짝염기와 섞으면 된다. 농도 차이가 크면, 완충 용량이 작아져서 완충 작용을 하기 어렵다. 만일 약한 산과 짝염기의 야가 농도가 같도록 만들면, log([짝염기] / [산]) = 0이 되기 때문에 pH = pK_a가 된다. 따라서 정확한 pH를 맞추려면, 약한 산과 짝염기의 비율을 조절해야 한다. ② 두 번째는 약한산에 강염기를 농도가 반절정

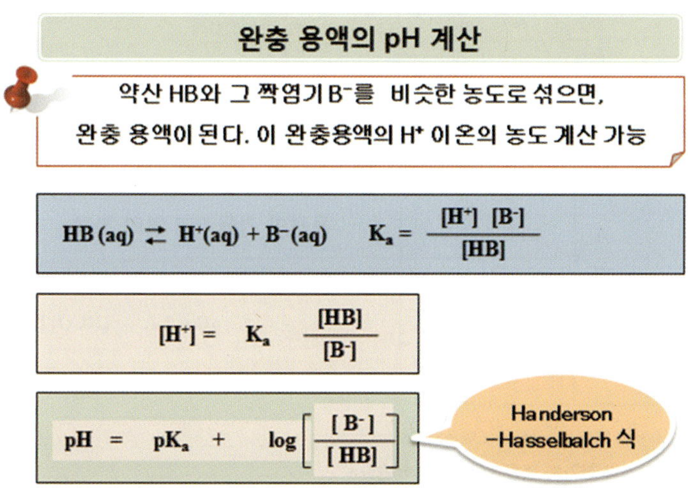

[그림 11-16] 완충 용액의 pH 계산

도 섞으면, 약한산이 강염기와 반응하여 짝염기가 만들어지게 된다. 이용액은 약산과 그 짝염기가 비슷한 농도로 존재하게 되어 완충 용액이 된다.

[예제 11-11] pH가 6.5인 완충 용액을 만들려면 [표 11-7]에 주어진 산 중에서 어떤 산을 선택하는 것이 좋을까? 산과 염기의 농도를 어떻게 조절해야 하는가?

풀이 탄산(H_2CO_3)

pK_a가 6.5에 가장 가까운 약산은 탄산(H_2CO_3)이다. 따라서 탄산(H_2CO_3)과 짝염기인 탄산수소 소듐($NaHCO_3$)를 사용하여 제조한다.

$$6.5 = pK_a + \log\left(\frac{[HCO_3^-]}{[H_2CO_3]}\right) = 6.36 + \log\left(\frac{[HCO_3^-]}{[H_2CO_3]}\right)$$

$$\log\left(\frac{[HCO_3^-]}{[H_2CO_3]}\right) = 6.5 - 6.36 = 0.14, \quad \frac{[HCO_3^-]}{[H_2CO_3]} = 10^{0.14} = 1.38$$

0.1 M 탄산(H_2CO_3)과 짝염기인 0.138 M 탄산수소 소듐($NaHCO_3$)이 되도록 만든다.

완충능력
- pH의 급격한 변화를 보이지 않음
- H^+나 OH^-와 반응하는데 한계 용량을 가짐

$$pH = pK_a + \log\left[\frac{[B^-]}{[HB]}\right]$$

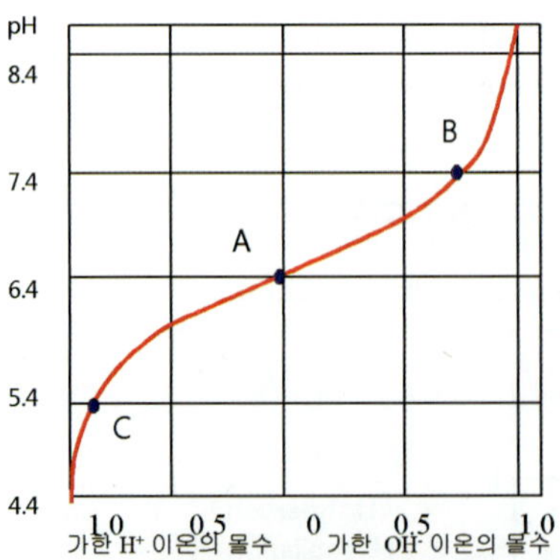

<강산이나 강염기 첨가에 대한 완충제의 pH변화>

완충 용량

OH^-나 H^+를 흡수하는 완충제의 용량은 곡선의 기울기와 역의 관계

점 A	$pH = pK_a$; $H_2CO_3 = 6.4$
점 B	$pH = 7.4$; $[HCO_3^-] = 10X[H_2CO_3]$
점 C	$pH = 5.4$; $[H_2CO_3] = 10X[HCO_3^-]$

[그림 11-17] 완충 용액의 완충 능력

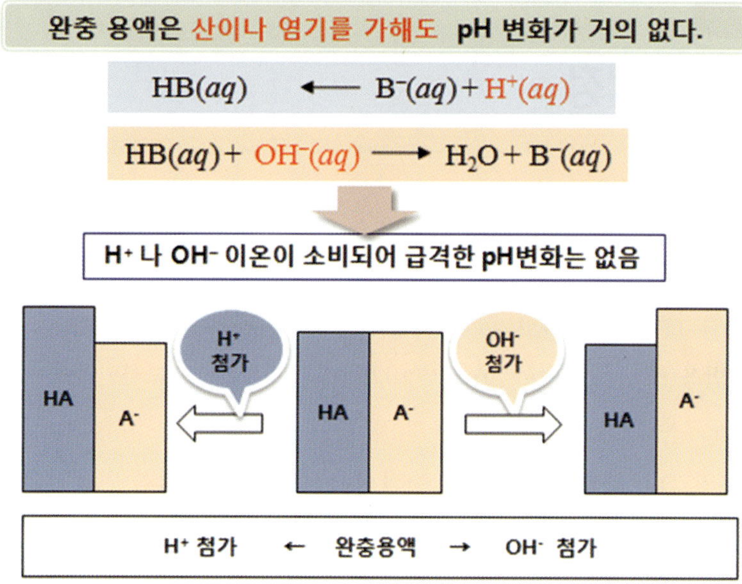

[그림 11-18] 완충 용액의 완충 작용

11-7.

산-염기 적정

(1) 산 염기 중화 반응

산과 염기를 반응시키면, 물과 이온성 염이 만들어진다. 이런 반응을 **산-염기 중화반응**(neutralization reaction)을 이라고 부른다. 중화반응을 이용하여 농도를 모르는 미지 용액의 농도를 알아낼 수 있다. 농도를 정확하게 알고 있는 산(또는 염기)의 표준 용액으로 미지의 염기(또는 산) 용액과 반응시켜 농도를 알아낼 수 있다. 이것을 산-염기 중화적정이라고 한다. 표준용액이 가해진 부피와 pH 변화를 나타낸 곡선을 중화적정곡선이라고 한다. 산과 염기가 정확하게 반응하는 몰수가 되도록 첨가된 부피를 당량점이라고 한다. 예를 들면, 0.1 M HCl 50.0 mL를 0.10 M NaOH로 적정할 때 50.0 mL가 첨가되면, 산과 염기의 몰수가 0.1 M×(0.05L) = 0.005 몰로 완전히 중화된다. 이 경우 50.0 mL가 첨가된 상태를 당량점이라고 한다. 만일 0.1 M HCl 50.0 mL를 0.20 M NaOH 로 적정할 때 25.0 mL가 첨가되면, 산과 염기의 몰수가 (0.1 M)×(0.05 L) = (0.2 M)×(0.025 L) = 0.005 몰로 완전히 중화된다. 따라서 이 경우 당량점은 25.0 mL이다. 산-염기 중화적정은 산과 염기의 세기에 따라 3가지 형태로 나누어 볼 수 있다. ① 강산-강 염기 적정 ② 약산-강염기 적정 ③ 강산-약염기 적정

① 강 산+ 강 염기 중화 반응 ➔ [중성 염] **당량 점 pH = 7**

(예) $HCl(aq) + NaOH(aq) \longrightarrow H_2O(aq) + NaCl(aq)$ ➔ 가수분해 되지 않음

② 약 산+ 강 염기 중화 반응 ➔ [염기성 염] **당량 점 pH > 7**

(예) $HF(aq) + NaOH(aq) \longrightarrow Na^+(aq) + F^-(aq)$ ➔ 가수분해가 일어남

(가수분해) $F^-(aq) + H_2O(l) \rightleftarrows HF(aq) + OH^-(aq)$

③ 강 산+ 약 염기 중화 반응 ➔ [산성 염] **당량 점 pH < 7**

(예) $HCl(aq) + NH_3(aq) \longrightarrow NH_4^+(aq) + Cl^-(aq)$ ➔ 가수분해가 일어남

(가수분해) $NH_4^+(aq) + H_2O(l) \rightleftarrows NH_3(aq) + H_3O^+(aq)$

[그림 11-19] 산과 염기 적정

(2) 강 산 - 강 염기 중화 적정

강산인 HCl과 강염기인 NaOH 사이의 중화반응은 다음과 같다.

$HCl(aq) + NaOH(aq) \rightleftarrows H_2O(l) + Na^+(aq) + Cl^-(aq)$

0.10 M HCl 50.0 mL 수용액을 0.10 M NaOH로 적정하면, 50.0 mL가 적정된 당량점에서 pH는 정확하게 pH = 7이 된다. $Na^+(aq)$과 $Cl^-(aq)$ 이온은 구경꾼 이온이라서 물과 반응하지 않기 때문이다.

① 강 산 – 강 염기 적정 곡선

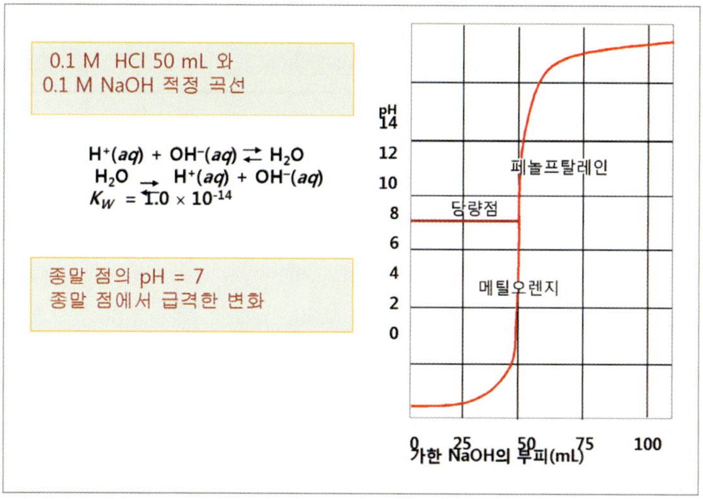

[그림 11-20] 강산과 강염기 적정 곡선

(3) 강산 - 약염기 중화적정

약산인 HA와 강 염기인 NaOH 사이의 중화반응은 다음과 같다.

$HA(aq) + NaOH(aq) \rightleftarrows H_2O(l) + Na^+(aq) + A^-(aq)$

HA의 이온화 상수가 $K_a = 1.0 \times 10^{-5}$이라고 가정하자. 0.10M HA 수용액 50.0 mL를 0.10 M NaOH로 적정하면, 50.0 mL가 적정된 당량점에서 pH는 7보다 큰 염기성 용액이 된다(pH > 7). $Na^+(aq)$ 이온은 구경꾼 이온과 짝염기(A^-)이 생성된다. 중화된 용액에서 산 이온의 농도는 $[A^-]$ = (0.005 몰) / (0.1 L) = 0.05 M이 된다.

	HA	+ NaOH	⇄	H_2O	A^-	전체 부피
처음 몰수	0.005 몰	0.005 몰			0	
반응	-0.005 몰	-0.005 몰			+0.005 몰	
생성된 몰수	0	0			0.005 몰	0.1 L
농도 (M)					0.05 M	

생성된 짝염기 이온(A^-)은 물과 반응하여 가수분해를 일으킨다.

$A^-(aq) + H_2O(l) \rightleftarrows HA(aq) + OH^-(aq)$

가수분해 반응	A^-	$+H_2O$	⇄	OH^-	HA
처음 농도(M)	0.05			0	0
반응	-y			+y	+y
농도 (M)	0.05 - y			y	y

$K_b = K_w / K_a = (1.0 \times 10^{-14}) / (1.0 \times 10^{-5}) = 1.0 \times 10^{-10}$

$$K_b = \frac{[HA][OH^-]}{[A^-]} = \frac{y^2}{0.05 - y} = 1.0 \times 10^{-10}$$

$y = [OH^-] = 2.2 \times 10^{-6} M,\ pOH = 5.66,\ pH = 14 - 5.66 = 9.34$

② 약 산 – 강 염기 적정 곡선

0.1 M 약한 산(HA, K_a= 1 × 10^{-5}) 50.0 mL 와 0.1 M 강 염기(NaOH)의 적정:
처음 0.10 M: $[H^+] = (1 \times 10^{-6})^{1/2} = 1 \times 10^{-3}$; pH = 3.0
종말 점의 반 : [HA] = [A^-] ; $[H^+] = 1 \times 10^{-5}$; pH = 5.0
종말 점 : [A^-] = 0.005/ 0.1= 0.05 M ; $[OH^-]^2 = 0.05 \times 10^{-10}$; pH = 9.34

$HA(aq) + OH^-(aq) \rightleftarrows H_2O(l) + A^-(aq)$
$A^-(aq) + H_2O(l) \rightarrow HA(aq) + OH^-(aq)$
$K_b = K_w / K_a = 1.0 \times 10^{-10}$
$K_b = y^2 / (0.05 - y) = 1.0 \times 10^{-10}$
y= $[OH^-]$ = 2.2×10^{-6}
종말 점의 pH = 9.36 > 7
종말 점 근처에서 서서히 변화

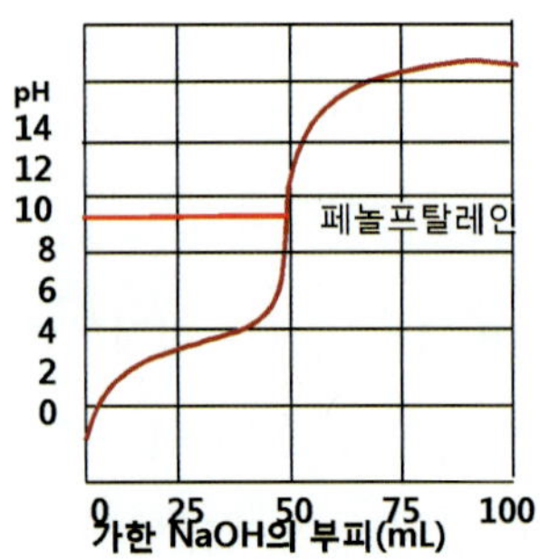

[그림 11-21] 약산과 강염기 적정 곡선

(4) 강 산-약 염기 중화적정

강 산인 HCl과 약 염기인 B사이의 중화반응은 다음과 같다.

$$HCl(aq) + B(aq) \rightleftarrows H_2O(l) + BH^+(aq) + Cl^-(aq)$$

HA의 이온화 상수가 $K_b = 1.0\times10^{-5}$이라고 가정하자. 0.10 M B 수용액 50.0 mL를 0.10 M HCl로 적정하면, 50.0 mL가 적정된 당량점에서 pH는 7보다 작은 산성 용액이 된다(pH < 7). 구경꾼 이온인 $Cl^-(aq)$ 이온과 짝산(BH^+)이 생성된다. 중화된 용액에서 산 이온의 농도는 $[BH^+] = (0.005 \text{ 몰}) / (0.1 \text{ L}) = 0.05$ M이 된다.

	HCl	+ B	⇄	H_2O	BH^+	전체 부피
처음 몰수	0.005 몰	0.005 몰			0	
반응	-0.005 몰	-0.005 몰			+0.005 몰	
생성된 몰수	0	0			0.005 몰	0.1 L
농도 (M)					0.05 M	

생성된 짝산 이온(BH^+)은 물과 반응하여 가수분해를 일으킨다.

$$BH^+(aq) + H_2O(l) \rightleftarrows H_3O^+(aq) + B(aq)$$

가수분해 반응	BH^+	$+H_2O$	⇄	H_3O^+	B
처음 농도(M)	0.05			0	0
반응	$-x$			$+x$	$+x$
농도 (M)	$0.05 - x$			x	x

$$K_a = K_w / K_b = (1.0\times10^{-14}) / (1.0\times10^{-5}) = 1.0\times10^{-9}$$

$$K_a = \frac{[B][H_3O^+]}{[BH^+]} = \frac{x^2}{0.05 - x} = 1.0\times10^{-9}$$

$$x = [H_3O^+] = 7.0\times10^{-6}M,\ pH = 5.15$$

③ 강 산 – 약 염기 적정 곡선

0.1M 강 산(HCl) 50.0mL 과 0.1M 약 염기(B ; K_b= 1.0 × 10^{-5}) 의 적정:
처음 0.10 M: [OH^-] = (1.0 × $10^{-6})^{1/2}$ = 1 ×10^{-3}; pH = 12.0
종말 점의 반 : [B] = [BH^+] ; [H^+] = 1 ×10^{-5} ; pH = 9.0
종말 점 : [BH^+]= 0.005/ 0.1 = 0.05 M ; [H^+] = 7.0 ×10^{-5} ; pH = 5.15

$H^+(aq)$ + $B(aq)$ ⇄ $BH^+(aq)$
$BH^+(aq)$ → $H^+(aq)$ + $B(aq)$
K_a = K_w/K_b = 1.0 × 10^{-9}
K_a = $x^2/(0.05- x)$ = 1.0 × 10^{-9}
[H^+] = 7.0 × 10^{-6} M
종말 점의 pH = 5.15 < 7
종말 점 근처에서 서서히 변화

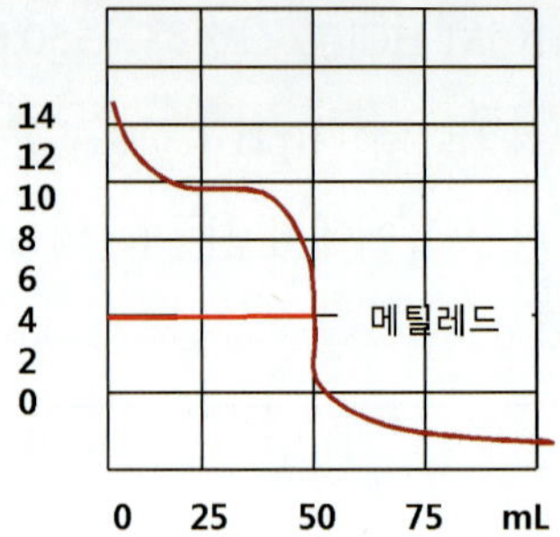

[그림 11-22] 강산과 약 염기 적정곡선

[학습퀴즈 11-1] 다음 주어진 수용액의 pH와 pOH를 계산하여라.

(1) 1.0 M HCl 수용액

(2) 9.3×10^{-11} M HCl 수용액

[학습퀴즈 11-2] 산의 이온화상수를 사용하여 다음 주어진 수용액에서 H_3O^+ 이온의 농도가 증가하는 순서로 나열하여라.

① 0.1 M HBr(브로민화수소산) K_a는 매우 크다.
② 0.1 M HF(플르오르화수소산) K_a = 6.9×10^{-4}
③ 0.1 M HCOOH(폼산) K_a = 1.9×10^{-4}
④ 0.1 M HCN(사이안화수소산) K_a = 5.8×10^{-10}

[학습퀴즈 11-3] 벤조산(C_6H_5COOH, K_a = 6.6×10^{-5})은 여러 가지 딸기류에 존재한다. 벤조산 0.288 mol을 720 mL에 녹인 수용액의 pH와 이온화 퍼센트를 계산하여라.

[학습퀴즈 11-4] 다음 주어진 염기들의 이온화 상수를 사용하여 주어진 수용액에서 pH가 증가하는 순서로 나열하여라.

① 0.1 M KOH (KOH의 K_b는 매우 크다.)

② 0.1 M KF (F^-의 K_b = 1.45×10^{-9})

③ 0.1 M KCl (HCl의 K_a는 매우 크다.)

④ 0.1 M $ZnCl_2$

$[Zn(H_2O)_4]^{2+}(aq) + H_2O(l) \rightleftarrows [Zn(H_2O)_3(OH)]^{2+}(aq) + H_3O^+(aq)$ $K_a = 3.3 \times 10^{-10}$

⑤ 0.1 M HCl (HCl의 K_a는 매우 크다.)

[학습퀴즈 11-5] 1.20 M 에틸아민($C_2H_5NH_2$) 100.0 mL를 1.0 M HCl 수용액 50.0 mL와 섞은 용액의 pH를 계산하여라(에틸암모늄 이온($C_2H_5NH_3^+$) K_a = 3.6×10^{-10}).

[학습퀴즈 11-6] 탄산(H_2CO_3)은 2 양성자 산이며, 약한산이다. $K_{a1} = 4.4\times10^{-7}$ (pK_{a1} = 6.4)이고, K_{a2} = 4.7×10^{-11}(pK_{a2} = 10.3)이다.

(1) 0.1 M 탄산(H_2CO_3)의 pH는 얼마인가?

(2) 혈액의 pH가 7.4로 유지되는 것은 대사 과정에서 생긴 CO_2 기체가 혈액 속에 녹아서 H_2CO_3- HCO_3^- 완충계로 존재하기 때문이다. 혈액 중에 $[H_2CO_3]$ / $[HCO_3^-]$ 비는 얼마일까요?

(3) 0.1 M 탄산수소나트륨 ($NaHCO_3$) 수용액의 pH는 얼마인가?

[학습퀴즈 11-1 풀이]

(1) $HCl(aq) + H_2O(l) \rightleftarrows H_3O^+(aq) + Cl^-(aq)$

1.0 M HCl 수용액이 이온화하면, $H_3O^+(aq)$ 이온의 농도는 1.0 M이다.

pH = -log(1.0) = 0, pOH = 14 - pH = 14

(2) 9.3×10^{-11} M HCl 수용액이 이온화하면, $[H_3O^+(aq)]$ = 9.3×10^{-11} M이다. 이 용액의 pH를 계산하면, pH = $-\log(9.3\times10^{-11})$ = 11 - log(9.3) = 10.03이 된다. 그러나 이 용액에서 순수한 물이 이온화되면, $[H_3O^+(aq)]$ = 1.0×10^{-7} M이 된다. 따라서 이 두 농도를 더하면, $[H_3O^+(aq)]$ = 1.0×10^{-7} M + 9.3×10^{-11} M ≅ 1.0 × 10 - 7 M이다. 이 용액의 pH = 7이다. 수소이온 의 농

도가 순수한 물에서 농도 $[H_3O^+(aq)] = 1.0\times10^{-7}$ M보다 낮은 용액의 pH = 7이다. 마찬가지로 OH^- 이온의 농도가 순수한 물에서 농도 $[OH^-(aq)] = 1.0\times10^{-7}$ M보다 낮은 용액의 pH = 7이다.

[학습퀴즈 11-2 풀이] 이온화상수가 크면, 수소이온 농도가 높다.

① 0.1M HBr : pH = -log(0.1) = 1

② 0.1M HF $K_a = 6.9\times10^{-4}$

$K_a = x^2 / (0.1 - x) = 6.9\times10^{-4})$

$x = [H_3O^+] = (0.1\times6.6\times10^{-4})^{1/2} = (66\times10^{-6})^{1/2} = 8.1\times10^{-3}$

$pH = -\log(8.1\times10^{-3}) = 3 - \log(8.1) = 3 - 0.9 = 2.1$

③ 0.1M HCOOH(폼산) $K_a = 1.9\times10^{-4}$

$K_a = x^2 / (0.1 - x) = 1.9\times10^{-4})$

$x = [H_3O^+] = (0.1\times1.9\times10^{-4})^{1/2} = (19\times10^{-6})^{1/2} = 4.4\times10^{-3}$

$pH = -\log(4.4\times10^{-3}) = 3 - \log(4.4) = 3 - 0.64 = 2.36$

④ 0.1M HCN(사이안화수소산) $K_a = 5.8\times10^{-10}$

$K_a = x^2 / (0.1 - x) = 5.8\times10^{-10})$

$x = [H_3O^+] = (0.1\times5.8\times10^{-10})^{1/2} = (58\times10^{-12})^{1/2} = 7.6\times10^{-6}$

$pH = -\log(7.6\times10^{-6}) = 6 - \log(7.6) = 6 - 0.88 = 5.12$

(답) ④HCN (pH=5.12) < ③HCOOH (pH=2.36) < ②HF (pH=2.1) < ①HBr (pH=1)

[학습퀴즈 11-3 풀이] 벤조산의 농도: (0.288 mol) / (0.720 L) = 0.4 M

$C_6H_5COOH(aq) + H_2O(aq) \rightleftarrows H_3O^+(aq) + C_6H_5COO^-(aq) \quad K_a = 6.6\times10^{-5}$

	$C_6H_5COOH(aq)$	$\rightleftarrows$	$H_3O^+(aq)$	$C_6H_5COO^-(aq)$
처음 농도(M)	0.4		0	0
반응	$-x$		$+x$	$+x$
평형 농도	$0.4 - x$		x	x

$K_a = x^2 / (0.4 - x) = 6.6\times10^{-5})$

$x = [H_3O^+] = (0.4\times6.6\times10^{-5})^{1/2} = (26.4\times10^{-6})^{1/2} = 5.1\times10^{-3}$

$pH = -\log(5.1\times10^{-3}) = 3 - \log(5.1) = 3 - 0.7 = 2.3$

→이온화 퍼센트: $[(5.1\times10^{-3}\ M) / 0.4\ M)]\times100(\%) = 1.3\ \%$

[학습퀴즈 11-4 풀이]

① 0.1M KOH : pOH = - log(0.1) = 1, pH = 14 - 1 = 13

② 0.1M KF : $F^-(aq) + H_2O(l) \rightleftarrows HF(aq) + OH^-(aq)$

$K_b = 1.45\times10^{-9} = y^2 / (0.1 - y)$

$y = [OH^-] = (0.1\times1.45\times10^{-9})^{1/2} = (14.5\times10^{-10})^{1/2} = 3.8\times10^{-5}$

$pOH = -\log(3.8\times10^{-5}) = 5 - \log(3.8) = 5 - 0.58 = 4.42$

pH = 14 - 4.42 = 9.78

③ 0.1M KCl pH = 7

④ 0.1M $ZnCl_2$

$ZnCl_2(aq) + 4H_2O(l) \rightleftarrows [Zn(H_2O)_4]^{2+}(aq) + 2Cl^-(aq)$

$[Zn(H_2O)_4]^{2+}(aq) + H_2O(l) \rightleftarrows [Zn(H_2O)_3(OH)]^{2+}(aq) + H_3O^+(aq)$ $K_a = 3.3\times10^{-10}$

$K_a = x^2 / (0.1 - x) = 3.3\times10^{-10})$

$x = [H_3O^+] = (0.1\times3.3\times10^{-10})^{1/2} = (33\times10^{-12})^{1/2} = 5.7\times10^{-6}$

$pH = -\log(5.7\times10^{-6}) = 6 - \log(5.7) = 6 - 0.76 = 5.24$

⑤ 0.1 M HCl은 강산이므로, pH = - log (0.1) = 1

(답) ⑤ 0.1 M HCl (pH=1) < ④ 0.1 M $ZnCl_2$ (pH=5.24) < ③ 0.1 M KCl (pH=7) < ② 0.1 M KF (pH=9.78) < ① 0.1 M KOH (pH=13)

[학습퀴즈 11-5 풀이]

$C_2H_5NH_2(aq) + HCl(aq) \rightleftarrows C_2H_5NH_3^+(aq) + Cl^-(aq)$

	$C_2H_5NH_2$	HCl(aq)	⇄	$C_2H_5NH_3^+$	$Cl^-(aq)$
처음 몰수	1.20 M×0.1 L = 0.12 몰	1.0 M×0.05 L = 0.05 몰		0	0
반응	-0.05	-0.05		0.05 몰	0.05 몰
남은 몰수	0.07	0		0.05 몰	0.05 몰
남은 농도	0.07 몰 / 0.15 L = 0.467 M			0.05 몰 / 0.15 L = 0.333 M	

$pKa = -\log(3.6\times10^{-10}) = 10 - 0.56 = 9.44$

pH = pKa + log[(짝염기) / (산)] = 9.44 + log [0.467 / 0.333] = 9.44 + 0.15 = 9.59

[학습퀴즈 11-6 풀이]

$H_2CO_3(aq)$ + $H_2O(l)$ ⇄ $H_3O^+(aq)$ + $HCO_3^-(aq)$ K_{a1} = 4.4×10^{-7}

$HCO_3^-(aq)$ + $H_2O(l)$ ⇄ $H_3O^+(aq)$ + $CO_3^{2-}(aq)$ K_{a2} = 4.7×10^{-11}

(1) $K_{a1} = x^2 / (0.1 - x) = 4.4\times10^{-7})$

$x = [H_3O^+] = (0.1\times4.4\times10^{-10})^{1/2} = (44\times10^{-12})^{1/2} = 6.63\times10^{-6}$

$pH = -\log(6.63\times10^{-6}) = 6 - \log(6.63) = 6 - 0.82 = 5.18$

(2) $pH = pK_{a1} + \log\{[HCO_3^{-}] / [H_2CO_3]\} = 6.4 + \log\{[HCO_3^{-}] / [H_2CO_3]\} = 7.4$

$\{[HCO_3^{-}] / [H_2CO_3]\} = 10$, 따라서 $[H_2CO_3] / [HCO_3^{-}] = 0.1$

(3) $HCO_3^-(aq)$는 양쪽성이다.

$H_2CO_3(aq) + H_2O(l)$ ⇄ $H_3O^+(aq) + HCO_3^-(aq)$ $K_{a1} = 4.4\times10^{-7}$ $pK_{a1} = 6.4$

$HCO_3^-(aq) + H_2O(l)$ ⇄ $H_3O^+(aq) + CO_3^{2-}(aq)$ $K_{a2} = 4.7\times10^{-11}$ $pK_{a2} = 10.3$

$$K_{a1} = \frac{[H_3O^+][HCO_3^-]}{[H_2CO_3]} = 4.4\times10^{-7}$$

$$K_{a2} = \frac{[H_3O^+][CO_3^{2-}]}{[HCO_3^-]} = 4.7\times10^{-11}$$

$$K_{a1}\times K_{a2} = [H_3O^+]^2 \times \frac{[CO_3^{2-}]}{[H_2CO_3]} \quad \therefore\ pH = \frac{pK_{a1} + pK_{a2}}{2}$$

$pH = (K_{a1} + K_{a2}) / 2 = (6.4 + 10.3) / 2 = 8.35$

(정답) : (1) 5.18 (2) 0.1 (3) 8.35

[주요개념]

☑ 산과 염기의 정의 :

- 산은 수소이온(H^+)을 주는 물질
- 염기는 수소이온(H^+)을 받는 물질

☑ 짝산과 짝염기 :

- 짝염기는 산에서 수소가 제거된 화학종

☑ 양쪽성 : 수소이온(H^+)을 주거나 받을 수 있는 화학종

☑ 물의 자동 이온화 상수 :

$K_w = 1.0\times10^{-14}$(25 ℃에서)

☑ 약산과 그 짝염기의 이온화 상수 : $K_a\times K_b = K_w$

☑ 완충 용액 : 산이나 염기를 가해도 pH가 크게 변화되지 않는 용액

- 약산 + 그 짝염기, 약염기 + 그 짝 산
- 약산 + 1/2 당량의 강염기, 약염기 + 1/2당량의 강산

[주요 식]

☑ 물의 이온화 상수 : $K_w = [H^+][OH^-] = 1.0\times10^{-14}$(25 ℃에서)

☑ $pH = -\log[H^+]$, $pOH = -\log[OH^-]$

- 짝염기는 산에서 수소가 제거된 화학종

☑ 약산과 그 짝염기의 이온화 상수 :

$K_a\times K_b = K_w = 1.0\times10^{-14}$(25 ℃에서)

☑ 약산의 이온화 상수와 염기의 이온화 상수 :

$$K_a = \frac{[H^+][A^-]}{[HA]}, \qquad K_b = \frac{[BH^+][OH^-]}{[B]}$$

☑ 약산에서 수소이온$[H^+]$ 농도 : $[H^+] \cong \sqrt{K_a C_A}$

☑ 완충 용액의 pH : $pH = pK_a + \log\left\{\frac{[A^-]}{[HA]}\right\}$

제11장 (산 염기 반응)의 개요

산 염기의 세기 → **산 염기 평형** ← 이온화 상수: K_a, K_b

이온화 상수

①산의 이온화 상수

$HA + H_2O \rightarrow H_3O^+ + A^-$

$$K_a = \frac{[H_3O^+][A^-]}{[HA]}$$

②염기의 이온화 상수

$B + H_2O \rightarrow HB^+ + OH^-$

$$K_b = \frac{[HB][OH^-]}{[B]}$$

③물의 이온화 상수

$K_w = [H_3O^+][OH^-] = 1.0 \times 10^{-14}$

④짝 산-짝 염기 관계

$K_a \times K_b = K_w$

산성도와 pH

① 산성도

$pH = -log[H_3O^+]$

$pOH = -log[OH^-]$

$pK_a = -log(K_a)$

② 약한 산 용액의 pH

$pH \cong \sqrt{C_a \times K_a}$

③ 약한 염기 용액

$pOH \cong \sqrt{C_b \times K_b}$

완충용액

① 약 산 + 짝염기

$HA + H_2O \rightarrow H_3O^+ + A^-$

$$pH = pK_a + log\left(\frac{[A^-]}{[HA]}\right)$$

② 약 염기 + 짝산

$B + H_2O \rightarrow HB^+ + OH^-$

$$pOH = pK_b + log\left(\frac{[HB^+]}{[B]}\right)$$

③ 약산+ 강 염기(1/2)

④ 약염기 + 강산(1/2)

산 염기 적정

당량점:
MV = M′ V′

① 강산과 강 염기 적정
당량점 pH = 7

② 강산과 약 염기 적정
당량점 pH < 7

③ 약산과 강 염기 적정
당량점 pH > 7

연습문제

[11-1] 다음 각각의 반응 중에서 Brosted-Lowry 산-염기를 표시하고, 짝산-짝염기를 이루는 쌍을 찾아라.

(a) $CN^-(aq) + H_2O(l) \rightleftharpoons HCN(aq) + OH^-(aq)$

(b) $HCO_3^-(aq) + H_3O^+(aq) \rightleftharpoons H_2CO_3(aq) + H_2O$

(c) $HC_2H_3O_2(aq) + HS^-(aq) \rightleftharpoons C_2H_3O_2^-(aq) + H_2S(aq)$

(d) $CH_3NH_2(aq) + H_2O(l) \rightleftharpoons CH_3NH_3^+(aq) + OH^-(aq)$

[11-2] 25 ℃ 용액에서 아래 빈칸을 완성하시오.

	$[H^+]$	$[OH^-]$	pH	pOH	산성인가?
(a)	2.5×10^{-5}				
(b)		$2,5\times10^{-3}$			
(c)			8.75		
(d)				12.90	

[11-3] 아래 용액의 $[OH^-]$, $[H^+]$, pH, pOH를 구하시오.

(a) 0.950 M의 $Ba(OH)_2$ 50.0 mL를 물로 500.0 mL가 되게 희석한 용액

(b) 물에 6.00 g의 NaOH(몰 질량: 40.00 g/mol)를 녹여서 500.0 mL로 만든 용액

[11-4] 벤조산(K_a = 6.6×10^{-5})은 여러 딸기류에 존재한다. 벤조산 0.20 M 용액의 pH와 이온화 백분율을 구하시오.

[11-5] 산의 이온화 상수를 이용하여 다음의 0.1 M 수용액들을 pH가 감소하는 순으로 배열하시오.

(a) KOH (b) NaCN (c) $NaHCO_3$ (d) $Ba(OH)_2$

[11-6] 물 속에서 다음 염들의 0.10 M 용액이 산성인지 염기성인지 중성인지를 말하시오.

(a) $FeCl_3$ (b) BaI_2 (c) NH_4NO_2 (d) Na_2HPO_4 (e) K_3PO_4

[11-7] 0.050 M NaOH 용액이 있다.

(a) 이 용액의 pH는 얼마인가?

(b) 이 용액을 0.0120 M $HClO_4$로 중화적정하였더니 50.00 mL를 가했을 때 당량점에 도달하였다. NaOH 용액의 부피는 얼마인가?

(c) 당량점에서의 pH는 얼마인가?($HClO_4$는 강산, NaOH은 강염기이다.)

[11-8] 폼산($HCHO_2$) 시료 100.0 mL를 0.20 M KOH용액으로 적정하였더니, 100.0 mL가 소모되었다. 폼산($HCHO_2$)의 이온화 상수는 $K_a = 1.9\times10^{-4}$이다. ($\sqrt{5.25} = 2.29$, $\log(2.29) = 0.360$)

(a) 적정하기 전에 폼산의 농도는 몇 M인가?

(b) 당량점에서 폼산 이온(CHO_2^-)의 농도는 몇 M인가?

(c) **[심화]** 당량점에서 pH는 얼마인가?

[11-9] [심화] 모르핀($C_{17}H_{19}O_3N$)은 $K_b = 7.4\times10^{-7}$ ($pK_b = 6.14$)인 약염기이다. 0.10 M 모르핀 용액을 50.0 mL를 0.10 M HCl 수용액으로 적정할 때 다음에 답하여라. ($\sqrt{7.4} = 2.72$; $\log(2.72) = 0.435$; $\sqrt{67.57} = 8.22$; $\log(8.22) = 0.915$)

(a) 알짜 이온 반응식을 써라.

(b) 당량점에 도달되었을 때, HCl 수용액의 부피는 몇 mL인가?

(c) HCl 용액을 가하기 전의 pH는 얼마인가?

(d) HCl 용액을 25 mL를 가했을 때 pH는 얼마인가?

(e) 당량점에서 pH는 얼마인가?

[11-10] [심화] 1.20 M 에탄올아민($C_2H_5ONH_2$) 100.0 mL를 1.0 M HCl 50.0 mL와 섞어 만든 용액의 pH를 계산하시오. $C_2H_5ONH_3^+$의 이온화 상수는 $K_a = 3.6\times10^{-10}$, $pK_a = 9.44$이다. ($\log(7/5) = 0.146; \log(12/5) = 0.380$)

[11-11] [심화] 0.200 M $NaHCO_3$ 500.0 mL와 0.10 M Na_2CO_3 500.0 mL를 섞어서 완충제를 만들었다. HCO_3^-의 이온화 상수는 $K_a = 4.7\times10^{-11}$, $pK_a = 10.33$이다. 부피는 가산적이라고 가정하고 다음을 계산하시오.

(a) 완충 용액의 pH는 얼마인가?

(b) HCl 0.0100 mol을 완충 용액 1.0 L에 가한 후 pH

(c) KOH 0.0200 mol을 완충 용액 1.0 L에 가한 후 pH

[11장 연습문제 정답]

[11-1] (a) $CN^{-}(aq) + H_2O(l) \rightleftharpoons HCN(aq) + OH^{-}(aq)$
염기 산 산 염기

(b) $HCO_3^{-}(aq) + H_3O^{+}(aq) \rightleftharpoons H_2CO_3(aq) + H_2O(l)$
염기 산 산 염기

(c) $HC_2H_3O_2(aq) + HS^{-}(aq) \rightleftharpoons C_2H_3O_2^{-}(aq) + H_2S(aq)$
산 염기 염기 산

(d) $CH_3NH_2(aq) + H_2O(l) \rightleftharpoons CH_3NH_3^{+}(aq) + OH^{-}(aq)$
염기 산 산 염기

[11-2]

	$[H^+]$	$[OH^-]$	pH	pOH	산성인가?
(a)	2.5×10^{-5}	(4.0×10^{-10})	(4.60)	(9.40)	산성
(b)	(4.0×10^{-12})	2.5×10^{-3}	(11.40)	(2.60)	염기성
(c)	(1.78×10^{-9})	(5.62×10^{-6})	008.75	(5.25)	염기성
(d)	(7.94×10^{-2})	(1.26×10^{-13})	(1.10)	12.90	산성

[11-3] (a) $[OH^-]$ = 0.19M, pOH = 0.72, $[H^+]$ = 5,25×10^{-14} M, pH = 13.28
(b) $[OH^-]$ = 0.30M, pOH = 0.52, $[H^+]$ = 3.3×10^{-14} M, pH = 13.48

[11-4] pH = 2.44, $[H^+]$ = 3.63×10^{-3} M, 이온화 백분율: 1.8 %

[11-5] ③ H_2SO_4 < ② HCl < ① KOH < ④ $Ba(OH)_2$

[11-6] (a) 산성 (b) 중성 (c) 산성 (d) 염기성 (e) 염기성

[11-7] (a) pH = 12.70 (b) 12.0 mL (c) pH = 7.00

[11-8] (a) 0.20 M (b) $[CHO_2^-]$ = 0.10 M (c) pH = 8.36

[11-9] (a) $C_{17}H_{19}O_3N(aq) + H^{+}(aq) \rightleftharpoons C_{17}H_{19}O_3NH^{+}(aq)$
(b) 50.0 mL (c) 10.42 (d) 7.86 (e) 6.09

[11-10] $\log(7/5) = 0.146;\ \log(12/5) = 0.380$ pH = 9.59

$$pH = pK_a + \log\left(\frac{[\text{짝염기}]}{[\text{짝산}]}\right)$$

[11-11] (a) 10.03 (b) 9.89 (c) 10.27

12 CHAPTER

배위 화합물

CONTENTS

[학습목표]

① 배위 화합물은 중심금속 이온과 전자쌍을 가진 음이온 또는 중성 분자들이 리간드가 **배위 공유 결합**으로 결합된 화합물이다.
② 배위화합물의 **한글 명명 법**은 리간드를 먼저 읽고 중심금속을 읽는다. 중성 리간드는 분자 이름을 그대로 읽고, 음이온 리간드는 어미에(_O), 리간드의 수는 이_(di_), 삼_(tri_), 사_(tetra_), 오_(penta_), 육_(hexa_)으로 쓴다. 착 이온이 양이온일 때 중심 금속은 이름을 읽고 괄호 안에 **산화상태를 반드시 로마숫자**로 쓴다. 착 이온이 음이온일 때 중심 금속은 이름을 읽고 괄호 안에 **산화상태를 반드시 로마숫자**로 쓰고, 어미에 (**_화) 이온**이라고 읽는다.
③ 배위 화합물의 기하구조는 리간드의 배위 수에 따라서 선형, 사면체, 사각평면, 팔면체로 구분된다. 기하구조를 파악하고, 이성질체의 종류와 개수를 알아낸다.
④ 배위 수에 따라 **d-궤도 분리**가 일어나는 결정장 이론을 이해하고 고유한 색과 자기적인 성질을 파악한다.
⑤ 배위 화합물의 형성상수는 중심 금속이온과 리간드 결합 반응의 평형상수이다.

[OX퀴즈 12-1] 배위 화합물에 대한 형성상수 K_f가 매우 큰 것은 평형 상태에서 착물 형성을 크게 선호한다는 것을 의미한다.

정답 ○

해설 배위 화합물의 형성 상수(K_f)는 대부분 10^5 이상으로 매우 크며, 이는 평형 상태에서 착물 형성을 크게 선호한다는 것을 의미한다.

[OX퀴즈 12-2] 기하 이성질체는 정사면체 착물에서 나타나며, 정팔면체 착물에서 나타나지 않는다.

정답 ×

해설 기하 이성질체는 중심금속에 결합된 리간드의 공간적인 배향이 서로 다른 이성질체를 말한다. 네 개의 위치가 모두 동등한 정사면체 배위 화합물에서는 나타나지 않는다.

[OX퀴즈 12-3] 배위화합물은 자성을 띠지 않는다.

정답 ×

해설 결정장 이론에 따르면 배위화합물은 중심 금속의 d-궤도 분리가 일어나고, d-궤도 분리 에너지의 크기에 따라서 전자배치가 달라지며 짝을 이루지 않은 전자가 많을수록 큰 자성을 나타낸다.

12-1.

전이 금속의 성질

① **전이 금속**(transition metal)**의 성질**: 전이 금속들은 부분적으로 d-궤도나 f-궤도에 전자가 채워져 있는 금속들이다. 전이 금속의 전자배치는 s-궤도에 먼저 채워지고 안쪽 궤도의 d-궤도가 나중에 채워진다. 따라서 안쪽에 있는 d-궤도나 f-궤도 전자들이 결합에 참여하기 어렵다. 예를들면, 전이 금속인 $_{25}Mn$의 전자배치는 $[Ar]\,4s^2\,3d^3$이므로, Mn^{2+}이온은 $[Ar]\,4s^0\,3d^3$의 전배배치를 갖는다. 따라서, 전이 금속 이온들은 전자를 공유하여 결합하기보다 비어있는 d-궤도를 이용하여 전자쌍을 가진 분자나 이온과 결합하게 된다. 이처럼 전자쌍을 가진 화학종들과 금속 이온이 결합하는 것을 **배위 공유 결합**이라고 부른다. 배위 공유결합에 의해 형성된 화합물을 **배위 화합물**(coordination compound)이라고 부른다.

② **전이 금속의 전자배치**: 4주기 원소에 속하는 전이원소들은 원자번호 21번 스칸디늄(Sc)부터 30번 아연(Zn)까지 10개 원소이다. 스칸디늄(Sc)의 전자배치는 $[Ar]\,4s^2\,3d^1$ 이고, 다음 원자는 3d-궤도에 전자가 하나씩 증가되어 30번 아연(Zn)은 $[Ar]\,4s^2\,3d^{10}$ 가 된다.

③ **전이 금속의 산화상태**: 전이 금속들은 화합물 내에서 다양한 산화상태를 갖는다. 각 원소들의 산화상태는 +2 또는 +3이지만, 중간에 있는 전이 금속들은 +4, +5, +6, 그리고 +7의 산화상태를 갖는 전이 금속도 있다. 일반적으로 이온화 에너지는 같은 주기에서 원자번호가 증가할수록 증가한다. 그리고 2차 이온화 에너지에 비해 3차 이온화 에너지가 크게 증가하기 때문에 +2의 산화상태가 +3의 산화상태보다 훨씬 안정하다. 가장 높은 산화상태를 갖는 망가니즈(Mn)의 +7이다. 망가니즈의 전자배치는 $[Ar]\,4s^2\,3d^5$ 이고 산화상태 Mn^{7+}는 Ar의 전자배치와 동일하다.

12-2.

배위 화합물의 명명법

(1) 배위 화합물

① **배위화합물과 착이온**: 배위 화합물은 중심금속 이온과 전자쌍을 가진 음이온 또는 중성 분자들의 **리간드**(ligand)가 배위된 **착이온**(complex ion)과 그 반대이온이 결합된 이온성 화합물이다. 중심 금속이온들은 주로 전이금속들이고, 리간드는 전자쌍을 가진 음이온이나 중성 분자들이다. 예를 들면, $[Cu(NH_3)_6]Cl_2$는 착이온인 $[Cu(NH_3)_6]^{2+}$과 Cl^- 음이온이 결합된 **배위 화합물**(coordination compound)이다. 착이온의 기하 구조는 배위수에 따라서 선형, 삼각형, 사면체, 사각평면, 삼각쌍뿔, 팔면체로 구분된다.

[표 12-1] 4주기 전이금속들의 산화상태(빨간색은 안정한 이온)

Sc	Ti	V	Cr	Mn	Fe	Co	Ni	Cu	Zn
					+7				
				+6	+6	+6			
			+5	+5	+5	+5			
		+4	+4	+4	+4	+4			
+3	+3	+3	+3	+3	+3	+3	+3	+3	
	+2	+2	+2	+2	+2	+2	+2	+2	+2
								+1	

② **배위 화합물의 중요성**: 배위 화합물은 생체 내에서 중요한 기능과 역할을 한다. 헤모글로빈이 산소를 운반하는 것은 헴 구조의 중심에 있는 철 이온 산소분자와 결합하여 세포로 전달되고, 이산화탄소와 결합하여 폐로 운반한다. 또한 우리 몸속에 존재하는 금속 이온들은 대부분 배위 화합물을 형성하는

작용을 한다. 환경오염으로 인한 중금속을 배출하는 약물의 개발 또는 신약 개발에도 활용되고 있다.

③ **배위 화합물의 형성**: 배위 화합물(coordination compound)은 중심금속 이온과 전자쌍을 가진 음이온 또는 중성 분자들의 리간드(ligand)가 배위된 착이온과 그 반대이온이 결합된 화합물이다. 배위 화합물의 성질은 1893년 스위스의 화학자인 베르너(Alfred Werner)가 발견하였다. 19세기 과학자들은 기존의 결합이론인 원자가 결합이론에 위배되는 배위 화합물들 때문에 혼란스러웠다. 예를 들어 코발트(III)와 암모나아의 화합물은 다시 염소이온(Cl^-)과 결합하여 안정한 화합물이 형성되는 것을 알게 되었다. 이 화합물은 기존의 원자가 결합이론으로 설명하기 어려웠다. 이 화합물의 분자식은 $CoCl_3$ $6NH_3$으로 표현되지만, 코발트 금속과 3개의 Cl^- 이온, 6개의 NH_3가 어떻게 결합되어 있는 지를 설명할 수 없었다. Ag^+ 이온과 침전 반응을 통하여 분석한 결과 이 화합물은 금속이온과 암모니아 6개 분자와 결합하여 +3가 양이온인 착이온($[Co(NH_3)_6]^{3+}$)을 만들고, 이 착이온이 다시 염소이온 3개와 이온 결합을 형성하여 중성인 분자로 존재한다. 따라서 이 화합물의 분자식은 $[Co(NH_3)_6]Cl_3$이 된다. 이와 같이 금속에 결합되는 중성분자나 이온들은 비공유 전자쌍(lone pair electron)을 가지고 있으며, 이 비공유 전자쌍을 금속이온에 제공하여 배위 결합을 형성하는 것이다. 금속에 결합되는 중성분자나 이온들을 리간드(ligand)라고 부른다. 금속과 리간드의 결합은 루이스 산과 염기 반응으로 간주할 수 있다. 리간드는 전자쌍을 주는 루이스 염기이고, 금속이온은 전자쌍을 받는 루이스 산으로 작용한다. 금속과 리간드의 결합은 보통 배위 공유 결합이라고 부른다.

배위 화합물의 형성

배위수

$$Cu^{2+}(aq) + 4\ \ddot{N}H_3(aq) \rightleftarrows Cu(NH_3)_4^{2+}(aq)$$

중심금속 | 리간드(ligand) | 착이온

- **착 이온** : 중심금속 이온에 분자 또는 이온들이 결합된 전하를 띤 화학 종
- **배위 수** : 중심금속 이온에 배위되어 결합된 원자의 수

(2) 배위수와 리간드

금속이온에 직접 결합된 원자(리간드)의 수를 배위수(coordination number)라고 부른다. 배위수는 2배위 착화합물, 4배위 착화합물, 그리고, 6배위 착화합물이 존재한다. 리간드는 주로 한 분자나 이온이 한 자리의 배위수를 차지하기 때문에 여러 개의 리간드들이 중심금속에 결합된다.

그러나 리간드 한 분자나 이온이 여러 자리에 배위되는 경우도 있다. 이런 리간드를 킬레이트(chelate ligand)라고 부른다. 킬레이트는 이빨이라는 뜻을 가지고 있으며, 두 자리를 제공하는 두 자리 리간드(en, ethylene diamine, $NH_2CH_2CH_2NH_2$), 또는 네 자리 리간드, 여섯 자리 리간드(EDTA, ethylene diamine Tetra Acetic acid, $((^-OOCCH_3)_2NCH_2CH_2NH_2(CH_3COO)_2)$들도 있다. 착이온에서 금속의 산화수는 리간드의 전하와 금속의 전하를 합하면, 착이온의 전체 전하와 같아야 한다. 예를 들어 $[Co(NH_3)_4Cl_2]^+$ 착이온에서 Co의 산화수 + (-2) = +1이 되어야 하므로, Co는 +3의 산화수를 갖는다.

[표 12-2] 배위화합물을 형성하는 일반적인 리간드(ligand) 이름

음이온 리간드	배위 화합물에서 이름	중성 리간드	배위 화합물에서 이름
Cl^-	클로로(chloro)	NH_3	암민(ammine)
Br^-	브로모(bromo)	H_2O	아쿠아(aqua)
CN^-	사이아노(cyano)	CO	카르보닐(carbonyl)
OH^-	하이드록소(hydroxo)	en	에틸렌다이암민
CO_3^{2-}	카르보네이토(carbonato)		
NO_2^-	나이트로(nitro)		
$C_2O_4^{2-}$	옥살레이토(oxalato)		
EDTA (Y^{4-})	에틸렌다이암민테트라 아세테이토		

[예제 12-1] 착이온 $[Co(H_2O)_4Cl_3]^-$ 이온에 대하여 다음 물음에 답하여라.

(1) 이 착이온에서 코발트(CO)의 산화수는 얼마인가?

(2) 이 착이온과 Na^+이온이 결합된 화합물과 Ca^{2+}이온이 결합된 화합물은?

풀이 (1) H_2O의 전하는 0이고, Cl의 전하는 -1이므로, Co의 산화수 + 3x (-1) = -1이다. Co의 산화수는 +3이다.

(2) $Na[Co(H_2O)_4Cl_3]$, $Ca[Co(H_2O)_4Cl_3]_2$

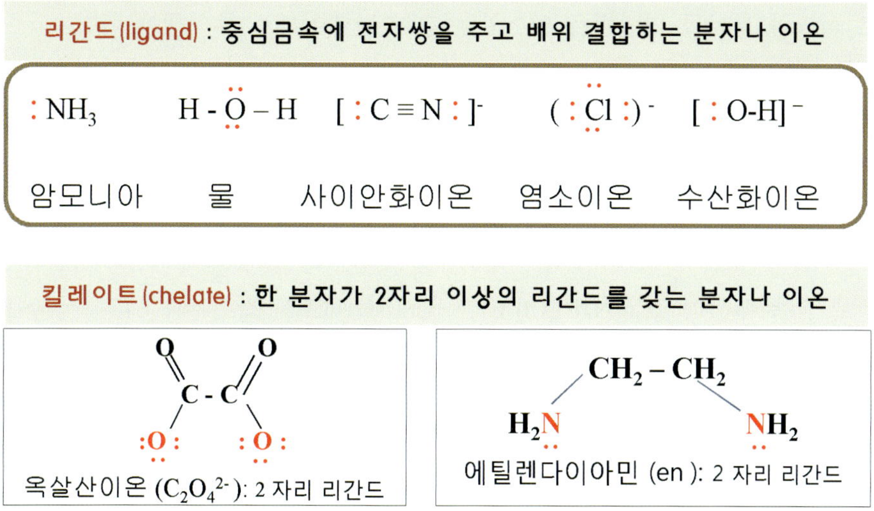

[그림 12-1] 리간드 분자 또는 이온의 구조

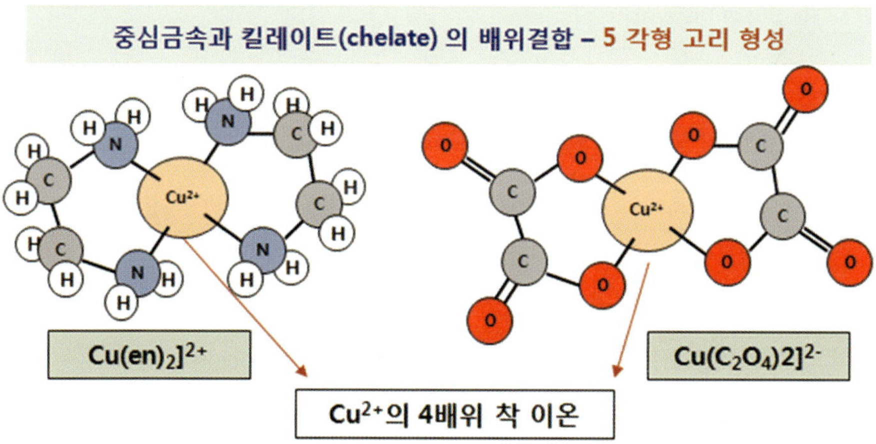

[그림 12-2] 킬레이트 리간드의 분자구조와 킬레이트 배위 화합물의 구조

(3) 배위 화합물의 명명법

배위 화합물의 이름을 부르는 방법은 약간 복잡하게 느껴진다. 그러나 체계적인 명명법의 규칙에 따라 이름을 붙이면 쉽게 이해될 수 있다. 한글과 영어의 표현은 어순이 다르기 때문에 다르게 부른다. 여기서 영어 명명법을 기준으로 설명하고 한글 명명법은 영어와 어순이 반대이므로 주의해야 한다.

① 이온결합 화합물의 이름을 부르는 것처럼, 음이온 이름(어미 _화)을 먼저 부르고 양이온 이름을 나중에 부른다. 착이온이 양이온이거나 음이온이거나 항상 이 순서를 지킨다. 예를 들면, $K_4[Fe(CN)_6]$은 K^+ 이온과 착이온 $[Fe(CN)_6]^-$ 음이온이 결합되었기 때문에 착이온 먼저 부르고, 다음에 양이온을 부른다. $[Co(NH_3)_4Cl_2]Cl$은 $[Co(NH_3)_4Cl_2]^+$ 착이온과 Cl^- 음이온이 결합되어있기 때문에 염소이온을 먼저 부르고, 착이온을 나중에 부른다.

② 착이온은 먼저 리간드를 알파벳 순으로 부르고 다음에 금속이온의 이름을 부른다. 리간드가 음이온이면 어미로 _o를 붙이고, 중성이면 분자이름을 부른다. (예외로, H_2O는 아쿠아(aqua), CO는 카르보닐(carbonyl), NH_3는 암민(ammine)이라고 부른다. 금속이온은 괄호 안에 산화수를 로마숫자로 표시한다.

③ 동일한 리간드가 여러 개 있을 때, 리간드의 수를 di-, tri-, tetra-, penta-, hexa-의 접두어를 써서 나타낸다. 예를 들어, $[Co(NH_3)_4Cl_2]^+$ 착이온은 테트라암민디클로로코발트(III) (tetraammine dichloro cobalt(III))라고 부른다. 리간드가 킬레이트인 경우, 킬레이트리간드의 수를 bis-, tris-, terakis-로 접두어를 붙여 부른다. $[Co(en)_2Cl_2]^+$ 착이온은 비스에틸렌다이암민디클로로코발트(III) (bisethylenediammine dichloro cobalt(III))라고 부른다.

④ 착이온이 음이온이면, 어미로 -ate(-산)를 붙여서 부른다. 예를 들면, $K_4[Fe(CN)_6]$에서 착이온 $[Fe(CN)_6]^{4-}$은 음이온이므로 헥사사이아노철(II)산 (hexacyanoferrate(II))이라고 부른다. 그리고 $K_4[Fe(CN)_6]$은 헥사사이아노철(II)산 포타슘 (potassium hexacyanoferrate(II))이라고 부른다.

명명법 : [영어] 양이온 먼저, 음이온; [한글] 음이온 먼저, 양이온은 뒤에

1 **리간드 먼저, 음이온 리간드의 이름은 –o(어미)로 치환**

- Cl^- chloro, SO_4^{2-} : sulfato, OH^- : hydro, CO_3^{2-} : cabonato
- **중성 리간드는 분자이름 그대로, 예외: H_2O : aqua, NH_3 : ammine**

2 **리간드 수는 di, tri, tetra, penta, hexa 등의 접두어 사용**

- $Cu(H_2O)_4^{2+}$: tetraaquacopper(Ⅱ)
- 예외: 킬레이트 리간드는 bis, tris, tetrakis...등의 접두어로 표시

3 **리간드가 한 가지 이상이면 알파벳 순서(접두어 상관 없음)**

- $[Cr(NH_3)_5Cl]^{2+}$: pentaamminechlorochromium(Ⅲ)

4 **중심 금속 원자의 산화수는 괄호 안에 로마 숫자로 표기**

5 **배위화합물이 음이온이면 접미사 –ate (-산)사용**

- $[Zn(OH)_4]^{2-}$: tetrahydroxozincate(Ⅱ)
- $K_2[PtCl_6]$: potassium hexachloroplatinate(Ⅳ)

[그림 12-3] 배위 화합물의 명명법

[예제 12-2]

(1) 배위 화합물 $[Cr(NH_3)_6](NO_3)_3$의 이름을 써라.

(2) 배위 화합물 $K[Co(H_2O)_4Cl_3]$의 이름을 써라.

(3) 헥사나이트로코발트산(III) 소듐(sodium hexanitrocobalate(III))의 화학식을 써라.

풀이 (1) 양이온(착이온): $[Cr(NH_3)_6]^{3+}$, 음이온: NO_3^-

질산 헥사암민크로뮴(III) (hexaammine cobalt(III) nitrate

(2) 양이온: K^+, 음이온(착이온): $[Co(H_2O)_4Cl_3]^-$

염화테트라아쿠아트라이클로로코발트산(II)포타슘

(potassium tetraaquatrichlorocobaltate(III))

(3) 양이온: Na^+, 음이온(착이온): 헥사나이트로코발트산(III) $[Co(NO_2)_6]^{3-}$

분자 식: $Na_3[Co(NO_2)_6]$

12-3.

배위 화합물의 기하구조

(1) 배위화합물의 기하구조와 이성질체

배위화합물은 중심원자에 리간드가 여러 개 배위될 수 있다. 원자가 전자쌍반발(VSEPR)이론에서 알아본 바와 같이 결합 전자쌍들이 서로 반발하기 때문에 이 리간드들은 공간적으로 반발이 최소화되는 배향으로 배치된다. 따라서 배위수에 따라 기하구조가 달라진다. 배위수가 2인 경우 선형이고, 배위수가 4인 경우 사면체나 평면 사각형 구조를 가지며, 6배위 착화합물은 팔면체의 기하구조를 갖는다. 결합된 리간드의 종류와 수는 같지만, 공간적 기하구조가 다른 화합물을 입체 이성질체(stereoisomer)라고 부른다. 기하구조에 따라 여러 가지 입체 이성질체가 존재할 수 있다. 입체 이성질체는 기하이성질체와 광학 이성질체 2가지 종류가 있다. 기하 이성질체는 공간적인 배치만 다르고 거울상은 겹치는 이성질체이고, 광학 이성질체는 거울상이 겹치지 않는 이성질체이다.

착 이온의 배위 수와 기하구조

착이온 중심 금속이온이 두개나 그 이상의 분자나 음이온과 배위공유결합으로 연결되어 있는 이온 성 물질

착이온	양이온	리간드	배위 수	기하구조
$Ag(NH_3)_2^+$	Ag^+	NH_3 2분자	2	선형
$Cu(H_2O)_4^{2+}$	Cu^{2+}	H_2O 4분자	4	사면체, 평면사각형
$Fe(CN)_6^{3-}$	Fe^{3+}	CN^- 6이온	6	팔면체

[2배위 착화합물]

은이온(Ag^+)이 암모니아와 반응하여 형성된 착화합물$[Ag(NH)_2]^+$은 2배위 화합물이고 선형 구조를 갖는다. 2배위 착화합물은 드물게 나타나며, 다른 예로

는 $[Cu(CN)_2]^-$나 $[Au(CN)_2]^-$가 있다.

배위 수 = 2

•**직선형(linear):** 중심금속에 2개의 리간드 결합을 형성하는 배위 화합물
•두 결합은 180°의 각으로 배향

$[Cl-Cu-Cl]^-$ $[H_3N-Ag-NH_3]^+$ $[N \equiv C-Ag-C \equiv N]^-$

[그림 12-4] 배위수 2인 배위 화합물의 분자구조

[4배위 착화합물]

배위수가 4인 기하구조는 사면체나 평면사각형 2가지가 있다. $[Zn(NH_3)_4]^{2+}$, $[CoCl_4]^{2-}$는 사면체 기하구조를 가지는 반면, $Cu(NH_3)_4^{2+}$, $[Pt(NH_3)_4]^{2+}$는 평면사각형 기하구조를 갖는다.

평면사각형 구조를 갖는 착이온 중에서 $[Pt(NH_3)_2Cl_2]$같이 2개의 리간드가 같은 경우 시스-(cis-)와 트랜스-(trans-) 2개의 이성질체가 존재한다.

사면체구조는 기하 이성질체는 존재하지 않지만, 4개의 리간드가 모두 다른 경우 거울상 이성질체가 존재한다.

배위 수 = 4

정사면체(Tetrahedral) : 중심금속에 4자리가 정사면체의 꼭지점을 향함
(예) $[Zn(NH_3)_4]^{2+}$, $[CoCl_4]^{2-}$ (cf): VSEPR Model
사각평면(Square planar) : 네 개의 결합이 사각형의 꼭지점을 향함
(예) $[Cu(NH_3)_4]^{2+}$, $[Pt(NH_3)Cl_2]$, Ni(II), Pd(II), 착 화합물

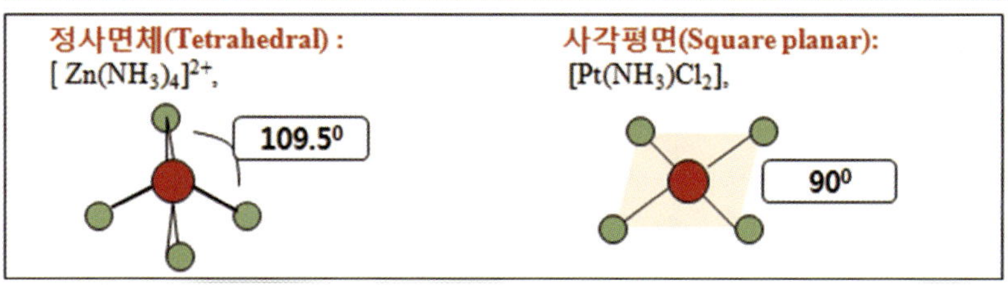

[그림 12-5] 배위수 4인 배위 화합물의 구조

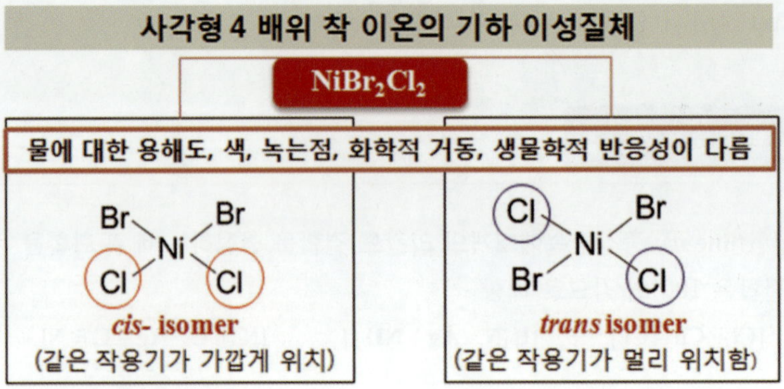

[그림 12-6] 평면 사각형 배위 화합물의 기하 이성질체

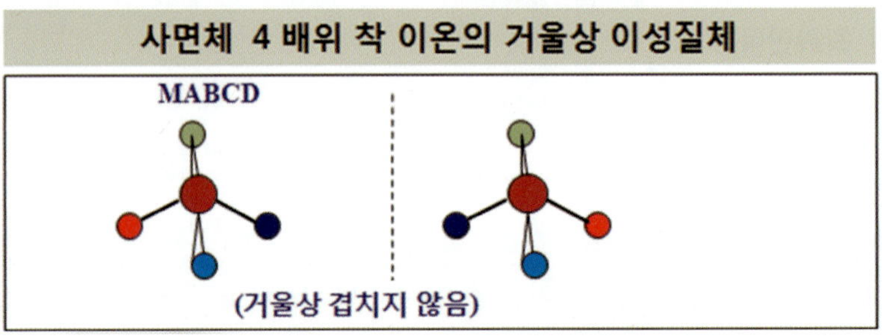

[그림 12-7] 사면체 배위 화합물의 거울상 이성질체

[6배위 착화합물]

배위수가 6인 착이온은 모두 팔면체 기하구조를 갖는다. ① 2개 이상의 리간드가 동일한 경우 이성질체가 존재한다.

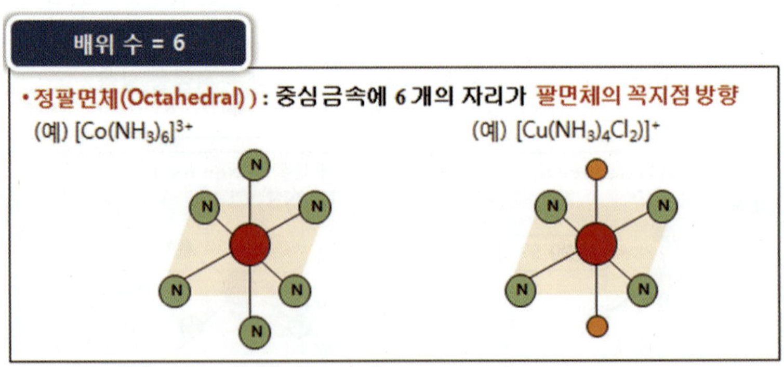

[그림 12-8] 배위수 6인 배위 화합물의 구조

MA$_2$B$_4$ 형태는 시스-(cis-) 와 트랜스-(trans-) 2개의 이성질체가 존재한다. ② MA$_3$B$_3$ 형태는 동일한 3개의 리간드가 하나의 선상에 존재하는 것을 facial-, 동일한 3개의 리간드가 한 면을 이루는 것을 meridional- 이라고 부른다.

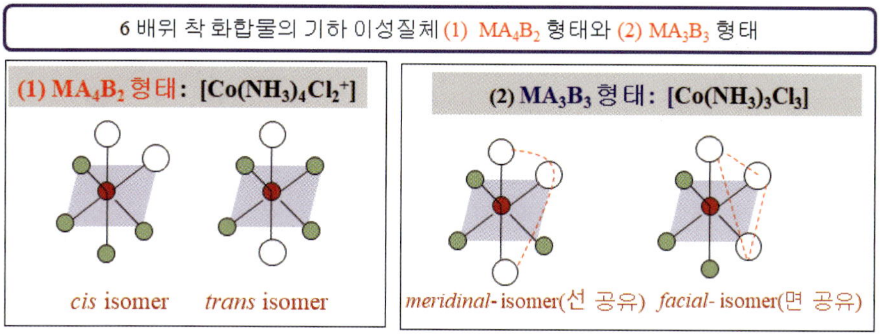

[그림 12-9] 6배위 배위 화합물의 기하 이성질체

③ 에틸렌다이아민(en)같은 2자리 킬레이트 리간드가 결합된 경우 약간 복잡하다. $[Co(en)_2Cl_2]^+$는 시스-와 트랜스- 이성질체가 존재한다. 그리고 트랜스 이성질체는 거울상이 서로 포개지지만, 시스 이성질체는 거울상이 포개지지 않기 때문에 거울상 이성질체가 존재한다.

④ 에틸렌다이아민(en)같은 2자리 킬레이트 리간드가 3개가 배위된 $[Co(en)_3]^{3+}$는 기하 이성질체는 없지만, 거울상 이성질체가 존재한다.

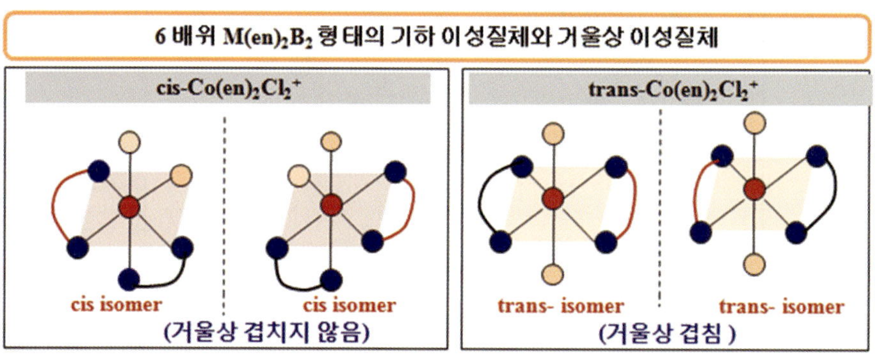

[그림 12-10] 6배위 M(en)$_2$B$_2$ 배위 화합물의 기하 이성질체와 거울상 이성질체

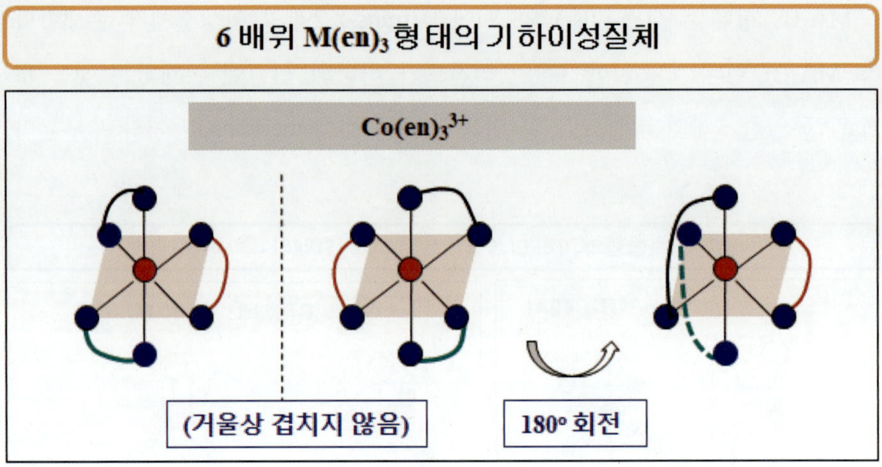

[그림 12-11] 6배위 $M(en)_3$ 배위 화합물의 기하 이성질체

[예제 12-3] 다음 배위 화합물들의 기하 이성질체를 그려라.

(1) $[Co(NH_3)_2Br_4]^+$

(2) $[Co(NH_3)_3Cl_3]$

풀이 (1) $[MA_2B_4]$ 형태의 6배위, 8면체 구조를 갖는다. 시스와 트랜스로 2개의 기하 이성질체

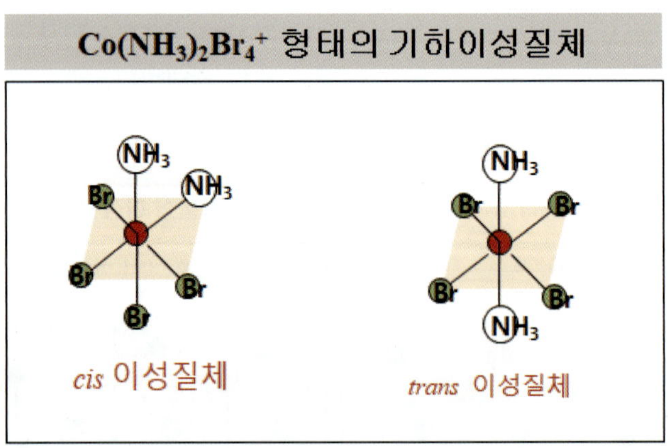

(2) $[MA_3B_3]$ 형태의 6배위, 8면체 구조를 갖는다. facial-과 meridional- 2개의 기하 이성질체

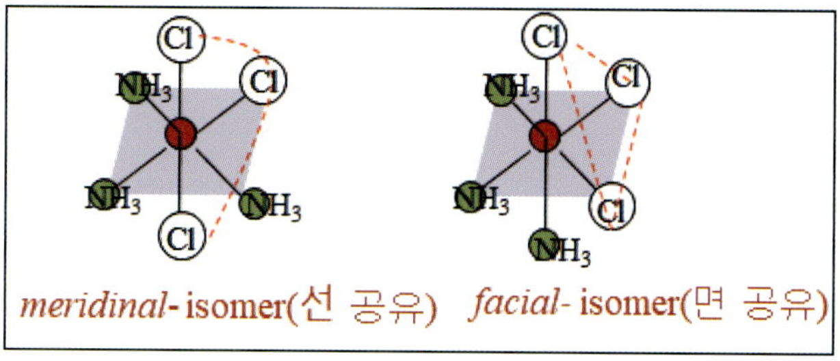

[예제 12-4] 배위 화합물 $[Cr(en)_2(H_2O)_2]^{3+}$의 기하구조를 그려라. 그리고 거울상 이성질체가 있다면 그려라.

풀이 에틸렌다이아민(en) 리간드는 2자 리간드이므로, 6배위 착 화합물이고, 8면체구조를 갖는다. 시스와 트랜스로 2개의 기하 이성질체가 있고, cis-이성질체는 거울상 이성질체를 갖는다.

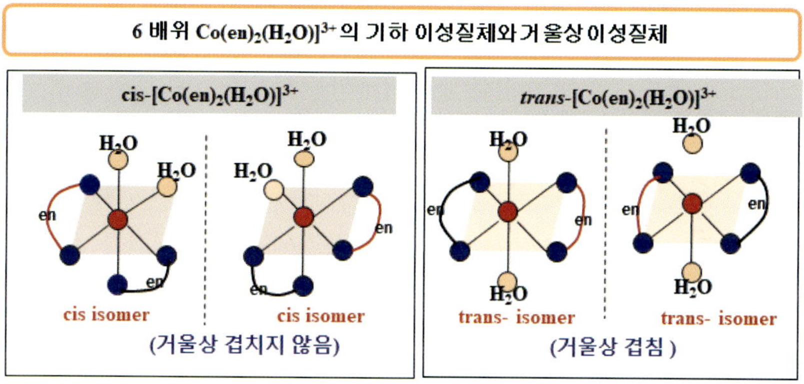

12-4.

배위 화합물의 결합: 결정장 이론

배위 화합물은 대부분 고유한 색깔을 띠며, 자성을 띠는 자기적인 성질이 나타난다. 이런 독특한 성질들은 배위 화합물에서 금속과 리간드의 결합에서 기인될 것으로 예상된다. 그러나 어떠한 결합이론도 배위 화합물의 성질을 정확하게 설명하지 못한다. 여러 가지 결합이론들 중에서 배위 화합물의 결합을 설명하는 데 유용한 이론은 결정장 이론(crystal field theory)이다. 결정장 이론은 배위 화합물들이 고유한 색을 나타내는 것과 자기적인 성질을 잘 설명할 수 있기 때문에 유용하게 사용한다.

(1) 결정장 이론(crystal field theory)

결정장 이론은 배위 화합물에서 금속이온과 리간드의 결합을 순수한 정전기적 인력으로 설명한다. 착이온에서 두 가지의 정전기적 인력이 작용한다. 하나는 금속이온과 리간드의 정전기적 인력이다. 이 인력은 금소과 리간드를 결합하는 힘이다. 다른 힘은 금속의 d-궤도함수에 있는 전자와 리간드의 비공유 전자쌍사이에 작용하는 반발력이다.

금속의 d-궤도함수는 5개가 있고 이들은 같은 에너지 상태에 있다. 그런데 5개의 d-궤도함수는 공간적인 배향이 모두 다르다. 결정장 이론은 리간드가 결합하는 방향에 있는 금속의 d-궤도들은 반발력이 작용하여 에너지가 높아지고, 리간드가 결합하지 않는 방향에 있는 금속의 d-궤도들은 상대적으로 에너지가 낮아진다. 이렇게 5개의 d-궤도의 에너지가 분리되는 것을 d-궤도 분리(crystal field splitting)이라고 한다.

실제로 팔면체 착 화합물에 결정장 이론을 적용하면, 6개의 리간드가 결합하는 방향의 d-궤도는 d_{x2-y2}과 d_{z2} 궤도함수이다. 따라서 팔면체 착화합물이 형성될 때, 이 두 d-궤도의 에너지는 낮아지고, 나머지 3개 궤도함수 d_{xy}, d_{yz}, d_{zx}, 는 에너지가 낮아진다. 분리된 에너지 차이를 팔면체 결정장 분리(octahedral crystal splitting, Δ_o)라고 한다.

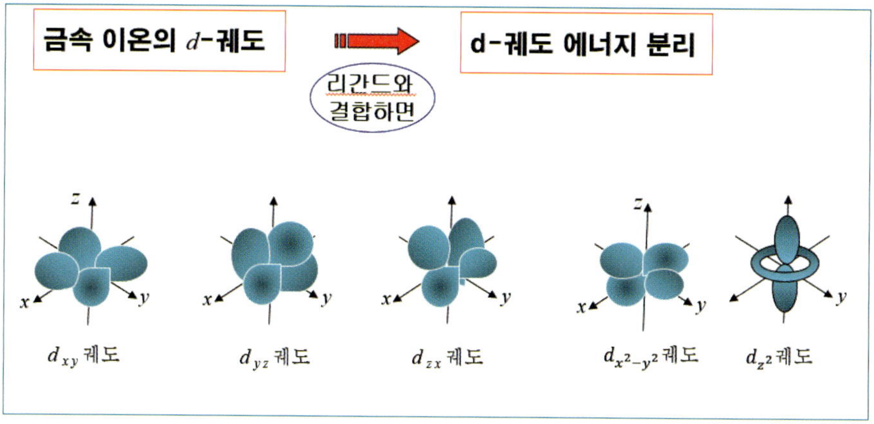

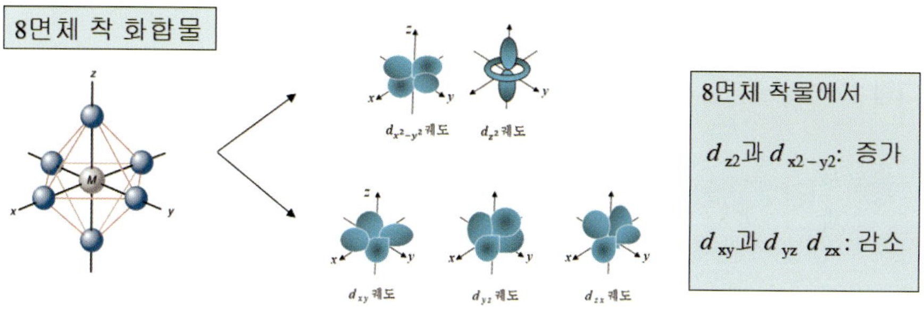

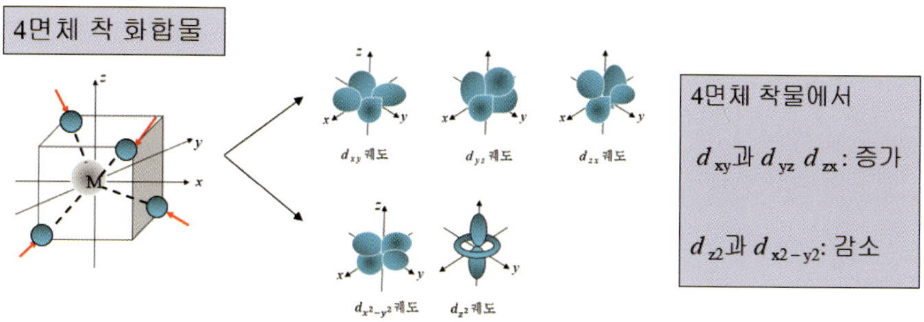

사면체 착화합물에서 결정장 이론을 적용하면, 4개의 리간드가 결합하는 d-방향의 궤도는 d_{xy}, d_{yz}, d_{zx} 3개의 궤도함수 이다. 따라서 사면체 착화합물이 형성될 때, 이 3개 d-궤도의 에너지는 낮아지고, 나머지 2개 궤도함수 d_{x2-y2}과 d_{z2}는 에너지가 낮아진다.

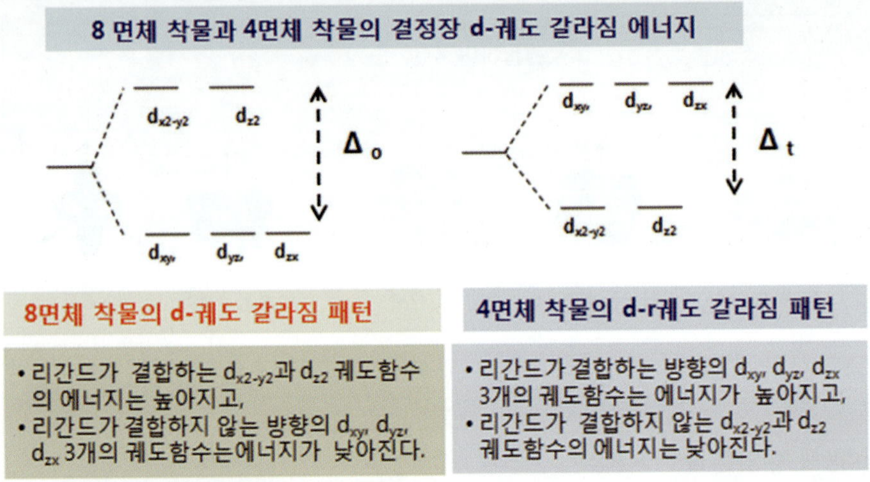

[그림 12-12] 결정장 이론. 8면체 착화합물과 4면체 착화합물의 d-궤도 갈라짐 에너지

평면 사각형 착물은 8면체 착물에서 z-축 방향의 2개의 리간드가 완전히 떨어져 나간 구조와 같다. 그리고 z-축 방향의 2개 리간드가 없어진 대신 x-축과 y-축 방향에 있는 리간드는 더욱 가까워진다. 금속의 d-궤도에 작용하는 정전기적 반발력이 달라지게 된다. 따라서 평면 사각형 착물에서 결정장 분리는 8면체의 결정장 분리에서 z-축 방향에 있는 d_{z2} 궤도함수는 에너지가 낮아지고, d_{x2-y2} 궤도의 에너지는 높아지게 된다. 면체 착화합물이 형성될 때, 이 두 d-궤도의 에너지는 낮아진다. 아울러 3개 궤도함수 d_{xy}, d_{yz}, d_{zx}, 중에서 d_{xy} 궤도는 d_{z2} 궤도보다 높은 에너지 상태가 될 것이다. 그리고 나머지 2개의 d_{yz}, d_{zx} 궤도함수는 에너지가 더 낮아진다.

(2) 배위 화합물의 고유한 색

물질이 색깔을 나타내는 것은 그 물질이 가시광선을 흡수하기 때문이다. 어떤 물질이 모든 가시광선을 모두 흡수하면, 검은색으로 보인다. 물질이 가시광선을 흡수하지 않으면, 무색으로 나타난다. 어떤 물질이 초록색을 반사하고 다른 색을 모두 흡수하면, 초록색을 띠게 된다. 초록색의 보색인 붉은색을 흡수하고 나머지를 모두 흡수하면 초록색으로 보이는 것이다. 황산구리를 물에 녹이면 푸른색을 띤다. 이것은 황산구리가 물에 녹아서 $[Cu(H_2O)_6]^{2+}$ 착이온이 형성되고 이 착이온이 주황색을 흡수하고, 그 색의 보색인 푸른색이 투과되기 때문에 푸른색으로 나타난다. 물질이 빛을 흡수하는 과정은 분광학에서 설명하였듯이 빛으로 흡수하여 물질의 바닥상태에서 여기상태로 전자가 전이가 일어난다. 이때 흡수된 빛의 에너지는 바닥상태와 여기상태의 에너지 차이와 같다.

$$E = h\nu$$

여기서, h는 플랑크상수, $h = 6.62 \times 10^{-34} Js$이고, ν는 진동수이다. 빛의 진동수는 $\nu = c/\lambda$이므로, 600 nm 파장의 빛은 진동수가 $5.0 \times 10^{14}/s$이다.

착이온의 고유한 색깔은 결정장 이론을 사용하여 설명할 수 있다. d-궤도 갈라짐 에너지가 크면 큰 진동수의 빛을 흡수하고, 작으면 낮은 진동수의 빛을 흡수하게 된다. 착물들의 d-궤도 분리 에너지가 가시광성 영역의 빛을 흡수할 정도의 에너지 차이이기 때문에 가시광선을 흡수하여 색깔을 띠는 것이다.

$$\Delta_o = h\nu = \frac{hc}{\lambda}$$

8면체 착물에서 결정장 분리 에너지의 크기는 리간드의 종류에 따라 차이가 있다. 전기음성도가 큰 리간드는 약한 장을 형성하여 고스핀 착물이 된다. 약한 장을 형성하는 리간드부터 순서대로 나열하면 다음과 같다.

(약한 장) $I^- < Br^- < Cl^- < F^- < H_2O < NH_3 < en < CN^-$ (강한 장)

결정장 분리 에너지가 크면, 금속이온의 전자배치는 낮은 궤도에 먼저 짝을 이루게 된다.

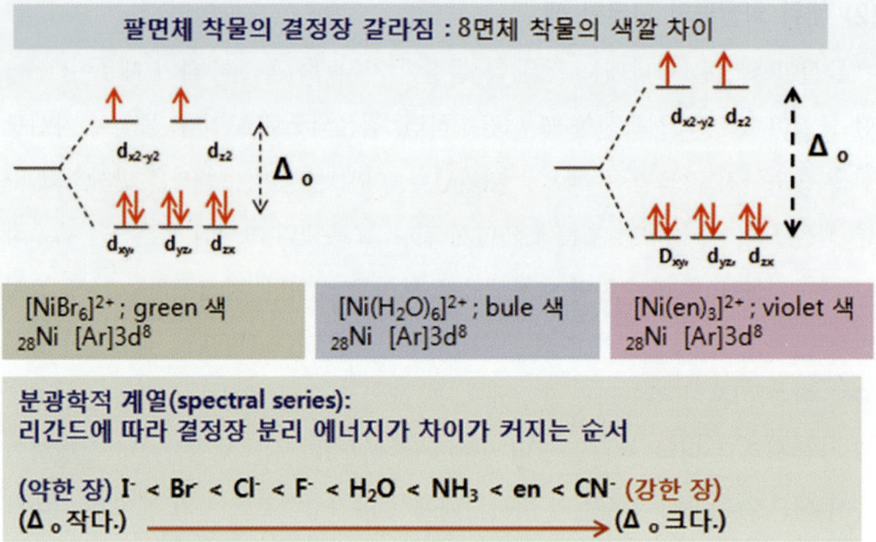

[그림 12-13] 리간드의 분광 화학적 계열 순서. 리간드에 따라 d-궤도 갈라짐 에너지 차이가 다르다. 착이온의 색깔은 d-궤도 갈라짐 에너지 크기에 따라 달라진다. $[NiBr_6]^{2+}$는 green 색, $[Ni(H_2O)_6]^{2+}$는 bule 색, $[Ni(en)_3]^{2+}$는 violet 색이다.

[예제 12-5] 배위 화합물 $[Ti(H_2O)_6]+$는 498 nm 파장의 빛을 흡수한다. 이 착이온의 d-궤도 갈라짐 에너지는 몇 kJ/mol인가?

풀이 $$\Delta = N_A \frac{hc}{\lambda} = (6.02 \times 10^{23} \text{개}/mol) \frac{(6.62 \times 10^{-34} Js)(3.0 \times 10^8 m/s)}{(498 \times 10^{-9} m)}$$

Δ = 240 kJ/mol

(3) 배위 화합물의 자기적 성질

결정장 분리 에너지가 크면, 강한 장(strong field)이라고 부르고, 금속이온의 전자배치는 낮은 궤도에 먼저 짝을 이루게 된다. 이런 착물은 짝을 이루지 않은 전자가 적고, 저스핀(low spin) 착물이 만들어 진다. 그러나 결정장 분리 에너지가 작으면, 약한 장(weak field)라고 부르고, 금속이온의 전자배치는 Hund 법칙에 따라 짝을 이루지 않고 먼저 채워진다. 이런 착물을 고스핀(high spin) 착물이라고 부른다. 짝을 이루지 않은 전자가 존재하면 자성을 띠게 되는 데, 이것을 상자기성(paramagnetism) 이라고 한다.

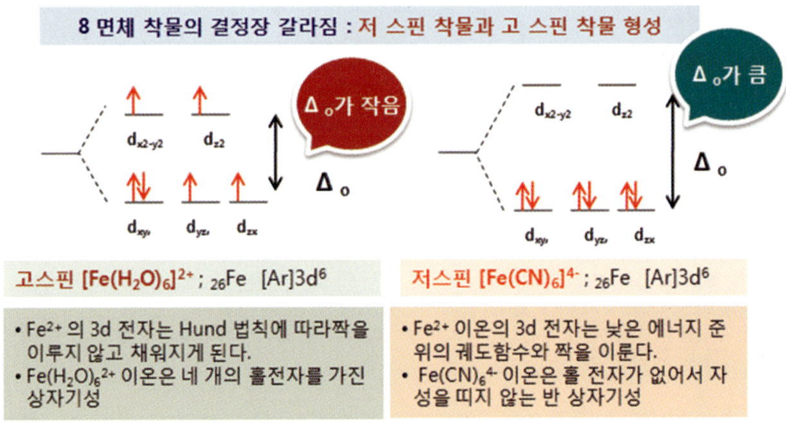

[그림 12-14] 8면체 착화합물에서 리간드에 따른 결정장 분리 에너지 차이(Δ_o). Δ_o가 작으면, 약한 장을 형성하여 고스핀(high spin) 착물이 되고, Δ_o가 크면, 강한 장을 형성하여 저스핀(low spin) 착 화합물이 된다.

그러나 사면체 착물의 결정장 분리는 팔면체 배위 화합물과 반대로 분리된다. 분리된 에너지 차이를 사면체 결정장 분리(terahedral crystal splitting, Δ_t) 라고 한다. 4면체 착물의 결정장 분리 에너지는 8면체 착물의 분리 에너지보다 낮다. 따라서 4면체 착물의 대부분은 저스핀 착물을 형성한다.

[예제 12-6] 다음 물음에 답하여라.

(1) 배위 화합물 $[CoF_6]^{3-}$는 약한 장으로 분리된다. 상자성인가 반자성인가?

(2) $[Co(en)_3]^{3+}$는 강한 장으로 분리된다. 상자성인가 반자성인가?

풀이 (1) $_{27}Co^{3+}$ 전자배치: [Ar] $3d^6$ 약한 장이므로 4개의 짝을 이루지 않은 전자가 있다. 따라서 상자성이다.

(2) 강한 장이므로 6개 모두 짝을 이룬다. 따라서 반자성이다.

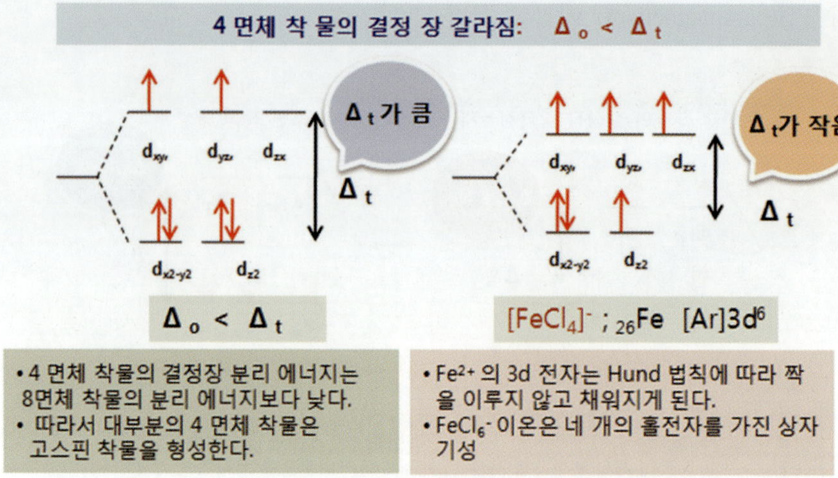

[그림 12-15] 4면체 착 화합물의 결정장 에너지 분리(Δ_t)의 패턴. 사면체 착 화합물의 결정장 갈라짐 에너지는 8면체 착화합물의 갈라짐 에너지보다 적다.

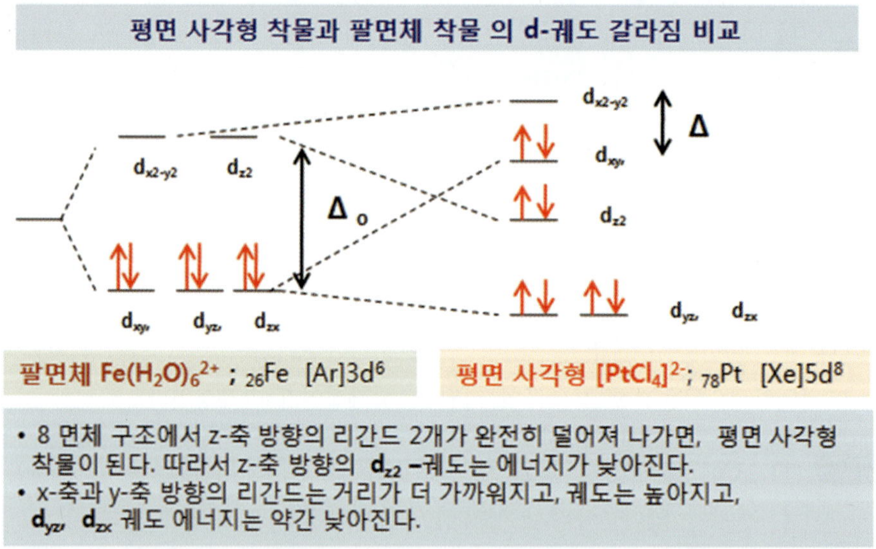

[그림 12-16] 8면체 착 화합물과 사면체 착화합물의 결정장 분리의 패턴. 팔면체 착 화합물에서 한 z-축에 있는 리간드가 떨어져 나가면 사각형 착 화합물이 된다.

12-5.

배위 화합물의 형성 상수

배위 화합물의 형성에 관한 평형 상수를 형성 상수라 부르며 기호 K_f로 나타낸다. 전형적인 예는 다음과 같다. 배위 화합물에 대한 K_f가 10^5이상으로 매우 큰 값이다. 이는 평형 상태에서 착물 형성을 크게 선호한다는 것을 의미한다. K_f값이 큰 것은 모든 반응물 반응을 한다는 것이다. 즉, 평형이 되면, 금속 이온이 거의 모두 생성물을 형성한다는 것을 의미한다. $AgNO_3$ 용액에 암모니아를 첨가하면 거의 모든 Ag^+ 이온은 $Ag(NH_3)_2^+$로 전환될 것이다.

$$Ag^+(aq) + 2NH_3(aq) \rightleftarrows Ag(NH_3)_2^+(aq) \quad K_f\ (Ag(NH_3)_2^+) = 1.7\times10^7$$

착이온의 형성 상수를 이용하여 평형 농도를 계산할 수 있다.

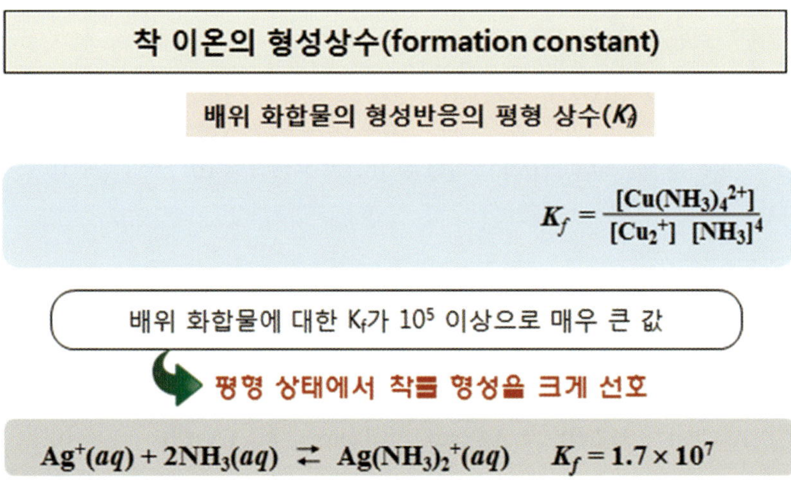

[그림 12-17] 착이온의 형성 상수(K_f)

[표 12-3] 25 ℃에서 몇 가지 착이온의 형성 상수

배위 화합물	K_f	배위 화합물	K_f
$AgCl_2^-$	1.8×10^8	$Cu(NH_3)_4^{2+}$	2.0×10^{12}
$Ag(CN)_2^-$	2.0×10^{20}	$Fe(CN)_6^{3-}$	4.0×10^{52}
$Ag(NH_3)_2^+$	1.7×10^{10}	$Fe(CN)_6^{4-}$	4.0×10^{45}
$Ag(OH)_4^-$	1.0×10^{33}	$Ni(NH_3)_6^{2+}$	9.0×10^{12}
$Cd(NH_3)_4^{2+}$	2.8×10^7	$PtCl_4^{2-}$	1.0×10^{16}
$Co(CN)_4^-$	2.0×10^{18}	$Zn(CN)_4^{2-}$	6.0×10^{16}
$Co(NH_3)_6^{2+}$	1.0×10^5	$Zn(NH_3)_4^{2+}$	3.6×10^8
$Co(NH_3)_6^{3+}$	1.0×10^{23}	$Zn(OH)_4^{2-}$	3.0×10^{14}

[예제 12-7] 다음 착이온 형성 반응에서 암모니아의 농도가 0.1 M NH_3일 때 $[Ag^+]$ / $[Ag(NH_3)_2^+]$ 농도비를 계산하여라.

$Ag^+(aq) + 2NH_3(aq) \rightleftarrows Ag(NH_3)_2^+(aq)$ $K_f\ (Ag(NH_3)_2^+) = 1.7\times10^7$

풀이

$$K_f = \frac{[Ag(NH_3)_2^+]}{[Ag^+][NH_3]^2} = 1.7 \times 10^7$$

$$\frac{[Ag(NH_3)_2^+]}{[Ag^+]} = [NH_3]^2 \times K_f = (0.1)^2 \times (1.7 \times 10^7) = 1.7 \times 10^3$$

[예제 12-8] 염화은이 암모니아에 녹는 반응식은 아래와 같다.

$AgCl(s) + 2NH_3(aq) \rightleftarrows Ag(NH_3)_2^+(aq) + Cl^-(aq)$

(1) 다음 주어진 반응의 평형 상수를 이용하여 위 반응의 평형 상수를 계산하여라.

① $AgCl(s) + H_2O(l) \rightleftarrows Ag^+(aq) + Cl^-(aq)$ $K_{sp}\ (AgCl) = 1.8\times10^{-10}$

② $Ag^+(aq) + 2NH_3(aq) \rightleftarrows Ag(NH_3)_2^+(aq)$ $K_f\ (Ag(NH_3)_2^+) = 1.7\times10^7$

(2) 6.0 M NH_3 1 L에 녹는 AgCl의 몰 수를 계산하시오.

풀이 (1) 반응식 ①+반응식② ⇒

평형 상수, $K = K_{sp} \times K_f = (1.8\times10^{-10}) \times (1.7\times10^7) = 3.1\times10^{-3}$

(2) $K = \frac{[Ag(NH_3)_2^+][Cl^-]}{[NH_3]^2} = 3.1 \times 10^{-3}$

	AgCl(s)	+2NH₃	⇄	$Ag(NH_3)_2^+(aq)$	$Cl^-(aq)$
처음 농도(M)		6.0		0	0
반응		-2x		+x	+x
평형 농도		6.0 - 2x		+x	+x

$K = \frac{x^2}{(6-2x)^2} = 3.1 \times 10^{-3}, \quad \frac{x}{(6-x)} = 0.056$

x = [Cl-] = 0.3 M

[학습퀴즈 12-1] 다음 배위 화합물들의 ①이름을 쓰고 ② 배위수와 ③ 기하 이성질체수를 말하여라.

(1) $[Co(H_2O)_4Cl_2]Cl$

(2) $[Cr(en)_2(H_2O)_2](NO_3)$

[학습퀴즈 12-2] $[Cr(H_2O)_5(OH)]\ Cl_2$에서 Cr의 산화수는 얼마인가?

[학습퀴즈 12-3] $[MnF_6]^{2-}$ 착이온의 결전장 분리에너지는 $\Delta = 2.60 \times 10^2$ kJ/mol 이다(중심금속 $_{25}Mn^{4+}$ 이온).

(1) 이 착이온에서 중심금속이 $_{25}Mn$ 이온의 전자배치를 하여라.

(2) 이 착이온이 흡수하는 가시광선의 파장은 몇 nm인가? 빛에너지는 $E = N\frac{hc}{\lambda}$; $N_A = 6.02 \times 10^{23}$개/mol, $h = 6.62 \times 10^{-34}$ Js, $c = 3.0 \times 10^8$ m/s이다.

[학습퀴즈 12-4] $[Cr(OH)_4]^-$ 착이온의 형성 상수는 25 ℃에서 $K_f = 8.0 \times 10^{29}$이다. 착이온을 pH = 10인 용액에서 착이온은 몇 % 형성되는가?

[학습퀴즈 12-5] $[Co(H_2O)_4Cl_2\ ]^+$ 착이온은 결정장 분리 에너지가 작아서 약한 장 착물을 형성한다. 몇 개의 홀 전자가 존재하는가? (중심금속 $_{27}Co^{3+}$이온)

[학습퀴즈 12-1 풀이]

(1) $[Co(H_2O)_4Cl_2]Cl$: 염화 테트라아쿠아다이클로로코발트(III)
6배위, 이성질체 2개(시스, 트랜스)

(2) $[Cr(en)_2Cl_2]Br$: 브로민화 다이클로로비스에틸렌다이암민크로뮴(III)
6배위, 기하 이성질체 2개(시스, 트랜스), 시스 이성질체는 2개의 거울상이성질체

[학습퀴즈 12-2 풀이] $[Cr(H_2O)_5(OH)]^{2+}$이고, $2Cl^-$이므로,

Cr의 산화수 + 5x (H_2O의 전하) + (OH의 전하) = +2

Cr의 산화수 + 5x (0) + (-1) = +2

Cr의 산화수 = +3

[학습퀴즈 12-3 풀이] (1) $_{25}Mn^{4+}$ 이온의 전자배치: [Ar] $3d^3$

[학습퀴즈 12-3 (1) 풀이]

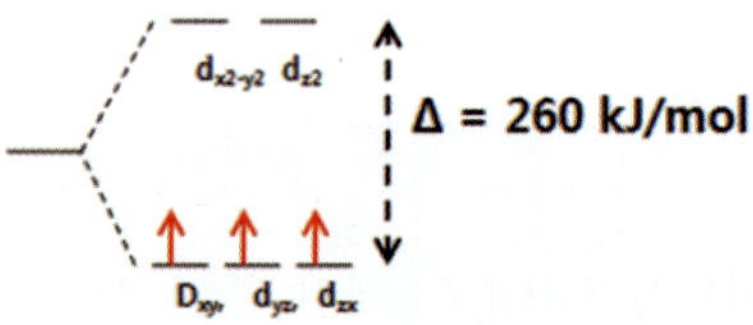

$[MnF_6]^{2-}$ 착 이온에서 Mn^{4+} : [Ar] $3d^3$

(2) $\Delta = N_A \dfrac{hc}{\lambda}$;

$$\lambda = N_A \frac{hc}{\Delta} = (6.02 \times 10^{23}\text{개}/mol) \times \frac{(6.62 \times 10^{-34} Js) \times (3.0 \times 10^8 m)}{2.60 \times 10^5 J}$$

λ = 460nm

[학습퀴즈 12-4 풀이] $Cr^{3+}(aq) + 4OH^-(aq) \rightleftarrows [Cr(OH)_4]$ $K_f = 8.0 \times 10^{27}$

pH = 6.0이면, pOH = 9.0이고, $[OH^-] = 10^{-9}$M이다.

$$K_f = \frac{[Cr(OH)_4]^-}{[Cr^{3+}][OH]^4} = 8.0 \times 10^{27}$$

이 착이온이 pH = 10.0인 용액에서 착이온은 몇 %가 형성되는가?

pH = 10.0이면, pOH = 4.0이다. 즉, $[OH^-] = 10^{-4}$ M

$$K_f = \frac{[Cr(OH)_4]^-}{[Cr^{3+}](10^{-4})^4} = 8.0 \times 10^{27}$$

$$\frac{[Cr(OH)_4]^-}{[Cr^{3+}]} = 8.0 \times 10^{13}$$

따라서 pH = 10.0에서 이 착이온은 100 % 형성된다.

[학습퀴즈 12-5 풀이] $[Co(H_2O)_4Cl_2]^+$: 착이온에서 $_{27}Co^{3+}$ 전자배치 : [Ar] $3d^6$

[학습퀴즈 12-5 풀이]

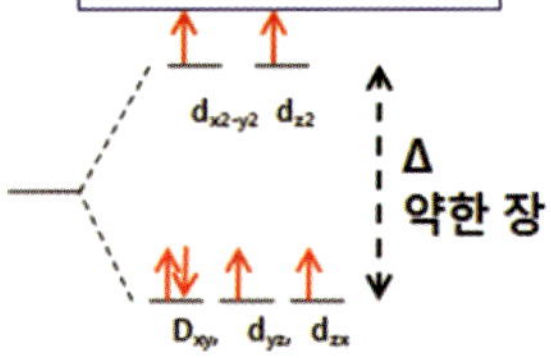

$[Co(H_2O)_4Cl_2]^+$ 착 이온에서 $_{27}Co^{3+}$: [Ar] $3d^6$

[주요개념]

☑ 배위 화합물의 명명법 : 음이온(_화) + 양이온

① 음이온 리간드의 이름(_o)

② 같은 리간드가 여러 개 있을 때, di-, tri-, tetra-, penta-, hexa-

③ 리간드가 여러 종류일 때, 알파벳순으로 쓴다.

④ 중심원자의 산화수는 로마숫자로 표시

⑤ 배위 화합물의 음이온이면, 접미사로 _ate를 쓴다.

☑ 기하 이성질체 : 화학식은 같지만 기하구조가 다른 2개 이상의 화학종

☑ 기하 이성질체 :

☑ 결정장 이론 :

☑ 저스핀 착물 :

☑ 고스핀 착물 :

[주요 식]

☑ 빛 에너지 : $E = h\nu = \dfrac{hc}{\lambda}$

☑ 착이온 형성 상수 : $Cu^{2+}(aq) + 4NH_3(aq) \rightleftarrows Cu(NH_3)_4\ 2+(aq)$

$$K_f = \frac{[Cu(NH_3)^{2+}]}{[Cu^{2+}][NH_3]^4}$$

제12장 (배위화합물)의 개요

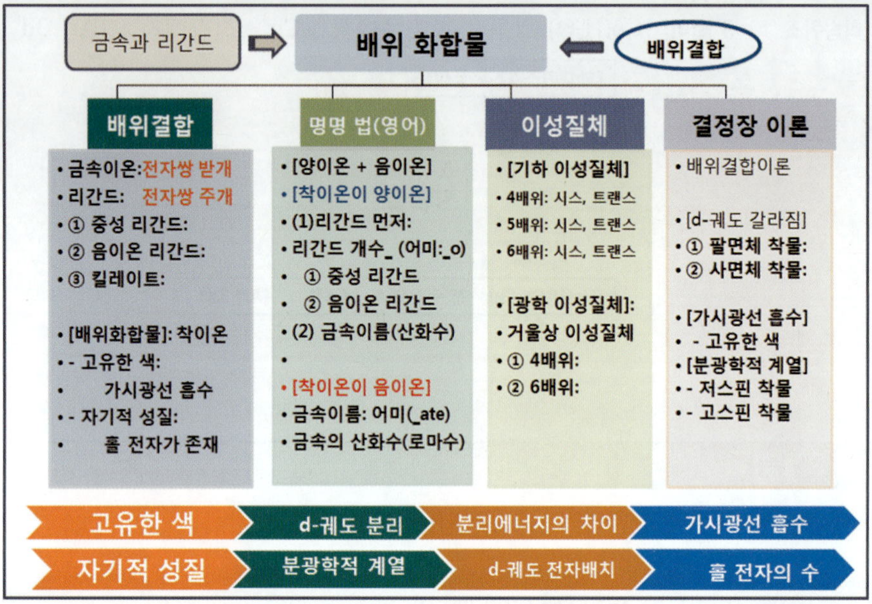

연습문제

[12-1] 다음 착물에서 금속의 배위수는?

(a) $[Mn(NH_3)_2(OH)_2]^{2+}$

(b) $[Cu(en)Cl_4]^{2-}$

(c) $[Cr(H_2O)_2(NH_3)_2Cl_2]^{2-}$

(d) $[Au(CN)_2]^{+}$

[12-2] 다음 착물의 기하구조를 그려라.

(a) $[Fe(H_2O)_2\ I_2]$

(b) $[Cu(NH_3)_6]^{2+}$

(c) cis-$[Ni(OH)_2Cl_2]^{-}$

(d) trans-$[Cr(en)_2(NH_3)_2]^{3+}$

(e) cis-$[Co(ox)_2(H_2O)_2]^{+}$

[12-3] 다음의 정팔면체 착물 중에서 어느 것이 기하 이성질현상을 보이는가? 가능한 기하 이성질체의 구조를 그려라.

(a) $[Cr(NH_3)_2(OH)_4]^{2-}$

(b) $[Co(NH_3)_3(OH)_3]^{-}$

(c) $[Mn(H_2O)_2(NH_3)_3(OH)]^{+}$

[12-4] 다음 trans-$[Cr(en)_2(NH_3)_2]^{3+}$ 착이온에 대한 설명이다. 빈칸에 알맞은 말을 채우시오.
용어 enen은 ((a))의 약자이며, ((b))자리 리간드이다. 이 착이온에서 크로뮴(Cr)의 산화수는 ((c))이며, Cr의 배위수는 ((d))이다.

[12-5] 다음 $_{24}Cr$ 착이온들의 홀 전자수를 예상하시오.

(a) $[Cr(CN)_6]^{4-}$ (강한 장) (b) $[Cr(H_2O)_6]^{2+}$ (약한 장)

[12-6] **[심화]** $[CoF_6]^{3-}$은 상자기성인 반면 $[Co(NH_3)_6]^{3+}$은 반자기성인 이유는 무엇인가?

[12-7] **[심화]** MnF_6^{2-}의 결정장 갈라짐 에너지 $\Delta_o = 2.60 \times 10^2$ kJ/mol이다. 이 에너지에 해당하는 파장은 얼마인가?

[12장 연습문제 정답]

[12-1] (a) 4 (b) 6 (c) 6 (d) 2

[12-2] (a) 사면체

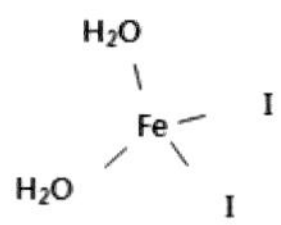

diiododiaquairon(II)

(b) 정팔면체

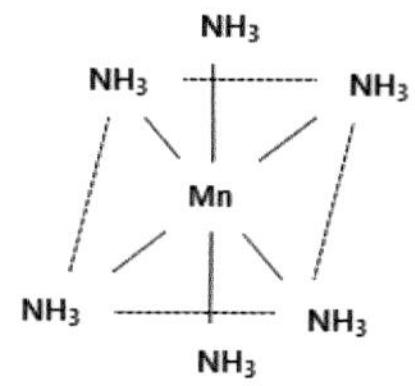

hexaamminecopper(II)

(c) 팔면체

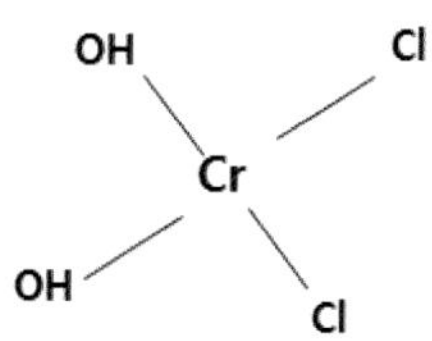

cis-dihydroxodichlroronickel(III)

(d) 팔면체

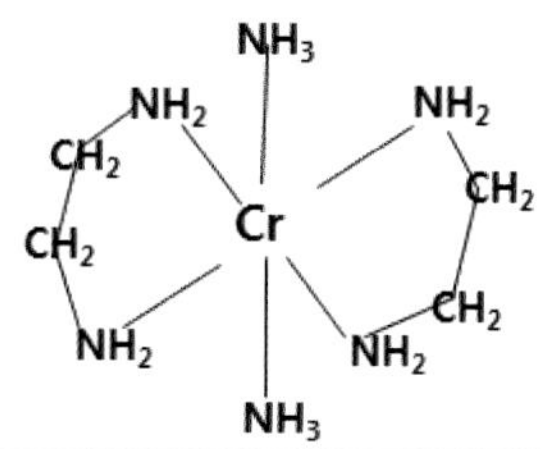

trans-diamminebis(ethylenediammine)chromium(III)

(e) 팔면체

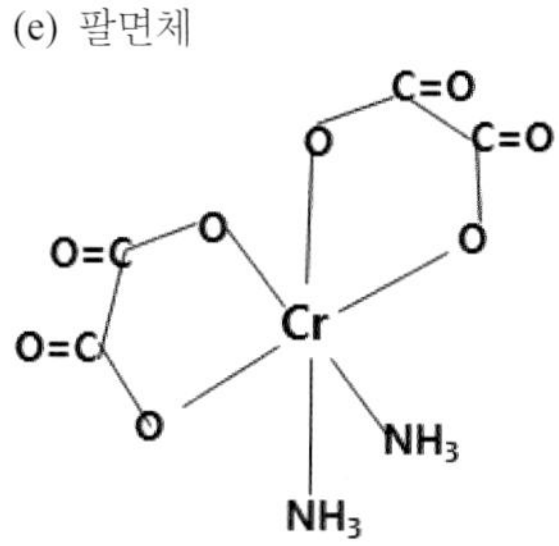

cis-diaquobis(oxalatocobalt(III)

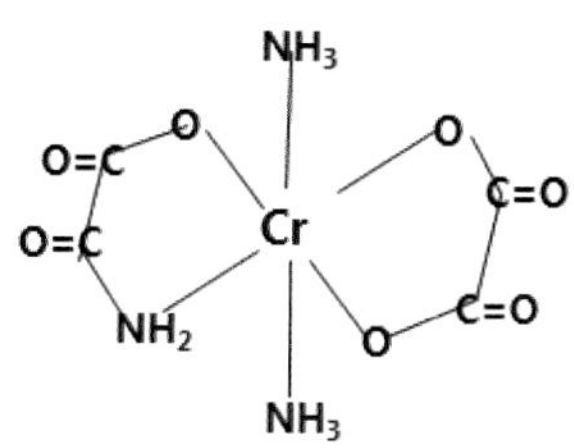

trans-diaquobis(oxalatocobalt(III)

[12-3] (a)

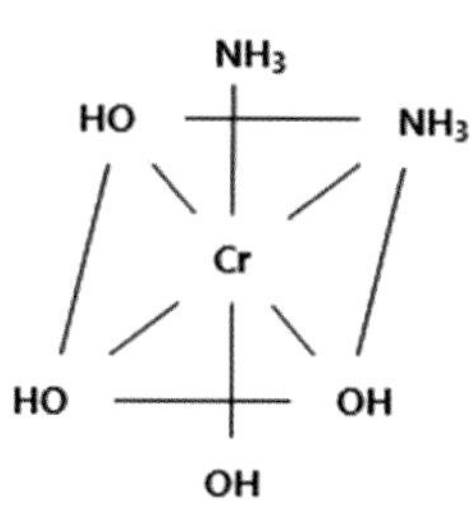

Cis-이아민사하이드록소크로뮴(II)

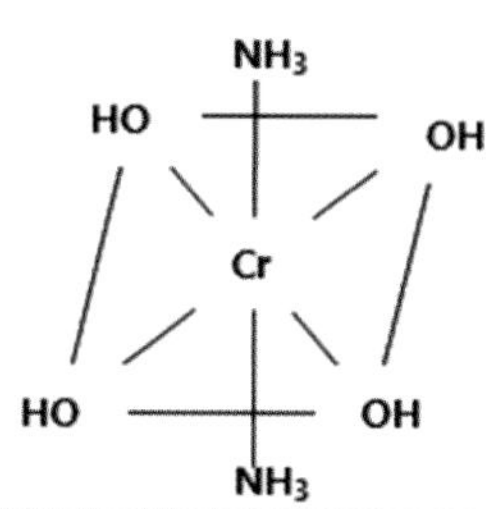

트랜스-이아민사하이드록소크로뮴(II)

(b)

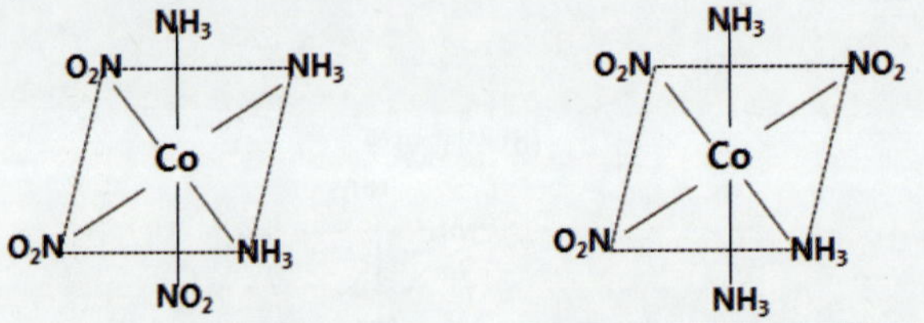

facial- triamminetrinitrosocobalt(III)　　meridional-triamminetrinitrosocobalt(III)

(c)

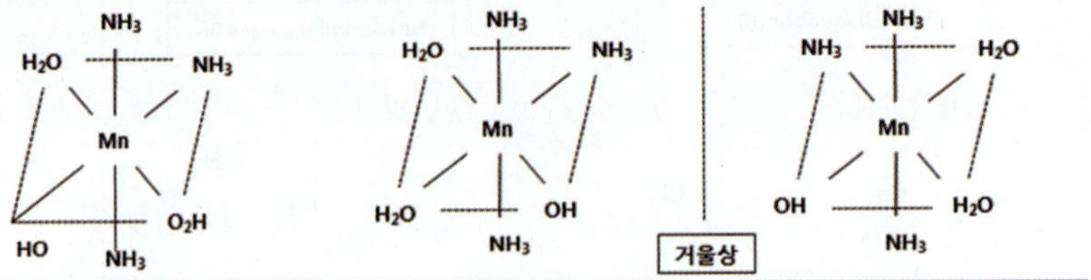

트랜스-모노히드록소다이아쿠오트리암민망간(II)　　시스-모노히드록소다이아쿠오트리암민망간(II)　　시스-모노히드록소다이아쿠오트리암민망간(II)

[12-4] (a) ethylenediamine(H_2N-CH_2-CH_2-NH_2)　(b) 2자리　(c) +3　(d) 6배위

[12-5] (a) 2개　(b) 4개

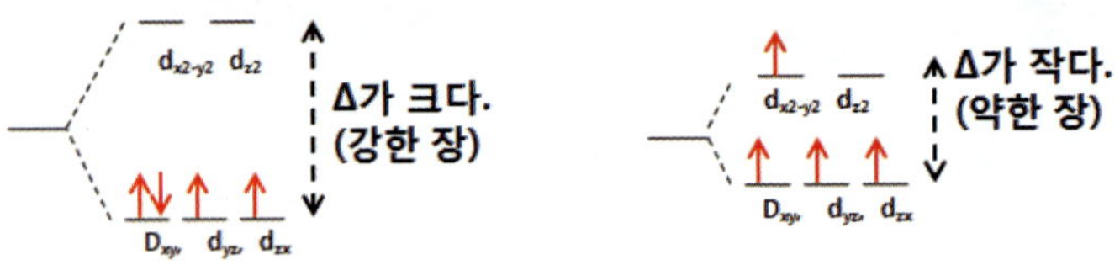

$[Cr(CN)_6]^{4-}$ 에서 $_{24}Co^{2+}$,　[Ar] $3d^4$　　$[Cr(H_2O)_6]^{4-}$ 에서 $_{24}Co^{2+}$,　[Ar] $3d^4$

[12-6] NH_3는 팔면체 갈라짐 에너지(Δ_o)가 크다. 저스핀(low spin); 짝을 이루지 않은 전자는 없다. F^-는 팔면체 갈라짐 에너지(Δ_o)가 작다. 고스핀(high spin); 짝을 이루지 않은 전자가 있다.

[12-7] 4.60 nm × 10^2 nm

13
CHAPTER

반응의 자발성과 열역학 2법칙

CONTENTS

[학습목표]

① 자발적인 반응은 우주 전체의 엔트로피(무질서도)를 증가시킨다.
② 열역학 2법칙은 계가 받은 열을 모두 일로 바꿀 수 없다는 것이다.
효율이 1이 되는 기관은 만들 수 없다. (효율 $\eta < 1$)
③ 계의 자유 에너지 변화는 반응의 자발성을 나타내는 척도이다.
④ 표준 상태에서 자유 에너지 변화량으로부터 평형 상수를 계산할 수 있다.
⑤ 계의 Gibbs 자유 에너지 변화량은 최대 일의 양을 의미한다.

[OX퀴즈 13-1] 액체상태는 고체상태보다 엔트로피가 낮다.

정답 ×

해설 엔트로피는 무질서의 척도를 나타내는 양이다. 질서 있는 물질의 상태는 엔트로피가 낮고, 무질서한 물질의 상태가 엔트로피가 높다. 액체는 고체보다 엔트로피가 높다.

[OX퀴즈 13-2] 자발적인 반응은 자유 에너지가 높은 상태에서 낮은 상태로 낮아진다.

정답 ○

해설 자발적인 반응은 자유에너지가 높은 상태에서 낮은 상태로 진행된다. 자유 에너지가 낮은 쪽에서 높은 쪽으로 진행되지 않는다. 그리고, 평형상태는 자유에너지 변화가 없는 상태이다.

[OX퀴즈 13-3] 물질의 엔트로피는 절대적인 양으로 나타낼 수 있다.

정답 ○

해설 물질의 엔탈피와 자유에너지는 상대적인 양이지만 엔트로피는 열역학 3법칙에 따라서 절대적인 양으로 나타낸다.

[OX퀴즈 13-4] 표준상태에서 반응의 자유에너지 변화(G^0)를 사용하여 평형상수를 구할 수 있다.

정답 ○

해설 반응의 자유에너지 변화 량(G)은 다음과 같은 관계를 갖는다. $G = G^0 + R\,T\ln(Q)$; 평형상태에서 자유에너지 변화 량은 $G = 0$ 이다. 따라서 평형상수는 $G^0 = -R\,T\ln(K)$로 나타낸다. 표준상태에서 반응의 자유에너지 변화(G0)를 사용하여 평형상수를 구할 수 있다.

[열역학 법칙들]

열역학의 법칙들은 물질의 물리적 변화와 화학반응을 설명하는 데 중요한 기초가 된다. 열역학 1법칙은 에너지 보존의 법칙이다. 계의 에너지 증가는 주위의 에너지 감소량과 같다. 열역학 2법칙은 반응의 자발성을 예측하는 엔트로피증가의 법칙이다. 우주의 엔트로피를 증가시키는 반응만이 자발적으로 일어난다. 열역학 3법칙은 물질의 절대 엔트로피를 정의하는 법칙이다. 이 세가지의 열역학 법칙들은 물질의 물리적 변화와 화학적 변화를 설명하는 기본적인 법칙들이다.

[엔트로피]

자발적인 변화의 원동력은 우주의 엔트로피(무질서도)를 증가시키는 것이다. 무질서도를 증가시키는데 에너지가 필요하다. 이 무질서도를 증가시키는데 사용된 에너지는 유용하게 사용할 수 없는 에너지이다. 따라서 받은 열 에너지를 모두 일로 바꾸어 사용할 수 없다. 반드시 우주의 무질서도를 증가시키는 데 필요한 에너지를 빼고 나머지만을 일로 바꿀 수 있다. 효율이 1인 기관은 존재할 수 없다.

[자유 에너지]

엔트로피(무질서도)를 기준으로 자발성을 설명한다면, 항상 계와 주위의 무질서도를 동시에 고려해야한다. 계에서의 변화만으로 반응의 자발성을 설명하기 위해서 자유 에너지를 정의할 필요가 있다. Gibbs 자유 에너지(ΔG)는 계의 엔탈피 변화량에서 엔트로피 변화량에 온도를 곱하여 값으로 정의된다. $\Delta G = \Delta H - T\Delta S$. 자유 에너지가 감소하는 반응은 자발적으로 일어날 수 있다. 계의 자유 에너지가 증가하는 반응은 절대로 일어날 수 없다.

[자유 에너지와 평형 상태]

물질의 변화 방향은 Gibbs 자유 에너지는 항상 높은 상태에서 낮은 상태로 진행되 때문에 자유 에너지의 변화가 없으면 평형에 도달된 상태가 된다. 평형 상태는 반응물과 생성물의 자유 에너지가 같은 상태이다. 평형 상태에서 항상 $\Delta G = 0$가 된다. 이 관계를 이용하여 표준 상태 자유 에너지 변화량을 알면, 평형 상수를 알아낼 수 있다. $\Delta G^0 = -RT\ln(K)$

13-1.

엔트로피와 반응의 자발성

화학에서 가장 중요한 목표 중 하나는 물질들이 주어진 조건에서 반응이 일어날 것인가 일어나지 않을 것인가 예측하는 것이다. 반응 조건은 온도, 압력, 그리고, 반응물과 생성물의 양이다. 만일 원하는 반응이 일어나지 않는 다면, 반응이 일어날 수 있는 조건을 찾아서 반응이 일어나도록 해야 할 것이다. 이런 지식은 연구 실험실이나, 공장에서 물질을 만드는 과정, 그리고 세포 내에서 일어나는 생물학적 과정이나 반응을 이해하는데 꼭 필요한 지식이다. 주어진 조건에서 일어날 수 있는 반응을 자발적인 반응(spontaneous reaction)이라고 하고, 반대로 주어진 조건에서 일어날 수 없는 반응을 비자발적인 반응(nonspontaneous reaction)이라고 부른다. 우리가 자연에서 볼 수 있는 모든 현상이나 반응들은 모두 자발적인 반응들뿐이다. 자발적인 과정은 우리가 관찰하는 모든 현상이나 화학반응들이 여기에 속한다. 왜냐하면, 비자발적인 과정이란 주어진 조건에서 일어날 수 없는 과정을 의미하기 때문이다. 구체적으로 우리가 이해하기 쉬운 자발적으로 일어나는 물리적 과정이나 화학반응을 예로 들어 보기로 하자.

① 높은 곳에 있는 폭포수가 아래로 떨어지는 과정은 자발적이다.

② 두 가지 기체가 콕크로 연결된 다른 용기에 있을 때 콕크를 열면, 두 기체가 서로 섞인다.

③ 높은 온도의 금속과 낮은 온도의 금속을 붙여 놓으면, 금속의 온도는 중간 온도에서 균형을 이룬다.

④ 1기압에서 0 ℃보다 높은 온도에서 얼음이 물로 녹고, 0 ℃보다 낮은 온도에서 물은 얼음으로 얼게 된다.

⑤ 물에 수성 잉크를 떨어뜨리면 퍼져 나간다.

이와 같은 과정이나 반응들은 모두 에너지 보존법칙에 따라서 열을 흡수하기도 하고 열을 방출하기도 한다. 즉 반응열(엔탈피변화)이 반응이 자발적인지 비자발적인지 판단하는 기준이 될 수 없다는 것이다. 위에서 살펴본 모든 자발적인 과정이나 반응들은 "엔트로피(무질서도)가 증가되는 것"이다.

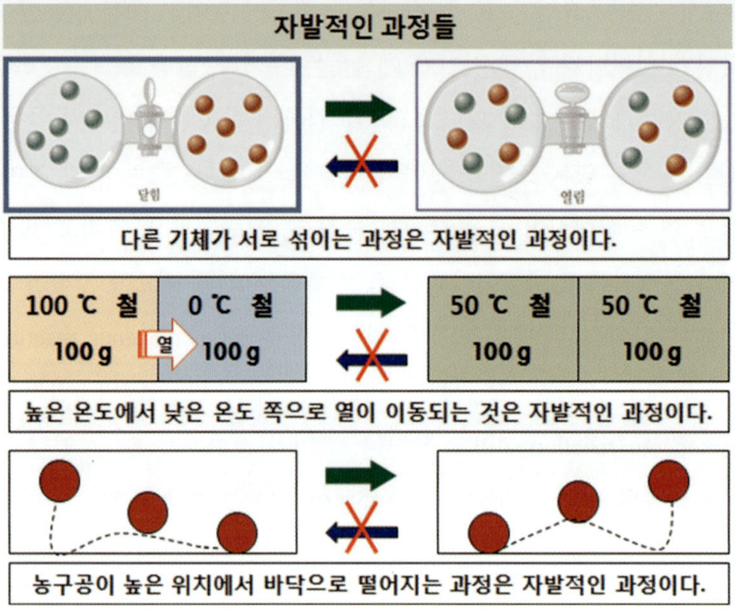

[그림 13-1] 자발적인 과정. 역 과정은 비 자발적인 과정이다.

(1) 엔트로피(entropy)는 무질서의 척도

위에서 살펴본 바와 같이 자발적인 과정은 전체(계와 주위)의 무질서도를 증가시키는 과정들이다. 무질서도는 엔트로피(entropy, S라고 표시함)라고 부른다. 1868년 볼츠만은 계의 엔트로피를 미시적인 상태의 수에 비례하는 양으로 정의하고 다음과 같이 수식으로 표현하였다.

$S = k \ln(W)$

여기서 K_B는 볼츠만상수, $K_B = 1.38 \times 10^{-23} J/k$이고, W는 계의 미시적인 상태의 수를 나타낸다. 계의 미시적인 상태의수가 작을수록 엔트로피는 작고, 계의 미시적인 상태의 수가 많을수록 엔트로피는 큰 값을 가진다.

예를 들면, 4개의 입자가 2개의 방에 배치되는 방법을 생각해 보자. ① 4개의 입자가 모두 왼쪽 1개의 방에 배치되는 방법은 단 1가지이지만, ② 4개의 입자 중 3개가 왼쪽 방에 배치되는 방법은 4가지 방법이 있고, ③ 4개의 입자 중 2개가 왼쪽 방에 배치되는 방법은 6가지 방법이 있다. 이처럼 미시적인 상태의 수가 많을수록 확률은 높아진다. 엔트로피는 확률적으로 가능한 경우의 수가 많을수록 큰 값이 된다는 것을 의미한다.

[그림 13-2] 엔트로피의 의미. 미시적 상태의 수가 많을수록 엔트로피는 증가한다.

[예제 13-1] 다음 각 과정에 대하여 ΔS가 양수인지 음수인지 예측하여라.

(1) 온도가 -80 ℃인 냉동기의 드라이아이스를 꺼내서 상온에 놓아둔다.

(2) 브로민($Br_2(l)$)을 헥세인에 녹인다.

(3) 기체 브로민($Br_2(g)$)이 액체 브로민($Br_2(l)$)으로 응축시킨다.

풀이 (1) 드라이아이스가 기체로 승화된다. (엔트로피 증가)

(2) 용액 상태로 용해된다. (엔트로피 증가)

(3) 기체가 액체로 응축된다. (엔트로피 감소)

(2) 엔트로피(entropy) 변화(ΔS)

엔트로피의 통계적인 의미에서 파악할 수 있는 것처럼 계가 많은 미시적 상태를 갖는다는 것은 무질서해진다는 것을 의미한다. 열역학 1법칙에서 살펴본 바와 같이 물질의 온도 변화는 열에너지의 출입을 의미한다. 낮은 온도에서 물질의 상태는 질서 있는 상태이고, 온도가 증가할수록 높은 온도에서 물질의 상태는 무질서한 상태이다. 따라서 계의 엔트로피 변화(ΔS)는 계가 받은 열을 계의 온도로 나눈 값으로 정의한다.

엔트로피 변화의 정의: $\Delta S = \frac{q_{가역}}{T}$ ⋯ (13-1)

여기서, $q_{가역}$은 계가 가역적인 과정에서 받아들인 열이고, $q_{가역} = \Delta H$이다. 가역적인 과정은 비가역적인 과정보다 항상 큰 열을 흡수한다. 따라서 비가역적인 과정들은 엔트로피 증가량이 비가역적인 과정에서 받은 열을 온도로 나눈 값보다 큰 값을 갖는다. 이것을 셀시우스 부등식(Clausius inequility)이라고 한다.

$$\Delta S > \frac{q_{비가역}}{T}$$

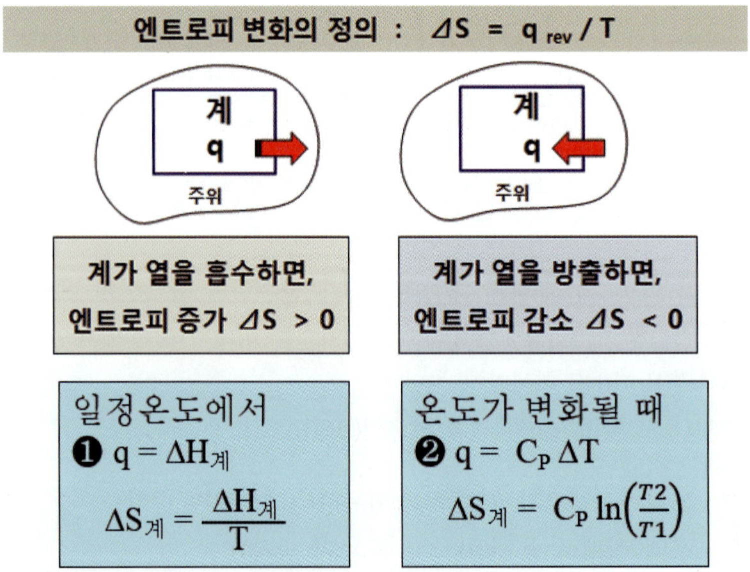

[그림 13-3] 엔트로피 변화의 정의와 엔트로피 변화의 계산

13-2.

열역학 2법칙

(1) 열역학 2법칙

엔트로피의 변화량으로부터 자발적인 과정을 알아낼 수 있다. 셀시우스 부등식에서 본 바와 같이 자발적인 과정은 계의 엔트로피 증가량은 계가 받은 열을 계의 온도로 나눈 값보다 항상 크다.

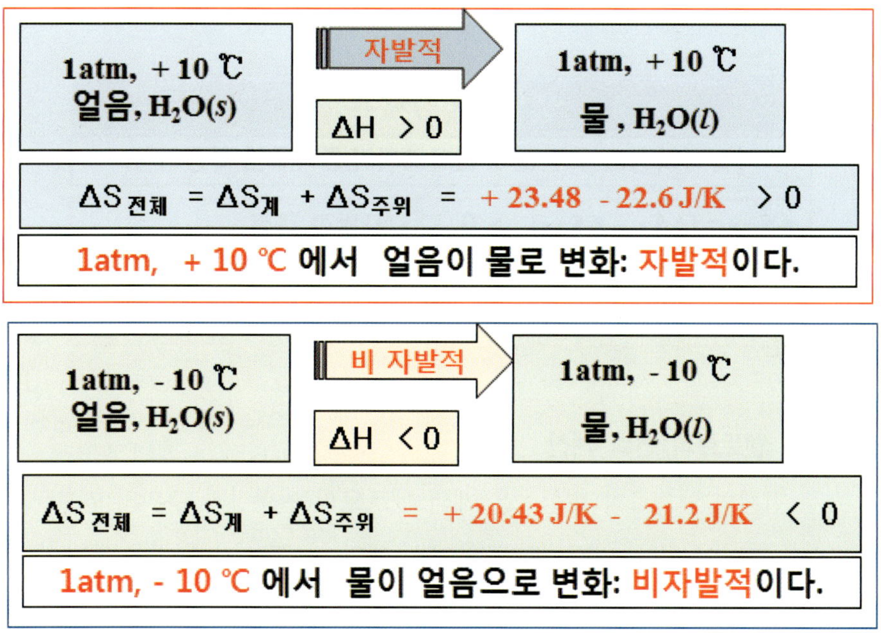

[그림 13-4] 자발적인 과정은 우주 전체의 엔트로피가 증가하는 과정이다.

열역학 2법칙은 자발적인 과정은 우주 전체의 엔트로피가 항상 증가한다. 우주 전체는 계와 주위로 구성되어 있기 때문에 계의 엔트로피 변화와 주위의 엔트로피 변화의 합이 증가하면 자발적으로 진행된다.

자발적인 과정 : $\Delta S_{전체} = \Delta S_{계} + \Delta S_{주위} > 0$

평형 상태 : $\Delta S_{전체} = \Delta S_{계} + \Delta S_{주위} = 0$

비자발적인 과정 : $\Delta S_{전체} = \Delta S_{계} + \Delta S_{주위} < 0$

열역학 2법칙에 따르면, 자발적인 과정은 항상 우주 전체의 엔트로피가 증가되어야 한다는 것이다. 즉, 계의 엔트로피가 증가하고 주위의 엔트로피가 동시에 증가하는 과정은 없다. 계의 엔트로피와 주위의 엔트로피 변화의 양은 서로 반대 방향이다. 자발적인 변화를 일으키는 방법은 첫째, 계의 엔트로피 증가량이 주위의 엔트로피 감소량보다 크거나, 둘째, 주위의 엔트로피 증가량이 계의 엔트로피 감소량보다 커야한다.

열역학 제 2 법칙

자발적 과정은 우주 전체 엔트로피가 증가하는 과정이다.

$\Delta S_{우주} = (\Delta S_{계} + \Delta S_{주위})$	> 0	**자발적 과정**
$\Delta S_{우주} = (\Delta S_{계} + \Delta S_{주위})$	< 0	**비자발적 과정**
$\Delta S_{우주} = (\Delta S_{계} + \Delta S_{주위})$	$= 0$	**평형 상태**

(2) 계의 엔트로피 변화 계산

우주 전체의 엔트로피 변화량은 계의 엔트로피 변화량과 주위의 엔트로피 변화량을 알아야 한다. 먼저, 화학반응에서 계의 엔트로피 변화량은 엔탈피 변화를 계산하는 것과 같은 방법으로 계산할 수 있다.

반응식 : $aA + bB \rightleftarrows cC + dD$

$$\Delta S^0_{반응} = \{c \times S^0(C) + d \times S^0(D)\} - \{a \times S^0(A) + b \times S^0(B)\}$$

$$\Delta S^0_{반응} = \sum_i S^0(생성물) - \sum_j S^0(반응물)$$

여기서 S^0는 각 물질의 표준 상태에서 절대 엔트로피이고 단위는 J/Kmol이다. 이 값은 표에 주어진 값을 사용한다.

[표 13-1] 몇 가지 물질의 표준 몰 엔트로피 (S^0_m, (J/mol K))

물질	S^0_m, (J/mol K)	물질	S^0_m, (J/mol K)
Ag(s)	42.6	$H_2(g)$	130.6
AgCl(s)	96.2	H_2O (g)	188.7
Al(s)	28.3	H_2O (l)	69.96
C(s, 흑연)	51.0	$HC_2H_3O_2(l)$	160.0
$CO_2(g)$	5.69	$N_2(g)$	191.5
CO(g)	213.6	$NH_3(g)$	192.5
$CH_4(g)$	186.2	$NO_2(g)$	240.5
CH_3OH (l)	126.8	Na_2CO_3 (s)	136.0
C_2H_5OH (l)	161.0	$NaHCO_3$ (s)	102.0
$CO(NH_2)_2(aq)$	173.8	$O_2(g)$	205.0
$CaCO_3$ (s)	92.9	$SO_2(g)$	248.0
…		…	

예를 들면 25 ℃에서 암모니아 생성 반응의 엔트로피 변화는 다음과 같이 계산된다.

$N_2(g) + 3H_2(g) \rightleftarrows 2NH_3(g) \quad \Delta H_{반응} = 92.6$ kJ/mol

	$N_2(g)$	$3H_2(g)$	$\rightleftarrows$	$2NH_3(g)$
절대 엔트로피 S^0(J/mol K)	192	131		193

$$\Delta S^0_{계} = [2\times S^0(NH_3(g)) - \{S^0(N_2(g) + 3\times S^0(H_2(g)\})$$

$$= [2\times193 - \{192 + 3\times131\}] = -199 \text{ J/K}$$

[예제 13-2] 다음 반응의 엔트로피 변화(ΔS^0)를 계산하여라.

(1) 물에 수산화칼슘 1몰을 녹였다.

$$Ca(OH)_2(s) \rightleftarrows Ca^{2+}(aq) + 2OH^-(aq)$$

S^0(J/mol K) : 83.4 -53.1 -10.8

(2) 메테인(CH_4(g): 몰질량: 16.0) 1g이 연소하여 이산화탄소와 액체물이 생성되었다.

$$CH_4(g) + 2O_2(g) \rightleftarrows CO_2(g) + 2H_2O(l)$$

S^0(J/mol K) : 186.2 205.0 213.6 69.9

풀이 (1) ΔS^0 = [-53.1+2×(-10.8)] - [83.4] = -158.1 J/K

(2) ΔS^0 = [213.6+2×(69.9)] - [186.2+2×205.0] = -242.8 J/K

1 g의 메테인이 연소될 때: (-242.8 J/K) / (16.0 g) = -15.14 J/gK

(3) 열역학 3법칙

각 물질의 표준상태에서 절대 엔트로피는 25 ℃이고, 1 atm에서 물질의 엔트로피를 측정한 값이다. 상대적인 양으로 나타내는 표준 생성 엔탈피(ΔH_f^0)와는 달리 절대 엔트로피(S^0)는 절대적인 양으로 나타낸다. 이것은 열역학 3법칙은 "절대 0도에서 완전 결정체(perfect crystal)의 엔트로피는 0이다."라고 정

열역학 3법칙: **절대 0K에서 완전 결정체**로 존재하는
모든 물질의 절대 엔트로피는 0이다.(ΔS_m^0 = 0)
온도가 증가함에 따라서 물질의 엔트로피는 증가된다.

물질의 **절대 엔트로피(ΔS_m^0)**는
절대 0 K 에서 엔트로피로 부터 계산된 값이다.

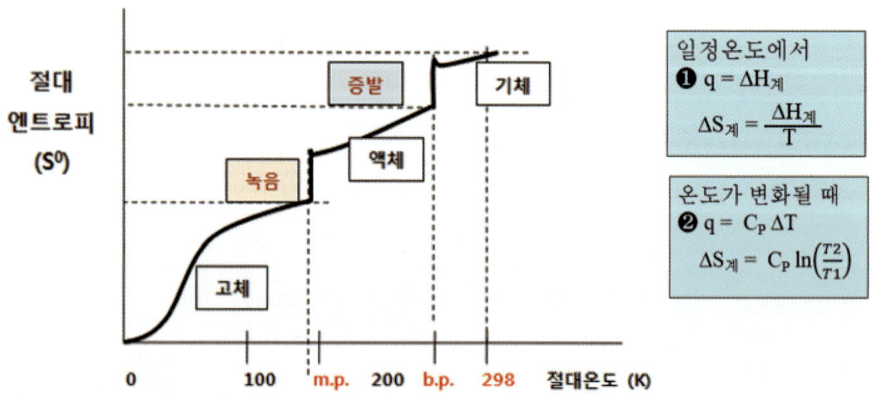

[그림 13-5] 열역학 3법칙. 25 ℃에서 물질의 절대 엔트로피는 절대 0 K에서부터 298.15 K까지 q/T 누적된 값으로 계산된다.

의한다. 절대 0도에서 물질은 모든 운동이 정지한 상태이므로, 미시적인 상태의 수가 1가지 밖에 존재하지 않는다. 따라서 절대 0도에서 엔트로피는 0이 된다. 만일 절대 0도에서 완전 결정체가 아니라면, 0 K에서 엔트로피는 0보다 큰 값을 가질 것이다. 열역학 3법칙에 의거하여 모든 물질의 엔트로피는 절대 0 K에서 엔트로피로부터 25 ℃(298.15 K)에서 엔트로피를 계산할 수 있다. 이 물질들의 표준 절대 엔트로피(S^0) 값들이 표에 주어져 있다.

(4) 주위의 엔트로피 변화 계산

주위의 엔트로피 변화량은 계의 엔트로피 변화량과 반대 부호를 갖는다. 계가 발열 반응으로 진행되면, 주위는 계가 방출한 열을 받아서 주위 분자들의 운동이 활발해 지며, 주위의 엔트로피를 증가시킨다. 반대로 계가 흡열 반응으로 진행되면, 주위로부터 열을 흡수하므로, 주위의 온도는 감소되고 주위의 엔트로피도 감소된다. 주위가 받은 열은 계가 흡수한 엔탈피의 값과 같고 부호가 반대이다($(q_{주위})_{가역} = -\Delta H_{계}$). 따라서, 주위의 엔트로피 변화량은 계의 엔탈피 변화량으로부터 다음과 같이 계산된다.

주위의 엔트로피 변화: $\Delta S_{주위} = \dfrac{-\Delta H_{계}}{T}$ … (13-2)

예를 들면 25 ℃에서 암모니아 생성 반응에서 주위의 엔트로피 변화는 다음과 같이 계산된다.

$N_2(g) + 3H_2(g) \rightleftarrows 2NH_3(g) \quad \Delta H_{반응} = 92.6 kJ/mol$

$$\Delta S^{0}{}_{주위} = \frac{-\Delta H_{계}}{T} = \frac{-(-92.6\times10^{3} J/mol)}{298.15 K} = +311 J/K$$

따라서 앞에서 계산된 계의 엔트로피 변화량과 주위의 엔트로피 변화량을 더하여 전체 엔트로피 변화량을 계산하면,

$\Delta S^0{}_{전체} = \Delta S^0{}_{계} + \Delta S^0{}_{주위}$ = -199 J/k + 311 J/K = +112 J/K > 0

25 ℃에서 암모나아 생성 반응은 전체 엔트로피 변화량이 +112 J/K인 양수 값을 갖기 때문에 자발적으로 일어난다고 판단할 수 있다.

주위의 엔트로피 변화의 정의 : $\Delta S_{주위} = (q_{가역})_{주위} / T$

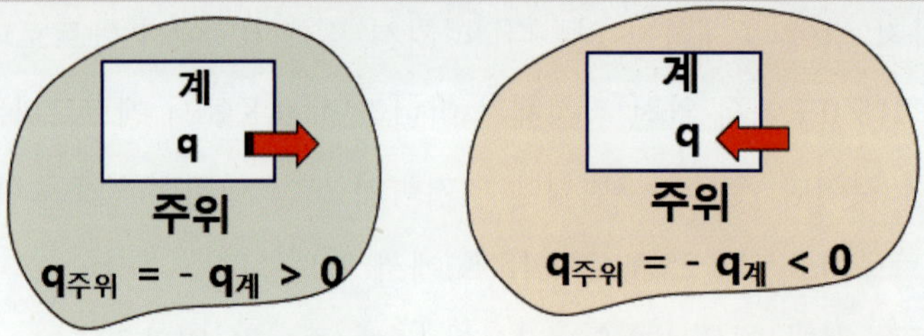

계가 열을 흡수하면, 주위 엔트로피 감소 $\Delta S_{주위} < 0$	계가 열을 방출하면, 주위 엔트로피 증가 $\Delta S_{주위} > 0$

❶ 일정온도에서

$$\Delta S_{주위} = \frac{-\Delta H_{계}}{T}$$

❷ 온도가 변화될 때

$$\Delta S_{주위} = -C_p \ln\left(\frac{T2}{T1}\right)$$

13-3.

자유 에너지와 반응의 자발성

열역학 2법칙에 따르면, 자발적인 과정은 우주 전체의 엔트로피가 항상 증가한다. 우주 전체의 엔트로피가 증가한다는 것은 계의 엔트로피 변화와 주위의 엔트로피 변화의 합이 증가한다는 것이다. 계와 주위의 엔트로피 변화는 항상 반대 부호이기 때문에 자발적인 과정이 일어날 수 있는 경우는 다음 2가지 방법 밖에 없다. ① 계의 엔트로피가 증가하고, 주위의 엔트로피 감소량이 작으면, 자발적인 과정이 일어날 수 있고 ② 계의 엔트로피가 감소하더라도 주위의 엔트로피가 더 크게 증가하면 자발적인 과정이 일어난다는 의미이다. 자발적인 과정이 일어나는 것은 계 자신의 변화가 결정하는 것이 아니라, 주위와 상호 작용이 중요하다는 것을 의미한다. 계가 변화하고자 하더라도 주위의 여건이 성숙되지 못하면 이루어질 수 없다. 주위의 조건(환경)을 조성하는 것이 자발적인 과정을 진행하는데 필수 요건인 셈이다.

그런데 우리는 계를 주로 관심 대상으로 정의하고, 계의 변화량들을 통해서 열역학적인 양들을 측정하거나 계산한다. 그런데 열역학 2법칙에 따르면, 자발적인 과정인지 아닌지 판단하기 위해서 계와 주위의 엔트로피 변화를 동시에 계산해야 한다. 따라서 계 자체만의 양으로 자발적으로 일어날지를 판단하는 열역학적인 양을 정의하는 것이 필요하다.

(1) Gibbs 자유 에너지와 자발성

열역학 2법칙의 정의로부터 시작하여 자발적인 과정이 일어날 조건을 다시 한번 정리하면, 우주 전체의 엔트로피가 증가한다는 것이다.

자발적인 과정 : $\Delta S_{전체} = \Delta S_{계} + \Delta S_{주위} > 0$

이 식은 앞에서 주위의 엔트로피 변화량은 계의 엔탈피 변화량으로부터 계산할 수 있다. 즉, $\Delta S_{주위} = -\Delta H_{계} / T$를 대입하면, 다음과 같이 된다.

$$\Delta S_{전체} = \Delta S_{계} + (-\Delta H_{계} / T) > 0$$

이 식의 양변에 T를 곱하면,

$$T\ \Delta S_{계} - \Delta H_{계} > 0$$

이 된다. 여기서 양변에 -1을 곱하면, 부등식은 반대로 바뀌게 된다.

자발적인 과정 : $\Delta H_{계} - T\ \Delta S_{계} < 0$

이 관계식은 자발적인 과정은 우주 전체의 엔트로피를 증가시키는 과정이다라고 정의한 열역학 2법칙의 새로운 표현이다. 자발적인 과정은 일정한 온도 T에서 계의 엔탈피 변화($\Delta H_{계}$)와 계의 엔트로피 변화량($\Delta S_{계}$)으로 계산할 수 있다는 것을 의미한다. 이렇게 정의된 계의 새로운 열역학적인 에너지양을 계의 Gibbs 자유 에너지(G, Gibbs free energy)라고 부른다.

Gibbs 자유 에너지 정의 : $G = H - TS$

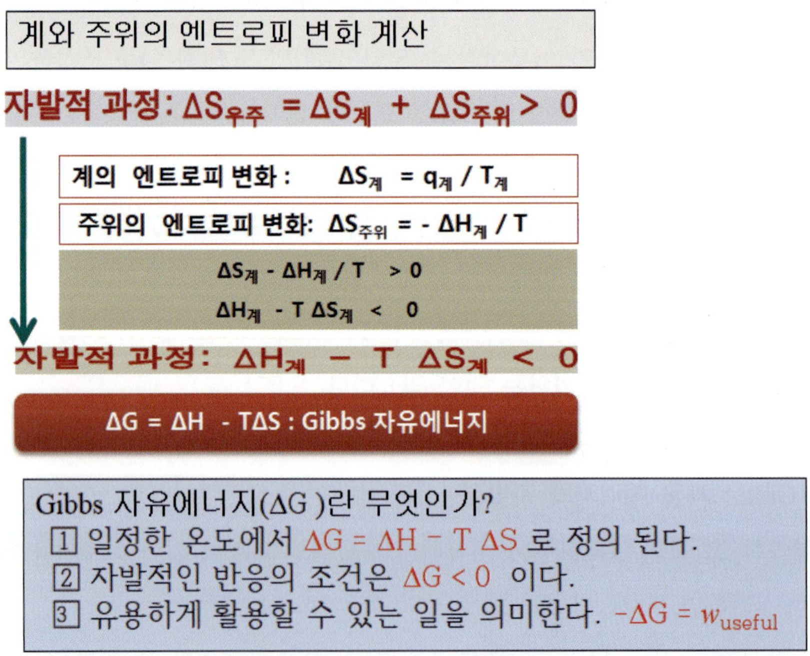

[그림 13-6] Gibbs 자유 에너지 변화의 정의. 자발적인 반응은 Gibbs 자유 에너지 변화가 음수인 반응이다.

온도가 일정하게 유지된 계에서 자유 에너지 변화는 다음과 같이 쓸 수 있다.

Gibbs 자유에너지 변화 : $\Delta G_{계} = \Delta H_{계} - T\Delta S_{계}$ ⋯ (13-3)

그리고 자발적인 반응은 이 자유 에너지 변화가 항상 감소하는 반응이다. 여기서 자유 에너지는 계가 받은 열 에너지에서 엔트로피 증가에 사용된 열을 뺀 양이므로, 계가 할 수 있는 일의 양을 의미한다. 즉, 계가 주위에 일을 할수 있다면, 그 과정은 자발적으로 진행된다는 것을 의미한다. 자유 에너지가 감소하는 반응은 자발적으로 일어나지만, 이 자유 에너지가 증가하는 반응이나 과정은 결코 일어나지 않는다.

자발적인 과정 : $\Delta G_{계} < 0$

평형 상태 : $\Delta G_{계} = 0$ (정반응과 역반응이 균형을 이룬다.)

비자발적인 과정 : $\Delta G_{계} > 0$ (역반응이 자발적이다.)

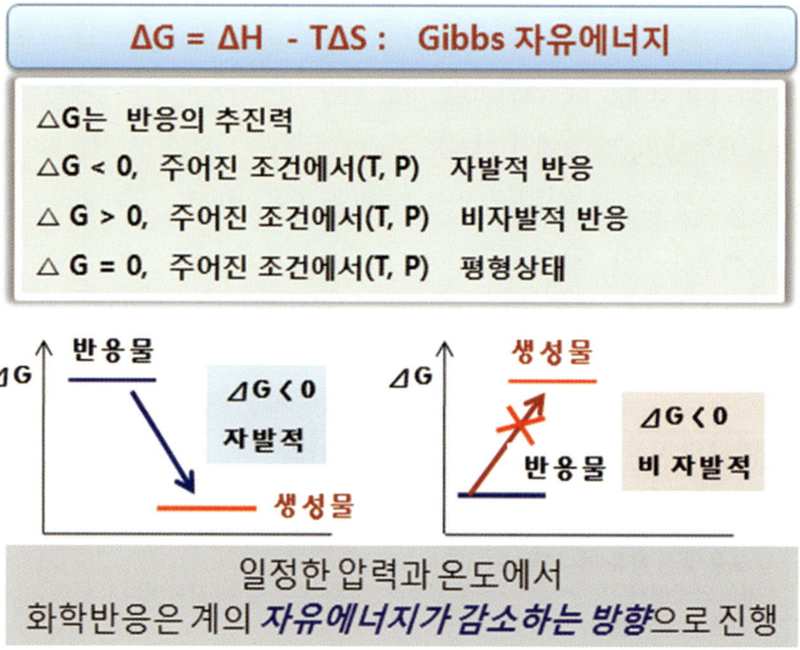

[그림 13-7] 자발적인 반응은 Gibbs 자유 에너지가 감소하는 반응이다.

(2) Gibbs 자유에너지의 계산

<반응의 자유에너지 변화 계산하는 방법>

① $\Delta G^0 = \sum_{생성물} \Delta G_f^0 - \sum_{반응물} \Delta G_f^0$

② $\Delta G = \Delta H - T\Delta S$ (일정한 온도에서)
엔탈피 변화(ΔH)와 엔트로피 변화 (ΔS) 를 이용한다.

③ $\Delta G = \Delta G^0 + RT \ln(Q)$: Q 는 반응지수이다.

열역학 이제 반응이 자발적으로 일어나는지를 판단하기 위해서 엔트로피 대신 계의 자유 에너지를 계산하면 된다. 앞에서 정의한 대로 자유 에너지 변화는 $\Delta G_{계} = \Delta H_{계} - T\Delta S_{계}$ 이므로, 이 관계식을 이용하여 계산하려면 계의 엔탈피 변화와 엔트로피 변화를 계산해야한다. 표준 상태의 반응물이 표준 상태의 생성물을 생성하는데 필요한 자유 에너지를 표준 반응 자유 에너지($\Delta G_{반응}^0$; standard Gibbs free energy of reaction)를 라고 한다. 열역학에서 표준상태는 위첨자(^{0})으로 표시하고, 25 ℃에서 기체는 1 atm, 용액은 1 M인 상태를 의미한다. 반응물과 생성물이 표준상태로 있을 때 반응 자유 에너지를 측정할 수 있다. 표준 상태에서 자유 에너지 변화는 $\Delta G_{계}^0 = \Delta H_{계}^0 - T\Delta S_{계}^0$ 이므로, 계의 표준 엔탈피 변화와 표준 엔트로피 변화를 계산해야한다. 이렇게 자유에너지 변화를 계산하는 것은 불편함을 초래한다.

<반응의 자유에너지 변화 계산하는 방법>
① $\Delta G^0 = \sum_{생성물} \Delta G_f^0 - \sum_{반응물} \Delta G_f^0$

◈ **표준 생성 자유 에너지(ΔG_f^0):**
1 atm 압력에서 기준 상태의 물질로 부터 1몰이 생성 될 때 자유에너지 변화
※ **기준 상태의 물질:**
1 atm 압력에서 각 원소의 가장 안정한 형태의 기준 물질을 정하고,
이 기준 물질들의 표준 생성 자유에너지는 0이라고 정의 한다. $\Delta G_f^0 := 0$
(예) $\Delta G_f^0 := 0$ **인 물질들**
$H_2(g)$, $O_2(g)$, $N_2(g)$, $Br_2(l)$, $I_2(s)$, $Al(s)$, $Fe(s)$, C(s, 흑연), ..

물질들의 표준 생성 자유 에너지(ΔG_f^0):	
$C(s) + O_2(g) \rightarrow CO_2(g)$	$\Delta G_f^0 = -394$ kJ/mol
$C(s) + 1/2\ O_2(g) \rightarrow CO(g)$	$\Delta G_f^0 = -137$ kJ/mol
$C(s) + 1/2\ O_2(g) + 2H_2(g) \rightarrow CH_3OH\ (l)$	$\Delta G_f^0 = -166.2$ kJ/mol

따라서 자유 에너지 변화량을 체계적으로 계산하기 위하여 물질의 표준 생성 자유 에너지(ΔG_f^0 ; standard Gibbs free energy of formation)를 정의할 필요가 있다. 물질의 표준 생성 자유 에너지는 각 원소의 가장 안정한 상태를 기준 물질을 정하고, 이 기준 물질들이 반응하여 물질을 생성할 때 자유 에너지 변화량을 의미한다. 자유 에너지 변화는 상대적인 양이므로 이 상대적인 양의 기준은 모든 원소의 가장 안정한 상태이다. 이들의 표준 생성 자유 에너지를 기준상태인 $\Delta G_f^0 = 0$이라고 정의한다. 즉, 수소의 기준 상태는 수소기체(H_2), 질소의 기준 상태는 질소기체(N_2), 그리고 탄소는 흑연과 다이아몬드, 플러렌(C_{60})과 나노튜브같은 동소체(allotrope)가 있지만 흑연이 더 안정한 상태이므로, 흑연이 기준물질이다. 표준생성 자유에너지 표에 나와 있는 바와 같이 $\Delta G_f^0 = 0$인 원소의 상태가 각 원소들의 기준상태들이다.

예를 들면, 메테인(CH_4)의 표준 생성 자유에너지는 흑연(C(s, 흑연))과 수소기체(H_2)가 반응하여 메테인이 생성될 때 자유 에너지 변화량을 말한다.

① $C(s, 흑연) + 2H_2(g) \rightleftarrows CH_4(g)$ $\quad \Delta G_f^0\ (CH_4(g)) = -50.8$ kJ/mol

② $C(s, 흑연) + O_2(g) \rightleftarrows CO_2(g)$ $\quad \Delta G_f^0\ (CO_2(g)) = -394.4$ kJ/mol

③ $H_2(g) + 1/2O_2(g) \rightleftarrows H_2O(l)$ $\quad \Delta G_f^0\ (H_2O(l)) = -237.2$ kJ/mol

이 표준 생성 자유 에너지들을 사용하여, 메테인 연소 반응의 자유 에너지를 계산할 수 있다.

② +2×③ - ①: $CH_4(g) + 3O_2(g) \rightleftarrows CO_2(g) + 2H_2O(l)$

$$\Delta G_{반응}^0 = \Delta G_f^0\ (CO_2(g)) + 2 \times \Delta G_f^0\ (H_2O(g)) - \Delta G_f^0\ (CH_4(g))$$

$$= -394.4 + 2 \times (-237.2) - (-50.8) = -818kJ$$

따라서 표준 상태에서 일어나는 화학반응의 자유 에너지 변화는 반응물과 생성물들의 표준 생성 자유 에너지로부터 계산할 수 있다.

$\Delta G_{반응}{}^{0} = \Sigma \Delta G_f^0$ (생성물) - $\Sigma \Delta G_f^0$ (생성물)

일반적인 화학반응에 대하여 자유 에너지를 계산하는 식은 다음과 같다.

a A(g, 1 atm) + b B(g, 1 atm) ⇄ c C(g, 1 atm) + d D(g, 1 atm)

$$\Delta G^0_{반응} = \left\{c \times \Delta G^0_f(C) + d \times \Delta G^0_f(D)\right\} - \left\{a \times \Delta G^0_f(A) + b \times \Delta G^0_f(B)\right\}$$

$$\Delta G^0_{반응} = \sum_i n_i \Delta G^0_f(i\ 생성물) - \sum_j \Delta G^0_f(j,\ 반응물)$$

여기서 ΔG_f^0는 각 물질의 표준 생성 자유 에너지이고, 단위는 kJ/mol이다. 이 값은 [표 13-2]에 주어진 값을 사용한다.

[표 13-2] 몇 가지 물질의 표준생성 자유에너지(kJ/mol)
(빨간색 표시된 물질은 원소의 기준상태인 물질임)

물질	ΔG_f^0 (kJ/mol)	물질	ΔG_f^0 (kJ/mol)
Ag(*s*)	0.0	H_2 (*g*)	0.0
AgCl(*s*)	− 109.7	H_2O (*g*)	− 228.6
Al(*s*)	0.0	H_2O (*l*)	− 237.2
C(*s*, 흑연)	0.0	$HC_2H_3O_2$(*l*)	− 392.5
CO_2 (*g*)	- 394.4	N_2 (*g*)	0.0
CO(*g*)	- 137.2	NH_3 (*g*)	− 16.7
CH_4 (*g*)	− 50.79	NO_2 (*g*)	+ 51.84
CH_3OH (*l*)	− 166.2	Na_2CO_3 (*s*)	− 1048
C_2H_5OH (*l*)	− 174.8	$NaHCO_3$ (*s*)	−851.9
$CO(NH_2)_2$(*aq*)	− 203.8	O_2 (*g*)	0.0
$CaCO_3$ (*s*)	− 1128.2	O_3 (*g*)	+163.0
…		…	

[다른 물질들의 표준 생성 자유 에너지는 "부록 B"에 수록되어 있다.]

[예제 13-3] 에탄올은 곡물을 발효시켜 얻는다. 에탄올 연소반응의 표준 자유 에너지 변화는 얼마인가?

$C_2H_5OH(l) + 3\ O_2(g) \rightarrow 2\ CO_2(g) + 3\ H_2O(l)$

	$C_2H_5OH(l)$	$O_2(g)$	$CO_2(g)$	$H_2O(l)$
ΔG_f^0 (kJ/mol)	-174.2	0	- 394.5	- 237.2

풀이

$$\Delta G^0 = [2\Delta G^o_{f\,CO_2(g)} + 3\Delta G^o_{f\,H_2O(g)}] - [\Delta G^o_{f\,C_2H_5OH\,(g)} + \Delta G^o_{f\,O_2(g)}]$$

$$= 2\text{ mol} \times (-394.5\text{ kJ/mol}) + 3\text{ mol} \times (-237.2\text{ kJ/mol})$$

$$- [1\text{ mol} \times (-174.2\text{ kJ/mol}) + 3\text{ mol} \times (0\text{ kJ/mol})]$$

$$= -1500.6\text{ kJ} - (-174.2\text{ kJ})$$

$$= -1326.4\text{ kJ}$$

$\Delta G^0 < 0$ (자발적인 반응)

(3) 온도와 자유 에너지 변화

<반응의 자유에너지 변화 계산하는 방법>
② $\Delta G = \Delta H - T\Delta S$ (일정한 온도에서)
엔탈피 변화(ΔH)와 엔트로피 변화 (ΔS) 를 이용한다.

자유 에너지 변화는 $\Delta G_{계} = \Delta H_{계} - T\Delta S_{계}$ 이므로, 온도가 변화되면 자발적인 변화의 조건이 달라질 수 있다. 자발적인 반응의 조건이 $\Delta G_{계} < 0$이므로, 다음과 같이 요약할 수 있다.

① $\Delta H_{계} < 0$ (발열반응)이고, $\Delta S_{계} > 0$ (엔트로피 증가)이면, 어떤 온도에서든지 자발적으로 진행된다.

② $\Delta H_{계} < 0$ (발열 반응)이고, $\Delta S_{계} < 0$ (엔트로피 감소)이면, 낮은 온도에서만 자발적으로 진행된다.

③ $\Delta H_{계} > 0$ (흡열 반응)이고, $\Delta S_{계} > 0$ (엔트로피 증가)이면, 높은 온도에서만 자발적으로 진행된다.

④ $\Delta H_{계} > 0$ (흡열 반응)이고, $\Delta S_{계} < 0$ (엔트로피 감소)이면, 어떤 온도에서라도 자발적으로 진행되지 않는다.

어떤 반응이 표준 상태에서 일어나지 않는다고 해도 온도를 변화시켜 자발적으로 일어날 수 있다. 예를 들면, 대리석을 가열시켜 산화칼슘을 제조하는 반응은 높은 온도에서 일어난다. 그러나 25 ℃인 표준상태에서 자유 에너지 변화량은 양수이므로, 일어나지 않을 것이다.

$CaCO_3(s) \rightleftarrows CaO(s) + CO_2(g) \quad \Delta G_{반응}^0 = +130.0\ kJ/mol > 0$

그러면, 어떤 온도에서 자발적으로 일어날 수 있을지 알아보도록 하자.

이 반응의 엔탈피 변화는 $\Delta HG_{반응}^0 = +177.8\ kJ/mol$이고, 엔트로피 변화는 $\Delta S_{반응}^0 = +160.5\ J/mol\ K$이므로,

$\Delta G_{계} = \Delta H_{계} - T\ \Delta S_{계} = +177.8\ kJ/mol - T\ (+160.5\ J/mol\ K)$이다.

자발적인 반응이 되기 위해서 $\Delta G_{계} < 0$이 되어야 하므로,

$$T > \frac{\Delta H}{\Delta S} = \frac{+177.0 \times 1000\ J/mol}{+160.5\ J/mol\,K} = 1108\ K\,(835\ ℃)$$

온도가 835 ℃ 이상에서 자발적으로 진행된다.

상태 변화는 1 atm 압력에서 항상 일정한 온도에서 일어난다. 압력이 변화되면, 상태 변화가 일어나는 온도도 달라진다. 상태 변화가 일어나는 온도에서 두 상태는 평상 상태에 존재하기 때문에 자유 에너지 변화량은 0이 된다. 액체가 증기로 변화되는 증발 과정의 자유 에너지 변화는 0이다.

상태 변화 : $\Delta G_{증발} = \Delta H_{증발} - T\ \Delta S_{증발} = 0$

$\Delta S_{증발} = \Delta H_{증발}\ /\ T$

$= (+40650\ J/mol)\ /\ (398\ K) = +109\ J/mol\ K$

100 ℃, 1 atm에서 물이 수증기로 증발하는 과정은 엔트로피가 +109 J/mol K 만큼 증가된다.

[표 13-3] Gibbs 자유 에너지에 대한 온도의 영향

발열반응 $\Delta H < 0$	$\Delta S > 0$	$\Delta G < 0$	모든 온도에서 자발적인 반응
발열반응 $\Delta H < 0$	$\Delta S < 0$		낮은 온도에서 자발적인 반응
흡열반응 $\Delta H > 0$	$\Delta S > 0$		높은 온도에서 자발적인 반응
흡열반응 $\Delta H > 0$	$\Delta S > 0$	$\Delta G > 0$	모든 온도에서 비자발적인 반응

[예제 13-4] 에탄올은 곡물을 발효시켜 얻는다. 에탄올 연소반응의 표준 자유에너지 변화는 얼마인가?

$C_2H_5OH(l) + 3O_2(g) \rightarrow 2CO_2(g) + 3H_2O(l)$

풀이

	$C_2H_5OH(l)$	$O_2(g)$	$CO_2(g)$	$H_2O(l)$
ΔH_f^0 (kJ/mol)	-277.0	0	- 393.5	- 285.8
S_m^0 (J/mol)	161	205	213.6	69.9

$$\Delta H^0 = [2\Delta H^o_{f\,CO_2(g)} + 3\Delta H^o_{f\,H_2O(g)}] - [\Delta H^o_{f\,C_2H_5OH(g)} + \Delta H^o_{f\,O_2(g)}]$$
$$= 2\text{ mol} \times (-393.5\text{ kJ/mol}) + 3\text{ mol} \times (-285.8\text{ kJ/mol})$$
$$-[1\text{ mol} \times (-277.0\text{ kJ/mol}) + 3\text{ mol} \times (0\text{ kJ/mol})]$$
$$= -1644.4\text{ kJ} - (-277\text{ kJ})$$
$$= -1367.4\text{ kJ}$$

$$\Delta S^0 = [2S^o_{CO_2(g)} + 3S^o_{H_2O(g)}] - [S^o_{C_2H_5OH(g)} + S^o_{O_2(g)}]$$
$$= 2\text{ mol} \times (+213.6\text{ J/mol}) + 3\text{ mol} \times (+69.9\text{ J/mol})$$
$$-[1\text{ mol} \times (+161\text{ J/mol}) + 3\text{ mol} \times (+205\text{ J/mol})]$$
$$= 636.9\text{ J/K} - (776\text{ kJ})$$
$$= -139.1\text{ J/K}$$

$$\Delta H^0 - T\Delta S^o = -1367.4\text{ kJ} - (300\text{ K}) \times (-0.139\text{ kJ/K}) = -1325.7\text{ kJ} < 0$$

[예제 13-5] 다음 반응이 자발적으로 일어나는 온도는 얼마인가?

$Fe_2O_3(s) + 3H_2(g) \rightarrow 2Fe(s) + 3H_2O(g)$ $\quad \Delta H^0 = +98.8$ kJ, $\Delta S^0 = 0.14$ J/K

$\Delta G^0 = \Delta H^0 - T\Delta S^0 < 0$;

$T > \Delta H^0/\Delta S^0 = (98.8 \times 1000\text{ J}) / (0.14\text{ J/K}) = 698\text{ K}$ (= 400 ℃)

13-4.

자유 에너지와 화학 평형

(1) 표준상태가 아닌 경우 자유에너지 변화

<반응의 자유에너지 변화 계산하는 방법>

③ $\Delta G = \Delta G^0 + R\,T\ln(Q)$: Q 는 반응지수이다.

앞에서 논의한 것처럼 자유 에너지 변화는 온도 변화에 따라서 달라지기 때문에 자발적인 변화의 한 가지 조건이 될 수 있다. 온도와 더불어 기체의 압력이나 용액에서 농도가 변화되면 자유 에너지가 변화되기 때문에 자발적인 반응의 조건이 된다. 기체의 압력이 높아지면, 자유 에너지는 로그함수로 증가된다.

$$\Delta G(P_2\,atm) = \Delta G^0(P_1\,atm) + a\,R\,T\ln\left(\frac{P_2\,atm}{P_1\,atm}\right)$$

표준 상태는 기체의 압력이 1 atm인 상태이므로, 어떤 물질이 1 atm에서 P atm으로 증가되면, 자유 에너지는 다음과 같이 계산된다.

$$a\,A(g, 1\,atm) \rightarrow a\,A(g, P_A\,atm)$$
$$\Delta G(P_A\,atm) = \Delta G^0(1\,atm) + a\,R\,T\ln\left(\frac{P_A\,atm}{1\,atm}\right)$$

이렇게 물질의 압력에 변화되면 자유 에너지도 변화되기 때문에 표준 상태(1 atm)가 아닌 다른 압력에서 일어나는 반응의 자유 에너지 변화를 계산해야 한다. 그런데 표준 상태의 자유 에너지 변화는 표준 생성 자유 에너지로부터 계산할 수 있기 때문에 일반적인 화학반응에 대하여 자유 에너지를 계산하는 식은 다음과 같다.

반응식: $a\,A(g, P_A) + b\,B(g, P_B) \rightarrow c\,C(g, P_C) + d\,D(g, P_D)$

Gibbs 자유에너지 변화: $\Delta G = \Delta G^0 + R\,T\ln(Q)$ ⋯ (13-4)

여기서 $\Delta G_{반응}^0$는 표준 상태에서 자유 에너지 변화량이고, 이 값은 부록에 있는 열역학적 자료에 주어진 값을 사용하여 계산할 수 있다. 그리고, Q는 반응지수(reaction quotient)로써 평형 상수와 같은 식으로 계산되는 양이다.

자발적인 과정 : $\Delta G_{반응} = \Delta G^0_{반응} + RT\ln(Q) < 0$

평형 상태 : $\Delta G_{반응} = \Delta G^0_{반응} + RT\ln(Q) = 0$

비자발적인 과정 : $\Delta G_{반응} = \Delta G^0_{반응} + RT\ln(Q) > 0$

예를 들면, 암모니아 생성 반응의 표준 자유 에너지 변화는 $\Delta G_{반응}^0 = (2\ \text{mol}) \times (-16.6\ \text{kJ/mol}) = -33.2\ \text{kJ}$이다. 25 ℃에서, 각 기체의 압력이 1 atm이 아니고, 다음과 같이 주어질 때, 암모니아 생성 반응의 자유 에너지를 계산하면 다음과 같다.

Gibbs 자유 에너지에 대한 압력(농도)의 영향

$$\Delta G = \Delta G^0 + RT\ln Q$$

$$a\,A(g) + b\,B(g) = c\,C(g) + d\,D(g)$$

$$Q = \frac{P_C^{\,c}\ P_D^{\,d}}{P_A^{\,a}\ P_B^{\,b}}$$

Q(반응지수) : 초기의 압력과 농도들을 변수로 이용

$N_2(g,\ 3\ \text{atm}) + 3H_2(g,\ 2\ \text{atm}) \rightleftarrows NH_3(g,\ 10\ \text{atm})$

$$\Delta G_{반응} = \Delta G^0_{반응} + RT\ln\left\{\frac{(P_{NH_3})^2}{(P_{N_2})(P_{H_2})^3}\right\}$$

$$\Delta G_{반응} = -33.2\,kJ + (8.314\,J/molK) \times (298\,K) \times \ln\left\{\frac{(10)^2}{(3)(2)^3}\right\}$$

$$\Delta G_{반응} = -33.2\ \text{kJ} + (2.48\ \text{kJ}) \times \ln(4.17)$$

$$= -33.2\ \text{kJ} + 3.54\ \text{kJ} = -29.66\ \text{kJ} < 0$$

이 경우 정반응이 진행된다. 만일 이 반응이 일어나지 않으려면, 다음과 같이 암모니아의 압력이 굉장히 높은 상태이다.

$N_2(g,\ 1\ atm) + 3H_2(g,\ 1\ atm) \rightleftarrows NH_3(g,\ 1000\ atm)$

$\Delta G_{반응} = -33.2\ kJ + (2.48\ kJ) \times \ln(10^6)$

$= -33.2\ kJ + 3.54\ kJ = +1.06\ kJ > 0$

용액 반응의 경우, 압력 대신 농도를 사용하여 반응 지수를 표시하면 된다. 예를 들면, 용액 반응의 자유 에너지는 다음과 같이 농도에 따라 변화된다.

$HF(aq) + H_2O(l) \rightleftarrows H_3O^+(aq) + F^-(aq)$

$$\Delta G_{반응} = \Delta G^0_{반응} + RT\ln\left\{\frac{[H_3O^+][F^-]}{[HF]}\right\}$$

1 300 K 에서 다음 반응의 표준상태에서 자유에너지는 ?

$N_2(g) \quad + \quad 3H_2(g) \rightleftarrows NH_3(g) \quad \Delta G^0 = -16.7\ kJ$

(1 atm) (1 atm) (1 atm)

$$\Delta G = \Delta G^0 + RT\ln\left(\frac{(P_{NH3})}{(P_{N2})(P_{H2})^3}\right)$$

$$= -16.7\ kJ + (8.314\ J/mol\ K)\ x(300\ K)\ \ln\left(\frac{(1)}{(1)(1)^3}\right)$$

$= -16.7\ kJ\ + 0$

$= -16.7\ kJ$

2 300 K 에서 표준상태가 아닐 때 다음 반응의 자유에너지는 ?

$N_2(g) \quad + \quad 3H_2(g) \rightleftarrows NH_3(g) \quad \Delta G^0 = -16.7\ kJ$

(5 atm) (2 atm) (100 atm)

$$\Delta G = \Delta G^0 + RT\ln\left(\frac{(P_{NH3})}{(P_{N2})(P_{H2})^3}\right)$$

$$= -16.7\ kJ + (8.314\ J/mol\ K)\ x(300\ K)\ \ln\left(\frac{(100)}{(5)(2)^3}\right)$$

$= -16.7\ kJ\ + (+2.3\ kJ)$

$= -14.4\ kJ$

[예제 13-5] 다음 반응이 주어진 농도에서 반응 자유 에너지를 계산하여라.

$NH_4Cl(s) \rightleftarrows NH_3(g,\ 0.1\ atm) + HCl(g,\ 0.1\ atm)\ \ \Delta G° = +13.0\ kJ\ (300\ ℃)$

풀이 $\triangle G = \triangle G^\circ + R\,T\ln(Q)$

$\triangle G = 13.0\times1000\ J + (8.314\ J/mol\ K) \times (573K) \times \ln(0.1)^2 = -8.9\ kJ < 0$

[예제 13-6] 아연을 강산에 녹이면 아연 이온과 수소 기체가 나온다.

$Zn(s) + 2H^+(aq) \rightleftarrows Zn^{2+}(aq) + H_2(g)$

(1) 25 ℃에서 DG°는 얼마인가?

(2) P_{H2} = 750 mmHg, $[Zn^{2+}]$ = 0.10 M, $[H^+] = 1.0\times10^{-4}$ M일 때 DG는 얼마인가?

풀이 (1) $\triangle G^\circ = -147.1\ kJ$

(2) P_{H2} = 750 mmHg = 0.99 atm,

$Q = (0.1)\times(0.99) / (1.0\times10^{-4})^2 = 9.9\times10^6$

$\triangle G = \triangle G^\circ + R\,T\ln(Q)$

$\triangle G = -147.1\ kJ + (8.314\ J/mol\ K)\times(298\ K) \times \ln(9.9\times10^6)$

$= -147.1\ kJ + 39.9\ kJ = 107.2\ kJ > 0$ (역반응으로 진행됨)

(2) 평형상수와 Gibbs 자유 에너지 변화

자유 에너지는 온도에 영향을 받는다. 그리고 압력이나 농도에 영향을 받는다. 표준 상태에서 자유 에너지 변화는 반응물과 생성물들 모두가 1 atm 또는 1 M인 상태에서 측정된 값이다. 자유 에너지와 농도 관계식은 다음과 같다.

$\triangle G = \triangle G^\circ + R\,T\ln(Q)$

그런데 평형 상태에 도달되면, 자유 에너지 변화는 $\triangle G = 0$이 되어야 한다. 그리고 평형 상태에서 반응지수 Q는 평형 상수 K값과 같게 된다. 따라서 평형 상수와 표준 상태에서 Gibbs 자유 에너지는 다음과 같다.

평형상수와 자유에너지 관계: $\Delta G^0 - R\,T\ln(K)$ ··· (13-5)

평형 상수는 표준 상태에서 Gibbs 자유 에너지로부터 계산할 수 있다.

[예제 13-7] 다음 반응의 25 ℃에서 평형 상수를 계산하여라.

$PbCl_2(s) \rightleftarrows Pb^{2+}(aq) + 2Cl^-(aq)$

풀이

	$PbCl_2(s)$		$Pb^{2+}(aq)$	$Cl^{-}(aq)$
ΔG_f^0(kJ/mol)	-314.1		-24.4	-131.2

$$\triangle G° = -24.4\ \text{kJ} + 2\text{x}\,(-131.2\ \text{kJ}) - (-314.1\ \text{kJ}) = +27.3\ \text{kJ}$$

$$\ln(K_{sp}) = -\triangle G° / (R\,T)$$

$$= -(27.3 \times 1000\ \text{J})\ /\ [(8.314\ \text{J/mol K}) \times (298\ \text{K})]$$

$$= -11.0$$

$$(K_{sp}) = e^{11.0} = 1.7 \times 10^{-5}$$

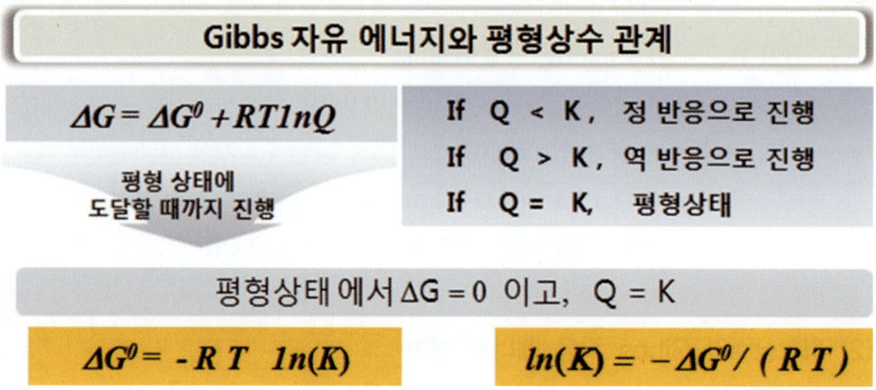

[그림 13-8] Gibbs 자유 에너지의 계산. Gibbs 자유 에너지와 평형 상수 관계

13-5.

자유 에너지와 일

(1) Gibbs 자유에너지와 일

자유 에너지는 반응열에서 엔트로피 증가량에 절대 온도를 곱한 값을 뺀 값으로 정의된다. $\Delta G = \Delta H - T\ \Delta S$: Gibbs 자유 에너지는 계가 흡수한 반응열(엔탈피)에서 엔트로피 증가에 의한 열을 뺀 값으로 계가 받은 유용한 일의 양을 의미한다. 자발적인 반응은 언제나 자유 에너지 변화가 음의 값을 갖는다. 계가 주위에 유용하게 일로 활용할 수 있는 에너지를 의미한다. 예를 들면, 글루코오스 연소반응에서 엔탈피는 ΔH^0= -2,800 kJ이지만, Gibbs 자유 에너지는 ΔG^0= -2,880 kJ이다. 이 반응에서 엔탈피를 모두 일로 전환할 수 없다. 이 양에서 엔트로피 증가량을 뺀 값인 자유 에너지가 유용하게 사용할 수 있는 에너지양이다.

사용 가능한 일의 양: $w_{유용} = -\Delta G$ ⋯ (13-6)

	$C_6H_{12}O_6(s)$	$6O_2(g)$		$CO_2(g)$	$H_2O(l)$
ΔH_f^0(kJ/mol)	-1,273.3	0		-393.5	-285.8
S^0(J/mol K)	209.2	205.0		213.6	69.9
ΔG_f^0(kJ/mol)	-910.0	0		-394.4	-237.2

(2) 짝지움 반응에서 반응의 자발성

우리 몸속에서 일어나는 많은 생화학 반응들은 생명을 유지하는데 필수적이지만, $\Delta G_{반응}$ 값이 양수인 비자발적인 반응들이 많다. 그러나 이 반응들은 생명을 유지하는데 필수적인 반응들이다. 이 반응들이 일어나기 위해서 에너지적으로 유리한 과정, 즉 $\Delta G_{반응}$ 값이 음수인 자발적인 반응들과 짝을 이루어 일어난다. 이런 반응들을 짝지움 반응(coupled reaction) 많다. 이렇게 열역학적으로 일어날 수 없는 반응을 열역학적으로 가능한 자발적인 반응을 이용하는 것이다.

이런 짝지움 반응은 산업적으로 활용되기도 한다. 적철광을 제련하여 철을 얻는 과정은 $\Delta G_{반응}$ 값이 양의 값을 갖기 때문에 자발적으로 일어나지 않는다. 그 과정이 일어날 수 있도록 자발적인 반응인 일산화탄소($CO(g)$)가 이산화탄소($CO_2(g)$)로 산화되는 반응을 같이 일어나도록 한다.

1 적철광에서 철을 얻는 과정

비자발적 반응

$Fe_2O_3(s) \rightarrow 2Fe(s) + 3/2\ O_2(g)$ $\Delta G_1^o = +742.2$ kJ

$CO(g) + 1/2\ O_2(g) \rightarrow CO_2(g)$ $\Delta G_2^o = -257.1$ kJ

$Fe_2O_3(s) + 3\ CO(g) \rightarrow 2Fe(s) + CO_2(g)$ $\Delta G^o = \Delta G_1^o + 3\times\Delta G_2^o = -29.1$ kJ

$\Delta G^o < 0$: 일산화탄소와 반응을 시키면 철로 전환 가능

자발적 반응

생체 내에서 효소들은 비자발적인 반응들을 촉진시키는 촉매 역할을 한다. 예를 들면 글루코오스($C_6H_{12}O_6(s)$)는 연소 반응을 통해서 물과 이산화탄소를 생성한다. 이 반응은 다른 연소 반응처럼 불꽃을 내면서 일어나지 않고, 효소의 촉매 작용으로 생체의 온도인 37 ℃에서 일어나며, 자발적인 반응을 진행하여 자유 에너지를 방출한다.

$$C_6H_{12}O_6(s) + 6O_2(g) \rightleftarrows 6CO_2(g) + 6H_2O(g) \quad \Delta G^0 = -2880\ \text{kJ}$$

이 반응에서 방출된 에너지는 대부분 생체에서 에너지원으로 사용될 수 있도록 ATP(아데노신 트리포스페이트, adenosine triphosphate)로 저장된다. 즉, ADP(아데노신 다이포스페이트, adenosine diphosphate)를 ATP로 만드는데 사용된다.

$$ADP(aq) + HPO_4^{2-}(aq) + 2H^+(aq) \rightleftarrows ATP(aq) + H_2O(g) \quad \Delta G^0 = +31\ \text{kJ}$$

이렇게 세포 속에 ATP로 저장된 에너지는 필요할 때 에너지로 활용할 수

있다. 생체 내에서 얼어날 수 없는 비자발적인 반응과 짝지움 반응을 일으키기도 한다. 이때 ATP 분자 1몰은 31 kJ의 자유 에너지를 제공할 수 있다.

$$ATP(aq) + H_2O(aq) \rightleftarrows ATP(aq) + HPO_4^{2-}(aq) + 2\ H^+(aq) \quad \Delta G^0 = -31\ kJ$$

2 인체에서 대사반응(37℃)

$C_6H_{12}O_6(aq) + 6\ O_2\ (g) \rightarrow 6CO_2\ (g) + 6H_2O(l)$ $\Delta G_3{}^o = -\ 2880\ kJ$

$ADP\ (aq) + HPO_4{}^{2-} + 2H^+ \rightarrow ATP\ (aq) + H_2O$ $\Delta G_4{}^o = +\ 31\ kJ$

우리가 먹는 음식물의 대사과정에서 얻은 에너지는 ATP로 저장
일상생활을 하는 동안 ATP가 ADP로 가수분해되어 에너지 소모

글루코오스 1 mol 이 소모될 때마다 ATP가 38 mol 정도 합성된다.

$\Delta G^o = \Delta G_3{}^o +\ 38$ 몰 $\times \Delta G_4{}^o$

$= -\ 2880\ kJ + (38$ 몰$) \times (+\ 31\ kJ/$몰$)$

$= -\ 1702\ kJ$ (자발적인 반응)

생체 내에서 단백질은 아미노산들의 중합 반응으로 합성된다. 2개의 아미노산 알라닌과 글라이신이 중합되는 반응은 비자발적인 반응이다.

알라닌 + 글라이신 ⇄ 알라닌 - 글라이신 $\Delta G^0 = +28\ kJ$

이 반응을 일으키는데 ATP의 가수분해 반응이 짝지움 반응으로 일어나는 것이 필수적이다.

[예제 13-8] 격렬한 운동 후에 생성되는 락트산($C_3H_6O_3(aq)$)은 피에 흡수되고, 신진대사를 통해서 간에서 글루코오스($C_6H_{12}O_6(aq)$)로 변화된다.

$2C_3H_6O_3\ (aq) \rightarrow C_6H_{12}O_6\ (aq)$

여기서, $C_3H_6O_3\ (aq)$의 $\Delta G_f^0 = -559\ kJ/mol$이고, $C_6H_{12}O_6\ (aq)$의 $\Delta G_f^0 = -919\ kJ/mol$이다.

(1) 생성 자유 에너지를 이용하여 이 반응의 25 ℃에서 ΔG^0를 계산하여라.

(2) 만일 ATP가 ADP로 가수분해 반응을 위 반응에 짝지움 반응으로 일어난다면, 위 반응이 자발적으로 일어나기 위해서 필요한 ATP는 몇 몰인가?

$ATP(aq) + H_2O(aq) \rightleftarrows ATP(aq) + HPO_4^{2-}(aq) + 2H^+(aq) \quad \Delta G^0 = -31\ kJ$

풀이 (1) ΔG^0 = 1 몰×(-919 kJ/mol) - 2 몰×(-559 kJ/mol) = +199 kJ

(2) ATP 몰수 = +199 kJ / (31 kJ) = 6.4 mol ATP

[학습퀴즈 13-1] 다음 과정 중에서 자발적인 것은 어느 것인가?

① 햇볕에 녹고 있는 눈사람

② 카드로 집짓기

③ 언덕을 올라가는 자전거

④ 책상 정리하기

[학습퀴즈 13-2] 다음 어느 것이 더 낮은 엔트로피를 갖는가?

(1) 고체 상태의 글루코스와 수용액 상태의 글루코스

(2) 상온에서 액체 Hg(l)와 상온에서 고체 Hg(s)

[학습퀴즈 13-3] 금속 마그네슘과 액체 물을 반응시키면 고체 $Mg(OH)_2$ 수소 기체(H_2)가 생성된다.

$Mg(s) + 2H_2O(l) \rightleftarrows Mg(OH)_2(s) + H_2(g)$

	Mg(s)	$2H_2O(l)$	$\rightleftarrows$	$Mg(OH)_2(s)$	$H_2(g)$
ΔH_f^0(kJ/mol)	0	-285.8		-924.66	0
S^0(J/mol K)	32.5	69.9		63.1	131.0
ΔG_f^0(kJ/mol)	0	-237.2		-833.75	0

(1) 25 ℃에서 1 mol $Mg(OH)_2$를 생성하는 반응에 대한 자유 에너지를 계산하여라.

(2) 15 ℃에서 1 mol $Mg(OH)_2$를 생성하는 반응에 대한 자유 에너지를 계산하여라.

[학습퀴즈 13-4] 다음 반응이 자발적으로 진행될 수 있는 온도를 계산하여라.

$SnO_2(s) + 2\ CO(g) \rightleftarrows Sn(s) + 2CO_2(g)$

	$SnO_2(s)$	2CO(g)	⇄	Sn(s)	$2CO_2(g)$
ΔH_f^0(kJ/mol)	-577.6	-110.5		0	-393.5
S^0(J/mol K)	49.0	197.9		51.2	213.6
ΔG_f^0(kJ/mol)	-515.8	-137.3		0	-394.4

[학습퀴즈 13-5] 다음 반응에 대하여 답하여라.

$H_2(g) + I_2(g) \rightleftarrows 2HI(g)$

	$H_2(g)$	$I_2(g)$	⇄	2HI(g)
ΔG_f^0(kJ/mol)	0	+19.4		+1.7

(1) 721 K에서 평형 상수는 K = 14.5이다. $\Delta G_{반응}{}^0$를 계산하여라.

(2) 298 K에서 평형 상수를 계산하여라.

[학습퀴즈 13-6] 다음 반응이 25 ℃에서 $[Ag^+] = [Cl^-] = 1.0\times10^{-6}$ M일 때, 정반응이 진행될지, 아니면 역반응이 진행될지 결정하여라.

$AgCl(s) + H_2O(l) = Ag^+(aq) + Cl^-(aq)\ ;\quad \Delta G^o = -55.7\ kJ$

[학습퀴즈 13-7] 1기압, 25 ℃에서 다음 반응이 자발적으로 진행될지, 아니면 비자발적인지 결정하여라.

$Al_2O_3(s) + 2Fe(s) \rightarrow 2\ Al(s) + Fe_2O_3(s)$

$\Delta H^o = +851.5\ kJ,\ \Delta S^o = +38.5\ J/K$

[학습퀴즈 13-8] 어떤 생화학 반응이 $\Delta G^o = +372$ kJ로 비자발인 반응이 있다. 이 반응은 ATP를 ADP로 가수분해 되는 반응과 짝지워서 일어난다. 이 반응은 몇 몰의 ATP가 ADP로 가수분해 되어야 자발적으로 진행될 수 있을까?

$ATP(aq) + H_2O(l) = ADP(aq) + HPO_4^{2-} + 2H^+(aq)\ ;\ G^o = -31\ kJ$

[학습퀴즈 13-1 풀이] ① 햇볕에 녹고 있는 눈사람

[학습퀴즈 13-2 풀이] (1) 고체 상태의 글루코스 (2) 상온에서 액체 Hg(l)

[학습퀴즈 13-3 풀이]

(1) $\Delta G_{반응}{}^0$ = -833.75 kJ - {2 mol×(-237.2 kJ/mol)} = -359.35 kJ

(2) $\Delta G_{반응}$ = $\Delta H_{반응}$ - TΔS 반응 관계식을 사용한다.

$\Delta H_{반응}$ = -924.66 kJ - {2 mol × (-285.8 kJ/mol)} = -353.06 kJ

$\Delta S_{반응}$ = 63.1 J/k + 131 J/K - {32.5 J/K + 2 mol × (69.9 J/K)}

= +21.8 J/K

$\Delta G_{반응}$ = $\Delta H_{반응}$ - T$\Delta S_{반응}$ = -353.06 kJ - (288.15 K) × (+21.8 J/K)

= -346.8 kJ

[학습퀴즈 13-4 풀이] $\Delta G_{반응}$ = $\Delta H_{반응}$ - TΔ S반응 관계식을 사용한다.

$\Delta H_{반응}$ = 2×(-393.5 kJ) - {-577.6 kJ + 2 mol × (-110.5 kJ/mol)}

= +11.6 kJ

$\Delta S_{반응}$ = 51.2 J/k + 2 × 213.6 J/K - {49.0 J/K + 2 × (197.9 J/K)}

= +33.6 J/K

$\Delta G_{반응}$ = $\Delta H_{반응}$ - T$\Delta S_{반응}$ = -11.6 × 1000 J - T × (+33.6 J/K) < 0

T > (+11600 J) / (33.6 J/K) = 345 K(= 72 ℃)

[학습퀴즈 13-5 풀이] $\Delta G_{반응}{}^0$ = - R T ln(K) 관계식을 사용한다.

(1) $\Delta G_{반응}{}^0$ = - (8.314 J/mol K) × (721 K) × ln(14.5) = -16.0 kJ

(2) ln(K) = - $\Delta G_{반응}{}^0$ / (R T)

= - (-16.0 × 1000 J) / [(8.314 J/mol K) × (298 K)]

= 6.46

$K = e^{+6.46} = 6.4 \times 10^2$

[학습퀴즈 13-6 풀이]

$\Delta G_{반응}$ = $\Delta G_{반응}{}^0$ + R T ln(Q)

$= -55.7\ kJ + (8.314\ J/mol\ K) \times (298\ K)\ \ln(1.0 \times 10^{-6})^2$

$= -55.7\ kJ + (8.314\ J/mol\ K) \times (298\ K) \times (2.303) \times (-12)$

$= -55.7\ kJ + (-68.38\ kJ) = -124.1\ kJ < 0$

정답 정반응

[학습퀴즈 13-7 풀이]

$\Delta G_{반응}^0 = \Delta H^o - T\Delta S^o$

$= +851.5 \times 1000\ J - (298\ K) \times (38.5\ J/K) = +839.5\ kJ > 0$

정답 비자발적

[학습퀴즈 13-8 풀이]

$-\Delta G^o = -372\ kJ = (n\ 몰) \times (-31\ kJ)$

$n = +372\ kJ / (31\ kJ) = 12\ mol$

정답 12 몰

[주요개념]

- ☑ 자발적인 과정 : 외부 간섭 없이 주어진 조건에서 일어나는 과정
- ☑ 엔트로피(S) : 무질서도에 대한 정량적인 표시
- ☑ 열역학 2법칙 : $\Delta S_{우주} = \Delta S_{계} + \Delta S_{주위} > 0$
  - 자발적인 과정은 우주 전체의 엔트로피가 증가되는 과정이다.
- ☑ Gibbs 자유 에너지 : $\Delta G = \Delta H - T\Delta S$
- ☑ 화학반응은 Gibbs 자유 에너지가 낮은 쪽으로 진행된다.
- ☑ $\Delta G = \Delta G^0 + RT\ln Q$
- ☑ 평형 상수는 표준 상태에서 Gibbs 자유 에너지로부터 계산된다.

[주요 식]

- ☑ 엔트로피 변화 : $\Delta S = q_{가역} / T$
- ☑ 엔트로피(S) : 무질서도에 대한 정량적인 표시
- ☑ 열역학 2법칙 : $\Delta S_{우주} = \Delta S_{계} + \Delta S_{주위} > 0$
- ☑ Gibbs 자유 에너지 : $\Delta G = \Delta H - T\Delta S$
- ☑ 표준 자유 에너지 변화 : $\Delta G^0 = \Delta H^0 - T\Delta S^0$
- ☑ 표준 생성 자유 에너지 : 표준 상태에서 가장 안정한 원소의 기준 상태로부터 생성될 때 필요한 자유 에너지 변화
- ☑ 표준 자유 에너지 변화 : $\Delta G^0 = \Sigma \Delta G_f^0$ (생성물) - $\Sigma \Delta G_f^0$ (반응물)
- ☑ 표준 자유 에너지 변화와 평형 상수 : $\Delta G^0 = -RT\ln K$

제13장 (반응의 자발성)의 개요

화학 반응과 에너지 관계 ⇨ **자발적인 반응** — 자유에너지: $\Delta G = \Delta H - T\Delta S$

열역학
- <계(System)>
- <1 법칙>
  $\Delta E = q + w$
  $q = \Delta E + p\Delta V$
- <2법칙>
  - 엔트로피 증가
  $\Delta S(\text{전체}) \geq 0$
- <3법칙>
  $S^o (0\ K) = 0$

열역학 2 법칙
- <2법칙> 자발성
  - 우주엔트로피 증가
  $\Delta S(\text{계}) + \Delta S(\text{주위}) \geq 0$
- 자유에너지
  $\Delta G = \Delta H - T\Delta S$
- 자발적 반응: $\Delta G < 0$
- 화학평형: $\Delta G = 0$
- 비 자발적: $\Delta G > 0$

자유에너지 ΔG
- <자유에너지 >
  $\Delta G = \Delta H - T\Delta S$
- 표준생성 자유에너지
  ΔG_f^o
  ΔG = 생성물-반응물
- $\Delta G = \Delta G^o + RT\ln(Q)$
- $Q = [C]^c[D]^d/[A]^a[B]^b$
- $aA + bB \rightarrow cC + dD$

평형상수
- 평형상수와 ΔG^0
- $\Delta G^0 = -RT\ln K$
- 자유에너지, ΔG
- 화학 퍼텐셜:
- 자유에너지가 낮은 쪽으로 반응이 진행

열역학2법칙 ▶ 무질서도 증가 ▶ $\Delta S(\text{계}) + \Delta S(\text{주위}) \geq 0$ ▶ $\Delta G = \Delta H - T\Delta G$

자발성 ▶ $\Delta G = \sum \Delta G_f^o(\text{생성물}) - \sum \Delta G_f^o(\text{반응물})$, $\Delta G = \Delta G^0 + RT\ln Q$ ▶ $\Delta G < 0$: 자발적 $\Delta G > 0$: 비 자발

연 습 문 제

[13-1] 다음 과정들은 엔트로피가 증가하는 과정인가 감소하는 과정인가?

(a) 얼음이 녹는다.

(b) 물이 언다.

(c) 기체가 고체로 응축된다.

(d) 요소 물에 용해된다.

[13-2] 다음 중에서 낮은 엔트로피를 갖는 물질을 고르시오.

(a) ① 25 ℃에서 압력이 760 mmHg인 $O_2(g)$ 1 mol

② 25 ℃에서 470 mmHg인 $O_2(g)$ 1 mol

(b) ① 25 ℃, 1 atm에 있는 물

② 50 ℃, 1 atm에 있는 물

(c) ① 25 ℃, 1 atm에 있는 $O_2(g)$ 기체 1 L

② 25 ℃, 1 atm에 있는 $O_2(g)$ 기체 2 L

[13-3] 다음 각각의 반응식에서 $\Delta S°$의 부호를 예측하시오.

(a) $CCl_4(l) + 5O_2(g) \rightarrow CO_2(g) + 4ClO_2(g)$

(b) $8H_2O(l) + S_8(s) \rightarrow 8H_2S(g) + 4O_2(g)$

(c) $Br_2(l) \rightarrow Br_2(s)$

(d) $N_2(g) + 3H_2(g) \rightarrow 2NH_3(g)$

[13-4] 과산화소듐($Na_2O_2(S)$)과 물을 반응시키면 산소가 얻어진다.

$2Na_2O_2(s) + 2H_2O(l) \rightarrow 4NaOH(s) + O_2(g)$

이 반응의 엔탈피 변화는 $\Delta H^0 = -109.0\,kJ$이고, 엔트로피 변화는 $\Delta S^0 = +132\,J/K$이다. 그리고 각 물질의 표준 생성 엔탈피(ΔH_f^0)들은 표에 주어져 있다.

	$Na_2O_2(s)$	$H_2O(l)$	$NaOH(s)$	$O_2(g)$
ΔH_f^0 (kJ/mol):	?	-285.8	-425.6	0

(a) $Na_2O_2(s)$의 표준 생성 엔탈피($\triangle H_f^\circ$)는 몇 kJ/mol인가?

(b) 25 ℃에서 이 반응에 대한 $\triangle G^\circ$를 계산하시오.

[13-5] 1 atm에서 다음 반응들은 어떤 온도에서 자발적인 반응으로 진행하겠는가?

(a) $Al_2O_3(s) + 2Fe(s) \rightleftarrows 2Al(s) + Fe_2O_3(s)$ ΔH° = +851.5kJ ; ΔS° = +38.5J/K

(b) $N_2H_4(l) \rightleftarrows N_2(g) + 2H_2(g)$ ΔH° = -50.6 kJ ; ΔS° = +331.5J/K

(c) $2SO_3(g) \rightleftarrows 2SO_2(g) + O_2(g)$ ΔH° = +197.8kJ ; ΔS° = +187.8J/K

[13-6] $Ag_2O(s)$가 분해되는 반응은 다음과 같다.

$2Ag_2O(s) \rightarrow 4Ag(s) + O_2(g)$

	$Ag_2O(s)$	Ag(s)	$O_2(g)$
$\triangle H_f^\circ$ (kJ/mol)	-31.1	0	0
S° (J/mol K)	121.1	42.6	205

(a) 이 반응의 $\triangle H^\circ$와 $\triangle S^\circ$를 구하여라.

(b) $Ag_2O(s)$가 분해되는 반응은 어떤 온도에서 자발적으로 일어나는가?

[13-7] 다음 주어진 반응에 대하여 답하여라.

$SnO_2(s) + 2CO(g) \rightarrow 2CO_2(g) + Sn(s, white)$

	$SnO_2(s)$	CO(g)	$CO_2(g)$	Sn(s, white)
ΔH_f^0 (kJ/mol)	-577.6	-110.5	-393.5	0
S^0 (J/mol K)	49.0	197.5	213.5	51.2

(a) 표준 상태에서 이 반응의 엔탈피 변화(ΔH°)와 엔트로피 변화(ΔS°)는 얼마인가?

(b) 이 반응이 자발적으로 일어날 수 있는 온도는? 단, 엔탈피 변화(ΔH°)와 엔트로피 변화(ΔS°)는 온도와 무관하다고 가정한다.

[13-8] [심화] 721 K에서 다음 반응의 평형 상수 값은 K = 14.7이다.

$H_2(g) + I_2(g) \rightleftarrows 2HI(g)$

표준생성 자유에너지	$H_2(g)$	$I_2(g)$	HI(g)
ΔG_f^0 (kJ/mol):	0	+ 19.4	+ 1.70

(a) 721 K에서 $\triangle G^\circ$를 계산하여라.

(b) 25 ℃에서 평형 상수 K를 구하여라.

[13-9] **[심화]** 25 ℃에서 다음과 같은 반응이 있다.

$C_6H_{12}O_6(s) + 6O_2(g) \rightarrow 6CO_2(g) + 6H_2O(l) \quad \triangle G_1^\circ = -2870.0\ kJ$

$ADP(aq) + HPO_4^{2-}(aq) + 2H^+(aq) \rightarrow ATP(aq) + H_2O(l) \quad \triangle G_2^\circ = +31.0\ kJ$

글루코오스($C_6H_{12}O_6$) 1몰이 산화되면, ATP 몇 몰을 생성할 수 있을 것인가?

[13-10] **[심화]** 일산화질소(NO(g))는 번개나 자동차 연료가 연소하는 과정에서 생성되는 대기 오염물질이다. 이 반응의 표준 자유 에너지 변화($\triangle G^\circ$)는 +173.4 kJ이다.

$N_2(g) + O_2(g) \rightleftarrows 2NO(g) \qquad \triangle G^\circ = +173.4\ kJ$

자유에너지가 온도와 무관하다고 가정한다.

(a) 일산화질소(NO(g))의 표준 자유에너지 변화($\triangle Gf^\circ$)는 몇 kJ/mol인가?

(b) 자동차 엔진의 온도가 1,100 ℃이면, 위 반응의 평형 상수는 얼마인가?

(c) 번개가 칠 때 온도가 30,000 K이면, 위 반응의 평형 상수는 얼마인가?

[13장 연습문제 정답]

[13-1] (a) 엔트로피 증가 (b) 엔트로피 감소 (c) 엔트로피 감소 (d) 엔트로피 증가

[13-2] (a) ① (b) ① (c) ①

[13-3] (a) 알 수 없다. 반응물과 생성물에서 기체의 몰수가 동일
(b) 양수 (c) 음수 (d) 음수

[13-4] (a) ΔH_f^0 ($Na_2O_2(s)$) = -510.9 kJ/mol (b) ΔG^0 = -148.4 kJ

[13-5] (a) 높은 온도에서 자발적인 반응
(b) 어느 온도에서나 자발적인 반응
(c) 높은 온도에서 자발적인 반응

[13-6] (a) ΔH° = 62.2 kJ, ΔS° = 133.2 J/mol K
(b) 467 K(=194 ℃) 이상

[13-7] (a) ΔH° = +11.6 kJ, ΔS° = 34.2 J/mol K
(b) 339 K (= 66 ℃) 보다 높은 온도

[13-8] (a) 721 k에서 ΔG^0 = 16.0 kJ
(b) 25 ℃에서 K = 1.57×10^{-3}

[13-9] 92 mol ATP

[13-10] (a) ΔG^0 = +86.7 kJ/mol
(b) 1,100 ℃에서 K = 2.53×10^{-7}
(c) 30,000 ℃에서 K = 0.50

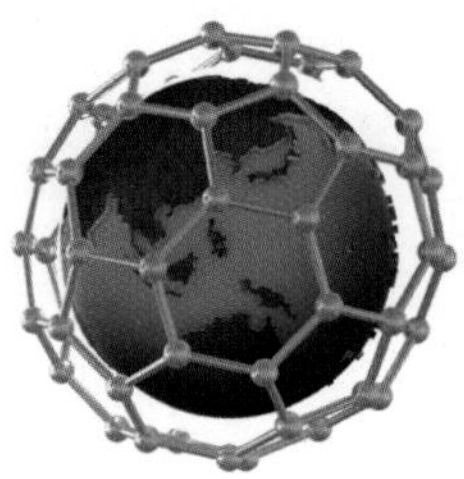

14 CHAPTER

산화 환원 반응과 전기화학

CONTENTS

[학습목표]

① 산화-환원 반응을 이해하고 반응식을 완결시킬 수 있다.
② 전지 반응을 전지 표시법으로 표시할 수 있다.
③ 전지 반응의 표준 기전력을 계산할 수 있다.
④ 전지 반응의 기전력과 농도 관계를 설명할 수 있다.
⑤ 전지 반응의 평형 상수와 표준 기전력의 관계를 이해한다.
⑥ 실용전지의 작동원리를 이해하고 미래 에너지원인 연료전지와 태양전지의 원리와 작동원리를 이해한다.

[OX퀴즈 14-1] 산화제는 자신이 산화되는 물질이다.

정답 ×

해설 산화제는 자신이 환원되고, 상대를 산화시키는 물질이다.

[OX퀴즈 14-2] 산화-환원 반응의 환원전위가 양의 값이면 반응은 자발적으로 일어난다.

정답 ○

해설 산화-환원 반응으로부터 계산된 전지전위가 양의 값이면 반응은 자발적으로 일어나며, 음의 값이면 반응은 자발적으로 일어나지 않는다.

[OX퀴즈 14-3] 전지의 전위는 항상 일정하다.

정답 ×

해설 전지의 전위는 반응물과 생성물의 농도나 압력에 따라서 변화된다. (네른스트 식)

[산화 환원 반응과 전지]

산화 환원 반응은 전자를 방출하는 산화 반응과 전자를 받는 한원 반응이 짝을 이루어 일어난다. 전자를 방출하고 산화되는 물질을 환원제라고 부르고, 전자를 받아서 환원되는 물질을 산화제라고 부른다. 산화 환원 반응은 환원제로부터 산화제로 전자의 이동을 수반한다. 산화 환원 반응식은 산화 반쪽 반응에서 생성된 전자 수와 환원 반쪽 반응에서 소모된 전자 수가 같아야 한다.

[산화 환원 반응과 전지 에너지]

전지 반응은 산화가 일어나는 전극인 양극(anode)과 환원이 일어나는 음극(cathode)으로 나눈다. 양극에서 방출된 전자가 음극으로 이동되기 때문에 양극과 음극 사이에 전위차가 발생된다. 이 전위차를 전지의 기전력(electromotive force)이라고 부른다. 이 전지의 기전력이 자발적인 전지반응을 일으키는 원동력이고, Gibbs 자유 에너지에 해당된다.

[전지의 기전력과 농도 관계]

전지 반응의 전위차는 산화 환원 반응의 참여하는 화학종들의 농도에 따라 달라진다. 농도와 전위차의 관계식을 네른스트(Nernst)식이라고 부른다. 평형상태에서 전지의 전위차는 0이 되고, 평형 상수는 표준 전지전위로부터 계산할 수 있다.

[실용전지]

산화 환원 반응을 활용하여 전지 에너지를 발생하는 전지들은 우리가 일상생활에서 많이 사용하고 있다. 건전지, 수은전지 같이 한번 사용하는 1차 전지와 납축전지, 리튬전지는 충전하여 사용할 수 있는 2차 전지들이다. 그리고 환경오염을 줄이고, 태양전지나 수소 연료전지들이 차세대 전지로 연구개발되고 있다.

[전해전지와 전기분해]

전기분해는 자발적으로 일어나지 않는 산화 환원 반응을 전기 에너지를 가하여 일어날 수 있도록 하는 것이다. 공급되는 전류와 시간에 따라 생성되는 물질의 양이 페러데이 법칙에 따라서 결정된다. 비활성 금속들과 비금속을 생산하거나 산업적으로 물질을 회수하는데 많이 활용되고 있다.

14-1.

산화 환원 반응

(1) 산화 반응과 환원 반응

전기화학은 산화 환원 반응이 일어나서 화학적 에너지를 전기적인 에너지로 변환하는 자발적인 갈바니 전지와 전기적인 에너지를 이용하여 산화 환원 반응을 일으키는 비자발적인 전해전지 반응이 있다. 산화 환원 반응은 한 물질로 부터 다른 물질로 전자의 이동을 수반한다. 산화 반응은 전자를 잃고 반응이고 산화수 증가하는 반응이다. 환원 반응은 그 반대로 전자를 얻고 산화수 감소하는 반응이다.

$$\underline{Mg}(s) + 2\underline{H}Cl(aq) \rightleftarrows \underline{Mg}Cl_2(aq) + \underline{H}_2(g)$$

산화수 : 0 (환원제), +1 (산화제), +2, 0

	$\underline{Mg}(s)$	$2\underline{H}Cl(aq)$	$\underline{Mg}Cl_2(aq)$	$\underline{H}_2(g)$
산화수 :	0	+1	+2	0
	환원제	산화제		

예를 들면, 마그네슘(Mg)과 염산(HCl)의 반응을 생각해보자. 이 반응은 산화-환원 반응이라고 부른다. 마그네슘은 전자를 잃고, Mg^{2+} 이온으로 산화된다. 동시에 H^+ 이온은 전자를 얻고, $H_2(g)$로 환원된다. 즉, 산화와 환원은 동시에 일어나며, 산화-환원 반응에서 이동된 전자 수는 같아야 한다. 이러한 산화-환원 반응에서 전자를 교환하는 두 화학종은 특별한 이름을 갖는데, 산화가 일어나는 화학종은 전자를 제공하여 상대를 환원시키기 때문에 환원제라고 부르며, 반대로 환원이 일어나는 화학종은 전자를 받아들여 상대를 산화시키기 때문에 산화제라고 부른다.

산화반응은 산화수가 증가되고, 환원반응은 산화수가 감소된다. 산화환원 반응을 구분하기 위해서 화합물 내에서 원소의 산화수를 결정할 수 있어야 한다. 산화수는 산화-환원 반응이 일어나는 분자 내에서 원자의 산화 상태를 나타내는 숫자를 의미한다. 산화수를 정하는 규칙은 다음과 같이 정리할 수 있다. 이 규칙은 순서에 따라 분자 내의 원소들의 산화수를 결정해야한다.

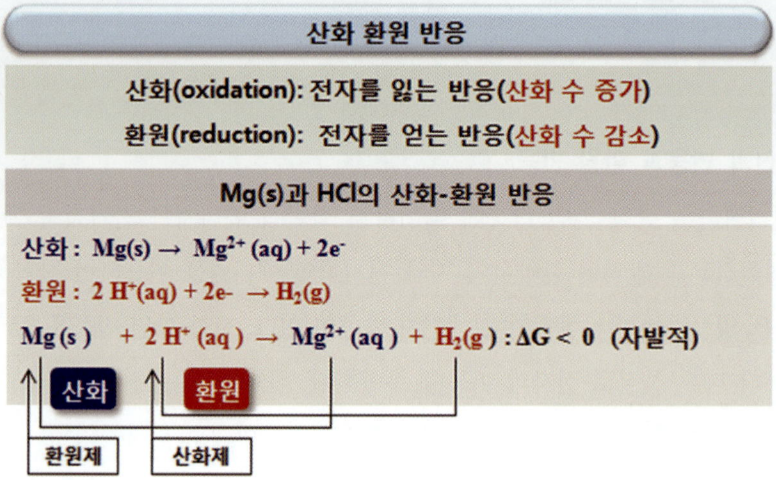

[그림 14-1] 산화 반응과 환원 반응

① 모든 자유 원소의 산화수는 0입니다.

② 분자 또는 다원자 이온에서 그 원자들의 모든 산화수의 합은 전체 전하와 같으며, 단원자 이온의 산화수는 그 이온이 갖는 전하와 같다.

③ 화합물에서 IA족은 +1, IIA족은 +2, 플루오린(F)은 1이다.

④ 화합물에서 수소(H)는 산화수가 +1이다.

⑤ 화합물에서 산소(O)는 산화수가 -2이다.

[예제 14-1] 인산 소듐(Na_3PO_3)에 있는 인의 산화수는 얼마인가? 이수소인산($H_2PO_3^-$)에서 인의 산화수는 얼마인가?

풀이 (Na_3PO_3)에서 Na : 1A족 원소, +1 O : -2

$3 \times (+1) + P + 3 \times (-2) = 0$, 따라서 P의 산화수 = +3

$H_2PO_3^-$에서 H : +1, O : -2

$2 \times (+1) + P + 3 \times (-2) = -1$, 따라서 P의 산화수 = +3

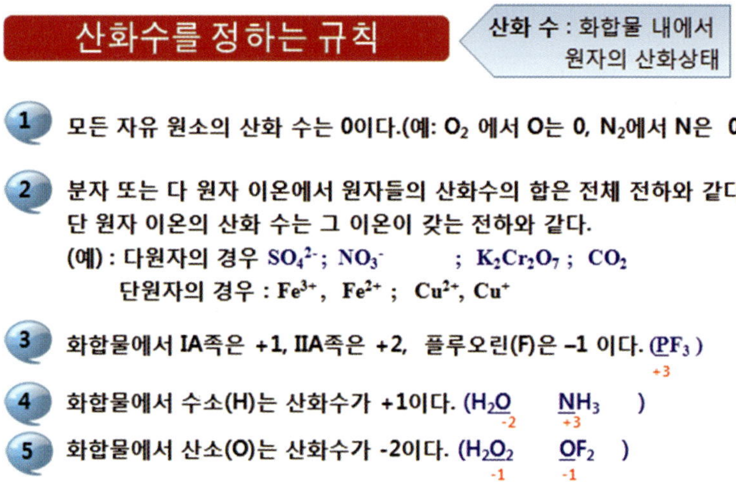

[그림 14-2] 산화수 정하는 규칙.

(2) 산화 환원 반응식의 완결

산화-환원 반응식의 균형을 맞추는 방법을 알아보기로 하자. 반응식의 균형을 맞추는 것은 세가지 균형을 맞추는 것을 명심해야한다. 원자수 균형, 전자수 균형, 전하의 균형이다. 산화 환원 반응의 균형을 맞출 때 이 세가지 균형을 맞추는 과정을 포함하여 5단계로 나누어 단계별로 반응식의 균형을 맞춘다.

① 원자수 균형 : 화합물 내의 산화수를 결정하고, 산화된 원소와 환원된 원소의 원자수를 맞추어 준다.

② 산화 - 환원 반쪽 반응으로 나누는 것입니다. 산화 반응에서 잃는 전자수와 환원 반응에서 얻은 전자수가 나타나도록 반쪽 반응식을 쓴다.

③ 전자수 균형 : 산화 반응에서 잃은 전자수와 한원 반응에서 얻은 전자수의 최소 공배수가 되도록 맞추어준다. 전자수를 맞춘 후에는 산화 반응과 환원 반응을 합하여 전체 반응식을 만든다.

④ 전하의 균형 : 반응물 쪽의 전체 전하수와 생성물 쪽의 전체 전하수가 같도록 맞추어 준다. H^+ 또는 OH^- 더해 전하의 균형을 맞춘다. 산성 용액에서 일어나는 반응이면, H^+ 또는 첨가하여 전하수를 맞추고, 염기성

용액에서 일어나는 반응이면, OH^-를 더하여 전하수를 맞춘다.

⑤ 마지막으로 H와 O원자의 수는 H_2O를 첨가하여 원자수의 균형을 맞춰주면 된다.

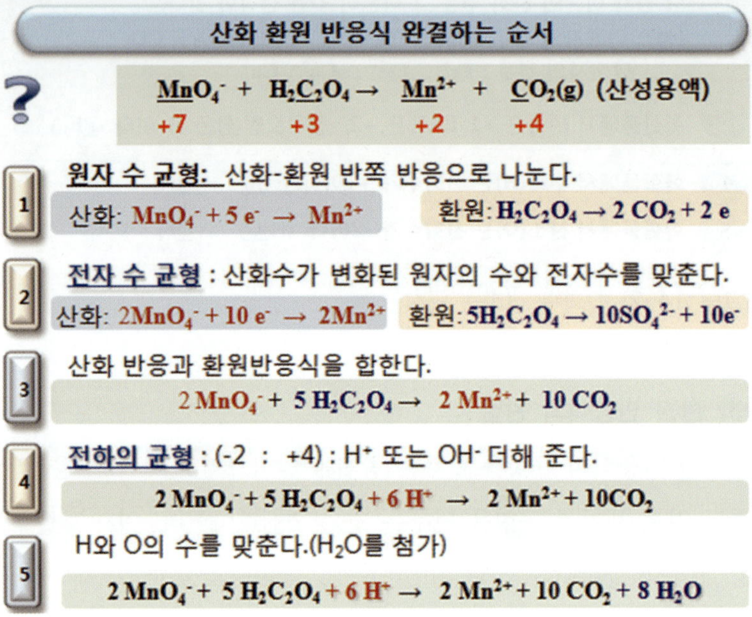

[그림 14-3] 산화 환원 반응을 완결하는 순서

[예제 14-2] 다음 산화 환원 반응식을 완결하여라.

(1) $Fe^{2+}(aq)$ + $MnO_4^-(aq)$ → $Fe^{3+}(aq)$ + $Mn^{2+}(aq)$ (산성 용액에서)

(2) $Cl_2(g)$ + $Cr(OH)_3(s)$ → $Cl^-(aq)$ + $CrO_4^{2-}(aq)$ (염기성 용액에서)

풀이 (1) $Fe^{2+}(aq)$ + $MnO_4^-(aq)$ → $Fe^{3+}(aq)$ + $Mn^{2+}(aq)$

① 원자수 균형 : $Fe^{2+}(aq) + MnO_4^-(aq) \rightarrow Fe^{3+}(aq) + Mn^{2+}(aq)$

② 산화-환원 반쪽 반응으로 나눈다.

(산화) : $Fe^{2+}(aq) \rightarrow Fe^{3+}(aq) + e^-$

(환원) : $MnO_4^-(aq) + 5e^- \rightarrow Mn^{2+}(aq)$

③ 전자수 균형 : $5Fe^{2+}(aq) + MnO_4^-(aq) \rightarrow 5\ Fe^{3+}(aq) + Mn^{2+}(aq)$

④ 전하의 균형 : 왼쪽 전하 +8, 오른쪽 전하 +17, 왼쪽에 $8H^+$를 더한다.

$5Fe^{2+}(aq) + MnO_4^{2-}(aq) + 8H^+(aq) \rightarrow 5Fe^{3+}(aq) + Mn^{2+}(aq)$

⑤ 왼쪽 : 8개 H와 4개 O원자, 오른쪽: H와 O가 없음, 오른쪽에 $4H_2O$ 를 첨가하여 원자수의 균형

$5Fe^{2+}(aq) + MnO_4^{2-}(aq) + 8H^+(aq) \rightarrow 5Fe^{3+}(aq) + Mn^{2+}(aq) + 4H_2O(l)$

(2) $Cl_2(g) + Cr(OH)_3(s) \rightarrow Cl^-(aq) + CrO_4^{2-}(aq)$ (염기성 용액에서)

① 원자수 균형 : $Cl_2(g) + Cr(OH)_3(s) \rightarrow 2Cl^-(aq) + CrO_4^{2-}(aq)$

② 산화-환원 반쪽 반응으로 나눈다.

(산화) : $Cr(OH)_3(s) \rightarrow CrO_4^{2-}(aq) + 3e^-$

(환원) : $Cl_2(g) + 2e- \rightarrow 2Cl^-(aq)$

③ 전자수 균형 : $3Cl_2(g) + 2Cr(OH)_3(s) \rightarrow 6Cl^-(aq) + 2CrO_4^{2-}(aq)$

④ 전하의 균형 : 왼쪽 전하 0, 오른쪽 전하 -10, 왼쪽에 $10OH^-$를 더한다.

$3Cl_2(g) + 2Cr(OH)_3(s) + 10OH^-(aq) \rightarrow 6Cl^-(aq) + 2CrO_4^{2-}(aq)$

⑤ 왼쪽 : 16개 H와 16개 O원자, 오른쪽 : 0개의 H와 8개의 O, 오른쪽에 $8H_2O$를 첨가하여 원자수의 균형

$3Cl_2(g) + 2Cr(OH)_3(s) + 10OH^-(aq) \rightarrow 6Cl^-(aq) + 2CrO_4^{2-}(aq) + 8H_2O(l)$

14-2.

갈바니 전지

(1) 전지 반응

모든 자발적인 산화-환원반응은 갈바니 전지의 에너지원으로 이용될 수 있는데, 갈바니 전지는 산화 전극에서 환원 전극으로 전자가 이동하면서 전기적인 일을 하게 된다. 즉 화학 에너지가 전기 에너지로 전환되는 것이다. 한 조각의 아연을 Cu^{2+} 이온이 담긴 수용액에 넣으면 다음과 같은 산화-환원 반응이 일어나게 되는데, 이때 반드시 간접적으로 전자전달이 되도록 디자인해야 한다. 즉, 아연 원자에서 생긴 전자는 외부 회로를 따라 Cu^{2+}를 Cu로 환원시키게 되는 것이다. 전지에서 전류의 흐름을 살펴보면, 음극인 아연 산화 전극에서 산화 반쪽 반응에 의해 전자가 생성되고, 양극인 구리 환원 전극에서 산화 전극에서 이동한 전자가 Cu^{2+} 이온을 환원시키며 소모된다.

전지에서 산화 반응과 환원 반응이 동시에 일어난다. 산화 반응에서 생성된 양이온이나, 환원 반응에서 소모된 양이온에 의해 용액 속에 존재하는 이온들

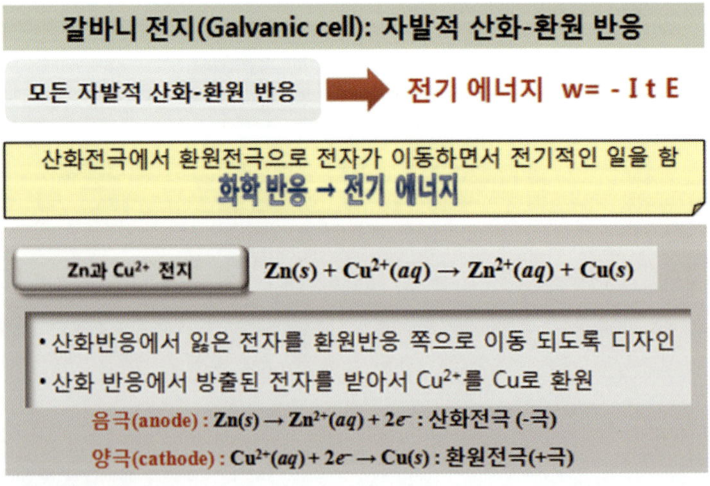

[그림 14-4] 갈바니 전지. 자발적인 산화 환원 반응과 전지 에너지

의 전하의 균형을 깨뜨리게 된다. 이것은 산화 전극이나 환원 전극에 분극 현상이 생겨서 더 이상 산화 환원 반응이 일어날 수 없게 하는 원인이 된다. 전하의 균형을 유지하도록 하기 위하여 염다리(salt bridge)를 설치해 준다. 전지에서 염다리를 통해 이온의 이동이 일어나는데, 염다리는 양 끝을 유리 섬유로 채운 뒤집혀진 유리관으로 이 관은 전극 반응에 참여하지 않는 염의 용액으로 채워져 있다. 바로 염다리를 통해 이온이 이동하여 전기적 중성유지 하지만 아연과 구리(II) 이온이 직접 접촉하는 것은 막는다.

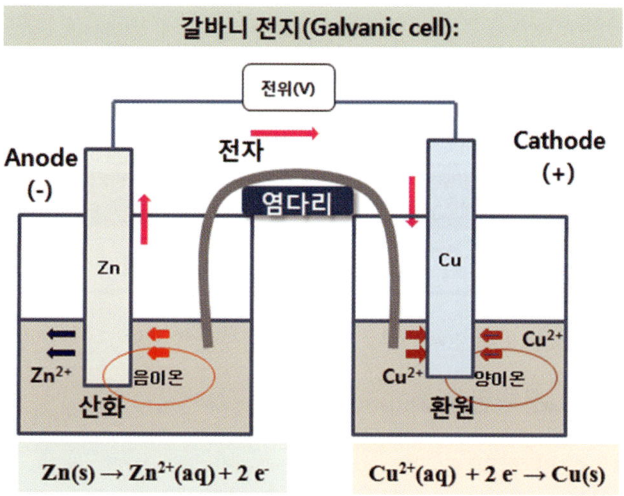

[그림 14-5] 길바니 전지의 예

(2) 전지표시법

전지 반응은 대부분 수용액에서 일어나기 때문에 그림으로 표시하면 복잡하게 표시된다. 전지 표시법(cell notation)을 사용하여 전지 반응을 나타내면 간편하게 나타낼 수 있다. 전지 표시법에서 왼쪽은 산화 반쪽 반응을 나타내고, 오른쪽은 환원 반쪽 반응을 나타낸다. 산화 전극에서 일어나는 산화 반응은 산화가 일어나는 화학종과 산화된 뒤의 화학종을 쓰며, 서로 다른 상(phase)인 경우 막대기로 구분한다. 환원 전극에서 일어나는 환원 반응도 환원이 일어나는 화학종과 산화된 뒤의 화학종을 쓰며, 서로 다른 상(phase)인 경우 막대기로 구분한다. 그리고 산화와 환원전극 사이에 염다리는 두 개의 막대를 표시하여 구분한다.

$Zn(s) \mid Zn^{2+}(aq) \parallel Cu^{2+}(aq) \mid Cu(s)$

기체가 참여하는 반응이나, 용액 백금(Pt)전극을 사용하여 전자를 이동하도록 사용하는 경우 다음과 같이 전지 표시법으로 나타낸다.

$Pt(s) \mid Fe^{2+}(aq), Fe^{3+}(aq) \parallel Cl^{-}(aq) \mid Cl_2(g) \mid Pt(s)$

이 경우 백금 전극은 산화 환원 반응에 참여하지 않고 단순히 정자를 이동시키는 도선 역할을 하는 것이다.

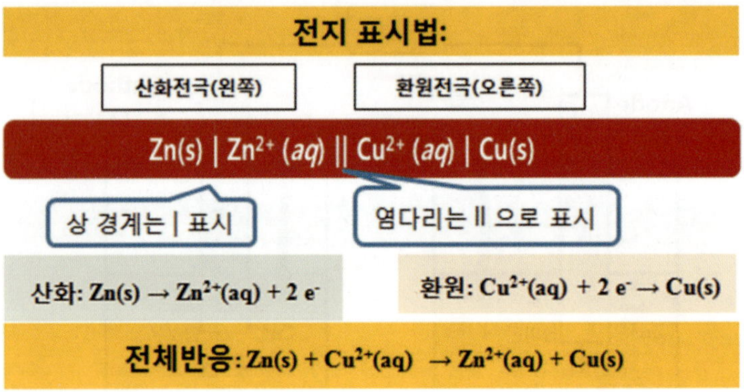

[그림 14-6] 전지 표시법

[예제 14-3] 염소기체($Cl_2(g)$)를 NaBr 수용액에 통과시키면 자발적인 반응에 의해 염소이온($Cl^{-}(aq)$)과 액체 브로민($Br_2(l)$)이 생성된다. 이 전지반응에 대하여 답하여라.

(1) 산화 전극과 환원 전극에서 일어나는 반쪽 반응을 적어라.

(2) 전체 전지 반응의 균형 화학 반응식을 적어라.

(3) 이 전지를 전지 표시법으로 표시하여라.

풀이 (1) (산화 반응) : $2Br^{-}(aq) \rightarrow Br_2(l) + 2e^{-}$

(환원 반응) : $Cl_2(g) + 2e^{-} \rightarrow 2Cl^{-}(aq)$

(2) (전체 반응) : $2Br^{-}(aq) + Cl_2(g) \rightarrow Cl^{-}(aq) + Br_2(l)$

(3) $Pt(s) \mid Br^{-}(aq) \mid Br_2(l) \parallel Cl_2(g) \mid Cl^{-}(aq) \mid Pt(s)$

14-3.

표준 전극전위

전지반응은 자발적인 산화 환원 반응이 일어나서 전기적인 일을 얻을 수 있다. 이 전기적 일의 양을 나타내는 것이 볼트(V, J/C) 단위로 측정되는 환원 전극과 산화 전극의 전위차이다. 산화 전극에서 방출된 전자가 환원 전극으로 이동되는 원동력이며, 전기적인 일의 양으로 나타낼 수 있다.

(1) 표준 환원전위

온도를 25 ℃로 유지했을 때, 전해질 수용액의 농도를 1 M, 기체의 압력을 1기압인 상태에서 표준 수소 전극을 기준으로 측정한 환원 반쪽 전지의 전위를 말한다. 기호는 E°로 표시하고, 단위는 볼트(V)이다. 즉, 표준 수소전극의 전위를 0.00 V라고 기준을 정하고, 모든 화학종이 표준 상태에 있을 때의 상대적인 전압을 말한다.

표준 수소전극은 1.0 M H^+이 포함된 용액에서 수소기체(H_2)가 1 atm을 유지한 상태의 전극을 말하며, 표준 환원전위는 측정하고자 하는 환원 전극을 표준 수소전극과 연결하여 측정된 전위차를 말한다. 예를 들어 Cu^{2+}이온이 Cu로 환원되는 반응과 H_2가 H^+이온으로 산화되는 반응의 전지전위는 두 전극의 상대적인 전지의 전위 E° 값만을 직접적으로 측정할 수 있다. 산화전위($E°_{ox}$)와 환원전위($E°_{red}$) 값을 얻기 위하여 H^+ 이온이 환원되어 H_2 기체로 되는 표준 전압을 임의로 0으로 정의하였으므로, 구리(Cu)의 표준 산화 전위가 E° = +0.34 V가 됨을 알 수 있다. 이와 같이 한 반쪽 반응 전위를 알면 다른 하나의 반쪽 반응 전위를 계산할 수 있다.

$$E^0_{전지} = E^0_{환원반응} - E^0_{산화반응} \quad \cdots \quad (14\text{-}1)$$

표준 반쪽 전지의 전위는 표준 환원전위 표로부터 찾아볼 수 있으며, 산화 반쪽 반응의 표준 전위를 얻기 위해서 표에 주어진 표준 환원전위의 부호를 바꾸어 주면 된다. 만일, 표준상태에서 아연(Zn)이 Zn^{2+}이온으로 환원되는 전극의 전위는 E° = -0.76 V가 된다. 따라서 아연이 산화되는 반응과 구리이온

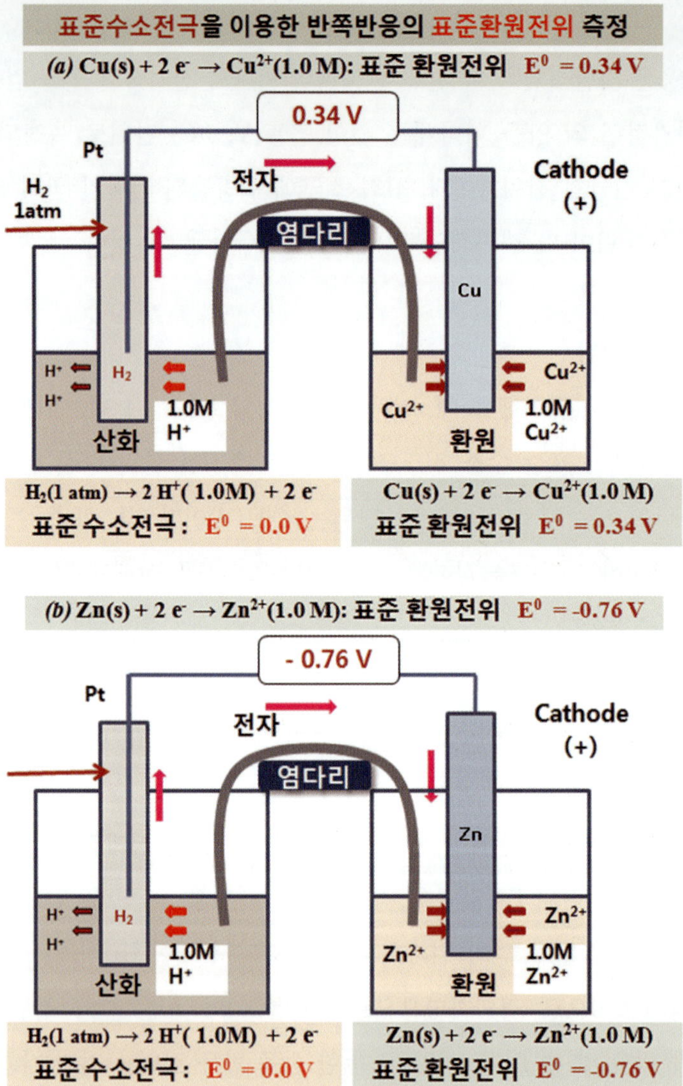

[그림 14-7] 표준 반쪽 전위의 측정(Standard half cell potential). 표준 수소전극(Standard hydrogen electrode)을 사용하여 각 화학종들의 표준 환원전위를 측정한다. 구리(Cu)의 표준 환원전위는 +0.34 V이고, 아연(Zn)의 표준 환원전위는 -0.76 V이다.

이 환원되는 반응의 전지전위는 다음과 같이 계산된다.

$$Zn^{2+}(1.0\ M) + 2e^- \rightarrow Zn(s) \quad E°_{Zn2+/Zn} = -0.76\ V$$

$$Cu^{2+}(1.0\ M) + 2e^- \rightarrow Cu(s) \quad E°_{Cu2+/Cu} = +0.34\ V$$

전체반응: $Zn(s) + Cu^{2+}(1.0\ M) \rightarrow Zn^{2+}(1.0\ M) + Cu(s)$

$$E°_{cell} = E°_{Cu2+/Cu} - E°_{Zn2+/Zn} = +0.34\ V - (-0.76\ V) = +1.10\ V$$

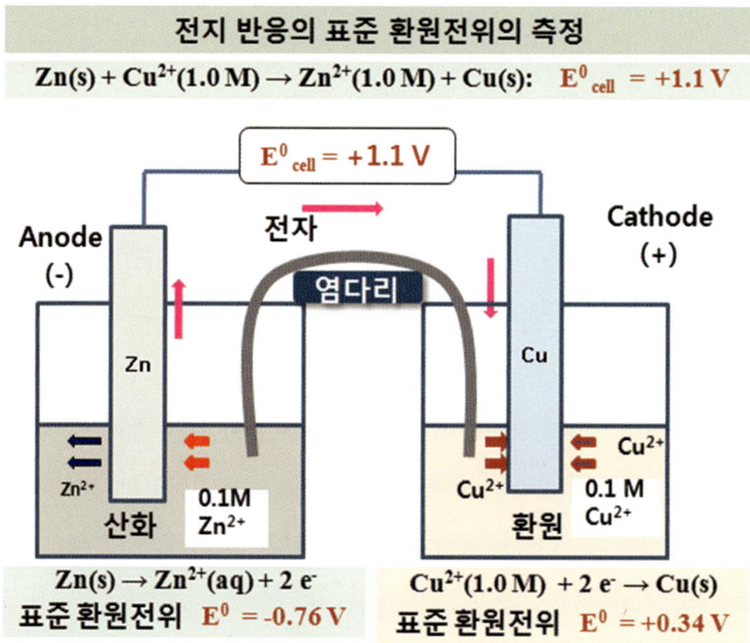

[그림 14-8] 전지의 표준 환원전위($E^0_{전지}$) 측정. 표준 반쪽전위를 사용하여 전지의 표준 환원전위를 계산한다.

[예제 14-4] 다음 전지 반응의 표준 전극전위를 계산하여라.

$$2Ag^+(1.0\ M) + Cd(s) \rightarrow Ag(s) + Cd^{2+}(1.0\ M)$$

$$Cd^{2+}(1.0\ M) + 2e^- \rightarrow Cd(s) \quad E°_{Cd2+/Cd} = -0.40\ V$$

$$2Ag^+(1.0\ M) + 2e^- \rightarrow 2Ag(s) \quad E°_{Ag+/Ag} = +0.80\ V$$

풀이 (산화 반응) : $Cd(s) \rightarrow Cd^{2+}(1.0\ M) + 2e^-$

(환원 반응) : $Ag^+(1.0\ M) + e^- \rightarrow Ag(s)$

(전체 반응) : $2Ag^+(1.0\ M) + Cd(s) \rightarrow Ag(s) + Cd^{2+}(1.0\ M)$

표준 전지전위 : $E°_{cell} = E°_{Ag+/Ag} - E°_{Zn2+/Zn} = +0.80\ V - (-0.40\ V) = +1.20\ V$

(2) 전지 반응의 예측

표준 환원전위는 표준 상태에서 전지 반응이 자발적으로 일어날지 아니면, 일어나지 않을지를 판단하는 기준이 되기도 한다. 전지 반응은 자발적인 산화 환원 반응이 일어나서 전기적인 일을 얻을 수 있다. 이 전기적 일의 양은 측정되는 환원전극과 산화전극의 표준 환원 전위차가 양의 값인 경우에 자발적으로 진행된다. 따라서 표에 주어진 표준 환원전위 값이 양의 값을 갖도록 산화 반응과 환원 반응을 만들어야 한다. 표준 환원전위가 큰 물질을 환원 전극에 배치하고, 표준 환원전위가 작은 물질은 산화가 되도록 전지를 만들면 전위차가 양수인 자발적인 전지를 만들 수 있다. 예를 들면, $Cu^{2+}(1.0\ M) + 2e- \rightarrow Cu(s)$의 $E°_{Cu2+/Cu} = +0.34\ V$이고, $Zn^{2+}(1.0\ M) + 2e- \rightarrow Zn(s)$의 $E°_{Zn2+/Zn} = -0.76\ V$ 이다. 자발적인 전지 반응을 일으키기 위해서 환원전극((+) 극)을 $Cu^{2+}(1.0M) + 2e- \rightarrow Cu(s)$, 그리고, 산화전극((-)극)은 $Zn(s) \rightarrow Zn^{2+}(1.0\ M) + 2e-$ 반응이 일어나도록 전지 반응을 만들면, 전지의 전위가 $E°_{cell} = +1.10\ V$인 갈바니 전지가 된다. 그러나 반대로 환원전극((+) 극)을 $Zn^{2+}(1.0\ M) + 2e- \rightarrow Zn(s)$, 그리고 산화전극((-)극)은 $Cu(s) \rightarrow Cu^{2+}(1.0\ M) + 2e-$ 반응을 연결하면, 전지 반응은 일어나지 않는다. 전지의 전위가 $E°_{cell}= -1.10\ V$인 음의 값이므로 자발적으로 일어나지 않는다.

(3) 금속의 활동도 서열(activity series)

표에 주어진 물질들의 표준 환원전위는 전비 반응을 예측할 수 있는 근거자료가 된다. 표준 환원전위를 이용하여 산화 환원 반응을 예측할 수 있는 것처럼 금속들의 반응성을 이온화되기 쉬운 순서로 배열한 것을 금속의 이온화 경향이라고 부른다. 이 순서를 이용하여 어떤 금속과 다른 금속이온들의 반응을 예측할 수 있다. 이온화 경향이 큰 금속과 이온화 경향이 낮은 금속의 이온은 자발적으로 반응이 일어난다. 그러나 반대의 경우 반응은 일어나지 않는다.

[표 14-1] 25 ℃에서 표준 환원전위

반쪽 반응	E^0 (V)	반쪽 반응	E^0 (V)
$F_2\ (g) + 2e^- \rightarrow 2F^-(aq)$	+2.87	$Sn^{2+}(aq) + 2e^- \rightarrow Sn(s)$	-0.14
$S_2O_8^{2-}(aq) + 4H^+ + 4e^- \rightarrow 2SO_4^{2-}(aq)$	+2.01	$Ni^{2+}(aq) + 2e^- \rightarrow Ni(s)$	-0.25
$MnO_4^- + 4H^+ + 2e^- \rightarrow Mn^{2+} + 4H_2O$	+1.51	$Co^{2+}(aq) + 2e^- \rightarrow Co(s)$	-0.28
$Au^{3+}(aq) + 3e^- \rightarrow Au(s)$	+1.42	$Cd^{2+}(aq) + 2e^- \rightarrow Cd(s)$	-0.40
$Cl_2\ (g) + 2e^- \rightarrow 2Cl^-(aq)$	+1.36	$Fe^{2+}(aq) + 2e^- \rightarrow Fe(s)$	-0.44
$O_2\ (g) + 4H^+ + 4e^- \rightarrow 2H_2O$	+1.23	$Cr^{2+}(aq) + 2e^- \rightarrow Cr(s)$	-0.74
$Br_2\ (l) + 2e^- \rightarrow 2Br^-(aq)$	+1.07	$Zn^{2+}(aq) + 2e^- \rightarrow Zn(s)$	-0.76
$Ag^+(aq) + e^- \rightarrow Ag(s)$	+0.80	$2H_2O + 2e^- \rightarrow H_2(g) + 2OH^-$	-0.83
$Fe^{3+}(aq) + e^- \rightarrow Fe^{2+}(aq)$	+0.77	$Al^{3+}(aq) + 3e^- \rightarrow Al(s)$	-1.66
$I2\ (s) + 2e^- \rightarrow 2I^-(aq)$	+0.54	$Mg^{2+}(aq) + 2e^- \rightarrow Mg(s)$	-2.37
$Cu^+(aq) + 2e^- \rightarrow Cu(s)$	+0.52	$Na^+(aq) + e^- \rightarrow Na(s)$	-2.71
$Cu^{2+}(aq) + 2e^- \rightarrow Cu(s)$	+0.34	$Ca^{2+}(aq) + 2e^- \rightarrow Ca(s)$	-2.76
$AgCl(s) + e^- \rightarrow Ag(s) + Cl^-(aq)$	+0.22	$K^+(aq) + e^- \rightarrow K(s)$	-2.92
$2H^+(aq) + 2e^- \rightarrow H_2\ (g)$	0.00	$Li^+(aq) + e^- \rightarrow Li(s)$	-3.03

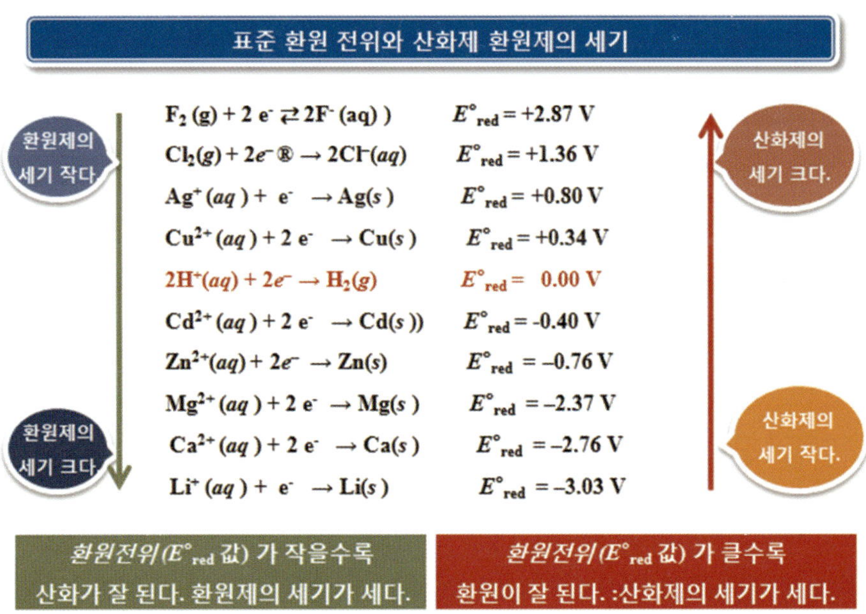

[그림 14-9] 산화제와 환원제의 상대적 세기

금속의 활동도 서열(금속의 이온화 경향 순서)

Li > K > Ca> Na> Mg> Al >Zn> Cr> Fe > Cd> Co >Ni > Sn> H_2 > Cu> Ag> Au > Pt

[자발적 반응] 이온화 경향이 큰 금속과 이온화 경향이 작은 금속이온의 반응

[자발적 반응] E^0_{cell} > 0

$Mg(s) + Cu^{2+}(1.0\ M) \rightarrow Mg^{2+}(1.0\ M) + Cu(s)$ $E^0 = +2.71\ V$

$Zn(s) + Cu^{2+}(1.0\ M) \rightarrow Zn^{2+}(1.0\ M) + Cu(s)$ $E^0 = +1.10\ V$

$Mg(s) + 3\ H^{+}(1.0\ M) \rightarrow Mg^{2+}(1.0\ M) + H_2(1atm)$ $E^0 = +2.37\ V$

[비자발적 반응] E^0_{cell} < 0

$Mg^{2+}(1.0\ M) + Cu(s)\ ) \rightarrow Mg(s) + Cu^{2+}(1.0\ M)$ $E^0 = -2.71\ V$

$Zn^{2+}(1.0\ M) + Cu(s) \rightarrow Zn(s) + Cu^{2+}(1.0\ M)$ $E^0 = -1.10\ V$

$Mg^{2+}(1.0\ M) + H_2(1atm)\ ) \rightarrow Mg(s) + 3\ H^{+}(1.0\ M$ $E^0 = -2.37\ V$

[그림 14-10] 금속들의 활동도 서열과 자발적인 산화 환원 반응

[예제 14-5] 다음 전지 반응이 자발적인지 비발적인지 판단하여라.

(1) $Sn(s) + Cd^{2+}(1.0\ M) \rightarrow Sn^{2+}(1.0\ M) + Cd(s)$

$Cd^{2+}(1.0\ M) + 2e^{-} \rightarrow Cd(s)$ $E°_{Cd2+/Cd} = -0.40\ V$

$Sn^{2+}(1.0\ M) + 2e^{-} \rightarrow Sn(s)$ $E°_{sn+/Sn} = -0.14\ V$

(2) $Sn^{2+}(1.0\ M) + 2Br^{-}(1.0\ M) \rightarrow Sn(s) + Br_2(l)$

$Br_2(l) + 2e^{-} \rightarrow 2Br^{-}(1.0\ M)$ $E°_{Br2/Br-} = -1.07\ V$

$Sn^{2+}(1.0\ M) + 2e^{-} \rightarrow Sn(s)$ $E°_{sn2+/Sn} = -0.14\ V$

풀이 (1) 표준 전지전위 :

$E°_{cell} = E°_{Cd2+/Cd} - E°_{Sn2+/Sn} = -0.40\ V - (-0.14\ V) = -0.26\ V < 0$

표준 전극전위가 음수이므로 비자발적이다.

(2) 표준 전지전위 :

$E°_{cell} = E°_{Sn2+/Sn} - E°_{Br2/Br-} = -0.14\ V - (-1.07\ V) = +0.93\ V > 0$

표준 전극전위가 양수이므로 자발적이다.

14-4.

기전력과 농도의 관계

(1) 전지의 전위와 Gibbs 자유 에너지

전지 반응에서 전극전위는 전기적 일 에너지로 나타낼 수 있다.

$$w_{전기} = I \times t \times E$$

여기서, I는 전류(A, C/s)이고 단위시간에 흐른 전하량이다. *t*는 전류가 흐른 시간을 나타낸다. 마이너스 부호는 전지 반응이 주위에 일을 한다는 의미이다. 그리고 E는 전지전위를 나타내며, 단위는 볼트(V)이다. 1 V는 1C(쿨롱)의 전하량이 흐를 때 에너지를 나타낸다. 1 V = 1(J/C).

이 전기적 일의 양은 계가 주위에 할 수 있는 유용한 일인 Gibbs 자유 에너지와 같은 양이다.

$$\Delta G = -w_{전기} = -ItE \cdots \text{(14-2)}$$

전류와 시간을 곱한 양(*I t*)은 반응 동안에 이동된 전체 전하량이다. 산화 환원 반응에서 이동된 전체 전하량은 이동된 전자의 몰수와 1몰의 전하량을 곱하면 된다.

$$\Delta G = -nFE \cdots \text{(14-3)}$$

여기서, n은 이동된 전자의 몰수이도, F는 페러데이 상수(Faraday constant)로써 96,485C/mol이다.

$1F = (1.6022 \times 10^{-19}$ C/개$) \times (6.022 \times 10^{23}$개/몰$) = 96,485$ C/mol

예를 들면, 전체 반응 : $Zn(s) + Cu^{2+}(1.0\ M) \rightarrow Zn^{2+}(1.0\ M) + Cu(s)$

$E°_{cell} = E°_{Cu2+/Cu} - E°_{Zn2+/Zn} = +0.34\ V - (-0.76\ V) = +1.10\ V$

이 반응의 Gibbs 자유 에너지 변화량은

$\Delta G° = -nFE°_{cell} = (-2$ 몰$) \times (96,485$ C/몰$) \times (+1.1\ V) = -212.3$ kJ

(2) 농도 변화에 따른 전지의 전위

전지 반응이 표준 상태에서 일어날 때 표에 주어진 표준 환원전위를 사용하여 계산할 수 있지만, 표준 상태가 아닌 경우 전극전위를 계산하기가 복잡하다. 여기서 표준 상태를 경유하는 경로를 택하여 전극전위를 계산할 수 있다.

앞장(13장)에서 설명한 바와 같이 일반적인 화학반응에 대하여 자유 에너지를 계산하는 식은 다음과 같다.

$$aA(g, P_A) + bB(g, P_B) \rightleftarrows cC(g, P_C) + dD(g, P_D)$$

$$\Delta G = \Delta G^0 + RT\ln(Q), \cdots \text{(14-4)}$$

여기서, Q는 반응지수이고, 다음과 같이 주어진다.

$$Q = \frac{P_C{}^c P_D^d}{P_A^a P_B^b} \cdots \text{(14-5)}$$

여기서 $\Delta G_{반응}{}^0$는 표준상태에서 자유에너지 변화량이고, 표에 주어진 값을 사용하여 계산할 수 있다. 그리고 Q는 반응지수(reaction quotient)로써 평형상수와 같은 식으로 계산되는 양이다.

이 식에 자유 에너지와 전지전위 관계식, $\Delta G = -nFE$을 대입하면, 전지전위와 압력(농도)에 대한 관계식이 얻어진다. 이 식은 네른스트 식(Nernst equation)이라고 부른다. 독일의 화학자인 네른스트(Walther Nernst)는 열역학 분야의 연구 업적으로 1920년 노벨 화학상을 받았다.

$$E_{cell} = E^0_{cell} + \frac{RT}{nF}\ln\{Q\}$$

자발적인 과정 : $E_{cell} = E^0{}_{cell} + (RT/nF)\ \ln(Q) < 0$

평형 상태 : $E_{cell} = E^0{}_{cell} + (RT/nF)\ \ln(Q) = 0$

비자발적인 과정 : $E_{cell} = E^0{}_{cell} + (RT/nF)\ \ln(Q) > 0$

전지 전압과 농도 간의 정량적인 관계

$$\Delta G = \Delta G^\circ + RT\,ln(Q)$$

$$\Delta G^\circ = -nFE^\circ, \quad \Delta G = -nFE$$

$$-nFE = -nFE^\circ + RT\,lnQ$$

$$E = E^\circ - \frac{RT}{nF}\,ln(Q)$$ **Nernst Equation**

반응물의 농도가 증가하거나 생성물의 농도가 감소할 때 전지전위는 증가하고, 반대로 반응물의 농도가 감소하거나 생성물의 농도가 증가되면 전지전위는 감소한다. 전지 전압과 농도 간의 정량적인 관계를 얻기 위해서 자유 에너지 변화와 관련된 다음의 식을 이용하는데, 여기서 $\Delta G^\circ = -nFE^\circ$이고, $\Delta G = -nFE$이므로 전지 전위 E에 대한 식으로 나타내면 다음과 같다. 이 식은 처음으로 제안한 사람의 이름을 기리기 위하여 네른스트 식(Nernst equation)으로 부르며 25 ℃에서 기체상수 R과 패러데이 상수 F를 사용하고, 자연 로그를 상용 로그로 바꾸면, (RT/F) ln = (0.0591 V) $\log_{10}$이므로 다음과 같이 정리할 수 있다.

$$E_{전지} = E^0_{전지} - \frac{(0.0591\ V)}{n}\log_{10}(Q)\ (단, 25\ ℃에서) \cdots \quad (14\text{-}6)$$

[예제 14-6] 다음 전지 반응이 25 ℃에서 주어진 반응물과 생성물의 농도에서 자발적인지 비자발적인지 판단하여라.

$Fe^{2+}(0.10\ M) + Co(s) \rightarrow Fe(s) + Co^{2+}(0.0010\ M)$

$Co^{2+}(1.0\ M) + 2e^- \rightarrow Co(s) \quad E^\circ_{Cd2+/Cd} = -0.28\ V$

$Fe^{2+}(1.0\ M) + 2e^- \rightarrow Fe(s) \quad E^\circ_{Fe2+/Fe} = -0.44\ V$

풀이 표준 전지전위 :

$E^\circ_{cell} = E^\circ_{Sn2+/Sn} - E^\circ_{Cd2+/Cd} = -0.44V - (-0.28\ V) = -0.16$

$$E_{cell} = E^0_{cell} - \frac{(0.0591\ V)}{n}\log_{10}\left\{\frac{[Co^{2+}]}{[Fe^{2+}]}\right\} = -0.16\,V - \frac{(0.0591\ V)}{2몰}\log_{10}\left(\frac{0.001}{0.1}\right)$$

$= -0.16\ V + 0.0591\ V = -0.10\ V < 0$ [비자발적인 반응]

14-5.

전지 반응의 평형 상수

(1) 평형 상수와 표준 전지전위

앞에서 주어진 Nernst식을 사용하면, 평형 상수를 계산할 수 있다. 평형 상태에서 전지 반응의 전극전위가 0이 되기 때문에($E_{전지} = 0$), 전지 반응의 평형 상수는 표준 전지전위($E^0_{전지}$)로부터 계산할 수 있다.

$$E^0_{전지} = -\frac{RT}{nF}\ln(K),\ 또는\ \ln(K) = -\frac{nFE^0_{전지}}{RT} \quad \cdots \ (14\text{-}7)$$

$$E_{cell} = E^0_{cell} - \frac{RT}{nF}ln\{Q\} \quad \cdots\cdots \text{ Nernst 식}$$

평형상태에서 $E_{전지} = 0$ 이어야 하고, 반응지수 Q 는 평형상수 K 가 된다.

$$E_{cell} = E^0_{cell} - \frac{RT}{nF}ln\{Q\} \quad \cdots\cdots \text{ Nernst 식}$$

평형에서 $0 = E^0_{cell} - \frac{RT}{nF}ln\{K\}$

따라서, 표준 전지 전위는 평형상수와 다음과 같은 관계가 있다.

$$\boldsymbol{E^0_{cell} = RT\ ln(K) \quad \rightarrow \quad ln(K) = \frac{nF\ E^0_{cell}}{RT}}$$

$$\boldsymbol{K = e^{\frac{nF\ E^0_{cell}}{RT}}}$$

(여기서, n은 이동된 전자의 몰수 , Faraday 상수 $F = 96,500\frac{C}{mol}$

예를 들면 25 ℃에서 다음 전지 반응의 평형 상수는 구하면,

Fe^{2+}(1.0 M) + Co(s) → Fe(s) + Co^{2+}(1.0 M)

$Co^{2+}(1.0\ M) + 2e^- \rightarrow Co(s) \quad E°_{Cd2+/Cd} = -0.28\ V$

$Fe^{2+}(1.0\ M) + 2e^- \rightarrow Fe(s) \quad E°_{Fe2+/Fe} = -0.44\ V$

표준 전지전위는

$E°_{cell} = E°_{Fe2+/FE} - E°_{Co2+/Co} = -0.44\ V - (-0.28\ V) = -0.16\ V$

$\ln(K) = -(n\,F\,E^0_{cell}) / R\,T$

$= -(2\ 몰) \times (96{,}485\ C/몰) \times (-0.16\ V) / (8.341\ J/몰K) \times (298\ K)$

$= -12.5$

$K = e^{-12.5} = 3.7 \times 10^{-6}$

14-6.

전기 분해와 전해 전지

전해전지는 비자발적인 산화 환원 반응이 일어나도록 전기 에너지를 공급하는 전지를 말한다. 전해전지에서 외부 전원으로부터 전자가 환원 전극으로 들어가, 양이온은 환원 전극으로 이동하여 환원되고, 음이온은 산화 전극으로 이동하여 산화된다. 전기분해는 전해전지를 통하여 전류를 일정한 시간 동안 흘려보내면, 금속이온이 환원되어 금속이 석출되는 반응이다. 흐르는 전하량과 전극에서 산화 또는 환원에 의하여 생성된 물질의 양 사이에는 간단한 관계가 성립한다. 전하량의 일반적인 단위는 쿨롱(C)으로 전자 1몰의 전하량은 96,485쿨롱으로 이는 1 몰의 Ag(s)가 된다. 그리고 전류의 일반적 단위는 암페어(A)인데, 1 A의 전류가 전기 회로를 흐를 때 1초당 1 C의 전하량이 전기 회로를 통해서 흐른다는 의미이다. 또한 전기 에너지량은 줄(J)로 표시하는데, 1 C의 전하량이 1 V의 전위차를 통과할 때 1 J의 에너지에 해당된다. 이들 사이의 관계식은 다음의 표에 보여준 것처럼 정리할 수 있다.

만일 크로뮴이온(Cr^{2+})을 전기분해할 때, 가해진 전하량은 전류에 시간을 곱하면 된다. 전류가 10.0 A인 전류를 1시간 동안 가하면, 이때 흐른 전하량은 다음과 같다.

환원 반응 : Cr^{2+}(aq + 2e^- → Cr(s)

① Cr의 몰질량 : 전자 2 몰 ≡ 1 몰 Cr(s)

② Q = I t = (10.0 A) × (3,600s) = 36,000 C

그리고 이동된 전자의 몰수는 다음과 같다.

③ e- mol 수 = Q / 1F = 36,000 C / (96,485 C/mol) = 0.373 mol e

④ 크로뮴 금속의 몰수 = (1 몰 Cr) / (2 몰 전자) × 0.373 몰 = (0.187 몰 Cr)

크로뮴 금속의 질량 = (0.187 몰) × (52.0 g/몰) = 9.7 g을 얻을 수 있다.

[표 14-2] 전기적 단위들 간의 관계

물리량	단위	관계식	단위환산
전하량	Coulomb (C)	1C = 1 A s =1 J / V	1mole e- = 96485 C/mol
전류	암페어(A)	1A = 1C/ s	
전압	볼트(V)	1 V = 1J /C	
전력	와트(W)	1W = 1J/s	
에너지	주울(J)	1 J = 1V C	1 kWh = 3600 kJ

전해 전지를 통하여 흐르는 전하량과
전극에서 산화-환원에 의하여 생성된 물질의 양 사이의 관계

전하량 ⇒ 전자의 몰수 → $Co^{2+}(aq) + 2e^- \rightarrow Co(s)$

전하량 ⇒ 2 몰 = 2 F = 2x96485 C → Co 원자량 = 52.0 g /몰

		$Co^{2+}(aq)$	$+2e^-$	→	$Co(s)$
①몰질량					52.0
②전하량	2몰 x 96485 C/몰		2 몰(2F)		1 몰
③1.0 A x1h	3600 C		0.0373 몰		0.0187 몰
④생성물					9.7 g

[그림 14-11] 전기분해에서 가해진 전하량과 생성된 물질의 양의 관계. 코발트(Co) 1 몰(52.0 g)을 석출시키려면 2몰의 전하량(2페러데이 = 2×96,485 쿨롱 = 192,970쿨롱)이 필요하다. 1.0 A의 전류를 1시간 동안 흘려주면, 3,600 C의 전하량이 흐르고 이 전하량은 0.0373 페러데이가 되고, 이때 생성되는 코발트는 0.0187 몰 = 9.7 g이다.

[예제 14-7] 금속 크로뮴은 중크로뮴산칼륨($K_2Cr_2O_7$) 수용액으로부터 도금될 수 있다. 환원 반쪽 반응은 다음과 같다. 도금에서 6.00 A의 전류와 4.5 V의 전압이 사용되었다. 전류가 48분간 흘렀을 때 도금된 크로뮴(Cr)은 몇 g인가?

Cr의 원자량은 52.00 g/몰이다.

$$Cr_2O_7^{2-}(aq) + 14H^+(aq) + 12e^- \rightarrow 2Cr(s) + 7H_2O$$

① 전하량 12F(페러데이) ⇒ 12 몰 전자 ≡ 2 몰 Cr

② 12 F × (96,485 C/F) ≡ (2 몰) × (52.0 g/몰)

③ 가해진 전하량 = 전류 × 시간 = (6.0 A) × (48 min × 60 s/min) = 17,280 C

= 17,280 C/(96,485 C/몰) = 0.18 몰

④ 도금된 크로뮴(Cr)의 몰수 = (0.18 몰) × {(2 몰Cr) / (12 몰 전자)}

= 0.03 몰Cr = (0.03 몰) × (52.0 g/몰Cr)

= 1.56 g Cr

	$Cr_2O_7^{2-}(aq)$	12e-	→	2Cr(s)
① 몰 질량(g/mol)				52.00
② 전하량(F)	1 몰	12 몰		2 몰(= 104.0 g)
③ 6.0 A × 48 min		17,280 C		
④ 생성물의 몰수	(0.015 몰)	(0.18 몰)		0.03 몰(= 1.56 g)

14-7.

실용 전지의 예

전지(배터리; battery)는 한 개의 화학전지(Galvani battery)나 여러 개의 화학전지를 직렬로 연결하여 일정한 전압의 직류 전류를 공급하는 자발적인 전지이다. 직류 전원으로 사용되는 전지는 현대사회에서 소형 휴대용 IT 기기에 필수적인 휴대용 전원 공급장치가 되고 있다. 아울러 화학전지는 친환경 신재생 에너지 분야에서 활용되고 있으며, 전기 자동차 같은 에너지원으로 사용된다. 여기서 최근에 많이 사용되는 전지를 알아보기로 한다.

[표 14-3] 여러 가지 실용전지의 예

	1차 전지			2차 전지		
	건전지	알칼리전지	수은전지	납 축전지	Ni-Cd 전지	리튬 전지
전압	1.5 V	1.5 V	3.2 V	2.0 V	1.2 V	3.7 V
외형						

(1) 건전지(dry cell battery)

일반적인 건전지는 아연판이 산화 전극 역할을 하며, 전지 중앙의 흑연 막대가 환원 전극의 역할을 한다. 이 전지가 작동할 때의 산화 전극의 반쪽 반응과 환원 전극의 반쪽 반응은 다음과 같으며, 전체 반응은 두 반응을 합하면 된다. 만일 과도한 전류가 건전지에서 방출되면 생성된 암모니아가 탄소 환원전극 주변에 기체 상태의 절연막을 형성하게 되는데, 이 문제점은 알칼리 건전지를 사용함으로써 해결할 수 있다. 이 건전지는 일반 건전지보다 비싸지만, 기체를 발생하지도 않고, 더 많은 전류를 제공하며, 또한 수명도 길다는 장점이 있다.

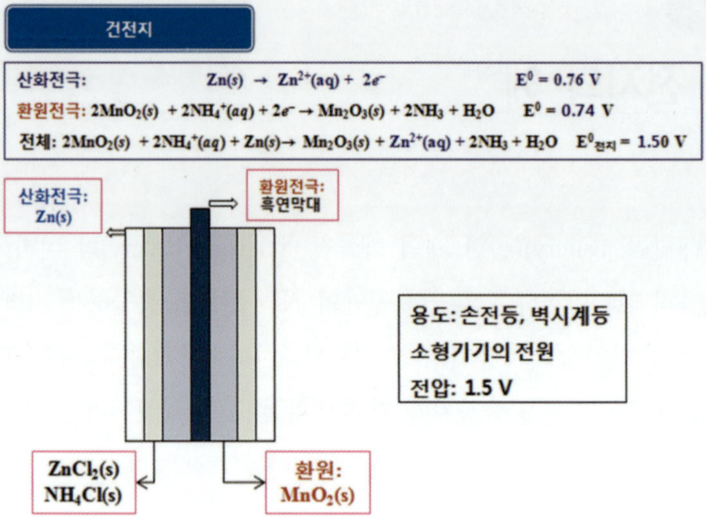

[그림 14-12] 건전지의 대략적인 구조

(2) 수은 전지

다른 건전지로는 수은 전지가 있는데, 매우 작은 크기로 만들 수 있으며, 보청기, 시계, 사진기, 계산기 등에 많이 사용되어 왔지만, 환경오염 때문에 지금은 사용하지 않고 있다. 음극(anode)에 아연, 양극(cathode)에 산화수은이 사용되고, 산화아연과 수산화칼륨을 전해액으로 사용한다. 전력(起電力)은 사용하는 동안 거의 일정하며 약 1.35 V이다. 소형으로 전기용량이 큰 것을 만들 수 있고, 사용 중 전압이 일정하며, 고온인 100 ℃에서 사용할 수 있다.

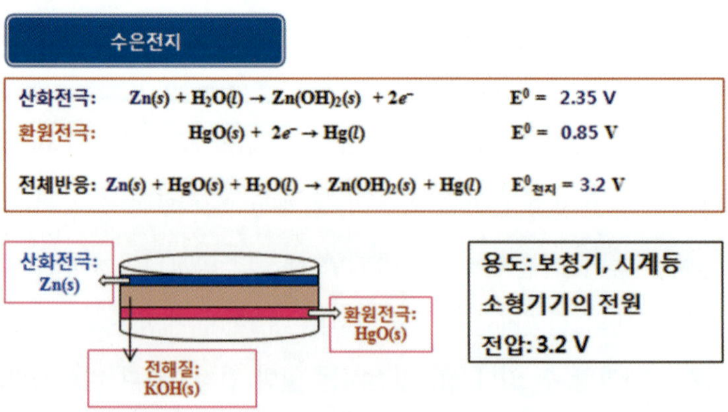

[그림 14-13] 수은 전지의 대략적인 구조

(3) 납축전지(lead storage battery)

납축전지는 산화 전극은 해면상 납(Pb)이 사용되고, 환원 전극은 과산화납(PbO_2)으로 되어있고, 두 극 사이를 격리판으로 분리하고, 묽은 황산(비중 1.200~1.300)을 전해액으로 해서 조립한 축전지이다. 1859년에 R.L.G. Plante가 발명한 역사적인 것인데, 지금도 여전히 축전지로 사용되고 있다. 최근에는 밀폐형으로 바뀌게 되었다. 이 전지의 기전력은 약 2V이다. 납축전지의 방전과 충전에 따르는 화학 반응은 다음과 같다.

산화 전극: $Pb(s) + HSO_4^-(aq) \rightleftarrows PbSO_4(s) + H^+(aq) + 2e^-$

환원 전극: $PbO_2(s) + 3\ H^+(aq) + 2e^- \rightleftarrows PbSO_4(s) + 2\ H_2O(l)$

이 반응은 거의 가역적으로 반복되며, 방전에 의해 전지 전압이 1.85V 정도로 낮아지면, 전원에 연결하여 충전하면 두 극의 활성 물질은 원래 상태로 되돌아가 다시 전지 반응을 반복하여 사용할 수 있다. 이 전지는 무거운 것이 결점이지만, 값이 싸고 큰 용량의 전원장치로 사용할 수 있다.

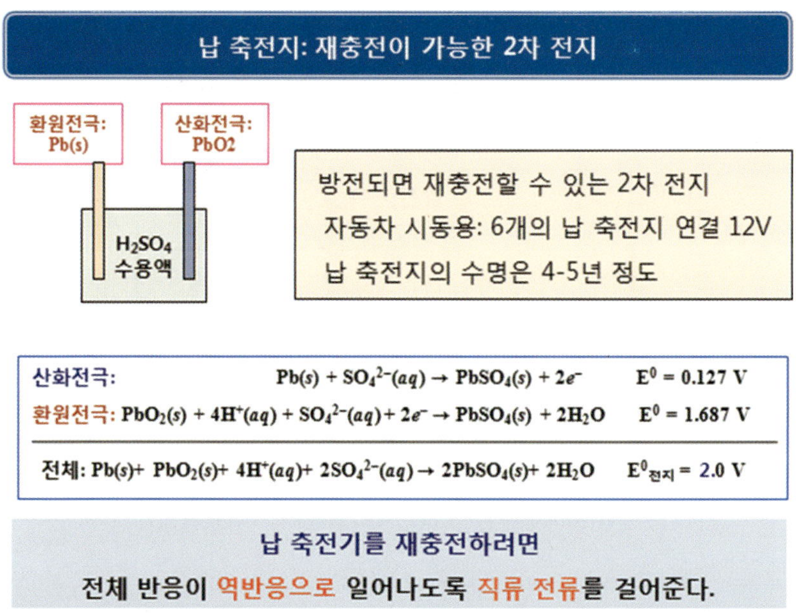

[그림 14-14] 납축전지

(4) 리튬 배터리(lithium battery)

1991년 소니에서 최초로 사용되기 시작한 리튬 이온 배터리는 외부 전원을 이용해서 충전할 수 있는 2차 전지의 일종이다. 리튬 이온 전지는 양극과 음극 그리고 분리막으로 구성되어 있다. 양극(cathode)는 $LiCoO_2$를 양극 활성물질로 사용하는 알루미늄 호일로 되어 있고, 음극(anode)은 흑연을 구리호일로 감싼 전극을 사용한다, 그리고 분리막은 양극과 음극이 접촉되지 않고 이온을 이동시킬 수 있도록 유기용매로 채워져 있다.

양극 반응 : $Li_{1-x}CoO_2$ + xLi^+ + xe- → $LiCoO_2(s)$

음극 반응 : Li_xC → C + xLi + xe-

전체 반응 : $Li_{1-x}CoO_2$ + Li_xC → $LiCoO_2(s)$ + C

리튬 이온 전지는 출력 전압이 3.7 V로 이전에 사용되던 Ni-Cd(니켈 카드뮴, 1.2 V), Ni-MH(니켈 수소, 1.5 V)보다 전압이 3배 정도 높을 뿐만 아니라 높은 에너지 밀도, 우수한 보존성 및 긴 라이프 사이클 등 많은 장점을 지니고 있어 노트북 컴퓨터, 디지털카메라, 캠코더, 핸드폰 등 개인용 모바일 기기에 폭넓게 적용되고 있다.

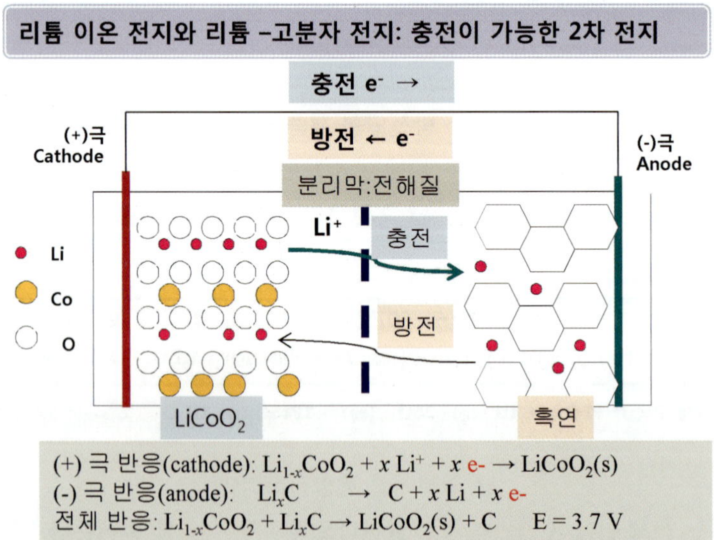

[그림 14-15] 리튬 아온 전지와 리튬-고분자 전지

리튬 폴리머 배터리(lithium polymer battery)는 리튬 이온 배터리의 뛰어난 성능은 그대로 유지하면서 폭발 위험성이 있는 액체 전해질 대신 화학적으로 가장 안정적인 폴리머(polymer: 고체 또는 젤 형태의 고분자 중합체) 상태의 전해질을 사용하는 배터리이다. 폴리머 전해질을 사용하고 있어 누액과 폭발의 위험성이 없을 뿐만 아니라, 3 mm 정도의 얇은 두께와 소형으로 제작하는 것도 가능해 디자인 특성이 매우 뛰어나다. 최근 들어 모바일 기기의 디자인이 중시되면서 MP3, 핸드폰, 스마트폰, 태블릿PC 등 대부분의 모바일 기기에 채택되고 있으며 빠르게 그 활용 분야를 넓혀가고 있다.

	리튬 이온 전지	리튬 고분자전지
장점	- 높은 에너지 저장 밀도 - 높은 전압 : 3.7 V - 온도 특성 : -55 ℃ ~ 85 ℃ 작동 - 중금속을 사용하지 않음	- 높은 에너지 저장 밀도 - 높은 전압 : 3.7 V - 폴리머 상태의 전해질 사용 - 다양한 형상의 설계 가능
단점	- 전해질이 액체로 누액 가능성 - 폭발의 위험이 있음	- 제조 공정이 복잡, 가격이 비쌈 - 고분자 : 이온의 전도율이 떨어짐 - 저온에서의 사용 특성이 떨어짐

(5) 연료전지(fuel cell)

연료전지는 근본적으로 수소와 산소의 산화 환원 반응으로 전지 에너지를 얻는 전지이다. 수소를 공급하는 일은 위험한 일이기 때문에 수소를 공급하는 방법을 개발하는 것이 주된 연구 방향이다. 연료 개질 장치는 화학적으로 수소를 함유하는 일반 연료(LPG, LNG, 메탄, 메탄올 등)로부터 연료 전지가 요구하는 수소를 많이 포함하는 가스로 변환하는 장치이다. 연료 개질 장치에서 들어오는 수소와 공기 중의 산소로 직류 전기와 물 및 부산물인 열을 발생시킨다.

산화 전극 : $2H_2(g) \rightarrow 4H^+(l) + 4e^-$

환원 전극 : $O_2(g) + 4H^+(l) + 4e^- \rightarrow 2H_2O(l)$

전체 반응 : $2H_2(g) + O_2(g) \rightarrow 2H_2O(l) \quad E = 1.12\ V$

최근에 용융탄산염 연료전지(MCFC), 고분자전해질 연료전지(PEMFC), 고체산화물 연료전지(SOFC), 직접메탄올 연료전지(DMFC), 인산형 연료전지(PAFC)등의 다양한 종류의 연료전지가 개발되어 있다.

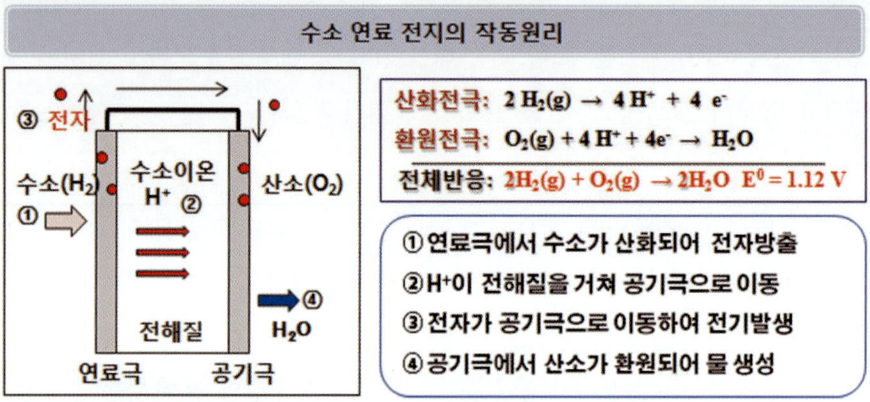

[그림 14-16] 수소 연료 전지

(6) 태양전지(solar cell)

태양전지의 작동원리는 전기 에너지를 가하여 빛을 내는 발광다이오드의 원리와 반대 개념으로 빛을 받아서 전기 에너지를 생산하는 전지이다. n형 반도체가 햇빛을 받아서 전자를 이동시키고 p형 반도체는 정공이 이동되어 전자와 정공이 결합하여 전류가 흐르게 된다.

태양전지 모듈은 태양 에너지를 받아 전자가 이동되는 실리콘 반도체 소자를 이용하여 전기를 생산하는 전지이다. 효율이 아주 우수한 셀은 더 높게 나오겠지만, 현재 일반적으로 생산되고 있는 효율 16 %~17 % 정도이다. 5인치 실리콘 단결정 셀은 최대 전압 0.5 V, 최대 전류 4.5 A로써 최대 전력이 2.5 W이고, 6인치 실리콘 다결정 셀은 최대 전압 0.5 V, 최대 전류 7.7 A로써 최대 전력이 4.0 W이다. 1 kW 전력을 생산하려면, 5인치 단결정 셀은 400셀이 필요하고, 6인치 다결정 셀은 250셀이 필요하다.

태양전지(solar cell)의 원리

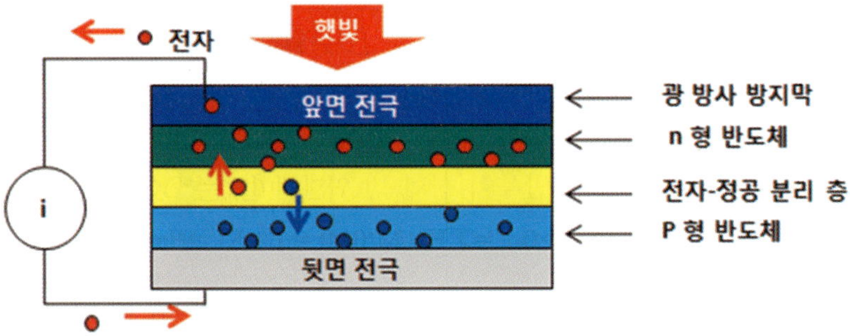

① 햇빛 → 반도체에서 전자와 정공 생성
② 전자는 n 형 반도체 쪽으로 정공은 p-형 반도체 쪽으로 이동[전위차]
③ 전자가 p형 반도체 쪽으로 이동하여 정공과 결합

[그림 14-17] 태양전지

태양전지(solar cell)

	최대전압	최대전류	최대출력	1kW 당 셀 수
5인치 단결정 실리콘	0.5 V	4.5 A	2.5 W	400 셀
6인치 다결정 실리콘	0.5 V	7.7 A	4.0 W	250 셀

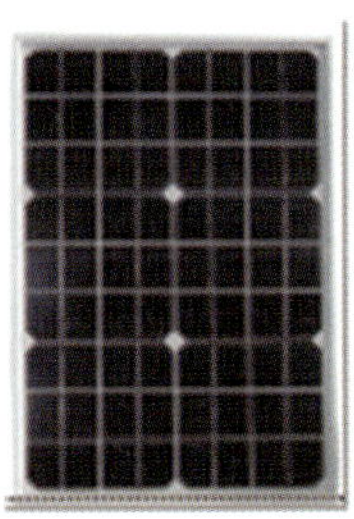

기계적 특성:
셀 타입: 실리콘 결정
셀의 수: 36 셀
사용 온도: -40 ~ +80 ℃
크기 : 285 x 325 x 25 mm

전지적 특성:
셀 전압: 0.50 V
최대 전압: 18.8 V
최대전류: 0.58 V
최대출력: 10 W

[학습퀴즈 14-1] 다음 화합물에서 각 원소의 산화수를 결정하여라.

(1) HIO_3 (H : I : O :)

(2) $NaMnO_4$ (Na : Mn : O :)

(3) NaO_2 (Na : O :)

[학습퀴즈 14-2] 다음 반쪽 반응이 산화 반응인지 환원 반응인지 구분하여라.

(1) $TiO_2(s) \rightarrow Ti^{3+}(aq)$ ( )

(2) $Zn^{2+}(aq) \rightarrow Zn(s)$ ( )

(3) $CH_3OH(aq) \rightarrow CH_2O(aq)$ ( )

[학습퀴즈 14-3] 다음 갈바니 전지의 표준 전위를 구하여라.

$Pb(s) + 2Ag^{+}(aq) \rightarrow Pb^{2+}(aq) + 2Ag(s)$

[학습퀴즈 14-4] 25 ℃에서 다음 전지 반응의 평형 상수를 구하여라.

$Sn^{2+}(aq) + Cu^{2+}(aq) \rightarrow Sn^{4+}(aq) + Cu(s)$

[학습퀴즈 14-5] 금속의 활동도 서열을 이용하여 표준 상태에서 다음 반응이 일어나는지 일어나지 않는지 판단하고, 일어나는 반응은 반응식을 완결하여라.

(1) $Sn(s) + Cu^{2+}(aq) \rightarrow Sn^{2-}(aq) + Cu(s)$ (E^0_{cell} =) [O, X]

(2) $Cu(s) + Ag^{+}(aq) \rightarrow Cu^{2+}(aq) + Ag(s)$ (E^0_{cell} =) [O, X]

(3) $Cu(s) + Co^{2+}(aq) \rightarrow Cu^{2+}(aq) + Co(s)$ (E^0_{cell} =) [O, X]

(4) $Mg(s) + H^{+}(aq) \rightarrow Mg^{2+}(aq) + H_2(g)$ (E^0_{cell} =) [O, X]

[학습퀴즈 14-1 풀이]

(1) HIO_3 (H : +1 I : +5 O : -2)

(2) $NaMnO_4$ (Na : +1 Mn : +7 O : -2)

(3) Na_2O (Na : +1 O : -2)

[학습퀴즈 14-2 풀이]

(1) $TiO_2(s) + e^- \rightarrow Ti^{3+}(aq)$ (환원 반응)

(2) $Zn^{2+}(aq) + 2e^- \rightarrow Zn(s)$ (환원 반응)

(3) $2NH_4^+(aq) \rightarrow N_2(g) + 6e^-$ (산화 반응)

(4) $CH_3OH(aq) \rightarrow CH_2O(aq) + 2e^-$ (산화 반응)

[학습퀴즈 14-3 풀이]

(환원 전극) : $2Ag^+(aq) + 2e^- \rightarrow 2Ag(s)$ $E^0 = +0.80$ V

(산화 전극) : $Pb^{2+}(aq) + 2e^- \rightarrow Pb(s)$ $E^0 = -0.13$ V

$E^0_{cell} = 0.80\ V - (-0.13\ V) = 0.93\ V$

[학습퀴즈 14-4 풀이]

(환원 전극) : $Cu^{2+}(aq) + 2e^- \rightarrow Cu(s)$ $E^0 = +0.34$ V

(산화 전극) : $Sn^{4+}(aq) + 2e^- \rightarrow Sn^{2+}(aq)$ $E^0 = +0.15$ V

$E^0_{cell} = 0.34\ V - (0.15\ V) = 0.19\ V$

$\ln(K) = n F E^0 / R T$ = 2 몰 × (96,485 C/몰) (0.19 V) / [(8.314) × (298 K)] = 14.8

$K = e^{14.8} = 2.68 \times 10^6$이다.

[학습퀴즈 14-5 풀이]

(1) (환원 전극) : $Cu^{2+}(aq) + 2e^-(aq) \rightarrow Cu(s)$ $E^0 = +0.34$ V

(산화 전극) : $Sn^{2+}(aq) + 2e^- \rightarrow Sn(s)$ $E^0 = -0.14$ V

$E^0_{cell} = +0.34\ V - (-0.14\ V) = +0.20\ V > 0$, 자발적 반응

(2) (환원 전극) : $2Ag^+(aq) + 2e^-(aq) \rightarrow 2Ag(s)$ $E^0 = +0.80$ V

(산화 전극) : $Cu^{2+}(aq) + 2e^-(aq) \rightarrow Cu(s)$ $E^0 = +0.34$ V

$E^0_{cell} = +0.80\ V - (+0.34\ V) = +0.46\ V > 0$, 자발적 반응

$Cu(s) + 2Ag^+(aq) \rightarrow Cu^{2+}(aq) + 2Ag(s)$

(3) (환원 전극) : $Co^{2+}(aq) + 2e^{-}(aq) \rightarrow Co(s)$ $E^0 = -0.28$ V

(산화 전극) : $Cu^{2+}(aq) + 2e^{-}(aq) \rightarrow Cu(s)$ $E^0 = +0.34$ V

$E^0_{cell} = -0.28$ V - (+0.34 V) = -0.62 V < 0, 비자발적 반응

(4) (환원 전극) : $2H^{+}(aq) + 2e^{-}(aq) \rightarrow H2(g)$ $E^0 = 0.0$ V

(산화 전극) : $Mg^{2+}(aq) + 2e^{-}(aq) \rightarrow Mg(s)$ $E^0 = -0.27$ V

$E^0_{cell} = 0.0$ V - (-0.27 V) = +0.27 V > 0, 자발적 반응

$Mg(s) + 2H^{+}(aq) \rightarrow Mg^{2+}(aq) + H_2(g)$

[주요개념]

☑ 산화는 전자를 잃고 산화수가 증가되는 반응
☑ 환원은 전자를 얻고 산화수가 감소되는 반응
☑ 산화-환원 반응은 전자를 주고받는 반응으로 전기적 에너지를 방출
☑ 산화-환원 반응식의 완결
① 산화-환원 반쪽 반응
② 전자수 균형
③ 산화 환원 반쪽 반응을 더한다.
④ 전하의 균형: H^+이온이나 OH^-를 더하여 전하의 수를 맞춘다.
⑤ 원자수 균형: H원자와 O원자의 수가 같도록 H_2O로 맞춘다.
☑ 표준 전지전위(E_{cell}^0) : 표준 수소전극을 기준으로 측정된 환원 전극전위
$E_{cell} > 0$ 자발적인 전지 반응
$E_{cell} = 0$ 평형 상태
$E_{cell} < 0$ 비자발적인 전지 반응
☑ 표준 환원전위(E_{red}^0) 값이 클수록 산화제의 세기가 크다.
☑ 표준 환원전위(E_{red}^0) 값이 작을수록 환원제의 세기가 크다.
☑ 금속의 활동도 서열 :

[주요 식]

☑ 표준 환원 전위: $E_{cell}^0 = E_{red}^0 - E_{ox}^0$
☑ Nernst식 : $E_{cell} = E_{cell}^0 - (RT / nF) \ln Q$
25 ℃에서, $E_{cell} = E_{cell}^0 - (0.0591V / n) \log(Q)$
☑ 표준 전지전위와 평형 상수 : $E_{cell}^0 = (R T / n F) \ln K$

제14장 (전기화학 반응)의 개요

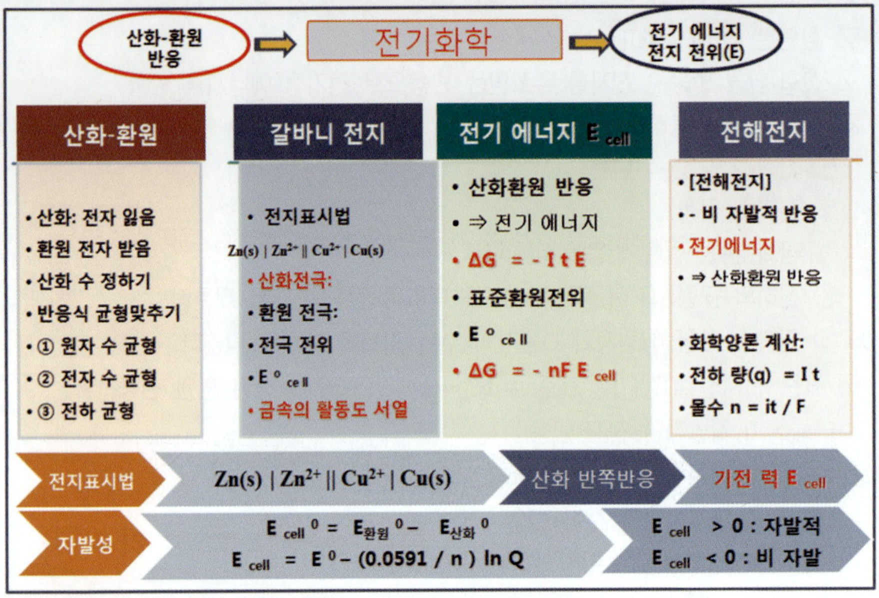

연 습 문 제

[14-1] 다음 화합물에 존재하는 밑줄 친 원소의 산화수를 쓰시오.

(a) $H\underline{Cl}O_3$ (b) $Na\underline{Mn}O_4$ (C) $\underline{Mn}O_2$ (d) $\underline{N}OF$ (e) $Na_2\underline{O}$

[14-2] 다음 산화 환원 반응식에서 산화 반쪽 반응과 환원 반쪽 반응을 쓰시오.

(a) $Mg(s) + 2HCl(aq) \rightarrow MgCl_2(aq) + H_2(g)$

(b) $Cu(s) + Zn^{2+}(aq) \rightarrow Cu^{2+}(aq) + Zn(s)$

[14-3] 다음 산화 환원 반응식의 균형을 맞추시오.

(a) $Al(s) + I_2(s) \rightarrow Al^{3+}(aq) + I^-(aq)$

(b) $Al(s) + Zn^{2+}(aq) \rightarrow Al^{3+}(aq) + Zn(s)$

(c) **[심화]** $Mn^{2+}(aq) + H_2O_2(l) \rightarrow MnO_2(s) + H_2O(l)$ (염기성 용액에서)

(d) **[심화]** $Cr_2O_7^{2-}(aq) + C_2O_4^{2-}(aq) \rightarrow Cr^{3+}(aq) + CO_2(g)$ (산성 용액에서)

[14-4] 다음에 표시된 전지의 전체 전지 반응을 완결된 화학 반응식으로 나타내어라.

(a) $Ag \mid Ag^+ \parallel Sn^{4+}, Sn^{2+} \mid Pt$

(b) $Al \mid Al^{3+} \parallel Cu^{2+} \mid Cu$

(c) $Pt \mid Fe^{2+}, Fe^{3+} \parallel MnO_4^-, Mn^{2+} \mid Pt$

[14-5] 다음 전지 반응이 표준 상태에서 자발적인지 비자발적인지 판단하시오.

(a) $2Al(s) + 3Mg^{2+}(aq) \rightarrow 2Al^{3+}(aq) + 3Mg(s)$

(b) $2Al^{3+}(aq) + 3Zn(s) \rightarrow 2Al(s) + 3Zn^{2+}(aq)$

(c) $Mg(s) + 2HCl(aq) \rightarrow MgCl_2(aq) + H_2(g)$

(d) $Cu(s) + 2HCl(aq) \rightarrow CuCl_2(aq) + H_2(g)$

[14-6] 다음 환원 반쪽 반응의 표준 전위를 보고 물음에 답하여라.

환원 반쪽 반응	전위(V)
$Co^{3+}(aq) + e^- \rightarrow Co^{2+}(aq)$	E°= +1.953 V
$Fe^{3+}(aq) + e^- \rightarrow Fe^{2+}(aq)$	E°= +0.769 V
$I_2(aq) + 2e^- \rightarrow 2I^-(aq)$	E°= +0.534 V
$Pb^{2+}(aq) + 2e^- \rightarrow Pb(s)$	E°= -0.127 V
$Cd^{2+}(aq) + 2e^- \rightarrow Cd(s)$	E°= -0.402 V
$Mn^{2+}(aq) + 2e^- \rightarrow Mn(s)$	E°= -1.182 V

(a) 가장 약한 환원제는?

(b) 가장 강한 환원제는?

(c) 가장 강한 산화제는?

(d) 가장 약한 산화제는?

(e) Pb(s)이 $Fe^{3+}(aq)$를 $Fe^{2+}(aq)$로 환원할 수 있는가?

(f) $I^-(aq)$은 $Pb^{2+}(aq)$를 Pb(s)로 환원할 수 있을까?

(g) 어떤 이온(들)이 Pb(s)에 의해 환원될 수 있을까?

(h) 만일 있다면 어떤 금속(들)이 $Fe^{3+}(aq)$에 의해 산화될 수 있을까?

[14-7] 아래 주어진 표준 환원 전위를 사용하여 다음 전지의 전위 값을 구하여라.

(a) $Pb(s) + 2Ag^+(aq) \rightarrow Pb^{2+}(aq) + 2Ag(s)$

(b) $O_2(g) + 4H^+(aq) + 2Fe(s) \rightarrow 2H_2O(l) + 2Fe^{2+}(aq)$

(c) $Zn(s) + Cd^{2+}(aq) \rightarrow Zn^{2+}(aq) + Cd(s)$

표준 환원 전위	전위(V)
$O_2(g) + 4H^+(aq) + 4e^- \rightarrow 2H_2O(l)$	+ 1.23
$Ag^+(aq) + e^- \rightarrow Ag(s)$	+ 0.80
$Pb^{2+}(aq) + 2e^- \rightarrow Pb(s)$	- 0.13
$Cd^{2+}(aq) + 2e^- \rightarrow Cd(s)$	- 0.40
$Fe^{2+}(aq) + 2e^- \rightarrow Fe(s)$	- 0.44
$Zn^{2+}(aq) + 2e^- \rightarrow Zn(s)$	- 0.76

[14-8] **[심화]** 다음 전지 표시법으로 주어진 전지의 표준 전위 값을 계산하여라.

(a) $Mg(s) \mid Mg^{2+}(aq) \parallel Sn^{4+}(aq),\ Sn^{2+}(aq) \mid Pt$

(b) $Al(s) \mid Al^{3+}(aq) \parallel Cu^{2+}(aq) \mid Cu(s)$

(c) $Pt \mid Fe^{2+}(aq),\ Fe^{3+}(aq) \parallel MnO_4^-(aq),\ Mn^{2+}(aq) \mid Pt$

환원 반쪽 반응	표준 전위, (V)
$MnO_4^{2-}(aq) + 8H^+(aq) + 5e^- \rightarrow Mn^{2+}(aq) + 4H_2O(l)$	+ 1.510 V
$Fe^{3+}(aq) + e^- \rightarrow Fe^{2+}(aq)$	+ 0.769 V
$Cu^{2+}(aq) + 2e^- \rightarrow Cu(s)$	+ 0.340 V
$Sn^{4+}(aq) + 2e^- \rightarrow Sn^{2+}(aq)$	+ 0.150 V
$Al^{3+}(aq) + 3e^- \rightarrow Al(s)$	- 1.660 V
$Mg^{2+}(aq) + 2e^- \rightarrow Mg(s)$	- 2.370 V

[14-9] **[심화]** 25 ℃ 음 전지 표시법으로 주어진 조건에서 전지의 전압을 계산하여라.

환원 반쪽 반응	표준 전위, (V)
$Cu^{2+}(aq) + 2e^- \rightarrow Cu(s)$	+ 0.340 V
$2H^+(aq) + 2e^- \rightarrow H2(g)$	0.0 V
$Zn^{2+}(aq) + 2e^- \rightarrow Zn(s)$	- 0.760 V
$Cd^{2+}(aq) + 2e^- \rightarrow Cd(s)$	- 0.400 V

(a) $Zn \mid Zn^{2+}$ (0.50M) $\parallel$ Cd^{2+}(0.020M) $\mid$ Cd

(b) Cu $\mid$ Cu^{2+}(0.0010M) $\parallel$ H^+(0.010M) $\mid$ H_2(1.00atm) $\mid$ Pt

[14-10] **[심화]** 25 ℃에서 $CuSO_4$ 수용액이 들어있는 전해전지에 3.0 A의 전류를 30분 동안 흘려보내면 몇 g의 구리(Cu)가 석출되겠는가? (Cu의 원자량: 63.55, 1 F = 96500 C/mol)

[14장 연습문제 정답]

[14-1] (a) Cl : +5　(b) Mn : +7　(c) Mn : +4　(d) N : +3　(e) O : -2

[14-2] (a) 산화: $Mg(s) \rightarrow Mg^{2+}(aq) + 2e$
환원: $2HCl(aq) + 2e \rightarrow 2Cl^{-}(aq) + H_2(g)$
(b) 산화: $Cu(s) \rightarrow Cu^{2+}(aq) + 2e$
환원: $Zn^{2+}(aq) + 2e \rightarrow Zn(s)$

[14-3] (a) $2Al(s) + 3I_2(s) \rightarrow 2Al^{3+}(aq) + 6I^{-}(aq)$
(b) $2Al(s) + 3Zn^{2+}(aq) \rightarrow 2Al^{3+}(aq) + 3Zn(s)$
(c) $Mn^{2+}(aq) + H_2O_2(l) + 2OH^{-}(aq) \rightarrow MnO_2(s) + 2H_2O(l)$
(d) $Cr_2O_7^{2-}(aq) + 3C_2O_4^{2-}(aq) + 14H^{+}(aq) \rightarrow 2Cr^{3+}(aq) + CO_2(g) + 7H_2O(l)$

[14-4] (a) $2Ag(s) + Sn^{4+}(aq) \rightarrow 2Ag^{+}(aq) + Sn^{2+}(aq)$
(b) $2Al(s) + 3Cu^{2+}(aq) \rightarrow 3Al^{3+}(s) + 3Cu(s)$
(c) $5Fe^{2+}(aq) + MnO_4^{2-}(aq) + 8H^{+}(aq) \rightarrow 5Fe^{3+}(aq) + Mn^{2+}(aq) + 4H_2O(l)$

[14-5] (a) 비자발적　(b) 비자발적　(c) 자발적　(d) 자발적

[14-6] (a) Co^{3+}　(b) Mn　(c) Co^{3+}　(d) Mn^{2+}　(e) 예　(f) 아니오
(g) Co^{3+}, Fe^{3+}　(h) Cd, Pb, Mn

[14-7] (a) 0.93 V　(b) 1.67 V　(c) 0.36 V

[14-8] (a) +3.890 V　(b) -1.100 V　(c) +0.741 V

[14-9] (a) 0.319 V　(b) -0.369 V

[14-10] 1.778 g Cu

[부록]

CHAPTER

CONTENTS

수학적 연산의 기본

[A.1 숫자의 과학적 표기법]

화학 실험에서 측정된 양들은 종종 매우 크거나 매우 작을 때가 있다. 예를 들어 물 18.1 g에는 H_2O분자가 약 602,200,000,000,000,000,000,000개가 있으며, H_2O분자에서 H와 O원자 사이의 거리는 0.000 000 000 0957 m이다. 이러한 양은 과학적 표기법을 이용하여 각각 6.022×10^{23}개의 분자나 9.57×10^{-11} m로 쓰는 것이 더 편리하다. 과학적 표기법은 숫자를 $A\times10^{n}$의 지수 꼴로 나타낸다. 여기서 A는 1과 10사이의 수이며, 지수 n은 양이나 음의 정수로 표기한다.

일반적인 방법으로 표시한 쓴 숫자는 과학적 표기법으로 바꾸어 쓸 수 있다. 그 수가 10이상이면 1과 10사이의 수를 얻을 때까지 소숫점을 왼쪽으로 n만큼 옮긴다. 그리고 10^{n}을 곱한다. 예를 들어 숫자 3135.4은 과학적 표기법으로 3.132154×10^{3}으로 쓴다.

소숫점을 왼쪽으로 옮긴 횟수

$$3135.4 = 3.1354 \times 10^{3}$$

소숫점을 왼쪽으로 3만큼 옮겨 1과 10사이의 수를 얻는다.

소숫점을 왼쪽으로 3자리 옮기면 10^{3}의 수로 나눈 것과 같다. 따라서 10^{3}을 곱해주어 그 값이 변하지 않도록 해야 한다.

1보다 작은 수를 과학적 표기법으로 전환하기 위해서는 1과 10사이의 수를 얻을 때까지 소숫점을 오른쪽으로 n만큼 옮긴다. 그리고 10^{-n}을 곱한다. 예를 들어 숫자 0.052는 과학적 표기법으로 5.2×10^{-2}으로 쓴다.

소숫점을 오른쪽으로 옮긴 횟수

$$0.052 = 5.2 \times 10^{-2}$$

소숫점을 오른쪽으로 2만큼 옮겨 1과 10사이의 수를 얻는다.

소숫점을 오른쪽으로 2자리 옮기면 $10 \times 10 = 100 = 10^2$을 곱한 것과 같은 효과이다. 따라서 10^{-2}을 곱해주어야 한다.

다음 표는 몇 가지 예이다. 과학적 표기법을 일반적인 표기법으로 전환하려면 단순히 위의 과정을 반대로 하면 된다. 따라서 숫자 2.54×10^4을 보통의 표현으로 바꾸어 쓰려면 10^4을 떼어내고 소숫점을 4자리를 오른쪽으로 옮긴다 ($2.54 \times 10^4 = 25,400$). 숫자 3.14×10^{-1}을 보통의 표현으로 바꾸어 쓰려면 10^{-1}을 떼어내고 소숫점을 1자리 왼쪽으로 옮기면 된다($3.14 \times 10^{-1} = 0.314$). 3.14는 1과 10사이의 수는 그 값이 바로 과학적인 표기법이 된다.

수	과학적표기법
96,400	9.64×10^4
0.314	3.14×10^{-1}
9.11	$9.11 \times 10^0 = 9.11$

A.1-1. 덧셈과 뺄셈의 결과값의 유효숫자

덧셈이나 뺄셈의 계산 값은 소숫점 아래 유효숫자가 가장 적은 값의 유효숫자를 따른다. 과학적 표기법으로 표기된 두 수를 더하거나 빼려면 두 수가 같은 지수를 가져야 한다. 따라서 3.16×10^3과 2.32×10^2을 더하려면 먼저 나중 숫자를 0.132×10^3으로 쓰고 더한다.

$$
\begin{array}{r}
3.16 \times 10^3 \\
+ \quad 0.232 \times 10^3 \\
\hline
3.39 \times 10^3
\end{array}
$$

답은 유효숫자 3개를 가진다(유효숫자는 1장에서 논의하였다). 또는 먼저 숫자를 21.6×10^2으로 쓰고 더한다.

$$
\begin{array}{r}
21.6 \times 10^2 \\
+ \quad 2.32 \times 10^2 \\
\hline
23.9 \times 10^2
\end{array}
\quad = 2.39 \times 10^3
$$

A.1-2. 곱셈과 나눗셈의 결과 값의 유효숫자

곱셈이나 나눗셈의 계산값은 유효숫자가 가장 적은 값의 유효숫자를 따른다. 과학적 표기법으로 표기된 두 수를 곱하려면 10의 지수 앞에 있는 인수를 곱하고 지수를 더한다.

$$(A \times 10^n)(B \times 10^m) = AB \times 10^{n+m}$$

예를 들면,

$$(1.2 \times 10^4)(5.2 \times 10^7) = (1.2)(5.2) \times 10^{4+7} = 6.2 \times 10^{11} = 6.2 \times 10^{12}$$

$$(3.14 \times 10^5)(2.5 \times 10^{-2}) = (3.14)(2.5) \times 10^{5+(-2)} = 7.8 \times 10^3$$

답은 모두 두 개의 유효숫자를 가진다.

과학적 표기법으로 표기된 두 수를 나누려면 10의 지수 앞에 있는 인수를 나누고 분자에 있는 지수에서 분모에 있는 지수를 뺀다.

$$\frac{A \times 10^n}{B \times 10^m} = \frac{A}{B} \times 10^{n-m}$$

예를 들면,

$$\frac{7.5\times10^6}{3.5\times10^2}=\frac{7.5}{3.5}\times10^{6-2}=2.1\times10^4=2.1\times10^3 \qquad \text{(유효숫자 2개)}$$

$$\frac{4.80\times10^{-5}}{1.2\times10^{-7}}=\frac{7.50}{2.5}\times10^{-5-(-7)}=4.0\times10^2 \qquad \text{(유효숫자 2개)}$$

A.1-3. 거듭제곱과 제곱근의 유효숫자

숫자 $B\times10^n$을 m 제곱하려면 인수 B를 m제곱하고 지수 n에 제곱수 m을 곱한다.

$$(B\times10^n)^m = B^m \times 10^{n+m}$$

예를 들어 2.3×10^3을 제곱하면 다음과 같이 계산하여 5.3×10^6이다.

$(2.3\times10^3)^2 = (2.3)^2\times10^6 = 5.2\underline{9}\times10^6 = 5.3\times10^6$ (유효숫자 2 자리)

가 되고 원래 숫자의 유효숫자가 2자리이므로, 계산된 값의 유효숫자가 반올림하여 2자리가 되어야 한다.

숫자 $B\times10^n$의 m 제곱근을 취하려면 1/m 제곱하면 된다. 즉, 인수 B를 1/m 제곱하고 지수 n을 제곱수 m으로 나눈다.

$$(B\times10^n)^{1/m} = B^{1/m} \times 10^{n/m}$$

예를 들어 4.0×10^4 의 제곱근은 다음과 같이 계산하여 2.0×10^2이 된다.

$\sqrt{4.0\times10^4} = (4.0\times10^4)^{1/2} = (4.0)^{1/2}\times10^2 = 2.0\times10^2$ (유효숫자 2 자리)

답에 지수(n/m)를 정수로 표기하기 때문에 지수 n이 제곱근을 하는 숫자 m의 정수배가 되도록 원래 숫자에서 소숫점을 이동하여 다시 써야 한다. 예를 들어 $\sqrt{85\times10^5}$의 제곱근을 취하려면 지수인 5가 제곱근을 나타내는 숫자 2의 정수배가 되도록 먼저 이 숫자를 $\sqrt{8.5\times10^6}$으로 써야 한다.

$$(8.5\times10^6)^{1/2} = (8.5)^{1/2}\times10^3 = (2.9\underline{15})\times10^2 = 2.9\times10^2$$

유효숫자는 2자리이므로, 반올림하여 2.9×10^2 (유효숫자 2자리)가 된다.

▶ **문제 A.1** 다음 계산을 하고 결과를 올바른 유효숫자를 고려하여 과학적 표기법으로 나타내라. 계산기를 사용할 필요는 없다.

(a) $(1.30\times10^{4})+(4.14\times10^{3})$

(b) $(7.5\times10^{-2})-(2.1\times10^{-3})$

(c) $(2.1\times10^{2})^{2}$

(d) $\sqrt{8.1\times10^{5}}$

(e) $\sqrt[3]{27\times10^{12}}$

답 : (a) 1.71×10^{4} (b) 7.3×10^{-2} (c) 4.4×10^{4} (d) 9.0×10^{2} (e) 3.0×10^{4}

▶ **문제 A.2** 다음 계산을 하고 결과를 올바른 유효숫자를 고려하여 과학적 표기법으로 나타내라. 계산기를 사용하라.

(a) $(8.76\times10^{-1})+(5.3243\times10^{2})$ (b) $(5.763\times10^{3})-(3.765\times10^{4})$

(c) $(2.66\times10^{-3})^{4}$ (d) $(2.576\times10^{3})\times(3.14\times10^{4})$

(e) $\sqrt[3]{6.8\times10^{7}}$ (f) $\sqrt[5]{5.65\times10^{-12}}$

답 : (a) 5.333×10^{2} (b) -3.189×10^{4} (c) 3.99×10^{-11} (d) 8.09×10^{7}
(e) 4.1×10^{2} (f) 5.63×10^{-3}

[A.2 로그]

A.2-1. 상용 로그

어떤 상수 x는 10의 z승 꼴로 나타낼 수 있다. 즉, $x=10^z$이라고 쓸 수 있다. 지수 z는 숫자 x의 상용로그(common logarithm) 또는 밑이 10인 상용로그라고 하며, $\log_{10}x$ 를 간단히 $\log x$라고 쓴다.

$$x=10^z \qquad \log x = z$$

예를 들어 100은 10^2이라고 쓸 수 있으며, 따라서 $\log(100) = \log(10^2)$은 2와 같다.

상용 로그값의 계산은 위와 비슷하게 계산된다.

$\log(1000)=3,\ \log 10=1,\ \log 1=0,\ \log(0.1) = -1,\ \log(0.001) = -3$

일반적으로 어떤 수 x의 로그값은 10의 z승이 x와 같아지도록 하는 수 z이다.

그림 A.1에서 보는 바와 같이, 1보다 큰 수의 로그값은 양수이고 1의 로그값은 0이며 1 미만 수의 로그값은 음수이다. 10의 어떤 수에 제곱을 해도 양수이므로 ($x=10^z>0$), 음수의 로그값은 정의되어 있지 않다.

계산기를 써서 10의 정수 제곱꼴이 아닌 어떤 수의 로그값을 구할 수 있다. 예를 들어 72.5의 로그값을 구하려면 단순히 72.5를 입력하고 LOG키를 누르면 된다. 72.5가 10^1과 10^2사이의 값이므로 로그값은 1과 2사이의 값이어야 한다. 계산기가 계산한 값은 1.860338이지만 72.5의 유효숫자가 3개이므로 1.860으로 반올림해야 한다. 즉, 소수점이하의 유효숫자가 원래 숫자의 유효숫자와 같아야 한다.

로그값에서 유효숫자는 계산된 값의 소숫점 오른쪽에 있는 숫자이다. 소숫점 왼쪽에 있는 숫자는 정확한 수로 로그값을 지수꼴로 나타낼 때 10의 제곱수와 관련이 있는 수이다. 따라서 유효숫자가 3개인 72.5의 로그값은 $\log(72.5) = 1.860$ 이 된다.

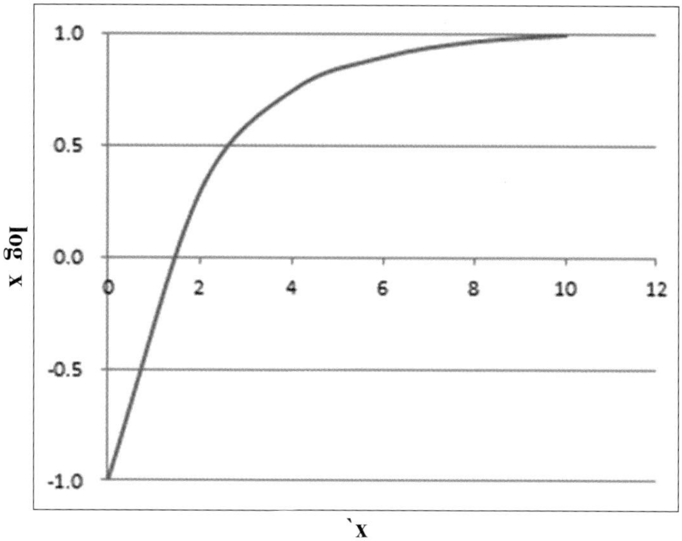

$$\underbrace{\log 72.5}_{\text{유효숫자 3개}} = \log(7.25\times 10^1) = \underbrace{\log 7.25}_{\text{유효숫자 3개}} + \log 10^1 = \underbrace{0.860}_{\text{유효숫자 3개}} + 1 = \underbrace{1.860}_{\text{유효숫자 4자리}}$$

계산된 값, 1.860에서 소숫점 왼쪽에 있는 숫자(1)는 정확한 수이며 유효숫자와 관계가 없다. 그것은 단지 숫자 72.5에서 소숫점의 위치만을 나타낸다. 72.5의 유효숫자가 3개이므로 로그값의 유효숫자는 소숫점 뒤에서 3 자리인 1.860 가 된다.

$\log(72500) = \log(7.25\times 10^4) = 4.860\underline{33\cdots} = 4.860$ (유효숫자 3개)이고 $\log(725) = \log(7.25\times 10^2) = 2.860\underline{33\cdots} = 2.860$ (유효숫자 3개)이다.

A.2-3. 역로그의 계산

antilog로 쓰는 역로그는 상용 로그의 역이다. z가 x의 로그값이라면 x는 z의 역로그 값이다. 하지만 x는 10^z로 쓸 수 있으므로 z의 역로그는 10^z이다.

$$\text{만일 } z = \log x \text{이면 } x = antilog\, z = 10^z$$

다시 말하면 어떤 수의 역로그는 그 수의 10의 제곱근이다. 예를 들어 2의 역로그값은 $10^2 = 100$이고, 2.53의 역로그값은 $10^{2.53}$이다.

antilog 2.53 값을 구하려면 계산기를 사용한다. 계산기에 10^x키가 있으면 2.53을 입력하고 10^x키를 누른다. 계산기에 y^x키가 있으면 다음과 같이 한다. (i) 10을 입력한다. (ii) y^x키를 누른다. (iii) exponent 2.53을 입력한다. (iv) = 키를 누른다. 계산기에 INV(inverse) 키가 있으면 2.53을 입력하고 INV 키를 누른 후 LOG 키를 누르면 된다. 그러면 계산기에 antilog 2.53 = 3.38844156×10^2이 나타나겠지만 로그 값(2.53)이 소숫점 오른쪽이 2개이어서 유효숫자가 2개이므로 반올림하여 3.4×10^3(유효숫자 2개)로 써야한다.

A.2-3. 자연 로그의 계산

수학에서 사용되는 무리수 중에서 $\pi = 3.14159...$과 같이 숫자 $e = 2.71828...$도 많은 과학 문제에 나오는 수이다. 따라서 10을 밑으로 하는 로그값을 정의한 것처럼 e를 밑으로 하는 로그값을 정의하는 것이 편리하다. 숫자 x를 10^z로 쓸 수 있는 것과 마찬가지로 e^u로 쓸 수 있다. 지수 u는 숫자 x의 밑이 e인 자연 로그값이라 하고, $\log_e x$ 또는 더 간단히 $\ln x$라고 쓴다.

$$x = e^u \qquad \ln x = u$$

어떤 수 x의 자연 로그값은 e를 어떤 수로 제곱했을 때 수 x와 같아지는 수 u이다. 예를 들어 수10.0은 $e^{2.303}$으로 쓸 수 있으므로 10.0의 자연 로그값은 2.303과 같다.

$$10.0 = e^{2.303} = (2.71828...)^{2.303} \qquad \ln 10.0 = 2.303 \qquad (\text{유효숫자 3개})$$

계산기로 어떤 수의 자연 로그값을 구하려면 단순히 숫자를 입력하고 LN키를 누르면 된다.

antiln이라고 쓰는 자연 역로그는 자연 로그의 역이다. u가 x의 자연 로그값이라면 $x(=e^u)$는 u의 자연 역로그값이다.

$u = \ln x$이면 $x = antiln\, u = e^u$이다.

다시 말하면 어떤 수의 자연 역로그는 그 수의 e의 제곱값이다. 예를 들어 2.53의 자연 역로그값은 $e^{2.53}$이고 이것은 13이다.

$$antiln\, 2.53 = e^{2.53} = 13 \qquad \text{(유효숫자 2개)}$$

계산기에 INV(inverse)키나 e^x가 있을 것이다. 어떤 수, 예를 들어 2.53의 자연 역로그값을 구하려면 2.53을 입력하고 INV키를 누른 후 LN키를 누르면 된다. 또는 2.53을 입력하고 e^x키를 누른다.

A.2-4. 로그 수학의 성질

로그는 지수이기 때문에 지수의 대수적 성질은 다음 관계에 따라 사용할 수 있다.

1. 두 수의 곱인 xy의 로그값(상용 로그이든 자연 로그이든)은 x의 로그값과 y의 로그값의 합과 같다.

$$\log xy = \log x + \log y \qquad \ln xy = \ln x + \ln y$$

2. 두 수의 나눗셈인 $\frac{x}{y}$ 의 로그값(상용 로그이든 자연 로그이든)은 x의 로그값과 y의 로그값의 차와 같다.

$$\log\frac{x}{y} = \log x - \log y \qquad \ln\frac{x}{y} = \ln x - \ln y$$

또한 다음 관계가 성립한다.

$$\log\frac{y}{x} = -\log\frac{x}{y} \qquad \ln\frac{y}{x} = -\ln\frac{x}{y}$$

$\log 1 = \ln 1 = 0$이므로 다음 식이 또한 성립한다.

$$\log\frac{1}{x} = -\log x \qquad \ln\frac{1}{x} = -\ln x$$

3. x의 a제곱의 로그값은 x의 로그값의 a배이다.

$$\log x^a = a \log x \qquad \ln x^a = a \ln x$$

비슷하게

$$\log x^{1/a} = \frac{1}{a} log\, x \qquad \ln x^{1/a} = \frac{1}{a} ln\, x$$

여기서

$$x^{1/a} = \sqrt[a]{x}$$

상용 로그와 자연 로그 사이의 관계에 대하여 알아보자. 그것을 유도하기 위하여 $\log x$와 $\ln x$의 정의로부터 시작해야 한다.

$$\log x = z \quad \text{여기서} \quad x = 10^z$$

$$\ln x = u \quad \text{여기서} \quad x = e^u$$

10^z로 $\ln x$를 쓰고 $\ln x^a = a \ln x$라는 성질을 이용하면

$$\ln x = \ln 10^z = z \ \ln 10$$

$z = \log x$이고 $\ln 10.0 = 2.303$이므로 자연 로그값은 상용 로그값에 2.303을 곱한 것과 같다.

$$\ln x = 2.303 \times \log x$$

자연 로그값과 상용 로그값이 2.303이라는 인수의 차이만 있으므로 같은 규칙이 유효숫자의 개수를 찾을 때에도 적용된다. 자연 로그값과 상용 로그값 모두에서 유효숫자의 개수는 소숫점의 오른쪽 숫자의 개수와 같다.

▶ 문제 A.3 계산기를 사용하여 다음을 계산하고 올바른 유효숫자를 고려하여 반올림하라.

(a) $\log 567$ (b) $\ln(5.6 \times 10^{-6})$

(c) $antilog(-5.34)$ (d) $antiln\, 9.5$

답 : (a) 2.754 (b) -10.34 (c) 5.0×10^{-3} (d) 1×10^4

[A.3 직선 그래프와 직선의 식]

과학 실험의 결과는 복잡한 형태의 그래프로 나타난다. 실험에서 측정은 변수에 따라 변화되는 양을 측정한다. 즉 온도에 따른 압력을 측정하거나 온도에 따른 부피를 측정할 수도 있다.

가장 취급하기 손쉬운 실험 결과는 변수와 측정값이 선형의 그래프로 표현되는 경우이다. 즉, 측정된 성질 y가 어떤 변수 x의 함수로 측정되는 실험을 생각해보자(실례로 기체의 부피를 온도의 함수로 측정하는 것이 있는데 일반적인 논의를 위해 x와 y를 사용할 수 있다.). 다음 실험값을 얻었다고 가정해 보자.

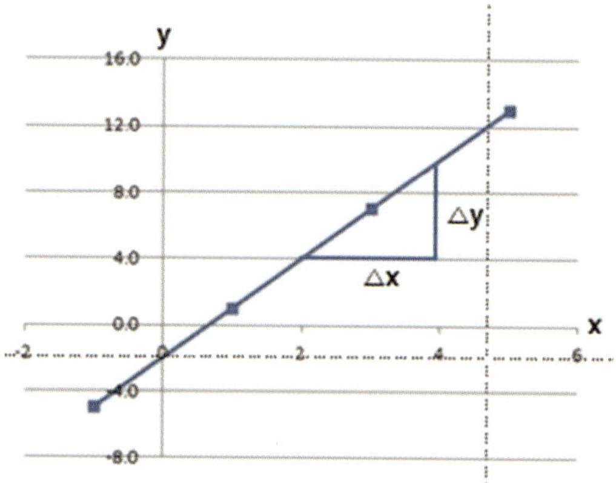

x	y
-1	-5
1	1
3	7
5	13

그림 A.2
표에 있는 자료로 그린 x 대 y직선

그림 A.2의 그래프는 수평축을 따라 독립변수라고 부르는 x값과 수직축을 따라 종속변수라고 부르는 y값을 보여주고 있다. x와 y실험값의 각 쌍을 그래프에 점으로 나타낸다. 이 특정 실험에서 네 자료의 점이 직선상에 놓여 있다.

직선 식은 다음과 같이 쓸 수 있다.

$$y = mx + b$$

여기서 m은 직선의 기울기이고 b는 직선이 y축과 만나는 점에서의 y값, 즉, $x = 0$에서의 y값인 절편이다. 선의 기울기는 x값의 변화(Δx)에 대한 y

의 변화($\triangle y$)이다.

$$m = \text{기울기} = \frac{\triangle y}{\triangle x}$$

그림 A.2에서 오른쪽 삼각형은 x가 2에서 5로 변할 때 y가 4에서 13으로 변함을 보여준다. 따라서 선의 기울기는 3이다.

$$m = \text{기울기} = \frac{\triangle y}{\triangle x} = \frac{13-4}{5-2} = \frac{9}{3} = 3$$

이 그래프는 y절편이 -2이고(b=-2), 따라서 직선의 식은 다음과 같다.

$$y = -3x - 2$$

$y = mx + b$형태의 식은 이 식을 만족하는 x와 y값이 직선 상에 위치해 있으므로 선형 방정식(linear equation)이라 부른다. 또한 y를 x의 선형함수(linear function)라고 부르고, y는 x에 정비례 한다고 한다.

복잡한 실험 결과는 변수와 측정값이 선형의 그래프로 표현되지 않는 경우이다. 예를들면, 온도에 따른 증기압력 곡선은

$$P = A\,e^{\Delta H/RT}$$

로 표현된다. 이 경우 지수 함수를 로그 함수로 바꾸면, 선형의 그래프로 변화시킬 수 있다.

$$\ln P = \ln A - \left(\frac{\Delta H}{R}\right)\frac{1}{T}$$

이렇게 표현된 식은 $\ln P$와 $\frac{1}{T}$ 사이에 선형의 그래프로 표현되고, 기울기는 $-\frac{\Delta H}{R}$이 되고, 절편은 $\ln A$가 된다.

복잡한 실험 결과는 적절한 방법을 사용하여 선형의 식으로 표현될 수 있다. 이렇게 직선의 그래프가 될 수 있도록 바꾸어 해석하면 이해하기가 더욱 편리하다.

[A.4 이차방정식의 풀이]

이차 방정식은 다음 형태로 쓸 수 있는 방정식이다.

$$ax^2 + bx + c = 0$$

여기서 a, b, c는 상수이다. 이 식은 x의 제곱만을 포함하고 있고 가장 높은 승수가 2이므로 이차식이라고 한다. 이차방정식의 해는 다음과 같이 주어진다.

$$x = \frac{-b \pm \sqrt{b^2 - 4ac}}{2a}$$

여기서 ±는 +부호의 해와 -부호의 해인 두 개의 해가 있음을 나타낸다.

예를 들어 다음 식을 풀어보자.

$$2x^2 + 3x - 4 = 0$$

이 2차 방정식은 $ax^2 + bx + c = 0$의 형태가 된다.

그 결과는 다음과 같다.

그런 다음 $a = 2,\ b = 3,\ c = -4$ 를 공식에 넣는다.

$$x = \frac{-3 \pm \sqrt{(3)^2 - 4(2)(1)}}{2(2)}$$

$$= \frac{-3 \pm \sqrt{9-8}}{4} = \frac{-3 \pm \sqrt{1}}{4} = \frac{-3 \pm 1}{4}$$

두 해는 다음과 같다.

$$x = \frac{-3+1}{4} = \frac{-2}{4} = -0.5, \qquad x = \frac{-3-1}{4} = \frac{-4}{4} = -1$$

부록 B

25 ℃에서 화합물들의 열역학적 자료

[표 B-1] 무기 화합물

물질과 상태	ΔH_f° (kJ/mol)	ΔG_f° (kJ/mol)	S° (J/(K · mol))	물질과 상태	ΔH_f° (kJ/mol)	ΔG_f° (kJ/mol)	S° (J/(K · mol))
Aluminum				$CdCl_2(s)$	-391.5	-343.9	115.3
$Al(s)$	0	0	28.3	$CdO(s)$	-258.4	-228.7	54.8
$Al(g)$	330.0	289.4	164.5	$CdS(s)$	-161.9	-156.5	64.9
$AlCl_3(s)$	-704.2	-628.8	109.3	$CdSO_4(s)$	-933.3	-822.7	123.0
$Al_2O_3(s)$	-1676	-1582	50.9	Calcium			
Barium				$Ca(s)$	0	0	41.4
$Ba(s)$	0	0	62.5	$Ca(g)$	177.8	144.0	154.8
$Ba(g)$	180.0	146.0	170.1	$Ca^{2+}(aq)$	-542.8	-553.6	-53.1
$Ba^{2+}(aq)$	-537.6	-560.8	9.6	$CaF_2(s)$	-1228.0	-1175.6	68.5
$BaCl_{2(s)}$	-855.0	-806.7	123.7	$CaCl_2(s)$	-795.4	-748.8	108.4
$BaO(s)$	-548.0	-520.3	72.1	$CaH_2(s)$	-181.5	-142.5	41.4
$BaCO_3(s)$	-1213.0	-1134.4	112.1	$CaC_2(s)$	-59.8	-64.8	70.0
$BaSO_4(s)$	-1473.2	-1362.2	132.2	$CaO(s)$	-634.9	-603.3	38.1
Beryllium				$Ca(OH)_2(s$	-985.2	-897.5	83.4
$Be(s)$	0	0	9.5	$CaCO_3(s)$	-1207.6	-1129.1	91.7
$BeO(s)$	-609.4	-580.1	13.8	$CaSO_4(s)$	-1434.1	-1321.9	107
$Be(OH)_2(s$	-902.5	-815.0	45.5	$Ca_3(PO_4)_{2(}$	-4120.8	-3884.7	236.0
Boron				Carbon			
$B(s)$	0	0	5.9	$C(s, gr)$	0	0	5.7
$BF_3(g)$	-1136.0	-1119.4	254.3	$C(s, dia)$	1.9	2.9	2.4
$BCl_3(g)$	-403.8	-388.7	290.0	$C_{(g)}$	716.7	671.3	158.0
$B_2H_6(g)$	36.4	87.6	232.0	$CO(g)$	-110.5	-137.2	197.6
$B_2O_3(s)$	-1273.5	-1194.3	54.0	$CO_2(g)$	-393.5	-394.4	213.6
$H_3BO_3(s)$	-1094.3	-968.9	90.0	$CO_2(aq)$	-413.8	-386.0	117.6
Bromine				$CO_3^{2-}(aq)$	-677.1	-527.8	-56.9
$Br(s)$	111.9	82.4	174.9	$HCO_3^-(aq)$	-692.0	-586.8	91.2
$Br^-(aq)$	-121.5	-104.0	82.4	$H_2CO_3(aq)$	-699.7	-623.2	187.4
$Br_2(l)$	0	0	152.2	$HCN(l)$	108.9	125.0	112.8
$Br_2(g)$	30.9	3.14	245.4	$HCN(g)$	135.1	124.7	201.7
$HBr(g)$	-36.3	-53.4	198.6	$CS_2(l)$	89.0	64.6	151.3
Cadmium				$CS_2(g)$	116.7	67.1	237.7
$Cd(s)$	0	0	51.8	$COCl_2(l)$	-219.1	-204.9	283.4
$Cd(g)$	111.8	77.3	167.6	Cesium			
$Cd^{2+}(aq)$	-75.9	-77.6	-73.2	$Cs(s)$	0	0	85.2

[표 B-1] 무기 화합물(계속)

물질과 상태	ΔH_f° (kJ/mol)	ΔG_f° (kJ/mol)	S° (J/(K · mol))	물질과 상태	ΔH_f° (kJ/mol)	ΔG_f° (kJ/mol)	S° (J/(K · mol))
$Cs(g)$	76.5	49.6	175.6	$H^+(aq)$	0	0	0
$Cs^+(aq)$	-258.3	-292.0	133.1	$H_2(g)$	0	0	130.6
$CsF(s)$	-553.5	-525.5	92.8	$OH^-(aq)$	-230.0	-157.3	-10.8
$CsCl(s)$	-443.0	-414.5	101.2	$H_2O(l)$	-285.8	-237.2	69.9
$CsBr(s)$	-405.8	-391.4	113.1	$H_2O(g)$	-241.8	-228.6	188.7
$CsI(s)$	-346.6	-340.6	123.1	$H_2O_2(l)$	-187.8	-120.4	110
Chlorine				$H_2O_2(g)$	-136.3	-105.6	232.6
$Cl(g)$	121.3	105.3	165.1	$H_2O_2(aq)$	-191.2	-134.1	144
$Cl^-(aq)$	-167.2	-131.3	56.5	Iodine			
$Cl_2(g)$	0	0	223.0	$I(g)$	106.8	70.3	180.7
$HCl(g)$	-92.3	-95.3	186.8	$I^-(aq)$	-55.2	-51.6	111
$HCl(aq)$	-167.2	-131.2	56.5	$I_2(s)$	0	0	116.1
$ClO_2(g)$	102.5	120.5	256.7	$I_2(g)$	62.4	19.4	206.6
$Cl_2O(g)$	80.3	97.9	266.1	$HI(g)$	26.5	1.7	206.5
Chromium				Iron			
$Cr(s)$	0	0	23.8	$Fe(s)$	0	0	27.3
$Cr(g)$	396.6	351.8	174.4	$Fe(g)$	416.3	370.3	180.5
$Cr_2O_3(s)$	-1140	-1058	81.2	$FeCl_2(s)$	-341.8	-302.3	118.0
Cobalt				$FeCl_3(s)$	-399.5	-334.0	142.3
$Co(s)$	0	0	30.0	$FeO(s)$	-272	-255	61
$Co(g)$	424.7	380.3	179.4	$Fe_2O_3(s)$	-824.2	-742.2	87.4
$CoO(s)$				$Fe_3O_4(s)$	-1118	-1015	146
Copper				$FeS_2(s)$	-178.2	-166.9	52.9
$Cu(s)$	0	0	33.1	Lead			
$Cu(g)$	337.4	297.7	166.3	$Pb(s)$	0	0	64.8
$Cu^{2+}(aq)$	64.8	65.5	-99.6	$Pb(g)$	195.2	162.2	175.3
$CuCl(s)$	-137.2	-119.9	86.2	$PbCl_2(s)$	-359.4	-314.1	136.0
$CuCl_2(s)$	-220.1	-175.7	108.1	$PbBr_2(s)$	-278.7	-261.9	161.5
$CuO(s)$	-157.3	-129.7	42.6	$PbO(s)$	-217.3	-187.9	68.7
$Cu_2O_{(s)}$	-168.6	-146.0	93.1	$PbO_2(s)$	-277	-217.4	68.6
$CuS(s)$	-53.1	-53.6	66.5	$PbS(s)$	-100	-98.7	91.2
$Cu_2S(s)$	-79.5	-86.2	120.9	$PbCO_3(s)$	-699.1	-625.5	131.0
$CuSO_4(s)$	-771.4	-662.2	109.2	$PbSO_4(s)$	-919.9	-813.2	148.6
Fluorine				Lithium			
$F(g)$	79.4	62.3	158.7	$Li(s)$	0	0	29.1
$F^-(aq)$	-332.6	-278.8	-13.8	$Li(g)$	159.3	126.6	138.7
$F_2(g)$	0	0	202.7	$Li^+(aq)$	-278.5	-293.3	13
$HF(g)$	-273.3	-275.4	173.7	$LiF(s)$	-616.0	-587.7	35.7
Hydrogen				$LiCl(s)$	-408.6	-384.4	59.3
$H(g)$	218.0	203.3	114.6	$LiBr(s)$	-351.2	-342.0	74.3

[표 B-1] 무기 화합물(계속)

물질과 상태	ΔH_f° (kJ/mol)	ΔG_f° (kJ/mol)	S° (J/(K · mol))	물질과 상태	ΔH_f° (kJ/mol)	ΔG_f° (kJ/mol)	S° (J/(K · mol))
$LiI(s)$	-270.4	-270.3	86.8	$N_2H_4(g)$	95.4	159.3	238.4
$Li_2O_{(s)}$	-597.9	-561.2	37.6	$NO(g)$	91.3	57.6	210.7
$LiOH(s)$	-487.5	-441.5	42.8	$NO_2(g)$	33.2	51.3	240.0
Magnesium				$N_2O(g)$	82.0	104.2	219.7
$Mg(s)$	0	0	32.7	$N_2O_4(g)$	11.1	99.8	304.3
$Mg(s)$	147.1	112.5	148.6	$N_2O_5(g)$	13.3	117.1	355.6
$MgCl_2(s)$	-641.6	-591.8	89.6	$NOCl(g)$	51.7	66.1	261.6
$MgO(s)$	-601.7	-569.4	26.9	$NO_2Cl(g)$	12.6	54.4	272.1
$MgCO_3(s)$	-1096	-1012	65.7	$HNO_3(l)$	-174.1	-80.8	155.6
$MgSO_4(s)$	-1284.9	-1170.6	91.6	$HNO_3(g)$	-133.9	-73.5	266.8
Manganese				$HNO_2(aq)$	-119	-50.6	136
$Mn(s)$	0	0	32.0	$HNO_3(aq)$	-207.4	-111.3	146.4
$Mn(s)$	280.7	238.5	173.6	$NO_3^-(aq)$	-207.4	-111.3	146.4
$MnO(s)$	-358.2	-362.9	59.7	$NH_4Cl(s)$	-314.4	-202.9	94.6
$MnO_2(s)$	-520.0	-465.1	53.1	$NH_4NO_3(s)$	-365.6	-184.0	151.1
Mercury				Oxygen			
$Hg(l)$	0	0	76.0	$O(g)$	249.2	231.7	160.9
$Hg(g)$	61.32	31.85	174.8	$O_2(g)$	0	0	205.0
$Hg^{2+}(aq)$	171.1	164.4	-32.2	$O_3(g)$	143	163	238.8
$Hg_2^{2+}(aq)$	172.4	153.5	84.5	Phosphorus			
$HgCl_2(s)$	-224.3	178.6	146.0	$P(s, white)$	0	0	41.1
$Hg_6Cl_2(s)$	-265.4	-210.7	191.6	$P(s, red)$	-18	-12	22.8
$HgO(s)$	-90.8	-58.6	70.3	$P_4(g)$	58.9	24.5	279.9
$HgS(s)$	-58.2	-50.6	82.4	$PH_3(g)$	5.4	13.5	210.1
Nickel				$PCl_3(l)$	-319.7	-272.3	217.1
$Ni(s)$	0	0	29.9	$PCl_3(g)$	-287.0	-267.8	311.7
$Ni(g)$	429.7	384.5	182.1	$PCl_5(s)$	-443.5		
$NiCl_2(s)$	-305.3	-259.1	97.7	$PCl_5(g)$	-374.9	-305.0	364.5
$NiO(s)$	-240	-212	38.0	$P_4O_{10}(s)$	-2984	-2698	228.9
$NiS(s)$	-28.0	-79.5	53.0	$PO_4^{3-}(aq)$	-1277.4	-1018.7	-220.5
Nitrogen				$HPO_4^{2-}(aq)$	-1292.1	-1089.2	-33.5
$N(g)$	472.7	455.6	153.2	$H_2PO_4^-(aq)$	-1296.3	1130.2	90.4
$N_2(g)$	0	0	191.5	$H_3PO_4(s)$	-1284.4	-1124.3	110.5
$NH_3(g)$	-46.1	-16.5	192.3	Potassium			
$NH_3(aq)$	-80.3	-26.6	111	$K(s)$	0	0	64.7
$NH_4^+(aq)$	-132.5	-79.4	113	$K(g)$	89.2	60.6	160.2
$N_2H_4(l)$	50.6	149.2	121.2	$K^+(aq)$	-252.4	-293.3	102.5

[표 B-1] 무기 화합물(계속)

물질과 상태	ΔH_f° (kJ/mol)	ΔG_f° (kJ/mol)	S° (J/(K・mol))	물질과 상태	ΔH_f° (kJ/mol)	ΔG_f° (kJ/mol)	S° (J/(K・mol))
$KF(s)$	-567.3	-537.8	66.6	$Ag_2O(s)$	-31.1	-11.2	121.3
$KCl(s)$	-436.5	-408.5	82.6	$Ag_2S(s)$	-32.6	-40.7	144.0
$KBr(s)$	-393.8	-380.7	95.9	$AgNO_3(s)$	-124.4	-33.4	140.9
$KI(s)$	-327.9	-324.9	106.3	Sodium			
$K_2O(s)$	-361.5			$Na(s)$	0	0	51.2
$K_2O_2(s)$	-494.1	-425.1	102.1	$Na(g)$	107.3	76.8	153.6
$KO_2(s)$	-284.9	-239.4	116.7	$Na^+(aq)$	-240.1	-261.9	59.0
$KOH_{(s)}$	-424.6	-379.4	81.2	$NaF(s)$	-576.6	-546.3	51.1
$KOH(aq)$	-482.4	-440.5	91.6	$NaCl(s)$	-411.2	-384.2	72.1
$KClO_3(s)$	-397.7	-296.3	143.1	$NaBr(s)$	-361.1	-349.0	86.8
$KClO_4(s)$	-432.8	-303.1	151.0	$NaI(s)$	-287.8	-286.1	98.5
$KNO_3(s)$	-494.6	-394.9	133.1	$NaH(s)$	-56.3	-33.5	40.0
Rubidium				$Na_2O(s)$	-414.2	-375.5	75.1
$Rb(s)$	0	0	76.8	$Na_2O_2(s)$	-510.9	-447.7	95.0
$Rb(g)$	80.9	53.1	170.0	$NaO_2(s)$	-260.2	-218.4	115.9
$Rb^+(aq)$	-251.2	-284.0	121.5	$NaOH(s)$	-425.6	-379.5	64.5
$RbF(s)$	-557.7			$NaOH(aq)$	-470.1	-419.2	48.2
$RbCl(s)$	-435.4	-407.8	95.9	$Na_2CO_3(s)$	-1130.7	-1044.5	135.0
$RbBr(s)$	-394.6	-381.8	110.0	$NaHCO_3(s)$	-950.8	-851.0	102
$RbI(s)$	-333.8	-328.9	118.4	$NaNO_3(s)$	-467.9	-367.0	116.5
Selenium				$NaNO_3(aq)$	-447.5	-373.2	205.4
$Se(s, black)$	0	0	42.44	$Na_2SO_4(s)$	-1387.1	-1270.2	149.6
$H_2Se(g)$	29.7	15.9	219.0	Sulfur			
Silicon				$S(s, ortho)$	0	0	31.8
$Si(s)$	0	0	18.8	$S(s, mono)$	0.3		
$Si(g)$	450.0	405.5	167.9	$S(g)$	277.2	236.7	167.7
$SiF_4(g)$	-1615.0	-1572.8	282.7	$S_2(g)$	128.6	79.7	228.2
$SiCl_4(l)$	-687.0	-619.8	239.7	$H_2S(s)$	-20.6	-33.6	205.7
$SiO_2(s, quir$	-910.7	-856.3	41.5	$H_2S(aq)$	-39.7	-27.9	121
Silver				$HS^-(aq)$	-17.6	12.1	62.8
$Ag(s)$	0	0	42.6	$SO_2(g)$	-296.8	-300.2	248.1
$Ag(g)$	284.9	246.0	173.0	$SO_3(g)$	-395.7	-371.1	256.6
$Ag^+(aq)$	105.6	77.1	72.7	$H_2SO_4(l)$	-814.0	-690.1	156.9
$AgF(s)$	-204.6			$H_2SO_4(aq)$	-909.3	-744.6	20
$AgCl(s)$	-127.1	-109.8	96.2	$HSO_4^-(aq)$	-887.3	-756.0	132
$AgBr(s)$	-100.4	-96.9	107.1	$SO_4^{2-}(aq)$	-909.3	-744.6	20
$AgI(s)$	-61.8	-66.2	115.5				

[표 B-1] 무기 화합물(계속)

물질과 상태	ΔH_f° (kJ/mol)	ΔG_f° (kJ/mol)	S° (J/(K · mol))	물질과 상태	ΔH_f° (kJ/mol)	ΔG_f° (kJ/mol)	S° (J/(K · mol))
Tin				Tungsten			
$Sn(s, white)$	0	0	51.2	$W(s)$	0	0	32.6
$Sn(s, gray)$	-2.1	0.1	44.1	$W(g)$	849.4	807.1	174.0
$Sn(g)$	301.2	266.2	168.4	$WO_3(s)$	-842.9	-764.0	75.9
$SnCl_4(l)$	-511.3	-440.1	258.6	Zinc			
$SnCl_4(g)$	-471.5	-432.2	365.8	$Zn(s)$	0	0	41.6
$SnO(s)$	-280.7	-251.9	57.4	$Zn(g)$	130.4	94.8	160.9
$SnO_2(s)$	-577.6	-515.8	49.0	$Zn^{2+}(aq)$	-153.9	-147.1	-112.1
Titanium				$ZnCl_2(s)$	-415.1	-369.4	111.5
$Ti(s)$	0	0	30.6	$ZnO(s)$	-350.5	-320.5	43.7
$Ti(g)$	473.0	428.4	180.2	$ZnS(s)$	-206.0	-201.3	57.7
$TiCl_{4(l)}$	-804.2	-737.2	252.3	$ZnSO_4(s)$	-982.8	-871.5	110.5
$TiCl_4(g)$	-763.2	-726.3	353.2				
$TiO_2(s)$	-944.0	-888.8	50.6				

[표 B.2] 유기 화합물

물질과 상태	분자식	ΔH_f° (kJ/mol)	ΔG_f° (kJ/mol)	S° (J/(K · mol))
글루코스(s)	$C_6H_{12}O_6(s)$	-1274.5	-910.6	212
메탄올(l)	$C_2H_5OH(g)$	-238.7	-166.3	127
메탄올(g)	$CH_3OH(g)$	-201.0	-162.3	240
메테인(g)	$CH_4(g)$	-75.0	-50.8	186
벤젠(l)	$C_6H_6(l)$	49.1	124.5	173
뷰테인(g)	$C_4H_{10}(g)$	-124.7	-15.7	310
사염화탄소(l)	$CCl_4(l)$	-135.4	-65.3	216
아세트산(l)	$CH_3CO_2H(l)$	-484.5	-389.5	160
아세트알데히드(l)	$CH_3CHO(l)$	-166.4	-139.1	264
아세틸렌(g)	$C_2H_2(g)$	226.6	209.2	201
에탄올(l)	$C_2H_5OH(l)$	-277.0	-174.2	161
에탄올(g)	$C_2H_5OH(g)$	-74.8	-50.8	186
에테인(g)	$C_2H_6(g)$	-84.7	-33.0	229
에틸렌(g)	$C_2H_4(g)$	52.3	68.1	219
요소(urea)(s)	$(NH_2)_2CO(s)$	-333.2	-197.2	105
요소(urea)(aq)	$(NH_2)_2CO(aq)$	-319.2	-203.8	174
포름산(l)	$HCO_2H(l)$	-409.2	-346.0	129
포름알데히드(g)	$HCHO(g)$	-108.6	-102.5	219
프로페인(g)	$C_3H_8(g)$	-104.0	-23.5	270

부록 C

25 ℃에서 산의 이온화 상수

[표 C-1] 25 ℃에서 약한 산과 그 짝염기의 이온화 상수

$K_a \times K_b = K_w = 10^{-14}$ (25 ℃ 에서)				
약한 산	분자식	산 K_a	염기 K_b	짝 염기
과산화수소(Hydrogen peroxide)	H_2O_2	2.4×10^{-12}	4.17×10^{-3}	HO_2^-
다이메틸암모늄 이온	$(CH_3)_2NH_2^+$	1.85×10^{-11}	5.4×10^{-4}	$(CH_3)_2NH$
메틸암모늄 이온	$CH_3NH_3^+$	2.7×10^{-11}	3.7×10^{-4}	CH_3NH_2
모르피늄 이온	$C_{17}H_{19}NO_3$	6.25×10^{-9}	1.6×10^{-6}	$C_{17}H_{18}NO_3$
물(Water)	H_2O	1.0×10^{-14}	1.0	OH^-
벤조산(Benzoic)	$C_6H_5CO_2H$	6.5×10^{-5}	1.54×10^{-10}	$C_6H_5CO_2^-$
사이안화수소산(Hydrocyanic)	HCN	4.9×10^{-10}	2.33×10^{-5}	CN^-
아닐리늄(anilninum) 이온	$C_6H_5NH_3^+$	4.3×10^{-10}	2.36×10^{-5}	$C_6H_5NH_2$
아세트산(Acetic)	CH_3CO_2H	1.8×10^{-5}	5.56×10^{-9}	$CH_3CO_2^-$
아이오딘산(Iodic)	HIO_3	1.7×10^{-1}	5.88×10^{-14}	IO_3^-
아질산(Nitrous)	HNO_2	4.5×10^{-4}	2.22×10^{-11}	NO_2^-
암모늄(ammonium) 이온	NH_4^+	5.6×10^{-10}	1.8×10^{-5}	NH_3
에틸암모늄 이온	$C_2H_5NH_3^+$	1.0×10^{-14}	6.4×10^{-4}	$C_2H_5NH_2$
젖산(락트산)(Lactic)	$HC_3H_5O_3$	1.4×10^{-4}	1.56×10^{-11}	$C_3H_5O_3^-$
클로로아세트산(Chloroacetic)	CH_2ClCO_2H	1.4×10^{-3}	1.56×10^{-12}	CH_2ClCO_2
트라이메틸 암모늄 이온	$(CH_3)_3NH^+$	1.54×10^{-10}	6.5×10^{-5}	$(CH_3)_3N$
페놀(Phenol)	C_6H_5OH	1.3×10^{-10}	7.69×10^{-5}	$C_6H_5O^-$
폼산(Formic)	HCO_2H	1.8×10^{-4}	5.6×10^{-11}	HCO_2^-
플루오린화수소산(Hydrofluoric)	HF	3.5×10^{-4}	2.86×10^{-11}	F^-
하이드라조산(Hydrazoic)	HN_3	1.9×10^{-5}	5.26×10^{-10}	N_3^-
하이포아브로민산(Hypobromous)	$HOBr$	2.0×10^{-9}	5.0×10^{-6}	OBr^-
하이포아아이오딘산(Hypoiodous)	HOI	2.3×10^{-11}	7.69×10^{-4}	OI^-
하이포아염소산(Hypochlorous)	$HOCl$	3.5×10^{-8}	2.86×10^{-7}	OCl^-
하이드라지늄 이온	$N_2H_5^+$	1.12×10^{-8}	8.9×10^{-7}	N_2H_4

[표 C-2] 25 ℃에서 다 양성자산의 이온화 상수

다 양성자 산	분자식	K_{a1}	K_{a2}	K_{a3}
구연산(citric acid)	$C_6H_8O_7$	8.4×10^{-4}	1.8×10^{-5}	4.1×10^{-7}
비산(arsenic acid)	H_3AsO_4	5.0×10^{-3}	8.0×10^{-7}	4.0×10^{-12}
셀레늄산(selenic acid)	H_2SeO_4	Very large	1.2×10^{-2}	
아셀레늄산(selenious acid)	H_2SeO_3	3.5×10^{-2}	5×10^{-8}	
아스코브산(ascorbic acid)	$C_6H_8O_6$	8.0×10^{-5}	1.6×10^{-12}	
아인산(phosphorous acid)	H_3PO_3	1.0×10^{-2}	2.6×10^{-7}	
아황산(sulfurous acid)	H_2SO_3	1.5×10^{-2}	6.3×10^{-8}	
옥살산(oxalic acid)	$H_2C_2O_4$	6.0×10^{-2}	6.4×10^{-5}	
인산(phosphoric acid)	H_3PO_4	7.5×10^{-3}	6.2×10^{-8}	4.8×10^{-13}
타타르산(tartaric acid)	$C_4H_6O_6$	1.0×10^{-3}	4.6×10^{-5}	
탄산(carbonic acid)	H_2CO_3	4.3×10^{-7}	5.6×10^{-11}	
황산(sulfuric acid)	H_2SO_4	Very large	1.2×10^{-2}	
황화수소산(hydrosulfuric acid)	H_2S	1.0×10^{-7}	$\sim10^{-19}$	

부록 D

25 ℃에서 표준 환원전위

반쪽 반응	E^0 (V)	반쪽 반응	E^0 (V)
$F_2(g) + 2e^- \rightarrow 2F^-(aq)$	+2.87	$Sn^{2+}(aq) + 2e^- \rightarrow Sn(s)$	-0.14
$S_2O_8^{2-}(aq) + 4H^+ + 4e^- \rightarrow 2SO_4^{2-}(aq)$	+2.01	$Ni^{2+}(aq) + 2e^- \rightarrow Ni(s)$	-0.25
$MnO_4^- + 4H^+ + 2e^- \rightarrow Mn^{2+} + 4H_2O$	+1.51	$Co^{2+}(aq) + 2e^- \rightarrow Co(s)$	-0.28
$Au^{3+}(aq) + 3e^- \rightarrow Au(s)$	+1.42	$Cd^{2+}(aq) + 2e^- \rightarrow Cd(s)$	-0.40
$Cl_2(g) + 2e^- \rightarrow 2Cl^-(aq)$	+1.36	$Fe^{2+}(aq) + 2e^- \rightarrow Fe(s)$	-0.44
$O_2(g) + 4H^+ + 4e^- \rightarrow 2H_2O$	+1.23	$Cr^{2+}(aq) + 2e^- \rightarrow Cr(s)$	-0.74
$Br_2(l) + 2e^- \rightarrow 2Br^-(aq)$	+1.07	$Zn^{2+}(aq) + 2e^- \rightarrow Zn(s)$	-0.76
$Ag^+(aq) + e^- \rightarrow Ag(s)$	+0.80	$2H_2O + 2e^- \rightarrow H_2(g) + 2OH^-$	-0.83
$Fe^{3+}(aq) + e^- \rightarrow Fe^{2+}(aq)$	+0.77	$Al^{3+}(aq) + 3e^- \rightarrow Al(s)$	-1.66
$I2(s) + 2e^- \rightarrow 2I^-(aq)$	+0.54	$Mg^{2+}(aq) + 2e^- \rightarrow Mg(s)$	-2.37
$Cu^+(aq) + 2e^- \rightarrow Cu(s)$	+0.52	$Na^+(aq) + e^- \rightarrow Na(s)$	-2.71
$Cu^{2+}(aq) + 2e^- \rightarrow Cu(s)$	+0.34	$Ca^{2+}(aq) + 2e^- \rightarrow Ca(s)$	-2.76
$AgCl(s) + e^- \rightarrow Ag(s) + Cl^-(aq)$	+0.22	$K^+(aq) + e^- \rightarrow K(s)$	-2.92
$2H^+(aq) + 2e^- \rightarrow H_2(g)$	0.00	$Li^+(aq) + e^- \rightarrow Li(s)$	-3.03

부록은 "McMurry/Fay - Chemistry, 6/e - Pearson Education"을 참고하였음.

표 목 차

그 림 목 차

그 림 목 차

그 림 목 차

FIGURES CONTENTS

그림목차

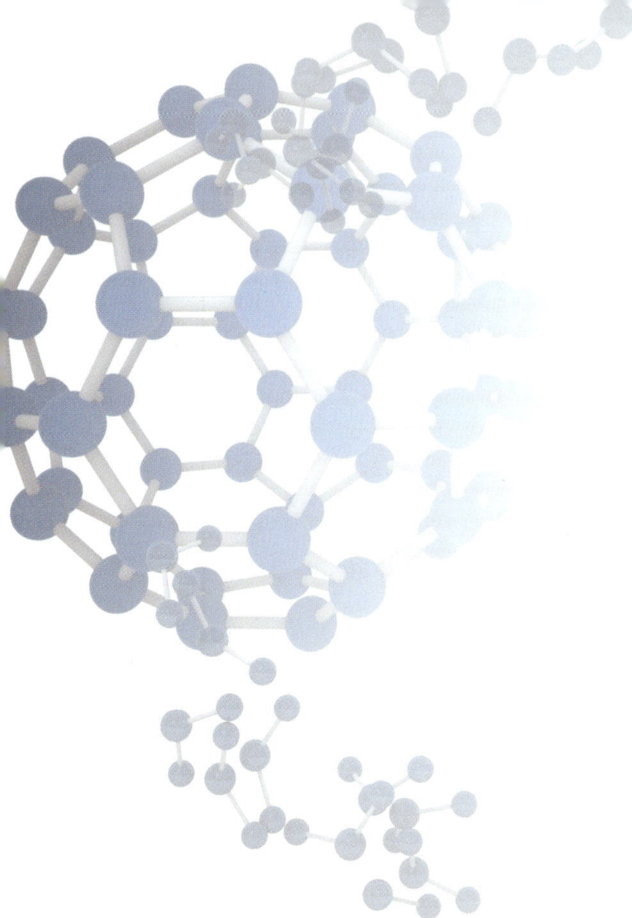

[찾아보기]

CHAPTER

찾아보기

ㅈ

ㅊ

ㅋ

ㅍ

ㅎ

영어찾아보기

기본 일반화학 (개정판)

지은이 김철주
펴낸이 김동원
펴낸곳 전북대학교출판문화원

초 판 1쇄 발행 2015. 9. 30.
개정판 1쇄 발행 2021. 5. 31.

전북대학교출판문화원 전북 전주시 완산구 어진길 32 (풍남동2가)
전화 (063) 219-5321~2
FAX (063) 219-5323
출판등록 2012년 8월 20일 제465-2012-000021호

값 27,000원

ISBN 979-11-6372-133-8 93430

개정판

기본 일반화학 General Chemistry Basic

연습문제 풀이집

| 화학의 기초부터 시작하자 |

학 번 ________________

이 름 ________________

단과대학 ________________

소속학과 ________________

제출일자 ________________

전북대학교출판문화원

제1장 물질의 이해와 과학적인 방법

[1-1] 다음을 원소, 화합물 또는 혼합물로 분류하시오. 답 : [ ]

(a) 구리(Cu)

(b) 우유

(c) 설탕($C_{12}H_{22}O_{11}$)

(d) 소금물

(e) 혈액

[1-2] 다음 물질을 서로 다른 성분으로 분리하는 방법은 무엇인가?

답 : [ ]

(a) 프로페인, 뷰테인, 아이소프로페인 가스의 혼합물

(b) 에탄올과 물로 만든 소독용 알코올

(c) 혈액 속에 있는 백혈구와 적혈구

(d) 소금과 모래

[1-3] 다음 원소들의 기호를 쓰시오.

(a) 철(iron) 답 : [ ]

(b) 납(lead) 답 : [ ]

(c) 셀레늄(selenium) 답 : [ ]

(d) 은(silver) 답 : [ ]

(e) 아르곤(argon) 답 : [ ]

[1-4] 갈륨(Ga)은 녹는점이 29.76 ℃이다. 만일 온도가 90 ℉인 방 안에 있는 갈륨의 물리적 상태는 어떤 상태일까? ($t(℃) = \frac{5}{9}(F(°F) - 32)$)

[풀이]

답 : [ ]

[1-5] 다음 양들을 괄호 안에 표시된 유효 숫자의 개수에 따라 과학적 표기법으로 표시하시오.

(a) 28.3495 g(= 1 oz) (유효숫자4) 답 : [ ]

(b) 0.45359 kg(=1 lb) (유효숫자5) 답 : [ ]

(c) 1.609344 km(= 1 mile) (유효숫자3) 답 : [ ]

(d) 91.438 cm (=1 yd) (유효숫자4) 답 : [ ]

(e) 101325 Pa(= 1 atm) (유효숫자4) 답 : [ ]

[1-6] 다음을 유효 숫자의 정확한 개수로 계산하시오.

(a) $x = 122.5 + 216.44 - 124.47$ 답 : [ ]

(b) $x = 0.004010 \times 2.02 \times 5054$ 답 : [ ]

(c) $x = \dfrac{10.63 + 0.3 + 206.51}{101.52}$ 답 : [ ]

(d) $x = \dfrac{12.20 - 2.5 + 4 \times 3.14}{1.3409}$ (4는 완전수) 답 : [ ]

[1-7] 어떤 금속 덩어리의 질량이 32.25 g이었다. 이 금속 고체를 50.00 mL로 수위가 표시된 물(d=1.000 g/mL)로 채워져 있는 눈금 실린더에 넣는다. 고체가 바닥을 가라앉은 다음 물의 수위는 53.60 mL를 나타내고 있다. 이 금속의 밀도는 얼마인가? 그리고 어떤 금속일까?

금속	Al	Zn	Sn	Mn	Fe	Ni	Cu	Ag	Au
밀도(g/mL)	2.598	7.113	7.31	7.44	7.874	8.902	8.960	10.5	19.32

[풀이]

답 : [ ]

[1-8] 설탕($C_{12}H_{22}O_{11}$)을 물에 녹일 때, 용해도는 20 ℃에서 물 100 g당 289 g이고, 80 ℃에서 물 100 g당 369 g이다. 다음에 답하시오.(물의 밀도는 온도에 상관없이 1.000 g/mL라고 간주한다.)

(a) 20 ℃에서 물 80.00 g에 녹을 수 있는 설탕은 몇 g인가?

(b) 80 ℃에서 설탕 500.0 g을 녹이는데 필요한 물의 질량은 몇 g인가?

(c) 80 ℃에서 물 80.00 g에 설탕 290.0 g이 녹아서 이루어진 용액이 20 ℃로 냉각된다면, 석출되는 설탕의 질량은 몇 g인가?

답 : [ ]

[1-9] [심화] 어떤 금속 덩어리의 질량이 44.8(±0.5) g이었다. 이 금속 고체를 50.0(±0.3) mL로 수위가 표시된 물(d = 1.00 g/mL)로 채워져 있는 눈금 실린더에 넣는다. 고체가 바닥을 가라앉은 다음 물의 수위는 65.0 (±0.5) mL로 올라갔다. 이 금속의 밀도는 얼마인가? 그리고 밀도의 오차를 계산하여라.

[풀이]

답: [ ]

제2장 원자 분자

[2-1] 원자설에 포함된 화학의 법칙은 질량 보존 법칙과 일정 성분비 법칙, 그리고 배수비례의 법칙이다. 아래의 각 문장이 나타내는 법칙은 무엇인가?

(a) 메테인(CH_4) 16.0 g과 산소(O_2) 64.0 g을 반응시켜서 이산화탄소(CO_2) 44.0 g과 물(H_2O) 36.0 g을 얻었다. 답 : [ ]

(b) 손난로를 구입하여 비닐봉지를 뜯어 사용하고 난 뒤 무게를 측정하였더니, 구입할 때 무게보다 더 무거워졌다. 답 : [ ]

(c) 이산화탄소(CO_2)를 분석하였더니, 탄소(C)가 12.0 g이고 산소(O)의 질량이 64 g이었다. 답 : [ ]

(d) 이산화황(SO_2) 96.0 g 속에 산소(O)가 64 g 포함되어 있고, 삼산화황(SO_3)는 128 g 속에 산소(O)가 96.0 g 포함되어 있다. 답 : [ ]

[2-2] 아이오딘-131($^{131}_{53}I$)는 갑상선에서 발생하는 질병의 진단에 사용된다. 아이오딘-131에 대하여 답하시오.

(a) 핵에 있는 양성자수 답 : [ ]

(b) 핵에 있는 중성자수 답 : [ ]

(c) 아이오딘 이온(I^-)에 있는 전자수 답 : [ ]

(d) 아이오딘-131의 질량수 답 : [ ]

[2-3] 구리(Cu) 원자는 2가지 동위원소가 존재한다. Cu-63 동위원소의 질량이 62.93 amu이고, 자연 존재비는 69.17 %이다. Cu-65의 질량이 64.94 amu이다. 구리의 원자 질량은 얼마인가?

[풀이]

답 : [ ]

[2-4] 요소($(NH_2)_2CO$: 몰질량 = 60.00 g/mol)에 대해 다음의 표를 완성하여라.

	그램 수	몰수	분자 수	원자 수
(a)	0.120	(　　)	(　　)	(　　)
(b)	(　　)	1.20	(　　)	(　　)
(c)	(　　)	(　　)	4.32×10^{22}	(　　)
(d)	(　　)	(　　)	(　　)	1.60×10^{20}

[2-5] 감귤류 과일에 든 시트르산(citric acid)의 분자식은 $C_6H_8O_7$(몰 질량 = 192.0 g/mol) 이다. 시트르산 25.00 g에 들어 있는 산소(O)은 몇 그람인가?

[풀이]

답 : [ ]

[2-6] 마늘의 독특한 냄새와 향은 알리신(allicin)은 탄소(C), 수소(H), 산소(O), 그리고 황(S)으로 이루어져 있다. 원소의 질량 백분율이 C가 44.44 %, H가 6.21 %, S이 39.5 %로 이루어져 있다.

(a) 알리신의 실험식을 구하여라.

(b) 알리신의 분자량을 측정하였더니, 162.0 g/mol이었다. 분자식을 구하여라.

[풀이]

답: [ ]

[2-7] **[심화]** 살리실산메틸은 Ben-Gay 처럼 도포제(파스)로 사용되는 물질이다. 이 물질은 탄소, 수소, 산소로 구성되어 있다. 이 살리실산메틸 10.55 g을 과량의 산소 하에서 연소시키면 24.42 g의 CO_2와 4.995 g의 H_2O가 생성된다.

(a) 살리실산메틸의 실험식을 구하여라.

(b) 살리실산메틸의 몰질량을 측정하였더니, 152.0 g/mol 이었다. 분자식을 구하여라.

[풀이]

답 : [ ]

[2-8] 우주선 연료로 사용되는 화합물의 분자량이 60.10 g/mol이다. 이 연료는 탄소, 수소, 질소 원자로 이루어져 있다. 3.00 g의 연료를 완전 연소시켜서 이산화탄소 4.40 g과 물 3.60 g이 얻어졌다. 이 연료의 분자식을 구하여라.[원자량: C: 12.00, H: 1.00, N: 14.00, O: 16.00 amu; 몰 질량: CO_2: 44.0, H_2O: 18.0 g/mol]

[풀이]

답 : [ ]

[2-9] 포스핀(PH_3) 기체는 산소와 반응하여 십산화사인(P_4O_{10})을 생성한다. [원자량 : P : 30.97, O : 16.00, H : 1.00 amu; 몰 질량 : PH_3 : 33.97, P_4O_{10} : 227.88, H_2O : 18.0 g/mol]

$$4PH_3(g) + 8O_2(g) \rightarrow P_4O_{10}(s) + 6H_2O(g)$$

(a) 1.0몰의 포스핀이 완전히 반응하여 생성되는 $P_4O_{10}(s)$의 질량은 몇 g인가?

(b) 수증기 18.0 g을 얻으려면 포스핀 몇 g을 반응시켜야 하는가?

[풀이]

답 : [ ]

[2-10] **빵을 부풀릴 때 사용되는 베이킹소다(sodium hydrogen carbonate, 또는 sodium bicarbonate, $NaHCO_3$: 몰질량 = 84.0 g/mol)를 가열하면, 이산화탄소를 방출한다.**

(a) $NaHCO_3$가 열 분해되어 $Na_2CO_3(s)$로 변화되는 균형 반응식을 써라.
답 : [ ]

(b) 이산화탄소(CO_2 : 몰 질량 = 44.0 g/mol) 기체 22.0 g을 생성하려면 몇 g의 $NaHCO_3$를 분해시켜야 하는가?
[풀이]

답 : [ ]

[2-11] **[심화] 산소마스크는 긴급 상황에서 산소(O_2공)를 공급하기 위해 사용한다. 산소마스크는 초과산화포타슘($KO_2(s)$, 몰 질량: 55.10 g/mol)을 포함하고 있다. 이것은 호흡에 포함된 CO_2 및 H_2O와 반응하여 산소를 발생시킨다.**

$$4KO_2(s) + 2H_2O(g) + 4CO_2(g) \rightarrow 4KHCO_3(s) + 3O_2(g)$$

산소마스크를 착용한 사람이 1.00 g CO_2/min의 숨을 내쉬며, 22.0분 동안 산소마스크를 쓰고 있었다.

(a) 소비되는 KO_2는 몇 그램이겠는가?

(b) 발생되는 산소는 몇 그램인가?
[풀이]

답 : [ ]

[2-12] **[심화] 우주 왕복선은 재사용 종속 로켓에 알루미늄(Al(s) : 몰 질량 : 26.98 g/mol) 금속과 과염소산암모늄($NH_4ClO_4(s)$, 몰 질량 : 117.50 g/mol)을 사용한다. 이 반응의 생성물은 산화알루미늄($Al_2O_3(s)$, 몰 질**

량 : 89.96 g/mol)과 염화알루미늄 ($AlCl_3(s)$), 산화질소($NO(g)$ 기체 및 수증기($H_2O(g)$)이다. 134.9 g의 Al과 352.5 g의 NH_4ClO_4를 반응시켰다.

(a) 이 반응의 완결된 반응식을 써라.

답 : [ ]

(b) 산화 알루미늄의 이론적 수득량은 몇 그램인가?

(c) 44.98 g의 산화 알루미늄이 생성된다면 퍼센트 수율은 얼마인가?

(d) 반응하지 않은 과량의 반응물은 몇 그램인가?

[풀이]

답 : [ ]

[2-13] 필요하다면 주기율표를 사용하여 다음의 표를 완성하시오.

핵기호	전하	양성자 수	중성자 수	전자 수
$^{35}_{17}Cl$	0	( )	( )	( )
( )	-3	7	7	( )
( )	+5	25	55	( )
$^{45}_{22}Ti^{4+}$	( )	( )	( )	( )

[2-14] 다음 화합물의 이름을 쓰시오.

(a) $CuSO_4$ 답 : [ ]

(b) $Fe(OH)_3$ 답 : [ ]

(c) $NaHCO_3$ 답 : [ ]

(d) $KClO_2$ 답 : [ ]

(f) $Ca(ClO)_2$ 답 : [ ]

(g) N_2O_5 답 : [ ]

[2-15] **[심화]** 다음 이온 화합물의 화학식을 쓰시오.

(a) 아세트산코발트(Ⅱ)(cobalt(Ⅱ) acetate) 답 : [ ]

(b) 산화바륨(barium oxide) 답 : [ ]

(c) 황화알루미늄(aluminum sulfide) 답 : [ ]

(d) 과망간산포타슘(potassium permananate) 답 : [ ]

(d) 탄산소듐(sodium carbonate) 답 : [ ]

제3장 원자 구조

[3-1] 수소원자에 있는 전자가 에너지 준위 n = 3에서 n = 1로 전이할 때, 다음에 답하시오.

(a) 이 전이를 일으킬 수 있는 파장은 얼마인가?

(b) 이 전이가 일어날 수 있는 스펙트럼은 어느 영역인가?

(c) 에너지가 흡수되는가 방출되는가?

[풀이]

답 : [ ]

[3-2] 다음 양자수들로 표시되는 전자의 궤도함수는 어떤 궤도함수인가?

(a) $n = 3,\ \ell = 1,\ m_\ell = -1$ 답 : [ ]

(b) $n = 2,\ \ell = 0,\ m_\ell = 0$ 답 : [ ]

(c) $n = 5,\ \ell = 2,\ m_\ell = -1$ 답 : [ ]

[3-3] 전자에 대한 일련의 양자수가 다음과 같이 주어졌을 때 어떤 궤도함수에 있는 전자를 표시하는가? 만일 나타날 수 없는 양자수가 있다면, 이에 대하여 이유를 설명하시오.

(a) 2, 0, 0, $-\frac{1}{2}$ 답 : [ ] (이유) : [ ]

(b) 1, 1, 0, $+\frac{1}{2}$ 답 : [ ] (이유) : [ ]

(c) 3, 2, -2, $+\frac{1}{2}$ 답 : [ ] (이유) : [ ]

(d) 3, 1, 2, $+\frac{1}{2}$ 답 : [ ] (이유) : [ ]

(e) 4, 0, 2, $+\frac{1}{2}$ 답 : [ ] (이유) : [ ]

[3-4] 다음 원자 궤도함수들의 에너지가 낮은 궤도부터 순서대로 써라.

① 3p ② 3d ③ 4s ④ 4p

답 : [ ]

[3-5] 다음 각 원소에 대하여 바닥 상태의 단축형 전자 배치를 쓰시오.

(a) $_{12}Mg$ 답 : [ ]

(b) $_{14}Ge$ 답 : [ ]

(c) $_{23}V$ 답 : [ ]

(d) $_{24}Cr$ 답 : [ ]

(e) $_{35}Br$ 답 : [ ]

[3-6] 다음과 같은 전자배치를 갖는 원자들 중 바닥 상태에 있는 것, 들뜬 상태에 있는 것, 또한 불가능한 것은 각각 어떤 것인가?

(a) $1s^2\ 2p^1$ 답 : [ ]

(b) $1s^2\ 2s^2\ 2p^4$ 답 : [ ]

(c) $1s^2\ 2s^2\ 2p^5\ 3d^1$ 답 : [ ]

(d) $1s^2\ 2s^2\ 2p^7\ 3s^2$ 답 : [ ]

(e) $1s^2\ 2s^2\ 2p^6\ 4s^1\ 3d^{11}$ 답 : [ ]

[3-7] 다음 각 원자에 대한 궤도함수에 전자배치 도표를 써라.

(a) $_{11}Na$ 답 : [ ]

(b) $_{8}O$ 답 : [ ]

(c) $_{27}Co$ 답 : [ ]

(d) $_{17}Cl$ 답 : [ ]

[3-8] 다음 원소들 중에서 알맞은 원소를 골라서 답하여라.

$_{11}Na$, $_{12}Mg$, $_{15}P$, $_{17}Cl$, $_{18}Ar$, $_{19}K$

(a) 가장 큰 원자의 반지름을 갖는 것 답 : [ ]

(b) 가장 높은 이온화 에너지를 갖는 것 답 : [ ]

(c) 가장 큰 전기음성도를 갖는 것 답 : [ ]

[3-9] 다음 원자와 이온들은 모두 10개의 전자를 가지고 있다. 원자 또는 이온의 반지름 증가순서를 쓰고, 그 이유를 말하여라.

O^{2-}, F^{-}, Ne, Na^{+}, Mg^{2+}

[이유]

답 : [ ]

[3-10] **[심화]** 2주기 원소들에 대하여 답하여라.

$_{3}Li$, $_{4}Be$, $_{5}B$, $_{6}C$, $_{7}N$, $_{8}O$, $_{9}F$, $_{10}Ne$

(a) 원자 반지름의 증가 순서를 쓰고, 그 이유를 말하여라.
[이유]

답 : [ ]

(b) 이온화 에너지 증가 순서를 쓰고, 그 이유를 말하여라.
[이유]

답 : [ ]

제4장 공유 결합 및 분자 궤도함수

[4-1] 다음 화합물 중에서 루이스 8전자 규칙으로 설명이 불가능한 분자를 모두 골라라.

① N_2H_4 ② NO ③ NO_2 ④ N_2O ⑤ NH_4

답 : [ ]

[4-2] 루이스 구조를 그리고, VSEPR 이론에 의거하여 기하구조를 예측하시오.

(a) CH_4 (b) CO_2 (c) SF_6 (d) PCl_5

[루이스 구조]

[기하구조]

[4-3] 다음의 분자에 대하여 Lewis 구조를 그리고, 어떤 구조인지 쓰시오. 밑줄 친 원소가 중심 원자이다.

(a) $\underline{N}H_3$ (b) $\underline{S}O_3$ (c) $\underline{C}O_2$ (d) $H\underline{C}O_2$ (e) $\underline{P}Cl_5$

[루이스 구조]

[기하구조]

[4-4] 다음 화합물에서 파이 결합과 시그마 결합의 수를 쓰시오.

(a) NH_3 (b) SO_2 (c) N_2 (d) $H_2C{=}CH_2$

시그마결합 : [ ]

파 이 결 합 : [ ]

[4-5] 다음 분자들은 중심원자가 어떤 혼성 궤도함수를 형성하는가? 그리고 기하구조는 어떤 구조인가?

(a) $CHCl_3$　(b) SF_6　(c) PCl_5　(d) $H_2C{=}CH_2$

혼성궤도 : [ ]

기하구조 : [ ]

[4-6] 다음 화합물 중들을 극성과 비극성으로 분류하여라.

① HF　② CCl_4　③ SF_4　④ PCl_5　⑤ NH_3

답 : [ ]

[4-7] **[심화]** 다음 화학종의 기하구조를 예측하시오.

(a) SO_2　(b) I_3^-　(c) SF_4　(d) O_3　(e) XeF_4

[기하 구조] :

[분자 모양] :

[4-8] **[심화]** 다음의 공명구조를 그리시오.

(a) O_3 [공명구조] :

(b) NO_3^- [공명구조] :

(c) NNO [공명구조] :

[4-9] **[심화]** 다음 화합물의 결합 각도가 증가하는 순서로 나열하여라.

① H_2O (∠H-O-H) ② NH_3 (∠H-N-H) ③ CH_3Cl (∠H-C-H) ④ CH_4 (∠H-C-H)

이유 : [ ]

답 : [ ]

[4-10] **[심화]** 아미노산 중에서 글라신(glycine, H_2N-CH_2COOH)의 구조를 보고, C원자와 N원자의 혼성 오비탈을 결정하시오.

```
        H    O
        |    ‖
H2N  -  C  - C-O-H
        |
        H
```

답 : [ ]

[4-11] **[심화]** ($POCl_3$)의 가능한 두 가지 Lewis 구조를 그려라. 형식 전하에만 근거한다면 어느 것이 더 적합한가?

[가능한 루이스 구조]

답 : [ ]

[4-12] **[심화]** 분자 궤도함수 이론을 근거로 다음 산소 분자와 이온들(O_2^+, O_2, O_2^-)의 결합에 대하여 답하여라.

(a) 분자 궤도함수(MO)의 상대적인 에너지 준위를 그리고, 전자를 배치하여라.
(b) 각각에 대한 결합 차수를 계산하시오.
(c) 이 세 가지 산소 화학종의 짝을 이루지 않은 전자의 수는 몇 개인가?
(d) 이 세 가지 산소 종들에서 산소-산소거리가 작은 것부터 큰 것 순서로 배열시켜라.

[풀이] (a)

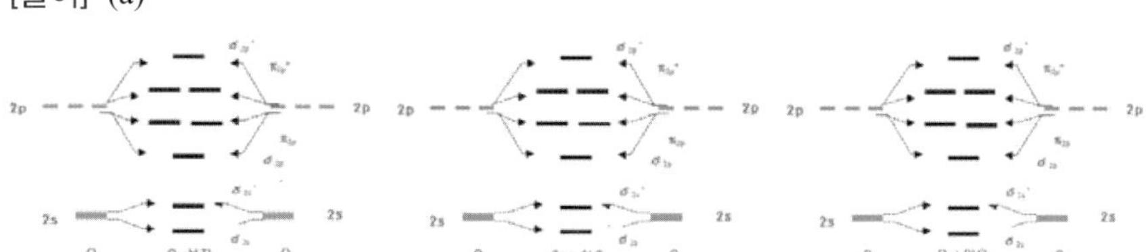

(b) 답 : [ ]
(c) 답 : [ ]
(d) 답 : [ ]

[4-13] **[심화] 분자 궤도함수 이론을 근거로 일산화질소(NO) 분자의 결합에 대하여 답하여라.**

(a) 분자 궤도함수(MO)의 상대적인 에너지 준위를 그리고, 전자를 배치하여라.

(b) 각각에 대한 결합 차수를 계산하시오.

(c) 짝을 이루지 않은 전자의 수는 몇 개인가?

(d) 일산화 질소(NO)의 결합길이는 질소분자(N_2)의 결합길이와 비교하면, 어느 것이 더 길 것인가 예측하고, 타당한 이유를 설명하여라.

[풀이] (a)

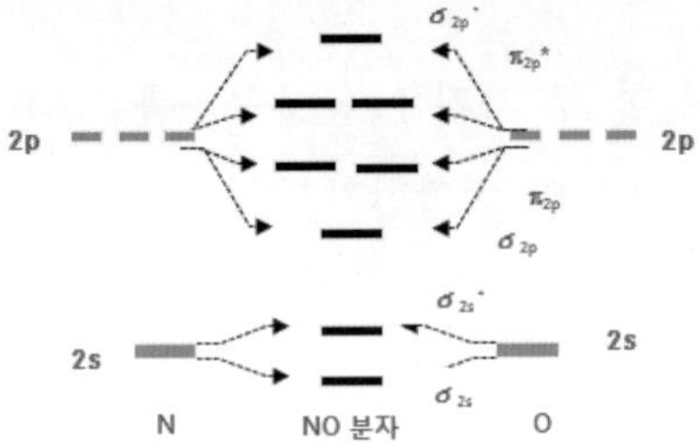

(b) 답 : [ ]

(c) 답 : [ ]

(d) 답 : [ ]

제5장 기체의 성질

[5-1] 밀폐된 탱크에 88.02 g의 프로페인(C_3H_8): 몰질량 44.01 g/mol) 기체를 채워 25 °C에서 압력이 1.00 atm가 되었다.

(a) 이 탱크를 57 °C로 가열하면 압력은 몇 atm인가?

(b) 이 탱크의 부피는 몇 L인가?

[풀이]

[답] : [ ]

[5-2] 47 ℃에 탱크 안에 들어 있는 암모니아(NH_3) 기체의 압력이 3.3 atm 이었다.

(a) 같은 온도에서 암모니아의 부피를 25 % 줄이려면 압력은 몇 기압으로 되는가?

(b) 같은 압력에서 암모니아의 부피를 25 % 줄이려면 온도는 몇 ℃가 되어야하는가?

[풀이]

[답] : [ ]

[5-3] 육플루오르황(SF_6, 몰 질량 : 146.07 g/mol)는 눈의 망막을 치료하는 약으로 쓰이는 기체이다. 이 기체 2.5 g을 500.0 mL 용기에 넣어서 83 °C로 가열하면 용기의 압력은 몇 기압인가?

[풀이]

[답] : [ ]

[5-4] 이상 기체 법칙을 써서 프로페인(C_3H_8) 기체의 상태에 관한 아래 표를 완성하라.

압력	부피	온도	몰수	그램
(a) : ( )	2.00L	25°C	1.50	(b) : ( )
1.50atm	(c) : ( )	10°C	(d) : ( )	22
380.0mmHg	15.0L	(e) : ( )	0.450	(f) : ( )
1.74atm	8.66L	98°F	(g) :	(h) : ( )

[풀이]

(a)

(b)

(c)

(d)

(e)

(f)

(g)

(h)

[5-5] 어떤 레이저는 9.0 g의 HCl, 2.00 g의 H_2, 그리고 165.0 g의 Ne기체 혼합물을 사용한다. 이 기체 혼합물이 22 ˚C, 75.0 L 용기 안에 들어 있다면, 각 기체의 부분 압력과 전체 압력은 몇 기압인가?(몰 질량: HCl; 36.45 g/몰, H_2 ; 2.01 g/몰, Ne ; 20.18 g/몰)

[풀이]

전체 압력	P = ( )		
기체의 몰수	n_{HCl} = ( )	n_{H_2} = ( )	n_{Ne} = ( )
몰 분율	x_{HCl} = ( )	x_{H_2} = ( )	x_{Ne} = ( )
부분 압력	P_{HCl} = ( )	P_{H_2} = ( )	P_{Ne} = ( )

[5-6] 65 ℃인 같은 부피의 용기 안에 다음 그림과 같이 Ar 기체와 Xe 기체가 담겨있다. Ar이 담겨있는 용기의 압력은 1.0 atm이고, Xe이 담겨있는 용기의 압력은 3.0 atm이다. 코크를 열면, 각 기체의 부분 압력과 전체 압력은 몇 atm인가?(연결 관의 부피는 무시한다.)

[풀이]

[답] :

[5-7] **[심화]** 흔히 산화질소라고 불리는 산화이질소(N_2O, 몰질량 : 44.0 g/mol)는 거품을 낸 크림의 분배기의 추진제로 쓰인다. 이것은 질산암모늄(NH_4NO_3, 몰질량 : 80.1 g/mol)을 250 ℃까지 가열하여 만들며 수증기도 생긴다.

(a) 질산암모늄이 산화질소와 수증기로 분해하는 것에 대한 균형 반응식을 쓰시오.

(b) 250 ℃와 1.0 atm에서 NH_4NO_3 50.0 g을 가열할 때 생기는 산화이질소의 부피는 얼마인가? 100 % 수율을 가정하라.

[풀이]

[답]:

[5-8] 25 ℃에서 O_2, NH_3, Cl_2, 그리고, CH_2F_2 기체들이 같은 용기 안에 들어있다.

(a) 작은 구멍을 통한 분출의 속도가 증가하는 순서는?

(b) 분출 속도가 가장 빠른 것은 가장 느린 것보다 몇 배인가?

[풀이]

[답] :

[5-9] 메테인 기체 (CH_4) 시료가 100.0 ℃와 50.0 atm에 있다. 이 기체의 상태를 다음과 같이 변화시키면, 이상기체의 성질에 더 가까운가, 아니면, 이상기체의 성질을 벗어나는가?

(a) ①압력을 1 atm으로 줄이는 것과 ②압력을 100.0 atm으로 높이는 경우

(b) ①온도를 −50 ℃로 낮추는 경우와 ②온도를 200 K로 높이는 경우

[풀이]

[답] :

[5-10] [심화] 액체 화합물 시료를 100 ℃에서 300.0 mL 플라스크 용기 안에서 완전히 증발시켜 증기의 질량을 측정하였더니, 0.948 g이었다. 그리고 그 증기의 압력을 측정하였더니, 1.0 atm이었다.(R = 8.314 J/molK)

(a) 이 물질의 밀도는 kg/m^3단위로 계산하여라.

(b) 이 물질의 몰 질량은 몇 g/mol인가?

[풀이]

[답] :

제6장 열화학

[6-1] 다음 몇 가지 금속들의 비열을 참고하여 답하여라.

금속	Ag	Cu	Fe	Al
비열(J/g℃)	0.224	0.385	0.451	0.900

(a) 30 ℃에서 20.0 g의 Cu 금속과 10.0 g의 Al 금속에 같은 열에너지를 가하면, 어느 금속이 높은 온도일까?

(b) 30 ℃에서 10.0 g의 Ag 금속과 10.0 g의 Fe 금속을 50 ℃로 올리려면, 어느 금속에 더 많은 열에너지가 필요한가?

[풀이]

[답] : [ ]

[6-2] 금의 비열은 0.129 J/g·℃이다.(금의 원자량 : 197.0 g/mol)

(a) 금의 몰열용량은 몇 J/mol K인가?

(b) 10.00 g의 금이 12.90 J의 열을 흡수하였다. 온도 변화는 얼마인가?

[풀이]

[답] : [ ]

[6-3] 35 ℃의 물 75.0 mL를 10.0℃의 물을 130.0 mL 첨가하면 최종 온도는 몇 ℃가 되는가? 물의 비열은 4.18 /g ℃이다.

[풀이]

[답] : [ ]

[6-4] 10.0 mL의 에틸 에터($C_4H_{10}O(l)$, 몰 질량 : 34.0 g/mol, 밀도 : 0.714 g/mL)을 봄베 열량계에서 연소하면 온도가 25.5 ℃에서 57.9 ℃로 상승

한다. 이 열량계의 열용량은 10.34 kJ/℃이다.

(a) 열량계에서 발생한 열은 몇 kJ인가?

(b) 1 mol의 에틸 에터가 연소할 때 엔탈피는 몇 kJ인가?

[풀이]

[답]: [ ]

[6-5] 광합성에서 다음과 같은 반응이 일어난다.

$C_6H_{12}O_6(s) + 6O_2(g) \rightarrow 6CO_2(g) + 6H_2O(l)$

화합물	$C_6H_{12}O_6(s)$	$CO_2(g)$	$H_2O(l)$
ΔH_f^o (kJ/mol)	-1273.3	-393.5	-285.8

(a) 25 ℃에서 광합성 반응의 엔탈피 변화(ΔH^o)는 얼마인가?

(b) 3 mol의 글루코스($C_6H_{12}O_6(s)$)가 반응할 때의 ΔH를 계산하시오.

(c) 18.00 g의 글루코오스가 산소 중에서 모두 연소할 때 열에너지는 몇 kJ 발생하는가?(글루코스의 몰 질량은 180.0 g/mol라고 한다.)

[풀이]

[답]: [ ]

[6-6] 손난로는 철과 산소의 반응을 이용한다.

$4Fe(s) + 3O_2(g) \rightarrow 2Fe_2O_3(s) \quad \Delta H^0 = -1648.4$ kJ

손난로에 들어 있는 철이 5.585 g이 사용된다면, 방출되는 열 에너지는 몇 kJ인가?

[풀이]

[답]: [ ]

[6-7] $2\ CuO(s) \rightarrow 2Cu(s) + O_2(g) \quad \Delta H^0 = +\ 314.6$ kJ

(a) CuO(s)의 표준 생성 엔탈피(ΔH_f^0)를 구하시오.

(b) 15.91 g의 CuO(몰질량 : 79.55 g/mol)를 생성하는 데 필요한 ΔH°를 계산하시오.

[풀이]

[답]: [ ]

[6-8] 아래의 3단계 과정은 모래($SiO_2(s)$)로부터 반도체로 사용되는 실리콘을 생성하는 과정이다.

① $SiO_2(s) + 2C(s) \rightarrow Si(s) + 2CO(g)$ $\Delta H_1^0 = +689.9$ kJ

② $Si(s) + 2Cl_2(g) \rightarrow SiCl_4(g)$ $\Delta H_2^0 = -657.0$ kJ

③ $SiCl_4(g) + 2Mg(s) \rightarrow 2MgCl_2(s) + Si(s)$ $\Delta H_3^0 = -625.6$ kJ

(a) 위 반응 엔탈피들을 사용하여 다음 실리콘이 생성되는 반응의 엔탈피를 계산하여라. :

$SiO_2(s) + 2C(s) + 2Cl_2(g) + 2Mg(s) \rightarrow 2Si(s) + 2CO(g) + MgCl_2(s)$

(b) 1 mol의 실리콘을 생성하는데 ΔH는 얼마인가?

(c) 전체 반응은 발열 반응인가 흡열 반응인가?

[풀이]

[답] : [ ]

[6-9] [심화] 다음 주어진 3가지 반응의 엔탈피를 사용하여 에테인(C_2H_6)의 표준 생성 엔탈피를 구하여라.

① C(s, 흑연) + $O_2(g) \rightarrow CO_2(g)$ $\Delta H_1^0 = -393.5$ kJ

② $H_2(g) + 1/2O_2(g) \rightarrow H_2O(l)$ $\Delta H_2^0 = -285.8$ kJ

③ $2C_2H_6(g) + 7O_2(g) \rightarrow 4CO_2(g) + 6H_2O(l)$ $\Delta H_3^0 = -3119.6$k J

에테인(C_2H_6)의 표준 생성 엔탈피를 구하여라.

2C(s, 흑연) + $3H_2(g) \rightarrow C_2H_6(g)$ ΔH_f^0 = ?

[풀이]

[답] : [ ]

[6-10] **[심화]** 나이트로글리세린 $C_3H_5(NO_3)_3(l)$은 도로를 새로 만들 때 바위를 부수는 데 사용되는 폭약의 재료이다. 폭발 시 이 물질은 물, 질소, 이산화탄소, 산소를 생성한다. 1 mol의 트라이나이트로글리세린이 폭발할 때 5,725 kJ의 열을 방출한다.

(a) 4 mol의 트라이나이트로글리세린이 폭발에 대한 열화학 반응식을 쓰시오.

(b) $C_3H_5(NO_3)_3(l)$에 대한 ΔH_f°는 얼마인가?

[풀이]

[답] : [ ]

[6-11] **[심화]** 플라스틱을 제조하는데 사용되는 벤젠(C_6H_6, 몰 질량 : 78.0 g/mol)은 골수에 영향을 미치는 발암물질이다. 벤젠의 연소반응과 연소열은 다음과 같다.

$$2C_6H_6(l) + 15O_2(g) \rightarrow 12CO_2(g) + 6H_2O(l) \quad \Delta H^0 = -6534.8 \text{ kJ}$$

(a) 벤젠 78.0 g을 완전 연소시키면, 방출되는 열 에너지는 얼마인가?

(b) 벤젠의 표준생성엔탈피(ΔH_f^0)는 몇 kJ/mol인가?

[풀이]

[답] : [ ]

[6-12] **[심화]** 결합 에너지를 이용하여 다음 반응의 엔탈피를 계산하여라.

$2H_2(g) + O_2(g) \rightarrow 2H_2O(g)$

DE(H-H) = 436 kJ/mol, DE(O=O) = 498 kJ/mol, DE(O-H) = 464 kJ/mol

[풀이]

[답] : [ ]

제7장 액체와 고체

[7-1] 다음 분자들에서 작용하는 분자 간 힘은 어떤 것인가?

(a) CS_2 (b) CH_3Cl (C) CO_2 (d) 메틸알콜(CH_3OH) (e) 벤젠(C_6H_6)

[답] : [ ]

[7-2] Br_2 분자와 ICl 분자는 비슷한 분자량을 가지고 있다. 녹는점이 높은 물질은 어느 것인가? 그 이유를 설명하여라.

[이유]

[답] : [ ]

[7-3] 다음 그림을 보고 주어진 조건에서 어떤 상으로 존재하는지 답하여라.

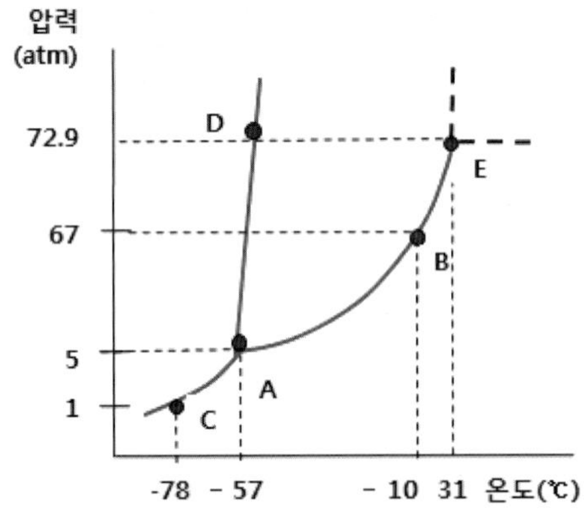

(a) 67 atm, -10 ℃ [답]: [ ]

(b) 67 atm, -20 ℃ [답]: [ ]

(c) 5 atm, 31 ℃ [답]: [ ]

[7-4] 아래의 **상평형 그림**을 보고 다음 질문에 답을 하여라.

(a) 35 mmHg와 120 ℃에서 화합물의 물리적 상태는 무엇인가?

[답]: [ ]

(b) 화합물의 정상 어는점은 얼마인가? [답]: [ ]

(c) 점A는 무엇이라 부르는가? [답]: [ ]

(d) 점B는 무엇이라 부르는가? [답]: [ ]

(e) 점C는 무엇이라 부르는가? [답]: [ ]

(f) 30mmHg의 일정한 압력에서 온도가 40℃에서 -20℃로 감소할 때 어떤 변화가 일어나겠는가? [답]: [ ]

(g) 액체 위에 고체가 뜰 수 있겠는가? [답]: [ ]

(h) 180℃, 2atm에서 화합물은 액체로 존재할 수 있는가?
[답]: [ ]

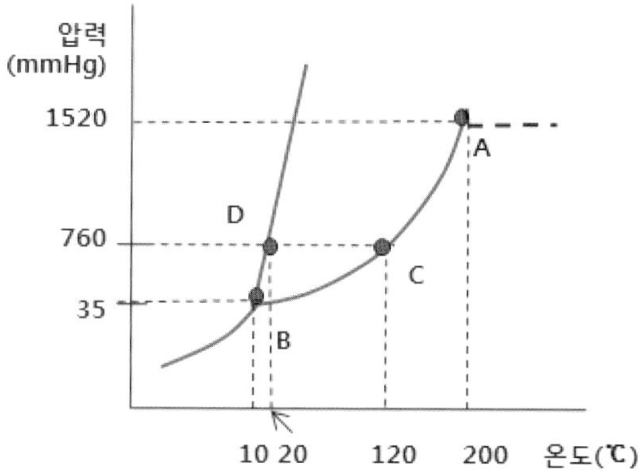

[7-5] 다음 물질의 성질을 분자 간에 작용하는 힘을 근거로 답하여라.

(a) Br_2와 NaBr 중 낮은 녹는점을 갖는 것
(이유) [ ] (답): [ ]

(b) 에탄올(C_2H_5OH)와 뷰테인(C_4H_{10}) 중 더 높은 끓는점을 갖는 것:
(이유) [ ] (답): [ ]

(c) H_2O와 H_2Te 중 더 높은 끓는점을 갖는 것
(이유) [ ] (답): [ ]

(d) 아세트산(CH_3COOH)과 벤조산(C_6H_6COOH) 중 더 낮은 증기 압력을 갖는 것:
(이유) [ ] (답): [ ]

[7-6] 다음 과정들을 단순히 분자간 힘을 이기는 과정과 공유 결합을 깨는 과정으로 구분하여라.

(a) 물이 수증기로 증발된다. (답): [ ]

(b) 드라이아이스가 승화된다. (답): [ ]

(c) 클로로폼($CHCl_3$)이 물과 섞인다. (답): [ ]

(d) 물(H_2O)을 수소(H_2)기체와 산소(O_2)기체로 분해하는 과정 (답): [ ]

(e) 염소(Cl_2)를 염소(Cl)로 변화시키는 과정 (답): [ ]

[7-7] 다음 고체를 각각 금속성, 그물구조 공유성, 이온성 또는 분자성으로 분류하시오.

(a) 100 ℃이하에서 녹고 물에 불용성인 고체 (답): [ ]

(b) 녹았을 때만 전기를 통하는 고체 (답): [ ]

(c) 물에는 불용성이며, 전기를 통하는 고체 (답): [ ]

[7-8] 다음 화학종들을 각각 분자성, 공유성 그물구조, 이온성, 금속성으로 분류하여라.

(a) W (b) NO_2 (c) C(다이아몬드) (d) $(NH_4)_2CO_3$ (e) $F_2(g)$

(답): [ ]

[7-9] 다음 화학종들의 성질을 가장 알맞게 설명한 것을 보기에서 골라라.

(a) CO_2 (b) $CuSO_4$ (c) Hg (d) SiO_2 (e) $Fe(OH)_3$

(답): [ ]

〈보기〉
① 이온성, 높은 녹는점
② 액체 금속, 좋은 도체
③ 극성분자, 물에 잘 녹음
④ 이온성 물에 녹지 않음
⑤ 공유성 그물구조, 높은 녹는점
⑥ 비극성 분자, 상온에서 기체

[7-10] **[심화]** 바나듐(V)은 체심 정육면체(BCC) 단위세포 구조를 갖는다. 그 단위 세포의 부피는 0.0278 nm^3 이다. 바나듐의 원자 반지름은 얼마인가?

[풀이]

[답]: [ ]

[7-11] **[심화]** 은(Ag)은 면심 정육면체(FCC) 단위 세포 구조를 갖는다. 은 원자의 원자량은 107.9 g/mol 이고, 이 면심 정육면체 단위세포의 한 변의 길이가 409 pm이다.(1 pm = 10^{-12} m = 10^{-10} cm 이다.)

(a) 이 단위 세포 내에 은원자는 몇 개가 들어 있는가?

(b) 단위 세포 안에 들어있는 은원자의 질량은 몇 g인가?

(c) 단위 세포의 부피는 몇 cm^3인가?

(d) 은(Ag)의 밀도는 몇 g/cm^3인가?

[풀이]

[답]: [ ]

[7-12] **[심화]** 암모니아에 대한 다음과 같은 자료가 주어져 있다.

암모니아(NH_3)	자료
정상 끓는점	-33 ℃
정상 녹는점	-78 ℃
증발열	$\Delta H^0_{vap} = 31.55\,kJ/mol$
삼중점	46 mmHg(=0.06 atm), - 78 ℃
임계점	112 atm, 132 ℃
증발열	31.55 kJ/mol

(a) 암모니아의 대략적인 상그림을 그려라.

(b) 40 ℃에서 암모니아의 증기 압력을 계산하여라.

온도와 증기 압력 관계식 ([그림 7-7] 또는 [예제 7-3) 참고)은

$$\ln\left(\frac{P_2}{P_1}\right) = \frac{-\Delta H_{vap}}{R}\left\{\frac{1}{T_2} - \frac{1}{T_1}\right\}$$ 이다.

[풀이]

[답]: [ ]

제9장 용액

[9-1] 1.0 M 설탕($C_{12}H_{22}O_{11}$; 몰질량 = 342.3 g/mol) 수용액의 밀도는 1.12 g/mL 이다.

(a) 이 용액에서 설탕의 질량 백분율은?

(b) 이 용액의 몰랄농도는 얼마인가?

[풀이]

(답) [ ]

[9-2] 다음 주어진 용액으로부터 0.60 M 수산화바륨($Ba(OH)_2$) 수용액 1.00 L 를 만드는 방법을 설명하여라.

(a) 고체 수산화 바륨($Ba(OH)_2$); 몰질량 = 171.3 g/mol)을 물에 녹여서 만든다.

(답) [ ]

(b) 6.0M 수산화 바륨 수용액을 희석하여 만든다.

(답) [ ]

[9-3] 혈관 주사 용액은 혈액의 "삼투압"과 같은 "등장액"은 질량비로 0.90 %인 NaCl 수용액이다. 용액 내의 Na^+ 이온의 몰농도는 얼마인가? 이 용액의 밀도는 1.00 g/mL이고, NaCl의 몰질량: 58.44 g/mol 이다.

[풀이]

(답) [ ]

[9-4] 시판되는 암모니아 수용액은 질량 %로 29.89 %이고, 이 용액의 밀도는 0.896 g/mL 이다. (NH_3; 몰 질량 = 17.03 g/mol)

(a) 이 암모니아 용액의 몰농도는 얼마인가?

(b) 이 암모니아 용액으로 1.0 M 암모니아 수용액 1.00 L를 만들었다면, 이 암모니아 수용액 몇 mL가 필요한가?

[풀이]

(답) [ ]

[9-5] 다음 화합물의 화학식을 쓰고 물에 녹는지 아닌지를 결정하시오.

(a) 황산바륨(barium sulfate)
(답) [ ]

(b) 수산화 마그네슘(magnesium hydroxide)
(답) [ ]

(c) 탄산 크로뮴(Ⅲ)(chromium(Ⅲ) carbonate)
(답) [ ]

(d) 인산 칼륨(potassium phosphate)
(답) [ ]

(e) 염화납(II) (lead(II) chloride)
(답) [ ]

[9-6] 다음 용액을 섞었을 때 침전이 형성되겠는가? 만약 침전이 형성된다면 알짜 이온 방정식을 쓰시오.

(a) 황산구리(Ⅱ)와 염화 소듐 (답) [ ]

(b) 질산 망가니즈(Ⅱ)와 수산화 소듐 (답) [ ]

(c) 질산은과 염산 (답) [ ]

(d) 인산소듐과 수산화 바륨 (답) [ ]

(e) 질산 바륨과 수산화 포타슘 (답) [ ]

[9-7] 아래의 짝지어진 물질 중 물에 더 잘 녹는 것을 고르고, 그 이유를 설명하시오.

(a) 염화 메테인(CH_3Cl) 또는 메틸 알코올(CH_3OH)
(답) [ ] (이유): [ ]

(b) 삼아이오딘화질소(NI_3) 또는 아이오딘화포타슘(KI)

(답) [ ] (이유): [ ]

(c) 염화 리튬(LiCl) 또는 염화 에테인(C_2H_5Cl)

(답) [ ] (이유): [ ]

(d) 암모니아(NH_3) 또는 메테인(CH_4)

(답) [ ] (이유): [ ]

[9-8] 다음 물질들 0.2 m 수용액의 어는점이 증가하는 순서와 끓는점 증가 순서를 배열하여라. (이온성 물질은 100 % 이온화 한다.)

① $Fe(NO_3)_3$ ② C_2H_5OH ③ $Ba(OH)_2$ ④ $CuSO_4$

[풀이]

(답) [ ]

[9-9] 25 ℃에서 0.05 M $MgSO_4$ 수용액의 삼투압력은 몇 atm 인가?

[풀이]

(답) [ ]

[9-10] 30 ℃에서 에탄올(C_2H_5OH : 몰질량 = 46.0 g/mol)의 증기 압력은 60.0 mmHg이고, 메탄올(CH_3OH : 몰질량 = 32.0 g/mol)의 증기 압력은 110.0 mmHg이다. 30 ℃에서 에탄올 9.20 g과 메탄올 25.6 g이 들어 있는 용액이 있다. 에탄올-메탄올 용액이 이상 용액이라고 가정한다.

(a) 이 용액에서 메탄올과 에탄올의 몰분율은 얼마인가?

(b) 이 용액에서 메탄올과 에탄올의 증기 압력은 몇 mmHg인가?

[풀이]

(답) [ ]

[9-11] **[심화] 물에서 산소의 용해도에 대한 Henry의 법칙 상수는 12 ℃에서 3.30×10^{-4} M/atm이고, 22 ℃에서 2.85×10^{-4} M/atm이다. 공기에서 산소는 21 mol %를 차지하고 있다.**

(a) 12 ℃ (54 °F), 1 atm에서 송어가 서식하는 물 1 L에는 몇 그람의 산소가 녹아 있는가?

(b) 22 ℃ (72 °F), (a) 와 같은 기압에서 같은 송어가 서식하는 물 1 L에는 몇 그람의 산소가 녹아 있는가?

(c) 송어가 서식하는 하천의 온도가 12 ℃에서 22 ℃로 증가하면 몇 %의 산소를 잃게 되는가?

[풀이]

(답) [ ]

[9-12] **[심화] 라이소자임(lysozyme)은 박테리아의 벽을 절단하는 효소이며, 계란 흰자에서 추출할 수 있다. 라이소자임의 분자량은 13,930 g/mol 이다. 25 ℃ 1.393 g의 라이소자임을 물 100.0 mL에 녹인 용액의 삼투압력은 몇 mmHg 인가?**

[풀이]

(답) [ ]

[9-13] **[심화] 헤모글로빈의 몰질량을 삼투압을 측정하여 결정할 수 있다. 어떤 학생이 25 ℃에서 3.27 g의 헤모글로빈이 들어 있는 0.20 L 수용액의 삼투압력을 측정하였더니, 4.60 mmHg 이었다. 헤모글로빈의 몰 질량은 얼마인가?**

[풀이]

(답) [ ]

[9-14] **[심화]** 다음 수용액들의 어는 점이 증가하는 순서대로 배열하여라.(이온성 물질은 100 % 이온화된다.)

① 0.20 m K_3PO_4 ② 0.35 m NaCl ③ 0.20 m $MgCl_2$ ④ 0.5 m $C_6H_{12}O_6$

[풀이]

(답) [ ]

제10장 화학 평형

[10-1] 다음의 반응에 대한 평형 상수 표현(K)을 쓰시오.

(a) $2NaHCO_3(s) \rightleftharpoons Na_2CO(s) + CO_2(g) + H_2O(g)$ (답): [ ]

(b) $4NH_3(g) + 5O_2(g) \rightleftharpoons 4NO(g) + 6H_2O(g)$ (답): [ ]

(c) $BaCO_3(s) \rightleftharpoons BaO(s) + CO_2(g)$ (답): [ ]

(d) $HCOOH(aq) + H_2O(l) \rightleftharpoons HCOO^-(aq) + H_3O^+(aq)$ (답): [ ]

[10-2] 다음 설명하는 반응에 대한 반응식을 쓰고, 평형 상수 표현(K)을 쓰시오.

(a) 산소($O_2(g)$)가 오존($O_3(g)$)으로 바뀐다.
(반응식): (답): [ ]

(b) 질소(N_2) 기체와 수소(N_2) 기체가 반응하여 암모니아(NH_3) 기체가 된다.
(반응식): (답): [ ]

(c) 수소(H_2)기체는 이산화질소(NO_2) 기체를 환원시켜 암모니아(NH_3) 기체와 수증기가 된다.
(반응식): (답): [ ]

(d) 염화은(AgCl)을 물에 녹이면, 은이온($Ag^+(aq)$)과 염화이온($Cl^-(aq)$)이 된다.
(반응식): (답): [ ]

[10-3] 다음의 반응과 평형 상수를 이용하여 아래 반응의 K를 계산하시오.

$C(s) + CO_2(g) \rightleftharpoons 2CO(g) \quad K_1 = 2.4 \times 10^{-9}$

$COCl_2(g) \rightleftharpoons CO(g) + Cl_2(g) \quad K_2 = 8.8 \times 10^{-13}$

$C(s) + CO_2(g) + 2Cl_2(g) \rightleftharpoons 2COCl_2(g)$

[풀이]

(답): [ ]

[10-4] 초기에 10.0 L 용기 안에 0.600 mole의 $H_2(g)$와 0.600 mole의 $CO_2(g)$를 반응시키켰다. $H_2(g) + CO_2(g) \rightleftharpoons H_2O(g) + CO(g)$

(a) 700 ℃에서 다음 반응의 평형상수는 K_c = 0.536이다. 평형 상태에서 CO(g)는 몇 몰이 생기겠는가?
[풀이]

(답): [ ]

(b) 1,650 ℃에서 다음 반응의 평형상수는 K_c = 4.20이다. 평형 상태에서 CO(g)는 몇 몰이 생기겠는가?
[풀이]

(답): [ ]

[10-5] 460 °C에서 다음 반응의 K_P = 84.7이다.

$$SO_2(g) + NO_2(g) \rightleftarrows NO(g) + SO_3(g)$$

모든 기체의 초기 압력은 1.25 atm이다.

(a) 평형에 있는 각 기체의 부분 압력은 얼마인가?

(b) 초기와 평형에서의 전체 압력을 비교하시오. 이 관계는 모든 기체 반응에서 사실인가?
[풀이]

(답): [ ]

[10-6] 다음 반응에 대하여 물음에 답하시오.

$$4NH_3(g) + 3O_2(g) \rightleftarrows 2N_2(g) + 6H_2O(l) \qquad \triangle H = -1530.4 \text{ kJ}$$

(a) 평형에서 암모니아의 양에 영향을 미치는 것은?

(1) $O_2(g)$의 제거 [답]: ( ) [이유]( )

(2) $N_2(g)$의 첨가 [답]: ( ) [이유]( )

(3) 물의 첨가 [답]: ( ) [이유]( )

(4) 일정한 압력에서 용기의 팽창
[답]: ( ) [이유]( )

(5) 온도의 증가 [답]: ( ) [이유]( )

(b) 위의 다섯 가지 중 K 값을 증가시키는 것과 감소시키는 것은 어느 것인가?
(답): [ ]

[10-7] 다음 광합성 반응에 대하여 글루코스의 생성이 증가되는지 감소되는지 답하여라.

$$6CO_2(g) + 6H_2O(l) \rightleftarrows C_6H_{12}O_6(s) + 6O_2(g) \qquad \triangle H = +2801kJ$$

(a) 산소의 압력이 증가될 때

[답]: ( ) [이유]( )

(b) 이산화탄소의 압력이 증가될 때

[답]: ( ) [이유]( )

(c) 온도를 낮출 때

[답]: ( ) [이유]( )

(d) 물의 양을 증가시킬 때

[답]: ( ) [이유]( )

(e) 식물에 햇빛이 더 많이 내리쪼일 때

[답]: ( ) [이유]( )

[10-8] [심화] 비커에 0.100 g의 $Mg(NO_3)_2$, 0.100 g의 $Ca(NO_3)_2$가 들어 있는 500.0 mL의 수용액이 있다. (몰질량: $Mg(NO_3)_2$: 261.3, $Ca(NO_3)_2$: 100.1, Na_2CO_3: 106.0 g/mol)

(a) 이 용액 속에 있는 Mg^{2+}과 Ca^{2+} 이온의 몰농도를 계산하여라.

[풀이]

(답): [ ]

(b) 이 용액에 0.100 g의 Na_2CO_3를 첨가하였다. 평형 상태에 도달했을 때 용액의 상태는 다음 중 어느 것인가? 염을 첨가한 후에도 용액의 부피는 500.0 mL로 변화가 없다고 가정한다. ($K_{sp}(MgCO_3)$ = 6.8×10^{-6}, $K_{sp}(CaCO_3)$ = 5.0×10^{-9})

① 침전이 없다.

② $MgCO_3$만 침전한다.

③ $CaCO_3$만 침전한다.

④ $MgCO_3$와 $CaCO_3$ 둘 다 침전한다.
[풀이]

(답): [ ]

[10-9] **[심화]** 독일의 화학자 몬트(L. Mond)는 니켈을 정제하는 과정을 개발하였다. 테트라카르보닐니켈($Ni(CO)_4(g)$)는 끓는점이 42.2 ℃이다. 다음 반응을 이용하여 니켈을 불순물로부터 정제하였다. $Ni(s) + 4CO(g) \rightleftarrows Ni(CO)_4(g) \quad \Delta H^0 = -169.9$ kJ

(a) 위 반응에서 니켈 금속의 산화 상태는 얼마인가?
(b) $Ni(CO)_4(g)$로부터 니켈 금속을 회수하려면 어떻게 해야 하는가?
(풀이)

[답]: ( )

[10-10] **[심화]**
1.20 M 에탄올아민($C_2H_5ONH_2$) 100.0mL를 1.0 M HCl 50.0 mL와 섞어 만든 용액의 pH를 계산하시오. $C_2H_5ONH_3^+$의 이온화 상수는 $Ka = 3.6 \times 10^{-10}$, $pK_a = 9.44$ 이다. ($\log(7/5) = 0.146; \log(12/5) = 0.380$)
(풀이)

[답]: ( )

제11장 산과 염기

[11-1] 다음 각각의 반응 중에서 Brosted-Lowry 산-염기를 표시하고, 짝산-짝염기를 이루는 쌍을 찾아라.

(a) $CN^-(aq) + H_2O(l) \rightleftharpoons HCN(aq) + OH^-(aq)$
(답): [ ]

(b) $HCO_3^-(aq) + H_3O^+(aq) \rightleftharpoons H_2CO_3(aq) + H_2O$
(답): [ ]

(c) $HC_2H_3O_2(aq) + HS^-(aq) \rightleftharpoons C_2H_3O_2^-(aq) + H_2S(aq)$
(답): [ ]

(d) $CH_3NH_2(aq) + H_2O(l) \rightleftharpoons CH_3NH_3^+(aq) + OH^-(aq)$
(답): [ ]

[11-2] 25 ℃ 용액에서 아래 빈칸을 완성하시오.

	$[H^+]$	$[OH^-]$	pH	pOH	산성인가?
(a)	2.5×10^{-5}	( )	( )	( )	( )
(b)	( )	2.5×10^{-3}	( )	( )	( )
(c)	( )	( )	8.75	( )	( )
(d)	( )	( )	( )	12.90	( )

[11-3] 아래 용액의 $[OH^-]$, $[H^+]$, pH, pOH를 구하시오.

(a) 0.950 M의 $Ba(OH)_2$ 50.0 mL를 물로 500.0 mL가 되게 희석한 용액

(b) 물에 6.00 g의 NaOH(몰질량: 40.00 g/mol)를 녹여서 500.0 mL로 만든 용액

[풀이]

(답): [ ]

[11-4] 벤조산(K_a = 6.6×10^{-5})은 여러 딸기 류에 존재한다. 벤조산 0.20 M 용액의 pH와 이온화 백분율을 구하시오.

[풀이]

(답): [ ]

[11-5] 산의 이온화 상수를 이용하여 다음의 0.1 M 수용액들을 pH가 감소하는 순으로 배열하시오.

(a) KOH (b) NaCN (c) $NaHCO_3$ (d) $Ba(OH)_2$

(답): [ ]

[11-6] 물 속에서 다음 염들의 0.10 M 용액이 산성인지 염기성인지 중성인지를 말하시오.

(a) $FeCl_3$ (b) BaI_2 (c) NH_4NO_2 (d) Na_2HPO_4 (e) K_3PO_4

(답): [ ]

[11-7] 0.050 M NaOH 용액이 있다.

(a) 이 용액의 pH는 얼마인가?

(b) 이 용액을 0.0120 M $HClO_4$로 중화적정 하였더니 50.00 mL를 가했을 때 당량점에 도달하였다. NaOH 용액의 부피는 얼마인가?

(c) 당량점에서의 pH는 얼마인가?($HClO_4$는 강산, NaOH은 강염기이다.)

[풀이]

(답): [ ]

[11-8] 폼산($HCHO_2$) 시료 100.0 mL를 0.20 M KOH 용액으로 적정하였더니, 100.0 mL가 소모되었다. 폼산($HCHO_2$)의 이온화 상수는 $K_a = 1.9\times10^{-4}$ 이다. ($\sqrt{5.25} = 2.29$, log(2.29) =0.360)

(a) 적정하기 전에 폼산의 농도는 몇 M 인가? (답): [ ]

(b) 당량점에서 폼산 이온(CHO_2^-)의 농도는 몇 M인가?
[풀이]

(답): [ ]

(c) **[심화]** 당량 점에서 pH는 얼마인가?
[풀이]

(답): [ ]

[11-9] [심화] 모르핀($C_{17}H_{19}O_3N$)은 $K_b = 7.4\times10^{-7}$(pK_b = 6.14)인 약염기이다. 0.10 M 모르핀 용액을 50.0 mL를 0.10 M HCl 수용액으로 적정할 때 다음에 답하여라. ($\sqrt{7.4} = 2.72$; log(2.72) = 0.435; $\sqrt{67.57} = 8.22$; log(8.22) = 0.915)

(a) 알짜 이온 반응식을 써라.

(b) 당량점에 도달되었을 때, HCl 수용액의 부피는 몇 mL 인가?

(c) HCl 용액을 가하기 전의 pH는 얼마인가?

(d) HCl 용액을 25 mL를 가했을 때 pH는 얼마인가?

(e) 당량점에서 pH는 얼마인가?
[풀이]

(답): [ ]

[11-10] **[심화]** 1.20 M 에탄올아민($C_2H_5ONH_2$) 100.0 mL를 1.0 M HCl 50.0 mL와 섞어 만든 용액의 pH를 계산하시오. $C_2H_5ONH_3^+$의 이온화 상수는 K_a = 3.6×10-10, pK_a = 9.44이다.

[풀이]

(답): [ ]

[11-11] **[심화]** 0.200 M $NaHCO_3$ 500.0 mL와 0.10M Na_2CO_3 500.0 mL를 섞어서 완충제를 만들었다. HCO_3^-의 이온화 상수는 Ka = 4.7×10^{-11}, pK_a = 10.33이다. 부피는 가산적이라고 가정하고 다음을 계산하시오.

(a) 완충용액의 pH는 얼마인가?

(b) HCl 0.0100 mol을 완충용액 1.0L에 가한 후 pH

(c) KOH 0.0200 mol을 완충용액 1.0L에 가한 후 pH

[풀이]

(답): [ ]

제12장 배위화합물

[12-1] 다음 착물에서 금속의 배위수는?

(a) $[Mn(NH_3)_2(OH)_2]^{2+}$ [답]: ( )

(b) $[Cu(en)Cl_4]^{2-}$ [답]: ( )

(c) $[Cr(H_2O)_2(NH_3)_2Cl_2]^{2-}$ [답]: ( )

(d) $[Au(CN)_2]^{+}$ [답]: ( )

[12-2] 다음 착물의 기하구조를 그려라.

(a) $[Fe(H_2O)_2\ I_2]$ [답]: ( )

(b) $[Cu(NH_3)_6]^{2+}$ [답]: ( )

(c) cis-$[Ni(OH)_2Cl_2]^{-}$ [답]: ( )

(d) trans-$[Cr(en)_2(NH_3)_2]^{3+}$ [답]: ( )

(e) cis-$[Co(ox)_2(H_2O)_2]^{+}$ [답]: ( )

[12-3] 다음의 정팔면체 착물 중에서 어느 것이 기하 이성질현상을 보이는가?
가능한 기하 이성질체의 구조를 그려라.

(a) $[Cr(NH_3)_2(OH)_4]^{2-}$ [답]: ( )

(b) $[Co(NH_3)_3(OH)_3]^{-}$ [답]: ( )

(c) $[Mn(H_2O)_2(NH_3)_3(OH)]^{+}$ [답]: ( )

[12-4] 다음 trans-$[Cr(en)_2(NH_3)_2]^{3+}$ 착 이온에 대한 설명이다. 빈칸에 알맞은 말을 채우시오.

용어 en은 ((a)   )의 약자이며, ((b)   )자리 리간드이다. 이 착이온에서 크로뮴(Cr)의 산화수는 ((c)   )이며, Cr의 배위수는 ((d)   )이다.

[12-5] 다음 $_{24}Cr$ 착이온들의 홀 전자수를 예상하시오.

(a) $[Cr(CN)_6]^{4-}$ (강한 장)   (b) $[Cr(H_2O)_6]^{2+}$ (약한 장)

(풀이)

[답]: (   )

[12-6] **[심화]** $[CoF_6]^{3-}$은 상자기성인 반면 $[Co(NH_3)_6]^{3+}$은 반자기성인 이유는 무엇인가?

(풀이)

[답]: (   )

[12-7] **[심화]** MnF_6^{2-}의 결정장 갈라짐 에너지 $\Delta_o = 2.60 \times 10^2$ kJ/mol이다. 이 에너지에 해당하는 파장은 얼마인가?

(풀이)

[답]: (   )

제13장 연습문제

[13-1] 다음 과정들은 엔트로피가 증가하는 과정인가 감소하는 과정인가?

(a) 얼음이 녹는다. [답]: ( )

(b) 물이 언다. [답]: ( )

(c) 기체가 고체로 응축된다. [답]: ( )

(d) 요소 물에 용해된다. [답]: ( )

[13-2] 다음 중에서 낮은 엔트로피를 갖는 물질을 고르시오.

(a) ① 25 ℃에서 압력이 760 mmHg인 $O_2(g)$ 1 mol

② 25 ℃에서 470 mmHg인 $O_2(g)$ 1 mol

(b) ① 25 ℃, 1 atm에 있는 물

② 50 ℃, 1 atm에 있는 물

(c) ① 25 ℃, 1 atm에 있는 $O_2(g)$ 기체 1 L

② 25 ℃, 1 atm에 있는 $O_2(g)$ 기체 2 L

[답]: ( )

[13-3] 다음 각각의 반응식에서 $\Delta S°$의 부호를 예측하시오.

(a) $CCl_4(l) + 5O_2(g) \rightarrow CO_2(g) + 4ClO_2(g)$ [답]: ( )

(b) $8H_2O(l) + S_8(s) \rightarrow 8H_2S(g) + 4O_2(g)$ [답]: ( )

(c) $Br_2(l) \rightarrow Br_2(s)$ [답]: ( )

(d) $N_2(g) + 3H_2(g) \rightarrow 2NH_3(g)$ [답]: ( )

[13-4] 과산화소듐($Na_2O_2(s)$)과 물을 반응시키면 산소가 얻어진다.

$$2Na_2O_2(s) + 2H_2O(l) \rightarrow 4NaOH(s) + O_2(g)$$

이 반응의 엔탈피 변화는 $\Delta H^0 = -109.0\,kJ$이고, 엔트로피 변화는 $\Delta S^0 = +132\,J/K$이다. 그리고 각 물질의 표준 생성 엔탈피(ΔH_f^0)들은 표에 주어져 있다.

	$Na_2O_2(s)$	$H_2O(l)$	$NaOH(s)$	$O_2(g)$
ΔH_f^0 (kJ/mol):	?	-285.8	-425.6	0

(a) Na_2O_2(s)의 표준 생성 엔탈피($\triangle H_f°$)는 몇 kJ/mol 인가?
(b) 25 ℃에서 이 반응에 대한 $\triangle G°$를 계산하시오.
[풀이]

[답]: (   )

[13-5] 1 atm에서 다음 반응들은 어떤 온도에서 자발적인 반응으로 진행하겠는가?

(a) $Al_2O_3(s) + 2Fe(s) \rightleftarrows 2Al(s) + Fe_2O_3(s)$ $\Delta H° = +851.5$ kJ ; $\Delta S° = +38.5$ J/K
[풀이](   ) [답]: (   )

(b) $N_2H_4(l) \rightleftarrows N_2(g) + 2H_2(g)$ $\Delta H° = -50.6$ kJ ; $\Delta S° = +331.5$ J/K
[풀이](   ) [답]: (   )

(c) $2SO_3(g) \rightleftarrows 2SO_2(g) + O_2(g)$ $\Delta H° = +197.8$ kJ ; $\Delta S° = +187.8$ J/K
[풀이](   ) [답]: (   )

[13-6] Ag_2O(s)가 분해되는 반응은 다음과 같다.

$2Ag_2O(s) \rightarrow 4Ag(s) + O_2(g)$

	Ag_2O(s)	Ag(s)	O_2(g)
$\triangle H_f°$ (kJ/mol)	-31.1	0	0
S° (J/mol K)	121.1	42.6	205

(a) 이 반응의 $\triangle H°$와 $\triangle S°$를 구하여라.
(b) Ag_2O(s)가 분해되는 반응은 어떤 온도에서 자발적으로 일어나는가?
[풀이]

[답]: (   )

[13-7] 다음 주어진 반응에 대하여 답하여라.

$SnO_2(s) + 2\ CO(g) \rightarrow 2\ CO_2(g) + Sn(s,\ white)$

	$SnO_2(s)$	$CO(g)$	$CO_2(g)$	Sn(s, white)
ΔH_f^0 (kJ/mol)	-577.6	-110.5	-393.5	0
S^0 (J/mol K)	49.0	197.5	213.5	51.2

(a) 표준 상태에서 이 반응의 엔탈피 변화($\Delta H°$)와 엔트로피 변화($\Delta S°$)는 얼마인가?

(b) 이 반응이 자발적으로 일어날 수 있는 온도는? 단, 엔탈피 변화($\Delta H°$)와 엔트로피 변화($\Delta S°$)는 온도와 무관하다고 가정한다.

[풀이]

[답]: (   )

[13-8] **[심화]** 721 K에서 다음 반응의 평형 상수 값은 K = 14.7이다.

$H_2(g) + I_2(g) \rightleftarrows 2HI(g)$

표준생성 자유에너지	$H_2(g)$	$I_2(g)$	HI(g)
ΔG_f^0 (kJ/mol):	0	+ 19.4	+ 1.70

(a) 721 K에서 ΔG°를 계산하여라.

(b) 25 ℃에서 평형 상수 K를 구하여라.

[풀이]

[답]: (   )

[13-9] **[심화]** 25 ℃에서 다음과 같은 반응이 있다.

$C_6H_{12}O_6(s) + 6O_2(g) \rightarrow 6CO_2(g) + 6H_2O(l) \quad \Delta G_1° = -2870.0\ kJ$

$ADP(aq) + HPO_4^{2-}(aq) + 2H^+(aq) \rightarrow ATP(aq) + H_2O(l)\ \Delta G_2° = +31.0\ kJ$

글루코오스($C_6H_{12}O_6$) 1몰이 산화되면, ATP 몇 몰을 생성할 수 있을 것인가?

[풀이]

[답]: (   )

[13-10] **[심화] 일산화질소(NO(g))는 번개나 자동차 연료가 연소하는 과정에서 생성되는 대기 오염물질이다. 이 반응의 표준 자유 에너지 변화(△G°)는 +173.4kJ이다.**

$N_2(g) + O_2(g) \rightleftarrows 2NO(g) \quad \Delta G^\circ = +173.4\ kJ$

자유에너지가 온도와 무관하다고 가정한다.

(a) 일산화질소(NO(g))의 표준 자유 에너지 변화(ΔG_f°)는 몇 kJ/mol 인가?

(b) 자동차 엔진의 온도가 1,100 ℃이면, 위 반응의 평형 상수는 얼마인가?

(c) 번개가 칠 때 온도가 30,000 K이면, 위 반응의 평형 상수는 얼마인가?

[풀이]

[답]: (   )

제14장 전기화학

[14-1] 다음 화합물에 존재하는 밑줄 친 원소의 산화수를 쓰시오.

(a) $H\underline{Cl}O_3$ (b) $Na\underline{Mn}O_4$ (C) $\underline{Mn}O_2$ (d) $\underline{N}OF$ (e) $Na_2\underline{O}$

[답]: ( )

[14-2] 다음 산화 환원 반응식에서 산화 반쪽 반응과 환원 반쪽 반응을 쓰시오.

(a) $Mg(s) + 2HCl(aq) \rightarrow MgCl_2(aq) + H_2(g)$

[답]: ( )

(b) $Cu(s) + Zn^{2+}(aq) \rightarrow Cu^{2+}(aq) + Zn(s)$

[답]: ( )

[14-3] 다음 산화 환원 반응식의 균형을 맞추시오.

(a) $Al(s) + I_2(s) \rightarrow Al^{3+}(aq) + I^-(aq)$

[풀이]

[답]: ( )

(b) $Al(s) + Zn^{2+}(aq) \rightarrow Al^{3+}(aq) + Zn(s)$

[풀이]

[답]: ( )

(c) **[심화]** $Mn^{2+}(aq) + H_2O_2(l) \rightarrow MnO_2(s) + H_2O(l)$ (염기성 용액에서)

[풀이]

[답]: ( )

(d) **[심화]** $Cr_2O_7^{2-}(aq) + C_2O_4^{2-}(aq) \rightarrow Cr^{3+}(aq) + CO_2(g)$ (산성 용액에서)

[풀이]

[답]: ( )

[14-4] 다음에 표시된 전지의 전체 전지 반응을 완결된 화학 반응식으로 나타내어라

(a) $Ag \mid Ag^{+} \parallel Sn^{4+}, Sn^{2+} \mid Pt$

[풀이]

[답]: (   )

(b) $Al \mid Al^{3+} \parallel Cu^{2+} \mid Cu$

[풀이]

[답]: (   )

(c) $Pt \mid Fe^{2+}, Fe^{3+} \parallel MnO_4^{-}, Mn^{2+} \mid Pt$

[풀이]

[답]: (   )

[14-5] 다음 전지 반응이 표준 상태에서 자발적인지 비자발적인지 판단하시오.

(a) $2Al(s) + 3Mg^{2+}(aq) \rightarrow 2Al^{3+}(aq) + 3Mg(s)$

[답]: (   ) 이유:(   )

(b) $2Al^{3+}(aq) + 3Zn(s) \rightarrow 2Al(s) + 3Zn^{2+}(aq)$

[답]: (   ) 이유:(   )

(c) $Mg(s) + 2HCl(aq) \rightarrow MgCl_2(aq) + H_2(g)$

[답]: (   ) 이유:(   )

(d) $Cu(s) + 2HCl(aq) \rightarrow CuCl_2(aq) + H_2(g)$

[답]: (   ) 이유:(   )

[14-6] 다음 환원 반쪽 반응의 표준 전위를 보고 물음에 답하여라.

환원 반쪽 반응	전위(V)
$Co^{3+}(aq) + e^- \rightarrow Co^{2+}(aq)$	E°= +1.953V
$Fe^{3+}(aq) + e^- \rightarrow Fe^{2+}(aq)$	E°= +0.769V
$I_2(aq) + 2e^- \rightarrow 2I^-(aq)$	E°= +0.534V
$Pb^{2+}(aq) + 2e^- \rightarrow Pb(s)$	E°= -0.127V
$Cd^{2+}(aq) + 2e^- \rightarrow Cd(s)$	E°= -0.402V
$Mn^{2+}(aq) + 2e^- \rightarrow Mn(s)$	E°= -1.182V

(a) 가장 약한 환원제는? [답]: ( )

(b) 가장 강한 환원제는? [답]: ( )

(c) 가장 강한 산화제는? [답]: ( )

(d) 가장 약한 산화제는? [답]: ( )

(e) Pb(s)이 $Fe^{3+}(aq)$를 $Fe^{2+}(aq)$로 환원할 수 있는가?
[답]: ( )

(f) $I^-(aq)$은 $Pb^{2+}(aq)$를 Pb(s)로 환원할 수 있을까?
[답]: ( )

(g) 어떤 이온(들)이 Pb(s)에 의해 환원될 수 있을까?
[답]: ( )

(h) 만일 있다면 어떤 금속(들)이 $Fe^{3+}(aq)$에 의해 산화될 수 있을까?
[답]: ( )

[14-7] 아래 주어진 표준 환원 전위를 사용하여 다음 전지의 전위 값을 구하여라.

(a) $Pb(s) + 2Ag^+(aq) \rightarrow Pb^{2+}(aq) + 2Ag(s)$
[답]: ( )

(b) $O_2(g) + 4H^+(aq) + 2Fe(s) \rightarrow 2H_2O(l) + 2Fe^{2+}(aq)$
[답]: ( )

(c) $O_2(g) + 4H^+(aq) + 2Fe(s) \rightarrow 2H_2O(l) + 2Fe^{2+}(aq)$
[답]: ( )

표준 환원 전위	전위(V)
$O_2(g) + 4H^+(aq) + 4e^- \rightarrow 2H_2O(l)$	+ 1.23
$Ag^+(aq) + e^- \rightarrow Ag(s)$	+ 0.80
$Pb^{2+}(aq) + 2e^- \rightarrow Pb(s)$	- 0.13
$Cd^{2+}(aq) + 2e^- \rightarrow Cd(s)$	- 0.40
$Fe^{2+}(aq) + 2e^- \rightarrow Fe(s)$	- 0.44
$Zn^{2+}(aq) + 2e^- \rightarrow Zn(s)$	- 0.76

[14-8] **[심화]** 다음 전지 표시법으로 표시된 전지의 표준 전위 값을 계산하여라.

(a) $Mg(s) \mid Mg^{2+}(aq) \parallel Sn^{4+}(aq),\ Sn^{2+}(aq) \mid Pt$

[답]: ( )

(b) (b) $Al(s) \mid Al^{3+}(aq) \parallel Cu^{2+}(aq) \mid Cu(s)$

[답]: ( )

(c) (c) $Pt \mid Fe^{2+}(aq),\ Fe^{3+}(aq) \parallel MnO_4^-(aq),\ Mn^{2+}(aq) \mid Pt$

[답]: ( )

환원 반쪽 반응	표준 전위, (V)
$MnO_4^{2-}(aq) + 8H^+(aq) + 5e^- \rightarrow Mn^{2+}(aq) + 4H_2O(l)$	+ 1.510 V
$Fe^{3+}(aq) + e^- \rightarrow Fe^{2+}(aq)$	+ 0.769 V
$Cu^{2+}(aq) + 2e^- \rightarrow Cu(s)$	+ 0.340 V
$Sn^{4+}(aq) + 2e^- \rightarrow Sn^{2+}(aq)$	+ 0.150 V
$Al^{3+}(aq) + 3e^- \rightarrow Al(s)$	- 1.660 V
$Mg^{2+}(aq) + 2e^- \rightarrow Mg(s)$	- 2.370 V

[14-9] **[심화]** 25 ℃ 음 전지 표시법으로 주어진 조건에서 전지의 전압을 계산하여라.

환원 반쪽 반응	표준 전위, (V)
$Cu^{2+}(aq) + 2e^- \rightarrow Cu(s)$	+ 0.340 V
$2H^+(aq) + 2e^- \rightarrow H2(g)$	0.0 V
$Zn^{2+}(aq) + 2e^- \rightarrow Zn(s)$	- 0.760 V
$Cd^{2+}(aq) + 2e^- \rightarrow Cd(s)$	- 0.400 V

(a) Zn | Zn^{2+}(0.50M) || Cd^{2+}(0.020M) | Cd

(풀이):

[답]: (   )

(b) Cu | Cu^{2+}(0.0010M) || H^{+}(0.010M) | H_2(1.00atm) | Pt

(풀이):

[답]: (   )

[14-10] **[심화]** 25 ℃에서 $CuSO_4$ 수용액이 들어있는 전해전지에 3.0 A의 전류를 30분 동안 흘려보내면 몇 g의 구리(Cu)가 석출되겠는가? (Cu의 원자량: 63.55, 1F = 96,500 C/mol)

(풀이):

[답]: (   )

[“기초화학” 사이버강의 정오표]

1강 물질과 측정

1강	강의 내용에서 잘못된 부분	수정한 내용
1쪽	[원소] 114개 원소 : 자연에 존재하는 원소: 92개, 인공 22개	115개 원소 : 자연에 존재하는 원소: 91개
10쪽	부피 설명: 부피 기호를 m으로 표시	m을 m^3으로 수정해야함
17쪽	(성우의 말 고치기) 6.6*10^3 km를 103 km라고 읽음:	“6.6 곱하기 십의 3 제곱 킬로미터”라고 읽어야함
20쪽	측정과 측정값 유효숫자 계산: 절대오차 = (% 상대오차) / 100	절대오차= (% 상대오차) x (계산값 / 100) 수정해야 함
[학습퀴즈]	[학습퀴즈] 클릭이 되지 않습니다. [학습퀴즈] 다음 혼합물을 분리하는데 적절한 방법은 무엇인가? 1. 프로페인(C_3H_8), 뷰테인(C4H_{10}), 아이소부테인(C_4H_{10}), 정답: (2) 기체 크로마토그라피 입니다. 2. 아이소프로판올 ($CH_3CH_2CH_2OH$), 물(H_2O) 정답: (3) 분별 증류 입니다.	

2강 원자와 분자

2강	강의 내용에서 잘못된 부분	수정한 내용
8쪽	원자기호/핵 표시법 숫자 11 밑에 질량수: 양성자수+중성자수 → 원자번호 : 양성자의 수	질량수 = 양성자수 + 중성자수 원자번호 = 양성자의 수
9쪽	수소 한 개의 질량 : 1.674×10^{24}	1.674×10^{-24}으로 수정함
12쪽	철은 적철광 광석으로부터 얻는데 그 광석은 이산화 규소와 같은 불순물과 혼합된 산화철(Ⅲ)이 있다.	“25g 화합물에 K , Cr, O가 포함되어 있다(K:6.64g , Cr:8.84g , O:9.52g)” 로 수정함
19쪽	음이온의 이름 뒤에 ‘어머’ 표시	‘어미’표시로 수정함
19쪽	산의 이름에서 $HClO_4$ 황산나트륨	과염소산(percloric acid)
24쪽	: [학습정리]에서 “Daltom”	“Dalton”으로 수정함

3강 전자구조와 주기율표

3강	강의 내용에서 잘 못된 부분	수정한 내용
4쪽	$c = 2.99 \times 10^{-8}$	$c = 2.99 \times 10^{8}$으로 바꾸세요!
4쪽	(2) 계산이 틀렸음: 861 nm	781 nm
5쪽	(성우의 말 고치기) 문제(1) 식에서 성우는 -9라 함	답은 $c = 3.37 \times 10^{-19}$
7쪽	2.998×10^{-8}	2.998×10^{8}
11쪽	→ 문제 후 나오는 해설이 문제와 관련이 없음.	
18쪽	(성우의 말 고치기) 족 과 주기를 반대로 바꿔서 말함.	

4강 공유결합과 분자궤도함수

4강	강의 내용에서 잘못된 부분	수정한 내용
6쪽	H-F	H-H로 바꾸세요!
8쪽	O(산소)의 형식전하 -1 →	O(산소)의 형식전하 + 1
9쪽	[깜짝 예제] N_2 분자의 루이스 구조 전자 수: 14 원자가 전자 수: 6, 공유 전자 수: 10, 비공유 전자 수: 4	전자 수: 14 원자가 전자 수: 10, 공유 전자 수: 6, 비공유 전자 수: 4
10쪽	VSEPR을 VESPR이라고 성우가 읽음	
11쪽	(성우의 말 고치기) 01:25 구간에서 "'현재' 6개의 전자쌍에 둘려 있는 데"를 '현자'라 발음함	
20쪽	과산화 이온(O_2^{2-})의 전자배치: $(\sigma_{2s})^2(\sigma_{2s}^*)^2\ (\pi_{2p})^2\ (\sigma_{2p})^4\ (\pi_{2p}^*)^4\ (\sigma_{2p}^*)^0$는 다음과 같이 수정해야함.	⇒ $(\sigma_{2s})^2(\sigma_{2s}^*)^2\ (\sigma_{2p})^2\ (\pi_{2p})^4\ (\pi_{2p}^*)^4\ (\sigma_{2p}^*)^0$

5강 기체의 성질

5강	강의 내용에서 잘못된 부분	수정한 내용
4쪽	1.01235 x 105	1.01235 x 10^5
4쪽	기체의 몰수 $n=\frac{m}{MW}$를	$\rightarrow n=\frac{m}{M_w}$으로 바꿔야 함
5쪽	[예제] 부피변환 $V=10.00ft^3\times\frac{28.32L}{1ft^3}=283.2L$	$V=100.00ft^3\times\frac{28.32L}{1ft^3}=2832L$
5쪽	[예제] 압력 단위의 변환	$P_{atm}=11.2\times\frac{1atm}{14.7}=0.762atm$ $P_{mmHg}=0.762atm\times\frac{760mmHg}{1atm}=579mmHg$ $P=0.762atm\times\frac{1.013}{1atm}=0.772\text{bar}$
10쪽	$d=\frac{PMW}{RT}$	$\rightarrow d=\frac{PM_w}{RT}$로 바꾸어야 함
10쪽	$PV=\frac{m}{MW}RT$	$\rightarrow PV=\frac{m}{M_w}RT$로 바꾸어야 함
11쪽	(성우의 말 고치기) 아세톤 시료 글자는 3.00L라 쓰여 있는데 성우는 2.00L라 함 정리문제 4: 수소기체(H_2)와 산소기체(O_2)의 분출 속도 비는?	$\frac{v_{H2}}{v_{O2}}=\sqrt{\frac{M_{O2}}{M_{H2}}}=\sqrt{\frac{32}{2}}$ $=\sqrt{16}=4$
15쪽	[깜짝퀴즈] 답: x_{co2} = 0.100 x_{H2O} = 0.200 X_{O2} = 0.200	x_{co2} = 0.200 x_{H2O} = 0.400 X_{O2} = 0.400

6강 열화학

6강	강의 내용에서 잘못된 부분	수정한 내용
11쪽	물 온도 25℃	→ 28.51 ℃로 바꾸어야함.
22쪽	[문제] 10.0g * 0.129 J/g℃ * 10℃ = 129 J	→ 12.9 J로 바꾸어야 함.
22쪽	[문제 3] 번 수정 1단계: 80 ℃에서 응축열 = -(1몰) x 30800 J 2단계: 80 ℃에서 50 ℃ 로 냉각 열: 1 몰 x (-30 ℃) x (134 J/몰 ℃) = -4020 J q = - 30800 J - 4020 J = -34830 J 입니다.	
22쪽	[문제 4] 번 정답 4	정답 3

7강 액체와 고체

7강	강의 내용에서 잘못된 부분	수정한 내용
6쪽	예제 답 $\ln\frac{183mmHg}{p_1}=1.81$	$\frac{183mmHg}{p_1}=1.81$
16쪽		[열전도도]의 설명 ⇒ [연성과 전성] 설명 [연성과 전성]의 설명 ⇒ [불용성] 설명 [광택]의 설명 ⇒ [열전도도] 설명 [불용성]의 설명 ⇒ [광택] 설명
22쪽	[문제 풀이] 수정 양이온과 음이온의 크기차이 때문에 NaCl은 Na-Cl-Na 길이는 0.552 nm이고, 대각선의 길이 Cl-Cl-Cl 대각선의 길이 = 0.724 nm 이어서 0.552 x $\sqrt{2}$ = 0.781 nm 보다 짧기 때문에 Cl-Cl-Cl 대각선은 약간 떨어져 있다. LiCl의 경우 Cl-Li-Cl 모서리 길이 = 0.482 nm이고, 대각선 Cl-Cl-Cl의 길이 = 0.724 nm 이어서, 0.482 nm x $\sqrt{2}$ = 0.682 nm보다 길기 때문에 Cl-Li-Cl 모서리는 약간 떨어져 있게 됩니다.	

9강 용액

9강	강의 내용에서 잘못된 부분	수정한 내용
[OX 퀴즈 9-1]	높은 농도의 수용액과 낮은 농도의 수용액이 반투막을 사이에 두고 을 때, 물은 높은 농도에서 낮은 농도 쪽으로 이동된다.	높은 농도의 수용액과 낮은 농도의 수용액이 반투막을 사이에 두고 을 때, 물은 낮은 농도에서 높은 농도 쪽으로 이동된다.
7쪽	답: 0.297 m ⇒ 2.298 m	답: (1) +8 ⇒ 0.298 (2) +22 ⇒ 17
10쪽	(성우의 말 고치기) $NaNO_3$를 염화나트륨(NaCl)이라고 읽음.	
10쪽	질산나트륨($NaNO_3$) 불용성	⇒ 가용성
10쪽	염화바륨이 침전된다	→ 탄산바륨이 침전된다 로 바꿔야 함.
12쪽	침전 0.886g을 생성시키기 위한 0.136M의 수산화 철의 부피는?	→ 침전 0.886g을 생성시키기 위한 0.136M의 질산 철의 부피는?
15쪽	① 삼투압력 식: $\Pi = CRT$ $0.864\,atm = C(0.0821\,atm\,L/mol\,K)(298.15\,K)$	
15쪽	A시료의 몰질량 (3번): 용매의 몰 수를 구하기 위해~ (4번): 용매의 몰 수를 구하기 위해~	(3번): 용질의 몰 수를 (4번): 용질의 몰 수를
16쪽	$KNO_3(s) \rightarrow K^+(aq) + NO_3(aq)$	$KNO_3(s) \rightarrow K^+(aq) + NO_3^-(aq)$

10강 화학 평형

10강	강의 내용에서 잘못된 부분	수정한 내용
5쪽	표에서 $N_2O \rightarrow NO_2$로 바꿔야 함	$\Rightarrow NO_2$
10쪽	P_{HI} P_{H_2}를 구하여라.	$\Rightarrow P_{HI}$ P_{I_2}를 구하여라
11쪽	[반응의 정도 결정 예] 2 HI(g) ⇄ H_2(g) + I_2(g) 처음: 0.100 0 0 반응: -2 x + x + x P_{eq} 0.100 -2 x + x	2 HI(g) ⇄ H_2(g) + I_2(g) 처음: 0.100 0 0 반응: -2 x + x + x P_{eq} 0.100 −2 x + x + x
12쪽	2번 문제에서 답을 올바르게 입력해도 틀린 것으로 나옴	
16쪽	정반응(흡열반응) → 온도증가 → 역반응 이라고 되어있는데	정반응(발열반응) → 온도증가 → 정반응이라고 고쳐야 함
22쪽	(성우의 말 고치기) M(몰)을 "엠"이라고 읽음.	"엠"을 몰로 읽어야함.
24쪽	[문제풀이 문제]: 다음과 같이 바꾸어야 합니다.	$COCl_2$(g) + CO(g) = C(s) + Cl_2(g) + CO_2(g)의 평형상수를 구하시오

11강 산 염기

11강	강의 내용에서 잘못된 부분	수정한 내용
4쪽	(성우의 말 고치기) 18~19초 양성자를 성우가 양정자라 읽음	"양성자"라고 읽어야 함.
7쪽	수산화 이온 OH^-를 H^-라 썼음.	H^-를 $\rightarrow OH^-$로 바꾸어야함.
7쪽	수용액에서 H^-와 양이온으로	$H^- \rightarrow OH^-$로 바꿔야 함
8쪽	$[H^+] \times [OH^-] = 1.0 \times 10 - 14$	$\rightarrow [H^+] \times [OH^-] = 10^{-14}$.
13쪽	약산의 세기↑, $K_a \uparrow, pK_a \downarrow$를	→ 약산일수록 $K_a \downarrow, pK_a \uparrow$로 바꾸어야 함.

12강 배위 화합물

12강	강의 내용에서 잘못된 부분	수정한 내용
7쪽	(성우의 말 고치기) Co "코발트"를 "일산화탄소"라 읽음	Co는 코발트"로 읽어야 함.
9쪽	(성우의 말 고치기) Co 를 코발트로 읽었다가 일산화탄소로 읽었다가 함	Co는 코발트"로 읽어야 함.
10쪽	② (예) $[Cu(H2O)4]2+$ ③ (예) $[Cr(NH3)5Cl]2+$ ⑤ (예) $[Zn(OH)4]2-$ (예) $K2[PtCl6]2-$ 착이온 양이온의 예: $[Fe(H_2O)_2(NH_3)_4]^{+}$	⇒ ② (예) $[Cu(H_2O)_4]^{2+}$ ⇒ ③ (예) $[Cr(NH_3)_5Cl]^{2+}$ ⇒ ⑤ (예) $[Zn(OH)_4]^{2-}$ (예) $K_2[PtCl_6]^{2-}$ ⇒ $[Fe(H_2O)_2(NH_3)_4]^{3+}$
13쪽	$NiBr_2Cl_2$에서 Cl_2를 CI_2로 읽음.	⇒ 염소(Cl)은 한 원소이지 아이오딘(I)이 아님
15쪽	(성우의 말 고치기) cis를 "씨아이에스"로 읽음	"시스"로 읽어야 함.
18쪽	d_{x^2}을 쓰여있음	⇒ d_{z^2}로 바꾸어야 함.
20쪽	(성우의 말 고치기) kJ(킬로줄)을 "케이제이"로 읽음	⇒ kJ(킬로줄)
21쪽	형성상수의 예 $Cu_2^{+}(aq)+4NH_3(aq) \rightarrow Cu(NH_3)_4^{2+}$ $K_f = \frac{Cu(NH_3)_4^{2+}}{[Cu_2^{+}]+[NH_3]^4}$	$Cu^{2+}(aq)+4NH_3(aq) \rightarrow Cu(NH_3)_4^{2+}$ $K_f = \frac{[Cu(NH_3)_4^{2+}]}{[Cu^{2+}]\times[NH_3]^4}$

13강 반응의 자발성

13강	강의 내용에서 잘못된 부분	수정한 내용
9쪽	J(주울)을 “제이”라고 읽음	J(주울)
11쪽	[문제 1번] 표에서 [문제 2번] 표에서 2OH-(aq) $S^0(J/mol)$ [문제 2번] 반응식 $CH_4(g)+3O_2(g)\rightarrow CO_2(g)+2H_2O(l$	[문제 1번]과 [문제 2번] 표에서 2OH-(aq) $S^0(J/K \cdot mol)$ [문제 2번] 반응식 $CH_4(g)+2O_2(g)\rightarrow CO_2(g)+2H_2O(l)$
12쪽	J/K(줄 퍼 켈빈)을 “제이 퍼 케이”라고 읽음	J/K는 (줄 퍼 켈빈)이라고 읽어야함.
15쪽	G°(표준깁스에너지)를 “지”라고 읽음	G°(표준깁스에너지)
16쪽	ΔG^0 반응 = $S\Delta G_f^0$생성물 − $S\Delta G_f^0$반응물 에서 S가 아니라 Σ로 써야 함	$\Delta G^0 = \sum \Delta G_f^0$(생성물) − $\sum \Delta G_f^0$(반응물) 로 바꾸세요!
18쪽	[깜짝예제 1번] $\Delta H^0 =$ -18.0 KJ/mol [깜짝예제 2번] 문제 ΔS^0를 계산하는 문제인데, 답은 ΔG^0를 구하는 것으로 풀려있음. [깜짝예제 2번] 문제 답을 쓰는 칸의 단위가 J/K [깜짝예제 2번] 답 ΔS^0 답의 단위가 J/mol·K	[깜짝예제 1번] $\Delta H^0 =$ 0 KJ [깜짝예제 2번] 문제 ΔG^0를 구하여라. [깜짝예제 2번] 문제 ( ) kJ [깜짝예제 2번] 답 ( ) J/K
21쪽	“$\Delta G0$”	→ ΔG^0로 바꾸어야함.
21쪽	$\Delta H0$”를	→ ΔH^0로 꾸어 써야 함
26쪽	문제1-(1) 답을 맞게 써도 틀렸다고 나옴.	

14강 전기화학

14강	강의 내용에서 잘못된 부분	수정한 내용
5쪽	(성우의 말 고치기) 플루오린(F)의 산화수를 "마이너스 일 (-1)"이라 해야 하는데 그냥 일이라고 읽음,	플루오린(F)의 산화수를 "마이너스 일 (-1)"
5쪽	(성우의 말 고치기) 인(P) 의 산화수(x) 값을 "플러스 삼(+3)"이라고 읽어야 함.	"플러스 삼(+3)"
5쪽	[예제 2번] -1 = y + 2x(+1) + 4x(-2) y = +5	[예제 2번] -1 = y + 2x(+1) + 3x(-2) y = +5
18쪽	(깜짝예제) $NO_3^-(aq) + 4H^+(aq) + 3e^-$ $\rightarrow NO(g) + 2H_2O(aq) \quad E^0 = +0.964$	
22쪽	물이 산소기체로 산화되는 반응: $2H_2O(l) \rightarrow O_2(g) + 4H_2(g) + 4e^-$	
25쪽	(학습퀴즈)	표에서 [보기] (나) (다)의 $[Zn^{2+}(aq)]$를 $[Cd^{2+}(aq)]$로 바꾸어야 함.

- 끝 -

기본 General Chemistry
Basic 일반화학